近代日本の
海洋調査の
あゆみと
水産振興

正しい観測結果はかけがえのない宝物

中野 広 著

恒星社厚生閣

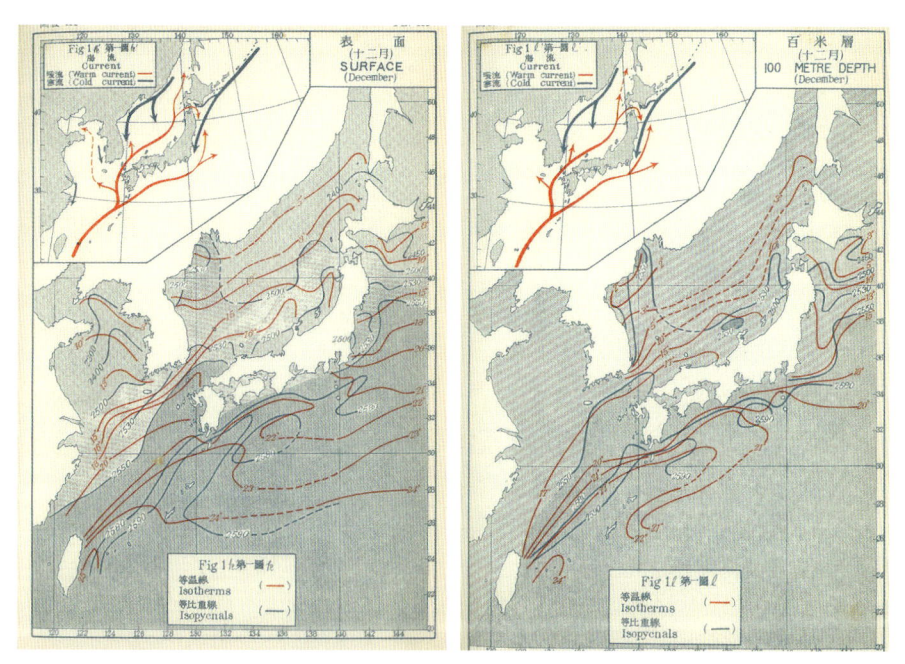

図6-1　日本周辺海域の12月における表層と100 m層における海洋図（119ページ）
　　　　6章文献1）より引用

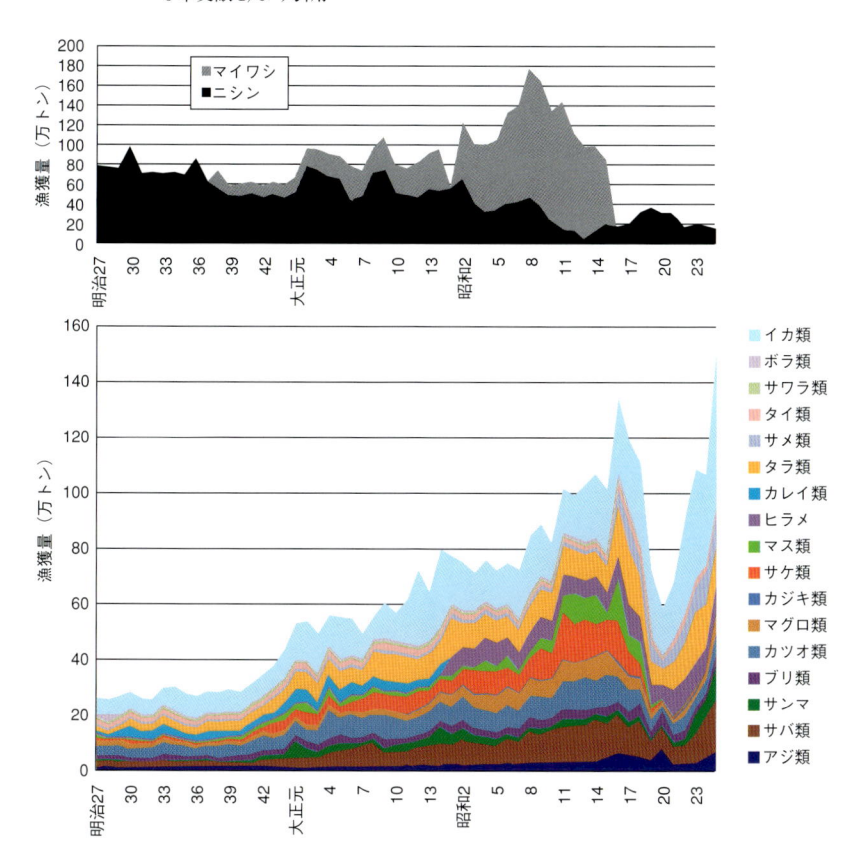

図9-2　沿岸漁獲物量の推移（上：ニシンとイワシ，下：その他の魚類（イカを含む））（174ページ）
　　　　9章文献2）をもとに筆者作成

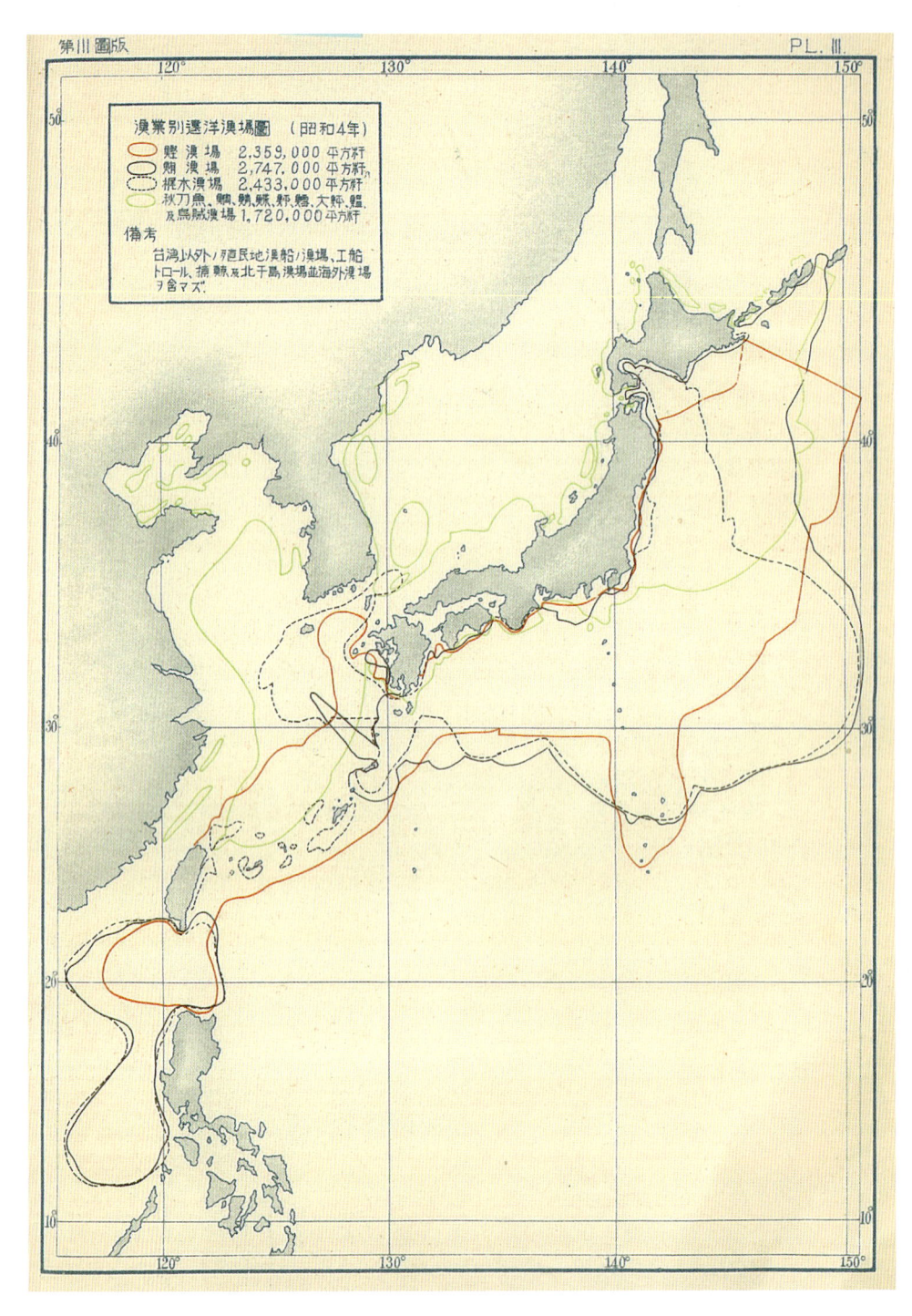

図 9-7 漁業別遠洋漁業図 (190 ページ)
9 章文献 70) より引用

はじめに
背景と問題意識

　わが国の漁業生産量，生産金額はともに著しく減少し，いずれも最高時の約5割の水準となっている。この直接的な原因は，マイワシ，サバ等の多獲性魚類の漁獲量の減少，マグロなどの高級魚介類等の漁獲量の減少，それに加えて輸入水産物との競合やデフレ等による魚価安である(注1)。一方，漁業就業者の減少や高齢化，耐用年限に迫る高船齢の漁船の著しい増加[1)]，多くの漁村の限界集落化や水産業を核とする地域の崩壊による漁業生産基盤の弱体化等，水産業をめぐる情勢は非常に厳しい[2)]。

　しかしながら，今もなお水産物はわが国の食料に占める比重が高く，魚食は日本型食生活の根幹をなすものである限り，今後も「水産物の安定的供給」が必要であるが，最近，水産物の安定供給に関しても，世界的な漁業規制の強化のほか，牛海綿状脳症（いわゆるBSE）問題や健康志向の面，スシ等の和食の普及等から，欧米のみならず中国や韓国を含め世界中で魚介類の消費が著しく増加し，加工用魚介類に関しては中国等に「買い負け」という現象も発生している[3)]など，厳しい現実に直面している。また，島嶼をはじめ多くの沿岸地域にとって水産業は基幹産業であり，わが国の均衡ある発展のためには「水産業の振興」が重要である。これらの意味から，「水産基本法」がいう，わが国周辺海域における持続的な漁業生産（含養殖生産）と，水産物を安定的に供給するシステムの構築，すなわち，水産業の振興がきわめて重要な課題となっている(注2)。

　では，漁業の生産の場となる水域環境はどうなっているのだろうか。有用水産資源の減少が著しいということはすでに述べた。このほか，最近では，例えばエチゼンクラゲやミズクラゲの大発生，サキグロタマツメタやナルトビエイの増加，ブラックバスやブルーギル等の外来魚問題，植食性魚類のアイゴ等の北上問題，サンゴの白化現象や死滅，有毒プランクトンや下痢性貝毒の広域的発生，内分泌攪乱化学物質（通称，環境ホルモン）問題，磯焼け等々，水域環境の異常に関する報告は多い[4)]。船舶事故等による油汚染もときに発生する。森林や河畔林の荒廃も進んでいる。

　これらの原因は，いわゆる地球温暖化といわれる事項，乱獲や安易な外来種の移殖や種苗放流，バラスト水等の人為的な行為，産業活動による埋め立てやヘドロの堆積，浚渫や海砂の採取，廃排水，河川のダム建設，三面のコンクリート化・直線化，林業の不振等(注3)であるが，多くの場合，これらが互いに関連していることが多い。例えば，エチゼンクラゲ問題のように，乱獲，環境汚染や地球温暖化が絡み，食物連鎖系が植物プランクトン，動物プランクトンから魚類の生産へとつながらずに，微生物を捕食する食物連鎖であるマイクロビアルループが独自に巨大な発展をしているなど，生態系が変化し，健全な海洋環境ではなくなっているという意見もその一例である[5)]。

　また，浅海においては，ダム等により河川からの砂の供給が減少した結果，砂浜域がやせ細っている[6)]。さらに港湾や漁港等の建設，建設用海砂の堀削や航路の浚渫がもたらした貧酸素水域の発生や砂浜域の減少等は，砂浜域に生息する水産資源やそれに依存する水産資源にとっても大きな問題となっている[7)]。さらに，広域下水道にかかる問題[8)]，下水処理排水等を原因とするリンと窒素の濃度比率の変化等の問題，優良漁場であり，魚介類の幼稚仔の育成場

はじめに

であり，かつ海洋の浄化機能をもつ藻場干潟等の埋め立てによる影響はいうまでもない。

しかし，「海の汚染問題が指摘されてきたこの40年ほどの間に，案外と日本沿岸の水揚げ量は落ち込まなかった。むしろここ数年，海がきれいになってきたと指摘されるようになってから，各地の水揚げ量が激減している。これは富栄養化の過程で絶滅してきた貧栄養対象種の担うべき生態的位置が，貧栄養に戻ってきたとはいえ，まだ回復していないことを意味している」[9]との指摘もある(注4)。

この一方，漁業生産システムも著しく変化している。例えば，①漁船の馬力数の著しい増加と漁撈機械の改良，②魚群探知機と海洋の衛星画像の導入等による漁場探査システムの発達，③漁獲した水産物の保存技術の向上等である。このことは，衛星画像で潮目等を見出し，そこに出かけて魚探で魚の群れを探し，大きな馬力の漁船と施網等で一網打尽にし，獲った魚は巨大な冷凍庫で保存することが可能となった[10]。最近では，漁船でもGPS装置を利用して，暗闇でも網を入れ揚げることができ，また，浮きを付けないで海底に下ろしたタコツボの先をカギでひっかけ上げるという魔法のような漁法も生み出すことができたという[11]。このように，漁撈活動は昭和30年代とはまったく質的に異なってきている。その結果，今では，卓越年級群が発生しても小さいサイズで漁獲され，その漁業活動が生態系に影響を及ぼしマイクロビアルループの頻発の一因となっているとの説については前述のとおりである。

輸入水産物の増加と自給率が低下するなかで，それでも日本の漁業・養殖業は年間500～600万トンの生産を挙げている。日本周辺を取り巻く海洋とその資源は，管理よろしきを得れば，持続的な水産物の供給を約束する[12]。いろいろな人為的圧力，自然的な影響があっても500～600万トンの生産を維持できることはすばらしいことであるが，上述のごとく，これが今後とも保証される見通しはない。また，持続的な漁業生産を行うには，漁業生産基盤（人，モノ等）の整備，養殖場の環境を含む海洋環境の維持・修復が重要である。さらに，私たちが利用している水産資源は生態系の構成員である以上，より詳しい表現をすれば，生態系の監視，維持，修復が重要ということになり，人間の側からの生態系の維持，修復には，漁場そのものの保全のほか，漁獲努力量の削減に関する取り組み（いわゆる，漁業管理）も重要である[10]。

これら海洋の生態系を把握し，それの維持，修復にとって基本となるのが海洋環境の各種データであり，このデータを集積するのが海洋調査，特にモニタリング調査である。衛星情報に関する技術等を含め海洋観測技術の進歩は著しいが，この反面，わが国の水産における海洋モニタリング調査は，漁業調査船の減船，定線調査回数の削減，調査点数の削減等，危機的状況にある。これは調査の主力を担ってきた都道府県の水産試験場等（以下，地方水試等）(注5)が財政難等の理由により漁業調査船の維持や運航が困難となっているためである。海洋モニタリングの中心的な役割を担っている（独）水産総合研究センターの調査体制も予算や人員等から厳しい状況となっている。また，昨今の燃油代の急騰はこれに拍車をかけている。このような現状を憂い，海洋環境分野ではモニタリング調査についての危機が叫ばれており，いろいろな学会でシンポジウムや議論等が行われているが，それでも成果は芳しくない。どうして，モニタリング調査の予算が獲得できないのだろうか。

第一の理由は，研究者が行ってきたモニタリング調査によって何が生み出されたのか，その成果がきちんと整理されず，為政者のみならず漁業関係の受益者たちにも成果が伝わってないためである。第二の理由は，漁業生産技術の中でモニタリング調査の役割・位置づけが十分になされていないし，この経済的な視点からの評

価も十分ではない。

　さらに付け加えると，現在，漁業者においても海洋調査の位置づけが低下しており，いわゆる「空気」のような存在で，当たり前に過ぎないのである。

　では，これらの問題をどう突破するかである。
　時代を少し遡るが，海洋調査の現況が十分ではないとし，昭和32年から2年間にわたり，宇田道隆を主任研究者とし，学識経験者30名を委員とする「水産海洋観測改善に関する研究」（農林畜水産業関係応用的研究費）が行われた[13]。これは，「水産関係機関で行われている海洋調査が，科学技術の進歩に照らして，従来必ずしも水産のために充分効果的であったとは言い得ないので，これを改善することが，各方面から要望されている」として，「具体的改善方策を見いだすこと」を目的として行われ，具体的な方策が提案された（資料1）。その後も，上原らによる「水産における定地観測の現状について」[14]等をはじめとしてモニタリング調査についてはいろいろ論議がされてきたが，それらの議論が今の時代に十分に生かされているとは思われない[注6]。

　筆者は，海洋モニタリング調査の問題を打開するための必要事項として4点を考えている。
　第一は，わが国のモニタリング調査の歴史を遡り，その考え方，意義を明らかにすること，第二は，モニタリング調査により得た成果を具体的に明らかにすること，第三は，それらをもとに漁業者，為政者等に対しての積極的な働きかけをすることである。
　さらに，第四として，モニタリング調査が漁業生産技術のひとつであり，漁場選択や魚介類資源の評価や漁業の管理，安全な漁業活動にとって重要であるということを理論的・経済学的に解明することである。
　前3つの視点については，筆者が東北区水産研究所在任中，東北ブロック水産業関係試験研究推進会議[注7]として「海洋・資源のモニタリング調査は未来への架け橋－海洋と資源のモニタリング調査の一層の強化のために－」（東北区水産研究所，平成18年）を取りまとめた[注8]。これを作成するなかで，地方水試等の海洋や資源調査とそれにもとづいた各種の予測業務等は漁業の振興に大いに貢献しており，個々にはそれなりの評価がなされている反面，その基礎となるモニタリング調査について総体として評価が十分ではないこと，また，それらの業務こそは地方水試等の基本的なものであるのではないかと感じた。第四の点にさらに付け加えるならば，大幅な予算や人員の削減が行われ，燃油費が高騰している現在，資源調査・海洋調査をなぜやらねばならぬかをもう一度原点に振り返って考え，現在の科学技術にもとづいて省エネ・省コスト等を含め調査の再理論化を図り，それに対応した漁業生産技術の再構築が重要であると考えている。

　ところで，わが国の海洋モニタリング調査に関する体系的な取り組みは，明治末期の「漁業基本調査」にはじまる。この経緯は，これまで，表0-1のような研究者により書かれてきたが，現在，それらの関係資料の多くは入手困難となっている。また，関係者の大半が鬼籍に入られたり，現役でなくなっていることもあり，日本の水産における海洋モニタリング調査は昭和38年の異常冷水を契機としてはじまったとの誤解等，研究者でさえ海洋調査に関する歴史が正しく伝わっておらず，憂うべき状況となっている[注9]。

　歴史を学ぶということは，それらが実施された社会的背景，考え方，方法，その成果を学ぶことであり，それらをきちんと総括して次の未来に進むための方向性や新しい見解（ヴィジョン）を示すことにある。まさに「温故知新」である。また，海洋の場合，どこにどんなデータがあり，誰がどのようにしてとったかが重要であり，さらに，同じ過ちをしないという点からも重要である。総括をせずに，知的好奇心から

はじめに

表0-1 海洋関係調査の歴史書

著者	タイトル	雑誌名・発行所	発行年
丸川久俊	海洋学	厚生閣	昭和7年
	海洋調査二十年の歩み（水産二十年史）	水産新報社	昭和7年
宇田道隆	海の探求史	河出書房	昭和16年
	日本における海洋調査の沿革（謄写版）	科学技術庁資源局	昭和35年
	海洋研究発達史（海洋科学基礎講座（補巻））	東海大学出版会	昭和53年
渡辺信雄	水産庁における海洋調査業務史	日本海洋学会20年の歩み（日本海洋学会）	昭和36年
友定 彰	戦前の海洋観測資料を求めて	さかな、38号	昭和62年
中村保昭	水産海洋学からみた日本近海の海洋前線	21世紀の漁業と水産海洋研究（水産海洋研究会編）	昭和63年
鈴木秀彌 友定 彰	水産試験研究一世紀の歩み	水産庁研究所	平成12年

の研究は，一部の分野において科学的深化が図られるかもしれないが，実利をともない経済的な視点が必要な水産業の発展を考えた場合，大きな禍根を残すのではないかと考える(注10)。

筆者は，海洋調査を継続的に実施し，さらに発展させるには，前述のように，社会背景をふまえ，過去から現在までの海洋調査についての取り組み，その考え方，それに関係したさまざまな人々と彼らの苦悩・苦労と成果を伝え，社会のなかで理解されることが重要であると考える。また，地球温暖化等をも含め海洋生態系が大きく変わり，漁業や食料を取り巻く環境が大きく変化している現在，漁業生産技術の重要なひとつの柱としての漁場選択技術だけでなく，持続的に漁業を営み安定的に食料を供給する視点から，海洋調査，特にモニタリング調査についての新たな理論構築が重要であるとも考える。

本書では，以上のような問題意識をもち，識者があまり触れていない漁業者や地方水試等の海洋調査に関する意見や取り組み，水産局の行政施策，水産講習所・農林省水産試験場の海洋調査についての具体的な取り組みと，海洋調査と漁業・水産業の発展との関係に焦点をあてた。そして，できるだけ当時の資料をもとに，明治から戦前までの水産における海洋調査についての具体的な取り組みや考え方を体系的に取りまとめ（第1章～第5章），それらによる研究の到達点（第6章）を明らかにすることを試みた。また，海洋調査を開始するひとつの契機となった冷害に関して明治から昭和（戦前）にかけての論議と取り組み（第7章），海洋調査の大きな阻害的な要因となった戦争（第8章）に触れた。さらに，第9章において日本の漁業の発展と海洋調査の関係，および水産試験研究機関の各種の取り組みについて概略的にスケッチし，第10章では，本書のまとめとして，①明治末期からの漁業基本調査を可能としたもの，②漁業基本調査・海洋調査が漁業や水産業の発展に果たしてきた役割，これらの取り組みからわれわれは何を学ぶか，③漁業生産技術の中でのモニタリング調査の位置づけ等について検討してみたい。もうひとつ付け加えて，これらの全般を通じて，日本の海洋調査等について貢献した人々の考え方や苦労をはじめとして彼らの素顔にも触れてみるとともに，海洋調査・資源調査が，今なぜ必要かについて考えてみたい。

脚注

(注1) 例えば，この20年間ほど養殖生産量が120万トン前後でほとんど変動はないが，養殖生産額は最盛期（平成3年）の約7割である。このことからも魚価安となっていることがわかる。

(注2) 現在，45歳前後で水産物に対する嗜好性が大きく変化するとされている[12]。自給率の向上ではなく，安定的な生産という意味は，自給率が需要量と供給量の比であり，需要が減少すると相対的に自給率が向上する。将来，発生すると予想される食料問題の観点からは，水産物の安定的な質と量の生産が重要である。

(注3) 平成9年の河川法の改正により河川管理の歴史的転換が図られたが，住民を事実上締め出し，形ばかりの「公聴会形式」の開催等，平成9年の改正河川法の精神が失われてきているという[15]。

(注4) 一例を挙げればと，鷲尾は次のように例示した。「富栄養化した環境で水揚げ量を伸ばしてきた兵庫県の瀬戸内海水域では，ノリ養殖は貧栄養化の影響を受けて品質低下し，イカナゴ資源の成長も遅れ気味で，

明石ダコも成熟に遅れが見られるなど，大幅な縮小を余儀なくされている。その一方で，これまでヘドロにおおわれていた海底が，ヘドロから砂地に変わり，かつての貝類資源のタイラギなどが復活の兆しを見せている。しかし，かつてのカレイ類やメバル・ハタ類など，貧栄養でも有効に漁獲対象になっていた種類の回復はまだ見られない状況にある」[9]。しかし，筆者は，海がきれいなったのは，海水が一部きれいになっただけであり，底質のヘドロ状態は未だ深刻で，しかも赤潮生物や貝毒プランクトンのシストの存在，港湾や航路の浚渫による窪地問題等々，現実的にはより複雑化しているものと見ている。

(注5) 現在，都道府県の行政改革の関係で水産試験場の組織改革が進み，名称も水産試験場から，技術開発センター，総合水産研究センター等，大きく変わっている。本書では，水産の公設試験研究機関については，水産試験場等，地方水試等の呼称を使うこととする。この地方水試の名称の経緯は第5章の注2を参照されたい。

(注6) 昭和38年にはじまった漁海況予報事業に関するそれまでの総括と今後の方向性については，昭和56年5月水産庁研究部から出された「漁海況予測の方法と検討」という冊子に取りまとめられた。

(注7) (独)水産総合研究センター東北水産研究所が，東北ブロック管内（青森から茨城までの県）の水産業や水産振興にかかわる研究の方向性等について管内の公設水産関係試験研究機関と協議する場。すべての研究所がその担当地域・分野に関しての同様の協議の場をもっている。現在は水産業関係研究開発推進会議との名称となっている。

(注8) 東北区水産研究所のホームページで読むことができる。この種のものとしては，瀬戸内海区水産研究所から「モニタリング調査は水産研究のいしずえ！」（瀬戸内海区ブロック水産業開発研究推進会議編，平成19年）が出されている。

(注9) 宇田道隆は「海に生きて」（東海大学出版会）[16]の中で，昭和38年の異常冷水後のモニタリング調査のことに関して「再興」との表現を使っている。明治末からの延々と続く研究の蓄積と人材の育成があったからこそ，このとき，水産庁予算によるモニタリング調査がスムーズに実施することができたということを忘れてはいけない。

(注10) 福井と鶴岡[17]は，理科教育の中で科学史を活用する意味について，Matthew M. R. の論文（Science Teaching, The Role of History and Philosophy of Science, 50, Routledge, 1994）を引用して，①歴史は，科学概念・方法のより良い理解を促進する，②歴史的アプローチは，個人的思考の発達を科学的アイデアの発展と結びつける，③科学史は，本質的に労力かけるだけの価値がある。科学史・文化史における重要なエピソードは全ての生徒が良く知っているべき，④歴史は，科学の本質（nature）の理解のために不可欠である，⑤歴史は，科学テクストや科学クラスに一般に見いだされる科学至上主義や独断主義を和らげる，⑥個々の科学者の生涯や時代を調べることにより，歴史は科学の素材を，生徒にとってあまり抽象的ではなくむしろ没頭させるものとしつつ人間的なものにする，⑦歴史は，科学のトピック・学科が，その他の人文学科と結びつくのを容認するだけでなく，相互に結びつくことも容認する。即ち，歴史は人間の業績の集約的・相互依存的な本質を表すとし，③と⑥は科学活動をするための動機づけであり，⑤と⑦は科学の本質に科学と外部の関わりの視点から重要である，とした。また，成田龍一[18]は，井上 清の「日本の歴史（上）」（岩波新書，昭和39年）の前書きを引用し，「通史」を学ぶ意味は，①「原始の野蛮から現代の文明にいたる，日本歴史」を「創造発展させてきた原動力」をあきらかにし，世界との関連や地理的条件など「作用した諸条件」を具体的に追求すること，②日本の歴史のそれぞれの「発展段階」を確認し，「それぞれの時代像」と「全体としての歴史の大きな流れ」とを「一望のうちにおさめること」，③「人類史的な一般性」と日本歴史としての「特殊性」とを「統一的」に把握すること，④こうしたことにより，「われわれの歴史の，経済，政治，文化そのほかすべての側面を総合統一して説明し，歴史的現代を正確に理解するとともに，われわれの未来について科学的な根拠のあるヴィジョンを，つくりあげるのに役立てること」とし，ここに通史の目的と叙述，より正確にいえば，戦後歴史学が目指す通史のありようが描かれている，と書いた。これらのことは，単なる理科教育ばかりでなく，専門的な分野の教育の視点から，あるいは研究者の養成の視点においても重要である。

引用文献

1) 例えば，土屋 孟：急がれる日本の漁船漁業の再建，学士会会報，861号，46～52，平成18年
2) 例えば，塩野米松：にっぽんの漁師，新潮社，平成13年。葉上太郎：日本の漁師が消える日，文芸春秋，86 (10)，178～185，平成20年
3) 日本経済新聞，揺らぐ食（下），手探りの安心，平成19年9月2日
4) 例えば，東京大学海洋研究所DOBIS編集委員会：海の環境100の危機，東京書籍，平成18年
5) 例えば，上 真一：エチゼンクラゲ大発生：海から人類への警告，化学と生物，45 (5)，355～359，平成19年
6) 保屋野初子：ダム堆砂は川と海への「20世紀負の遺産」，世界，767号，241～250，平成19年
7) 例えば，柿野 純：アサリの減耗に及ぼす物理化学的環境の影響に関する研究，水産工学，43 (2)，117～130，平成18年
8) 例えば，中西準子：下水道－水再生の哲学，朝日新聞社，昭和58年
9) 鷲尾圭司：日本の漁業は，どうあるべきか，環，35号，134～140，平成20年
10) 例えば，チャールズ・クローバー（脇山真木訳）：飽食の海，岩波書店，平成18年
11) 葉上太郎：前掲
12) 秋谷重男：日本人は魚を食べているか，漁協経営センター，平成18年
13) 宇田道隆，栗田 晋，平野敏行：水産海洋調査改善の具体的方策の要約，水産海洋観測改善に関する研究（農林

はじめに

畜水産業関係応用的研究費報告書），昭和33年
14) 上原　進，杉浦健三，平野敏行：沿岸海洋研究ノート，5（1），10～18，昭和41年
15) 岡田幹治：反動化する河川行政－河川法改正から10年，いま川に何が起こっているか，世界，767号，214～225，平成19年
16) 宇田道隆：海に生きて，323，東海大学出版会，昭和46年
17) 福井智紀，鶴岡義彦：理科教育における科学史の活用について－我が国における研究の概観と後の課題－，The Report of Tokyo University of Fisheries, 38, 55～65，平成15年
18) 成田龍一：なぜ近現代史の通史を学ぶのか，日本の近現代史をどうみるか（岩波新書編集部），245，岩波書店，平成22年

目　次

はじめに　背景と問題意識 v

第1章　日本の水産における海洋調査のはじまり
1・1　水産における海洋調査のあけぼの 1
1・2　水産調査予察と水産局による海洋調査 2
1・3　外国の漁業調査船によるわが国の周辺の海洋関係調査 5

第2章　漁業基本調査の実施とその内容
2・1　国際海洋調査会議の開催と海洋調査についての見聞 11
2・2　漁業基本調査の実施とその目的 14
2・3　漁業基本調査についての具体的な取り組み 16
2・4　大阪毎日新聞社による海流調査 20
2・5　浮遊生物学とその調査について 20

第3章　地方水産試験場・講習所の設置と海洋調査
3・1　地方水産試験場・講習所の設置 27
3・2　赤潮調査について 35
3・3　磯焼け調査について 39

第4章　「漁業基本調査」から「海洋調査」へ
4・1　海洋調査に関する世論の展開 45
4・2　漁業基本調査の成果 46
4・3　「漁業基本調査」から「海洋調査」へ 47
4・4　地方水産試験場等の海洋調査 51
4・5　海洋調査における科学的な成果 56
　　1. 日本海における海洋の性状（56）　2. 漁場細密調査（56）
　　3. 卵稚仔調査と卵稚仔検索表の作成（61）　4. カツオ，マグロ，サンマ等の回遊と水温との関係，および漁況（63）
4・6　漁業基本調査・海洋調査の評価 64
4・7　天鴎丸と蒼鷹丸 67

第5章　農林省水産試験場の設立と海洋調査事業の新たな展開
5・1　海洋調査機関の設置の動き 75
5・2　農林省水産試験場の創設と新たな海洋調査の展開 78
5・3　地方水産試験場等による海洋調査 91
5・4　海軍水路部による海洋観測 97
5・5　気象官署による海洋観測 100
5・6　沿岸漁場環境（水質）の調査 101
5・7　漁海況速報の実施 104

目次

第6章　水産における海洋研究の到達点
- 6・1　日本近海各月平均海洋図 119
- 6・2　黒潮と親潮の海況 119
- 6・3　瀬戸内海の海況（連絡試験） 121
- 6・4　日本海・黄海・オホーツク海の海況（連絡試験調査） 124
- 6・5　若狭湾およびその沿海の流動 128
- 6・6　日本海一斉調査 130
- 6・7　北太平洋距岸一千浬一斉海洋調査 132
- 6・8　相模湾のブリに関する調査 135
- 6・9　浮遊生物定量調査 137
- 6・10　黒潮の異常について 152

第7章　冷害と海洋調査
- 7・1　水産試験研究機関による冷害に対する海洋調査 158
- 7・2　冷害に関する海洋調査の結果とその発生に関する論議 158

第8章　海洋調査と戦争
- 8・1　戦時における海洋調査に関する論議 165
- 8・2　戦争と海洋調査 166
- 8・3　戦争と水産業・水産の試験研究 168

第9章　日本漁業の発展と海洋調査との関係
- 9・1　わが国の漁獲統計の歴史 173
- 9・2　漁獲量の推移と動力付き漁船の増加 174
  1. 漁獲量の推移（174）　2. 動力付き漁船の建造と試験研究（175）　3. 漁業の発展と技術の展開（177）
- 9・3　カツオ，マグロ漁業 178
  1. カツオ・マグロ漁業の各県の調査研究の時系列的な取り組み（180）　2. カツオ漁業に関する試験研究（181）　3. マグロ漁業に関する試験研究－特に延縄試験について（182）
- 9・4　外地出漁 184
- 9・5　北洋漁業 187
- 9・6　底魚漁業 187
- 9・7　漁業の発展と海洋調査 190

第10章　まとめ
- 10・1　なぜ漁業基本調査，海洋調査をなし得たのか 195
  1. 産業的・社会的背景（195）　2. 主体的要因（197）
- 10・2　漁業基本調査・海洋調査が漁業振興に果たした役割は何か 202
  1. 科学に果たした役割（202）　2. 漁業・水産業に果たした役割（203）
- 10・3　漁業基本調査・海洋調査における国と県の役割はどうだったのか 205
- 10・4　なぜ，今海洋調査なのか 206
  1. 経済的な漁業生産活動（207）　2. 合理的な漁業生産活動（210）　3. 海洋は複雑系である（215）

資 料

1. 水産海洋調査改善の具体的方策（要約） 224
2. 水産調査の方法に就て 225
3. 漁業基本調査（漁業基本調査ノ目的及方法） 227
4. 漁業基本調査報告・海洋調査彙報・水産試験場報告一覧（漁業・海洋関係） 232
5. 日本環海海流調査業績 235
6. 地方水産試験場の海洋・資源関係試験事項 236
7. わが国の明治期から戦前までの水産における海洋モニタリング調査 237
8. 海洋調査ト魚族ノ廻游 261
9. 海洋観測と漁業の関係 263
10. 大正7年水産事務協議会「海洋調査連絡方法に関する件」の協定事項 266
11. 農林省水産試験場事業報告（海洋関係部門） 267
12. 新ニ協定シタル連絡試験項目 275
13. 瀬戸内海水産振興協議会で決定された試験調査事項 277
14. 漁況の速報並に予報に関する件 279
15. わが国の漁業の発達と海洋調査関連事項について 282

参考文献
おわりに

索　引
用語索引 301
人名索引 305

本書の構成について

1. 本書では，ある一定の期間ごとの定型的調査をモニタリング（監視的）調査と定義し，また，モニタリング調査と，ある目的をもってのテンポラリィ（一時的）な調査を合わせて海洋調査と定義とした。
2. 図・表の番号については，その章を通じて順に図○-○，表○-○とした。
3. 本文中の文献の刊行年については，時代背景を理解しやすくするために年号を用い，巻末の参考資料では西暦を用いた。なお，外国人の経歴については西暦を用いた。
4. 脚注を各章の終わりに付け，補足的な説明を加えた。本書で取り上げた人についても脚注の中で改めて経歴やエピソード等を記した。
5. 戦前は今と異なり，魚種名は「ひら仮名」，一般的な文章は「カタカナと漢字」が使われた。このため，引用の場合の魚種名は「ひら仮名」を使った。
6. 引用論文をできるだけ忠実に再現する観点から「カタカナと漢字」を用いた。また，それらにはほとんど句読点がなく読みづらいため，論文には筆者の責任で句読点を付けたものもある。句読点については一括して，と。で統一した。また，送り仮名の用法は現在と異なっていることも予めご了承願いたい。
7. 図表は当時の状況を伝えるために，読みづらい部分もあるが，できる限り原図をそのまま使うこととした。
8. 本書では，「漁労」ではなく，「漁撈」という言葉（漢字）を使った。「撈」は，この字だけでも水中の魚介類をとることを意味し，「労」のもつ一般的な「しごと，はたらき」よりも，水産においてはより具体的な意味をもっているためである（有薗真琴：おさかな文化誌，204～205，舵社，平成9年）。
9. 本書では，当時の地名，用語等を使っているために，現在では，不適当・不適切なものがある。これについては歴史資料として尊重する視点から用いていることであり，ご了承願いたい。特に地名については，当時の漢字と現在では異なっているものもある。このため，資料7では現在使われている漢字を使用することにした。

第1章
日本の水産における海洋調査のはじまり

わが国における水産の海洋調査は明治10年代の半ば頃から議論されはじめた。やがて明治21年には一連の水産関係調査のひとつ[注1]として「水産調査」が取り組まれた。しかし，予察調査はかろうじて実施されたが，「基本調査」は本格的には実施されることがなかったと筆者は考えている。明治23年の行政改革で水産局が廃止され，明治26年，その代替機関である水産調査所において，和田雄治が瓶流しによる海流調査を実施した。また，軍艦や商船を利用した各種の海洋調査が実施された。その後，明治42年，わが国の初めての本格的海洋調査として，北原多作が提唱した「漁業基本調査」が実施された。本章では，「漁業基本調査」の取り組み前までの萌芽期における海洋調査についての考え方をはじめとして，水産（予察）調査，和田雄治の放流瓶による海流調査等の初期の取り組みについて記す。また，当時，わが国周辺海域において盛んに行われた外国船による海洋調査について説明する。

1・1 水産における海洋調査のあけぼの

わが国の水産における海洋研究，あるいは海洋調査についての関心はいつ頃からだろうか。この課題を明らかにする資料としては，明治15年に刊行され現在も続いている「大日本水産会報」（後に「水産界」と改称）が時系列的にとらえることができる最良のものである。これによると，明治15年の大日本水産会報3号，4号に松原新之助[注2]が「水産調査ノ要旨」の題名で，「海水理化学論（筆者注：海水の物理的性状）」，「海産物性質及生活論（筆者注：魚介類の生態）」，「水産物蕃殖ノ事（筆者注：繁殖生理）」を啓蒙的，かつ概略的説明した[1]のが最初である。この種の概説や調査方法等のものとしては，明治22年，箕作佳吉（みつくりかきち）[注3]が，「水産物調査並ニ深キ海ノ魚」という講演でアメリカ水産局の業務を紹介し，「水産物ノ調査ハ地質ノ調査ニ於テ如何ナル処ニハ如何ナル鉱物岩石ヲ出スト云フカ如ク，海中ノ動物モ一々法則アリテ生息スルモノニシテ，学術的ニテ之ヲ調査スルニハ何魚ハ如何ナル処ニ住ミ，何ノ方角ヨリ来リ，何月頃ニ如何ナル場所ニテ産卵シ，何月頃ニ何ノ地方ヲ経テ何ノ方向ニ帰ルト云フ如キコトヲ研究スルコト大ニ調査スルコトハ，近年ノ様ナレトモ合衆国水産局ハ手当ヲ十分ニ備ヘ」と書き，測深器，寒暖計，採水器，海底の動植物の採集器を紹介し，さらに下層の潮流の方向・速度計の存在を説明した[2]。

この一方，実際の海洋学的なものとしては，大日本水産会報告66号（明治20年）に「九十九里沿海潮流質問」[3]，同104号（明治23年）に「豆州の形勢と黒潮の関係を述べて漁業盛衰の原因に及ぶ」[4]が掲載された。

「九十九里沿海潮流質問」は，上田英吉が「今

九十九里浦に滞在。本年，当浦不猟の原因は多分潮流其他海水変換の為めなるへしと信ず。同浦沿海潮流の模様等御明示を乞ふ」と質問し，これに，在東京会員の黒野元生が「本邦海岸の風潮等は未た正確なる探究を経ず。故に本問に対して爰に確答する能はされとも，右不漁の原因は多分親潮の浪流同浦へ突出せしか為めと思考すれとも，猶ほ問者に於て其貴地を調査せらることを希望する。若し同所海水温度平日より降下し居れは全く卑見と符号するものと云ふへし」と回答し，黒潮と親潮の説明と，これらの海流の関係，これらと漁獲量の関係に触れている。また，「豆州の形勢と黒潮の関係を述べて漁業盛衰の原因に及ぶ」では，門脇捨太郎が「近年，寄魚類ノ捕獲年ヲ逐テ減少スルノ傾キアルトハ，各地方ノ漁業者ガ頻リニ憂慮スル処ノ説ナル。此原因タルヤ単純ナルモノニアラズシテ，魚族ノ種類ニ依リ各差異アルハ勿論ノ事，第一自然的ノ変動ニカヽル潮流ノ変換，水温ノ高低，気象ノ変動，食餌ノ多寡，産卵場ノ変動，第二人為的ノ妨害トナルベキ処ノ有害漁具並ニ漁期漁場ノ無制限等ノ如キ，其ノ関係ノ及ブ所，最モ廣キモノニシテ，是等ノ関係ガ直接若クハ間接ニ偶発侵入シテ不漁ノ結果ヲ来スモノナルカ。豆海ノ形勢ト黒潮トノ関係ヲ陳ベテ，魚族ノ集散ヨリ漁業ノ盛衰ヲ来ス所以ノ原因ヲ推知セント欲ス」と本論文の目的を述べ，伊豆半島，駿河湾，相模灘，伊豆七島の地勢・底質について書き，次いで，黒潮と親潮について説明し，特に黒潮の流路や流幅の変動，黒潮と沿海の流れとの関係，黒潮と浮魚底魚の関係，漁獲量変動との関係等について詳細に論じた。これは，海洋環境と漁業との関係を本格的に述べた最初の論文であろう。

また，内湾については，同報告69号（明治20年）において，千葉県上総国望陀郡蔵波村（現袖ヶ浦市）花澤基賢[5]が「東京湾内沿海潮流の模様並に海水温度等御明示を乞ふ」と質問し，前述の黒野が，「東京海湾潮流の模様並に海水の温度は未た充分の験測を経さるを以て爰に詳細の応答を為す能はす。甚だ遺憾。乍去爰に其最も信すへき材料に基き其概略を述ふへし。東京海湾内なる潮汐の方向は通例風向の為めに左右せらるゝの傾向ありと雖も，満潮流は北西微北，干潮流は南西微南に向ふ。両流倶に富津の鼻を旋くる時は其速力甚だ大なり」と回答した。

1・2 水産調査予察と水産局による海洋調査

松原新之助は，「本邦の水産業を発達せしめんと欲せば遠洋漁業を奨励し，輸出水産物の製造法を研究し，養殖事業の普及に力め，之が改善進歩を図るは素より論を俟たずと雖，先以て我国に産する所の水族の状況採獲の方法より其生産額等を調査せざれば，以て前途の方針を決すべからず」[6]と，水産に関する調査の必要性を説き，その実施を水産局に建議した[注4]。明治21年，水産局長鈴木大亮は松原の提言を受け入れ，彼を主管として明治21年から25年にかけ，全国を5海区に分け[注5]，各地の海中生物の種類，その性質，効用，発育の時期，消長，移動，卵子，魚児，疾病，害敵，食餌および漁具，漁法等の水産物の状態，漁業の状態等の予備的調査を実施し，報告書として4巻11冊を刊行した。この報告書は各地方庁または漁業組合に頒布された[7]。「然るに，明治23年水産局廃止と伴い，本事業も亦，中断せられるに至った」[8]。しかし，表1-1に担当者と調査海域と調査日を示したように，調査予察については，一応，最後までかろうじて実施され，取りまとめられた。

水産調査予察報告第一巻の緒言において，松原[9]は，「水産調査ハ，欧米各国ニ行ハルル処ノ方法ヲ折衷シ，更ニ之ヲ実地ニ斟酌シテ，茲ニ基本調査，予察調査ノ二様ト為シ，以テ恰モ本邦ノ現況ニ適スル方法ヲ定メラレタルモノナリ。基本調査，予察調査トノ二様ニ別タレシハ，先予察調査ニ於テ各地水産物ノ消息及ヒ漁業等

表1-1 水産調査予察の実施時期と担当者

海 区		調査地域	期　日	担当者
西南海区	中央部	沖縄県，鹿児島県，宮崎県各全管下	明治 21.4.24 ～ 11.18	松原新之助 和田義雄
	東部	高知県，徳島県全管下，大分県，愛媛県，兵庫県の内	明治 21.4.15 ～ 7.14	柏原忠吉
	西部	熊本県，長崎県，佐賀県各管下，福岡県内	明治 21.4.15 ～ 9.11	山本由方
内海区		大阪，兵庫，岡山，広島，山口，福岡，大分，愛媛，香川，徳島，和歌山	明治 22.6 ～ 11（前後2回）	松原新之助
東海区		和歌山県，三重県（紀伊国から志摩国まで）	明治 23.12.13 ～ 24.2.14	松原新之助
		三重県伊勢海，愛知県，静岡県下	明治 24.5.27 ～ 8.16	奥　健蔵
		神奈川県下	明治 24.6.11 ～ 7.8	栗崎平太郎
		神奈川県，東京府，千葉県下，東京湾	明治 24.10.13 ～ 12.14	岸上鎌吉
		千葉県外海東部，茨城県下	明治 24.2.6 ～ 3.26	和田義雄
		福島，宮城，岩手，青森県下	明治 23.8.9 ～ 24.1.22	山本由方
北海区		山口県，島根県	明治 24.8.1 ～ 11.3	金田帰逸
		京都府，兵庫県，鳥取県	明治 24.7.20 ～ 9.23	緒方千代治
		福井県，石川県，富山県	明治 24.9.21 ～ 12.13	久野義三郎
		新潟県，秋田県，青森県	明治 24.9.21 ～ 25.1.4	山田平太郎

従来ノ状勢ヲ詳カニシ，仍テ以テ予メ調査ノ本拠タル事物ヲ定メント欲スルニ由レリ。若シ此予察調査ノ次序ニ拠ラズンバ実ニ漠然トシテ帰スル処ヲ知ラズ。空ク彷徨シテ時日ト費用トヲ徒費スルニ至ルノ恐アリ。即チ，予察調査ノ手段ニ出デタル所以ナリ」と述べた。予察調査と基本調査とに分けたのは，予察調査で目星を付け，その後に本格的な調査をするというものであった。予察調査では全国を5海区に分けたのは「便宜上」としながらも，「予メ水産分布ノ境界ヲ想察セラレタルニ由レリ」とし，沖縄からはじめた理由は，「本邦水産ノ消息ハ南方ヨリスル処ノ風候潮勢ニ原ツキ其関係ヨリシテ本邦重要水産物ノ多キヲ致スノ感情アルヲ以テ」としている。すなわち，本邦北部は欧米各国と似ており，実業的，学理的にも説明のための例証が多いが，本邦南西諸島の沿海は資料が少ないこと，本邦の南方から重要魚介類が来遊するためであった。また，北海道も明治22年から北海道水産予察調査を実施し，明治25年に取りまとめられた。

さて，その予察報告書の中で，海洋がどのようにとらえられているかである。第3巻第1冊[10]にある「第一区紀伊西南海」を見ると，黒潮の紀伊水道への「分流」と紀伊半島への「接近」については次のように記されている。これらの経験則が科学的に実証されるのは昭和に入ってからである。

　本県（筆者注：和歌山県）ハ紀伊水道ヲ挿ンテ西南海区東部阿波外海ニ連リ，海面ニ突出スル岬角ハ，日岬，切目崎，鉛山崎，市江崎，潮岬等ニシテ，港湾ハ田邊ヲ主トシ，芳養，周参見，袋等ノ小湾アリ。而シテ，小出入ハ猶ホ多クコレアリ。地勢ノ大体ヲ以テスレハ其中央稍膨出ス。沿岸ハ概ネ岩石多ク沙濱少ク，山高ク水深シ。岸ヲ距ル四五海里ニシテ輒チ百尋ニ過ク。

　漁礁亦少カラス。沿岸凡ソ十海里以内ニ断続ス。其「ケタジ」ト称スルハ最モ沖合ニアリテ，且最モ大ナル者トス。即チ，切目崎ノ沖凡ソ六海里ノ処ニ起リ，田邊ノ沖凡ソ十海里ノ処ヲ過キ，潮ノ岬凡ソ二海里ノ処ニ及ブ。幅凡ソ八丁礁上深サ僅カニ八十尋之ヲ越ユレハ百二三十尋トナル。是レ本区有名ノ漁礁ニシテ珊瑚亦此ニ生ス。

潮流ハ，所謂黒潮流域ノ近キヲ以テ常ニ西南ノ方位ヨリシ，土佐ノ室戸岬ヲ掠メ紀伊水道ノ前方ヲ過キ，直チニ紀伊潮岬ニ衝キ来リ，更ニ転シテ東南ニ向フ。漁者ハ之ヲ下リ潮ト云フ。其潮岬ニ来ルヤ，一分ハ即チ反激却洄シ余勢ノ及ブ処紀伊ノ西岸ニ沿ヒテ水道ニ向フ者アリ。此如キ有様ナルヲ以テ潮岬附近ハ黒潮常ニ近シ。然レドモ時アリテ数里ノ沖ニ去リ，地先近海ハ潮流西ニ向フ。漁者ハ之ヲ上リ潮ト云フ。本区沿岸大潮高低ノ差ハ五，六「フィート」トス。本区ノ海ニ注入スル河川ノ主タル者ハ日高川，富田川，日置川等トス。此地方ノ漁獲物ハ都テ黒潮物ト称シ黒潮ニ関スル者ヲ主トスルヲ以テ，苟クモ下リ潮ナキトキハ本区一帯其漁業ナシ。本区ノ漁業ハかつを，さばヲ以テ眼目トス。就中かつを漁業ハ本区ノ東部ヲ主トシ，さばノ漁業ハ専ラ其西部ト為ス。是レ皆黒潮ノ関係多キヲ以テナリ。

ところで水産調査の「基本調査」についてである。

明治23年，行政整理により水産局が廃止された。この代替機関として，明治26年に農商務省農産局に水産調査所が設置された。この経緯は拙著「智を磨き理を究め」[11]に書いた。丸川[8]は「明治二十五年水産調査所の設置（筆者注：正確には明治26年）を見るに至り曩年の調査方針を踏襲して調査に着手したるも，其の之に付与せられたる経費は各般の行政事務費に分割せられ完全なる調査を行ふことが出来得なかった。明治二十五年水産調査所の仕事として同二十六年から二十八年にかけて，和田博士が郡司大尉の報効義会の船に托し或は軍艦に便乗して海流瓶を投入して暖寒両海流の調査を行りたに過ぎない。明治三十年水産局の再置と同時に水産調査所が廃止せられ，其の事業は水産局内の一課に移され，其後数次の政費節減の為め長く其の驥足を伸す能はざるに至った。岸上理学博士，北原多作の諸学者が此間大いに水族の研究に従事されたのであるが事情此の如くにして此等諸先輩の学術的研究調査も充分に行はれずして中絶さるゝに至ったのである」と「水産二十年史」に書いた。そもそも水産調査所の設置目的は，漁業法の制定に関する調査が主眼であるとされ[11]，水産調査の「基本調査」に関しては，目的やその内容については不明であり，予算，体制等面から考えると「本格的」には行われなかったと考えた方がよいようである。

なお，水産調査所が「水産調査報告」を発行していたが，明治30年に水産調査所が廃止され，その組織が水産局調査課と水産講習所試験部に分割された後は，水産局が「水産調査報告」を発行することになり，「漁業基本調査報告」が出されるまで続くことになる。

この水産調査予察が実施された際，漁業調査船新造の建議が行われたが，実現されなかった[8]。

前述のように水産調査会の事業の一つとして，同会委員和田雄治(注6)（中央気象台技師）発案の「瓶流し」による海流調査が取り上げられ，明治26年から3ヶ年，葉書を封入し，松脂で栓口を閉鎖した1L入りのシャンパン瓶を放流した。これは，放流した場所と漂着した場所から海流やその速度等を推定しようとするもので，和田がフランス留学中に万国博覧会に出品された海洋探検に関連する事物に注目し，海洋研究の重要性を痛感したためとされている(注7)。26年は親潮の状況（千島地方の海流）を調べるために，4月に択捉から色丹までに海軍水路部測量艦「磐城」が400本の瓶を流し，根室半島の納沙布岬から金華山などに56本が漂着した。また，27年は本邦南海における黒潮の研究のために，長崎より琉球を経て台湾に至る間256個（軍艦「松島」），測量艦「磐城」が津軽海峡を経て新知島間で38個，襟裳崎犬吠埼間で50個，肥前国五島近海で10個を投入

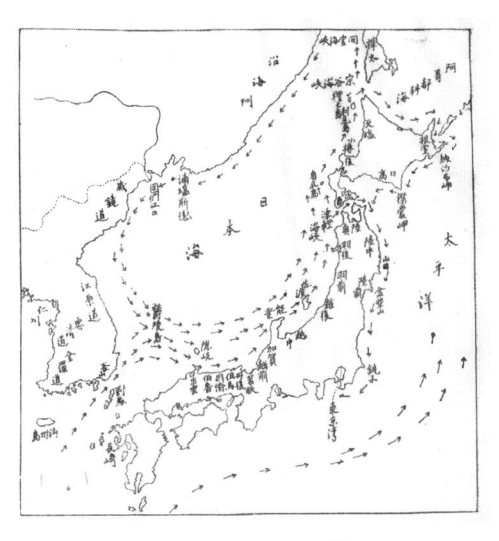

図 1-1　海流方向図 [12]

し，このうち 62 個を回収した。これらの結果から，海流の流れ，速度等の結果を報告し，親潮，黒潮等の海流の実態を知るうえで成功を収めた [12]。これが日本における海流調査のはじまりである。この調査については，後日，「『大海の真中に百本や二百本の徳利を流して何になるのか。斯る児戯に類した無益の事に調査会が無駄金を支出するのは忌むべき事である』との議論が出たが，箕作佳吉等の学者の賛成で辛うじて了解される」[13] と和田は書いた。これらの結果にもとづいて和田 [14] が水産文庫に掲載した海流図を図 1-1 に示す。

この和田の瓶流しによる海洋調査のほか，水産局の赤沼徳郎 [15] は，明治 33 年から 35 年，汽船をチャーターして相模湾，駿河湾，外房州沖，東京湾の横断観測の計 8 回（一航海は約 10 日）調査を行った。これには，当初，カセラ最高最低温度計，明治 34 年にはネグレッチ・ザンブラ転倒水温計を用い，浮秤を併用して 9 m（5 尋）ごとに水温と比重の鉛直観測を行った。この調査は後年実施される横断観測の端緒となった。その後も，明治 35 年に神戸横浜間における海水の水温と比重を観測し，明治 36 年には「浮秤を用ひて比重を測定するときの誤差及其読み方に就て」を発表した。これは，比重測定器中最も簡便な浮秤について種々の実験研究した結果を取りまとめたもので，これをもとに，キール型に倣った赤沼式海水比重計をつくり一般に普及させた [16]（注 8）。

定地観測として，明治 33～35 年，水産局指導で，宮崎県細島（水深 33 m と 49 m），長崎県大船越（同 34 m），和歌山県潮岬（同 63 m），石川県輪島（同 27 m），青森県鮫（同 29 m）に沖合定点沿岸海洋観測所を設け，毎年 4 季（2，5，8，11 月の初旬）海洋観測した [17]。これは水産局が各水産試験場等に依嘱したもので，これがわが国最初の水温・比重の系統的沿岸定地観測である（注 9）。これは実質 2 年間で終わった（後述）。

1・3　外国の漁業調査船によるわが国周辺の海洋関係調査

ロシアのマカロフ提督（注 10）の「ヴィチアス（Vitiaz）」により，明治 10～11 年に日本周辺の海流調査が実施され，その概要は「日本近海海洋調査書」[18] として発表された（注 11）。また，アメリカ水産局の「アルバトロス（Albatross, 1074 トン）」（図 1-2）[19] は，明治 29 年に千島

第1章　日本の水産における海洋調査のはじまり

図1-2　アルバトロス[19]

群島沿海の膃肭獣（おっとせい）の繁殖および猟況（りょうきょう）を調査するため来航し、9月下旬横浜に寄港、10月初旬横須賀の船渠（せんきょ）に入った。このとき、アルバトロスの構造、漁具、機器等を箕作佳吉、飯島 魁（いさお）[注12]、和田雄治、岸上鎌吉等が見学した。このときの感想を同行した当時の教育博物館の波江元吉[20]は、「本邦ニ於テ該あるばとろーすノ如キ堅艦ニ完備セル器械ト、熟練セル船員ヲ具備シテ、外洋ニ探験ヲ試ミルノ盛挙ハ、果シテ何日ニ来ル可キ乎。人能ク口ニ遠洋漁業ノ利ヲ説ケトモ、外洋ニ於ケル海底ノ深浅潮流ノ方向、漁場ノ如何等ヲ、常ニ調査スル該あるばとろーすノ如キ調査船アリテ本邦海区ノ指導ヲナシ、漁業者ノ企画ヲ扶翼スルニ非ラサレバ、誰カ能ク資ヲ投シテ渺邈際ナキ遠洋ニ出テ、漁業ヲ営ムモノアランヤ。聊カ其観察スル所ヲ書シ（いささ）」と、半ば驚き半ば嘆きを記した。その後も、アルバトロスはジョルダンやシュナイダー等を乗せて度々来日し、明治39年は函館から日本海、朝鮮東岸、五島列島を経由して鹿児島湾に入った。さらに、その後九州東岸を経て瀬戸内海に入り、紀州沖、遠州沖を経て横浜に入り、日本を一周をした[注13, 14]。このときの海洋観測データは漁業基本調査報告準備報に掲載された[注15]。この航海では、米国は箕作の乗船を期待したが都合がつかず、その代わりに五島清太郎（後の東京帝国大学動物科教授）が乗船した。この航海目的のひとつは、わが国の魚類研究にあった。日本の魚類の学名の多くに彼らの名前が付けられているように、動物学雑誌は「吾人は我沿岸動物界の智識の問題に対し深厚な同情を有する者として、今後は我邦に於いても自国の事にもあり、且、我経済上重要の水産研究のため自ら費用を投じ大に研究するの頗る必要なると感じる」[21]と書き、当時の学者たちの問題意識が垣間見られる。また、後に久留も「日本の魚類研究に彼らの果たした役割は少なくなく、日本の学者達はまともな調査船が無いという唯それだけの理由のために研究の宝庫の多くを諸外国の学者の手に委ねざるを得ず」[22]とした。なお、日本に来た外国海洋調査船等については、宇田[23]が詳しく書いている。

脚注

(注1)　この他の調査として取り組まれた結果は、「有用動植物誌」「水産製品誌」「水産捕採誌」として取りまとめられた。

(注2)　松原新之助（1853～1916）島根県松江生まれ。松江の藩医山本泰庵に学ぶ。その後、東京医学校（東京大学医学部）に入学。御雇い教師ドイツ生物学者ヒルゲンドルフ博士の通訳として、また、同氏に生物学、魚類学を学ぶ。明治10年同大学医学部助教授、駒場農学校教授も兼任、生物学を担当。12年ベルリン万国漁業博覧会に出席し、ドイツ水産業の施策を学ぶ。これが大日本水産会が結成される要因となる。14年農商務省御用掛、水産調査嘱託等として水産事務を掌る。20年農商務省技師となり、水産伝習所創設に盡瘁。水産調査予察事業を提案し実施する。24年水産局廃止と共に非職となり、水産調査会委員、大日本水産会幹事として水産業発達と水産伝習所の充実のために貢献。30年水産講習所監事・教授、36年水産講習所長。このほか、帝室林野管理局水産事業監督、高等教育会議臨時委員、漁撈職試験委員等を担う。温厚な性質で漢詩を好み、酒、茶の湯をたしなむ風流人であった[6]。写真は動物学雑誌（28巻、330号、大正5年）より引用。

(注3)　箕作佳吉（1857～1909）江戸津山藩邸生まれ。津山藩医箕作秋坪の三男。父秋坪は幕府に召し出され、欧米留学。維新後は44才で隠居、自ら三叉学舎を興して英才の教育に努め、後に東京師範学校摂理（筆者注：校長）等の公職にも就く。佳吉は、明治4年慶応義塾で英学を修業し、大学南校を経て、明治6年2月、16才で渡米し、コネチカット州ハートフォード高校に入学。2年後、工学研究のためニューヨーク州のポリテクニック学校に進学、21才でエール大学に転じ、明治11年卒業。その後ジョンズ・ホプキンズ大学においてW・K・ブルックスの下で動物学を専攻し、卒業後フェローに選ばれ、さらに英国ケンブリッジ大学で動物学を学び、帰国。明治16年理学博士。明治14年東大講師、

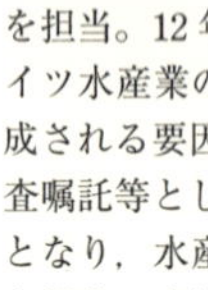

同年25才で教授。同42年の死去に至るまで日本の動物学界の第一人者で，日本の動物学の基礎作りに貢献。当時の学生たちは，モース，ホイットマンの両米人教授の後に突如登場した箕作を見て，「外国で動物学を研究して居る日本人があったと云ふ事は誰も少しも知らなかった」ため，大いに驚いたという。動物の系統分類学の確立に努めるとともに，実験動物学の吸収と紹介に努力。当時世界でも数少ない海洋実験所を三崎に開く。その後，東京帝国大学理科大学長に就任。ナマコの研究のほか，服部倉次郎にスッポン養殖法を，御木本幸吉に真珠発生の原理を，秋山吉五郎に自然淘汰による金魚の変種を授け，我が国の養蠣法を外国に紹介する等，「水産学上学術の応用」[24]にも積極的であった。日本の動物学の父と称せられる[25]。肖像画は，東京大学総合研究博物館[26]より許可を得て引用。

(注4) 正式には水産調査付察と称されるが，一般には水産予察調査と呼ばれる。本稿では水産調査予察，水産予察調査の両方を使用した。

(注5) 5区とは，水産局が実施した西南海区，内海区，東海区，北海区（今の日本海区）の4区と，北海道庁が実施した北海道区である。

(注6) 和田雄治（1859～1918）福島県二本松生まれ。明治12年東京大学理学部物理学科卒。内務省地理局測量課気象掛に入り，フランスに留学。日本の気象予報の基礎を築く。明治13年，東京帝国大学メンデンホールが富士山頂で実施した重力測定に参加し，その際，富士山頂での最初の気象観測を実施。同24年，富士山頂での気象観測に命をかけた野中 到・千代子夫妻を援助した。幕末五稜郭にたてこもった海将荒井郁之助（初代中央気象台長）の部下のとき，最初何もさせられずに本ばかり読まされた。その本の中に M. F. Maury の『物理海洋地理学』があり，これに非常な刺激を受けて，「日本でもぜひ海上気象と海流を調査しなければならぬ」と痛感したという[27]。明治19年，制定公布された「気象観測法」を編集。船の航海日誌を集めて，北太平洋の表面水温を1882～1901年の20年間の平均各月分布図をフランス語で中央気象台報告第一号に掲載した。明治37年に予報課長兼臨時観測課長を辞して，日露戦争に気象班を引率して出征し，戦後，そのまま朝鮮に残り，清国および朝鮮における気象観測網の整備を担当するため仁川測候所長となり，前線の観測所の整備に努める。朝鮮在任中，15世紀に行われ世界最古といわれるソウルの雨量計の記録を発掘。その後も，朝鮮の気象事業を推進し，周辺の海洋調査も行った。水産においても，水産調査会委員，放流瓶による海流調査等に貢献。気象観測練習会（現，気象大学校）を主唱したほか，東京物理学校（現，東京理科大学）の設立にも尽力。酒，特にワインをこよなく愛したという。岡田武松は「和田雄治先生は我気象界には随分偉大な貢献をせられた方であった。何につけても企業的であられたから，中央気象台の仕事を拡張し，地方測候所の改良と進歩を図られたのは実に著しいものがあった。只先生は台長と云う地位には居られなかった為めに表向きに先生の事業が外には顕れて居ない。日本ではこんなことは世間一般のことで誰も何とも思わないが，決して善いことではない」と指摘したという[28]。なお，野中夫妻を題材として，後に新田次郎（本名，藤原寛人）が小説「芙蓉の人」を書く。新田は富士山レーダー建設責任者であった元気象庁測器課長。お天気博士で海洋学にも貢献した藤原咲平（水産講習所嘱託。海洋調査にも貢献）は新田次郎の叔父にあたる。写真は宇田道隆[27]から引用。

(注7) 宇田によれば，「明治24年3月フランスからの帰国後間もなく北海道へ出張，沿岸海流に注意していた。たまたま網走付近の漁師小屋で椰子の実を発見，不思議に思い尋ねたところ，近所の海上で拾ったとの返事であった。また根室湾でも小樽のニシン網漁に使う浮子が時々漂着することを知り，「北海道の沿岸海流は面白い。南洋の海流に大いに関係がある」とますます日本沿海海流調査に心を向けた」とある[27]。

(注8) 赤沼がドイッキールの比重計が六個一組になっているものを三個一組と簡単に改造普遍化し，明治35年以降，海水の比重測定が著しく統一された。

(注9) わが国の定地観測は，明治4年に函館測候所が水温の沿岸観測を開始したのが最初である。

(注10) ステファン・マカロフ（1848～1904）二度にわたる世界一周航海，砕氷船「イェルマーク」の設計とそれによる北氷洋遠征で知られる海洋学者でもあった。日露戦争において，旅順港外で水雷を受け，旗艦「ペトロパロフス号」で戦死。「ヴィチアス号と太平洋」で北太平洋の観測結果をまとめた（注11参照）。

(注11) 明治中期には，ロシア軍艦ヴィチアス号の明治20年の調査等で次のことがわかっていたとされる。
1. 東シナ海（①等温線分布図から，表面水温の年間最高は8月か9月初め，最低月は2月，所と時により3月。②日本に近づいた黒潮は3派に分かれる。主流は日本東岸に沿った流れ。第2支流は朝鮮海峡を経て日本海に入る。第3支流は支那大陸沿岸で西に転向する。③東シナ海中央部に，高比重の冷水域（注，黄海冷水）。④朝鮮海峡で分離した対馬海流は，北貿易風の時は海峡の全幅を占めず，朝鮮沿岸付近には北から南下する低温水帯がある。⑤対馬海流は，朝鮮海峡を経て日本海に入り，右に転じて日本列島の沿岸ぞいに北東上する。）2. 日本海（①高比重の対馬海流と，低比重のリマン海流とによる，水平的反時計回りの大環流がある。②対馬海流は，津軽海峡と宗谷海峡から出て行く分枝を出し，残余の水は樺太西岸を北上する。③津軽海峡・宗谷海峡とも，その北部には，逆に西行する低温水がある。④リマン海流の内，朝鮮東岸には達せず，南部沿海州からSW方向に，大和堆方面へと指向する低比重の分枝の存在を暗示する[29]。

(注12) 飯島 魁（1861～1921）遠州浜松生まれ。東京外国語学校から明治8年東京開成学校，10年東京大学に進学。当初，林学希望だったが，モースの影響で生物学科へ進み，14年卒業しすぐに同教室の准助教授となる。15年ドイツに留学し，淡

水産渦虫を研究し，17年博士号を取得。18年帰国し，東京大学講師，19年帝国大学教授（第4代）に就任し，その後，三崎臨海実験所二代目所長。30年，第二回水産博覧会（神戸）における博覧会審査官として和田岬に設置された水族館の設計と設営を委託された。これをもってわが国の水族館の嚆矢とし，水族館の父といわれる。43年箕作や西川藤吉（第3章参照）の亡き後を受けて，藤田輔世らの新円真珠の研究を助けた。「動物学提要」等を出版。この肖像画は，明治美術会で活躍した洋画家の岡 精一の作である。東京大学総合研究博物館[26]より許可を得て引用。

（注13）　内村鑑三も，「午前十時海軍省ニ参リ，カプテーン，タンナル氏ヲ訪フ。氏ハ水産学者ニシテ調査船アルバトロス号ノ艦長ナリ。ベヤルド氏ノ紹介ニ依リ該船ヲ一覧スルヲ得タリ。其構造ノ精密ナル実ニ驚入タリ。日本ニテ水産調査ナドト云テサワグトモ迚モ当国ノ百万分ノ一ニモ及バザルハ又理アルナリ，タンナル氏非常ニ深切ニシテ種々講ジラレ大ニ得ル所アリタリ，午後博物館ニ参リ重ニ水産上ノ事項ヲ究ム，館員甚ダ丁寧ナリキ」（内村鑑三簡）[30]とのように，アルバトロスをアメリカで見学している。

（注14）　本文にも記したが，アメリカ水産局のアルバトロスは度々来日し，わが国周辺海域の調査を実施し，魚介類を採集した。この標本をもとにジョルダンやシュナイダー等が分類等の研究を行った。坂本によれば，「日本産魚類の分類の研究は，19世紀まではヨーロッパの研究者を中心に，20世紀初頭はアメリカ人の研究者を中心に行われた。これらの中で，まとまった形で日本産魚類をヨーロッパに紹介したのは，シーボルト（P. F. B. von Siebold）が日本滞在中に蒐集した標本を，オランダのテミンク（C. J. Temminck, 1778～1858）とシュレーゲル（H. Schlegel, 1804～1884）により天保14年（1843年）から嘉永3年（1850年）に取りまとめられたFauna Japonica（日本動物誌）が最初で，359種が記載された。次いで，明治17年内村鑑三が「日本魚類目録」に599種を記載した（筆者注：未発表，第10章の内村鑑三の稿に記載）。30年石川千代松と松浦歓一郎が「帝国博物館天産部魚類標本目録」において1075種を記載した。明治33年～40年代（1900～1910年代）ジョルダンらにより700種の新種が日本産として報告され，大正2年田中茂穂，ジョルダン（D. S. Jordan），シュナイダー（J. O. Snyder）の共著 A catalogue of the fishes of Japan では1236種が記載された。その後，昭和13年岡田弥一郎・松原喜代松が「日本産魚類検索」で1946種，30年松原喜代松の「魚類の形態と検索」で2714種，59年益田　一らの「日本産魚類大図鑑」で3275種，平成12年中坊徹次の「日本産魚類検索」で3863種が日本産魚類として報告された」[31]。なお，日本における初期の魚類学については，田中茂穂が「魚類学の発達」[32]を関係者の立場で書いている。

（注15）　北原は，「日本海方面は太平洋方面より低冷なり」と海域の特徴を挙げている。次いで，「表層海水比重の分布を考察するに，九州西海対馬海峡における比重の意外に寡少なのは，これを以て，対馬海流るものが黒潮の分派なりとの説に疑問である。しかも，対馬海峡より隠岐群島に至る山陰道沿海の海水比重の同じく寡少なるは，以て，対馬海流が東海もしくは黄海方面より来るものにあらざるなきかを推測せしむるものなり」と書いた[33]。

引用文献

1) 松原新之助：水産調査ノ要旨，大日本水産会報，3号，3～8，明治15年。同，4号，9～15，明治15年
2) 箕作佳吉：水産物調査並ニ深キ海ノ魚，大日本水産会報，82号，6～11，明治22年。同，83号，101～108，明治22年
3) 上田英吉：九十九里沿海潮流質問，大日本水産会報，66号，43～44，明治20年
4) 門脇捨太郎：大日本水産会報告，104号，7～20，明治23年
5) 花澤基賢：大日本水産会報告，69号，25～26，明治20年
6) 松原新之助先生略伝，水産研究誌，11（3），前付きの1～6，大正5年
7) 片山房吉：大日本水産史，96～101，農業と水産社，昭和12年
8) 丸川久俊：海洋調査の二十年，水産二十年史，54～64，水産新報社，昭和7年
9) 松原新之助：水産調査予察報告，第一巻第1冊，1，明治22年
10) 松原新之助：水産調査予察報告，第三巻第1冊，7～8，明治25年
11) 中野　広：水産海洋エンジニアリング，第7巻，69号～72号，平成19年
12) 和田雄治：本邦東岸海洋調査第一報，水産調査報告，第2巻2冊，1～28，明治28年
　　本邦東岸海洋調査第二報，水産調査報告，第3巻1冊，1～34，明治28年
13) 和田雄治：大日本水産会報，155号，70～72，明治28年
14) 和田雄治：日本沿海の海流，水産文庫，8，31～52，大正2年
15) 赤沼徳郎：航海観測報告，水産調査報告，11巻3冊，203～214，明治36年
16) 赤沼徳郎：浮秤ヲ用ヒテ比重ヲ測定スルトキノ誤差及其読ミ方ニ就テ，水産調査報告，11巻3冊，221～225，明治36年
17) 定時海洋調査報告，水産調査報告，11巻3冊，197～202，明治36年
18) 日本近海海洋調査書，水産研究誌10巻，付録，(1)～(8)，(11)，1～91，大正4年
19) 水産界，406号，13～17，大正6年
20) 波江元吉：あるばとろーす号ヲ横須賀ニ観ル記，動物学雑誌，100号，55～61，明治30年
21) 動物学雑誌，209号，214号，217号，明治39年
22) 久留太郎：真珠の発明者は誰か？，53，勁草書房，昭和62年
23) 宇田道隆：海洋調査船史，海洋の科学，2（9），23～32，昭和17年
24) 箕作佳吉：水産学上学術の応用，東洋学芸雑誌，108号，

25) 動物学雑誌, 256 号（故箕作博士記念号）, 明治 43 年
26) 東京大学総合研究博物館:「東京大学所蔵肖像画・肖像彫刻」（http://www.um.u-tokyo.ac.jp/publish_db/1998Portrait/03/03100.html）
27) 宇田道隆:海洋研究発達史, 297〜298, 東海大学出版会, 昭和 53 年
28) 須田瀧雄:岡田武松伝, 23, 岩波書店, 昭和 43 年
29) 下村敏正:西海区・日本海区における水産海洋学の展望と将来, 水産海洋研究会報, 宇田道隆退官記念論文集, 153〜156, 昭和 42 年
30) 影山 昇:人物のよる水産教育の歩み, 46, 成山堂書店, 平成 8 年
31) 坂本一男:日本産魚類の研究と東京大学の魚類コレクション, 東京大学博物 Web. 版
32) 田中茂穂:魚類学の発達, 水産界, 700 号, 105〜108, 昭和 16 年
33) 北原多作:漁業基本調査準備報, 29〜34, 明治 43 年

(前ページからの続き) 500〜506, 明治 23 年

第2章
漁業基本調査の実施とその内容

　わが国は，江戸末期から明治初期にかけて万国博覧会へ積極的に参加した。これには水産や海洋関係者も派遣され，水産や海洋調査に関する思想，技術等を習得した。また，北海での漁業問題に端を発して，明治32年関係8ヶ国により国際海洋調査準備会議が開催され，海洋や資源の調査等に関する協議が行われた。第1回国際海洋調査会議にはわが国も参加した。この一方，本邦周辺海域において，外国船による海洋調査，ラッコやオットセイ等の漁業が盛んに行われ，これらへの対応や日清・日露戦争後の領海の拡大，漁業法や遠洋漁業奨励法の制定等の漁業振興への動き等々を背景に，わが国においても海洋調査を実施する機運が高まった。その結果，明治42年，初めて本格的な海洋調査として「漁業基本調査」が実施された。これにより，単なる海洋調査ばかりでなく，海洋調査に関する知識，技術の向上や機器の整備に向けて多くの取り組みが行われた。さらに，大正2年には大阪毎日新聞社による海流調査が実施された。

　本章では，国際海洋調査会議，万国博覧会等により得た海外の海洋や水産に関する情報と漁業基本調査の実施までの議論を紹介するとともに，実施過程とその内容，併せて大阪毎日新聞社により実施された海流調査についても説明する。さらに，漁業基本調査のひとつの重要な課題として採り上げられた浮遊生物調査についての取り組みも紹介する。

2・1　国際海洋調査会議の開催と海洋調査についての見聞

　19世紀末，北欧諸国において国の財政を左右するとまでいわれた北海の漁業紛争と資源保護問題を契機に，明治32年，ノルウェー，スウェーデン，ロシア，ドイツ，デンマーク，オランダ，ベルギー，英国はスウェーデンのストックホルムに集まり，北海を中心した北大西洋を対象とする国際海洋調査準備会議を開いた。その主題は，①北大西洋の寒流，暖流の勢力の年・季節による消長変化とプランクトンや魚類の移動集散との関係を調べ，資源の変動を明らかにする，②海況変化は，海水熱量変化を通じて北欧冬春の気象全体に影響し，農業や林業の生産，海の結氷状況が変動し氷海の交通貿易にも関係するから，これを調べて予報する，③すでに，傾向として見られた魚類の乱獲を防止し，繁殖保護の科学的基準をみつける，ということであった。これをふまえて，明治34年，スウェーデンのクリスチャニア[注1]で第一回国際海洋調査会議が開かれ，各国の経費の分担，特別委員（食用魚回遊調査委員，乱獲調査委員，「バルチック」海洋調査委員）等の設置と調査海区分担，四季定期定線観測を定めるなど，詳細な海洋調査方法を協定した。内容は，①水理学的分野で，水温，水深，塩分，ガス，流動，気象

等海洋の物理的諸性質，化学的成分の量およびそれらの変化についての研究，②生物学的分野で，重要魚類，および浮遊生物の研究を行い，魚の回遊，幼魚の分布，海底動物の性質，魚卵分布状態を調査し，かつ完全な一定様式の漁業統計の作成，であった(注2)。その後，大正9年から，この会議は国際常設海洋研究会議（ICES）として運営され，会誌の定期刊行を行った[1]。ICESは，現在も引き続き活発な活動が行われており，わが国の研究者も参加している。

明治33年4月，府県水産試験場長水産講習所長及水産巡回教師協議会において，岸上鎌吉(きしのうえかまきち)[2](注3)は，「水産調査の方法に就て」というテーマで上述の国際海洋調査準備会議で協定した観測内容（資料2）を紹介した。また，松原新之助[3]は，露都(サンクトペテルブルグ)万国博覧会に臨み，欧米各国を回って来た結果を「欧米水産視察瑣談(さだん)」として，「水産調査」「水産調査船」「水産試験」の視点から報告した。このうち「水産調査」では，「各国にともに之行なへり。即ち，海なれば其海に面せる国々共同し，湖川なれば其湖に沿へる各国共同以て調査に従事す。其事業は学術を以て漁業を便利にすること，養魚上の利益を大ならしめんとする。先づ海又は湖川にても其水中のプランクトン，水温，塩量（溶解成分）を四季によりて調査し，如何なる水温如何なる塩量なる時には，如何なるプランクトンありて，如何なる魚類が其付近に群集遊泳するかを調査するを第一とせり。其方法，其調査用諸器械等は各地に於て研究を重ねつつあり。現に露都万国水産博覧会に於ても，其方法，機械の出品夥多(かた)にして，互に競争の傾ありたり。漁業を以て有名なる湖水等は，其調査も既に結了し，大西洋の如きは其沿海の各国の連合を以て既に一回の調査を終へ，今は各国其決議に従ひ同一の方法に依りて調査しつつ，過日の水産会議に於ても，日本，露西亜，英吉利，亜米利加等共同して，太平洋の調査を行ふべしとの発議をなしたるものさへありき。畢竟(ひっきょう)此事業は此調査の成績を以て，容易に有用魚族の来集及遊泳の方向等を予知し，労すること少くして大に漁利を挙げんことを期するにあり。又，池沼等に於ては養魚を主とするが故に，プランクトン，水温，溶解成分の三者に依って，何魚を養ふに適するかを知るを得，養魚事業に必要なる事項を容易に断定せらるるの方法として行はれつつあるなり」とした。

また，「水産調査船」では，「水産調査の為に特別の船舶を用ゐたるは米国なるが，今日流行するものは稍其趣を異にせり。此連合各国に於て調査用船を造るべしとの協議整ひ，各国とも之を新造することを決したり。今日，好成績を得たるものは諾威(ノルウェー)なり。中でも同国の最重要物産たる鱈(タラ)の棲息所を捜査するに，海水の表面を極めて細目の網を以て掬ひて点検し，卵の浮遊するを認むるときは其の水底には必す鱈の魚群あることを知るを得たり。爾来(じらい)，常に其卵（魚群）の存在所を発見するときは，直に之を漁業者に報道することとなせり。漁業者は其報告に接せば速に其場所に就きて大に漁獲の利を占むることを得。自ら探検に従事せず所謂努力少くして利多きが故に，此調査船は非常の歓迎を受け居れり。鰊(ニシン)は沖魚にして其遊行を窺うことを得るを以て，調査船は即ち何れの方位に向ふて遊泳せり何処に於て大群を認めたら等の事実を直ちに漁者に報告すれば，漁業者は直に其方面に船を出して捕漁に従ひ，大に漁利を博するを得べし。故に是れ亦漁業者にも重せらる。又従来多獲ありたりし蝦(エビ)は近来甚だ減少し，漁業者等の頗る憂慮せるに際し，調査船の探検したる結果として，新に其蝦の珍しく棲息せる漁場を発見して報告せるが為に，漁業者は之により巨利を納めたるの事実あり。斯漁の如く効績を奏すること顕著なるが故に，今日諾威国会に於ては此調査船の為には非常の費用を支出するを嫌はす，莫大の経費を要し居れり」と書いた。

ここで示しているのは，前者は海洋調査の目的と連絡調査の重要性を指摘し，後者は今でい

う「漁況や海況予報」と「漁場調査」の必要性を示しているものといえる。

明治34年，前述の第一回国際海洋調査会議に出席した岸上（当時水産局水産調査課長）は，明治36年，水産試験場長水産講習所長協議会の席上で，「漁況報告，漁況との関係，器械取扱方叮嚀（ていねい）」との題目で講演し，海洋調査の方法等を説明し協議した（後述）。

日露戦争による領海拡大後の明治39年，大日本水産会幹事の志賀重昂（しがしげたか）[4]（注4）は，和歌山で開催された関西九州府県聯合水産集談会で，「欧州列国は，人口増加への対応として移住や植民地政策を実行しているが，既に，世界到るところ占領され，支那や南亜米利加の処分後は乾陸に余地なくなり，地球上の水面を利用する外に工夫なく，所謂海洋開拓の方針を執る。海洋開拓とは，海を漁業，潜水事業，応用化学事業（塩，曹達，沃度等の製造）等の種々なる方面に利用することである。これを実行するために海洋学を奨励し，欧州列国の大学にては競いて此の学科の講座を新設するに至り，更に着手の方法としては海洋開拓のステーション用として，世界到る処の海洋中に島嶼又は岩礁を鋭意占領する。しかし，我が国は，漁業を発展すべき範囲が拡大し，外で海洋学の大奨励，海洋開拓の大競争となるに拘らず，本邦にありて一人だに（筆者注：海洋）学者を見るなく，岸上理学博士（筆者注：鎌吉）は水産動物の専攻，岡村理学博士（筆者注：金太郎）（注5）は水産植物の専攻のみ，独り田中阿歌麿氏（注6）ありと雖も，専攻は湖沼学の傍，海洋学を研究し居れるに過ぎず。列国が海洋学に大奨励を加ふるの今日，大国と称する日本にして一人の海洋学者，否海洋学専攻者すら発見せざるとは，何たる不面目のことぞ。到底世界の機運に遅れを取るを如何にすべきぞ。予は日本帝国の前途の為に只々寒心に堪へざるなり。此の一事を見るも，邦人が此の方面に対する冷淡，否無識より生する冷淡真に測り知るべきのみ」と，国際的情勢から海洋政策に関するわが国の問題点と海洋学，海洋調査の必要性を述べた。

明治40年，水産講習所の妹尾秀實[5]（注7）は，「東北飢饉調査報告を見ると，原因は海流の変動にあるということである。同調査主任關教授によれば，三十五年，三十八年の凶作には四五月頃より例年に比して海水温度が非常に低下した」「遠洋漁業を奨励するにしても，何処の遠洋に行けば何かの海流があつて斯く斯くの現象よりして魚族が群集して居るといふ智識のない漁民に対して，当人にとつては少しも見込がつかぬからしてドーモ進み兼ねる。そこで，海流と魚族の関係が充分明らかになった暁には目的が判然してくるから漁民は喜んで沖へ飛んで行く事となる。故に，海流調査に随伴して何時に漁場の探検といふ事が出来る。海流と水産物との関係は，学理の上より実際説明が出来るので，即ち暖流に乗りて来る多くの浮遊動物は所謂魚族の天然餌料であるから，食餌を追ふて回遊して居る生物にはこの暖流が非常なる大関係を及ぼす。又，これが沿岸の農作物までにも故障を生ずるといふは，陸地の気候，温度に影響を及ぼすからである。吾等は大にこの海流調査の必要を社会に向て提供する。これは水産のみならずして農産にも関係がある事であるから雙方（そうほう）の協力事業として寒暖流の本流及び数多の支流の一方向又は年々の移動の状態を調査したならば，必ず十分の効果を奏する。決してその事業の労苦が畫餅（がへい）に終る事は萬々無い」とし，当面の方策として，「専門の調査船の新設は焦眉の急務であるが，さしあたり米国などでやって居るように，定期航路の商船に命じて，調査事項を指示し航海毎に調査させること。また，漁場につき義務的に漁夫に命じて毎月沖に出た序（ついで）に，必ず調査事項に対し材料を提出させること。これらの報告を一定の場所に集めて遂に日本近海に於ける海流の状態を熟知する事にしたならばよかろう」との具体的な対応策を示し，「仕方は別とし，兎も角この海流が不漁問題，漁場

探検又は飢饉凶作に密接なる関係があるといふことが分ったならば，その調査は国家産業の上より一日も忽せにすべからざる一大要務であると思ふ」と，科学的な視点からの海洋調査とそれによる漁業経営の必要性を主張した。

2・2 漁業基本調査の実施とその目的

このような議論を背景に，クリュンメル（Otto O. Krummel）著「海洋学」を読み，物理学的海洋調査の必要性を認めた水産局技師北原多作(注8)が海洋調査の実施を提唱した。明治32年に出たヨルトとグラン共著の論文6)を読み，生物学的海洋調査の必要性を感じた水産講習所岡村金太郎が北原の提案を支持し，欧州各国を歴訪しわが国の海洋環境調査の遅れを痛感した道家齋水産局長(注9)が海洋調査に関する提案に理解を示し，彼の指示で，「漁業基本調査」の実施のための予算要求が明治40年頃からはじめられた。

明治42年，「漁業基本調査」の名のもとに本格的事業として系統的な海洋調査の実施が決まった。この一部は，水産局の府県水産試験場・講習所の指定事業として実施された。この海洋調査方式は，既述の北欧国際海洋調査に範をとったもので，8年遅れのスタートであった。

道家7)は，「漁業基本調査は今後如何なる程度迄実行せらるるや」との質問に対して，「漁業基本調査は水産上の根本的調査で水産学の真の研究，水産業の確実なる発達を期するには是非共行はなくてはならぬ事業で，かかる緊要事項が今日迄閑却されて顧みられなかったのは不思議と謂ってよい。26年頃に此種の調査（筆者注：和田による海流調査？）に手を着けた事が通ったが其後殆ど中絶して終ったのである。本年度は相当の経費を得て大いに調査を進める考へであったが財政の許さぬ為め其運びに至らなかったのは遺憾である。併し予算は無くとも本年は各地の測候所，講習所，試験場の連絡をとって出来る範囲で充分に調査せしむる考へである。調査の方法を統一ならしむる為め本年は全国の其局にあるものを二回に招集し，夏季房州の高の島実験場，10月尾道実験場で講習的打合会を開いた。既に各地より報告も集って居るから本年度より漸次報告を編纂し是を公にして其結果を営業者に示し併せて広く一般世人をして其必要を知らしめる積りである。調査事項としては海洋上の科学的関係，即ち気象，潮流，比重，水深，水温，プランクトン等の関係より魚類の主要なるものも完全に研究せしむる考へである」とした。道家は，予算を獲得できなかったが，できる限り連絡調査で実施するという決意を示したのであった。さらに，道家は，「明治44年米国ワシントンでの膃肭獣保護条約締結の会議に北原技師を随伴し，その帰途に，英，独，露を歴訪したが，10年前から北欧諸国が相連絡して海洋の理化学的調査，主要魚種の生態研究，漁業統計の蒐集，浮遊生物の定量調査等を行っていることを見聞し，帰朝後，漁業基本調査に関して誰よりも熱心な支持者となった」8)という。

道家9)は，明治43年漁業基本調査準備報において，「我邦四面環海漁業ノ利益大ナルヘク，之ヲ保護発展セシムルノ至要ナルハ言ヲ竢タス。保護発展ニ関スル施設経営ノ方法ヲ切実ナラシムニハ重要水族ノ習性，海洋ノ状態及漁業ノ方法等斯業ニ関スル基本的調査ノ結果ニ依拠セサルヘカラス。今日，漁業行政ノ基礎ヲ鞏固ニシ斯業保護発展ノ策ヲ講スルノ資料乏シキハ頗ル遺憾」とし，前述した北欧の漁業政策と研究成果を述べ，続いて「我邦漁業ニ関シ基本的調査ヲ要スヘキ事例」として「鰊ハ産卵期以外ニ於ケル棲息区域及回遊状態，鰹及鮪ハ黒潮流域外ニ於ケル回遊状態，鰮及柔魚ハ時ニ著シキ不漁アレトモ其原因詳ナラサル等，各種ノ漁業ニ関シ調査ヲ要スヘキモノ頗ル多シ」「故ニ，水族ノ蕃殖保護，漁法ノ改良及漁場ノ探検ニ関シ学術的調査ヲ行ヒ以テ斯業ノ保護発展ヲ図ル

ハ刻下ノ急務ナリト信ス」と目的を明確に述べた。そして，同報に，「漁業基本調査ノ目的及方法」として，「目的」「調査ノ区分」(生物学上ノ調査，理化学上ノ調査，漁業ノ調査）を明確にし，調査の内容と方法を具体的，かつ詳細に記述し，漁業基本調査報告様式とそれに記入するための「心得」を掲載した。当時の内容を理解するために，これを資料3に示す。これには海洋調査のみならず，漁業関係調査も具体的に示されている。また，北原らは，同報に海洋調査結果の取りまとめ結果を報告，検索表（橈脚類，鞭毛藻類・珪藻類，さるぱ類，毛顎類等）を示したほか器械類（エクマン流速計等），海水比重換算表等の海洋調査の基本的事項について説明した[10)]。

さらに，北原[11)]は，「農商務省水産局は『漁業基本調査準備報』を発行し，目的・範囲等を説明したが，世間，往々其主旨を誤解し意義を明にせざるもの多々之れありと聞く」とし，「凡そ各種産業中漁業に関する学術ほど幼稚にして，今日の儘に放任し置くときは斯業の進歩遅緩なるのみならず，或は不健全なる発達を為し，却て進歩を阻碍（そがい）するの恐れあるべし。斯業をして投機業の観あらしめ，真面目の起業家をして大に躊躇するに至らしむるは常に吾輩の目撃する所なり。農科大学，水産講習所，地方水産試験場等では各々の目的で銘々事業を遂行するが故に，斯業の学術的研究に全力を傾注するを許さず。其筋に於ても専門機関の設置を希望して止まざるも，財政上未だ実現の好運に逐せざるは吾輩の頗る遺憾とする所なり。欧米文明国は，夫々漁業に関する調査研究を為す官衙（かんが）を具備せざるは無く，其職員は嶄新の調査に従事し，勇往邁進海洋の開拓に尽す所あらんとせり」として，その具体例としてアメリカ水産局のアルバトロスによる白令海（ベーリング）における鱈漁場の発見，ノルウェー水産局の調査船「ミケル・サース」によるフェロー島，氷州島（アイスランド）沿海より北米新著島（ニューファンドランド）付近まで調査し，海流，浮遊生物等

はもちろん，ニシン，タラの発育回遊等を調査し，タラの新漁場を発見等を示し，さらに，「我国は漁場は広大なるが，海底急に深きが故に沿岸の浅海は極めて狭隘。本土四国九州沿海の百尋線以内の面積は約3万2千平方浬，海岸一哩では約四平方浬に過ぎず。底魚の漁場は狭隘ならざるを得ざれば，漁業小規模なりと雖，平均海岸一哩に付50隻の漁船を以てせば已に漁場に余地を見ること少かるべし。否多くの漁場にては漁船過多にして濫獲するの結果，魚族の蕃殖を害するは事実なり」とし，北海道，樺太および朝鮮に漁民を移植すれば一時応急の救済となるが，根本的に研究して方針を立てなければ北海道以下の新漁場も亦本土以下の旧漁場と同一の轍を踏むとした。

さらに，「近年廻游魚の漁場は実に広大無辺と雖，常に海流に依りて左右せらるるが故に，漁業者は常に海流の状態及変化に明なるを必要とする。近年発動機付き，蒸気機付漁船の行はるるに至りては其必要を認むるに至り。而も我近海の海流の状態，変化及魚群の集散の関係等は未だ何等的確なる調査あるを見ず。如上の理由に依り姑息ながらも水産局は昨年水産講習所，水産試験場其他官衙学校等と聯絡を保ち，尚漁船等にも調査を命じて各種必要の調査材料を蒐集し，之を綜合講究して斯業に裨益する所あらんとせり」として，今其調査の目的を「第一．重要水産生物の性質を知ること，第二．重要水産生物の漁場を明らかにすること，第三．漁業保護及発展の方針を確定すること」と述べ，漁業基本調査準備報に書かれた目的を明確に説明した。

明治42年4月に開催された全国水産試験場長同講習所長水産主任協議会において，「各地連絡調査及び試験の件」として漁業基本調査の方法が取り上げられた。これは，「漁業に関する基本的調査の必要なる言をまたず。従来，本省（農商務省）及び地方水産試験場，水産講習所等においても漁業上各般学術的調査を実施せ

るもの有りと雖も時に興廃有り。又，相互の連絡なくして完全なる成績を挙げることは能わず。故に本省は，今後，漁業上の基本となるべき学術的調査に関しては，各方面と完全なる連絡を保ち之を実行せんとす」とし，協議の内容は「従来各地方において実施せる調査の成績及び奨励連絡調査実行の方法如何」[12]についてであった。明治43年福岡県水産試験場事業報告において，樋口邦彦場長[13]は，「漁撈，養殖，製造等直接生産開発ニ関スル以外，尚ホ一事ノ緊急忘ルヘカラサルモノアリ。漁業基本調査即チ之ナリ。由来農家ノ播種収納ヲ期スルヤ，総テ季節ニヨリテ動クコトナシト雖モ，魚族ノ去来集散ハ必シモ然ラス。比重，水温，餌料，産卵等幾多ノ原因ニ伴フモノナルヲ以テ，之等ヲ探究闡明スルニアラサレハ，決シテ的確ニ予知スルコト能ハサルナリ。漁業者カ往々時期ヲ誤リ巨利ヲ逸スルモノ，畢竟此一点ニ起因スルモノニシテ，随テ確実ナル事業モ投機的事業ナルカ如ク，世ニ誤認セラル所以ナリ。基本調査ハ学術的ニ之ヲ調査予察スルモノニシテ，進テハ漁場，潮流ヲ精査シ，産卵，生育並ニ移転，棲息ノ状態ヲ査覈シテ，漁具漁法ノ適否ト漁場ノ価値トヲ論断シ以テ漁具，漁船数ノ局限ヲ定メ，漁業経済ノ基本ヲ確実ナラシムルモノナリ。故ニ漁業者モ本調査ノ結果ニヨリテ精確ナル計画ヲ企画シ時間及ヒ労力ヲ空費セサルヲ得ヘク，試験奨励乃至保護取締ノ手段方法亦之ニ依リテ解決シ得ラルヘシ。即チ行政的ニ将タ技術的ニ万事解決ノ基本ヲ之ニ仰クヲ得テ，初メテ根底アル計ヲ樹テ得ヘキナリ。苟クモ之ヲ欠ク以上ハ決シテ万全ヲ望ムヘカラス」と述べ，海洋調査が水産業，特に漁業に直結し，漁業経済の基本として重要性であることを指摘した。

後に，大市[14]は，漁業基本調査は「広大にして且つ深甚で，而かも実用的のものであり」，「鰊，鰮，鰹，鯖，柔魚，鱈などの重要魚族の生物学的研究，例へば種類，習性，生殖，餌料，年齢，成長，棲息場，移動回遊等に関する研究は，海の理化学研究即ち深度，水温，塩分，瓦斯，流動，底質等の研究と併行すると，初て魚族の盛衰漁獲の豊凶漁場の善悪等一切の重要事件等の真相を穿ち得ることが出来る。若し寸分たりとも此定義と目的とを忘れると，決して実在的価値を存すべきものではなからう」と書いた。これらの議論を見ると，一部の識者には，すでに漁業基本調査の位置づけがよく理解されていたものと考えられる。これらの発言は重要な指摘であり，今もって相通ずるものである。

2・3 漁業基本調査についての具体的な取り組み

漁業基本調査は，水産局が帝国大学，中央気象台，海軍水路部，地方水産試験場・講習所，水産講習所等と連絡して調査方法，順序を決め，調査は水産局水産課（明治42年に調査課は廃止）が中心的な役割を担い，寺田寅彦（海洋物理），原 十太（海水化学），北原多作，岡村金太郎が指導した。その中心は北原であった。しかしながら，「この漁業基本調査時代は別に一定の予算が付与されてゐた訳でなく，上司の熱心な発露に依って，既定の経費から遣繰算段で幾分を割愛して本調査費に充当した訳であった。殊に水産講習所へ移管する前は，別に現場調査に使用する船舶などもなかったので，調査員は軍艦に便乗したり，地方水産試験場の調査船と連絡して調査を行ったもので，今から追想すると当時の調査員の労苦は並大抵のものでは無かった」[15]。

上述した道家の会見の内容を具体的に実行するために，明治42年8月には千葉県館山，同年10月には広島県尾道に地方水試・講習所員を集め，海洋調査に関する講習会と打合会を実施した[16]。その後も明治43年には館山，44年には平戸で実施した。明治43年には，その手引書として北原・岡村共著の「水理生物学要稿」が私費刊行された(注10)。この「要稿」の種本は，岡村については，ジョンストン著「Condition of Life in the Sea」，北原については，前述のクリュンメル著「Ozeanographie（海洋学）」であった[17]。「要稿」には，「水理生物学」が水産業にとっての重要性を指摘したほか[注11]，「講習員ノ筆記ニ成レルモノ外，弘ク頒ツニ由ナキヲ憾トシ書肆ニ之ガ刊行ヲ謀レドモ，利ナキ処テ首肯スルモノアラズ。因テ私費ヲ投ジテ，之ヲ刊行シ，聊カ微衷ヲ斯業ニ尽サンコトヲ期セリ」とした。要は，売れないから私費刊行したというものある。この水理生物学要綱の内容を知る意味で目次を示す（図2-1）。なお，前述の尾道の講習会では，水産講習所岡村教授，柳講師，水産局北原技師が教師役を務め，19県より22名が参加した[18]。また，明治43年の全国水産試験場長同講習所長会議で，漁業基本調査の実効方法の講習指導等について協議された[19]。

このときには「魚付林に関する調査」についても協議され，後日，魚付林に関する調査報告書が水産局から発刊された[20]。なお，研修会については，すでに，明治36年，尾道内海実験場で実施され，岸上の講義のほか，プランクトンや魚卵に関する実験を行った[21]。

では，研修の内容はどうだったのだろうか。その例として，大正元年8月1日より8日まで水産講習所高島実験場で開催された「打合会」[22]と，大正3年7月6日から12日まで，水産講習所と高島実験場で開催された「打合会」[23]（図2-2）の内容を紹介する。

【大正元年8月1日〜8日】講習は，北原が水理生物学及び海洋観測に使用する新器械，岡村が植物性浮遊生物，寺田が海洋観測に関する注

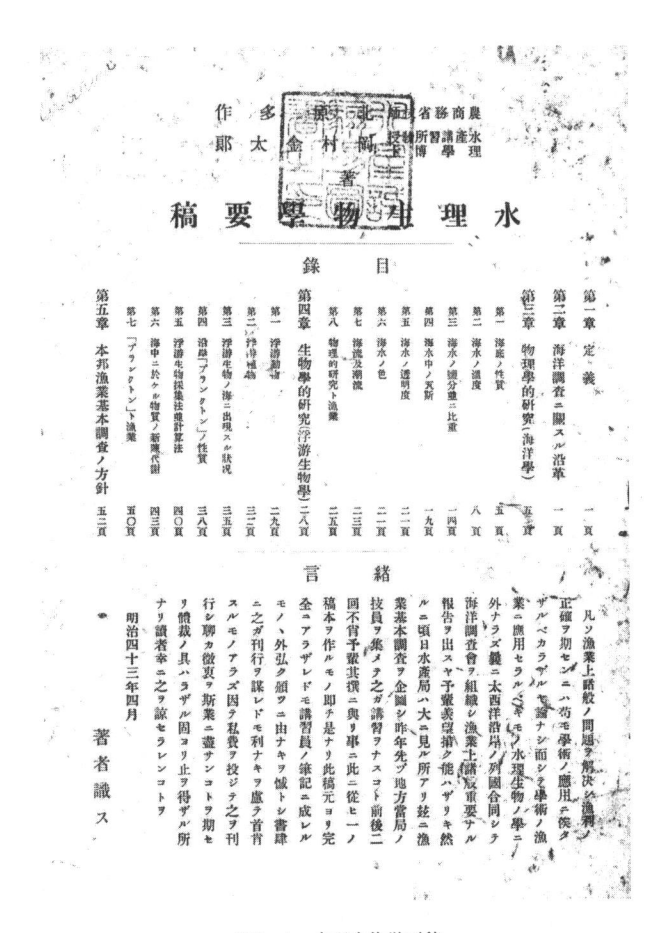

図2-1　水理生物学要稿

図2-2 漁業基本調査打合会（水産講習所高島実験場）[25]
前列左2番目から岡村，岸上，下水産講習所長，木下助教授，中澤技師

意事項，丸川が蕃殖保護に関し魚類の年齢査定および魚卵，魚仔の査定研究法，浅野が動物性浮遊生物を講義を行った。日課は，午前8時より正午まで講義で，午後は浮遊生物実験。

漁業基本調査打合せ事項は，①中層採水器はしばしば検査し必要の修繕をすること，②寒暖計は少くとも一年一回氷点検定を行い器差を校正すること，③重要漁業の状況を該漁業時季終了後左の各項（筆者注：本書では下）につきできるだけ速やかに水産局へ報告すること，(イ)漁業の位置およびその移動（ただしできるだけ図面を添えること），(ロ)漁期の遅速，(ハ)漁獲高（実際に近きもの），(ニ)漁業の方法概要，(ホ)その他参考にすべき事項，④定期海洋観測はできるだけ河川水の影響を受けない位置を選定すること，⑤定期観測と同時に行う浮遊生物採集（水産局に送付する分）は毎月一回とすること，ただし定期観測は従来の通り，⑥浮遊生物保存液は更に水産局より通知すること，⑦試験船を有する試験場講習所はできるだけ毎月二回五十浬の沖において観測すること，⑧報告書中に書き入れるべき漁況は次の如く一定すること。無漁，極小漁，小漁，中漁，大漁，

大々漁。このほか，鹿児島県小島省吾からは，｢漁業基本調査は海況の相似たる地方三四県を合併し通常と認めらるべき県にて施行する事｣｢但し其県には主務省より経費を補助し充分に施行せしむる事｣との建議があり，これに関して｢農商務省に於て尚研究する事とせり｣と記す。

【大正3年7月6日～12日】打合会に対する希望（下所長），塩分検出法（丸川技手），支那海及対馬水道海洋観測（柳技師）（以上6日），稚魚の研究（中澤技師），遠州灘及宗谷海峡海洋観測（浅野嘱託），東京内湾海洋観測（堀技手），雨量計算法（東助教），大正二年度東京湾海苔不作の原因（岡村教授）（同7日），内挿法および外挿法（藤原咲平嘱託）（同8日）（以上水産講習所），旅行（同9日），ノルウェー海洋調査成績（丸川技手），裂脚類について（中澤技師）（同10日），調査に関する打合，植物性プランクトン検出法（岡村教授），サジッタ分類（浅野嘱託），下所長来島打合せ，クラゲの分類（岸上嘱託）（同11日），魚卵の研究（神谷助手），鰹鮪分類（岸上嘱託），ウナギ養殖上の学理（丸川技手），天草養殖法（岡村教授），プランクト

ンおよび海洋観測実習（同13日）（以上高島実験場）[24, 25]。

これらを見ると，海洋調査のみならず漁業や養殖についても協議されており，「漁業基本調査」は漁業関係全般の調査であったといえる。打合会の参加者[注12]は，その後の漁業・水産の分野で活躍された者も多く，これらの会合は人材育成としても重要な役割を果たしたと考えられる。なお，この種の講習会・研修会はその後も担当官打合会等と称して，第二次世界大戦で開催が困難になるまで実施された（後述）。このほか，業務の参考とするために，北原は，北欧国際漁業基本調査等について漁業基本調査報告で紹介した[注13]。漁業基本調査制度が確立するまでの経緯，苦労話，人間関係等のいわゆる裏話については，前述の岡村の論文が詳しい。

明治43年以後，水産局により地方水試等の調査観測結果が取りまとめられ，「地方海洋観測及び漁況」（毎年度，「題名」は異なる）として漁業基本調査報告（準備報と第1～3巻については水産局が発行，第4～8巻については水産講習所が発行）に掲載された（資料4）。この中で，特に，大正4年7月より10月までの水産講習所の雲鷹丸による『オホーツク』海，日本海，金華山沖の海洋，生物，漁場調査は，6月の忍路丸（東北帝大，現北海道大学），探海丸（北水試），高志丸（富山水講），ならびに岩手，宮城，福島水試の漁業調査船と連携して実施されたもので，オホーツク，日本海区，太平洋区について，水温，塩分の水平分布ならびに垂直分布を精述した。この調査において，寺田寅彦は，ノルウェーのビヤークネスが創始し，ヘランド・ハンゼンとサンドストロームの簡便化した力学的計算法を平易明快に講説指導した。大正3年に行われた浅野彦太郎による雲鷹丸の金華山沖観測（1000m深まで）にそれを適用し，金華山沖横断観測線における一断面の海流の速度，方向についての大要と熱量を算出

し，その結果は，大正7年の漁業基本調査報告（第5冊）に掲載された。また，プランクトンについては暖寒両海区の代表種を挙げ，この分布と海洋状態の関係を明らかにした。これらの調査では，カムチャッカ西部沿海のタラ漁場についても記された。この中で，オホーツク海岸の建網による調査によりサケマス資源が存在すること，カムチャッカ西海岸における高い生物生産（欧州北海の10倍）等を明らかにした。また，大正6年，水産講習所の「雲鷹丸」にてオホーツク調査を実施した。これにより，母船式サケマス漁業や母船式タラバガニ漁業にも成功（船内缶詰製造）するなど，北洋漁業等の海外漁場開発に海洋調査がはじめて大きな功績を挙げた。これらをみると，「漁業基本調査」実施当初，前述のように「水産局として使う船舶もなく」ということはよく理解できる。

調査機器については，田中阿歌麿がフォーレルの水色計，セッキの透明板を輸入し，また，明治32年山中湖の観測に木製ルーカス式測深機を模したものを作り測深した。明治39年には，北原多作，山野国松はルーカス測深機，その後重松良一，岩宮政雄がシクズビー採泥機を作り（いずれも手まき），大正5年には電動式測深機ができた。大正7年頃北原多作の指導でエクマン流速計が蔵前高工（現，東京工業大学）の実習場で作られた。熊田頭四郎[注14]は寺田寅彦の指導をうけ，相模湾ブリ漁場でこの流速計により測流，さらに中空球を海中に入れたまま生ずる流れによる吊糸の傾角とその方向から出すヤコブセン式に似た流速計を製作し，測定した。このほか，ナンゼン防温採水器，エックマン傾倒寒暖計付き転倒採水器，リュター転倒寒暖計の輸入，北原式定量プランクトンネットが考案されるなど，観測機器の国産化が図られた。また，海水塩分検定用のビューレット等が導入され，大正元年，丸川久俊によりはじめて硝酸銀滴定による塩分検定法が実施された。中山　茂[26]は，「戦前，いな明治時代から，日本

は先進国の技術を受け入れる際，輸入した機械を分解し，要素に還元して，それをまた組み合わせて模倣した。研究開発から試作を経て生産，市場開発に至る普通のコースと逆転させるものであるから，これをリバースエンジニアリングという」と書いたが，ここでの測深器等はこのようにして国産化が図られたのであろう。

2・4 大阪毎日新聞社による海流調査

瓶流しによる海流調査を行った和田は，その後，中央気象台から朝鮮総督府観測所長へ異動し，明治39年朝鮮沿岸でも「瓶流し」による海流調査を実施した。また，大阪毎日新聞社は大正2年に海洋調査部を設け，和田雄治が中心となり，水産生物，気象，水路，航海等の研究資料に供する目的で海流調査を実施した。これは，日本郵船，大阪商船等の国内各主要汽船会社に依頼し，米国航路，沿岸26航路において5月1日以降1ヶ年を期し，毎月ないし3ヶ月に1回1地点に100個の標識瓶（総計1万数千本）を投入するというもので，設計と結果は専門家に依頼した。この事業の評議員は，川島令次郎水路部長，松崎壽三水産局長，寺田寅彦，岸上鎌吉，和田雄治，肝付兼行大阪市長（元水路部長），田中阿歌麿海洋会会頭，近藤廉平日本郵船会社長，中橋徳五郎大阪商船会社長であり，北原技師，熊田頭四郎等に標識瓶投入地点選定および拾得報告の調査研究のことを嘱託した。標識瓶はビール瓶大の硝子瓶で，外部に赤白の2線を描き，内部にハガキを挿入したもので，拾得者は，拾得場所・年月日姓名等を記入し郵便で返送すると，手数料と番号により特別懸賞を与えられた。結果は，和田の逝去により，熊田が「日本環海海流調査業績」（大正11年刊行）（図2-3，2-4）として取りまとめた[27]（資料5）。これらの結果をふまえ，大正5年2月，大阪毎日新聞社長本山彦一は貴族院と衆議院の議長宛に，①海流調査事業の利益と重要性，②現在実行の各団体とその効果，③国家事業として実施が必要，との三つの視点から「海流調査事業を国家の事業として継続実行せられんことに関する請願」を行った[注15]。

2・5 浮遊生物学とその調査について

遠藤吉三郎が明治36年4月に神奈川県三崎町（現三浦市）で採集した珪藻類を解析したのがわが国における最初の浮遊生物調査報告である。彼は，浮遊珪藻が海水の温度，成分，深浅と時期によって種類，数量が異なり，これを明らかにすることにより，海洋の水質の相異，潮流域の推定と，魚の消化管内の珪藻の種類を調べることでその魚の生態の推定を試みることであった。この論文には珪藻一般についての生理，構造，研究方法が記され，約50種について説明と図版が掲げられた[28][注16]。次いで，丸川久俊は「浮遊生物学に就て」において，「プランクトン（浮遊生物）」は「風波の動揺に伴ひ，或は水の流動に連れ，或は温度，光，水の比重其他物理化学的状況如何により，或は浮泛（ふはん）し，或は沈降する極めて微弱な運動力を有する，或は有せざる水中生物」と，「浮遊生物学」とは「此等生物並に之に付帯関係する総ての事実現象を講究する学問」と定義した[29]。柳 直勝は，「プランクトン研究法に就て」において，プランクトンの分類と定量的研究法とプランクトン採聚網，定量網使用法，プランクトン計数法等を紹介した[29]。

漁業基本調査が開始されると，浮遊生物に関しては，橈脚類の検索表（柳 直勝），鞭藻類と珪藻類の検索表（岡村金太郎），さるぱ類検索表（妹尾秀實），頭脚類検索表（田子勝彌）（以上，漁業基本調査準備報（明治43年）），毛顎類（浅野彦太郎），重要橈脚類概説（柳 直勝）（以上，漁業基本調査報告第1冊（明治45年）），重要橈脚類図説（柳 直勝）（以上，同第3冊（大正2年））と次々と報告された。さらに，柳と

2・5 浮遊生物学とその調査について

図2-3 鳳山丸による標識瓶の投入風景（投入者は熊田頭四郎）[27]

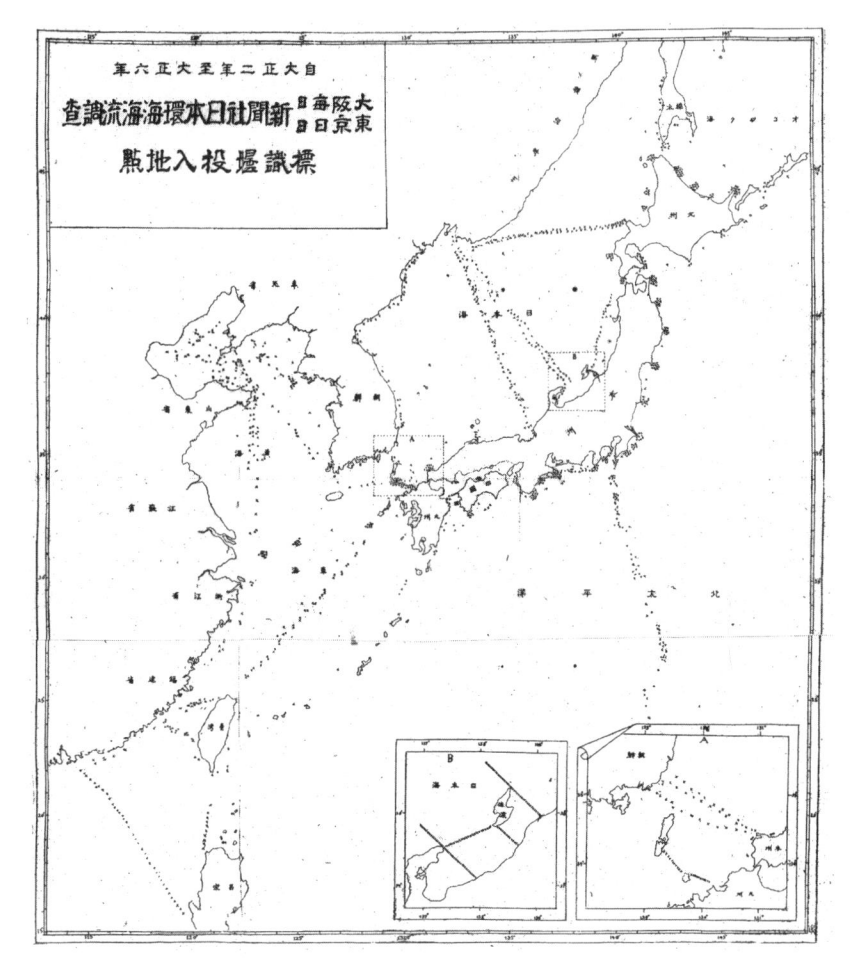

図2-4 標識瓶の投入地点[27]

丸川は「橈脚類検索図解」(浮遊生物検索図解第1冊)(大正3年)，丸川は「鞭藻類検索図説」(浮遊生物検索図説第2冊)を刊行した。このうち前者はイタリアのネープルス実験場出版のギースブレヒトの著作に加えて，柳と丸川の材料とを併せた65種の図解と検索表，種の特徴について記した。

浮遊生物について，妹尾は，「漁撈というものは，只漁獲の方法を研究するのみではなく，魚族の習性を熟知するといふことが肝要。殊に海洋中において魚族それぞれが，自ら捕りて食する天然餌料，即浮遊生物を研究して各々好む所の物を定めることが今日の急務である。若し吾人が海洋中に出でて漁獲をする場合に，真の理想を言わば，その場所の浮遊生物を見て，其の下には何の魚族が集まり来るかということを予定するというわけで，大いに漁獲の便利を得る」[31]と，漁業生産における浮遊生物調査の重要性を指摘した。

以上のことから，すでに，漁業との関係でも浮遊生物と浮遊生物学の重要性が認識されていたことがわかる。

このようななかで，丸川久俊は，水産講習所快鷹丸により伊豆半島，安房，駿河の沖合航海中に採取した浮遊生物のうち5科51種を記載し，新種と新亜種2種を見出した。また，明治42～43年にかけて，水産講習所高ノ島付近で採取されたプランクトンについて観察した。次いで，北原は，明治43～44年に潮岬，銭洲等でのカツオ漁場で浮遊生物を採取し，そのうち植物性のものを岡村金太郎が調査分析した。これらは概ね鞭藻類で，その種類は亜熱帯，熱帯性のものであることを明らかにした[32]。

地方水試においても，北海道水試の佐藤忠勇ら[33]は，明治44～45年，北海道周辺海域の浮遊生物を調査し，浮遊生物の種類，出現状況，分布，これらと魚族の関係について報告し，また，明治44～大正2年に魚族餌料の基礎の観点から，北海道周辺の橈脚類について検討した。

佐藤は，その後，養殖漁場の生産力の観点からプランクトンの研究を行い，カキ養殖に貢献する[34]。

岩手水試[35]は，大正10～11年，「カツオ漁場調査」の一貫として漁場における浮遊生物を採集し，種類と数量を調査した。その結果，「漁場ニ現ハルル浮遊生物中主ナルモノハ，動物性ハ夜光虫，橈脚類，介虫類，「サヂツタ」，「ドニオラム」，「サルパ」，「アツペンデイキユラリア」等，植物性ハ「キートセラス」，「コツシノディスカス」，「リゾソレニア」，「タラシオスリックス」，「スケレトネマ」，「セラチユーム」，「ベリデイニーム」等ノ出現多ク，一般ニ植物性ハ動物性ニ比シ其ノ量寡少ナレトモ，沿岸ニ近接海区ニ於テハ植物性ノ方優勢ナルコトアリ。鰹漁期中最多量ニ現ハレタルハ「コペポーダ」，「サヂツタ」，「サルパ」，「ドリオラム」，「アッペンディキュラリア」ノ如キモノ其ノ大半ヲ占ムルコト屢々ナリ」とし，「是等ノ多数出現シタル際ハ概ネ鰹ノ大群ニ遭遇スルモ，ソノ餌付不良ニシテ，其量比較的少ク，植物性浮遊生物ノ出現顕著ナ際ハ魚群少ナキモ餌付良好ノ関係ヲ見ル」ことを明らかにした。

愛知水試[36]は，明治35年から大正2年にかけて，浮遊生物と魚族の繁殖および回遊との関係に資するため篠島中小島の表面と下層，一色町の養殖試験地で「浮遊生物調査」を実施し，珪藻類等について報告した。宮崎水試も，大正7年から定地観測や横断観測に付随した「浮遊生物調査」を実施し，毎年の総体的な浮遊生物の分布と各海域の分布の特徴について明らかにした[37]。

その後，プランクトン調査については，昭和に入ると各水試等で実施され，また，多くの専門書も発刊された。わが国のプランクトンの研究史，特に主な研究者のルーツ（系譜）については，大森の総説[38]に詳しい。

なお，明治44年，田中阿歌麿が中心となり，酒井 了，肝 属男，志賀重昂，松崎水産局長，

井上地質調査所長等で日本海洋会を設立し，その創立大会で，海洋博物館設立の件，海洋調査に使用する船舶建立に関する件，太平洋に調査船を出す件について可決した[39]。この日本海洋会の行く末についての報告は見出せていないが，これが大正2年の貴族院・衆議院の海洋機関設置の決議につながったと，筆者はみている(注17)。

脚注

(注1)　当時，スウェーデンとノルウェーは同君連合による単一国家。クリスチャニアはオスロの旧名。

(注2)　当時のヨーロッパにおける資源保護については，高橋美貴著『『資源繁殖の時代』と日本漁業』（山川出版，平成19年）に詳しい。

(注3)　岸上鎌吉（1867〜1929）愛知県知多郡横須賀生まれ。明治22年帝国大学理科大学動物学科卒業後，大学院で学ぶ。同年水産伝習所講師。24年農商務省技師。26年水産調査所設立とともに水産動植物の調査並びに繁殖の研究と試験（第一部門）主任技師。28年理学博士。国際水産博覧会事務局員，ベルゲン漁業博覧会に参加。30年水産局初代調査課長。41年東京帝国大学水産学科第一講座（漁撈法，養殖学）担当教授。

「東京大学に水産学科を置くことは，理学部長であった箕作先生の主唱によるものであったと聞いている」[40]とされる。昭和3年，東京帝国大学と農林技師を辞する。東京帝国大学名誉教授，帝国学士院会員。昭和4年，中国長江の淡水生物の採集と研究調査中，死去。

卒論は，クラゲ，サンゴ，甲殻類の分類であった。昆虫の発生や生態を研究し，後にカブトガニの研究から水産動物の研究に移行。漁具・漁法から，魚，カニまで研究を実施した。特に，多くの日本のクラゲについて記載し，また，サバ，カツオ，マグロ類の採集，内部形態，外部形態，習性とともに分類を大成し，大正12年農学部紀要に発表。絵は高島野十朗作。東京大学総合研究博物館[41]より許可を得て引用。

(注4)　志賀重昂（1863〜1927）岡崎藩士志賀重職の長男として生まれ，明治13年札幌農学校4期生として入学。入学前からキリスト教徒にならないことを誓い，入学後はキリスト教に反発。卒業後の17年長野中学校（現長野高校）に博物学教諭として赴任。在職一年で県令と喧嘩して辞職。

オーストラリア，南洋の諸国を歴訪し，21年三宅雪嶺，杉浦重剛らと政教社を興し，雑誌『日本人』（後に，『日本と日本人』）を刊行。表面的な近代化に反対し，国粋主義を唱えた地理学者，評論家。27年，代表作『日本風景論』を刊行し，ベストセラーとなった。35年以降，国会議員も務めた。

(注5)　岡村金太郎（1867〜1935）江戸生まれ。明治22年帝国大学理科大学植物学科卒業後，同大学院で海藻学専攻で，矢田部良吉教授に師事。24年水産伝習所講師，25年第四高等学校教授。28年わが国の海藻の分類で理学博士を得る。その後，海藻学一途の研究を実施。30年水産講習所講師，39年教授，大正13年所長。昭和6年退官。昭和10年日本水産学会会長。

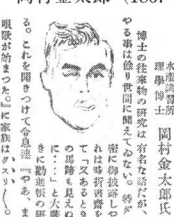

日本海藻図説（1〜6巻，1900〜1902年），日本海藻図譜（1〜7巻，1906〜1942年）等，多くの海藻関係の著書・論文がある。特にこの図説，図譜は日本に産する海藻各種について和文と英文記載とともに，精確で美しい海藻図が載せられている。「当時ハ未ダ我邦植物学ハソノ初期ニアリシ際トテ海藻学ニ関シテハ就イテ学ブノ師モナク参考スベキ書籍等モ甚ダ乏シカリシヲ以テ先生ハ自ラ資ヲサキテ書籍ヲ購入，或ハ標本ヲ蒐集シ以テ今日ノ盛ナル我ガ海藻学ノ基礎ヲキズカレシモノナリ」[42]であった。

遺稿である「日本海藻誌」は昭和11年，弟子によって内田老鶴圃から発刊されたが，これには一千余種の分類が行われている。産業的には，東京湾のアサクサノリ，テングサ，フノリ等の養殖について貢献。特にアサクサノリについては大きな産業に成長させた。

このほか，わが国における最初のプランクトン研究者で，水産学上の重要性を指摘した。明治40年，西川藤吉と共著で浮遊原生動物のTintinnoideに関する論文を発表。プランクトンを浮遊生物と訳したが，長く書くので暇がかかるという理由で「蜉」という当て字を作成した[43]。これに関しては第3章の遠藤吉三郎の稿を参照のこと。本文でも書いたように，漁業基本調査・海洋調査において，北原多作とともに「水産生物学要稿」を著したほか，研修会等にも積極的に協力し，海洋漁場学の先鞭をつけた。似顔絵は「水産界」[44]より引用。

(注6)　田中阿歌麿（1869〜1944）東京築地の徳川候邸内生まれ。1884年父母に従い渡欧。スイスで，地理学のテキストを用いてフランス語を学ぶ。93年ベルギーブリュッセル市立大学地理学科卒。在学中，フランソワ・フォーレに書面で指導を受ける。わが国に初めて湖沼学を紹介し，その後昭和6年日本陸水学会を創設する等，湖沼学の創始者とされている。

明治22年，東京地学協会の補助金を得て，ネグレッチ・ザンブラ会社の海底転倒寒暖計を購入し，そこに錘鉛を付け，山中湖で鉛錘測深を実施し，等深線図の作成以来，各地の湖沼形態や水温等の物理的性質の研究を実施。昭和6〜7年には千島列島の湖沼調査に参加。海洋調査関係の測器や道具の導入等，海洋調査にも貢献。このところの経緯は，「湖沼学の発達」（水産界，700号，109〜117，昭和16年）に書かれている。

(注7)　妹尾秀實（1879〜1966）鳥取県生まれ。明治38年東京帝国大学理科大学動物学科卒。同年，水産講習所嘱託となり，動物学・応用動物学・養殖に関す

る科目を担当。その後，技師，教授となる。大正元年，水産講習所在外研究員としてアメリカ，イギリス，フランスへ留学。水産動物，特にカキの養殖に関して視察調査。同2年，ベルギーにおける第4回万国博覧会に本邦代表として参加。昭和4年水産講習所を退官。同年，第4回太平洋学術会議（ジャワ）へ参加。また，日本女子大学教授に就任。20年日本動物学会名誉会員。この間，マガキ養殖について研究し，特に，垂下養殖に関する研究は有名。著書として，応用動物図鑑（北隆館）等がある[45]。

左上は，筆者がたまたま古書店から購入した書籍にあったものであるが，書籍の内容やサイン等から，妹尾秀實のものと思われる。似顔絵は「水産界」[44]より引用。

（注8）北原多作（1870～1922）岐阜県生まれ。青山学院を経て，明治27年帝国大学理科大学動物専科卒。この間，学僕となって学費をまかなう。卒論は魚類の分類。同年水産調査所調査および試験係員から農商務省技師。海洋調査等の必要性が絡んで上司の意見と衝突し水産局を退職。新潟県佐渡中学教師を経て，再び水産局技師，後に水産講習所海洋調査部主任。明治41年万国水産協議会に出席。明治45年大日本水産会理事。大正11年没。53歳。

調査用測器として北欧のものに創意工夫を加え，採水器，採泥器，プランクトンネット等を作成。著書として「漁村夜話」（大日本水産会刊，大正10年）がある。

寺田寅彦は，「僕が今まで逢った人の中で北原多作君（水産海洋調査創業）は水産で一番偉い人と思った。北原君は虚心坦懐に物を見ることの出来る人であった。洞察の卓れた人で，公平に物を考える量見の大きな人だった。実に熱心で真面目，どこまでも追及してよい加減のことは許さぬ性質であった。岡村金太郎さん（海産植物学者，水産講習所長）とはいつも冷かしたり弥次ったりし合っていた。岡村さんは陽性，北原さんは陰性，皮肉があった。初めて会った時，唯の水産局のお役人と思っていたら，根掘り葉掘り綿密に良く調べていて追及するのに驚いて，『これは偉い』と思った。アカデミックな学者じゃない。とにかく草分けする人は偉い。しかし，パイオニアが長生きした時はよく後進の邪魔になることがある。北原君は公平な人だったからそれは無かっただろう。北原君は海洋調査をどうしてもやらねばならぬと確信していて，自分の出世に妨げになるなどと考えなかった。あの当時こんな海洋調査のようなことに没頭するのは決して得ではなかった」と言った[46]。岡田武松は「北原さん，この方はどうも馬鹿熱心な方で，観測の系統をつくられた。日本の海洋の元祖とか鼻祖というのは北原さんであろう」といった[47]。北原多作の人となりについては，北原晴彦の「父・北原多作を語る」（海洋の科学，2(9) 648～651，昭和17年），吉田文七の「北原先生を偲びて」（海洋の科学，2(9) 651～653，昭和17年），宇田道隆の「海洋調査の大先達北原多作先生のこと」（科学，6(6)，32～34，昭和11年）がある。写真は，「水産界」[48]より引用。

（注9）道家　齋（1855～1925）岡山県生まれ。明治6年東京外国語学校仏語科修業。17年農商務省御用掛。18年庶務課長，20年海軍省翻訳官，総理秘書官，法制局参事官等を経て，41年水産局長。45年12月退任まで，明治末期の漁業近代化の中で，漁業法の改正，汽船トロール漁業，鯨漁，瀬戸内海等の三つの漁業取締規則を制定。

岡本によれば，道家局長時代は，明治漁業の終末と大正時代への架橋の役割を果たすモーメントの役割であった。その後，農務局長を経て貴族院議員に勅撰され，国際連盟理事をも担った。写真は，岡本[49]より引用。

（注10）明治期の海洋学に関係するテキストとしては，松原新之助の「海洋学」（明治17年），山上万次郎の「水圏，海洋学」（明治31年），横山又次郎の「海洋学講話」（早稲田大学出版部）（明治44年）がある[50]。

（注11）水理生物学要稿では，水理生物学については次のような指摘をした。水理生物学（Hydrobiology）ハ近ク成立シタル学科ニシテ，海洋学（Oceanography），生物学（Biology）及ビ水理学（Hydrography）等ヨリ成リ，主トシテ物理的並ニ化学的原因ノ水族ニ及ボス関係ヲ攻究スルモノナリ。従来，海洋学及生物学ハ夫々別々ノ発達ヲナシ，両者間何等ノ交渉ナカリシト雖モ，水産学研究ノ進ムニ従ヒ，水産生物ニ関スル諸般ノ問題ハ，水温，比重，水深，底質等ノ明カナルモノアルニアラザルヨリハ之ガ解決ヲ與フルコト能ハザルモノ多キトノ事実ヨリ，両者漸ク接近スルニ至レリ。殊ニ，漁業上諸般ノ現象ハ単ニ気象学，海洋学，水理学，生物学等，単独ノ力ニテハ之ヲ知ルニ易カラズ。此等諸学ノ力ヲ併セテ始メテ為スアルモノ多キヨリ，所謂水理生物学ナル一派ヲナスニ至レリ。其成立斯ノ如クナルヲ以テ水理生物学ノ進歩ハ即チ之ガ要素タル諸学科ノ進歩ニ外ナラザレドモ，而モ其間離ルベカラザル連絡ノ繋ガレルモノアリ。其是アル所即水理生物学ノ旨トスル所ナリ。水理生物学ノ成立スル所以下（筆者注：本書では上）ニ示シタルガ如クナルヲ以テ，其目的トスル所亦之ヲ視フニ難カラザルベシ。即チ海洋調査ニ依テ得ル事ヲ基礎トシテ水族ノ関係ヲ明ニスルニアリ。一言ニシテ之ヲ蔽ヘバ，因テ以テ水族消長ノ原因ヲ明ニスルニアリテ一ハ以テ漁業ノ饗フ所ヲ指示シ，一ニ以テ之ガ改良ヲ促スニアリトス。

（注12）石川水試（布目　孜），新潟水試（戸井田盛蔵），長崎水試（平木　治），徳島水試（小林雄次），福岡水試（香山　清），滋賀水試（村上秀次郎），秋田水試（徳江澄太），高知水試（秋山紋爾），茨城水試（鳴脚七郎），静岡水試（青木越雄），熊本水試（三宅仙吉），青森水試（辻　志郎），鹿児島水試（川名栄三郎），愛媛水試（加藤　保），神奈川水試（河村加四郎），三重水試（川上宗治），福島水試（阿部　圭），香川

水試（今野寅吉），佐賀水試（鐘ケ江東作），大分水試（梅村眞龍），岩手水講（小林尚次），富山水講（松野助吉），千葉県水講（吉田　潔），岐阜水講（金子政之助），水産局員（島村満彦），対馬水産組合（宮重脩吉，川口時太郎），長崎県壱岐郡役所（川口正人），千葉県東葛飾郡水産組合（住道潔水）。

(注13)　(1) は，「北海ノ海水ハ大体北大西洋水，『バルチック』海水，北欧海水，『バング』水ノ四要素ヨリナルヲ如リ，其各季二二ル消長」についての知見を紹介。

(2) は，「調査船「ミケル・ザース」号（226トン）ヲ新進シ，海洋調査二依リ水温，塩分ノ分布及年変化，累年変化ヲ研究シ，海洋ノ状態力漁業及気象二多大ノ影響。浮遊生物ノ研究ヲ並行シテ行ヒ，重要種類ノ分布ト海流トノ関係消長闡明シ，海底動物ト底質ノ関係及魚族ノ分布トノ関係，重要魚類調査二最重点ヲオキ，鱈類，鰊及「スプラット」等ノ産卵，幼魚，成長等ニツキ研究シ，特二，魚鱗調査ニヨリ魚群各年齢混和ノ割合ヲ知リ，後年漁獲ノ豊凶ノ豫報。漁業試験ニヨリ沿海ノ海深底質等ヲ調査シ，漁場探検ヲ併セ行ヒ新漁場ヲ発見シテ漁業者ヲ指導」であった。

(3) は，イギリスとオランダによるプレースの漁業調査に触れたもので，それは50年前（筆者注：1860年頃）にはじまり，1885年以来漁業統計蒐集機関設立等の紹介と，「プレース生長度ヲ体長，聴石二依リテ調査シ，プレース成熟時ノ大サ及年齢ニツキ述ヘ，標識プレース放流ノ試験ヲ述ヘ，更二底魚回遊ト密接ナル関係アル底流調査ヲ底流瓶ニヨリテ行ヒ，又，プレース移殖試験ヲ試ミ，以上ヲ総括シテプレース移動ノ原因ニツキ考察セリ」というものであった。

(注14)　熊田頭四郎（1885～1953）栃木県那須塩原市生まれ。明治40年水産講習所漁撈科卒業後，山口県水産試験場に入る。その後，水産講習所研究科に入学し大正3年修了。寺田寅彦の研究室に出入り後，大正9年早鞆水産研究会に入り，海洋生物・漁場調査主任。その後，早鞆水産研究所を昭和10年に退職後，日産水産研究所の設立とともに取締役として魚類標本整理や魚類図譜の業務を担う。檜山義夫や画家の有田　繁，富田喜久枝の協力を得て，魚の輪郭，細部や色彩を繊細にして精密に日本画手法を用いて描いた千数百点の魚類図譜を製作した。

論文としては，「鯛の産卵と移動とに関する研究」（動物学雑誌，40巻，昭和3年），「東洋における蛤蜊魚の世界的二大産地に就いて」（動物学雑誌，48巻，昭和11年）等がある。著書として，漁網論（熊田頭四郎編，日産水産研究所，昭和10年）のほか，魚類図譜を用いての「南洋食用水族図説」（昭和16年），「南洋有毒魚類調査報告」（昭和18年）（以上，日産水産（株）刊），「Marine Fishes of the Pacific Coast of Mexico」（檜山義夫監修）（昭和12年），「魚毒図鑑」（昭和17年）（以上，日産水産研究所刊）がある。「魚毒図鑑」では77種の毒魚が原色で描かれ，当時，陸海軍や現地の人々に役立ったといわれる。昭和20年，「南洋産有毒魚類の研究」で檜山義夫とともに日本農学会日本農学賞を受賞した。なお，魚類図譜は，昭和36年に日本水産（株）50周年事業として刊行された。このほか，和田雄治の急逝により「日本環海海流調査業績」（大阪毎日新聞社，大正11年）の監修を行った。熊田は寺田寅彦から直接指導を受けたが，彼は寺田寅彦をして「最も勉強になった人」といったとされ，藤原咲平は，追悼文「寺田寅彦先生」の中で，「海洋調査に関して常に顧問として参画せられた。丸川技師，熊田頭四郎氏等は，皆先生の教えを受けた人々で其後水産海洋学の重鎮となった」[51]と書いた。元農林省水産試験場の熊田朝男は実弟で，熊田朝男の子息が熊田　潮（元愛知県水産試験場長）である。

(注15)　原著より引用すると，請願理由は次の3点である。①海洋調査事業の利益（海洋研究は国民の海事思想の養成と相俟って須臾も忽諸に付すべからず。海洋に就て研究すべきもの，海流，潮汐，水深，気象其他塩分，水温，生物等枚挙に遑あらず。就中日本環海々流の関係は航海，水産の事業は勿論気象の変動，収穫の豊凶に至るまで皆少からざる交渉を有し，更に古代氏族の分布，他国との交流等歴史的事実に至りても其資料を海流の調査成績に求むべきもの極めて多し。実に海流の調査は海洋研究事項中の最急事に属するものなり），②現在実行の各団体と其効果（海流調査は航海学術生産上少からざる禅益を有せり。現在，直接之に関係を有する海軍省水路局又は農商務省水産局其他各艦隊，各専門の学校及実業組合等に於て極めて小規模に部分的研究を試みられつつあるに過ぎず。此の如き事業は到底我社の如きが永久的の事業として計画実行し得べきものにあらず），③国家の事業として実行せられたし（西欧諸国に於ては民間にも尚諸種の事業を完成せしむるため，後援をなす人少からざるも，我国に於ては未だ学術的の事業に対し此種の篤志家甚た稀少なり。此事たるや一日も軽忽に付すべからざるものあるを以て，現在の如き小規模の調査を以て甘んずることなく，之を国家の事業として継続研究し其完全を期せられんことを伏して悃願に堪へざるなり）[27]。

(注16)　この前にも赤潮生物等の報告もあり，ここでは，いわゆる海洋調査の一環としての浮遊生物との視点からである。

(注17)　日本環海海流調査業績には，日本海洋会会頭として田中阿歌麿の名前が出ている。

引用文献

1）宇田道隆：水産海洋学の発展と動向，科学，35（2），83～87，昭和40年

2）岸上鎌吉：水産調査の方法に就いて，大日本水産会報，216号，1～4，明治33年

3）松原新之助：欧米水産視察瑣談，大日本水産会報，242号，21～22，明治35年

4）志賀重昴：内外水産の現況，大日本水産会報，287号，1～4，明治39年

5）妹尾秀實：海流の調査について，水産研究誌，2（5），2～3，明治40年

6）Hjort & Gran：Currents and Pelagic Life in the Northern Ocean，ベルゲン博物館報告，第4号

7) 大日本水産会報, 328号, 18～22, 明治43年
8) 丸川久俊：漁業基本調査の思い出, 海洋の科学, 3 (6), 31～33, 昭和18年
9) 道家 齋：漁業基本調査準備報, 1～2, 明治43年
10) 水産局：漁業基本調査準備報, 1～15, 明治43年
11) 北原多作：漁業基本調査に就て, 大日本水産会報, 350号, 23～24, 明治45年
12) 全国水産試験場長同講習所長水産主任協議会, 水産界, 320号, 44～47, 明治42年
13) 樋口邦彦：福岡県水産試験研究機関百年史, 73～77, 平成11年
14) 大市隠客：漁業基本調査, 大日本水産会報, 385号, 48～49, 大正3年
15) 丸川久俊：漁業基本調査の思い出, 海洋の科学, 3 (6), 31～33, 昭和18年
16) 大日本水産会報, 324号, 15, 明治42年
17) 岡村金太郎：我が国の海洋調査が今日の様になるまで, 帝水, 13 (7), 17～21, 昭和9年
18) 大日本水産会報, 327号, 27～28, 明治42年
19) 大日本水産会報, 332号, 29～31, 明治43年
20) 農商務省水産局：日本の魚付林, 明治44年
21) 尾道市実験場に於ける第二回講究会, 大日本水産会報, 251号, 36, 明治36年
22) 漁業基本調査打合会, 水産研究誌, 7 (9), 14～16, 大正元年
23) 漁業基本調査打合会, 水産研究誌, 9 (8), 23～24, 大正3年
24) 漁業基本調査打合会, 水産, 2 (11), 大正3年
25) 水産, 2 (11), 大正3年
26) 中山 茂：科学技術の戦後史, 75, 岩波書店, 平成7年
27) 熊田頭四郎編：日本環海海流調査業績, 大阪毎日新聞社, 大正11年
28) 浮遊珪藻類, 水産調査報告, 14巻第2冊, 33～69, 明治38年
29) 丸川久俊：浮遊生物学に就て, 水産研究誌, 1 (4), 6～7, 明治40年
30) 柳 直勝：プランクトン研究法に就て, 水産研究誌, 4 (4), 91～97, 明治44年
31) 妹尾秀實：浮遊生物研究の急務, 水産研究誌, 1 (5), 2～3, 明治40年
32) 漁業基本調査報, 第1冊, 81～93, 明治45年
33) 佐藤忠勇：浮遊性橈脚類（其1）, 水産調査報告, 1 (1), 1～79, 大正2年
佐藤忠勇：明治44年6, 7月に於ける本道東南海岸の浮遊生物調査, 水産調査報告, 5, 1～18, 大正5年
佐藤忠勇：明治44年7, 8月に於ける本道東北海岸の浮遊生物調査, 水産調査報告, 5, 19～41, 大正5年
佐藤忠勇, 山口元幸：明治44年9, 10, 11月に於ける津軽海峡の浮遊生物調査, 水産調査報告, 5, 42～60, 大正5年
佐藤忠勇, 山口元幸：明治44年11, 2月に於ける津軽海峡の浮遊生物調査, 水産調査報告, 5, 61～89, 大正5年
佐藤忠勇, 山口元幸：大正元年1, 2月に於ける津軽海峡の浮遊生物調査, 水産調査報告, 5, 90～114, 大正5年
34) 中野 広：戦前までカキ養殖に関する研究史（下）, 海と渚環境美化機構, 平成17年
35) 明石博次：鰹漁場浮遊生物調査, 水産試験成績総覧（農林省水産試験場刊）, 988～989, 昭和6年
36) 名倉闔一郎：鰆調査（第一報）～（第五報）, 水産試験成績総覧（農林省水産試験場刊）, 990～991, 昭和6年
37) 田代清友, 山田 豊：浮遊生物調査, 水産試験成績総覧（農林省水産試験場刊）, 991, 昭和6年
38) Makoto Omori : History of Marine Planktology in Japan, On a hundred years of portuguese Oceanographys (ed. Luiz Saldanha) 271-279 , Avulsa, 平成9年
39) 水産文庫, 6 (7), 125～126, 明治44年
40) 三宅驥一：水産学科設立当時の思い出, 東京大学農学部水産学科の五十年, 116～122, 東京大学農学部水産学科の五十周年記念会, 昭和35年
41) 東京大学総合研究博物館：「東京大学所蔵肖像画・肖像彫刻」(http://www.um.u-tokyo.ac.jp/publish_db/1998Portrait/03/03100.html)
42) 山田幸男：故岡村金太郎先生略伝, 植物学雑誌 20, 814～819, 昭和10年
43) 丸川久俊：海洋学者の憶ひ出 (4), 岡村金太郎博士を語る, 海洋の科学, 1 (4), 57～58, 昭和16年
44) 余技漫談, 水産界, 472号, 大正11年
45) 猪野 峻：妹尾先生の思い出, 貝類雑誌, 26 (2), 53～55, 昭和42年
46) 宇田道隆：海と水産の研究にまつわる寺田先生の思い出, 科学者・寺田寅彦（宇田道隆編著）, 247, 日本放送出版協会, 昭和50年
47) 宇田道隆：世界海洋探検史, 229～230, 河出書房, 昭和31年
48) 水産界, 473号, 55～57, 大正11年
49) 岡本信男：水産人物百年史, 61～62, 水産社, 昭和44年
50) 科学技術庁資源局：日本における海洋調査の沿革, 昭和35.2.25（謄写版）（筆者注：宇田道隆執筆）
51) 藤原咲平：追悼文「寺田寅彦先生」, 科学, 6 (3), 81～85, 昭和11年

第3章
地方水産試験場・講習所の設置と海洋調査

　明治27年8月,農事講習所規程(農商務省令第8号)にもとづき愛知県水産試験場が設置され,31年12月には府県郡水産試験場,講習所,巡回教師に関する勅令第348号が出された。これにもとづき,明治32年8月農商務省令第22号により農事講習所規程が改正され,府県水産試験場規程がつくられた。さらに,同年の府県農事試験場国庫補助法の公布により,続々と道府県に水産試験場・水産講習所が誕生した。地方水試等の設置年を表3-1に示した。なお,水試のうちいくつかは一時廃止され,また再設置された。これについては,拙著「智を究め理を磨き」[1)]に書いた。漁業基本調査が実施されると,地方水試も指定事業として参画し,また,漁業振興の一手段として海洋調査を実施するようになった。本章では,地方水試等が実施した海洋調査と,沿岸海洋調査として重要な赤潮調査,磯焼け調査について記す。

3・1　地方水産試験場・講習所の設置

　水試設置当初は,水試に対する国庫補助は経費総額に対する一定比率であったが,明治36年度から用途指定がなされ,また,指定事業として展開されるようになった。明治42年に指定事業のメニューとして漁業基本調査が取り上げられると,各水試は積極的に海洋調査を実施するようになった。この間,前述のように明治33年の水産試験場長会・水産講習所長及水産巡回教師協議会において,岸上鎌吉は,「水産調査の方法に就て」を紹介した。明治36年の水産試験場長水産講習所長協議会[2)]では,岸上は,①蕃殖保護調査(ア.種類の査定,産卵期・産卵場,イ.生物学的最小雌雄別,成長度,ウ.漁具・漁法),②海洋調査(ア.漁況報告,漁況との関係,イ.器械取扱方法の叮嚀,ウ.

表3-1　府県水産試験場・講習所開設一覧表

年度	場所数	府　県　名
明治27	1	愛知
30	1	福岡
32	5	宮城,三重,千葉,新潟,京都(講)
33	11	長崎,滋賀,青森,秋田,富山(講),広島,山口,香川,愛媛,熊本,大分
34	5	島根,鳥取,徳島,高知,北海道
35	3	岡山,和歌山,福島
36	3	静岡,宮崎,鹿児島
37	2	茨城,石川
42	1	樺太庁
43	1	岩手
44	1	佐賀
45	1	神奈川
大正9	1	福井
10	1	朝鮮総督府
13	2	山形,兵庫
昭和3	1	東京
4	1	岐阜(大日本水産会所属)
5	2	群馬,台湾総督府
6	1	南洋庁
11	1	栃木
13	1	大阪
15	1	長野
16	1	富山
26	1	埼玉
27	1	岐阜
47	1	山梨

推測を許さず）について説明し，「水形学的調査を広く各府県と連絡して相俟って効果を得るべく，各水産試験場でこの調査を実施すること，第一として調査方法及び器機の一定の必要を認め，検温器，比重，浮遊生物採集器，検量器に就いて一定の形式をつくり器械を購入するときは本局で検定すること」が決められた。また，同会議において遠洋漁業の奨励方法についても協議された。明治40年に開催された水産共進会において，長崎県は全国講究会を開き，その中で，「韓国沿岸における観測を行うこと」，「海洋観測整理法は如何」についての協議を行った[3]。このように水産局は体系的に海洋調査についての協議を行い，各府県でも漁業振興と海洋観測の重要性についての問題意識が高まるにつれて海洋観測が実施されるようになった。これらの背景には，明治30年の遠洋漁業奨励法の施行にともない，各道府県ともに遠洋漁業に関する漁業試験や漁場開発試験が実施されるようになったこともその要因であると考えられる（第9章参照）。

体系的な定地観測，定点観測は，前述のように水産局の委託により，明治33～35年にかけて全国5ヶ所，宮崎県細島（水深18 mと48.6 m）[注1]，長崎県大船越（34 m），和歌山県潮岬（63 m），石川県輪島（27 m），青森県鮫（28.8 m）で，毎年4季（2，5，8，11月の初旬）で海洋観測が実施された。その結果は水産調査報告11巻3冊（明治35年）に掲載された。

その後，それに準じて，明治33年から35年には三重県[4]が伊勢湾若松沖一哩沖，明治35年には岡山県[5]が2ヶ所，山口県[6]が仙崎，島戸，上関，福岡県[7]が津屋崎1哩沖，明治36年には高知県が室戸，須崎，柏島，宮崎県が折生迫突波川口より東微北九哩の水深13.6 m[8]，明治37年には新潟県が小木沖，青森県[9]が宇鐵沖2哩，明治38年には徳島県[10]が鳴門村，椿泊村，牟岐村，明治39年には熊本県[11]が牛深沖，明治43年には愛媛県[12]が日振島と御五神島沖，石川県[13]が明治43年3月から45年3月にわたって北緯37度16分10秒，東経137度10分30秒の水深66.6 mの地点で，毎月1または2のつく日に水温，比重，潮流の方向・速度，透明度，水色，浮遊生物沈殿量等の観測が行われるなど，全国各地に定地観測が順次拡大していった。これら定地での調査項目は水温，比重，透明度，プランクトン等で，結果は図3-1，3-2に示されているように，漁獲量と水温・比重との関係として報告された。図3-2は石川水試[15]が，大正2～5年にわたって農商務省指定の方法で宇出津港外3マイル，水深90 mの地点での定時観測調査日誌であるが，魚介類の来遊状況との関係として報告され，漁況予測のデータとして活用されはじめた。

明治末期，北海道水産試験場長に森脇幾蔵が就任した。彼は海洋調査の必要性を確認し，海洋調査と漁業試験とが併せて実施できる甲板の低い蒸気船（探海丸）（図3-3）を建造した。その調査船を使用して，ニシン調査のため毎月一回，函館と宗谷岬の間を航海し，横断観測として函館～大間，積丹半島の60浬を実施し，また，毎回海流調査のためにビール瓶100本を投入した。また，大正3年には太平洋側の海洋調査を実施した[17]。このほか，明治35年から，瀬戸内海関係府県水産試験場が互いに連絡して観測することとなった[18]と記録されている。ちなみに，明治38年に福島県水産試験場[19]が調べた地方水試等の漁撈・海洋関係の調査・試験研究業務を資料6に示す。これを見ると，各種の漁業調査のみならず，多くの県水試でも海洋関係調査が実施されていることがわかる。

定線観測は，明治37年福島県[20]が実施した小名浜湾の定線調査を嚆矢とし，明治42年東京府[21]が小笠原近海で，明治43年愛媛県[22]が南宇和郡や高知幡多郡沖合海域を，明治44年北海道[23]が日本海（津軽海峡），太平洋（恵山～襟裳，襟裳～落石），岩手が沖合距岸100浬を実施するようになった。新潟県[24]では，「大

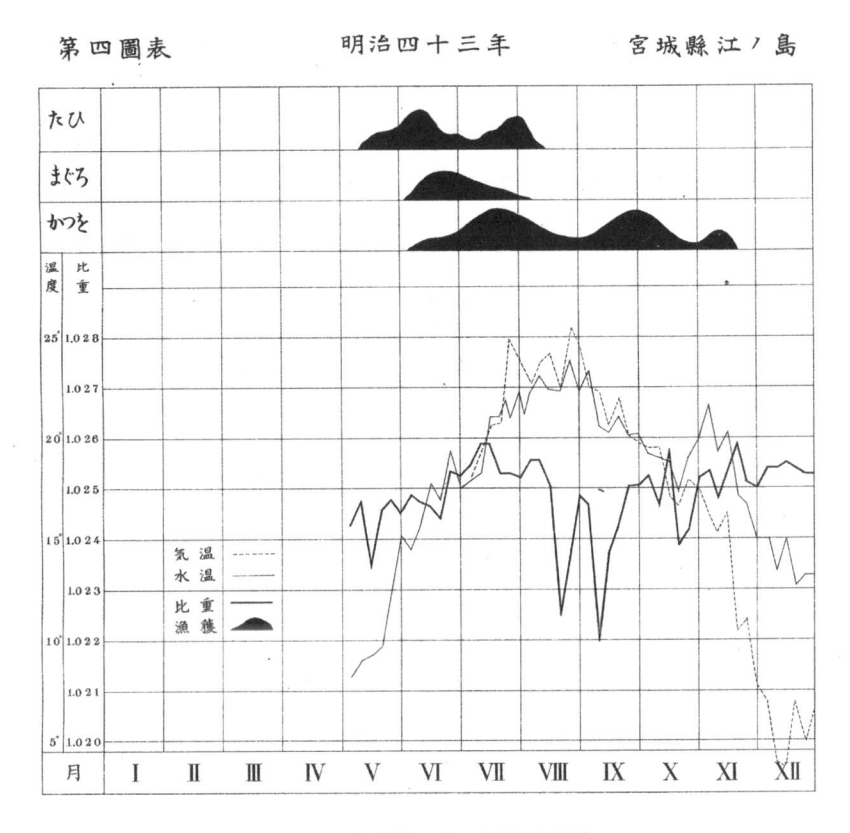

図3-1 宮城県江ノ島の海況と漁況[14]

正4年から昭和16年にかけて佐渡水産組合所属の発動機船を使い，イカ漁場形成や漁況予測の基礎資料とするため，両津湾から相川〜真野湾〜小木，赤泊地先にかけてのほぼ佐渡島全域をカバーして水温，比重，潮流，浮遊生物等を調査した。これが県の横断観測として発展する基礎となった」。このように，多くの県では「漁業基本調査」から後述する「海洋調査」と進んでいく大正中期から定線調査を実施するようになった。明治後期から昭和20年頃までの各道府県水産試験場等，水産局・農林省水産講習所・農林省水産試験場，その他において実施された海洋調査については資料7で示した(注2)。

これをみると，明治後期からそれぞれの府県で外海の海洋調査が実施されるようになったが，水産局や各県水試も内湾の海洋調査も重視したことがわかる。この背景について，河合巌[25]が，「伊勢内湾三重，愛知両県連絡調査報告書」において，「従来，兎角漁撈ニ偏シ，蕃殖方法ハ省ラレサル状態ニシテ，自然漁獲漸減ノ傾向アリ，依ツテ将来ニ於ケル内湾魚介藻ノ蕃殖保護並ニ漁獲増進ニ関スル方法ヲ論シ，漁村維持法ヲ確定センカ為，三重，愛知両水産試験場及農林省水産局ノ聯絡試験トシテ施行スルモノナリ」と書いたように，沿岸資源は乱獲気味で資源の保護育成が必要との状況であった（第9章参照）。また，妹尾[26]は，「黒潮の移動，日本海方面の寒暖流の流域等を明らかにならしむることは，苟も水産に身を捧ぐるもの等しくその責を負へると同時に，一方，内湾の調査を為すことも決して忽せにすべからざることなり」とし，「内湾は概要の凹入したる比較的小面積の場所なるも，天然の養魚場とも称すべき所にて，大部分の魚介は此処にて産卵保育せら

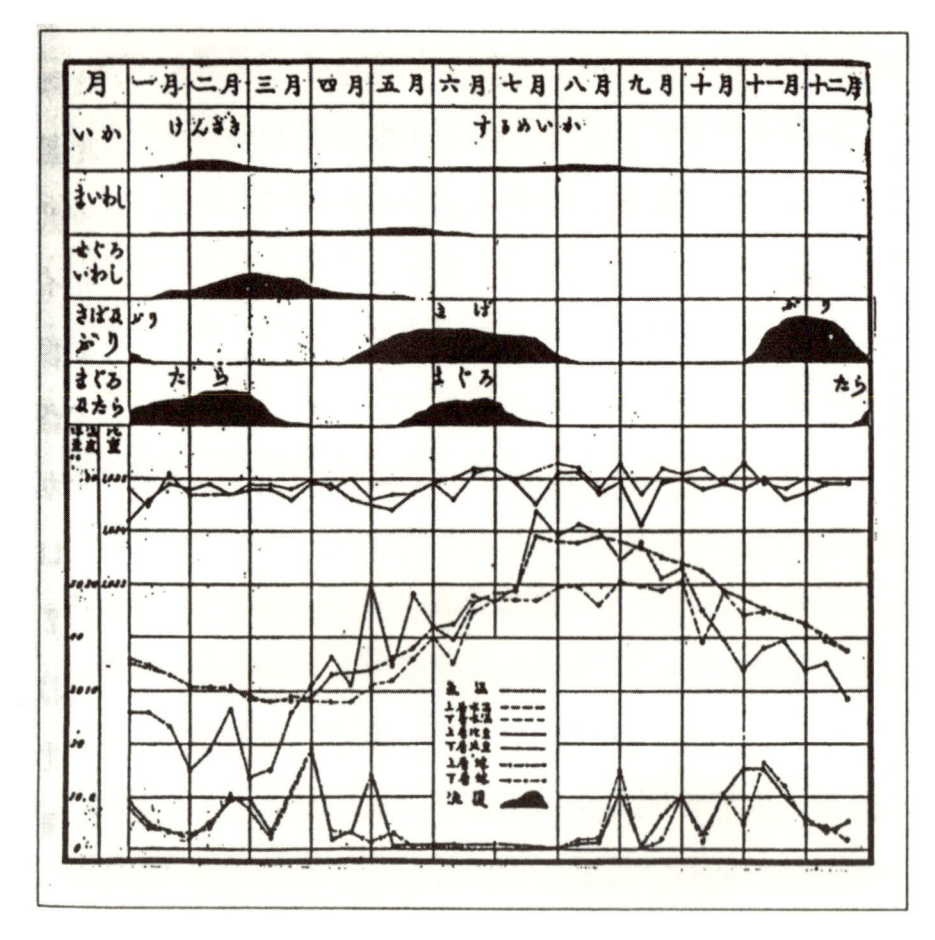

第3章 地方水産試験場・講習所の設置と海洋調査

図3-2 定時海洋観測調査日誌[15]

図3-3 探海丸[16]

れる。淡水適度に加注し鹹度を和ぐるを以て、魚族の食餌豊富なり。又其海底には岩礁のある所、藻類繁茂せる所、砂礫の存する所、又は泥土質なる所あり、近海魚、定着魚何れも湾内の漁利は其面積に比し著しく多きものなり。然る

に各地内湾の生産力は逐年益々低減し、漁民は窮地に陥るの状態を呈す。是れ、眼前の小利に眩惑し、濫獲に次ぐ濫獲を以てする結果に外ならず。漁民に永遠の福利を増進せんと欲せば、之に適応する計画を立て積極若は消極に内湾の経営に努るを要す。漁業に於いても内湾を根本的に調査し其の内容を審(つまび)らかにし以て魚族の分布、回遊、産卵の状態を検し、内湾を自家の庭前に展開せる畑の如く考へ適切の設備を施さざるべからず」とし、築磯の築造と底礁の拡大の必要性を述べ、さらに、これらの場所と「多数なる根の内にて適当なる場所を永代禁漁場と為して其場所のみにても親魚をして安らかに産卵せしむるの手段を施し、又、一方にては稚魚を濫獲する網、又は魚群を驚愕散乱せしむる如き

漁具を禁止する如き其他種々の設備方法あるべし」とした[注3]。さらに，この中では，特に海底地形と潮流，「マダイの行動」や漁業との関係を具体的に紹介し，水産講習所における館山湾内の調査を例に挙げ，内容として，①地理学的調査，②海洋学的調査，③生物学的調査，④生産の調査，⑤湾内の経営方針を確立，が重要とし，「要するに沿岸各地の多数内湾に於て，之を自家庭前の田園を耕作すると同一の心を以て根本的調査を行ひ漁利を挙ぐると同時に蕃殖に向つて大に経営宜しきを得ば，今日の如く，年々其の生産力を逓減することなく，着実に利益を増進することを得て実に現今の数倍，数十倍の生産を予期することを得べきなり」と結んだ。このように，沿岸漁業の振興における海洋環境の把握の重要性が認識されたのである。この館山湾の海洋観測等の結果は水産講習所報告[27]に掲載された。また，この頃には，各道府県においてノリ，カキ，真珠等の養殖振興策がとられ，このための養殖漁場開発等のためには内湾の海洋調査が必要となり，さらに，養殖業が振興すると，例えばアゲマキ等の大量斃死，英虞湾における赤潮の発生，沿岸の磯焼け等のさまざまな問題が発生した。このようなことから，特に，東京湾，伊勢・三河湾，有明海，瀬戸内海等では内湾の海洋調査が実施されるようになったのである。主な沿岸における海洋調査の取り組みは次のようなものであった。

【東京湾】農商務省水産局は，明治35年「東京湾海洋状態の概要」[28]において，東京湾の海水の系統を概論し，6，8，9，12月にわたる海洋調査の結果を摘要した。水産講習所[29]は，大正2〜3年，「東京湾ハ淡水ノ流入著シク，浅海デ地形ノ変化複雑ナルト共ニ，潮汐ノ影響強ク，其海況変化ハ直チニ湾内ニ生産スル海苔其他魚介類ノ移動ニ少ナカラサル影響ヲ及ホスヲ以テ，之等ノ相互関係ヲ明カニセンカ為本調査ヲ施行ス」とし，潮汐流，湾内水移動，河川水の影響範囲，浮遊生物，水温・塩分図，潮汐流の方向・速力，および海苔篊場付近の水温，塩分について，エックマン流速計等を利用して測定し，次のような結果を得た。

①満潮流の流れは洲ノ崎より浮島を通過して観音崎に向かい，第三海堡付近を洗い，進路を北東に変え盤洲沖に達し，内湾千葉に向かう。内湾に入ると全面に散漫し，本流のようなものはなくなる。
②干潮は，盤洲に接近し，羽田付近では速力がやや速い。これは隅田川，江戸川の流入に関係する。
③横浜湾，根岸湾，横須賀湾等では地形性渦流が発生する。江戸川河口，人見川，養老川の河口付近は河川水流入のため，陸岸流が一定せず複雑である。
④湾内水の移動範囲は，観音崎と富津岬，羽田，盤洲の2洲により瓢状で，観音崎以外と併せ3部に分かれ，各部とも塩分は著しく相異し，満干潮でも，湾奥小湾の水（32.00‰＞），沖合の水（34‰内外）と混合の機会が少ないために，淡水が停滞し，赤潮発生の一大原因となる。河川水の影響範囲として，30‰線について六郷川口を調査した結果，河水の影響は遠くても2浬で，その影響は表面に止まる。
⑤品川湾は淡水の影響が著しい。
⑥黒潮の一部は大島付近より洲ノ崎を通り，観音崎付近まで達する。
⑦羽田灯台，観音崎灯台等の10ヶ所でエックマン流速計での検流の結果，観音崎の漲潮流の最速は1浬，落潮時は1.24浬である。表面1.8mで最速である。観音崎以内は1浬に達するところがなかった。羽田灯台付近では各流とも約0.5浬の速力で，特に，羽田，盤洲以内ではわずかに干満により移動する。

このほか，浮遊生物についての種類，消長について記載した（図3-4）。

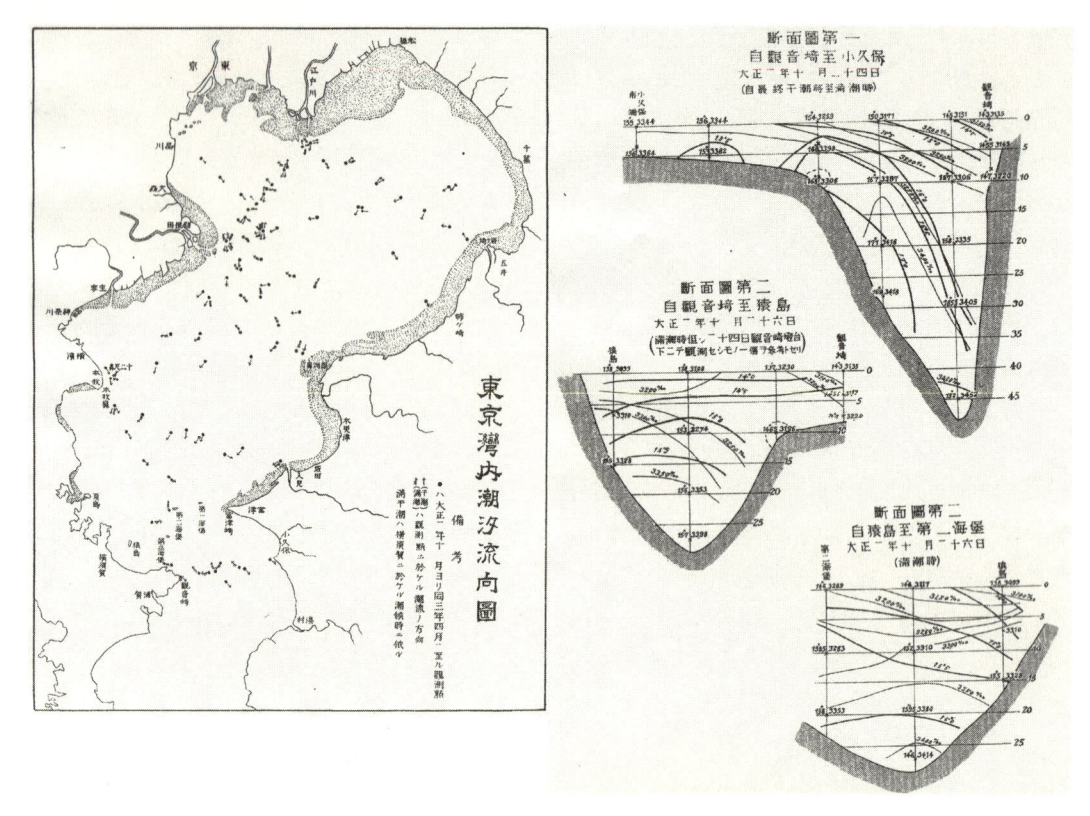

図3-4　東京湾海洋図[29)]
左：東京湾内湾潮流向図，右：東京湾水温，塩分断面図

　また，大正3年，水産局は「東京内湾利用調査」[30)]という貝類養殖についての調査を実施し，地形に関する調査，水質に関する調査，生物に関する調査，産業に関する調査を実施した。主宰した平坂恭平は，「（イ）稚貝ノ保護供給上，発生地ノ保護ト採収及移植ノ方法時期ニ就キテ研究ノ必要，（ロ）稚貝ノ運搬蒔付ノ方法ニシテ研究ノ必要，（ハ）養殖適地広大ニシテ拡張ノ余地大ナルモ，之レ等ノ地ニハせぶた及あまも等有害生物多キガ故，之カ除去ノ必要，（ニ）収穫上輸採方法ノ必要ト漁具改善ノ必要，（ホ）販路拡張ニ努力スヘキ，（ヘ）漁業組合及加工販売業者ヲ以テ有力ナル団体ヲ造リ，関係官庁ト連絡協同シ以テ内湾利用ニヨル福利増進ヲ計ルノ必要等」を力説した。その後，東京湾のノリ篊建て時期や貝類斃死原因調査のために，千葉水試[31〜34)]は「東京湾横断観測」（大正6年），「潮間観測」（大正8〜11年），「潮流観測」（昭和2年）を実施した。また，第7回東京内湾水産協議会の決定にもとづき，魚介類の天然餌料を定量的に調査するために，千葉水試（内湾）は大正15年から昭和3年まで「浮遊生物定量調査」を実施した。東京府水試[35, 36)]も，カキ，ハマグリ，アサリ養殖場のために「湾内定地観測」（昭和3年），「浮遊生物調査」（昭和3年）を実施した。このほか，神戸海洋気象台は昭和4年に東京海湾海洋観測を実施した[37)]。

【伊勢・三河湾】伊勢湾においても内湾調査が実施された。前述した河合が明治42〜43年に実施した「伊勢内湾三重，愛知両県連絡調査」[38)]は，農商務省水産局の連絡試験として行われたもので，明治42年5月に上記三者連合協議会において，「マイワシ，ヒコイワシ，シ

ラウオ，シバエビ，クルマエビ，ハマグリ，トリガイ，アサリ，イビモガイ，ノリ，カキ，ボラ，ウナギ，クロダイ，スズキ」の魚介藻について調査細目を協定し，調査した。そして，ハマグリ，トリガイ等について生息区域，生息場の地勢および発育数量等を明かす一方，並行して海洋調査を実施した。

明治44年，水産局は「伊勢湾及び三河湾の海洋調査」[39]を，大正3～4年，「伊勢湾浅海利用調査」[40]，「伊勢湾，三河湾横断観測」[41]を実施した。浅海利用調査では，三重県度会郡宮川口より愛知県知多郡幡豆崎に至る伊勢湾沿岸について，地形，沿岸の水質，有用貝藻類の分布と産額，浮遊生物，害敵の種類，有用介類，底生植物の分布および採取の生物的調査，養殖業に関する調査（有用貝藻類養殖業の現況および養殖適地，海苔養殖について）等を行い，結論として，貝類養殖業が不振の原因は，沿岸漁業者が海苔養殖に走り，貝類養殖が有望なことを知らず，適当な指導者もないので，漁民の貝類の智識が乏しいこと等を挙げた。貝藻類養殖業の将来には，海苔については胞子供給の有無に支配されるとして，大口湾，越村地先を種場とし十分に利用すること，三河湾より移植すること，貝類については，ハマグリ，カキ，アサリを有望とし，有用貝類蕃殖保護の必要と有望な貝類の種類とその適地町村面積等を報告した。「伊勢湾，三河湾横断調査」（前出）では，伊勢湾，三河湾，知多湾について水温，比重の分布と，特に，外海流の影響を明らかにし，浅海利用に資するために調査を実施したものであった。

農商務省水産局はさらに大正4～5年に「三河湾調査」[42]を実施した。これは，東京湾の調査と対をなすもので，地形調査，水質調査，生物調査（アサリ，ハマグリ，モガイ，カキ，イタボガイ，トリガイ，アカガイの分布状況，害敵の種類の多寡，赤潮，天然餌料の分布，底生植物の分布），産業に関する調査（介類その他の漁獲高，介類および海苔養殖，三河湾沿岸各漁業組合ごとの浅海利用の現況）を行い，「養殖適地面積広大なるも現況は極めて不振なり。之が振興を策らんには，一般漁業者に浅海利用の必要なる事を自覚せしむること，貝藻類を田圃の肥料となすを止むること等を緊要とす」と結論づけた。

三重県[43]では，明治43年の若松沖2浬の定地観測をはじめとして，大正6年には伊勢湾横断観測を実施し，それ以後，横断観測が実施されるようになった。大正9～10年に「浅海養殖適否調査」[44]を実施し，桑名，三重両郡の地先について，地形，底質，水質，有用生物の調査を実施した。なお，昭和2年には伊勢湾内4ヶ所で漂流瓶20本が放流された。

【瀬戸内海】「明治35年より瀬戸内海関係府県の水産試験場が連絡を取りあって，海洋観測を開始した。観測項目は，気候・風向・風力・気温・水温・比重（塩分）・透明度・プランクトン・水色・潮流・魚群等に加えて，カツオとイワシの漁況であった。明治43年からは，シラス漁場とカツオ漁場においても水温等の観測を開始した」[45]と徳島県の「水産研究百年のあゆみ」は書いた。明治41年松山市で開催された瀬戸内海関係地方水産試験場長会において，連絡研究すべきものとして，①海洋観測のうち漁況報告，②瀬戸内海の生物調査（食餌，幼魚の分布，移転，幼魚濫獲の弊ある漁具法），③養殖（牡蠣，海苔，鯉），④黒潮潮流域調査（潮流の変化，干満，温度，比重，プランクトンの種類と分量）等が合意された[46]。翌年，同会が徳島で開かれ，打瀬網に関する件や統計資料収集の件のほか，明治41年以降の海洋観測整理の件について協議され，また，重要生物連絡調査については農商務省より各県に漁業基本調査の指定があったので自然消滅となったとの報告がなされた[47]。

水産講習所は，大正4～5年隼丸により，「漁

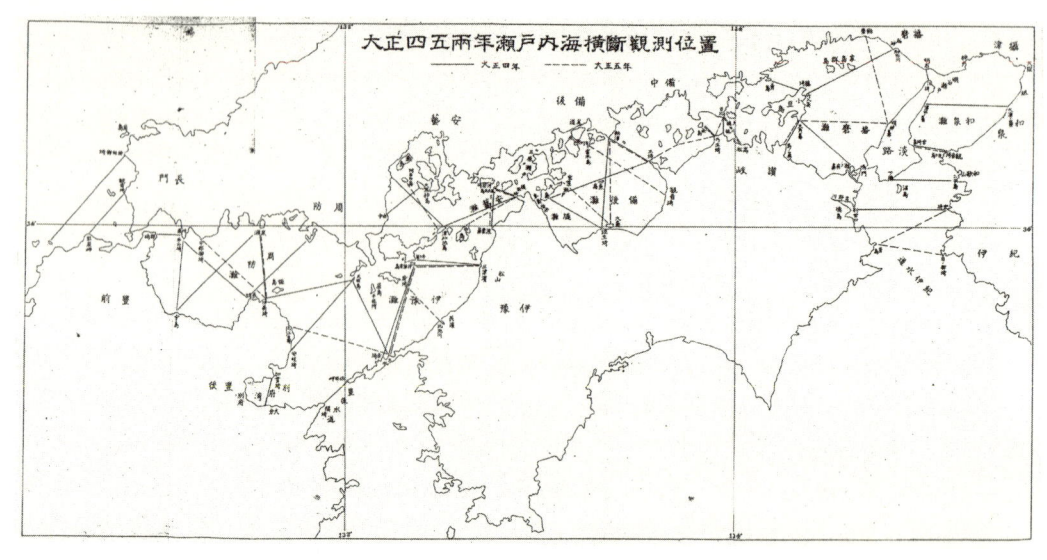

第3章　地方水産試験場・講習所の設置と海洋調査

図3-5　大正四・五両年瀬戸内海横断観測位置[48]

期間内ニ於ル海区ノ海洋学的並ニ生物学的調査ヲ施行シ,以テ斯業開発ニ資セント」するため,「鯛漁場調査」を実施し,瀬戸内海ノ水深,水温,比重,底質,底棲生物並ニ「プランクトン」,産卵,餌料,魚道(回遊経路)について調査した(図3-5)。調査海域は,播磨,備後,燧,安芸,伊予,周防等各灘,備讃,明石の両瀬戸,来島,釣島,備後の各水道,広島湾で,水深と底質を記した。そして,内海の潮汐流は,東は紀伊水道,西は豊後水道と下関海峡により外海に通じ,各水道は狭隘なため干満は急激で,香川県三崎,岡山県初島で東西2分でき,潮汐流の方向は場所により複雑である。水温,比重の状況から,狭い3水道により外洋と連絡しているが,内海に入ると急劇に外洋性の特質を失い,水温の月次変化は顕著となり,炎暑の時期,水深小さいため,各水道や干満潮時では攪拌され,上下同温を呈する。比重も一般に著しく低く,1.024以上は底部に見られるのみで,「プランクトン」は珪藻(Chaetoceras, Coscinodiscus)が多く,動物性のものは撓脚類が多い,と取りまとめられた[48](第6章参照)。

このほか,広島県では,大正13年から昭和4年にかけて「浅海養殖場における海洋観測」[49]を実施し,広島湾内のカキ,ノリ,アサリ養殖場やその付近の水温,比重と標記貝類の発生,生育の良否との関係を明らかにしようとした。

【駿河湾】水産調査所[50]は,駿河湾の地文,形状,海底の深浅度,底質,海流と重要水族(回遊魚,深海魚,礁魚蝦,近海浅所の水族,砂泥にある貝類,海藻)について報告した。

静岡水試[51]は,沿岸海洋観測として大正4〜14年に,県下主要な漁村における漁況と海況との関係を明らかにするため,10ヶ所(熱海初島,伊東町,稲取町,南崎村,田子村,戸田村,清水市三保,焼津町,御前崎村,舞阪町)の観測点を決め,週1回の観測を委託した。

【有明海】福岡水試[52〜56]は,アゲマキガイ被害原因調査等を含め,カキ発生条件調査,アサクサノリ発生条件調査等,魚貝,藻類発生,分布または豊凶と海洋との関係は明らかとし,漁業および養殖業の発達に資するためとして,「有明海定地観測」(明治43〜昭和3年),「有明海潮間観測」(明治44〜大正12年),「有明海横断観測(干潟の部)」(大正4年〜),「あげまき貝死滅原因調査及救済策試験(明治40〜

大正7年）」を実施した。特に，大正3年より6年まで，海洋理化学上の調査として，毎月一回朔潮時に沖端川口・竹崎島間，竹崎島・三池灯台間および三池灯台・沖端川口間の横断観測を行った。

潮汐については，明治40年1月から三池港の潮汐観測を使用した。また，養殖場およびアゲマキガイ発生場の被害の程度を異にする地区に各2ヶ所に観測点を定め，毎月朔望の大潮時二回，および上弦，下弦の小潮時二回の同時潮間海洋観測を行い，同時に土中水の水温，比重，溶存酸素量，および底質温度を調査した。上記事項は被害時期その他必要に際しては，連続的に調査する等，海洋環境の視点から調査研究したもので詳細なものであった。

アゲマキガイの大量斃死問題については，拙著「アゲマキガイ養殖業の発展と大量斃死－各県の水産試験場と農商務省水産講習所の取り組みと有明海水産研究会の発足－」[57]に書いた。また，北原多作・宮田弥次郎[58]の「蜊被害原因調査に就て」や福岡県水産試験場の「有明海干潟利用研究報告」[59]に詳しい。

3・2 赤潮調査について

新日本記によると，今から1200年ほど前の奈良時代初期（天平3年6月）に，紀伊国沿岸の海水が突然血のように変わり，この状態が5日も続いたと記す[60]。このことからも，赤潮が昔から発生していたことがわかる。水産調査予察報告第Ⅱ巻には，赤潮について，松原新之助[61]が「内海ニ於テハ，所謂苦潮ナル者アリ。時々各所ニ之ヲ見ル。即チ，海水頓ニ赤色ヲ呈シ，且粘気ヲ帯ブ時ト場所ヲ異ニスルニ，随ヒ多少濃淡ノ差ナキニアラザレドモ，甚シキニ至テハ海底ノ魚介為メニ斃死ス。其原因ハ素ヨリ気象上ノ関係ニヨリ，海水理化学上変化ヲ受クルニアリ。即チ，淡水時ニ過量トナリ，塩分ノ俄カニ減少シタル時ニアリ。此異状ハ七月ノ頃，南風連吹降雨久続シタル後，俄カニ北風ニ変シタルトキヲ最モ多シトスト云フ。蓋此ノ如キ天候辺変ノ為メ，海中賦稟幺弱微細ノ生物及ヒ，魚介ノ卵子，稚児等ノ死セル者多キガ為，此色ヲ呈シ，他ノ大ナル魚介類モ終ニ其斃死ヲ速子ク者ト思ハル。其時間ハ風雨変換ノ模様ニヨリテ，自ラ長短アリ。若シ，再ヒ南風ニ変セハ頓ニ旧ニ復ス其間ハ十五乃至三十日ニ至ルト云フ」と記す。

真珠養殖に重要な役割を果たした西川藤吉[62]（注4）は，明治33年「赤潮に就いて」を報告し，「赤潮又は或る地方にて苦潮と称するものは，海水が固有の藍色を失して赤色に変じるを云ふなり」と定義し，「漁業に関係を有す。即ち瀬戸内海にありては広島県下の如き養蠣場を襲ふて数年苦心して養育したる数万のカキを斃し，或は肥前大村湾志州英虞湾にては特産たる真珠介を減するなり」と記した。そして，明治32年の静岡県江ノ浦湾や英虞湾での夜光虫による赤潮の発生例を記し，さらに，「赤潮は我邦のみならず古より世界各処に起るもので，害毒の模様も異りたりと雖も，海水の赤色に変ずる源因は絶て一様ならず。或は微菌の為めに或はペリデウムの為めに或はジムノデニウムの増殖のために由ることあり。何れも急激に増殖し得る単細胞生物の局部に於る非常なる増殖繁栄に源因することは確なり。何故に如此く増殖するやは，海水の温度，塩分其他外界の有様が之等生物の生息に都合能くなりし，時に急に局処に増殖するものならん。又何故に之等生物の増殖が魚介類に害をなすやは悪臭を放つを以て見れば恐くは其の生物の生活力によりてか或は体の分解によりて一種有毒なる瓦斯を発生するに由るならん」と結論づけた。

また，西川[63]は，「赤潮調査報告」を行い，赤潮の具体的な被害の発生事例を4つの視点から整理した。そこでは，①夜光虫による赤潮として，明治25年5月11日に発生した静岡県江ノ浦水産局水産実験場の赤潮，明治34年5月の

宇和島近傍の水ノ浦の赤潮で，機械的に諸方より集まる，②珪藻類の増加を原因とする赤潮として，明治33年4月江ノ浦，同34年3月志摩国浜島（三重水試，川端重五郎報告[64]，後述）があり，魚介類の斃死はない，③鞭藻類 Peridiniales の増殖による赤潮は最も損害が激烈で，普通の海水中では希な生物がある原因により局所において増殖した反映とし，外国の発生例を紹介するとともに，明治33年9月に英虞湾多徳島御木本真珠養殖場で発生した例，④赤色微菌の増殖が原因とする赤潮について紹介し，特に，③においては，今回英虞湾に発生した赤潮中で最も多数に存在するものとして，「透明ニシテ，セルロース質ノ多孔質板片ヨリナル被膜ヲ有シ，前端ニ細ク後端ニ大小二個ノ突起アリ。全長ハ 0.049 mm ニシテ，突起ノ長ハ 0.0062 mm ナリ。体ノ中央ヲ固形ヲ円形ニ取リ巻ケル横溝ト腹面ニ僅ナル縦溝トアリ。横縦両溝各一個ノ大ナル孔アリテ，原形質ハ直接ニ海水ニ接シ，此処ヨリ各一本ノ鞭毛ヲ出セリ。之ノ縦溝ヨリ出タル鞭毛ト横溝トニアル鞭毛トノ運動ニヨリ尖端ヲ前ニシテ体ヲ回転シツツ進行スルナリ」とその生物の特徴を挙げ，これは Peridiniaceae 科 Gonyualax 属として同定し（図3-6），この Gonyualax による真珠貝の斃死実験をも行った。

さらに，西川[65]は，三重県水産試験場川端技手から異種の赤潮が発生との情報を得て，「再び赤潮に就て」により，明治36年9月26日発生の赤潮の分析を行い，「従来，この湾内に於て目撃せざる処のものなり。大さは Gonyaulax porigramma よりも小にして，体を輪転して活発に運動する。其の形状は稍楕円体にして長さ 0.025〜0.029 mm あり，腹面は少し扁平で，膠質の平滑なる被膜を有し，比較的大なる核の周囲に色素体あり。其の色は褐色を帯べる寧ろ濃厚なる緑色なり。体は円形の横溝によりて前後に殆ど等分せられ，尚前半は腹面に於て縦溝を以て左右に分たる」ことから，従来の Gonyaulax と異なるとし，「遊走胞子と浮遊す

る胞子から Gymnodinium 属のものと認定。川端技手の実験によれば，赤潮生物が鰓葉面に付着し，海水の流動を阻害し窒息することによる斃死等から，魚介の斃死は Dinoflagellate の斃死による海水の腐敗による」と結論づけた。

その後も，英虞湾，五ヶ所湾，木更津，島根中海等にも赤潮が発生した。赤潮については県からの要請にもとづいて，水産局や水産講習所の技師たちが対応した[66]。明治40年8月に発生した木更津の赤潮では，スズキ，クロダイ，カエズ，コチ，カレイ等からウナギ，カニに至るまで斃死，あるいは死に瀕するものが夥しかったとされた。この原因について，岡村[67]は，知られざる原因によって産出された多数の Gonyaulax polygrawama stein の胞子により，酸素欠乏による呼吸困難によってもたらされたもので，エラには何等の支障がないので，西川のいう機械的原因による窒息ではないとした。これに対し西川[68]は，「①もし，胞子であればその親がどこにいるか判らなければいけない，②縦溝にある鞭毛は移転運動に必要なものとみなすが，岡村は僅かに動くのみとしていたのは標本が良くないのでは」と指摘し，本原因生物は，明治36年に英虞湾で発生した Gymnodinium や

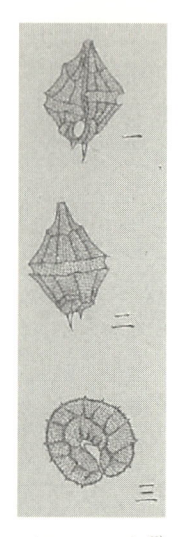

図3-6　*Gonyaulax porigramma stein*[62]
　　　被膜，腹面図（上），背面図（中），後面図（下）

米国のナラガッセン湾のものとよく似ており *Gymnodinium* であるとした。そして，「赤潮生成生物は湾内で発生するに非らざるや，外洋より潮流風波の関係で押し流されて東京湾に入ったのだと云ふ岡村博士の説も実際赤潮発生の現象を実見せられて唱へられたものにはあらざるべし」と指摘をした。

その後，岡村は，「赤潮について」[69]において前述の論文を訂正し，その中で，「之を要するに一々仔細のことは将来の研究により確定せられざるべからすと雖も，赤潮を起す生物の種類に就いては其有害と無害との区別あるものを略ぼ知り得たりと信じる。残るは唯直接死因の研究並に赤潮の害を未然に防ぐか否らざれは其被害の度を少なからしむる方法を講するにありと信ず。今や赤潮調査会とも称すべきものゝ設けらるゝに当り其以前の研究に係るものを茲に報すること爾り」との問題意識と赤潮調査会の対応等が記されている。

さらに岡村[70]は，大正5年，赤潮問題について取りまとめ，赤潮により魚介類が斃死するが，赤潮生物の種類によっては害を及ぼさないものもあるほか，①東京湾内の赤潮生物は，*Cochlodinium catenatum* okam, *Gymnodinium* sp. *Pouchetia rosea (pouchet)* Schutt のほか，数種の珪藻。②赤潮の発生は，珪藻のように外海に発生するものがある。また *Gymnodinium*, *Cochlodinium* は湾内に生じる赤潮で，魚介類に害することが多い。湾内，ことに有機物の多いところに発生する。東京湾の発現は，横浜付近より横須賀沖にあるようだ。③気象的には東京湾，ことに神奈川県沿岸では，初夏は6月上旬～中旬，初秋は9月に多い。塩分の希釈の程度と温度の如何による。温度高く，雲量少なく，蒸し暑い日に出現する。温度は20～24℃の間，比重1.01～1.02の間の発生が多い。④魚介斃死の原因は，一種の「バクテリヤ」が原因とするが，どの赤潮にも発生するかは不明。⑤予防法は，発生以前には海水藍色を呈し，ようやく褐色になるので，水温，比重も発育に適するときは来襲に備えて害を防ぐ，等と総括した。

以上，赤潮に関する初期の調査研究について記述した。一方，前述した三重県の英虞湾，五ヶ所湾をはじめ，多くの海域で赤潮が発生し，それに関して北海道水試，静岡水試，愛知水試，三重水試等は赤潮調査を実施した。

三重県は，真珠養殖に対応して明治32年から赤潮（被害）調査を実施し，気象，海水の理化学的性質との関係について調査した。特に，*Gymnodinium* を主成分とする赤潮の出現については，未然に警告を発し，応急措置等の方策がとれたとした。このうち，明治38年に英虞湾内赤潮が出現し，約3ヶ月停滞し介類が夥しく斃死した。これに関する水温，赤潮原因プランクトン等の海洋調査，赤潮原因プランクトンと真珠貝との斃死原因等の調査が行われ，大日本水産会報に詳しく報告された[64]。なお，三重県県史[71]には，赤潮出現場所，年月日，主成生物，被害概況について一覧表として整理されている（表3-2）。

愛知県[72]では，赤潮調査の記録はかなり古くからあり，大正3年に大規模赤潮が発生し，魚類の斃死が見られ，斃死機構の解明について詳しく調査された。この結果では，赤潮生物の死骸が沈降し細菌の作用で分解し，このため海中の酸素が消費され魚介類を斃死に追い込むことや，死骸の分解末期にはある種の毒を生成し，魚介類の害になること等がまとめられている。北海道では，噴火湾口で例年3，4月頃，海水の色彩が顕著な変調を来し（現地は「赤潮」という），メヌケの漁獲高が著しく減少するため，赤潮組成因子の種別，赤潮発生当時の海況，赤潮のメヌケ漁業に対する影響等を調査した。静岡県[73]では，佐島湖では毎年盛夏～初秋にかけて赤潮が発生することが多く，大正4年は著しく，湖内の魚類はほとんど斃死したという。大正14年，大正4年に見られなかった激烈な赤潮が湖面全体に繁殖した。9月，湖内10ヶ

表3-2 三重県で発生した赤潮について
文献71)を改変して引用

出現場所	年月日	報告者	主成生物	被害概要
鳥羽港	明治32年（月不明）	西川藤吉	Gonyaulax polygramma	魚類斃死す
英虞湾	明治36年9月25日 10月1日	同	Gonyaulax polygramma	被害軽微
伊勢湾白子地先	明治33年11月10日 同　　　　13日	三重水試	Gonyaulax, Ceratium, 他珪藻類4種	害無し
紀志外洋英虞湾	明治34年2月	同	珪藻類	沿岸一帯漁獲なく漁業中止するもの多し
英虞湾 浜島	明治36年9月25日 10月1日	同	Gymnodinium, Chaetoceras, その他の珪藻類	真珠貝，イタヤガイ，いたらがい。ほや大量斃死大害あり。一尋以内は害無きもそれ以上の深所に害あり
五ヶ所湾	明治37年12月 同38年2月15日	同	Ceratiumfurea, Proraceratium, Gymonodinium, Gonyalax	甲いか斃死するものあり。真珠介は僅かに斃死するものあれど，甚しからずや
英虞湾	明治38年1月初旬 同　　3月	同	Gymnodinium, Chaetoceras	海底魚介類八分位斃死す
五ヶ所湾	明治38年3月初旬 同　　3月下旬	同	Gymunodium, Spiodinium	真珠介その他の介類に被害認む
英虞湾 浜島	明治40年9月上旬 同　　　下旬	同	Gymnodinium	活魚船中の魚に斃死をみたるも他に害無し
五ヶ所湾	明治41年2月1日 同　　3月上旬	同	不明	こち，いかの死するものあり。介類には害無し
英虞湾	明治33年9月23日	田子勝彌	Ceratium, Gonyaulax	害を認めず
五ヶ所湾	明治44年1月 同　　3月	中沢毅一	Gymnodinium	真珠介及びうなぎ，くろだい，こち，ぼらに被害あり
英虞湾	明治44年7月下旬 同　　8月上旬	三重水試	Gymnodinium	ウナギの疲弊浮上せるもの多数なりしも真珠介には害無し
阿曽浦	明治44年7月下旬	同	不明	害無し
伊勢湾阿曽浦	大正元年8月上旬	同	不明	害無し
的矢湾	大正元年9月中旬	同	不明	蓄養中のうなぎ，鰛（イワシ）の少数斃死
英虞湾，浜島	大正元年9月下旬	同	Chaetoceras, Coratium	害無し
五ヶ所湾	大正4年12月下旬 同5年2月中旬	同	Coratium, Gonyaulax	被害の程度少なき如し
英虞湾	大正6年8月10日 同　　9月30日	同	Gymunodinium	真珠介大害あり。うなぎ，こち，ふぐ，くろだい，かれい，はぜ，ぼら，なまこ斃死す
阿曽浦	大正6年9月上旬 同　　9月中旬	同	Gymunodinium	真珠介大害あり
英虞湾	大正7年7月下旬 同　　9月中旬	同	Gymunodinium	うなぎ，はぜ，べら斃死す
英虞湾 浜島	大正10年9月7日 同　　　14日	同	Gymunodinium, Chaetoceras	害無し
同	大正11年9月7日	同	Peridinium	同
同	大正11年10月4日 同　　　6日	同	Gymnodinium	同
五ヶ所湾	大正11年1月5日 同　　3月末日	三重水試 平坂恭介	Gymnodini (Saugoinen sp.), Gonyaulax	大被害無し
英虞湾	昭和2年8月8日 同　　9月下旬	三重水試	Gymnodinium, Chaetoceras	いそやがい，真珠介の一大被害あり。うなぎ斃死す
同	昭和4年8月17日 同　　9月上旬	三重水試	Coehlodinium, Gymnodinium	うなぎ，いいだこ斃死，真珠介深所に被害あり
五ヶ所湾	昭和9年1，2月	三重水試 御木本養殖場	Gymnodinium	真珠介深浅所とも被害あり

所で表面プランクトン調査の結果，湖に発生する鞭毛藻（*Gonyalax*），珪藻（*Nitzchia*），鞭毛虫類（*Noctiluca*）とは異なり，動物性プランクトンの撓脚類の一種 *Limnocalanus* であることがわかった。

香川水試が調査した最初の赤潮の記録は，『香川県水産試験場大正11年度業務報告』に，大正11年9月の志度湾に発生した赤潮につき，「赤潮ノ発生調査」と題し，「本県大川郡志度湾ニ於テ九月中旬赤潮発生シ各種稚魚斃死スルモノ甚ダ多ク同二十日状況調査シタルニ左ノ如シ（後略）」とあり，香川新報に大正7年11月29日「鞭毛藻発生魚族著しく減少し魚価益々昂騰す」（三豊郡海面）（赤潮との関係について記載および海の色についての記述がないが，内容から赤潮と推定），昭和3年9月19日「魚族全滅の恐ろしい赤潮現る坂手と津田の海面へ」と報道されている。なお，香川県は昭和30年代までは赤潮はあまり多く発生しなかったと考えられるとしている[74]。

愛媛県[75]では，平城湾周辺海域に夜光虫による赤潮が梅雨時期に3回発生したが，真珠貝への被害はなかった。発生時期は，明治44年5月に2回，大正2年6月であった。高知県では，明治44年度の報告書に，5月に鰹釣漁業者からの連絡で，足摺岬沖14浬付近で幅100 m，長さ1200 mくらいの帯状で，桃色をした赤潮水塊を発見し，活餌のイワシが斃死したという記録がある。同時期に，幡多郡の西海岸にも発生し餌籠のイワシが斃死被害を被ったようである。この赤潮は夜光虫で，粘滑であったことから相当濃密であったことが予想される。また，大正8年の事業報告書にも鰹漁場と浮遊生物との関係について，「六月初旬ニ於ケル鰹漁場ヲ見ルニ夜光虫ノ分布濃厚ナル区域ニ相当セルヲ見ル。鰹漁場ト夜光虫ノ関係ニ就テハ前年度ニ於イテ報告セル所ナルガ，本年度ニ於テモコノ事アルヲ見レバ益々其ノ間密接ノ関係アルヲ知ニ至ル」と記す[76]。

3・3　磯焼け調査について

明治25年，松原新之助はテングサなどの有用海藻類やアワビなど貝類の極端な減少を「磯枯れ」と記した。この「磯枯れ」について，松原[77]は，「志摩海区はテングサの名産地であるが，明治13年頃から漸次減少し同21年には絶無になって今（筆者注：明治24年）に至り，採藻業者は困窮している。なお本海区は80年前（筆者注：1810年頃）に大豊獲がありその後一旦減却し24・25年前（筆者注：明治初期）から再び増殖し，明治8, 9年乃至同12, 13年を最盛期として再び減却して明治21年には皆無となり同23年には幾分回復した。また，相模海区でも志州海（筆者注：志摩海）と同様に磯枯がみられた」と記した。明治28年7月，岸上鎌吉は小室村（現伊東市）川奈で「磯焼け調査」を行った。「被害が甚しい所を船中から見ると，海底の石は皆白く見える。石の表面は淡紅色をした海藻に覆われている。しかし，この海藻のため他の海藻が枯死したとは思われない。なぜなら，この海藻は磯焼けが起こってないところにも繁殖しているからである。漁夫に質したが磯焼けの原因を察することができなかった。当時の伊豆東岸の磯焼けは伊東から赤沢で生じている。初島も数年前より磯焼けにあっている」[78]と「静岡県水産試験研究機関百年のあゆみ」は書いた。

遠藤吉三郎(注5)は，明治36年に提出した「海藻磯焼調査報告書」[79]の中で，磯焼けとは「或る特別なる沿岸一地区を限りて其処に産する海藻全部又は一部枯落して不毛となり随て有用海藻は勿論，之れに頼りて生息するアワビ，磯付魚等の収穫を減じ或は全く之れを失ひ為に漁村の疲弊を来すことあり。伊豆東岸にては此現象を『磯焼け』又は『磯枯れ』と称す」とし，ある地域での海藻群落の全部または一部消失という生態学的現象にともなう漁家の経済的被害を

「磯焼け」と表現した(注6)。また，岡村金太郎は，磯焼けを「有用海藻の著しい減少」とした。これらが「磯焼け」についての最初の定義である。

遠藤は，前述の明治35年に実施した海藻磯焼調査において，「伊豆半島東岸で磯焼けが発生，その原因の究明と復旧対策を講ずるため，衆議院に磯焼け調査建議案が提出され，農商務省水産局に調査が請求された。これと前後して徳島県庁からも県下の磯焼けの調査が要請された」と書き，この調査で「磯焼け発生地の歴史，磯焼け現象，被害地方の地形，潮流，海藻の種類・生理的性質，磯焼け関係区域の河川の洪水度数その源流地の林相等を調査し，磯焼け原因を推定した。それによると，磯焼け現象は3期に分けることができ，第1期はてんぐさ，あらめ等の著しい減少とアワビ，イセエビ等の減少，第2期は有用海藻は全滅しホンダワラ科一種は却って繁茂，上記介類と磯付魚類は減少，サザエは増加するとある。底はサンゴモ亜科植物で被われる。第3期は海底の岩石は白色・黄白色に変じ，魚介類は見られず，干満線以下では13～15ｍの深所に至る間は，ホンダワラ科のある種を除き海藻は全く見えないとした。そして，①磯焼けは，沿岸において，潮の流れがあり，また，河川水の影響のある所，②被害区域の海底はその周辺付近よりも浅く，その沿岸に流入する河川として大きなものがないところ，③被害地方は洪水が出た際，淡水が流れ来る終末地点に近い。関係区域に流出する河川水が氾濫のため急激に海水成分が変化し，海藻が枯落する。故に，水源地における山林伐採も原因とした」(注7)。

この仮説を証明するために，遠藤は，明治35年7，8月に「東京湾内の潮流及び其の海産植物分布の関係」[80]について調査し，海湾の海藻の分布を調査した。海洋学的特性と海域ごとの海藻の代表的な種類を区分し，磯焼けが報告される海域は半外洋的区域（観音崎金谷を結ぶ線と本牧より富津を経て小久保に至る線との間）で，外洋域（浦賀より房総洲ノ崎に至る付近）では時として磯焼けが発生するとした。同年9月，「千葉県下海藻磯焼調査」を実施した。その結果，①磯焼けは安房郡全部，君津郡の一部即ち竹岡金谷付近にも及ぶ。ここでの磯焼けは10年前（筆者注：1890年頃）から見られるようになり7，8年前に最も強くなり，現在（筆者注：明治35年）は一部を除き常態に復した。②白浜村では江戸期末の弘化3年（筆者注：1846年）海底が白色になり，サザエが食物に窮して岸まで上がった（古老談）との聞き取りを行い，調査の結果，金谷と外房（白浜）はその原因が異なり，外房は静岡と同じで，被害がおよそ22ｍ内外の海底から12～14ｍに及び，5～7ｍの浅所では被害はない。外房は，鴨川の出水により海水成分が変化し，海藻が適応できないためであり，5～7ｍのところは，暖水の勢力が強く岸に迫り，逆潮（地形や風の影響で大潮流の反対方向に流れる潮流）が北寄りに流れるが，温度の差異により暖水の下に潜り込み，「暗流」として南下するためとした[81]。

徳島県[82]も「磯焼け」が発生し，「由岐町阿部地先で発生したので森林の乱伐による洪水の度合が多く，多量に流入する淡水の影響によるものと仮定し，洪水の頻度，藻類の殖生等を阿部地先を起点に伊島，椿泊，蒲生田，大島，出羽島，牟岐及び宍喰の各地先を調査した」，その結果，「明治32年からアラメ・カジメが減少し，代わってヤスリ藻（ホンダワラ類），トリアシが年を追って繁茂し，枯死は紅藻類，褐藻類の順で岩肌がみえるようになるが，ネズミ色の石灰藻の枯死もみられた。各地先の藻類分類，潮流の影響及び現地聞き取り調査で吉野川，那賀川の出水による淡水の影響が認められ，海藻の枯死は突如的に生育の習慣を破られたことによるものと考えられる」とした。

明治36年4月，遠藤は，「青森県下北郡海藻減少の原因」を「磯焼ノ現象ナルヤ否ヤ」を調査する目的で調査し，①明治36年県下北郡で

東通り諸相一帯および北通り諸相の津軽海峡に面する尻屋付近でコンブ，ワカメ，テングサ等が皆一様に減産して産額が皆無となった。下北郡大間付近ではコンブは甚だしく貧弱になったが，テングサは平年以上の豊作であった。この管内の白糠，小田野沢沿岸では，海藻が甚だしく欠乏したのでアワビおよび磯付魚も減少した。②小田野沢および白糠地方の海底は明治28年頃から36年頃まで磯焼け状態であった（潜水漁夫談）。約70年前（筆者注：1830年頃）にも海藻が皆無になり，アワビは餌に窮して渚辺に這い上がり，子供たちがカゴを携えて忙しくこれを採取した（古老談）等から，小野田沢および白糠付近は静岡等の現象と同じであり，第3期のはじめで原因も同じで，淡水の影響が強く，「アテ潮」勢力が強いために，北通り沿岸では海底に変調がなく，水温が高いためコンブが減少し，テングサが増加したことによるとした[83]。

岡村金太郎と田子勝彌は，青森県の依頼により下北半島で発生した磯焼けを調査し，①県下北郡沿岸で大正元年頃（明治42，3年頃からともいわれる）から大正4年にかけてアワビ，コンブ，テングサ，フノリなどが激減した，②青森県下北郡の東通り村尻屋の一部から岩屋の海岸および大畑，風間浦村の全部，大奥村大間の蛇浦界から大間岬に至る沿岸で磯焼けが発生した，③北海道函館の谷地頭で5，6年前（1910年頃）からコンブの減少が著しく，コンブ消失は沖合から始まって陸側におよび岩石がほとんど裸出して白色を呈した，と大正4年の「青森県下北郡海藻磯焼調査」（青森県内務部）で取りまとめた。

なお，「磯焼け」については，三本菅善昭著「磯焼けの生態」[84]を引用し，また参考とした。「磯焼けの生態」は，「磯焼け」現象について歴史的な視点でよく取りまとめられているので，関心のある方はぜひ参考にしていただきたい。

脚注

(注1) 　1尋は6フィート，1.8 mである。明治期の海洋調査の深さは尋で表されることが多かったが，ここでは，m（メートル）に換算して表す。

(注2) 　ここで示したものは，昭和3年までは基本的には水産試験成績総覧（農林省水産試験場刊），昭和4年以後は海洋調査要報を参考とした。これは，「水産試験成績総覧」が体系的に海洋調査について取りまとめられているのと，海洋調査要報（水産講習所発行）第43号までは，定線ラインは詳細には記述されていないためである。また，入手できた各府県の業務報告書，記念誌等を参照した。水産試験成績総覧，海洋調査要報と各府県の記念誌との間に内容の一部齟齬もあり，その点については筆者が判断させていただいた。

(注3) 　この後，妹尾は「魚卵をプランクトン中より検出することにより将来の資源量を予測することが重要である」と指摘している。

(注4) 　西川藤吉（1875～1909）　大阪市生まれ。明治30年東京帝国大学理科大学動物学科卒。卒業論文は「ヒラメの眼の移行法に就いて（英文）」。30年水産調査所技手，31年農商務省技手となり水産局勤務，32年技師。31年に，「真珠介の移動」（動物学雑誌）を発表等，主に真珠研究に従事。38年農商務省休職。40年休職満期により退職し，41年東京帝国大学付属臨海実験所養殖取調を嘱託される。休職以後，東大動物学研究室において真珠研究に従事し，41年真円真珠養殖法を開発。久留は，この休職は東京帝国大学が真珠養殖を事業として実施する意図があったものと推定した[85]。この間，真珠養殖に絡み赤潮についての調査・研究も実施し，動物学雑誌等に「赤潮に就いて」（動物学雑誌，12巻，明治33年），「英虞湾の赤潮に就いて」（動物学彙報第4巻，明治34年）等を発表。御木本幸吉の女婿でもあった[86]が，一部に御木本幸吉の下で働いていたとの記述があるがこれは誤りであろう。写真は，久留太郎「真珠の発明者は誰か？」より転載。

(注5) 　遠藤吉三郎（1874～1921）　新潟県北蒲原郡生まれ。24年函館商業学校を卒業後，北海道炭坑鉄道株式会社に入り，学費を貯め，明治34年東京帝国大学理科大学卒。同大学院進学と同時に青山学院講師。宮部金吾の招聘により40年札幌農学校教授，同年東北帝国大学農科大学水産学科教授で水産植物学・浮遊生物学を担当。35年農商務省に「海藻磯焼調査報告」を提出するなど，磯焼け，コンクリートブロックにつく海藻のほか，北海道水産試験場の嘱託として，噴火湾の赤潮の調査をも実施。41年東京帝国大学理学博士。44年から大正3年まで，ドイツ，ノルウェー，イギリス等へ留学し，留学したノルウェーからノルウェー式スキーとスキー理論をもち帰り，両杖スキー技術を紹介したほか，森鷗外等の「イプセン劇」の「誤訳」を指摘した。大正8年，大学の腐敗を模した「僕の家」というパロディ

を草して北海タイムス紙に発表し、大学を誹謗するものであると、北海道帝国大学初代総長佐藤昌介の怒りを買った「遠藤事件」で休職処分となった。藤田主事が文部省からニシンの研究で科学研究費500円を他の教官に無断でもらったということがことの発端である。学生による復職運動が起こり、佐藤総長に拒絶されたため、水産専門部の学生は集団退学届けの提出、岡村金太郎による水産植物学集中講義のボイコット、井狩助教授の義憤による辞職、一学生の自殺等があった[87]。著書として、「有用海産植物」(博文館)、「実験陰花植物学」(東京裳華房)がある。図書の蒐集のほか、漁具、漁船、標本類の整備につとめた。岡村金太郎との海藻をめぐる論争、「蛬」をめぐり(岡村がプランクトンを「蛬」という漢字で表現した)、「岡」冠に「金」で岡村金太郎とするのか、と問題提起をした。国粋派で、出勤のときは和服着用、下駄履きで、生物学的理想国家論を展開した。写真は植物学雑誌[88]から引用。

(注6) 遠藤は、わが国で最初に海藻の分類・生理・生態・産業について総説した名著「海産植物学」で「『磯焼け』なる称呼は静岡県伊豆東岸地方の方言なるが現今一般の称呼となれり。此現象を惹起せる海底は種々の海藻其跡を絶ちて磐面白色又は黄色に変じ唯だ馬尾科海藻の某種其他少数の海藻のみ僅かに点々として残留するのみ随て海藻群中に住せるエビ、アワビ等は共に其影を潜め放卵の為めに来るところの磯付魚類も亦去て、其居を他に求む。斯くして沿岸の漁利著しく減少を来たす」とし、海藻群落が崩壊してホンダワラ類など特定の海藻のみがわずかに残存した状態となり、その結果、藻場に依存する有用魚介類等も減少する現象を「磯焼け」とし、先の定義と同様に表現した[84]。

(注7) 聞き取り調査等から、「①静岡県田方郡小室村では1850年頃に磯焼けが発生した可能性がある(小室村長福西氏談)、②三重県志摩郡では慶庵年間(江戸時代末)に海藻が全滅。一時回復したが、明治21年以降テングサを見ることがない(志摩郡御坐村古老談)、③徳島県海部郡では、明治32年以降アワビ、アラメ、カジメ等が著しく減少し、明治36年まで回復せず」と記載されている。

引用文献

1) 中野　広：智を究め理を磨き、海洋水産エンジニアリング、6月号、50～65、平成19年
2) 大日本水産会報、249号、36～37、明治36年
3) 長崎共進会、大日本水産会報、303号、47～49、明治40年
4) 三重県科学技術振興センター水産技術センター：三重県水産試験場・水産技術センターの100年、88～90、平成12年
5) 桑原時蔵、木村源太郎、池田文爾、稲葉和夫：海洋観測、水産試験成績総覧(農林省水産試験場刊)、897、昭和6年
6) 福田亮三、小川千秋：定地海洋観測、水産試験成績総覧(農林省水産試験場刊)、926～927、昭和6年
7) 福岡県水産技術センター：福岡県水産試験研究機関百年史、255、平成11年
8) 宮崎県：宮崎県水産試験場百年史、59、平成15年
9) 田中才助、灯台番守：海洋観測(定地観測)、水産試験成績総覧(農林省水産試験場刊)、925～926、昭和6年
10) 徳島県立農林水産業総合研究センター水産研究所：水産研究百年のあゆみ、78、平成14年
11) 熊本県水産研究センター：水産試験場創立百周年記念誌、61、平成13年
12) 愛媛県水産試験場：愛媛県水産試験場百年史、18、平成12年
13) 石川県水産試験場、石川県増殖試験場、石川県内水面水産試験場、石川県水産業改良普及所：石川県水産研究機関のあゆみ、122、平成6年
14) 水産局：宮城県江ノ島の海況と漁況、漁業基本調査準備報、第2冊、明治43年
15) 石川県水産試験場、石川県増殖試験場、石川県内水面水産試験場、石川県水産業改良普及所：定時海洋観測調査日誌、石川県水産研究機関のあゆみ、131、平成6年
16) 北海道立水産試験場：北水試百周年記念誌、平成13年
17) 梶山英二：北海道海洋調査初期の頃、日本海洋学会20年の歩み、126～127、昭和37年
18) 徳島県水産試験場：試験研究85年の歩み、78、昭和60年
19) 福島県水産試験場：各地方水産試験場の試験事項、大日本水産会報、284号、15～16、明治39年
20) 漁撈部主任等：海洋調査、水産試験成績総覧(農林省水産試験場刊)、892、昭和6年
21) 藤森三郎、来島新左衛門、神崎陽吉、遠山宣雄：小笠原近海海洋観測(横断・定地)、水産試験成績総覧(農林省水産試験場刊)、893～894、昭和6年
22) 愛媛県水産試験場：愛媛県水産試験場百年史、18、平成12年
23) 佐々木三治ら：海洋調査、水産試験成績総覧(農林省水産試験場刊)、891～892、昭和6年
24) 新潟県水産海洋研究所：創立百周年記念誌、63～64、平成11年
25) 河合　巌：伊勢内湾三重、愛知両県連絡調査報告書、大日本水産会報、361号、11～13、大正3年
26) 妹尾秀實：内湾調査の必要、大日本水産会報、361号、11～13、大正3年
27) 例えば、妹尾秀實、長峰暉友：館山湾ノ形態、並ニ深度、底質及岩礁ノ調査(明治四二年ヨリ明治四四年ニ至ル)、水産講習所報告、第18巻第2冊、1～72、大正11年
28) 赤沼徳郎：東京湾ノ海洋ノ概要、水産調査報告、11巻3冊、115～120、明治36年
29) 堀　宏、丸川久俊：漁業基本調査報告書、第4冊、113～124、大正4年
30) 平坂恭平：東京内湾利用調査、水産試験成績総覧(農林省水産試験場刊)、923、昭和6年
31) 千葉水試：東京湾横断観測、水産試験成績総覧(農林省水産試験場刊)、618、昭和6年
32) 千葉水試：潮間観測、水産試験成績総覧(農林省水産試験場刊)、618、昭和6年
33) 内藤新吾：潮流調査、水産試験成績総覧(農林省水産試験場刊)、618～619、昭和6年
34) 長峯千山：浮遊生物定量調査、水産試験成績総覧(農林省水産試験場刊)、989～990、昭和6年
35) 五十嵐俊蔵、尼子弘道、長谷川　壽、阿部吉助：水産試験

成績総覧（農林省水産試験場刊），619～620，昭和6年

36) 尼子弘道，長谷川 壽，阿部吉助：水産試験成績総覧（農林省水産試験場刊），619，昭和6年

37) 鈴木 順：東京都内湾漁業の実態，東京都内湾漁業興亡史，173，東京都内湾漁業興亡史刊行会，昭和46年

38) 河合 巌：伊勢内湾三重，愛知両県聯絡調査，水産試験成績総覧（農林省水産試験場刊），923～924，昭和6年

39) 田子勝彌：伊勢湾及三河湾ノ海洋調査，水産試験成績総覧（農林省水産試験場刊），924，昭和6年

40) 宮田彌治郎：伊勢湾浅海利用調査，水産試験成績総覧（農林省水産試験場刊），924，昭和6年

41) 島村満彦：伊勢湾，三河湾横断観測要録，水産試験成績総覧（農林省水産試験場刊），924～925，昭和6年

42) 平坂恭平：三河湾調査，水産試験成績総覧（農林省水産試験場刊），925，昭和6年

43) 三重県科学技術振興センター水産技術センター：三重県水産試験場水産技術センターの100年，88～90，平成12年

44) 松野助吉，松本友雄：浅海養殖適否調査，水産試験成績総覧（農林省水産試験場刊），602，昭和6年

45) 徳島県農林水産業総合研究センター水産研究所：水産研究百年のあゆみ，22，平成14年

46) 大日本水産会報，309号，40，明治41年

47) 大日本水産会報，327号，32～33，明治42年

48) 浅野彦太郎，堀宏：大正四，五年瀬戸内海鯛漁場海洋調査（隼丸施行），漁業基本調査報告，7冊の1，49～76，大正7年

49) 中村 巖，今島 要：浅海養殖業二於ケル海洋観測，水産試験成績総覧（農林省水産試験場刊），620，昭和6年

50) 北原多作：駿河湾調査，水産試験成績総覧（農林省水産試験場刊），925，昭和6年

51) 静岡水産試験場・栽培センター：静岡県水産試験研究機関百年のあゆみ，195～196，平成15年

52) 藤森三郎，岡本百合次：有明海定地観測，水産試験成績総覧（農林省水産試験場刊），621，昭和6年

53) 藤森三郎，海部清利，福永 積，今道 晋：有明海潮間観測，水産試験成績総覧（農林省水産試験場刊），620～621，昭和6年

54) 藤森三郎，海部清利，福永 積，今道 晋：有明海横断観測（沖合ノ部），水産試験成績総覧（農林省水産試験場刊），621，昭和6年

55) 藤森三郎，海部清利，福永 積，今道 晋：有明海横断観測（干潟ノ部），水産試験成績総覧（農林省水産試験場刊），621，昭和6年

56) 三宅 仙，小金丸汎愛：あげまき貝死滅原因調査及救済策試験，水産試験成績総覧（農林省水産試験場刊），742，昭和6年

57) 中野 広：アゲマキガイ養殖業の発展と大量斃死－各県の水産試験場と農商務省水産講習所の取り組みと有明海水産研究会の発足－，(社) 海と渚環境美化推進機構，平成20年

58) 北原多作・宮田弥次郎：蟶被害原因調査に就て，水産界，412号～414号，大正6年

59) 福岡県水産試験場：有明海干潟利用研究報告，昭和6年

60) 水産庁・水産資源保護協会：パンフレット「赤潮」，昭和59年3月

61) 松原新之助：水産調査予察報告書，第2巻，3～4，明治25年

62) 西川藤吉：赤潮に就て，動物学雑誌，12巻，127～133，明治33年

63) 西川藤吉：赤潮調査報告，水産調査報告，第10巻第1冊，17～30，明治34年

64) 川端重五郎：英虞湾の赤潮，大日本水産会報，274号，12～21，明治38年

65) 西川藤吉：再び赤潮に就て，動物学雑誌，15巻，347～353，明治36年

66) 例えば，野元俊一・丸川久俊：英虞湾に現れたる赤潮に就きて，水産研究誌，4 (6)，1～13，明治42年

67) 岡村金太郎：木更津に現れたる赤潮に就て，水産研究誌，2 (10)，1～5，明治40年

68) 西川藤吉：「木更津に現はれたる赤潮に就て」と題する岡村博士の説を読みて，水産研究誌，2 (11) 1～3，明治40年

69) 岡村金太郎：赤潮について，水産研究誌，6 (11)，4～12，明治44年

70) 岡村金太郎：赤潮ニ就テ，水産講習所試験報告，第12巻第5冊，26～42，大正5年

71) 三重県で発生した赤潮について，三重県史（資料編），近代3，1059～1062，昭和63年

72) 愛知県水産試験場：愛知県水産試験場百年史，189～197，平成6年

73) 静岡県水産試験場・栽培センター：静岡県水産試験研究機関百年のあゆみ，196，平成15年

74) 香川県水産試験場：香川県県水産試験場百年のあゆみ，203，平成12年

75) 愛媛県水産試験場：愛媛県水産試験場百年史，24，平成14年

76) 高知県水産試験場：高知県水産試験場百年のあゆみ，16～17，平成14年

77) 松原新之助：水産調査予察報告，第3巻第1号，3～4，明治25年

78) 静岡県水産試験場・栽培センター：静岡県水産試験研究機関百年のあゆみ，11～12，平成15年

79) 遠藤吉三郎：海藻磯焼調査報告書，水産調査報告，12巻第1冊，1～33，明治36年

80) 遠藤吉三郎：東京湾内ノ潮流及其海産植物分布の関係，12巻1冊，39～47，明治36年

81) 遠藤吉三郎：千葉県下海藻磯焼調査，水産調査報告12巻第1冊，34～38，明治36年

82) 徳島県立農林水産業総合研究センター水産研究所：水産研究百年のあゆみ，45，平成14年

83) 遠藤吉三郎：青森県下下北郡海藻減少の要因，水産調査報告12巻第2冊，57～70，明治36年

84) 三本菅善昭：磯焼けの生態，水産庁中央研究所，平成6年

85) 久留太郎：真珠の発明者は誰か？－西川藤吉と東大プロジェクト，勁草書房，昭和62年

86) 理学士西川藤吉君逝く，動物学雑誌，249号，314～316，明治42年

87) 北海道大学水産学部：北海道大学水産学部75年史，22～23，昭和57年

88) 植物学雑誌，35 (415)，126～130，大正10年

第4章
「漁業基本調査」から「海洋調査」へ

　明治42年に漁業基本調査が実施され，それが地方水試等に定着するにともない，海洋調査の必要性が各界で理解されはじめた。一方，日清・日露戦争，第一次世界大戦等による領海の拡大，遠洋漁業奨励法等の漁業振興策等による朝鮮半島周辺海域や千島列島等への漁撈海域（漁場）への進出により，より広範な海域の調査が求められるようになった。そして，海洋調査のいわゆる「出口」，すなわち漁業への貢献が具体的に語られるようになった。

　本章では，海洋調査に関する世論の動き，漁業基本調査の成果と「漁業基本調査」から「海洋調査」への移行の経緯，海洋調査の内容，地方水試等の取り組み，海洋調査における主な科学的成果，さらに，当時の海洋調査の評価について記す。

　なお，この間（大正9年末），水産講習所海洋調査部の階下から出火するという事件も起こった。「幸いにも勤務中だったので重要書類は搬出したが，多くの資料，器具類の大部分を烏有にし大損害を被った」[1]。このとき，海洋調査第二回海洋調査主任打合会での協定により，一年間，各地方より得た横断観測による採集試料の全部を失した[2]。

4・1　海洋調査に関する世論の展開

　明治41年，第二回水産業者大会（大日本水産会主催）において，「政府は調査船を設備し，主として新漁場を探検並びに重要魚類の棲息状況等の調査をとげ，その結果を指示する様，その筋に建議する」ことが決議された[3]。このように，わが国の地理的情勢に鑑み，民間業界団体より国に対して海洋調査の必要性について数次の建議に及び，大正2年の第32回帝国議会衆議院では，小西　和提案[4]の「海洋調査機関の設置に関する建議案」が可決され，その後も毎年のように建議案が提出された（第5章参照）。建議の内容は，「海洋調査を専務する部課の設置，道府県に漁業基本調査会の設置，漁業基本調査上必要な設備を整える」ことであった。

　大正2年，徳島県水産試験場長の勝部彦三郎[5]は，漁業基本調査の拡張の必要性に関し，「水産業の骨子たる漁業の改良発達に就ては従来当業者の経験を基礎とするの外，其漁場魚種に関する合理的研究乏しく，為に確実なる基礎に依り漁業開発の方法を講せられず。世人をして漁業は単に僥倖を期する冒険事業なりとの感想を抱かしむるに至り，資本の供給其他経営上に影響すること極めて大なり。漁業基本調査は，実に此欠陥に対する唯一の研究方法にして，其必要にして且効果の大なるは疑はざるも事実。此に当れる府県試験場は漁業試験の傍ら又は陸岸近距離の海洋観測生物調査を為す等謂はば断片的にして，統一調査を以て任ぜん水産局の施設も設備未だ充分ならざる如く，如斯にして推移

せんか容易に成功を得ざるのみならず，或は性急なる世人は之が効果を待つ能はずして本調査の遂行を無用視するに至らずとせず。提唱者たる政府は調査計画を大にし典範を示し本調査の遂行を完全ならしめんことを望まざるべからず」と述べた。また，大日本水産会報[6]は，「海洋調査は漁業だけでなく，航海業，農業等にも利益の及ぶものである。その経済性・人命等を考えれば，毎年の経費は僅々五六万円にて足る。海洋調査は公共の用に給するもので，政府に於て之を為すか又は公共団体に於て行ふの外なきなり」とし，「差当り二百余噸の調査船（其建造費約10万円）と事業費毎年約5万円を得，我四囲に於ける海洋の調査を実行せんことを熱望する。何ぞ夫れ価の廉なる」と主張した。これらは，漁船の動力化に拍車がかかり漁業が沿岸から沖合・遠洋への進出時期でもあり，科学的な立場での漁業活動を求めるという当時の世相を反映したものであろう（第9章参照）。

大正7年になると，阪元 清[7]は，「由来，魚群去来と漁獲豊凶の予知に関する問題ほど，古き問題にして而も新しき問題はなし。近時，科学の進歩は緩慢とはいへ，斯界の注目を促すに至り。重要魚族の普遍的廻遊状況に想到する時は，一地方の漁況は単に一地方の問題に止まずして，殆ど全斑的漁業界の一斑。昨今，重要漁業の各県聯絡試験の状況はその一二種を除き殆んど海区別にして，全体を通じてこれ等の聯絡統一なきは画龍点睛（ママ）（？）の妙処を逸したるやの憾無きか。殊に，海洋調査事項漸次その必要に迫られ，各地方の縦横断観測は之を生物調査と相俟って，漁況と密接なる関連を保持するに非ざれば，その終局の目的を達成し能はざる事勿論なり。要は，気象・海洋の状勢と漁況とを速報周知せしめ，漁場を地方的豊凶の厄より免れしめ，漁場拡延に伴ふ漁期の延長により，漁業を八百屋的より問屋的ならしめ，消費分配の機能を整へ，魚群去来豊凶不定の弊害より漁村の疲弊を救はんとするにあり。海洋状態より直ちに漁況予報し得る事，気象観測と天気予報の如きに至るあらば，偶然的漁業をして必然的ならしめ，産業としての地歩を確立する。この見地に於て予は海洋漁況の統一機関と通報設備の急む絶叫するものなり」と主張し，単に海洋状態の把握にとどまらず，産業としての地位を獲得するために，科学的な漁業生産システムの形成と漁況・海況予報の必要性を主張した。

4・2 漁業基本調査の成果

大正7年，北原[8]は「海洋調査と魚族の回遊」として，本文6頁，図版5葉のブックレットを取りまとめた（全文は資料8）。この目的は「海洋調査ノ効果ヲ平易ニ，且，端的ニ海流ノ消長ト魚族ノ回遊トノ関係ニ就テ説明セルモノ」であった。

ブックレットでは，海洋調査の歴史の概説後，海況と魚類の回遊等との関係について，
　①魚介類は海流がぶつかるところに多い
　②沿岸において海流の接近は沿岸における魚群を濃厚にする
　③水道では，その通じる二つの海湾より来る海流の圧迫に因りその魚群を濃縮する

ことを明らかにした。これは，通称「北原の法則」と称される。そして，「魚族ノ回遊移動ハ海流ニ因リテ左右セラルコト勿論ナレドモ亦水温ノ変化，『プランクトン』ノ消長等ニ因リテモ影響ヲ受クルモノナレバ，此等事項ニ関シ精細ナル注意ヲ払ヒツ，調査ヲ進行セザルベカラズ。浅海内湾ニ産スル魚介類ノ蕃殖移動等ノ如キモ，此等海水ノ変化ニ至大ノ関係ヲ有スルモノトス。故ニ将来ニ関スル各種ノ調査ヲ遂ゲ重要魚介類ト海洋変化トノ関係ヲ明カニセバ，漁業ハ自ラ学術ノ基礎ノ上ニ建ツコトヲ得，其ノ収獲ハ確実トナリ，其ノ資金ノ運用ハ円滑トナリ，斯業ハ健全ナル発展ヲ遂ゲ大ニ国富ノ増進ヲ期スルコトヲ得ベシ。実ニ海洋調査ハ漁業経営ノ根本義ナリトス」とした。昭和6年，農林

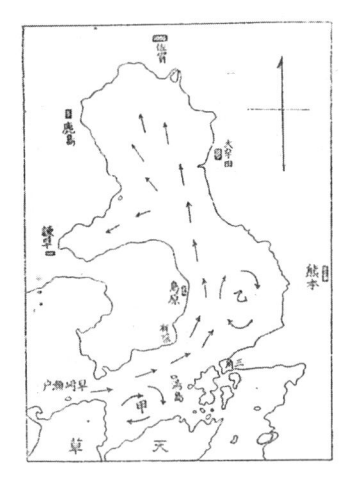

図4−1 有明海の潮流（左：満潮，右：干潮）[10]

省水産試験場が全国の水産関係の調査研究を取りまとめた「水産試験成績総覧」[9]は，これを「海洋調査部創設当初において，海洋調査の根本義を社会に宣言する記念的印刷物である」とした。

このほか，明治41年本多光太郎，寺田寅彦らは全国諸港湾で潮汐の副振動（セイシュ）を観測調査し模型実験も行った。これは，海外から日本人の独創的優秀研究として賞賛され，また，水圧を利用し自記本多式検潮儀はもち運びできる簡便さとして評価が高かったという。ちなみに，大正5年，東京で開かれた海事博覧会において水産局は自動潮流模型を出展した。これは，湾地理的模型に自動的に水道水を注入したり排出したりして潮汐満干の状態を真似たものであり，北原[10]はこれをもとに有明海の水の流れを推測した（図4−1）(注1)。

4・3 「漁業基本調査」から「海洋調査」へ

水産局は，どちらかというと漁業基本調査を片手間でやっていたため（第5章参照），「水産講習所へ移管した方が良い」（下　啓助水産講習所長(注2)）とのことで，大正3年，漁業基本調査は水産講習所へ移管され，実施担当部門として，水産講習所に漁業基本調査部が設置された。それにともない，北原多作，柳　直勝，浅野彦太郎が水産局から水産講習所へ異動した。この結果，現場調査には遠洋漁業練習船雲鷹丸（444トン），近海漁業実習船隼丸，七号艇，道府県の水試等の船舶が使用可能となった。

大正3年7月に水産講習所は全国の水試および沿海19ヶ所の灯台における海洋観測結果を官報で発表した。このとき，下所長[11]は，「水産局は該調査の必要性を認め，曩に漁業基本調査事業に着手し，専ら魚族の習性の研究，海洋の観測に努めたるも，特別の経費を有せざる為め，自ら進んで実行するに能わず，便宜上地方水産試験場又は講習所等に託し，僅かに近海の観測を過ぎざりしも，経費の不足は同様なるを以て，実行方法に於て従来と大きく異なる処なし。既刊の漁業基本調査報告は約1ヶ年以前の事項を報告するの有様なりを改め，為るべく迅速に周知させるため，水産試験場又は講習所及び全国沿岸19カ所の灯台より蒐集する水温，比重，漁況等の観測報告を編纂し，毎月之を官報に掲載する」とした。この官報は，大正3年7月24日から28日に掲載され，その要旨は，「海洋観測と漁業の関係」に掲載された（資料9[12]）。

しかし，「海洋調査に就いては従来民間の実業団体より其筋に建議せること数次に及び，同

様，建議案は大正2年の議会に於て可決せられたるも未だ何等実行の消息も聞かず」「海洋調査の事たる由来至難の業にして，其の効果は一に歳月に俟たざるべからず，近来各地水産試験場の之れに従事するもの漸次多きを加へたるは歓ぶべき現象なるも，国家として未だ一隻の専門調査船だに之れを有せざるは，果して本問題の解決に至誠あらや否やの疑はしく，吾人は其の余りに冷淡なるに一驚を喫せずんばあらず，挙世滔々として浮華軽佻に流れ，真摯なる此種事業の如きに耳を促すもの少なきは真に慨嘆に堪えざる」[13]状態で，「水産界」は，「（大正4年）今期の議会亦同様建議案の提出せられたるを聞き，人は深く賛同の意を表し併せて政府に向つて速やか採択実行の急切なるを切言する次第である」[14]と書いた（第5章参照）。

以上のような関係者の努力を経て，大正6年，鶴見左吉雄水産局長時代に海洋調査事業費が議会を通過し，大正7年に水産講習所にその経費が繰り入れられ，水産講習所は技師3名，技手3名の増員となった。当初，調査船の建造費を入れて約11万円，さらに3年間毎年6万円を支出するというものであった[15]（当時の貨幣価値については，第5章の注1を参照）。漁業基本調査部はこれを機に海洋調査部と改称され，海洋関係の試験・調査を統括する中枢機関となった。これ以後は，「漁業基本調査」は「海洋調査」と呼ばれることになる(注3)。

大正7年，水産事務協議会[16](注4)において，海洋調査事業費の予算化により，水産局から「海洋調査連絡方法」に関する件が提案され，合意・協定された。

協定内容は次のようなことであった。
①本調査に使用する船舶は，専用調査船として天鴎丸（木造船161トン）を建造し，また，練習船雲鷹丸，漁業取締船速鳥丸，膃肭獣保護船得撫丸等を充てる
②納沙布崎，襟裳崎灯台または測候所26ヶ所に委託し，毎月6回，沿岸海水の温度，比重等を観測報告させる
③各地方水試等は，指定された場所を基点とし距岸50～150浬毎月1回，月初に横断観測を施行し，海洋調査成績，重要水族の移動および漁況の大勢を調査する
④従来各地方で施行していた定時観測は継続し，これらの結果を水産講習所海洋調査部へ報告する
⑤本調査執行上の便宜を計るため毎年1回以上関係機関の打合会を開く

横断観測を200浬としたのは，「我々の生活に直接関係ある魚族は200浬外の海には棲んでいない」[15]という理由であった。これらに用いられた大正14年当時の主な海洋関係の官庁船（表4-1(注5)）と地方水試等の試験船数（表4-2）[17]を示すが，各府県の漁業調査船が整備されてきつつあることがわかる。

これらの結果，連絡調査を施行するところは朝鮮，台湾，樺太，北海道のほか臨海の府県35ヶ所に達し，協定執行の横断観測線はシナ東海，金華山沖，瀬戸内海，オホーツク海，東京湾等の約60線，延長浬数は約3200浬に達し，

表4-1 大正14年の海洋関係官庁船[17]

所　属	船　名	トン数
水産講習所	雲鷹丸	445
	青鵬丸	33
同　海洋調査部	蒼鷹丸	202
水産局	得撫丸	159
北大付属水産専門部	忍路丸	153
朝鮮総督府	みさご丸	61
台湾総督府	凌海丸	123

表4-2 大正14年の地方水試等の試験船トン数別表[17]

トン数別	国　内	外　地	計
10～20	24	8	32
20～30	4	2	6
30～40	9	3	12
40～50	8	1	9
50～60	5		5
60～70	5	1	6
70～80	2		2
150～160	1		1
170～180	1		1
210～220	2		2
計	61	15	76

毎月，または隔月あるいは四季等に執行した。そのほか，沿岸の観測は各府県，灯台，測候所等に委嘱し，その数は，本邦領土の全沿岸にわたり実に90ヶ所に達し，月6回以上観測することになった（資料10）。そして，「漁業基本調査報告」の代わり，調査結果にもとづき3ヶ月間の海況・漁況にかかわる事項を取りまとめた「海洋調査要報」が年4回発行され，また，「成ルヘク速カニ我近海ニ於ル海洋及漁況状態ノ大要ヲ公表センコトヲ企画シ，茲ニ第二回主任官会議亦之カ決行ヲ要望シタリ。本日ヨリ之ヲ実行シ世ニ問ハントス。庶幾クハ地方当事者ノ協力ニ依リ漸次完全ノ域ニ進ミ以テ産業上貢献スルトコロアランコトヲ」として，月刊「海洋図」が大正8年9月から発行された（図4-2）[18]。参考までに，最終の「海洋図」である414号（昭和32年）を図4-3[19]で示すが，両者における情報量の差には驚く[注6]。

さらに，当初3ヶ月ごとであった海況・漁況報告がその後毎月となり，これらは「水産界」や「帝水」（帝国水産会機関誌）にも掲載された。大正12年の水産界に掲載された海況・漁況報告の一例を図4-4に示す[20]。大正3年の資料（資料9）と大正7年の漁況・海況予報，大正12年の資料を見比べると，非常にコンパクト，かつ具体的な予報となってきていることをうかがい知ることができる。

雑誌「水産界」は，本格的に海洋調査がはじ

図4-2　海洋図（第1号）（大正8年9月）[18]

第4章 「漁業基本調査」から「海洋調査」へ

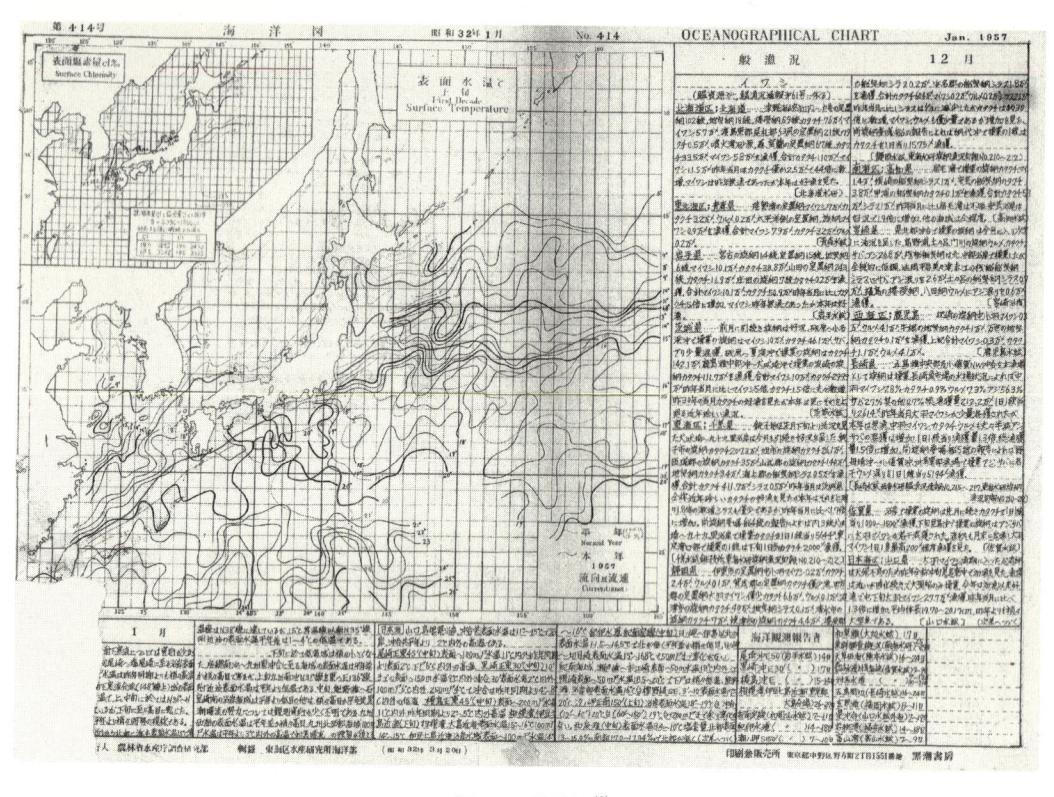

図4-3 海洋図[19]

◎海況と漁況

水産講習所海洋調査部にて発表せる三月より四月に至る海況と漁況左の如し。

海況（四月）

太平洋＝前月尚相当の勢力を保持せし暖流は本月入り却つて衰へ前月に比し和歌山沿海のみ稍高温なるも他は一般に低温比重なり、之に反し寒流は益其勢力を加へ岩手沖合の如き例年に比し低温を示したり。然れ共福島沖合は其影響未だ大ならず。

日本海＝對馬水道に於ける流動は前月に比し稍少康を示したるも二五、五〇の等比重線は漸く北遷して佐渡に接近けるが如し、十度の等温線は能登半島に達し例年に比し大差なきも對馬水道以南にありては水温の昇騰漸く著しからんとす。

漁況（三月）

太平洋＝まぐろ－宮崎上中旬不況下旬稍活況、高知活況三重上旬迄びんながが好漁、中下旬くろきはただ活況茨城上旬好漁、中旬不況、下旬相当漁。かつを－鹿児島上旬活況、中旬荒天の為不況、下旬好漁、宮崎二十八日千葉漁船御蔵島沖にて初漁、四月五日高知室戸岬にて初漁、四月七日三重潮岬沖にて初漁、中旬末より金華山沖二十浬にて好漁、岩手八日初漁。もうかさめ－宮城六日初漁以後好漁。其他ぬけうを、きぢぐ等沖手繰にて相当漁。

日本海＝いわし－一般に近年稀なる盛況を呈す、新潟上旬佐渡大漁、其他全月相当漁、富山は上中旬能登内浦方面全月豊漁、下旬漸く減じたるも尚好漁、石川は年稀なる豊漁、加賀方面の大羽は中旬來好況を保つ、福井にても漁期例年に比し早く上旬相當、中旬以降未曾有の豊漁と稀すべく魚體一般に大なり、島根にも前月來盛況を保ち近年稀なる豊漁、下旬濱田は終漁せり、佐賀にては終漁期にて少漁、熊本又旬末終漁せしきものなし。たひ－新潟は上旬不振、中下旬稍著しからず、石川にては相當漁なるが如く、島根は全月不振、熊本不況。さば－福井は下旬延縄にして相當漁、熊本又少漁、其他秋田のさめは上旬好況、中下旬終漁、島根は漁期に入りたるも少漁、熊本又不況、中下旬漁に入り衰へず、新潟のすけとうたらは不振、石川、福井のかに下旬相當漁なるも下旬減少す、いかは秋田に下旬相當漁、島根全月不漁なり。

図4-4 大正時代の海況・漁況報告[20]

まった大正7年,「年頭の回顧－大正7年の水産概観－」において,「昨年（筆者注：大正7年），先ず吾等の欣快に堪えざるはその太く活気着けたるに在り。斯界積年の難問題は，この一年に於て略々これが解決を見たりとは言ふに可らざる迄も，確かにその端緒を索し得たる也」とし，具体的にいえばとして，その一つに「海洋調査問題」を挙げ，さらに,「由来この種の事業は決して一朝にして其の成果を挙げ得るものにあらず。故に，事に之に従うものは堅忍持久の決心と熱誠とを持するにあらずんば焉ぞ能く百年不滅の成績を挙げんや。吾等は，その当局の自重を望むことを切ならざるを得ざる也」[21]（注7）と歓迎とその評価を行い，また，継続的に実施して初めて成果が上がる旨の警告をも行った。

水産事務協議会の「海洋調査連絡方法」に関する合意にもとづき，海洋調査の技術面に関する協議と研修のために，大正7年8月に第1回海洋調査協議会（海洋調査主任官打合会）[22]が開かれた。この会議では，①調査器具器械に関する件（転倒寒暖計の検定，二重筒採水器の外部に絶温装置等を施すこと，採砂採泥器の簡便にして有効なものを作成すること，浅海用ならびに深海用中層浮遊生物採集網の作成，底生物定量採集器の作成を水産講習所で実施すること），②調査方法に関する件（一般的注意事項，天気の観測，水質，海流，潮流の観測，重要水族採捕及び浮遊生物採集に関すること），③調査報告書に関する件，等が協議され，具体的に取り決められた。また，寺田寅彦（注8）は「寒暖計」について講義をした。それ以後，大正12年の関東大震災の年を除いて毎年，協定に基づいて海洋調査主任官打合会が開催され，10回を数えた。その打合会の協議等の内容は表4-3に示した[23～27]。当初，協議内容は海洋の調査機器，浮遊生物調査，取りまとめ方法など，海洋調査に直接関係するものであり，研修も寺田寅彦，原 十太（注9），岡村金太郎など，当時の先進的科学者による海洋調査に関するもので

あった。しかし，会を重ね，第4回以降の打合会になると，魚類の調査方法，魚場調査，標識放流等の今でいう資源関係の内容，道府県の要望事項，海況と漁況の関係に関する報告会等へと協議内容が移っていった。道府県の要望事項については，例えば，大正11年に開かれた第4回打合会では議題の大半を占め，①魚類調査方法に関する件（大分県提出），②各種観測図および海区図に関する件（新潟県提出），③浮遊生物調査取りまとめに関する件，④漁況予察に関する件（以上，岩手県提出），⑤調査器機改善並びに調査用尺度に関する件（大分県提出），⑥海洋調査の充実連絡並びに普及に関する件（三重県提出）が協議され，水産講習所提案の議題は，天鴎丸行動に関する件，⑧連絡横断観測に関する件であった。

これらの打合会は地方水試の海洋調査レベルや技術の向上，海洋に関する成果を得ることについては重要な役割を果たしたと考えられるが，第5回打合会で，「第4回海洋調査主任官打合会に於いて重要魚種及び調査項目について決議をなしたるも未だ之が実行充分成らず。故に之が実行方法に就いて協議」「漁況報告取り纏めについては再三協議したるも未だ不完全なり。故に之が完成を期せんためにその方法について協議」と記されているよう，海洋等の調査が打合せ通りに遂行されず，また取りまとめに関しても苦労したようである。

4・4　地方水産試験場等の海洋調査

大正7年の水産事務協議会の合意にもとづき，地方水試は「海洋調査」を業務として位置づけるようになった。例えば，香川県[28]は,「当場の業務功程に海洋観測結果が掲載されているのは，同（筆者注：大正）7年からである。これに記録されている説明では，『水産業を学術の上に立たしめ漁業の基本的調査の完全に行わしめることにより，水族の回遊状態と海洋との

第4章 「漁業基本調査」から「海洋調査」へ

表4-3　海洋調査主任官打合会について

回	年　度	議　　　題
第1回	大正7年	①調査器具器械に関する件
		②調査方法に関する件
		③調査報告書に関する件
		講演：寺田寅彦は「寒暖計」について講義
第2回	大正8年	①観測器械統一に関する件
		②観測報告様式に関する件
		③漁況調査及び報告に関する件
		④浮遊生物調査に関する件
		⑤横断観測の場合定規として十尋層の観測を追加する件
		⑥その他出席者提出問題
		講演：比重計について（梶山英一），深海水温と風並びに日照との関係について（寺田寅彦），プランクトンの定量研究について（原　十太），早鳥丸海洋調査の経験談
第3回	大正9年	①海水アルカリニチー及びアシデチー調査方法に関する件
		②プランクトン調査に関する件
		③塩素タイトレーション用海水採取に関する件
		④横断観測成績取り纏め方法に関する件
		⑤定置観測成績取り纏め方法に関する件
		⑥漁況調査に関する件
		⑦その他出席者提出問題
		講演：海水アルカリー度に就て（原　十太），大正九年の海洋観測に就て（関田駒吉），海藻の分布より見たる日本近海の海流並に海藻の分布（岡村金太郎），本邦近海海洋の状況と海洋調査成績取纏の方法に就て（北原多作）
第4回	大正10年	①魚類調査方法に関する件
		②各種観測図及び海区図に関する件
		③浮遊生物調査取り纏めに関する件
		④漁況予察に関する件
		⑤調査器械改善並びに調査用尺度に関する件
		⑥海洋調査の充実，研修並び普及に関する件
第5回	大正11年	①重要水族の習性調査
		②漁場調査
		③漁況報告取り纏め
		④観測方法並びに調査材料の整理統一に関する件
		⑤高島実験所にての成績発表及び実験
		⑥天鴎丸にての調査方法及び実地打合せ
第6回	大正13年	①比重測定並びに塩分検定に関する件
		②漁場並びに海底調査に関する件
		③重要魚調査に関する件
		④標識魚の放流に関する件
		⑤漁況報告並びに観測期日励行に関する件
第7回	大正14年	①塩分検定法励行に関する件
		②海洋調査施行に関する一般的打合せ
		③次年度海洋調査の実行予定に関する件
		④海況と漁協との関係に関する件
		⑤その他各県提出問題
第8回	大正15年	①海洋調査の施行に関する件
		②次年度海洋調査実行予定に関する件
		③海況と漁況との関係並びに重要魚調査に関する件
		④その他各府県提出問題
第9回	昭和2年	①海洋調査の施行に関する一般的打合せ
		②次年度海洋調査実行予定に関する件
		③漁況と海況との関係並びに重要魚調査に関する件
		④漁況報告に関する件
		⑤各府県その他提出問題
第10回	昭和3年	①海洋調査の施行に関する一般的打合せ件
		②次年度海洋調査実行予定に関する件
		③海況と漁況との関係並びに重要魚調査に関する件
		④各府県その他提出問題

関係を明らかにし，これによって確実な漁獲を得るもので，この海洋観測の急務なる事が唱えられて久しいが未だ全国的に統一して完全に実施はできない。しかし時世の進運により水産業だけが遅々として止まるべきでないとして，農商務省水産講習所は全国水産試験場と連絡し，各区域を分担して海洋観測を定期的に実施して魚族の習性と海水の状態を明らかにし，これにより漁労技術に改善を加へ漁獲を増進せんとす』（一部訳文）とあり，その目的を明確にしている」と，香川県では海洋調査が明治44年以降途絶え，新たに大正7年に業務を開始したことを記す。

島根県[29]は，「大正4年より養殖部において海洋観測として江角－隠岐島間の横断観測等において水温・比重・プランクトンを調べてきたが，大正8年4月，県は第3次産業計画（水産の部）に『水産試験場に専任の技術者を増設し漁業基本調査を行い左記（筆者注：下の事項）の事項を調査発表すること，①海洋に関する事項，②重要水産生物に関する事項』を決定し，基本調査部を発足させ事業を始めた。当初，養殖部が担当したのは，魚介類の増殖にしろ漁況の予察にしろ対象生物の習性と外的環境条件の両面から考究しなければならないとの思想が養殖部から芽生えたためであった。具体的には海洋調査と生物調査の2部門からなり，海洋調査は定地観測（浜田馬島・西郷・日御碕），プランクトン調査，および横断観測として浜田馬島灯台より北西100浬の観測を毎月実施した。また生物調査では重要魚種であるサバ，イワシ，シイラ，スルメイカ等の生物学的調査を実施すると共に，主要漁港に嘱託漁況通信員を置き，漁況の蒐集と伝達に努め，戦後（筆者注：第一次世界大戦後）の漁況予報事業の基礎を築くことであった」と，本格的な海洋調査を実施する旨を県の方針とした[注10]。このように，香川や島根県では，漁業振興の視点から海洋調査体制が構築・強化された。

新潟県[30]では，大正6年から横断観測へ発展し広域をカバーする内容に充実した。これは赤泊～寺泊，赤泊～間瀬，弾崎～粟島～馬下，沢崎～禄剛崎をそれぞれ結ぶ点に定点を設け観測を実施し，水温断面図を作成した。また，9年から潮流観測の手段として海流瓶放流による試みが北陸4県の共同調査としてはじめられた。

石川県[31]では，大正6年から横断観測がはじまり，輪島沖合大蛇磯から宇出津沖合にかけ，7月に比重と水温の観測を行い，また，大正7～15年に海流瓶放流による潮流調査を行い，そのときの標識放流図を図4-5に示す。

資料7からもわかるように，多くの県では海洋調査が必要との認識があり，すでに定線観測等がはじまっており，大正7年の事務協議会の合意もそれほど困難なものではなかったのではないかと考えられる。

これら各県単独の調査のほか，連絡海洋調査の実施と観測結果の照合，国庫補助等について協議するために，例えば，東北六県北海道茨城連絡海洋調査会議等のブロックの会議が開催された[32]。また，それらの会議の結果にもとづき，大正4～5年東北三県（岩手，宮城，福島）連絡横断観測，同6～7年東北四県（三県に青森県），大正8年北海道東北県茨城連絡海洋観測が実施され，また，山口・福岡は大正2～3年，玄界灘・対馬東水道海洋観測等，地方水試間で協力して海洋観測を実施するようになった。さらに，瀬戸内海でも各府県が連携して海洋調査を行った。

では，これらの大正中期頃の各府県の海洋調査の内容はどうであったのだろうか。大正10年発行の山口県水産試験場「漁業基本調査報告」によりその内容と水準がよくわかる。緒言で，「本場ガ漁業基本調査ヲ開始（筆者注：明治35年）シテヨリ大正六年末迄実ニ拾有五年ノ歳月ヲ閲シ，調査蒐集セル材料マタ甚ダ浩瀚ナリ。然ルニ其間ニ於テ調査担当職員ノ異動少カラズ，従テ調査当時ノ概念亦漸ク消散ノ傾向アリ。

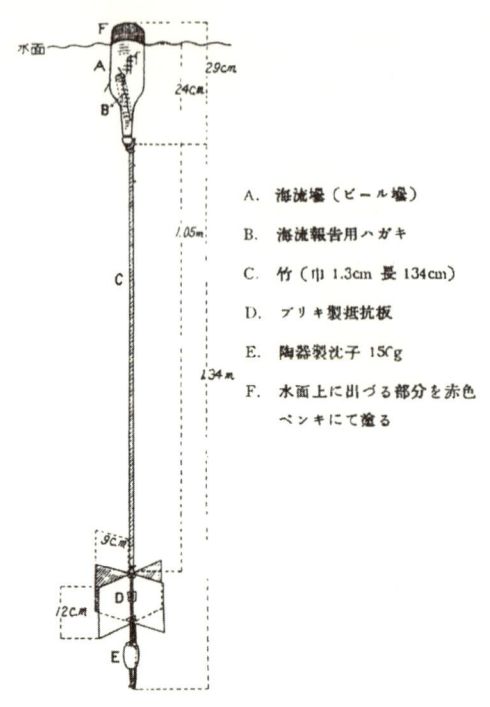

第4章 「漁業基本調査」から「海洋調査」へ

A. 海流壜（ビール壜）
B. 海流報告用ハガキ
C. 竹（巾1.3cm 長134cm）
D. ブリキ製抵抗板
E. 陶器製沈子 150g
F. 水面上に出づる部分を赤色ペンキにて塗る

海流瓶の図（大正時代）
（水産調査報告第38冊の附の海流瓶の図を転載）

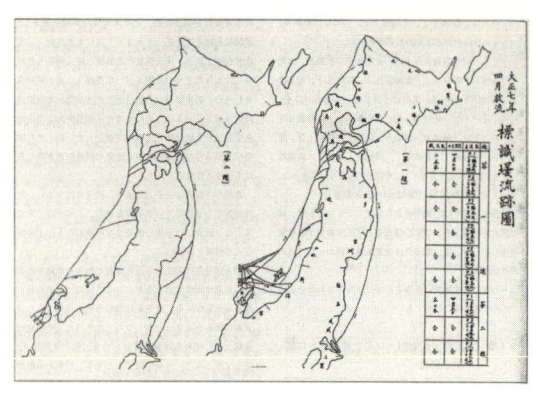

図4-5　放流瓶（左），標識放流図（右）[31]

且ツ記録埋滅(いんめつ)ノ恐レナシトセズ。大正六年末ヲ以テ基本調査上ニ一線ヲ劃スルノ利便多キヲ認メタレバ之ヲ輯録上梓(しょうろくじょうし)シテ頒布スルモノナリ。尚本書第一図版ニ於テ浮遊生物ノ数種ヲ図解セリ，是レ営業者，並ニ数年間本場ノ観測トシテ該生物ノ採集ニ鋭意セル人々ノ参考ニ資センガタメナリ」と書かれている[33]。この報告書は，明治35年から大正6年までの外海（日本海）と内海（瀬戸内海）について観測データを取りまとめたものである。人事異動が激しく，調査の考え方の消散や記録の雲散の懸念をしている。当時の地方水試の状況が端的に理解できるが，今もこの点については変わりはないようである。ここで使われた採集器具・分析機器とその調査内容は水産局が実施したものとあまり遜色はないように思える(注11)。

このほか，各県でも海洋調査を効率的に実施するために，例えば，静岡県榛原郡御前崎村漁業組合主催の海洋調査講習会開催[34]（注12），簡易漁民講話会[35]等が開かれ，さらに，昭和2年6月から東京放送局においてラジオ水産講座が設けられ，長瀬貞一水産局長の講話を皮切りに，定期的に放送されるなど，漁民への水産業や海洋調査等への啓蒙に努められた。

国に倣い，地方水試等でも海洋図の作成，漁況予測や漁況通信がはじまった。例えば，北海道水試は，大正2年から「水産調査報告」として海洋調査結果が報告され[36]，昭和2年からは「北海道水産試験場事業旬報（以下，北水試旬報）」の一つとして「海洋調査月報」と「海洋図」を発刊した。海洋調査月報は外国人にもわかるように英文タイトル付きで，昭和17年の第16号（筆者注：巻？）まで刊行された。「印刷ものとして，しかも月刊で出していた努力と

エネルギーは見習うべきもの」としている[37]。

高知県[38]では大正7年からカツオ，マグロ類，ブリの漁況通信がはじまった。このときは漁船には無線通信設備が普及していないので，大正8～11年，漁況通信用の伝書鳩の飼育訓練を行った。鹿児島県[39]では，大正10年には伝書鳩を使った漁業通信を実施したという。このほか，千葉水試，神奈川水試，徳島水試も伝書鳩に関する通信を試みた[40]。北海道[41]も伝書鳩を飼育し，通信に活用しようとしたが，伝書鳩が来た翌年（筆者注：大正12年）には調査船三洋丸に無線設備が設置されるなど，多くのところで伝書鳩による通信が試みられたが，実際にはほとんど利用されなかった。

香川県[42]では，大正7年4月1日付けの水試報告によると，「魚群の入込漁獲高に関する調査としては乗員を派出し，漁場観測を行ひ実地に漁況を調査せしめたる結果を其の都度新聞紙上に掲載し，周知を図ると同時に本場より簡単なる漁況並びに予測報告を各漁業組合並びに関係者に報告せり，尚本年度に於て調査事項左記の如し」とし，「鳴門海峡鯛群通過の予測，4月6・7日頃通過せん」とした。その根拠として，「4月2日より4日に至る間讃岐丸にて海洋観測を実施したる結果を徴るに海水濃度は未だ鯛群入込には余日あるものの如く平均温度摂氏9度乃至9度7～8分の間を上下して昨年の温度と比較すれば大差なし。之れを以て4月6・7日頃より鯛群は鳴門海峡を通過するものと予測せらる故に東讃海面の網卸も昨年と同時期に網卸するが適当なるべし」とし，そのほか，淡路沼島漁況，徳島県土佐泊並に里浦（いずれも鳴門市）の漁況，県内の海水観測の概況を報告した。

宮城県は，江ノ島定地海洋観測所の明治43年からの約20年間の水温調査を基準として漁況予測指針を作成した[43]。それを表4-4に示すが，当時の漁況予報の水準を知ることができる。これでも漁業者にとっては有用なものであったろう。

表4-4 宮城県江ノ島における海洋モニタリング調査結果による漁業予測
海洋状態に応じて将来の漁況予測をすることは重要なことである。10余年来の経験により，特に水温や潮流の変化との関係が多いと認められたものについて，海洋と漁況の関係を記す。ただし，調査の年数が20年に満たないので，果たして適切か否かは後日の研究に待つものが多いと考えられる。平均水温は特記しない限り金華山江ノ島の観測である。平年値とするのは明治43年以降の12年間，同所で毎日観測した水温の平均値である。文献43)を改変して引用（注：筆者が意訳）。

月別	（金華山江ノ島月平均水温に対しての）毎月の予測要項
1月	12度以上は底曳網好望，10度以下鮫刺網好望（7～10度好適）
2月	8度以下鮫刺網，好漁の見込。もうか盛漁期遅る。底曳網刺望み少し
3月	年中最低水温，平年水温（7度6）以上なれば夏漁有望，平年以下なれば夏漁見込幾分少なきものの如し
4月	10度以上なれば目抜減退し，もうか有望なり
5月	10度以上にならざれば夏漁に充分なる望を嘱することを能はず
6月	15度以上ならざれば夏漁は見込み少なく，仙台湾水温20度以上に昇らざれば浮鮪をみるに至らず
7月	仙台湾水温20度以上に昇れば鮪鰹は北海に来遊す。もし水温低ければ遠洋に出ざれば見込み少なし。本月20日前後仙台湾鮪漁好漁
8月	20度以上に達せざれば鰹，鮪は近海に来遊すること少なく20度以下なれば遠海に出漁するの要あるべし
9月	20度より低温にして尚，著しければ秋刀魚，鮭，柔魚等には好望なれ共，鮪又底曳網漁業は不況なるべし
10月	水温17・8度に達すれば，来遊認めらる。降雨多ければ万石浦海苔は，あおさ多く不況
11月	15・6度内外なる時は秋刀魚を認め得べきも，水温急降するときは不況となり。鰹も遠洋に去る
12月	12度以下なれば鮫網好漁の見込ある。もうか漁は見込なし

4・5 海洋調査における科学的な成果

この時期の海洋調査にかかわる主な科学的な成果としては，1．日本海における海洋の性状，2．漁場細密調査の結果，3．卵稚仔調査と卵稚仔検索表の作成，4．太平洋沿岸におけるカツオ，マグロ，サンマの漁況の4つがある。順に説明する。なお，海洋調査に関する論文を掲載するために，水産講習所から新たに「海洋調査彙報」が水産講習所により刊行された[44](注13)。

1．日本海における海洋の性状

水産講習所丸川久俊ら[45](注14)は，大正7年の海洋調査部の創立以後から大正13年に至る7年間の連絡試験の結果（水産調査要報1報から27報）を「日本海の海洋の性状」とし図版17葉，表3葉等を含め，「海洋調査彙報」の第1巻1冊に取りまとめた。図4-6はそのときの観測線図であり，図4-7は日本海各年四季別水温比重垂直面分布図，図4-8は日本海各年水温比重平面分布図（代表点表面）である。この論文は，わが国の水産海洋分野で，はじめて海洋調査の結果として本格的に論文として取りまとめられたもので，「大陸に沿い発達し下層流として全搬的に南下する寒流系水団，対馬水道より流入北上する対馬海流，初冬より晩春の高比重期，初夏より秋末の低比重期の二季を画す対馬暖流の特徴等についての説明のほか，水温，比重の変化は大体対馬水道の深度以浅に現れ，200m以深では変化少く，所謂日本海固有の海水で低温，低比重である。日本海に出現する浮遊生物は底棲生物の幼虫，魚卵及魚仔を除き，植物34属145種，動物42種70種で，内日本海固有種は僅に一属1種を検出」等が明らかにされた(注15)。

また，神谷尚志(注16)と川名　武は，福井県水産試験場が大正8年から15年に実施した海洋調査の結果を取りまとめ，「若狭湾ノ海況ニ就キテ」[46]を発表した。この論文では，表層50mおよび100m層の水温は，前半年が低く，後半年が高い。200m層では高い水温が前半年（累年平均，4月で，8.2℃），低い水温が後半年（同，11月で3.9℃）に現れ，下層冷水帯の塩分は中鹹水であるとした。

さらに，神谷と川名は，「日本海ニ於ケル下層冷水帯ニ就テ」[47]により，「下層冷水帯と呼ぶは，水深200m層の水深を指す」として，大正7年から15年までのデータを取りまとめ，日本海の下層冷水帯を次のように3型（4パターン）に分類した。

①暖流型（表面流型）変化をなすもので，水温の変化は漸進的で，前半年が低い水温（2～4月），後半年が高い水温（9～11月）となり，表層水温の昇降にともないやや遅れて上下する。その海域は，魚貫崎西，対馬東水道，加露沖北西，猿山沖北西，富山湾，土崎沖西海域である。

②寒流型（底流型）で，水温が月次にともない漸進的に変化する。前半年に高い水温（4月，8.2℃），後半年に低い水温（11月，5.6℃）で，若狭湾のみである。土崎沖に比べて南にかかわらず3℃の低温である。

②'寒流型（底流型）で，水温の月別変化が著しく，前半年が高い水温，後半年が低い水温で，対馬水道がその海域である。

③水温の月次変化が漸進的な時もあるが，また，昇降の変化が著しい時もある暖寒両流の性質を示すもので，暖寒両流の消長状況により暖流型や寒流型に変化する。300m層では水温は常に寒流型に変化。越佐海峡，弾崎沖北西50浬以内，浜田沖北西50浬以内等の海域である。

2．漁場細密調査

海洋調査部は大正11年以降，本邦沿岸の「漁場細密調査（底質および底棲生物調査）」を計画した。この細密調査は，大正9年の水産事務

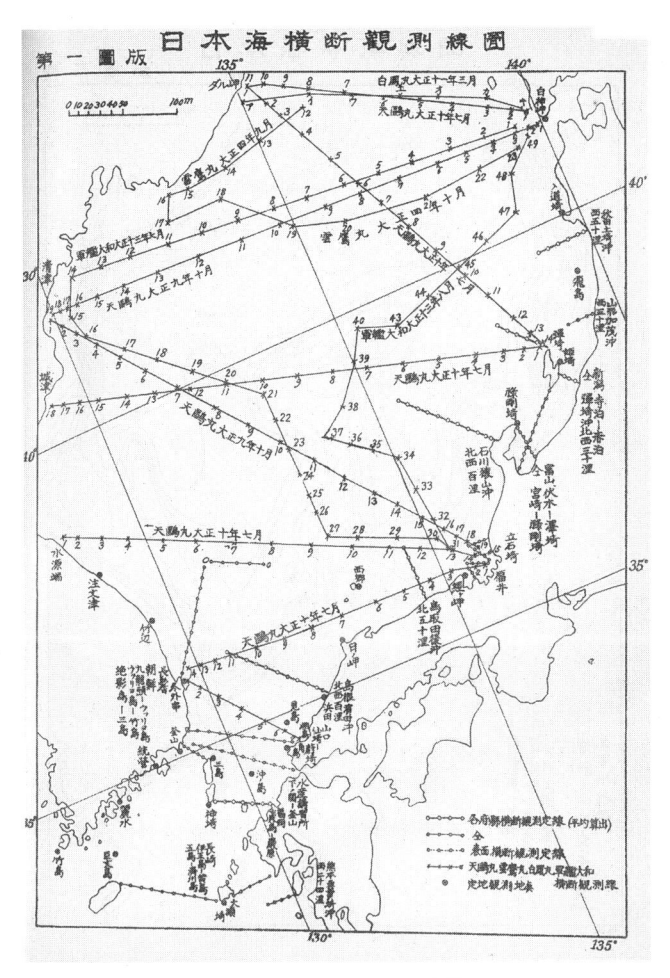

4・5　海洋調査における科学的な成果

図4-6　日本海横断観測線[45]

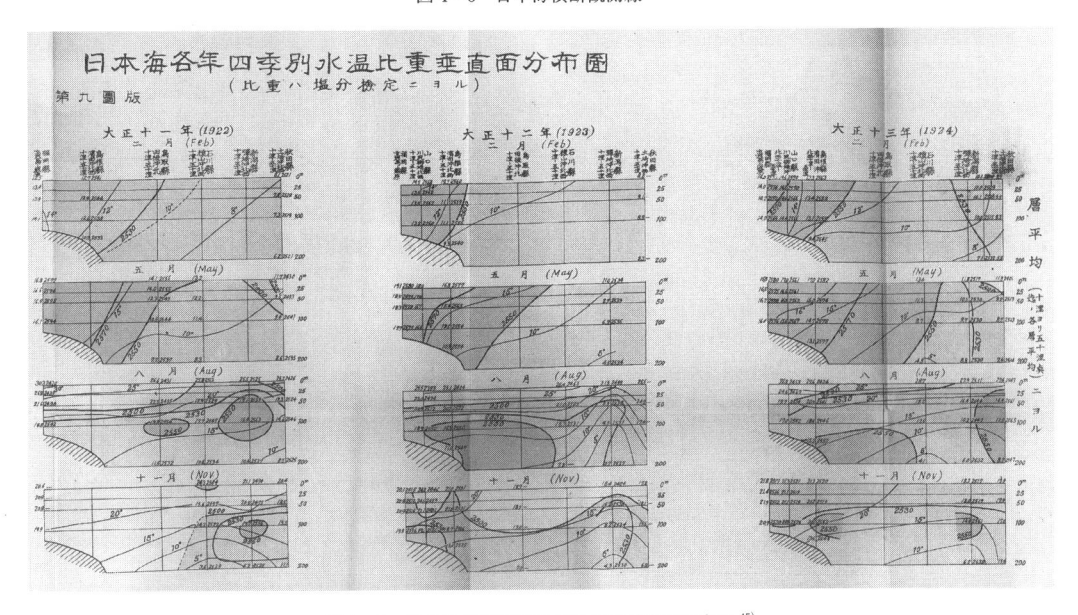

図4-7　日本海各年四季別水温比重垂直面分布図[45]

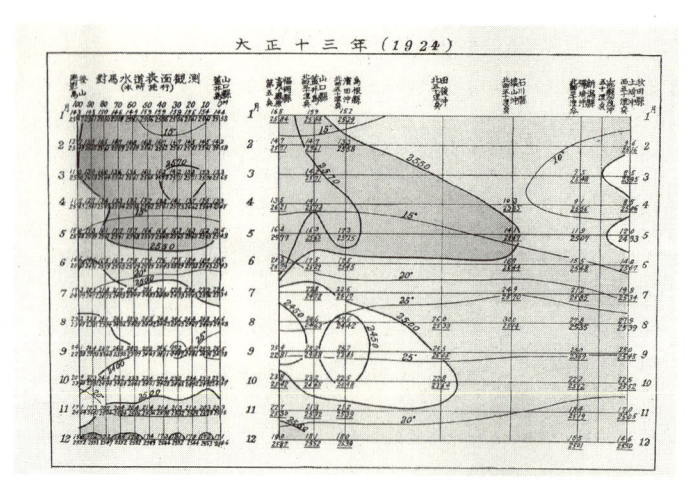

第4章 「漁業基本調査」から「海洋調査」へ

図4-8 日本海各年水温比重平面分布図（代表点表面による）[45]

協議会で合意された事項で，その主旨は，日本沿海の大陸棚の性質を究明し，海底の特徴を明らかにすることにより沿岸漁場の価値を高めようとするものであった。この調査は，農林省水産試験場の発足後も水産連絡試験打合会での合意事項となり，昭和5年まで実施された。調査は表4-5の通り，大正15年青森県尻屋崎より千葉県洲ノ崎にわたる沿海調査からはじまり，昭和5年経ヶ岬から北津軽海峡にわたる海区の調査まで，合計観測点は658点（このうち30点は漁船による調査）であった（図4-9）。これらの生物分類は表4-6のように当時の一流研究者により実施された[48]。

調査当初は，「ビームトロール」「三角ドレッジ」を用いたが，その後は神谷式ドレッジ[49]（図4-10）により底生生物を採集した。その結果，日本周辺の底質（図4-11），海綿動物群，海面腔腸動物群，環節動物群，甲殻類群，棘皮動物群について明らかとなり，それより肥沃度を算出し，次いで，肥沃度と沿岸漁獲量との関係を示した（図4-12）。そこでは，外洋性海綿，腔腸動物群は太平洋岸・九州西岸に発達し，Ophiuroidea群は日本海に発達する。沿岸性底生生物群が存在する水域は比較的肥沃度大で，本群の多い海区にては沿岸性魚族が多く漁獲される。外洋性底生生物が卓越する区域では「かつお」「まぐろ」「ぶり」等の外洋性魚族が多く漁獲される。沿岸総漁獲高と肥沃度は，特に太平洋岸〜九州西岸〜日本海南部沿岸区域では相関するが，日本海北部沿岸は相関がない。底生生物の種族は，一義的に底質により決定され，量の多寡はプランクトン量に制約される。プランクトンの組成によって海洋の性質が外洋性か沿岸性なのかも推定され，直ちに底生生物の性質上にも反映する等の結果を得た[49,50]。

地方水試等も，大正9年の水産事務協議会の合意により，「漁場細密調査」を実施した。例えば，神奈川水試[51]は，定置漁場調査の一端として「漁場細密調査」を大正12年から実施し，各漁場の水深，底質，底形等の細密測量を行い，網の敷設その他の便に供した。徳島水試は[52]，海底の状態，水深，底質，沿岸の形状，陸水の影響，潮流の方向・速度，魚類の去来および生息状況，漁村における漁業の状態や経済状況を調査し，県下漁業の将来の方針を確立するとして，昭和2年から「沿岸漁業基本調査」を実施した。

長崎水試[53]は，県下の至るところに好漁場が存在するが，漁場の価値判定のための資料がない。新漁場を発見しても価値判断ができない

4・5 海洋調査における科学的な成果

表4-5 漁場細密調査における調査経緯[48]

番号	調査範囲	観測点	年　月	船長	調査員
1	洲ノ埼〜尻矢埼	1〜37	1926.6.26〜7.4	日比義三	神谷尚志, 中島由太郎
2	洲ノ埼〜尻矢埼	38〜78	1926.7.8〜27		丸川久俊, 吉田　祐
3	尻矢崎〜金華山	79〜102	1926.11.1〜10		小西芳太郎, 山下利得
4	洲ノ埼〜金華山	103〜133	1927.2.27〜3.12		浅野彦太郎, 森本敬義
5	金華山沖	134〜141	1925.11.21〜24		小西芳太郎, 吉田　祐
6	塩屋埼沖	142〜146	1925.11.30〜12.1		同
7	洲ノ埼〜金華山	147〜149	1925.7.23〜8.12		浅野彦太郎, 森本敬義
8	岩手〜宮城両県沖合	150〜178	1926.3.15〜21		岡本五郎三, 河原達雄
9	神子元島〜紀州田辺	179〜212	1927.6.28〜7.14	山本静一	同
10	紀州田辺〜足摺埼	213〜232	1927.7.18〜30		小西芳太郎, 山下利得
11	黒瀬(伊豆七島)	233〜235	1927.8.8		同
12	相模湾〜駿河湾	236〜272	1927.11.6〜18	今村喜市	神谷尚志, 森本敬義
13	瀬ノ海(駿河湾)	273〜291	1928.7.2〜5		同
14	佐多岬〜紀州田辺	292〜352	1928.7.1〜8.1		同
15	紀州田辺〜御前埼	353〜380	1928.8.4〜14		岡本五郎三, 藤田　正
16	佐多岬〜山口県仙埼	412〜484	1929.7.1〜8.1		吉田　祐, 藤田　正
17	仙埼〜宮津	485〜541	1929.8.2〜11.2		小西芳太郎, 相川廣秋
18	宮津〜新潟	542〜594	1930.7.18〜8.4		小西芳太郎, 和田義蔵
19	新潟〜尻矢崎	595〜638	1930.7.8〜30		相川廣秋, 藤田　正
注意　st. 381〜411における調査は手繰船その他の漁船によるものとして他と相異し, 省略する。					

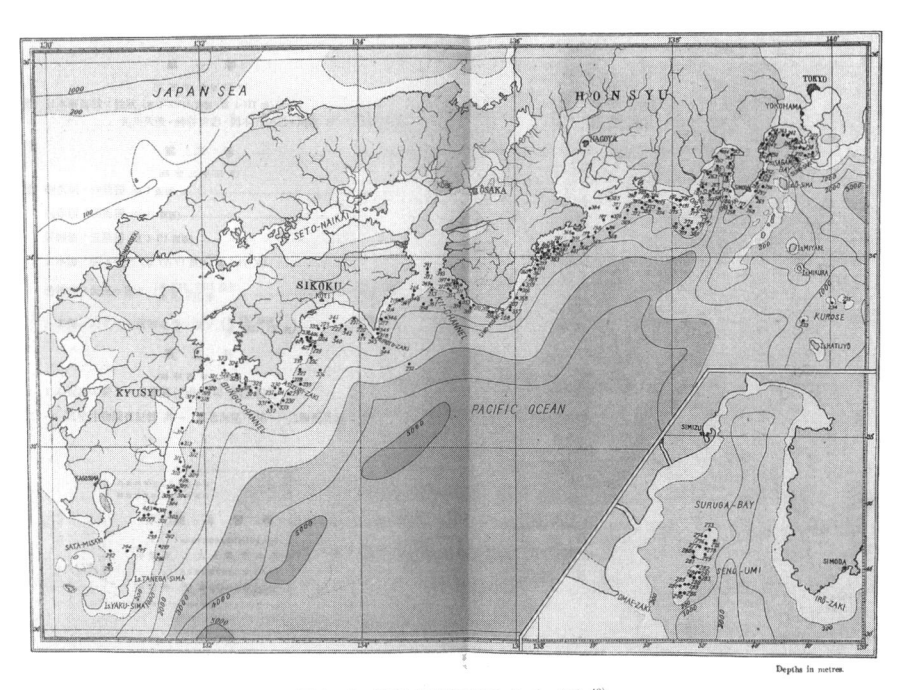

図4-9 漁場細密調査地点(一例)[48]

第4章 「漁業基本調査」から「海洋調査」へ

表4-6 底生生物の分類担当者[48]

有孔虫類		半沢正四郎	口脚類	理学博士	駒井 卓
石灰海綿類	理学博士	朴澤三二	短尾類・長尾類		横屋 獣
六放海綿類		岡田彌一郎	端脚類		丸川久俊
ハイドロゾア	理学博士	篠原 進 内田 亨	海蜘蛛類	理学博士	大島 廣
			軟体動物		黒田徳米 藤田 正
海鶏類		大久保忠春			
莵葵類	理学博士	浅野彦太郎 内田 亨	海星類	理学博士	内田 亨
			沙噀類	理学博士	大島 廣
環虫類	理学博士	飯塚 啓	被嚢類	理学博士	丘 淺次郎
星虫類		佐藤隼夫	魚類		田中茂穂 吉田 裕
蘚苔虫類		岡田弥一郎			
蔓脚類		晴山省吾	藻類	理学博士	岡村金太郎

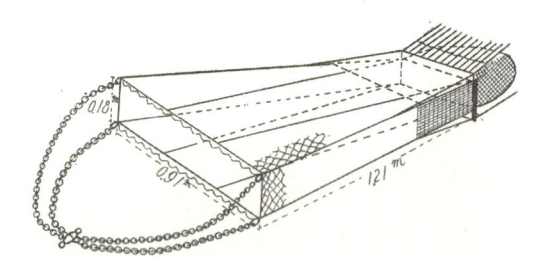

図4-10 神谷式ドレッジ[49]

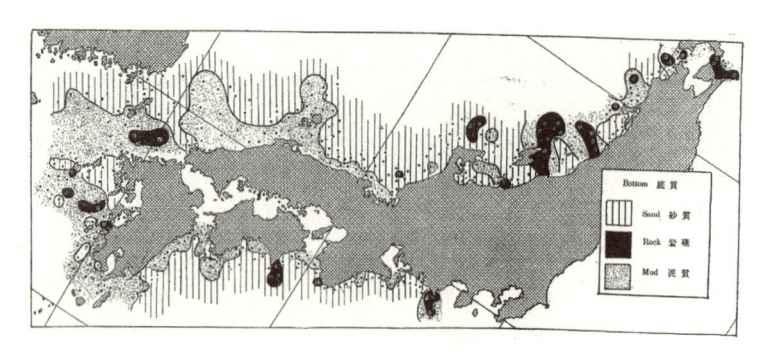

図4-11 日本沿海の底質[48]

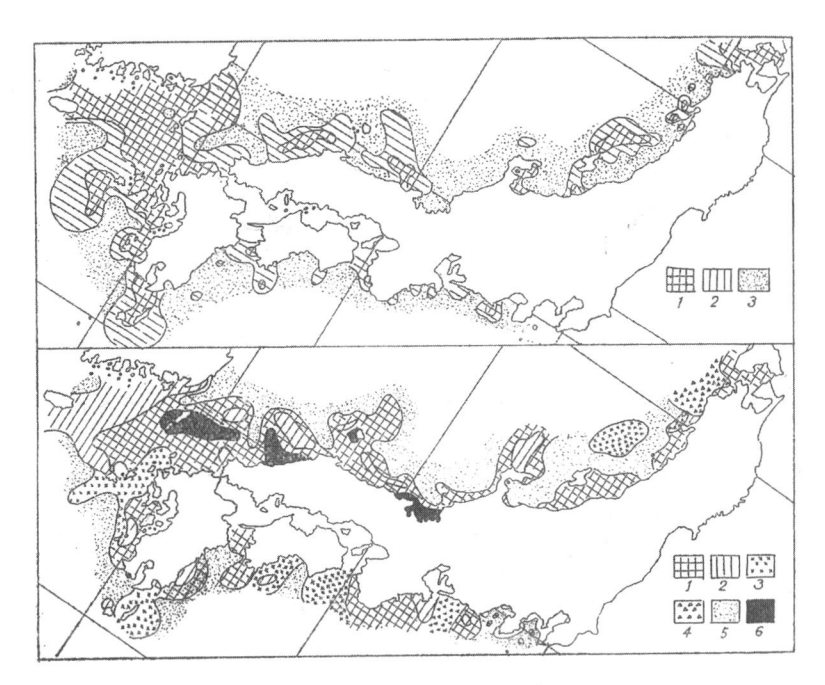

図4-12 底生生物の量的分布（上）と主要生物聚落の分布（下）[48]
(上図) 1：富栄養区域（生物量多），2：中栄養区域（生物量中），3：貧栄養区（生物量少）
(下図) 1：複合区域，2：環節動物聚落，3：海綿腔腸動物聚落，4：沿岸性棘皮聚落，
5：外洋性棘皮動物聚落，6：軟体動物聚落

ので，新漁場を中心として「沿岸漁場細密調査」を大正14年から昭和4年にかけて実施し，判定基準をつくるとした。漁場中心に，放射状，または並列直線上に360〜720mごとに底質，水深を調査した。

島根水試[54]は，県の沖合は海棚が非常に広く，各種漁業も漁場として広く利用しているが，各季節における海況の変化，深海・浅海の底質による漁場の分布等がまったく不詳である。沖合漁業の推進と機船底曳漁業者の窮状に対応のための新漁場探査と，漁場図を作成するために「漁場調査」を大正15〜昭和3年に実施した。

沖合についても，鳥取水試[55]が，沖合の深海部に生息する魚種とその資源量，ならびに漁期等を調査し，また，新漁場開拓するために，「深海漁場調査試験」を大正9〜15年に実施した。調査内容は，沿岸に沿って5浬ごとに水深，底質を測定して，手繰網により生息する魚介類の種類，量を調査するというものであった。そし

て，底質別に生息する魚介類を明らかにした。このほか，島根水試，福井水試，石川水試，新潟水試等[56]も関連する調査を実施した。

これら地方水試等が実施した「細密調査」は，中央水試が実施した基礎的な漁場評価とは異なり，どちらかというと定置漁業や沖合漁業の振興策に寄与する「漁場開発調査」に主眼があったように思われる。

3. 卵稚仔調査と卵稚仔検索表の作成

卵稚仔調査の重要性については，すでに，漁業基本調査がはじまった頃から岸上や北原らにより論じられてきた。神谷は，「海産浮遊性魚卵並ニ其稚仔ノ研究ハ，獨リ魚族ノ産卵及発育ノ状況ヲ知ルニ留マラス，魚族ノ回遊，移動ノ状態ヲ明カニシテ漁業ノ基本並ニ蕃殖保護ノ根抵ヲ樹立スル上ニ緊要ナリ」との視点から，館山湾（「館山湾ニ於ケル浮性魚卵並ニ其稚児」(第一報)[57]，同（第二報）[58]，同三報[59]，「瀬戸内

海ニ於ケル浮性魚卵並ニ其稚仔」[60]，「北陸沿海ニ於ケル浮性魚卵並ニ其稚仔」[61]において，魚卵とその稚仔についての調査結果を報告した。それらによると，館山湾では，湾口線の中央点（水深 630 m）と湾中央のバラ根（水深 45〜90 m）と称する魚礁上の2地点で，毎月3〜4回海洋観測ごとに採集した魚卵について観察研究し，また，2〜3種については人工受精による研究を実施した。

その結果，第一報では，①浮性卵の特徴，②浮性卵査定の要点，を記述し，③浮性卵は 128 種に達し，その数量は春季が盛期で，秋季がこれに次ぐこと，水温，比重と産卵との関係について示し，④12科（ニシン科，サバ科，ホウボウ科，アジ科，カレイ科，カクレウオ科，ヒメジ科，マクルラス科，ネズミゴチ科，エソ科，タイ科，ウナギ科）23種の卵の特徴を記載した。

第二報では，浮性卵7科（イサキ科，タイ科，カレイ科，イザリウオ科，マナガツオ科，タチノウオ科，サバ科，（付録）イソギンポウ科）12種，半浮性卵1科1種の特性を書き，付録として付着性卵1種の卵の特徴を記載した。

第三報では浮性卵4科（カンダヒ科（ベラ科），ブダイ科，エソ科，キス科）10種の卵の特徴とイサキ，アカベラの人工孵化の結果等を記載した。

瀬戸内海関係では，香川県王越村乃生沖合のタイ，サワラ漁場で採取した浮性卵，マダイ，サワラの人工受精，表面採集と定量採集について解析し，その結果，①2回の表面採集で浮性卵合計70粒6種（サワラ卵の著しい分布）を確認した。3回の定量採集（2石（筆者注：1石は180 L））では合計128粒7種（マダイ卵は103粒），②サバ（人工受精を完成し生活史の一部の解明，サバ科卵の特徴，天然の放卵時間は，日出時に最も旺盛，産卵期，産卵場等について），③タイ科（マダイの人工受精と孵化の正確な記録。放卵時間は暁より早朝にわたり旺盛），④ダルマガレイの魚卵と仔魚，コチの成熟卵について等を報告した。

北陸関係では，サバは大正 10 年6月に福井，石川両県下で，スケトウダラは大正 12 年4月富山県で，マダラは大正 12 年2月石川県で調査し，いずれも人工受精を行った。また，大正 10 年6月福井，石川両県下で浮性卵の表面採集，定量採集を行った。その結果，①小濱港外では6月上旬サバ，アジ，ヒコイワシ卵等を，石川県能登鵜川村沖合では8月下旬サバ，マイワシ，ウルメイワシ，マダイ，タイ類1種，アジ類1種，カレイ類1種，不明卵1種等を採取し，サバ卵の分布は著しく1回の表面採集で 180 粒を算した。鵜川村沖での定量採集は3回行い，最多 10 粒で，うちサバ卵は7粒であった，②マサバの人工受精・孵化の結果，館山湾でのサバ卵の発生を確認。放卵は日没後にはじまり，前夜半に顕著となり暁に止む。このほか，産卵期間，産卵場，生殖腺の発達，餌等に関する調査結果を記載，③イワシ科，タイ科，マトダイ科，アジ科について卵の特徴を記述した。④スケトウダラ1尾を孵化させ，発生過程を明らかにする等の人工孵化試験の記録を，マダラについては，大正 12 年2月石川県能登鵜川村七見の角網漁場で人工受精を行い，孵化発生の記録を記した。

魚卵の査定に供するための検索表として，これらの結果を骨子とし，それに，倉上政幹，妹尾秀實，丸川久俊の記載したものも総合網羅し，プランクトン中に現れる浮性魚卵，単一油球を有するもの 35 種，多油球5種，無油球 14 種，合計 54 種を掲げた「邦産浮遊性魚卵検索表」(B5 判，13 ページ）が大正 13 年1月に水産講習所から刊行された。これは海洋調査主任官会議に仮刷として配布され，その後，さらに訂正追補したものであった。なお，魚卵や浮遊稚仔については，北海道水試の倉上政幹が北海道産の6種のカレイ類[62,63]，サンマ[64] の卵および仔魚，同水試の澤 賢蔵が「有用水族稚魚調査」（昭和2年〜）[65]，農商務省水産局の西川藤吉が「ひしこ調査」（明治 33 年）[66]，「いわし発生」（明

治33年)[67]がある。澤の論文のほかはいずれも卵の特徴と発生過程を記述し、仔稚魚について調査したものである。

4. カツオ，マグロ，サンマ等の回遊と水温との関係，および漁況

水産講習所浅野彦太郎技師[68]は、「海水中の生物の集散移動消長は海水中に於ける食餌の多寡深浅海底の性質形状等に関係があるのは勿論であるが、尚海水温度の高、低塩分の濃淡、光線の強弱等にも関係がある」「魚類の回遊は温度の季節的変化に基因」し、「この起源は、未だ確かな解説はないが、蕃殖と食餌の要求によりて移動すると云う説が多数を示す」とし、回遊と海水温度との関係について、調査した結果を表4-7のように示した。塩分については、タイのような浮遊卵を例にして、浮遊卵の比重、降雨と浮遊卵の生き残りについて論述した。

相川廣秋[69]は、海洋調査要報に収録された大正9年より昭和5年までの11年間にわたってカツオ、マグロ、サンマの漁況を取りまとめた。この中で、相川は、「真の漁況を明らかにするためには魚種の生物学的、生態学的研究が闡明せられる必要がある。即ち、魚群を構成する魚の分類的確定、地方的相異の有無、大小の相異、生長度、回遊の目的およびその径路等を充分知ることが必要。然るに現在は斯る方面の研究は少い。海洋の状態については相当の研究はあるが、環境の変化にともなう魚群の変化の必然的な相関も確証は求められていない」とし、科学的な解明がなによりも重要であると指摘した。

さらに、「漁獲報告による漁況は欠点がある。第一に、漁船の集散は海中魚群の集散とは一致しない。年々漁場が沖合に移るのは漁船の能力の増大と考えられ、漁場は魚群の有無だけでなく人為的要因によっても支配される。第二に、漁船の能力は同一でない。甲乙両船の漁獲高の相異は魚群の大小と一致しない。単位能力の漁獲高の比較が合理的ではあるが、魚群によって

表4-7 回遊魚の生息水温と好適水温
浅野[68]を改変して引用

魚種名	生息水温（℃）	好適水温（℃）
カツオ	17.5～25	20～23
キハダマグロ	15～25	18～23
メバチ	14～26	19～23
トンボ	10～25	17～22
クロシビ	5～21	10～18
ブリ	8～21	14～19
サンマ	13～21	16～19
マイワシ	10～20	12～18
ヒシコ	8～19	12～16

餌付良好の場合も不良の場合もあるから、問題は複雑である。第三に、漁具漁法の相異は漁獲高にも魚種にも、またその形の大小、群泳層も相異するので、此等を適当に区別する必要がある。第四に、記録の価値が同でない場合には、その結果は真の姿と異なってくる。例へば、漁獲報告がない区域は漁業なしとなるが如きである。本報告の宮城、鹿児島方面、北海道近海はこの傾向がある」と指摘し、「然し、かかる解決を待つ前に現在求め得る材料より可及的に漁況に近きものを求めんとすることも徒爾(とじ)ではあるまい」として、漁獲報告による漁況について次のように取りまとめた。

①カツオ、マグロ、サンマ等が広汎な範囲にわたり回遊するか否とにかかわらず、漁場そのものは各月移動する。すなわち、カツオ、マグロ漁場は春より夏にかけて太平洋沿岸を北上し、サンマ、マグロの漁場は秋より冬にかけて南下する。

②漁場の移動経路は魚群の回遊路と同一とはみなされない。カツオ、サンマの場合、漁場は漁船の集合状態に依存し、漁船の集合状態は常に魚群の分布と一致しないからである。このため、魚群の回遊はその他の方法により正確に知る必要がある。

③漁場は年々沖合への移行し、漁期は早くなる。これは、漁業者がより早くより多い漁獲高を求める努力のためである。これに加えて、漁船の航海能力は年々高まっている。これも出漁範囲を沖合へと発展させる原因

④漁獲高と表面水温の関係は表層性魚種では相当密接である。しかし，いわゆる適水温は限定したものでなく，地理的にも，季節的にも変化する。サンマは，初漁期には適水温を認め得るが，終漁期には適水温は認められず，むしろ限界水温は16～17℃とし，これ以下において好漁をみるということができる（図4-14，表4-8）。マグロの個々の種属においては二三の適水温の報告もあるが，この報告では総括的には取り扱えられてはいないので，適水温を求めることはできない。しかし，マグロは表面水温よりも下層遊泳層の水温がより重要であろう。塩分（比重）と漁獲の関係は相当興味あるが，一般の漁況報告にはかかる観測は記されていない。

この報告は，漁獲報告から漁況を科学的な視点からはじめて解析したもので，これらの蓄積が次章に示すような，漁況・海況の予報につながっていく。

4・6 漁業基本調査・海洋調査の評価

「水産界」は「大正9年に於ける水産界の概観」[70)]との題名で，「漁業の基本調査たるべきものは海洋調査也。而して此種事業は時間的に，亦実際上に於て頗る困難なるものと謂ふべし。然も近時漸く中央及地方倶に慣熟し来り。又相応に漁民の指導得るを以て効果を認めらるに至れり。将来は之を以て漁民の第一の指針となすこと，彼の天候を測候所の報告に依頼する如きに至れるのみならず，進んでは世界的指針たり得るに至らんや」とし，具体的には，「9月下旬東北諸県沖合に於いて海洋観測を為し，秋季のサンマ豊漁の予想を試み」，「各地水産試験場に委嘱蒐集せる重要水族の源泉たるプランクトンの調査の如き，或は海況漁況に関し資料を取纏め月報及要報を発行しつつある如き，孰れも漁業上極めて有効なるものと謂うべし」と述べ，

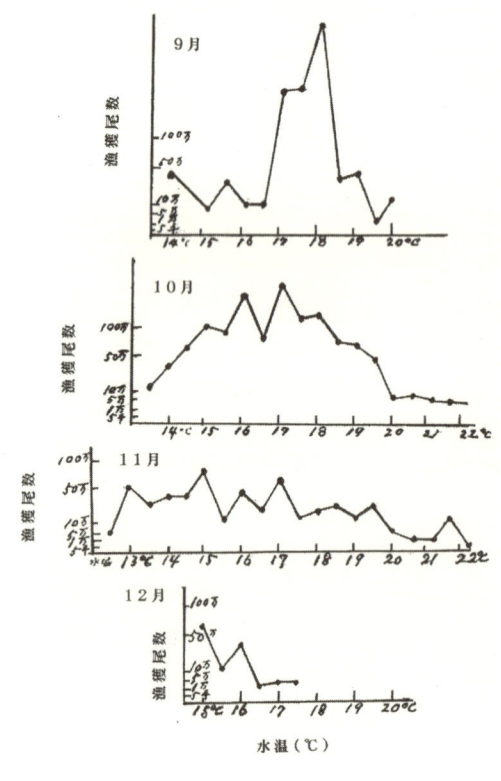

図4-14 月別のサンマの漁獲量と水温[69)]

表4-8 各月別のサンマの漁獲水温と最多漁獲水温
相川[69)]を改変して引用

	漁獲水温範囲（℃）	最多漁獲水温（℃）
9月	14～20	18
10月	13～21	17
11月	12～22	17℃以下で好漁
12月	−	16℃以下で好漁

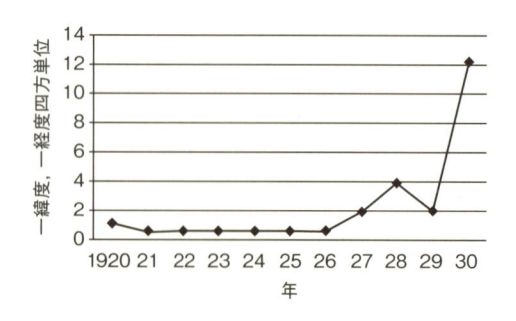

図4-13 サンマの漁場範囲（一緯度一経度を単位とした広がり）の年による推移[69)]
（横軸：年，縦軸：一緯度一経度四方単位）

「特筆すべきことは，各地水産試験場の所在県沖合の海洋観測に努力した事にして，其数年々増加し，其成績亦見るべきもの，あるいは欣ぶべし。然も一朝一夕にして其完きを期すべからざる。切に堅忍持久の決心と熟誠を望まざるを得ず」と，事業の前進的な評価をした。

また，水産界486号の「主張」[71]では，「海洋漁業の技術を練磨せしめ且海洋研究の思想を涵養(かんよう)する事」が重要であるとし，「海洋開拓の重任を負ふものは政治家，学者，資本家にあらず。重く海洋の怒濤を乗切り死生を度外とする勇敢なる漁夫の双肩にあり。されば海洋の開拓を充分に発揮せしめんには漁民をして海洋操業の技術に練熟せしめ，且つ海洋研究の思想を涵養せしめざるべからず」とし，「海洋の研究は往々にして学究的と見做し，海洋の水温，比重，潮汐，潮流の変化は之を研究するも何等実業に益するなしとするは従来漁民の癖見にして，古来の経験の尊重すべきは論なきも理化学，生物学其他実験の科学は日進月歩世界を通じて人世を神益するものなれば単に旧来の慣習を襲踏するものの夢想し得ざる所なれば，此等の新知識を授け且つ諸機械運用の技術を伝ふるものは，誠に海洋開拓の一大要務と謂はざるべからざるなり。而して実業者は学者を尊敬すると同時に，学者は亦実業者の実地経験の説を重視し相供に研鑽し未解の海洋の事物を開明すべし。徒に党同伐異奮慣(とうどうばついふんかん)に拘泥すべからず。是れ吾人が特に海洋漁業の技術と海洋研究の思想とを教育練磨せしめんと欲する所以なり」と，冷静に「漁業者」「学者」それぞれの意識改革の必要性を提起した。このことは今の私たちにも耳の痛い話である。

これらの進歩をふまえ，プランクトン学者の小久保清治[72]は，「生物学に緊要な関係を有し重要なのが海洋学であり，水圏たる海洋及湖沼を離れて水産生物はない。生物学方面の最近の傾向は生命現象を支配する要素的条件の物理化学的分解研究と云ふ方面に著しい進捗を見せて居るのであるから，若しも海洋条件の研究を生物学に関係ある方面の物理化学的条件の精細な研究に押し進め，生物学との連絡が発見されたならば，生物の生態を支配する決定的な条件を求めて之を水産に利用する事が可能となる可きは明かである。海洋学と云へば温度や比重の測定，動物学と云へば種名や新種の研究とばかり考へたのは少くとも20年前の話で，モダンバイオロジーの指す方向は今や著しく進み，之を水産方面に利用する事が指導家に最も必要な事であろうと思ふ。水産では海洋学を尊重せねばならぬのであろうが海洋学者の方でもよく生物学の大勢に順応し応用を促進する様な研究を開発すると云ふ事に努めねばならぬ」と，海洋学と水産生物学の統一の重要性を指摘した。

その間も，沖合の海洋状態と沿岸海水の変化との関係を究めるために，水産局，水産講習所は，定線観測のほか，地方水試等，灯台，測候所と篤志家に委嘱して全国沿岸にわたる定地観測を行い，これらのデータを総合して解析を行った。生物調査として，浮遊生物調査，重要魚族の調査としてブリ，サバ，カツオ，イワシ，その他の生態的調査に従事し，ブリ，サバについては諸県と連絡して標識放流を行った。底生生物については，前述のように天鴎丸，蒼鷹丸により採集された試料は遂次その整理が行われた。そして，年四季に発行していた海洋調査要報は大正11年末には第19報に達し，毎月発行の海洋図は大正8年9月創刊以来，大正11年12月で第40号に及び，各連絡府県の協力によりますます内容を充実しつつあった。

この時期を神谷[73]は，「大正10年頃までには日本近海のごく一般的な性質は大体その検討がついた」とし，丸川[74]は「既に日本における海洋調査事業も，最近，調査第一主義より研究時代に入り，日本独自の海洋学建設を見るも遠いことではあるまい」との認識を示し，「その後の海洋調査をも踏まえ，このような連絡の緊密さと組織の整備は世界何れの国にも求め得

ない」[75]と指摘した。

また、三宅泰雄[76]も、「多数の調査船を用い、組織的、計画的に大規模な海洋調査を行ったことは、外国にもほとんど例をみない。この観測はもともと漁業基本調査が目的であったが、副産物としては黒潮、親潮等の構造、日本海における海流の模様等が明らかになり、海洋学に大きな貢献をしたし、日本近海の海流が非常によくわかってきたということが、艦船の運用航海にどれだけ役に立っているかわかりません」と述べた。

そして、日高孝次[77]は、「当時の日本の海洋学は、我が国は魚類や水産物に依存していた関係であろうか、研究はほとんど漁業関係の人たちで、海洋物理関係では北原多作、岡田武松、田中阿歌麿、寺田寅彦、丸川久俊、浅野彦太郎、熊田頭四郎、小倉信吉、岡村金太郎、田内森三郎等の諸氏であった。岡田武松先生はこの状態を憂えて、大正8年に神戸に海洋物理学、気象学、地球物理学等と海洋との関係を調査研究する海洋気象台を創設」と、わが国の海洋研究における水産関係者の先駆的な役割を評価した(注17)。

しかし、現実は、予算的にも水産業界の理解もなかなか得られなかった。ある県水試は明治45年以来基本調査事業の海洋観測を実施したが、漁業上その効果が危ぶまれること、多少の経費を要するとことで連続観測を廃し、以来は鰤漁場においてその漁期間においてのみ個別観測の実施等、事業実施に関する国・地方等の官庁の予算にかかる憂慮に堪えなかったという[78]。また、この間、地方水試の廃止や県庁等への移転が続き、試験場の役割が低下した[79]。

明治43年度福岡県水産試験場事業報告の中で、第3代場長樋口邦彦[80]は、福岡県漁業の現状、課題、水試の果たす役割を述べ、水試の組織・施設の充実と旅費等の増額を訴えているが、その中で、前述のように漁業基本調査の重要性を指摘する一方、「然ルニ之ニ対スル本場現在ノ施設ハ単ニ一部内海洋観測ヲ行フ外、全般ニ渉リテ調査スヘキ主務者ナク、又海洋観測ト対照スルニ極メテ緊要ナル漁況報告員ノ設置ヲ欠ケリ。組織ノ充実セサルコト夫レ斯ノ如シ」と漁業基本調査を実施するうえでの客観的状況を指摘し、憂いた。また、山口水試[33]では、「其間ニ於テ調査担当職員ノ異動少カラズ、徒テ調査当時ノ概念亦漸ク消散ノ傾向アリ。且ツ記録埋滅ノ恐レナシトセズ」等、これらのことから県の海洋調査についての事情が知れる。

水産業界においても、前述の水産界486号、「海洋開拓の要務について」の中で漁民の癖見を書いているが、このほか、例えば、楊川 生[81]は、「海洋調査について、此の問題は大正七年度から実行して居るが、未だ、実際に役立つことは甚だ少い。只調査したと云ふだけのことで、それがため当業者が何程の利益を受けるのかは疑問とする処である。昨年東北を旅行した時、当業者は『役人の仕事は我々には役に立ちませんよ』と、今日の海洋調査の無用なることを説いて居たが、全く今日の如き実行方法ではかかる非難を受くるも無理はあるまい。今年の場長会議では、是非、最善の智恵を搾り出し、当業者の役に立つ調査をせられたいものである」と指摘した。

この種の意見については、岡村金太郎[82]や田中茂穂[83]が基礎研究の重要性を主張し、水産業界の特性を批判したが(注18)、丸川[84]も、「我国に於ける水産業は国運の隆昌に伴ひ輓近長足の発達を呈するに至ったけれども、由来我国々民の通有性として較もすれば学術研究を基礎とす可き此種事業を理解するもの甚だ乏しく、為めに幾度か蹉跌を繰返して居る」と指摘した。この一方では、焼津の遠洋漁業会社の経営者である片山七兵衛[85]は、カツオ・サバの漁業についての各水産試験場の資料を取り寄せ分析し、それにもとづいて漁業活動を行った結果、豊漁となったことを例証とし、「輓近、此水産界において真面目にこれ（海流と漁業と

4・7 天鴎丸と蒼鷹丸

水産事務協議会の合意にもとづき，海洋調査船天鴎丸は大正7年12月進水し，大正8年6月に野島崎金華山間を処女航海した。それ以来，全国にわたった横断観測の線数は63で，延べ浬数において約1万2千浬，航程は1万6千浬を算した。それにより日本海方面の漁業や海洋調査についてはかなりの成績を収めたという。このほか，「漁場細密調査」や海水の流動その他のための縦断観測を施行した。天鴎丸を図4-15[86]，その要目表を表4-9[87]に，天鴎丸の諸観測のうち前後3回実施された日本一周航海の概要を図4-16[86]（その一部は図4-8）に示す。「現在の装備した調査船でも困難な秋から冬にかけての日本海，対馬海峡，薩南海域などを無線もない160トンの木造船が羅針盤と六分儀だけを頼りに，60余年前（筆者注：昭和59年当時から）に為し遂げたこの一連の航海における先人の努力には全く感嘆せざるを得ないし，従来の調査が断片的であったという弱点を一挙に解決し，専用調査船の効用を充分に示す画期的な大航海で，我が国の海洋調査史に残る業績となった」[86]（注19）。

黒肱[86]は，「このうち特筆すべきことは，大正10年7月14日，弾崎～城津線の第8観測点（弾崎から174マイル）で，底質が砂よりなる168尋の浅所を観測し，付近4マイルにわたり測深して相当な広さの瀬であることを確認した。これが，後年軍艦大和により精査されたいわゆる大和堆の最初の報告である」（注20）。「天鴎丸は我が国最初の海洋調査船で，はじめて計画的に大規模な海洋観測を行うなど，我が国の海洋研究上大きな足跡を残した記念すべき船である。しかし，これらの調査により天鴎丸は腐蝕のため航行不能に陥り，不幸にも自由に行動ができた期間が僅か2年余にすぎなかった。これは，天鴎丸に使用した唐松の材質が非常に悪く，外板の腐蝕が予想以上に進んだためであった」と書いた。

また，天鴎丸は，関東大震災にも貢献する。「十二年九月一日ニ於テ突発セル地震ノ陸上ニ及ホセル結果，大ナル事ハ空前ナリキ」として，水産講習所は「帝都ノ余燼未タオサマラサルノ時」にいち早く天鴎丸が相模湾，館山湾，房総沿海に出航し，海底の変化，水温比重の分布状況等を9月19日から29日（第1回），11月10日から16日（第2回）」の調査を行った。これは，「関東大地震ノ震源地域ニ就キ最初ニ行ハレタル調査トシテ記念スヘキモノナリ」であった。この調査において，相模湾の測深の結果，60，70 cm～至3.6，5.4 m，海底の隆起するところがあり，さらに湾中央部において大陥没地域（72～90 m以上の深度増加区域は，東西約5浬，南北18浬にわたる）を発見した[88]（注21）。

天鴎丸の代船として，蒼鷹丸が大正13年度予算（建造費230000円，追加31円，ほかに内火艇2800円）で建造され，三菱長崎造船所から大正13年3月5日引き渡された（図4-17）。202トンの鋼製一層重構造船で，前甲板左舷側にケルビン測深機を，船尾左舷にルーカス測深機を備えた当時の本格的で最優秀な調査

写真B　帆装の妨げにならないよう，船橋は船尾に寄せ煙突の後側に設けられている

図4-15　天鴎丸（1919～1924）[86]

第4章 「漁業基本調査」から「海洋調査」へ

表4-9 天鷗丸要目表（大正8年）(1919～1924)
黒肱[87]を改変

船舶番号	第24896号	船型	低船首楼付き一層甲板船
長さ	28.80 m	帆装	2檣スクーナ（補助機関付）
幅	7.77 m	主機関	池貝鉄工所製　240馬力
深さ	3.15 m		ボリンダー型注水式石油発動機　1台
速力	9 3/4節	補機関	石油発動機　5馬力
資格	第2級船		ケルビン式電動測深器
信号符号	RNDM		ルーカス式手動測深器
総トン数	161トン		延縄巻揚機（電動）
純トン数	60トン		無線電信装置（大正11年度搭載）

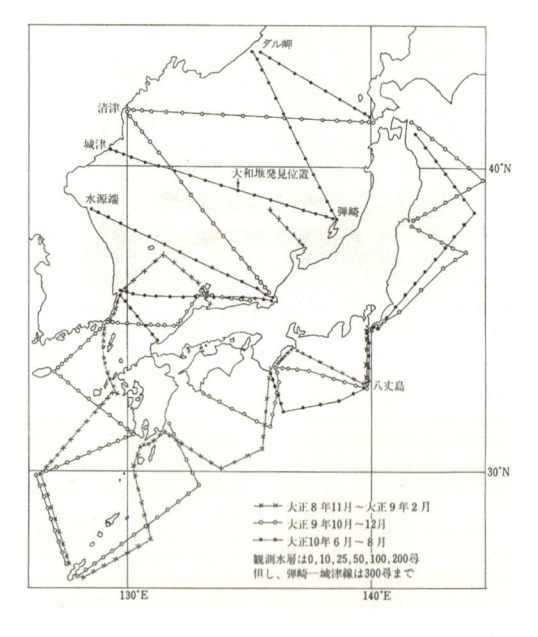

図4-16 天鷗丸の前後3回実施された日本一周航海[86]

船で，右舷側ギヤロースによるトロール装置を完備した。エンジンは神戸製鋼製ズルザー型空気噴油式ディーゼル330馬力，最大速力10.21ノットであった。同年5月から，さっそく太平洋側の海洋観測を開始すると同時に，天鷗丸から引き継いだ「日本近海に於ける大陸棚調査」をはじめとして，「相模湾ブリ調査」「日本海および隣接海域の一斉海洋調査」，「北太平洋一千浬一斉海洋調査」，「日本南海一斉海洋調査」等，近代的手法を取りいれた広範な海域での調査の実施等，文字通り水産局唯一の調査船たるにふさわしい活躍を続けた。蒼鷹丸はわが国の水産海洋学の発展に寄与するところが大きく，世界の海洋研究の歴史の中でも高く評価され，SOYO-MARUは海外でも知名度の高い調査船となった[89]。

図4-17 蒼鷹丸（1925～1955）[86]

脚注

(注1)　北原が有明海の潮流に興味を抱いたのは，水産講習所と福岡，佐賀，熊本，長崎，岡山県の水産試験場がアゲマキガイの大量斃死問題に取り組み，その原因として潮汐流の問題を取り上げたためである。有明海や八代海の流れについては，安井善一が「有明海及び八代海の潮流」のタイトルで，「海と空」(20巻3号，昭和14年)に論文を書いている。アゲマキガイについては，拙著の「アゲマキガイ養殖業の発展と大量斃死」((社)海と渚環境美化機構，平成20年)が詳しい。

(注2)　下 啓助（1857～1937）江戸御徒町生まれ。父は旗本。小学校教員を経て，明治18年農商務省御用掛として水産局に勤務。22年の水産伝習所の創立委員で，経営を担う。23年農務局第四課（水産）課長事務取扱。30年水産講習所監事兼農商務省技師。31年水産課長。

68

44年水産講習所長。大正4年退官後は，大正7年大日本水産会理事。明治44年松原所長退職後，下が所長になり，水産教育の中に水産科学の知識を深めようとして，各界の権威者に対し講師を委嘱。化学は鈴木梅太郎，物理学は長岡半太郎，寺田寅彦，藤原咲平，冷蔵は加茂正雄など錚々たる人々であった。水産回顧録の結言に曰く「将来の希望に関する一端を述ぶるを許されんことを望む」とし，一つとして海洋調査事業を挙げ，「そもそも海洋研究のことは漁業に関するのみならず，陸上気象に関係を有するものなれば，余は気象台及び海軍水路部等と連絡して，各部署を定めて研究せられんことを切望す」[90]とした。下は，行政面では何代もの水産局長に仕え，立案作業にあたり「上に局長下啓助」と愛称される能使であった[91]。著書に水産総覧，露領漁業沿革史，水産回顧録がある。写真は岡本[91]より引用。

(注3) 漁業基本調査部は水産講習所の試験部の中の部で，いまでいえば室レベルである。新たに設置された海洋調査部は講習部，試験部と鼎立することになった。

(注4) 農商務省水産局長が招集し，県水産部門担当官，水産試験場長，農商務省水産局担当官，水産講習所長等が参集する会議。

(注5) 当時の水産局所属の取締船6隻は，多少なりとも調査を行っていたが，得撫丸だけあげた。地方船は，取締船，練習船が一部含まれていると思われるが，10トン以下の小型船を加えると，臨海各府県はすでに2～3隻の試験船を保有している。10トンクラスが4割を占めるなか，150トン以上4隻が飛び離れているが，これは，富士丸（158トン，静岡県），呉羽丸（174トン，富山県），北辰丸（213トン，新潟県），三水丸（217トン，北海道）で，組織内に水産講習所等の養成機関をもっていたこと等による。
ちなみに，76隻中，鋼船は7隻，無線装備船9隻，エンジンは，蒸気船7隻，デーゼル船13隻。大正末期の試験船は，石油機関か焼玉機関を装備した小型船が主力であった[87]。

(注6) 漁業基本調査報告は第8冊の2（大正8年）まで続き，この後に海洋調査要報に引き継がれる。大正7年水産講習所海洋調査部発足以来発刊をつづけて来た月報海洋図や海洋調査要報は，海洋図が第414号（昭和32年3月）を以って終止符をうち，海洋調査要報は第72報（昭和18～19年資料），第74報（昭和25年資料）を刊行したが，第73報（昭和20～24年資料）は原稿作製のみに終り，以後の刊行は不能となった[92]。
なお，海洋調査要報は，大正7年10月創刊以来，昭和4年3月刊第43報に至るまでの43冊は水産講習所の刊行。大正7年分は年3冊で，その後は年4冊。第44報以後は水産試験場刊。試験場刊のものは，観測資料は一切，数字の表により記録することを本旨し，収録の形式を変えた。新たな内容は，海洋横断観測位置一覧図，沿岸定置観測場所一覧表，記載の説明として，1. 海況概要，2. 横断観測表，3. 沿岸定置観測表，4. 海潮流観測表，5. 漁況記録，6. 標識魚放流再捕表，7. 浮遊生物調査表，8. 底棲生物調査表，9. 化学的成分調査表，10. 雑録，11. 各年漁況海況概要，12. 其他海洋調査資料，である。

(注7) 水産界は，大正7年の回顧の中で，それまで海洋調査費がつかなかった理由を，「(筆者注：海洋調査に対する) 斯界の与論は既に早く熟し或は水産調査会の建議となり，或いは議会の建議となりたれども，その目的たるや半永久的に亘り眼前に其効果は認め難きを以て，財政当局に於て久しく之を容認せざりしが，前農相湧き立つ与論を後援として資源開発調査の名の許に調査船新造の予算を獲得するに至れり」とした。昔も今も同じ，何か生産を挙げるという理由がなければ予算はつかない。また，今後として，「先ず調査船の新造を手始めに，之に伴う職員の増加及機械類の設備を為し，或は地方水産試験場に於て経費の都合上完全に調査を為し得ざるものに対しては船舶用消耗費を補給し，或は器具機械を貸与する等，調査設備の完成に努むる」との要望を行った[93]。

(注8) 寺田寅彦（1878～1935）東京生まれ（本籍高知市）。明治36年東京帝国大学理科大学物理学科卒。同教室の講師のかたわら大学院入学。41年尺八の研究により理学博士。同年ベルリン大学等に宇宙物理学研究のため2年間留学。帰国後理科大学において教鞭を執る他，航空研究所，理化学研究所，地震研究所等の研究員等を兼ねる。尺八の空気振動から波動へ研究が進み，海洋学に入る。42年，農商務省から漁業基本調査事項を委嘱され，水産研究との関係はじまる。帰国後，水産講習所の海洋学に関する研究事項の追加嘱託。大正3年から水産講習所の物理学講義と実験も委嘱。このとき，東大の長岡半太郎博士が，「寺田君に水講の生徒に物理を教えさすのは，絹のハンケチで涙を拭むようなものだ」といわれたとの逸話（藤原咲平博士の水産学会談話会にて）は有名である。
海洋気象を測候所で実施するため，測候官会議に招かれ，1週間海洋学の講義を行い，藤原咲平が筆記したものをローマ字書きの「海洋物理学」を大正2年に出版。9年弟子の田内森三郎（後の農林省水産試験場第二代場長）が水産講習所の専任の教授となり，曳網の抵抗や腐朽，集魚灯，魚群探知等の水産物理学に取り組む。昭和4年水産講習所の任を解かれ，水産試験場で物理学および海洋学についての調査を嘱託。
第五高等学校で夏目漱石にエッセイを学び，また，正岡子規に俳句を学ぶ。湯浅は，「専門的な研究者で，しかも思想家として評価した[94]。
日本の海洋学・水産学に果たした役割については，次の論文に詳しい。岡田武松，藤原咲平，田内森三郎，熊田頭四郎，重松良一：寺田寅彦博士を語る（Ⅰ）：海洋の科学，1 (1) 45～51，昭和16年。山口生知，富永 斎，高橋龍太郎，宮前直巳，中野猿人：寺田寅彦博士を語る（Ⅱ）：海洋の科学，1 (2)，48～52，昭和16年。影山 昇：人物による水産教育の歩み，第二部，62～113，成山堂書店，平成8年。宇田道隆：海の物理学の父寺田寅彦先生の思ひ出：思想，6 (2)，60～67，昭和10年。田内森三郎：水産物理学の開祖としての先生：思想，6 (2)，72

第4章 「漁業基本調査」から「海洋調査」へ

(注9) 〜76，昭和10年。池内 了：寺田寅彦と現代－等身大の科学をもとめて－，みすず書房，平成17年。写真は，科学[95]より引用。

原 十太（1872〜1961）静岡県生まれ，明治28年帝国大学理科大学動物学科卒業。卒論は，石灰海綿，スイクチ虫（吸口虫）・ウミユリの分類であった。札幌農学校，学習院教授を経て，41年東京帝大農学部講師を命じられ，水産海洋学講座の準備のため文部省留学生として3年間渡欧。ベルリン大学等で学び，海洋学について斬新な知識を吸収した。44年11月から昭和8年まで東京帝国大学農学部水産学科教授。

本文にも海洋関係の講習会の講師を担ったことを記したが，留学から帰国後，新しい測器類を紹介し，精密な研究方法を伝えた。水産試験場，海軍大学校等に学術の普及，新進研究者の育成に努めた。水産学会報に「海洋講話」（全8回）を連載。水産試験場の嘱託でもあった。肖像画は，東京大学総合研究博物館[96]より許可を得て引用。

(注10) その後，昭和3年7月島根県は第4次産業計画が策定され，それを推進するにあたって水産試験場の「設備並職員ノ配置等ハ大体其ノ基礎ヲ得タルニ止マリ漁業指導船，増殖施設，製造設備及基本調査ニ関スル設備等未ダ完全ナラサル」を以って機能の充実拡大を計り，水産試験場をして水産振興の牽引車とする役割が決められた。その第7項において，「海洋基本調査ノ完成ヲ期スルコトヲ挙ゲ，①基本調査部ニ於ケル海洋観測，漁況調査，底棲生物調査，重要海藻基本調査及生物調査ノ促進ヲ期スコト，②漁業組合ニ対シ各月ノ海洋状態並魚族ノ移動状況ヲ報知スルコト，③重要漁業地ノ漁業者ニ対シ海洋調査器（寒暖計，比重計，採水器）ヲ貸与スルコト，④漁業組合ヲシテ重要魚族ノ初漁期，総漁獲量，特殊ナル海洋状態及漁獲状態ヲ報告セシムルコト，⑤漁業者ニ対シ漁業基本調査ヲ理解セシメ海洋状態及漁獲状況ヲ速報セシムルコト」と，業務に位置づけた。

しかし，これは，「その時代背景であった恐慌を乗り切ろうとした壮大なものであったが，時勢の暗転により形骸化し縮少された」[97]。

(注11) 山口県水産試験場が漁業基本調査において使用した船舶と採集器具と測器
（1）調査船に関する事項
明治三十九年ノ建造ニ係リ大正二年少許ノ改造ヲ施シ，補助蒸気機関ヲ据付ケタルケッチ型帆船トス。重要寸法ハ長サ五十六尺二寸，幅十五尺二寸，深サ六尺五吋。総噸数三十トス。補助機関ハタンデム式四十馬力汽罐ノ直径及長サ各六尺，気圧百三十封度トス。調査当時ノ速力平均六浬乗員九人トス。元来調査船トシテ建造セラレタルニ非ザルガ故ニ何等特殊ノ設備ナシ，唯測索揚卸用トシテ延縄用「スチームラインホラー」ヲ，曳網代トシテ「スチームウインドラス」ヲ利用セルノミ
（2）測器ニ関スル事項
寒暖計（摂氏四十度乃至零下二十度ヲ検シ得ベキ，五分ノ一度目盛普通寒暖計ニシテ，中央気象台ノ検定ヲ経タリ），比重計（赤沼式B号ニシテ水産講習所ニ於テ検定セラレタルモノナリ），採水器（三種ヲ採用シ，大正四年三月以前ハ前北原式絶縁採水器ヲ，同年三月以降六年八月九日迄ハ Buchannan 式採水器ニ絶縁装置ヲ施シタルモノヲ，六年八月十日以後ハ北原式軽便採水器ヲ各採用セリ），採泥器（本場ノ考案ニ係リ接底時自動的ニ底質ヲ採取スル如キ構造ヲ有ス），浮遊生物採集網（水産局指定ノモノトス），測流計（エクマン氏測流計ニ則リ本邦ニテ製作セルモノヲ採用シ，使用前実験ニヨリ器差及係数ヲ正セリ），位置測足具（六分儀及三杆分度儀ヲ採用セリ），塩分検定具（クヌッドセン氏塩素滴定器ニ則リ，本邦ニテ製作セルモノニシテ，標準海水ハ丁抹ヨリ購入セリ），底質査定具（二種ヲ採用シ，一ハ容量十立方糎ノ「メスシリンダア」トシ他ハ夫々目ノ大サ 4，1.0，0.5，及 0.2 粍ヲ有スル木枠真鍮篩トス）

(注12) 「静岡県水産試験場後援」の下に同県榛原郡御前崎村漁業組合主催の海洋調査講習会が開催された。水産講習所より丸川技師，静岡県水産試験場より大石産業技師が出席し，丸川技師は，①海洋調査事業の変遷，②海洋調査事業と漁業との関係，③海中における光，④熱および養分と水族との関係，⑤漁場および漁場選定上の注意，⑥海洋調査用器具機械の説明，⑦海洋観測方法，等について詳細な講演および説明をした。大石技師は，①鰹餌鰮蓄養上の注意，②苛性曹達液による磯掃除についての講演をした。聴講者数は43名に上り，この他に漁業組合役員，小学校職員等十数名の出席者があり，盛会裡に終了した[98]。

(注13) 水産講習所長の岡村金太郎[44]は，その目的について，「海洋調査ノ効果ヲ全カラシメンニハ正確ナル資料ニ立脚シ，之ヲ綜合シテ立論スル所ナカルベカラザルヤ言ヲ俟タズ。然レドモ之ヲ為サンニハ歳月ヲ要スルヲ以テ，本所ハ大正七年以来三ヶ月毎ニ海洋調査要報ヲ刊行シ各季ノ海的変化ト漁況ノ概況トヲ敏速ニ発表シテ，以テ漁業ノ参考ニ供セルモノ三十一冊ニ及ベリ。今此等資料其他海洋ニ関スル研究調査ノ結果ヲ併セ海洋調査彙報ヲ刊行シ，其第一巻第一冊トシテ既往七ヶ年ノ成績ヲ総括シ，「日本海々洋ノ性状」ヲ発表シ漸次太平洋其他ニ及ボサントス。然レドモ資料ノ完キヲ期スル能ハザルヲ以テ所論或ハ正鵠ヲ欠ク所ナキニアラザランカ斯ノ如キハ之ヲ革メシノミ請フ。之諒セヨ」（句読点は筆者）と述べた。

要は，従来のデータの取りまとめだけではなく，それらの結果を総合し科学的な知見として取りまとめたものとして，水産調査彙報を発刊するというものであった。

(注14) 丸川久俊（1882〜1958）島根県浜田生まれ。元津和野藩家臣の家柄。明治37年農林省水産講習所卒，39年同研究科卒。同年水産講習所技手。岡村金太郎に師事し，修了論文は「魚類の天然餌料」。養魚の研究からプランクトンの研究に入り，海洋調査に関係するようになる。田中阿歌麿に湖沼学の指導を受け，43年ベルリン大学海洋研究所で6ヶ月ヘラン・ハンセンの海洋学の講義を受けるな

ど，45年までドイツ・ノルウェーに留学。
　当時の下　啓助所長宛への手紙の中で，「海洋学をやるには物理的な知識が必要であることを痛感した」と書き，その関係で寺田寅彦が招聘されるようになったとされる。エクマン流速計を導入，クヌッツセンのピペット・ビュレットを帰国の際にもち帰り，硝酸銀滴定法を実施。
　10年海洋調査船「天鴎丸」で大和堆を発見。14年海洋調査所設置案を提出。昭和2年常任太平学術会議委員。昭和4年水産試験場第三部通報係主任，9年東北帝国大学理学部講師の嘱託。大正15年から昭和10年まで早鞆水産研究会嘱託。昭和14年同場退官後，帰郷し浜田漁業組合長。15年社団法人水産協会副会長，16年島根県水産試験場嘱託。23年新制島根県立浜田水産高校長事務取扱に就任後，24年校長。26年島根大学教育学部講師。27年中央漁業調整審議会委員。30年4月同校退任。その後浜田市水族館館長。32年学芸員。
　著書として，「海洋学」（厚生閣，昭和7年）等。川名は，（筆者注：丸川が書いた）「たらばがに調査」（水産試験場報告第4号（昭和8年）に掲載）により丸川は東大に学位を請求をしたが却下された。当時はいかに学閥がひどかったと窺われる」[99]と書いた。「始終顕微鏡をのぞいておられ，酒席でプランクトン踊りを拝見したこともあり，熱情家で，口中を蟹を泡を吹くように，それこそ口角泡を飛ばして議論された」という[100]。似顔絵は「水産界」[101]より引用。

(注15)　「大正七年度水産講習所ニ海洋調査部ノ創立以後，大正十三年ニ至ル七ヶ年ニ亘ル期間，全国的ニ連絡施行セラレタル海洋調査ノ成績ニ就キ，日本海ニ関スルモノヲ総括シテ其一般的性状ヲ示シタリ。本報告ノ資料トナリタル観測結果ハ，「海洋調査要報」第1報〜第27報ニ夫々発表セルモノナリ（図版17葉，表三葉）。
　緒言。資料ノ範囲。整理及編輯ノ分担ニ就キ概説ス。
　第一．海底形状。天鴎丸ニヨリテ初メテ発見セラレ，後年水路部満州ニヨリ精査セラレタル日本海中央ニ於ケル一大障堤ヲ特記ス。
　第二．海水
　　一．一般ノ変化
　　　（一）海流。大陸ニ沿フテ発達シ下層流トシテ，全体的ニ南下スル寒流系水団ト，対馬水道ヨリ流入北上スル対馬海流トニ就テ説明シ，対馬暖流ハ初冬ヨリ晩春ニ亘ル高比重期ト，初夏ヨリ秋末ニ亘ル低比重期トノ截然タル二季ヲ画シ，其勢力消長ノ日本海全体ニ及ホス影響ニ就テ記述ス。
　　　（二）水温・比重ノ分布。水温，比重ノ変化ハ大体対馬水道ノ深度ニ浅ニ於テ現ハレ，二百米突以深ニアリテハ其変化少ク，所謂日本海固有ノ海水ニシテ低温，低比重ナルコトヲ説ク。
　　　（三）酸素ノ分布ト水素「イオン」濃度。大正十年七月天鴎丸調査ニ就テ概説ス。
　　二．各月別並ニ四季ノ変化（七ヶ年平均値ニヨル）。
　　　（一）横断観測，（二）定線観測ニ現ハレタル最高最低値ノ分布，（三）定地観測等各項下ニ於テ水温，比重ニ就テ各月ノ変化ヲ記述ス。
　　三．各年ノ変化概要。七ヶ年ニ亘ル各年ノ変化ニ就テ其特徴ヲ概説ス。
　第三．浮遊生物。
　本記述ハ其概要ヲ摘要スルニ留メ，詳細ニ就テハ他日ヲ期シタリ。日本海ニ出現スル浮遊生物ハ底棲生物ノ幼虫，魚卵及魚仔ヲ除キ，植物34属145種，動物42属70種ヲ算シ，内日本海固有ノ種類トシテハ僅ニ1属1種ヲ検出シ得タリ」[102]。

(注16)　神谷尚志（1888〜1938）長野県駒根村出身。明治44年水産講習所養殖科卒。水産講習所技手，海洋調査部員を経て，その後，水産試験場第二部生物係主任。海洋調査のかたわら海洋調査要報月報等を編集し，卵稚仔の分類マニュアルの作成や海水比重計の検定を実施。春日場長の発案により作成された「水産試験場成績総覧」の最後の取りまとめをおこなったほか，当時までの水産関係の雑誌を取りまとめた「水産雑誌を温ねて」（松島政信と共著）がある。きわめてまじめな努力家で，他人の面倒をわがことのように世話をし，また，まとめものを得意とした[103]。歌集「ひとりしずか」があり，寺田寅彦が序文（寺田寅彦全集に掲載）を書いた。

(注17)　海軍水路部が，海洋調査に本格的に意を注ぎはじめたのは昭和に入ってから（第5章参照）。また海洋気象台が新設され，春風丸が建造されたのは昭和2年である（同参照）。

(注18)　岡村金太郎は，水産の特性を批判して，基礎的研究の重要性の例を挙げた後，「（水産では）実用々々と，実用のみに眼をつけて進んでからとて，目的の達せられるものではない。自分は常に云ふことであるが水産の進歩を図らんとならば宜しく直接事に関係のない事を研究すべし」とし，続いて，「今日は，余程理学思想も普及して来たから，あながち学理は迂遠だと許り，一概に片附けて了う没分暁漢のみでもないが，水産の方面はまだなかなか左様許りでもなく，一にも実用，二にも実用で，実用が眼に見えぬものは措いて顧みめと云ふ様な有様が，今日の状態である。水産の教育も大方は即ち比欠点を免れぬので，教師が夫れであるから生徒亦夫で，同じ書物を見るにしても，水産と云ふ字が表題になければ読まぬと云ふ様な次第である。夫故実用に資すべき学理の根底には力を致さずして，ひたすら実用々々と走るから，何も深い学理を要するでもない様な，ホンの表つ面の仕事許りになるので，事業が直ぐ行つまるのである」と厳しい指摘をした[82]。

(注19)　外板は北海道産の唐松を使用，水線下は銅板張り。エンジンは当時としては最大級のポリンダー型池貝製注水式石油機関（4気筒240馬力）。エンジンの製作にあたっては水産局によって主要部分の材料試験，水圧試験はじめ，各部の重量秤測，工作精度の細部にわたる検査などが行われ，その後の発動機審査の基準となり，わが国小型発動機の性能向上に稗益するところが大きかったといわれる。

(注20)　「天鴎丸は大和堆の存在を初めて報告した船で，現在の大和堆は天鴎堆と命名されたとしても何等不

第 4 章 「漁業基本調査」から「海洋調査」へ

(注21) 大正 12 年 9 月 1 日の関東大震災のときは，隅田川口月島 3 号地側（筆者注：旧東海水研所在地の旧住所）に碇泊しており，火の塊が降りそそぐ中で，燃えながら川を下ってくる避難船から約 300 名を救助したという。また，震災後大混乱の中にもかかわらず激震地方の海洋と漁業の調査が計画され，船体腐蝕の危険を冒して 9 月 14 日には早くも出港して相模湾の調査を行った。震源地が学者間で論議されていたが，いち早く館山湾 11 ヶ所，相模湾 35 ヶ所の測深を行い，相模湾深部に広大な陥没地域を発見し，震源地を指摘したのが最後の功績となった。

このほか，海況変化を検討し，また，震源地帯の海況，海床の変化とそれが漁業に及ぼす影響の調査も実施。東京内湾の水産業は集約的で漁業および養殖業に問題なく，かつ利害関係が大きいので東京，千葉，神奈川と協定して，「震災ノ湾内魚介藻類ノ生産ニ及ホセル被害ノ状態及其ノ将来ニ封スル善後策，湾内海床ノ変化等ニ関シ」して連絡調査を実施。その結果，①海底の変化（北部沿岸では羽田灯台付近，大森，品川地先等で海底の上昇するところがあるが，他は一般に低下。横浜より羽田間，深川から検見川間の低下は著しい。北部沖合では 0.2 尋ないし 1.4 尋の陥落。中部沿岸では木更津，小浜付近で水深の変化は少ないが，盤洲付近，大堀より富津に至る海岸は明かに隆起。②海況（略），③海苔の被害状況（東京府，神奈川県は秋海苔の生産を減額するところがある。種子場と移殖場との地盤深度の異動のため，付着層が一致せず，その結果，移殖地において海苔が死滅すること等，平年の 2 ～ 3 割減収）。④養殖月額の被害状況（地震の直接の被害は金沢湾，夏島，野島洲，乙艫海岸等が主要なところ。貝類被害の重大な原因は重油の流失によるもの。今次の震災で養殖場の海床の大部分は多少陥落するが，底質は堅く締り，浮泥が流出したので，経営上好良な影響を生ずると予想[89, 104]）。

引用文献

1）梶山英二：海洋調査事始め，日本海洋学会 20 年の歩み，155 ～ 156，昭和 37 年
2）第 3 回海洋調査主任打合会，水産界，461 号，44 ～ 47，大正 10 年
3）全国水産業者大会，大日本水産会報，306 号，27 ～ 31，明治 41 年
4）大日本水産会報，342 号，29，明治 44 年
5）勝部彦三郎：漁業基本調査を遂行し，避難港を急設せよ，大日本水産会報，364 号，12，大正 2 年
6）海洋調査の必要を論ず，大日本水産会報，377 号，1 ～ 2，大正 3 年
7）阪元　清：海洋漁況の統一と通報設備，水産界，424 号，31 ～ 32，大正 7 年
8）水産講習所海洋調査部：海洋調査ト魚族ノ廻遊，大正 7 年 5 月
9）水産試験場：水産試験成績総覧（農林省水産試験場刊），1028 ～ 1029，昭和 6 年
10）北原多作：漁村夜話，243 ～ 247，大日本水産会，大正 10 年
11）下　啓助：水産，2（11），1 ～ 5，大正 3 年
12）大日本水産会報，384 号，62 ～ 68，大正 3 年
13）送旧迎新の水産界何をか為さんむか，水産界，400 号，2 ～ 5，大正 5 年
14）海洋調査事業の速成，水産界 400 号，6，大正 5 年
15）岡村金太郎：海洋調査と水産業，愛知県水産組合連合会報，20 号，1 ～ 2，大正 7 年
16）水産事務協議会，水産界，427 号，87，大正 7 年
17）黒肬善雄：我が国の調査船の系譜と現勢，水産海洋研究，54（2），147 ～ 152，平成 2 年
18）（独）水産総合研究センター中央水産研究所所蔵
19）（独）水産総合研究センター中央水産研究所所蔵
20）水産界，448 号，330 ～ 331，大正 12 年
21）年頭の回顧－大正 7 年の水産概観－，水産界，436 号，2 ～ 14，大正 8 年
22）水産界，433 号，989 ～ 1009，大正 7 年
23）水産界，443 号，41 ～ 42，大正 8 年
24）水産界，461 号，44 ～ 47，大正 10 年
25）水産界，473 号，57 ～ 58，大正 11 年
26）海洋調査主任官打合会起案文書（（独）水産総合研究センター中央水産研究所所蔵文書）
27）水産界，541 号，372，昭和 3 年
28）香川県水産試験場：香川県水産試験場百年のあゆみ，67，平成 12 年
29）島根県水産試験場：島根県水産試験場八十年史，35 ～ 38，昭和 58 年
30）新潟県水産海洋研究所：創立百年記念誌，63 ～ 64，平成 11 年
31）石川県水産試験場，水産増殖研究所，内水面試験場，水産改良普及所：石川県水産研究機関のあゆみ，131，平成 6 年
32）水産界，443 号，42，大正 8 年
33）山口県水産試験場：漁業基本調査報告，大正 10 年
34）水産界，473 号，59，大正 11 年
35）2 回簡易漁民講話会の景況，水産研究誌，9（3），91 ～ 94，大正 3 年
36）例えば，梶山英二：北海道海洋気象報告，水産調査報告，3 号，1 ～ 37，大正 3 年
37）北海道立水産試験場：北水試百周年記念誌，159，平成 13 年
38）高知県水産試験場：高知県水産試験場百年史，35，平成 11 年
39）勝部彦三郎：水産，12（5），3 ～ 4，大正 13 年
40）水産試験成績総覧（農林省水産試験場刊），1338 ～ 1340，昭和 6 年
41）北海道立水産試験場：北水試百周年記念誌，153，平成 13 年
42）香川県水産試験場：香川県水産試験場百年のあゆみ，66

43) 宮城県水産試験場：宮城県水産試験場創立70年記念誌，50～51, 昭和44年
44) 岡村金太郎：巻頭言, 海洋調査彙報, 1 (1), 1～41, 大正15年
45) 丸川久俊, 神谷尚志, 岡本五郎三, 川名　武, 中島由太郎：日本海々洋ノ性状, 海洋調査彙報, 1 (1), 1～41, 大正15年
46) 神谷尚志, 川名　武：若狭湾ノ海況ニ就キテ, 海洋調査彙報, 2 (1), 13～17, 昭和3年
47) 神谷尚志, 川名　武：日本海ニ於ル下層冷水帯ニ就テ, 海洋調査彙報, 2 (1), 17～22, 昭和3年
48) 相川廣秋：本邦沿岸漁場の底棲生物の性状, 水産試験場報告, 7号, 183～207, 昭和11年
49) 神谷尚志・川名　武：日本近海ニ於ケル大陸棚（沿岸漁場）調査報告, 其一, 海洋調査彙報, 3 (1), 3～4, 昭和3年)
50) 相川廣秋：日本本土周辺大陸棚の肥沃度について, 水産学会報, 第6巻, 76～85, 昭和9年
51) 堀井恒治郎ら：漁場細密調査, 水産試験成績総覧（農林省水産試験場刊）1003～1004, 昭和6年
52) 岸上由太郎：沿岸漁業基本調査, 水産試験成績総覧（農林省水産試験場刊）1004, 昭和6年
53) 天野荘助, 五十嵐　昭, 古川三男：沿岸漁場細密調査, 水産試験成績総覧（農林省水産試験場刊）1005～1006, 昭和6年
54) 根岸勝彌, 井内松太郎：漁場調査, 水産試験成績総覧（農林省水産試験場刊）, 1006, 昭和6年
55) 窪木幸作, 村岡義明：深海魚場調査試験, 水産試験成績総覧（農林省水産試験場刊）, 1012, 昭和6年
56) 水産試験成績総覧（農林省水産試験場刊）, 1003～1014, 昭和6年
57) 神谷尚志：館山湾ニ於ケル浮性魚卵並ニ其稚児（第一報）, 水産講習所試験報告, 11巻（5冊）, 1～92, 大正5年
58) 神谷尚志：館山湾ニ於ケル浮性魚卵並ニ其稚児（第二報）, 水産講習所試験報告, 18巻（3冊）, 1～22, 大正11年
59) 神谷尚志：館山湾ニ於ケル浮性魚卵並ニ其稚児（第三報）, 水産講習所試験報告, 21巻（3冊）, 71～85, 大正14年
60) 神谷尚志：瀬戸内海ニ於ケル浮性魚卵並ニ其稚仔, 水産講習所試験報告, 18巻（3冊）, 23～39, 大正11年
61) 神谷尚志：北陸沿海ニ於ケル浮性魚卵並ニ其稚仔, 水産講習所試験報告, 21巻（3冊）, 86～106, 大正14年
62) 倉上政幹：本道産4種のカレイ類（Pleuronectidae）の卵及び仔魚に就いて, 水産調査報告, 3, 38～46, 大正3年
63) 倉上政幹：北海道産2種のカレイ類（Pleuronectidae）の卵及び仔魚に就いて, 水産調査報告, 3, 38～46, 大正7年
64) 倉上政幹：サンマ（Cololabis soira Brevoort）の卵及び仔魚に就いて, 水産調査報告, 3, 47～52, 大正3年
65) 澤　賢蔵：有用水族稚魚調査, 水産試験成績総覧（農林省水産試験場刊）, 995～996, 昭和6年
66) 西川藤吉：ひしこ調査報告, 水産調査報告, 10巻1冊, 1～16, 明治34年
67) 西川藤吉：いわし発生, 水産調査報告, 12巻2冊, 1～6, 明治37年
68) 浅野彦太郎：海中の生物と海水の温度塩分及光との関係, 水産界, 484号, 29～31, 大正12年
69) 相川廣秋：太平洋沿岸に於ける鰹, 鮪及び秋刀魚の漁況, 水産学会報, 5 (4), 354～368, 昭和8年
70) 大正9年に於ける水産界の概観, 水産界460号, 2～11, 大正10年
71) 海洋開拓の要務に就て, 水産界, 486号, 2～6, 大正12年
72) 小久保清治：水産教育他山石, 帝水, 9 (2), 10～13, 昭和5年
73) 神谷尚志：水産界, 484号, 18, 大正12年
74) 丸川久俊：海洋学, 19, 厚生閣, 昭和7年
75) 丸山久俊：漁業基本調査の思いで, 海洋の科学, 3 (6), 285～287, 昭和18年
76) 三宅泰雄ら：日本の海洋学の進歩, 海洋の科学, 4 (1), 20～29, 昭和19年
77) 日高孝次：日本の海洋学とともに, 海と日本人（東海大学海洋学部編）, 178～184, 昭和52年
78) 大市隠客：漁業基本調査, 大日本水産会報, 385号, 48～49, 大正3年
79) 中野　広：智を磨き理を究め（2）, 海洋水産エンジニアリング, 第7巻6月号, 50～65, 平成19年
80) 福岡県水産技術センター：福岡県水産試験研究機関百年史, 73～77, 平成11年
81) 楊川　生：水産主任官会議に議さる、問題, 水産, 8 (9), 2, 大正9年
82) 岡村金太郎：囚われたる水産, 水産界, 449号, 18～21, 大正9年
83) 田中茂穂：水産試験場論, 大日本水産会報, 390号, 3～6, 大正4年
84) 丸川久俊：海洋調査二十年の歩み, 水産二十年史, 54～64, 水産新報社, 昭和7年
85) 片山七兵衛：地方水産試験場に対する余の希望：水産界, 431号, 60～61, 大正7年
86) 黒肱善雄：農林省船舶小史（6）, さかな, 22号, 45～58, 昭和53年
87) 黒肱善雄：水産海洋研究, 54 (2) 147～152, 平成2年
88) 浅野彦太郎, 丸川久俊, 佐藤　兌, 日比義三, 森本敬義, 竹内貫秋, 神尾秀三：黒肱義雄：水産試験成績総覧（農林省水産試験場刊）, 1031, 昭和6年
89) 黒肱義雄：月島, 5号, 13～22, 昭和59年
90) 下　啓介：明治・大正水産回顧録, 東京水産新聞社, 昭和7年
91) 岡本信男：水産人物百年史, 水産社, 昭和44年
92) 渡辺信雄：水産庁における海洋調査業務史, 日本海洋学会20年の歩み, 30～40, 昭和37年
93) 大正7年の回顧, 水産界, 436号, 2～14, 大正8年
94) 湯浅光朝：科学史, 264～267, 東洋経済新報社, 昭和36年
95) 科学, 6 (2), 岩波書店, 昭和11年
96) 東京大学総合研究博物館：「東京大学所蔵肖像画・肖像彫刻」(http://www.um.u-tokyo.ac.jp/publish_db/1998Portrait/03/03100.html)
97) 島根県水産試験場：島根県水産試験場八十年史, 39～41, 昭和58年
98) 水産界, 472号, 59, 大正11年
99) 川名　武：海洋調査部の沿革と雑感, 楽水, 695号, 15～16, 昭和51年
100) 宇田道隆：水産試験場時代の思い出, さかな, 5号, 31～37, 昭和45年

第4章 「漁業基本調査」から「海洋調査」へ

101) 余技漫談, 水産界, 472号, 大正11年
102) 水産試験場：水産試験成績総覧（農林省水産試験場刊), 920, 昭和6年
103) 藤森三郎：神谷尚志の思い出, 楽水, 710号, 33, 昭和55年
104) 水産講習所天鴎丸相模湾海洋調査概要, 水産界, 492号, 5～7, 大正12年

第5章
農林省水産試験場の設立と海洋調査事業の新たな展開

　「漁業基本調査」が進展し「海洋調査」が実施され，漁業への貢献が明らかになるにつれて，大正期に入ると，海洋調査については単なる「事業の実施」から恒久的な「組織」の設置への機運が高まってきた。このようななかで，水産業の問題を解決し，全国の水産試験場を統括する組織としての農林省水産試験場，わが国の海洋調査を統括する組織として海洋調査所の設置が公式に要求されるようになった。これらについて，帝国議会では遂次の建議が行われたが，金融恐慌等による財政難から昭和4年に水産試験場のみが設置され，海洋調査はそのなかで行われることになった。本章では，海洋調査機関の設置への動き，水産試験場設置後における海洋調査の新たな展開，地方水試等，海軍水路部，気象官署における海洋調査，産業振興にともない発生した海洋汚染への対応，および漁況・海況速報事業について書くことにしたい。また，そこで実施された調査研究の主な成果については第6章で書く。調査の成果は，水産においては他に取りまとめる調査・研究機関がないことから，当時のわが国の水産における海洋研究の到達点としてみなすことができるであろう。

　なお，これらの漁業基本調査・海洋調査が端緒となり，昭和7年4月22日から，中央水試，水産講習所，水路部，気象台，大学などの海洋学関係者が月2回，木曜日の午後6時から9時，東京（月島の中央水試）に集まり調査研究の発表や内外文献紹介する「海洋学談話会」が発足した。その後，第100回を機会に談話会を発展的に解消し，昭和16年に日本海洋学会（初代会長岡田武松）が誕生し，「日本海洋学会誌」と「海洋の科学」が刊行された。また，昭和3年，学士院からRecords of Oceanographical Works in Japanが刊行され，海外に日本の海洋学業績が紹介された。なお，日本海洋学会の設立の経緯は，「日本海洋学会20年の歩み」（日本海洋学会編）に詳しい。

5・1　海洋調査機関の設置の動き

　明治44年，水産大会実行委員会[1]は，「我が国の水産業の前途広大無邊益多大なる秋，其の奨励保護の政策に於て沿岸漁業と遠洋漁業との性質利害の関係を明らかにし，以て根本的方針を確立すべき資料を有せず」とし，漁業基本調査機関の特設について国会に請願した。大正2年，貴族院・衆議院ともその趣旨は至当であるとして請願を採択した。その内容は，調査機関の特設のほか，道府県に漁業基本調査会の設置，漁業基本調査上必要な設備を速やかに完備することであった。また，併せて，国立の水産試験場を中央，北海，南海，日本海，九州に設置することを主務大臣に建議することも決議された。大正2年，天[2]は，「漁業の盛衰豊凶が潮流の影響にあること，魚類の移動は海流と密接な関係を有すること，降雨と海水の塩分と浮

游生物との関係，赤潮の発生襲来等，海洋の変動を観測すべき必要は逼つて来た。漁業基本調査の開始，和田雄治は日本環海海流調査の一端を発表し，北原多作は漁業と海流との関係を公にし，海洋の観測は漁業上必要なことが事実を以て証された訳である。海洋調査が必要なことが明かとなつた以上，詳細に綿密に全国の各沿岸を通じて連絡的調査と統一的研究が進められるべきもの。天候観測には気象台が存する如く海洋観測には海洋観測所を設置すべきは当然」と主張した。

既述のように，小西は，大正2年3月，第32回帝国議会衆議院本会議に「海洋調査機関設置に関する建議案」を提出した。また，小西は，大正4年12月，第35回帝国議会衆議院本会議に「海洋調査及研究機関整備に関する建議案」を提出した。衆議院はその建議案に関する委員会を設置し，翌5年1月に3回にわたって協議した[3]。小西は，提案理由を，「日本ハ世界ニ比類ナキ海洋国中ノ海洋国ニ拘ラズ，海洋ノ調査並ニ研究カ甚ダ疎カニナッテ居ル。ソレガ為ニ直接水産業其他産業ノ上ニサマザマノ欠陥ヲ惹起シテ居ル。航海海運ナドニモ甚ダ遺憾トスル影響ガ及ンデ居ル。更ニ，国民全般ニワタリ大ニ海外ノ発展，海洋ノ雄飛ガ必要デアルガ，是亦疎カニサレテ居ル。ソレデ海洋ノ調査及研究ハ，唯今申シタ欠陥ヲ補フコトガ主ナル目的デアル。直接ニハ産業ノ発達，所謂国利民福ニナルガ，間接ニハ学術上カラ之ヲ十分ニ研究シ，学術ノ発達ヘノ貢献ガ目的デアル。其方法ハ，海ノ深浅，潮流ノ変化，海水ノ温度色合，関係シテ起ル魚族ノ生育，繁殖ノ状態，廻遊シテ来ル有様，海産植物ノ有様，或ハ海洋ニ於ケル気象ノ変化，海洋磁力ノ変化ナド，サマザマノ方面ニ付テ調査研究スル」とした。これに対して，委員から，「此議案ノ趣意ガ採用サレ，調査機関ガ出来レバ，各省個々ニヤッテ居ルノハ，皆此処デ統一シテ此機関ノ調査ニ依リ，銘々目的ノ人ハ其処ヘ向ケテ調査材料ヲ貰ヒニ行キ

サヘスレバ宜イト云フ風ニナッテ行クヤニナルカ」との質問に，小西は，「左様ニシタラ宜イト心得テ居ル」と答えた。

委員から「水産講習所の海洋調査の現状」についての質問があり，松崎壽三水産局長は，「水産ノ関係デハドウシテモヤラナケレバナラヌ点ヲ生ジテ来ル。今日マデハ極ク已ム得ナイ範囲，経費ノ許ス程度ニ於テヤルノデアリ，支出ノ金ハイロイロ方面カラシテ二千五百円バカリ。ソレ自身カラ出ス金ハ八百円[注1]。後トハ他カラ或モノヲ解決スル為ニ是非ヤラナケレバナラヌモノニ出ス。主ニ船ニ使フ石炭ニ要ル。遞信省ノ灯台，灯台ノ人ニ頼ンデ調ベテ貰ラウ。極ク僅カダガ五円位ノ手当ガ遣ル。言ハバ（筆者注：海洋調査は）極ク止ムヲ得ナイ範囲ト重要ナルモノノ稽古ト言ッテ宜イ。海洋調査ナドト云フモノハ直グト言ッテサウ出来ナイ。又講習所デヤルコトデアルカラ，海洋調査ヲヤル時ニ要ル人ノ稽古デアルト言ッタ方ガ適当」と答弁した。

さらに，水産業から見ればどれくらいの金が要るかとの質問に，松崎は，「最小程度ヲ申スト船一隻ハ是非必要。併シ船一隻造レバ，今日ハ相場ガ高ク，最小程度ノ船デモ十二三万円ハ掛ル。経常費ノ最小限度ハ約五万円位掛ル。併シ是レダケデハ此御建議ノ趣意ニ無論合ワヌ。農業ノ関係デモ最少限年一万ヤ一万四五千円ハ掛ル。他省ニ関係スル気象，遞信省ニモ関係ガアルノデ，費用ハナカナカ掛ル。船一隻ト雖モ今申上ゲタ通リ稽古カタガタ利用シテ居ル船ガアリ，是モ従来ヨリ以上利用シ，初メテ目的ヲ達スル」と答えた。

松崎が行った関係省との事前調整の結果は，「其御趣意ハナカナカ範囲ガ広ク，遞信海軍農商務ハ勿論，文部省或ハ内務省，兎ニ角彼ノ御趣意ニ依ッテ各省ノ意見ヲ聴イタトコロガ，各省ハ極ク平タク申セバソレ程宜イコトハナイガ，此際サウ規模ノ広イモノヲ設立スルト云フコトハ，余程攻究ヲ要スル」ということであり，この建議への各省の反応は概して冷めたもので

あった[注2]。

　大正7年，水産界は「我邦水産界目下の急務」という特集を組んだ。この中で，宮城県技師加藤勢三[4]は，小規模な海洋調査は水産局・水産講習所，地方水試等で実施されているが，中央と地方の連携を図り「大規模な海洋調査の実施」が必要で，そのためには「海洋調査会議なるものを設け，農商務省，海軍省，逓信省，東京帝国大学（筆者注：後に理学関係は東京帝国大学理科大学）及び民間より委員を選出し，目的を定め，方針を確立すると共に，府県の海洋調査事業には時に指定補助を交付する制度の設置，商船漁船をして該事業の遂行に参与させる規定と補助の交付が必要」とした。第4章で書いたように，富山県水産講習所長阪元　清[5]も，「海洋漁況の統一機関と通報設備の急を絶叫する」とした。大正6年，水産関係の国会議員からなる水産同志倶楽部の決議案のように，この頃になると，国立水試の設置と海洋調査機関の設置の要望が出されるようになった[6]。

　大正9年に開かれた水産事務協議会（各県の水産主務課長会議）において，諮問事項として，「海洋調査を一層有効ならしむる方法如何」が論議され，①中央に海洋調査所を特設し，海流の系統により各海区に支所を置き調査船を専属させる，②各府県に対し政府は専任技術員の俸給および必要な経費を補助する，③民間漁船と連絡して海洋調査を行う，④180 mまでの海底の調査の組織的実施，が合意された[7]。それらにもとづき，大正15年3月，第51回帝国議会衆議院本会議[8]に，「政府ハ速ニ完全ナル海洋調査機関ヲ設定シ以テ海洋ノ合理的利用ノ基礎ヲ確立スベシ」とし「海洋調査機関の設置に関する建議書」が中村嘉壽ほか7名により提出された。

　その理由は，「海洋調査研究ハ国防軍事航海気象並ニ漁業上一日モ之ヲ等閑ニ付スベカラズ。殊ニ現今食糧ハ陸産ニ於テ不足ヲ生ズルニ至リタレバ之ヲ海産ニ依リテ補足スルノ途ヲ講ゼザルベカラズ。更ニ農作物ノ豊凶ハ気象ニ支配セラルル所多ク，気象ト海洋トハ不即不離ノ関係アリ。是レ本案ヲ提出スル所以ナリ」し，海洋調査機関の設置が提案されたが，審議未了となった。このとき，水政会[注3]は次のように必要理由を述べた[9]。

　海洋調査は，純学問的に海洋に関する地理及び地質学的調査，理化学並に生物学的研究と同時に，海洋の富源を開発し生産増進，漁場拡張，漁獲豊凶原因の解明，予察を行ひ得る応用的研究調査との二方面より研究し，調査に依り，初めて合理的に海洋を開拓・利用し得る。海洋調査に，農林省所管水産講習所海洋調査部，海軍省所管海軍水路部，文部省所管神戸海洋気象台の三機関で，目的は自ら多少の差別を見れども，或る程度，或る範囲までは共通の調査研究を行ひつつあり。海洋調査は一海軍省，一文部省，一農林省等の一部局の更に又其の配下に属するが如き機関にて完全を期し得べき性質のものにあらず。内閣直属の機関として調査研究すべきもの。大臣，次官，局長等の更迭のある度毎にその方針が猫の眼玉の如く，貧弱な経費，不充分な設備，而して不安定な制度で，小機関分立する現在の状態では徹底的調査も研究も出来ないと信ず。昨今貴衆両院の海事水産に関係ある有志者間に，海洋省設立の議の起りたることは遅蒔乍ら頗る機宜に適したる意見にて，若し海洋省と称する如き一省の出現すれば，此の海洋調査事業の如きは少なくとも其の一局を形成し得べく，且初めて其の能力を大いに発揮し得るに至るべし。人口問題，食糧問題，産業立国等々の問題を合理的に解釈して明案を具体的に堤唱し得る基礎的調査研究は甚だ微弱なり。総てに向つて我国の学術的研究，基礎的調査の機関が欠如してゐるが為に外ならず。蓋し海洋を合理的に利用する為にも先づ海洋に関する基本的調査研究を必要と

し，完全なる海洋調査機関の設置に賛成し，本建議案の提出者と共にその出現の速かならむ事を希望す。

昭和2年，第52回帝国議会にも小西ほか1名で「海洋調査所設置案」が提出された。この海洋調査所の中身は，①潮流と魚群の季節的移動状態との関係の調査，魚群移動にともなう他魚族との関係，魚族の移動並びに繁殖と海中微生物および地形との関係，沿岸内海等における魚族移動繁殖状態に関する調査および試験研究の実施，②500トン級2隻，200トン級1隻の調査船を新造し，現在保有の1隻を加える，③太平洋暖流寒流，日本海暖流寒流帯の4区分で調査を実施し，船を所有する各府県水試に油代・調査員一名（嘱託）の経費負担，④中央の連絡調査を委嘱して，根本的な海洋調査を行う[10]というものであった。

また，昭和3年政府の人口食糧問題調査会水産部会[11]は，「食糧問題ノ解決策トシテ海洋漁業基本調査ヲ行ハシムル為調査機関ノ設置ヲ緊要ト認ム。仍テ左ノ通リ答申ス」とし「海洋漁業基本調査機関ヲ設置スルコト」を答申した。この理由は，「海洋の資源は無限であり，狭い国で，人口の著しい増加をみている我が国においては，海洋を利用し，また，開拓によって水産の発展に資することにより立国の基礎を固めることは極めて重要なことである。南北太平洋から印度洋に亘る資源が未開発で，開発を任うべきは我国を除いてなく，天命である。現在の海洋調査は規模がはなはだ小さく，海洋漁業に関して合理的な開発をすることが困難であり，海洋漁業の基本調査を徹底的に施行するために，完全な調査機関を設置することは刻下の急務である」とし，その検討のために，「調査機関設置ニ関スル委員会」を設け，学識経験者に委嘱し計画を慎重審議するというものであった。その内容は，①海洋の科学的調査，②漁業に関する調査，③漁獲物処理に関する調査，④新漁場開発，養殖的水面調査等の利用的調査であり，このため，本部を東京に，支部を長崎，島根，青森，岩手，高知，大長（広島県）の6ヶ所に置くというもので，予算総額は2億2259万円余であった。昭和10年以後には大東亜共栄圏の発想が色濃くでるが，すでに，その萌芽というべきものがこれに垣間見られる。しかし，多くの議論が展開されたが設置は水産試験場のみが認められ，海洋調査関係は各省独自の機関で実施することになり，水産の場合は中央水試の一部局として位置づけられることになった。また，海流に関する流体模型実験施設を設置するとされたが，「前年7月に政変で緊縮政策が行われ，官吏の減俸や予算削減が行われたので，この施設は不可能となった」[12]。もっとも，人口食糧問題調査会水産部会の成案は中央水試業務との差異は内容的にはあまり感じられない。海洋調査部が海洋調査所に発展しなかったのは，「北原多作の早世（筆者注：大正11年）によるとはいえ，今日からみて海洋調査史上，また，水産の科学的基礎を築く上にもことに遺憾」[13]と宇田は書いた。彼は，中核メンバーに北原のような情熱と力がなかった，といいたかったのであろう。

5・2 農林省水産試験場の創設と新たな海洋調査の展開

昭和4年，農林省水産試験場（いわゆる中央水試）が設立された（注4）。この経緯は拙著「智を磨き理を究め」に書いた。これにより，水産講習所が実施してきた試験・調査事業が調査船「蒼鷹丸」とともに同水試に移管された。そして，新たに同場主催の「水産連絡試験打合会」が開催されることになり，地方水試と共同して実施すべき漁撈・海洋，養殖，製造の3分野の試験研究等が協議されることになった。当然，海洋調査関係も中央水試に移され，海洋データの取りまとめは引きつづき「海洋調査要報」として6ヶ月ごとに報告され，調査の解析結果は，新

たに刊行された水産試験場報告に採録されることになった。なお，中央水試が実施した海洋関係業務の概略は**資料11**[注5]で示す。

中央水試主催の水産連絡試験第一回打合会[注6]が昭和4年10月に開催された。この会議において，冒頭，春日信市場長[14][注7]は，「試験調査の効果を遺憾なく発揮し，科学に立脚して水産業を合理化することは，業界の多年の要望で国家百年の大計を樹立する所以である。この達成には，関係するあらゆる試験機関が携わる事業について徹底的に連絡協調を計り，出来得れば統一施行することが最も緊要である」「現在のような統制がきかない小規模の試験機関では，その使命とする水産業の開発に対して寄与するところが少ないと考える。この人材と経費とを合力・合算して難事業である水産の試験調査に当たることができれば，目的を達成するためには非常に有効であるが，現在の制度下での唯一の方策は，各試験機関が共同で徹底した試験調査を進める以外にはない」と述べた。これは今でも相通じることでもある。

次いで，地方水試と中央水試が連携して実施すべきことについて協議をした。海洋関係について各府県から出された意見を取りまとめると，①海洋調査体制の強化（中央水試の指導性の発揮と県間の連携強化。要望する調査海域は日本海），②海況と漁況との関係において天気図式速報方法を検討する組織の設置，③海洋調査のように直接効果の見えない試験は地方では予算がとりがたいため，中央水試は，有形無形の援助が必要。海洋調査事業遂行のため各地方水試に海洋調査専任技術者を置き，経費を全額国庫より支弁し，調査に関して中央水試より強制し得るよう，適当な方法を講じること，であった[15]。

協議の結果，海洋調査においては，①海洋調査（従来の協定にもとづき一般的調査を行い，海洋に関する基礎資料の収集），②漁場細密調査（近海における漁場図作成）（第4章を参照），③ブリに関する海洋調査，の3点が決定された[16]。具体的な内容は下記の通りである。このほか，海洋調査技術者主任官事務打合会を昭和5年4月中央水試で開催することが合意された。以上の内容は，従来，海洋調査部が実施してきた海洋調査を引き継ぎ，調査態勢を強化するものであった。

水産連絡試験第一回打合会決定事項(海洋分野)
　①海洋調査
　　趣旨：海洋ノ理化学的性状ヲ調査シテ，其ノ地方的並ニ時期的変化ヲ詳ニスルト共ニ生物学的ニ重要水族ノ生態並ニ浮遊及底棲生物ノ分布，粗密等ヲ調査シ，以テ此等生物ト環境トノ関係ヲ闡明シ，更ニ魚群ノ去来並ビニ漁況ヲ詳ニシテ漁獲豊凶ノ予測，漁期ノ早晩，漁場ノ推移ニ関スル予察方式ノ決定ニ資スル所アラントス
　　調査事項：理化学的調査（1．温度，比重，塩分，光，2．海潮流，3．瓦斯，栄養分，水素イオン濃度，4．気象），生物学的調査（重要魚調査，生態調査（発生，成長，食餌，回遊，移動等），浮遊生物調査），漁況調査
　　連絡参加者：樺太，北海道，青森，岩手，宮城，福島，茨城，千葉，東京，神奈川，静岡，愛知，三重，和歌山，岡山，広島，兵庫，山口，徳島，香川，愛媛，高知，福岡，大分，宮崎，鹿児島，熊本，沖縄，長崎，佐賀，島根，鳥取，福井，石川，新潟，秋田，山形，京都，富山，台湾総督府，台北州，朝鮮総督府，咸鏡南道，江原道，慶尚北道，慶尚南道，全羅南道，咸鏡北道，忠清南道，黄海道，全羅北道，水産局，南洋庁及水産試験場
　　調査方法及分担：連絡参加者ハ従来ノ全国的ニ連絡協定セル方法ニ従ヒ，定期横断並ニ定地観測及其ノ他ノ海洋観測及ビ重要魚並ニ漁況ニ関スル調査資料ヲ水産試

験場ニ送付シ，水産試験場ハ之ガ取纏メニ当タル横断観測ノ整理拡張ニ対シ其ノ成案ニ付テ水産試験場第三部ヨリ各道府縣ニ紹介スルコト

②漁場細密調査

趣旨：主トシテ近海漁場ニ於ケル海底ノ深浅，起伏，魚礁ノ状態，海底沈積物ノ性質分布及魚族並ニ底棲生物ノ分布密度等ヲ明ニスルノ外漁場ニオケル海水ノ流動並ニ性質ヲ調査シ，魚族ノ生態的調査ト相俟チテ漁場ノ価値ヲ測定シ，近海一帯ノ詳密ナル漁業図ノ作成ヲ完了シ，沿岸並ビニ底魚漁業ノ開発ニ資セントス

調査事項：海底性状調査（水深，地形，魚礁，底質等），底棲生物調査（分布，密度等），魚種ト漁場ノ範囲，漁期ノ相異，漁法ノ種類等トノ関係，海水ノ流動並ニ性質（潮汐流，温度，比重，塩分，其他）

参加者：全国臨海各地方ノ参加ヲ希望ス

調査方法及分担：水産試験場ハ調査船ニ依リ本土，四国，九州ノ全沿海ニ亘リ四，五十尋ヨリ三百尋迄ノ底質，底棲生物ノ調査ヲ行ヒ，尚底曳網漁場ニ就テ，漁場並ニ漁獲生物ノ調査ヲ行フ，参加地方ハ沿岸漁場調査，底曳網漁業試験及深海漁場調査等ニ於テ各地方ノ海区ニ就キ調査スルコト。其ノ方法ハ一般的事項ハ海洋調査ノ連絡協定ニ準拠シ，協定ナキ細目ニ就キテハ追テ制定スルコト

③ぶりニ関スル海洋調査

趣旨：海洋並ニ気象状態ノ魚族ノ発生及発育ニ及ボス影響ノ適否ハ強テハ漁獲ノ豊凶ヲ招来スベク，更ニ其ノ魚道ニ変化ヲ生ゼシムル所大ナルベシ。仍ツテ先ヅぶりニ関スル一切ノ海洋調査ヲ行ヒ以テ，漁獲豊凶ノ予測並ビニ漁場撰定ニ関スル方式ヲ決定セントス

調査事項：ぶり漁場撰定方式決定ト新漁場調査（1．理化学的調査（海水ノ流動，海水ノ性質（温度，比重，水色，透明度，濁度，塩分，瓦斯，水素イオン濃度等），2．地理的調査（漁場調査）（底形，地勢底質），3．魚道調査（魚群回遊ノ状況ト底形流動及気象トノ関係），ぶりノ漁期，漁獲豊凶ノ予測方式（1．ぶり調査（地方群族決定，卵及発生，稚魚ノ発育，産卵期，産卵場，成長度，年齢査定，食餌，回遊移動（標識魚放流）），2．環境トノ関係調査（漁期外ノ生息場，発生ト発育率，プランクトン，底棲生物ノ分布密度，ぶりト同時ニ漁獲サルル他魚トノ関係）3．漁獲調査（漁獲方法，漁獲状態，漁期及漁獲高統計，漁場ノ変遷））

参加者：岩手，宮城，千葉，神奈川，静岡，三重，和歌山，高知，宮崎，鹿児島，長崎，山口，島根，兵庫，京都，福井，石川，富山，秋田，朝鮮総督府，咸鏡北道，咸鏡南道，江原道，慶尚北道，慶尚南道及水産試験場

調査方法及分担：調査方法ハ一般的海洋調査連絡施行協定ニ準拠シ，地方参加者ハ各地方ノ調査ニ従ヒ水産試験場ハ主トシテ相模湾ニ於テ之ヲ施行ス

これらの海洋調査の部のほか，漁撈の部において，「漁業の振興を図るには，まず既往の経緯と現況を明かにし，将来の予測を確実にすることが必要である。本邦の漁業には基本的事項が明らかでないものが多い。それ故に，先ず調査研究を進んでおこなうことが必要であるが，一般漁業の調査は非常に広汎にわたるので，なかなかその完成は期し難い。このため，緊急を要する遠洋漁業三種（カツオ，マグロ，カジキ）について基礎的な事項を調査することにより斯業の進展を期待し，更に一般漁業に影響を及ぼしたい」との意図の下で「遠洋漁業ノ基礎調査」の実施を合意した。

この内容は，各府県および植民地を対象に，

カツオ，マグロ，カジキの漁業図（漁船の操業区域，漁場のうち好漁場の区域を明らかにする）と漁業表（魚種名，漁法・漁業種類，漁期，漁獲高，漁船数（平均トン数・隻数），従業員数，投資額（主業船数，主業船価，主業兼業漁具，その他（主要設備））を作成しようとするものであった。このほか，「①漁業連絡試験ハ海洋調査事業ト密接ノ関係アルヲ以テ改善ノ具体案ヲ次会迄ニ作製スルノ条件下ニ於テ，昭和五年度ヨリ本事業ヲ水産試験場ヘ移管セラレタキコト，②水産試験場ニ海況ト漁況トノ速報機関ヲ設置セラレタキコト」の要望が決議された[17]。

翌5年5月，水産連絡試験第二回打合会が開催され，「横断観測線の拡張整理」等について協議された。これを提案した丸川技師は，「従来の観測線の範囲では，現今の発達した遠洋漁業と調査結果を結びつけるには不十分である。これの拡張にともなう実施上の困難を除き，出来る限り横断観測を確実に実施し，より多くの回数を実施するには，隣接府県と協同的に施行する観測線を選定することが必要である。配布した図面に示したような観測線について，今後の観測の実施をお願いしたい」と説明した。

また，下田技師（後の水産局海洋課長）は，「本案に示された範囲でもなお不十分で，一層広範囲に拡張することが必要」と力説し，特に，南洋方面の漁場開拓に関して十分な海洋観測が必要とした。これら中央水試の提案は積極的かつ大胆なものであった。この提案に関して鹿児島県が，「本案の審議に関しては，各府県の十分な考慮と打合が必要であり，決定は来月に開催される漁撈海洋調査担当官打合会で行いたい」と述べ，北海道はこれに賛成するが，茨城，台湾，福井，新潟，秋田等の各県からも意見が出て，「議事容易ニ決セザリシ」との京都府の動議により意見を打ち切り，原案の大要を承認し，変更の場合は適当な機会に再び審議をすることになった[18]。

また，本打合会において，「希望決議並ニ附帯協定」が行われ，海洋調査の部において，希望決議として次のことが決められた[19]。

①漁況連絡報告の中枢である中央水試に無線電信電話の設置を要望する。また，未設置の地方水試にもそれを速やかに設置するよう当局の斡旋を切望する。

②中央水試は事情の許す限り金華山，潮岬および鹿児島県沖合等における大横断海洋観測の施行をお願いしたい。

③日本海々洋状態を徹底的に調査するために中央水試は日本海の大横断観測を少なくとも四季ごとに施行されるようお願いしたい。

④中央水試第三部（海洋調査部）において従来収集した資料にもとづき海況と漁況との関係を発表して欲しい。

⑤海洋調査は国家的にきわめて重大な事業なので，この施行については必要へ経費（人件費を含む）の全額を国庫において負担して欲しい。

また，付帯協定として，漁況連絡試験のための無線電信機利用の集談会の設置，ならびに漁況通報の内容形式改善に関して，漁撈及海洋調査担当官打合会に議題として審議をすることが協定された。

地方水試等で，当時から，地方水試における調査予算の獲得の困難であったようで，「島根県水産試験場八十年史」[20]は，「船舶の運航を主とするため莫大な予算が必要」とし，「この要望事項は，日本海沿海の地方水試の要望としてあげられた」としている(注8)。

本打合会では，もうひとつ重要なことが決められた。それは「新ニ協定シタル連絡試験項目」として「漁業連絡試験」の実施である[21]。漁業連絡試験は大正3年以来水産局を中心として実施されてきたが，連絡試験第一回打合会の決議により昭和5年度よりその業務が水産局から中央水試に移管された。主旨は「本試験と海洋調査事業との関係を密接にするために水産局との協定を改定したものである。この目的とするとこ

第5章　農林省水産試験場の設立と海洋調査事業の新たな展開

ろは，漁業の現勢とその推移を明らかにし，かつその原因を究明して将来の出漁に資することで，それにより漁業の指針とすること」であった。

漁業連絡試験の対象は，カツオ，マグロ，サンマ，サバで，漁業図と漁業表を作成することは以前と同様であるが，今回は，それに加えて，「使用した漁具の種類，構成，および使用上の適否に関して研究した事項，魚群の厚薄，餌料の種類，餌付の良否，海流潮流の模様，その他の海況と漁況，初漁月日と漁獲尾数，終漁月日等の参考事項」を漁業表に記入するとともに，付帯試験と調査として，「効果を一層的確にするため，前記のほか多くの水産試験場において，標識魚の放流試験，食餌と餌料調査，生態調査，漁況と一般海況との関係調査を連絡府県において事情の許す限り実施する」ことになった。

この画期的なことは，漁業調査から海洋関係のデータ収集，海洋環境と魚介類の生態等との関係を意図したことである。この内容を資料12に示す。なお，水産連絡試験要録第2号の付録として，「海洋調査観測心得並ニ連絡施行事項」が発行された。

昭和5年6月，第一回漁撈及海洋調査担当官打合会が開催された。中央水試より，水産連絡試験第二回打合会で了承された原案の大要において，「海洋調査（一般的調査）に関する細目打合決定事項」の「海洋横断観測線の整理拡張に関する件」に関して，具体的な打合せを行った[22]。このとき，決定された海洋観測線一覧図を図5-1で示すが，その直前の海洋観測位置一覧図（図5-2）[23]と比較すると，観測が強化され，より広範囲になっていることがわかる。

「この合議は我国海洋調査を組織化し，統合化して国家的事業として完成させたことに大きい意

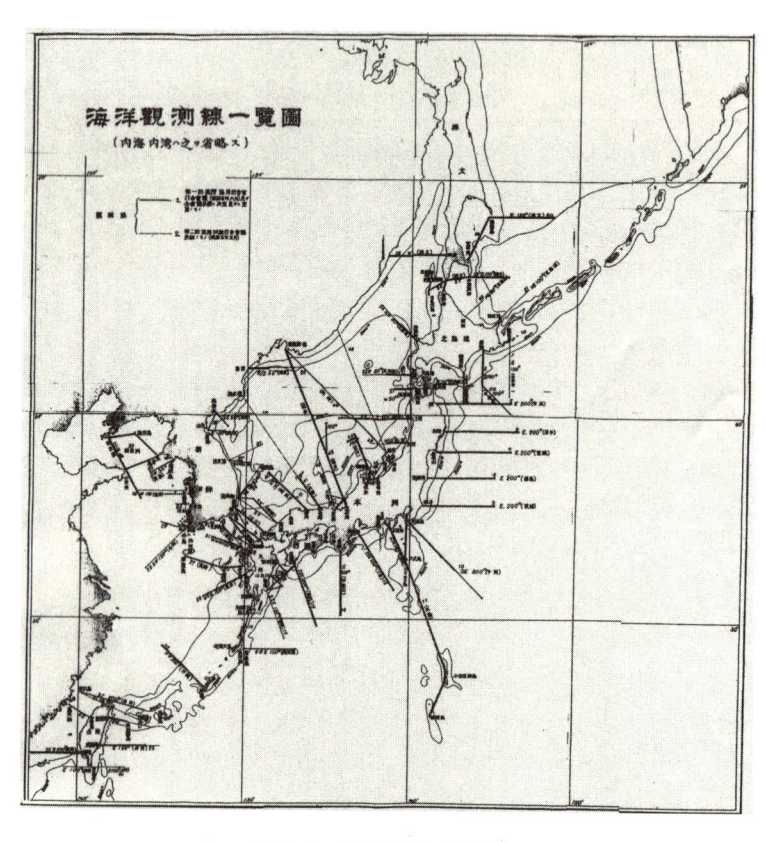

図5-1　海洋観測線一覧図[22]

義がある」と「島根県水産試験場八十年史」[20]が伝える。しかし，例えば，北海道の実施を希望した納沙布埼南150浬については当分実施不可能等，第二回連絡打合会の提案よりもかなり後退している。

また，この会議では漁業連絡試験に関する具体的な内容について協議されたが，海洋については，今後は表5-1のような研究が必要であるとされた[24]。

さらに，本担当官打合会では，「渤海湾，支那海におけるタイの回遊と産卵」(熊田頭四郎)，「プランクトン，インディケーターについて」(原十太)，「海軍水路部における海洋調査」(岸人三郎)の講演が行われた。

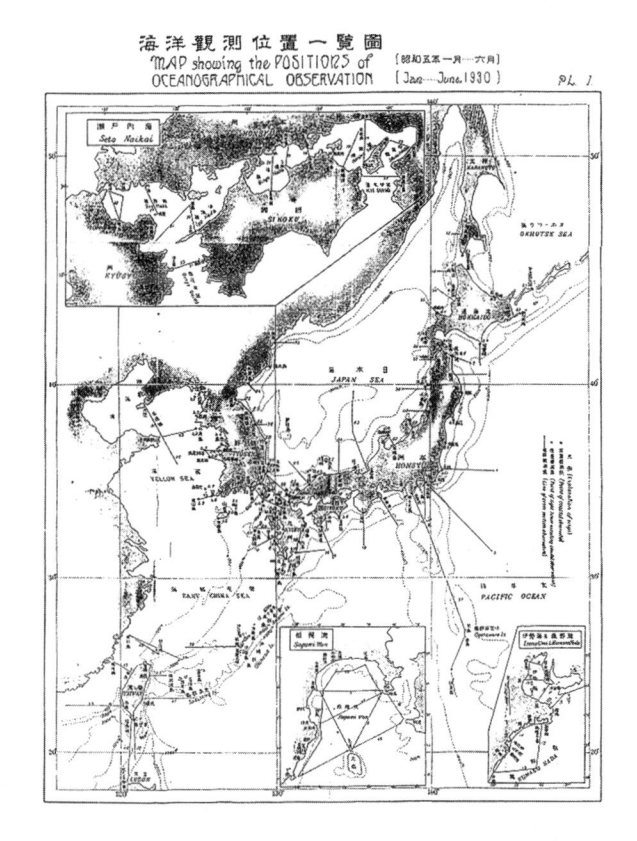

図5-2 昭和5年1月～6月期の海洋観測位置一覧図[23]

表5-1 連絡試験において重点的に実施すべき調査研究事項

魚種名	研究事項	研究の方法（例）
かつを，さんま	表面水温の変化と漁獲	各航海の航路図上にその観測した水温の分布と漁獲または漁場の変化を記入し，その推移を探究する
まぐろ，さば	水温の垂直的変化と漁獲	漁場観測，またはその他の観測による水温の垂直的変化と漁獲関係を考究する
		釣。曳縄または延縄に「ケミカルチューブ」等を利用して，かなり正確な漁獲水深を探究する
	遊泳層の探究	流網。流網に適当な標識部位を施し，その標準水層中における漁獲尾数を比較研究する
		水温の垂直的分布による漁獲を推定する

このほか,「海況ト漁況トノ関係ニ関スル件」の報告会があり,中央水試からは丸川,宇田両技師が「かつを漁場ト海況トノ関係」,岩手県が「かつを漁場ノ移動ト金華山,及岩手県鮫沖ニ於ケル寒流ノ消長」,北海道が「まぐろ及いかト海況トノ関係」,宮崎県が「ぶり及まぐろノ漁況ト海況トノ関係ニ就テ暖流消長ノ影響」,千葉県が「かつを漁場ノ移動状態予察」,福岡県が「いわし漁ト海況トノ関係」について報告した[25]。表5-2は第二回打合会で合意された沿岸定地観測地点の一覧表である。これらの定地観測は灯台に委託をしていたもので,後日,上原ら[26]は「この種の委託業務は灯台に対し大きな負担をかけていると思う」とした(注9)。

昭和6年6月開催の水産連絡試験第三回打合会において,海洋調査については従来の連絡試験のほか,中央水試から,「日本海海洋一斉調査に関する件」が提出され,昭和7年の実施については異議無く,時期・方法は中央水試で検討し,適当な方法で協議し決定することになった[27]。同年10月第二回漁撈海洋担当官打合会[28]が開かれ,連絡試験第三回打合会の決定をふまえ,従来の海洋調査のほか,従来から要望の高かった日本海一斉海洋調査施行の件,瀬戸内海海洋調査の取りまとめおよび利用方法に関する件,海洋調査器具およびその使用法の連絡統一に関する件が協議・決定された。それにともない,日本海と瀬戸内海の一斉調査の連絡調査委員が選出されることになり,それぞれの海域の府県からの選出のほか,中央水試からは,日本海が丸川久俊,瀬戸内海が梶山英二,宇田道隆(注10)が選ばれた。

なお,この漁撈海洋担当者官打合会では,①横断観測施行期日を従来毎月1回月初と協定したが,昭和7年1月以降,毎月1回月初(5日)とする,②地方水試等が実施している定地観測の施行期日を,月6回観測の場合には,5日,10日,15日,20日,25日,30日(2月は末日),月3回観測の場合は,5日,15日,25日とする,

表5-2 昭和5年,第二回水産連絡試験打合会にて協議決定された沿岸地点
上原ら[26]を改変して引用。

太平洋北部	山口見島
安渡移矢岬	角島
能取岬	蓋井島
納沙布岬	○沖の島
襟裳岬	○三島
○汐首岬	神埼
尻屋崎	大瀬埼
八戸港	大立島
○鮎崎	筒城崎
宮城松島	古志岐島
塩屋埼	
	朝鮮東岸
太平洋南部	卵島
犬吠埼	清津
房州勝浦	舞水端
○野島崎	城津
神子元島	馬養島
○大王崎	麗島
潮岬	水源端
室戸岬	注文津
足摺岬	竹島
宮崎島浦	浦項
細島	
宮崎内海	朝鮮南岸
鞍崎	釜山
宮崎宮ノ浦	統営
佐多岬	麗水
大島波浮港	巨文島
新島黒根	馬羅島
神津島前浜	
三宅島伊ヶ谷	朝鮮西岸
三宅島坪田	竹島
八丈島三ッ根	黒山島
	七発島
西南海	於青島
屋久島	格列飛島
伊江島	鬼島
津堅島	小青島
彭佳島	西島
鷲鑾鼻	大和島
日本海北部	瀬戸内海
西能登呂岬	明石
○鴛泊	笠岡
○焼尻島	大角鼻
神威岬	鍋島
○稲穂岬	伊吹島
○白神岬	柱島
○入道崎	屋島
飛島	野島
姫崎	宇之島
禄剛崎	佐田岬
	日振島
日本海南部	水ノ子島
○経ヶ崎	大島
三度崎	亀磯
○出雲日御碕	沖ノ瀬
島根浜田	

(注)○印は1966年当時,実施中の定地観測点[26]

5・2 農林省水産試験場の創設と新たな海洋調査の展開

③海水ノ鹹度を ζ_4^{15} による標準塩分値により記載する。実施時期は昭和7年1月以降とする。ただし，当分，塩分に相当する比重値比 ζ_4^{15} は括弧内に記入する，④海洋調査器具およびその使用方法の連絡統一に関する件，を合意し，中央水試と蒼鷹丸にて，下記の内容の研修会と海況と漁況に関する研究発表が行われた[29]。

海洋調査器具及其使用方法ノ連絡統一ニ関スル件（議題第五）ニ就キ説明打合セ並ニ実習実験ヲ行ヒタルモノ次ノ如シ
（一）水産試験場内ニテ行フ分
　（1）測温器具
　　（イ）棒状寒暖計　（ロ）転倒寒暖計　（ハ）自記寒暖計
　（2）採水器
　　（イ）北原式A号（最近改良）（ロ）北原式B号（ハ）ナンゼン式連結転倒採水器
　（3）透明度板
　（4）水色計
　（5）海潮流験測器
　　（イ）エクマン・メルツ氏流速計　（ロ）潮流板　（ハ）海流瓶　（ニ）本田式自記験潮儀　（ホ）潮目縄
　（6）気象測器
　　（イ）自記晴雨計　（ロ）自記気温寒暖計　（ハ）風力計
　（7）モール氏塩分検定装置（実験ヲ示シ逐次個々実習行フ）
　（8）赤沼式比重計（A，B，C等），実験
　（9）酸素定量器具，実験
　（10）水素イオン濃度測定器具，実験
　（11）燐酸，硝酸，珪酸等定量用比色計，実験
　参考展観　（イ）調査上参考図表（相模湾，若狭湾，海流図其他）
　　　　　　（ロ）一般観測報告用紙，野帳等
　　　　　　（ハ）報告参考印刷物等
（二）調査船蒼鷹丸（月島河岸）ニテ行フ分
　（1）測深器
　　（イ）ケルビン氏測深器，採泥実演　（ロ）ルーカス式測深機，採泥実演
　（2）測温器　採水器　　測温実演
　（3）潮流計　　　　　　験潮実演
　（4）潮流板　　　　　　験潮実演
　（5）水色計，透明板　　使用実演

また，北太平洋距岸一千浬一斉海洋調査についても水産連絡試験打合会で確認され，実施された。これは，昭和7年7月宮城県気仙沼で開催された第17回東北1道1府8県海洋調査協議会（東日本太平洋海洋調査協議会）[30, 31]の提唱によるもので，昭和8年5月に茨城県那珂湊町で開催された第18回同会議で具体的な協議が行われた（図5-3）。

第3回漁撈海洋担当官打合会（昭和9年10月）では，①海洋調査方法の改正（採取海水の処理法，海水の化学分析方法等），②海洋調査の連絡施行事項の整理拡充（定線の整理・拡充，沿岸定置観測，海潮流，潮目調査の徹底施行），③ぶりに関する海洋調査の事項，の協議のほか，海況と漁況との関係（かつを，まぐろ，さば，

図5-3　第18回東北1道1府8県海洋調査協議会（昭和8年5月，那珂湊）[31]
前列右より，五十嵐　昭，一人おいて菅沼（千葉水試），小安正一，林　喬，宇田道隆，岸人三郎，春日信市，日高孝次，田代清友，奥村（神奈川水試），中列右より三人おいて，川名　武，他略

さんま，いわし，その他）について研究発表，海洋調査器具およびその方法の連絡統一の件で講習会が行われた[32]。

上述の打合会や担当者会議を補足し，地域としての海洋調査を推進するために，各ブロックでは海洋調査協議会が開かれた。例えば，前述の第17回1府8県海洋調査協議会では，海洋関係について，「2. 東北海区海洋一斉調査に関する件（青森水試）」「5. 本年度春期沿岸海区に異状なかりしや承り度し（青森測候所）」「19. 金華山定地海洋測に関する件」「20. 霧及波浪調査の報告方実施の件」「23. 観測期日，並び海水鹹度に関する件（茨城水試）」「海洋観測原簿制定ノ件（前回宿題）（青森測候所）」が主なもので，このほか，「3. 漁況報告に関する件（青森水試）」「6. 漁況放送に関する件（福島水試）」「8. 漁場調査方法に関する件（福島水試）」「11. 秋刀魚生態調査及同漁業経済調査促進に関する件（千葉水試）」等，具体的事項が論議された。

海洋調査では，中央水試が担当官打合会を通じ，積極的に，機器の取扱い，標準化等に対応した。この結果，全面的に転倒水温計（リヒター，ネグリッチ・ザンプラは後には国産を加える），ナンゼン採水器，硝酸銀滴定による塩検等が採用され，水温・塩分の精度は大正時代から1桁進み，力学的海流推算法も用いられ，完全に世界的水準に達した。宇田らは潮境を中心とするカツオ，マグロ，サンマ，イワシの予察に関する重要な成果をあげた。なお，台湾総督府水試はマグロ，カジキ等の南方漁場開発に南洋庁水試と同じく貢献し，樺太庁中央水試は北洋のニシン，底魚（カニを含む）の調査に貢献し，いずれも海洋調査を順調に施行した。木村喜之助[33]（注11）は，「明治40年頃から沖合何浬といふ程度の観測が行われていました。昭和4年に農林省水産試験場が出来てからは一層発達し，観測線の数も増え，観測線の長さも伸び，日本を取り巻いた海洋観測線の網が非常に発達した」と書き，宇田[34]は，後に「戦後，沿海州や朝鮮半島沿岸等の海外の調査資料が全く中断の形になつたのはまことに惜しい」と書いた。

ここでは，「日本海」，「北太平洋距岸一千浬」の一斉調査と，「瀬戸内海海洋調査」について記す。

【日本海一斉調査】[35, 36] 日本海の同時観察が昭和7年5～6月（第一次），昭和8年10～11月（第二次）実施された。日本海の一斉調査の趣旨は，「連絡ニ依ル同時観測」で，「水産試験場ハ，夙ニ全国各水産試験場ノ協力ニヨリ各分担区ヲ定メテ毎月々初定線横断観測ヲ連絡実施シ今日ニ及ベリ。然リト雖モ，其ノ連絡状態尚理想ニ遠ク，同時ノ全海洋状態ノ眞相ヲ知ルニ困難ニシテ，隔靴掻痒ノ感ナキニアラズ。廣漠タル海洋ノ或ル短期間ニ於ケル状態ヲ如何ニ知ランガ為メニハ，コノ連絡施行ノ方法ヲ徹底セシムルニ如クハナシ。仍テ昭和七年六月一日ヲ期シテ一斉ニ各連絡調査船ヲ出動セシメ，相提携シテ各其ノ分担区域ノ観測調査ヲ実行セバ，少クモ三百米以浅ノ海況及表層浮游生物状況ヲ一目瞭然ナラシメ得ベク，更ニ蒼鷹丸ノ如キ特別ナル調査船ニ依リ，海底及深層水ノ性状ヲモ窺知スルコトヲ得ベク，従来ノ調査記録ノ整理統一上ニ資スル所大ニシテ，日本海々洋ノ性状ヲ一層闡明ナラシムルヲ得ン」とし，「日本海ニ於ケル重要漁場ノ基礎調査」を実施するとした。さらに，「特殊重要漁場ト目スベキ海区ニ於テ詳細ナル其ノ流動及測深調査ヲ行ヒ，各地方水試ノ施行スル漁業試験ヲ中心トスル漁況ト対比スル便ヲ得セシメ，進ンデハ新漁場開発ニ資スル所アラシメントス。五，六月ヲ択ベル所以ハ該期ニ於ケル北鮮沿海，日本海北部及中央部ノ海況不明ナルノト，いわし，さば，ぶり等ノ漁況ヲ知ル上ニ於テ調査上有意義ナルヲ以テナリ」であった[37]。実施された定線は図5-4，参加した官署と船舶を表5-3に，調査手法を表5-4に示す。なお，調査手法は北太平

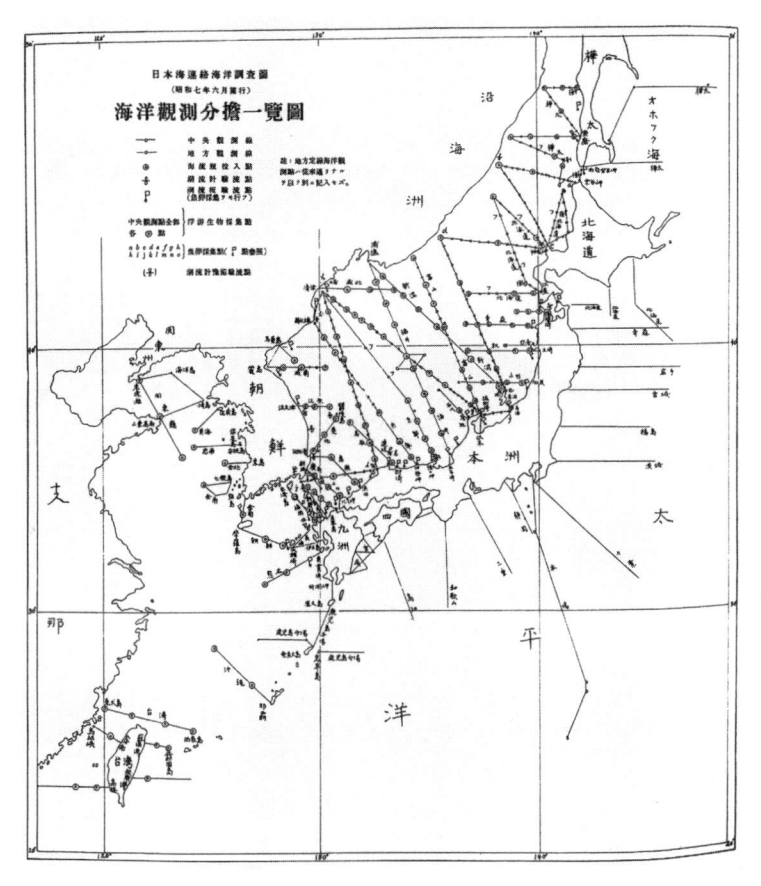

図 5-4　日本海海洋調査観測点一覧図[37]

洋一斉調査等も基本的に同じであった。

　その後，中央水試は，昭和 15 年 10 月 22 〜 24 日，敦賀市において日本海水産連絡試験打合会を開いた[38, 39]。この会議の趣旨は，「今後，太平洋有事の日に日本海水産の担ふべき役割はまことに重大」「超非常時日本の水産食糧資源を確保するため，日本海水産資源の開発と科学的増産の根本策を検討樹立」するためであり，①日本海水産開発上水産試験研究機関の執るべき方策，②日本海における水産新資源の調査開発，③沿岸漁業の能率増進，④沿岸魚介藻類増産，⑤日本海水産現勢調査，について協議された。この内容からは，ヒシヒシと戦争のなかでの食料確保の点から漁業，特に日本海漁業の重要性が伝わってくる。

　この会議の決定にもとづき翌 16 年 5 〜 6 月の重要魚介類であるイワシ，サバ，イカ等の盛漁期に，樺太から長崎，朝鮮に至る日本海関係 24 隻の調査船が出動し，水温，海水成分，海潮流，漁場生物など協定の要領により，従来よりも一層精密な調査を行った。これが第三次「日本海一斉海洋調査」である。この調査では，蒼鷹丸は，5 月 1 日に東京を出港し九州西海に入り，北緯 31 度線の調査にはじまり，長崎，浜田，清津，七尾，小樽より北緯 47 度の真岡から函館の諸港を経由するジグザグのコースを調査して太平洋に抜け，6 月 24 日に東京へ帰った。全航程は 5050 浬，全鉛直測点 160（2000 m 深〜海底まで 16 層），水温，塩分，酸素，水素イオン濃度分布各 1700 〜 1800 本，栄養塩分析 652 本，上下層のプランクトンネット 200 本，潮流計による二機測流 14，碇置測流 3 日，潮

第 5 章　農林省水産試験場の設立と海洋調査事業の新たな展開

表 5-3　昭和 7 年 5, 6 月連絡施行日本海第一次一斉海洋調査参加官署 [35]

観測官署	船名	観測	a	b	c	観測官署	船名	観測	a	b	c
樺太中央試水産部	北辰丸	6/3～14	300	73	3	台湾総督府水試	白洋丸	6/5～6	400	14	0
北海道水試	探海丸	1～9	400	38	3	咸鏡南道水試	北鴎丸	5～7	400	21	0
青森県水試	魁丸	6～12	400	14	1	江原道水試	蓬莱丸	5～6	400	14	0
秋田県水試	秋田丸	5～6	300	14	1	慶尚北道水試	迎日丸	5～6	400	11	1
山形県水試	最上丸	5～6	500	14	2	慶尚南道水試	智異山丸	5～6	228	14	1
新潟県水試	妙高丸	4～5	400	17	1	全羅南道水試	海陽丸	3～6	96	17	0
富山県水講	立山丸	5～6	300	13	1	全羅北道水試	豊浦丸	5	80	8	0
石川県水試	白山丸	3～5	300	12	2	忠清南道水試	忠南丸	10～11	50	11	0
福井県水試	福井丸・二州丸	5～8	500	29	2	黄海道水試	海龍丸	2	80	11	0
京都府水講	昭和丸	5～7	300	20	5	朝鮮総督府水試	鸎丸	5/28～6/12	818	39	0
兵庫県水試	但馬丸	5～8	500	23	2		鵬丸	6/3～6	78	17	0
鳥取県水試	鳥取丸	5～6	200	11	0		鴨丸	3～6	140	18	0
島根県水試	開洋丸	5～6	400	15	3	農林省水産局	初鷹丸	3～9	200	201	1
山口県水試	長周丸	5	153	11	5		飛隼丸	5/30～14	120	65	1
福岡県水試	玄海丸	5～6	100	13	1		祥鳳丸	6/1～14	150	336	1
佐賀県水試	―	―	―	―	―		金鵄丸	2～22	10	36	0
長崎県水試	海玉丸	5	100	5	0	早鞆水産研究所		22～25	0	119	0
熊本県水試	肥後丸	5～10	600	40	1	農林省水試	蒼鷹丸	5/5～6/26	3000	182	3
鹿児島県水試	照洋丸	5～9	200	33	0	岩手県水試	岩手丸	5/5～6/12	200	15	0
	光洋丸	4～5	150	10	0	茨城県水試	茨城丸	6/11～13	300	15	0
沖縄県水試	図南丸	8～10	300	16	0	三重県水試	神威丸	5～6	200	13	0
関東庁水試	旅順丸	1～12	81	44	0	和歌山県水試	紀丸	5～6	200	15	0
台北州水試	大和丸	4	68	4	1	高知県水試	高鵬丸	4～6	300	26	0
高雄州水試	高雄丸	2～8	200	21	0	宮崎県水試	日向丸	4～5	300	13	0
咸鏡北道水試	照南丸	2～10	400	22	0	総計		b：海洋観測点数 1743 点			
a：採水最大深度（m）								c：測流点　40 点			

表 5-4　昭和 7 年 5, 6 月連絡施行日本海第一次一斉調査測定手法 [35]

調査項目		調査器具及び方法（一般地方試験船）	調査器具方法（蒼鷹丸）
(1)	測深	鋼索水深（多くは Lucas 測深器）	Kelvin（1.5 H.P.），Lucas（7 H.P.）測深器
	底質	丸川氏採泥器 柴戸式採泥器（保泥布付）	Sibsbee 採泥管（鐵錘 16.5 kg のもの 50 個），丸川式採泥器 3 個（鉛錘 5.6，8.3 kg 計 5 個），wire（S.W.G 24 番 7 子撚，4000 m，3 巻）Richter 式被圧寒暖計（−1～30℃．1/10 目盛 1 個）
(2)	採水	北原式 A 号採水器 （または，Nansen 式採水器）	Nansen 式採水器（連結様）10 個。予備：北原式 A 号採水器 4 個。ゴム製表面採水器 2 個。採水瓶 1200 本
(3)	水温	棒状寒暖計 1/2℃ 目盛，甲種検定証付。 （または，傾倒寒暖計）	Negretti−Zambra 式傾倒寒暖計（1/5℃ 目盛）7 個。Richter 式防圧寒暖計（1/10 目盛）5 個。棒状寒暖計（1/2 目盛）2 個。NZ 式自記寒暖計 1 個
(4)	水色	Forel 標準水色計	Forel 標準水色計。Ule 水色計 1 個
	透明度	透明度板（Secchi Disc 直径 30 cm）	透明度板 2 個
(5)	気象	Robinnson 風力計	Robinnson 風力計 1 個。自記晴雨計 1 個。晴雨計 1 個。測霧板（彩色。各種大。ペンキ塗）
	波浪	晴雨計等	棒状寒暖計若干個。その他は目測による
(6)	海潮流・潮位	潮流板，羽根付海流瓶，潮見縄，碇置用浮標，Ekman−Merz 式または Ekman 式潮流計	Ekman−Merz 式潮流計 4 個（強流用 3 個，弱流用 1 個），海流瓶若干個（1 m 長針金の先に十字組合ブリキ製抵抗板付），潮見縄 1 個，碇置用浮標 1 個，本田式験潮儀 1 個
(7)	塩分	Mohr 氏の硝酸銀滴定法（標準海水　Copenhagen）	
(8)	酸素	Winkler 氏の方法。飽和度の測定は Fox 氏の表による	
(9)	pH	硼酸，硼砂混合液による比色法（指示薬は Cresol red）	
(10)	P_2O_5	Deniges 氏，および Atokins の方法	防腐剤として一合瓶に
(11)	$N_2O_{5-n}-N_2$	Atokins の方法	Toluol 約 1 cc 加えたり
(12)	SiO_2	Dienert, Wandenblucke および Atokins の方法	
(13)	生物採取	稚魚，魚卵採集網（丸型，角型），北原式表層および丸川式中層採集網	

流板追跡3日，投瓶20点600本，底生生物採集2回，稚魚網曳30点の測定を行い，その他中層延縄，底延縄，曳縄，曳攕網（ひきとう），一本釣，刺網により魚類標本を多数採集し，延縄で漁獲したスケトウダラを3ヶ所で合計26尾標識放流した。

それらの結果，宇田・末廣は次のような結論を得た。

① 既往の経験から細密かつ組織的に調査したので，リマン海流，北鮮寒流，対馬暖流，東鮮暖流および中央暖流の存在と本性を闡明するうえで飛躍的進歩をなし得た。これらの基本水塊の消長は結局日本海漁況変動の原動力である。

② 日本海には東北海区と酷似した第一，第二の二段の顕著な潮境（不連続線）があり，これがイワシ，サンマ，サバ，イカ等の漁場および魚道（筆者注：回遊経路）と密接な関係をもっていることを推知した。

③ 中層延縄の試漁7ヶ所からスケトウダラの釣獲率が約2割と濃厚な生息部分を津軽海峡西方の日本海中央部海面150m深付近の中層に発見した。この部分は大冷水塊突出部の潮境に近く，反時計回りの渦流をなし，下層冷水湧昇とともに上層にも天然餌料豊饒な海域であるほか，スケトウダラが中層に生息する等の知見を得た。また，5～6月のサンマは水温10～20℃の水域に見出され，特に水温16～17℃の本土側対馬暖流域では30cm大の成魚から卵および2,3mmから数cm大の稚仔まで採取されるなど，サンマの全生活史を日本海でみることができた。

【瀬戸内海海洋調査】本調査は，第二回，第三回の連絡試験打合会での要望事項であり，昭和7年5月開催の第26回瀬戸内海水産研究会の決議事項でもあった。この趣旨は，「従来瀬戸内海ハ一般海洋観測連絡協定ニ基キ臨海各県水産試験場ノ毎月定期観測行ハレシ外，特別調査トシテハ各県漁場観測及大正四・五年ノ水産講習所隼丸ノ鯛漁場調査，海軍水路部ノ細密ナル潮汐調査，又最近海洋気象台春風丸ノ細密ナル水理的調査ノ行ハレツツアリ。内海ノ海洋状態ヲ明カニシテ魚族ノ去来移動ノ状態ヲ窮ムルハ極メテ適切ノ事」とする連続的，常態的に瀬戸内海々洋調査[40]を行うことであり，瀬戸内海を全10海区に分け観測線の分担実施，23地点での定点観測するものであった（図5-5）。

その後，水産連絡試験第八回打合会において「瀬戸内海水産連絡試験に関する件」が協議された[41]。このときの協議内容は注にて後述する(注12)。中央水試は，瀬戸内海における漁業管理と資源の培養を意図したが，この一方，地方水試は個別課題の協議を期待したもので，紛糾したようである。協議の結果，「瀬戸内海ニ於ケル水産物ノ生産力維持ニ適切ナル蕃殖保護並ニ増殖ノ方法ヲ案出スル為メ，各関係試験機関ガ連絡施行スベキ試験調査事項ニ付協議ヲ行フ」ことになり，「瀬戸内海水産連絡試験ニ関スル委員会決定事項」として，「瀬戸内海臨海府県を委員とする委員会（瀬戸内海水産振興協議会）」の設立と，次のような内容が決定された[41]。

瀬戸内海水産連絡試験ニ関スル委員会決定事項
一．瀬戸内海各府県ハ連絡施行スヘキ問題ヲ立案シテ，来ル七月末日迄ニ中央水試ヘ送ルコト
二．各問題ニハ其ノ実行上ノ各県分担及所用経費概算ヲ次ノ観点ニ分チテ計上スルコト
 (1) 当該府県ヲ基調トスルモノ
 (2) 瀬戸内海トシテ必要ナルモノ
三．中央水試ハ之等ヲ取纏メテ仮立案ヲナシ，各県ハ更ニ之ヲ検討シタル上次回場長会議ニ於テ協議スルコト
四．問題ハ之ヲ次ノ二方面ニ区別シ，更ニ之ヲ直チニ着手スルモノ，近キ将来ニ着手スルモノトニ分ツコト

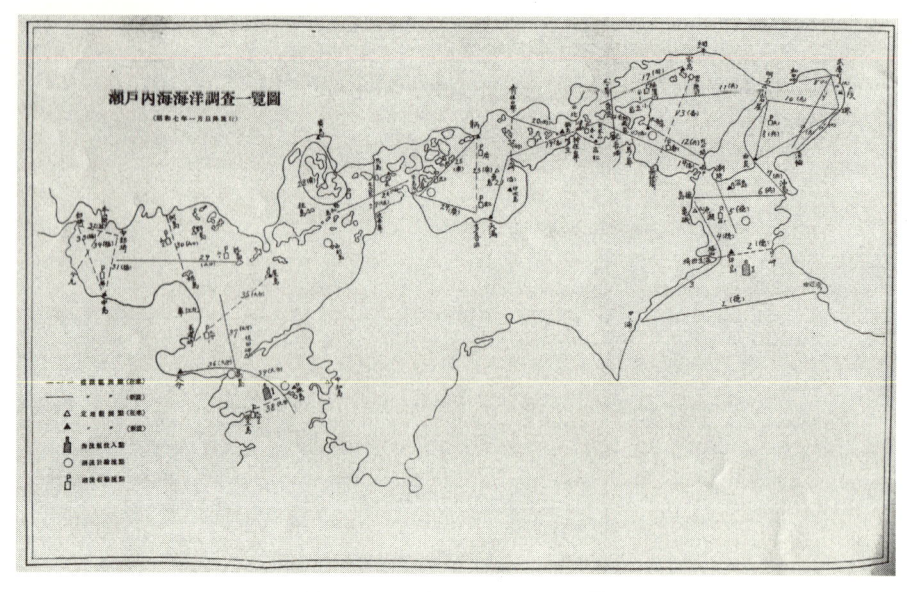

図5-5　瀬戸内海海洋調査一覧図[40]

(1) 試験場本来ノ立場トシテノ問題
　(イ) 試験事業
　(ロ) 試験事業遂行上必要ナル調査
　(ハ) 基本的科学的ナ調査
(2) 差シ当リノ行政ニ要スル資料蒐集並ニ調査
五．問題ノ解決ヲ大体十ヶ年位ノ期間ト予想シ其ノ成ルニ従ヒ対策ノ実現化ヲ期スルコト
六．中央水産試験場及瀬戸内海臨海府県ノ参加ニヨル「瀬戸内海水産振興協議会」ト称スル協議打合会ヲ設定シ，中央水産試験場之ヲ主催スルコト
七．第一回瀬戸内海水産振興協議会ヲ来ル九月中ニ開催シ，第一予定地ヲ兵庫県トシ第二予定地ヲ大分県トスルコト

これを受けて，昭和11年9月，大分市において第一回瀬戸内海水産振興協議会が開催され，下記のことが協定された[42]。本打合会では，瀬戸内海水産振興上第一次的に試験調査が必要な緊急事項とその内容の概略を決定したもので，中央水試はこれにもとづき成案を次回の水産連絡試験打合会に提出することになった。

瀬戸内海水産振興打合協定事項（昭和十一年九月二十四日－二十六日）
　第一．重要水族ノ蕃殖保護並ニ漁獲生産費軽減ヲ目的トスル試験調査
　1．重要水族ノ蕃殖保護ニ関スル試験調査
　2．底曳網ノ漁獲物調査
　3．瀬戸内海底質図及漁場図ノ作製
　4．漁況ト海況トノ関係調査
　5．藻場調査
　6．有害漁業ト称セラルルモノニ付其ノ善処方ニ関スル技術的研究
　7．蕃殖保護並ニ漁獲生産費軽減ニ関スル方策ノ樹立
　第二．重要水族ノ養殖ヲ目的トスル試験調査
　第三．水産物ノ価値増進ニ関スル試験調査
　　附帯協定事項
　　　瀬戸内海ノ範囲ニ関スル件
　　　本打合事項ノ取扱方ニ関スル件

昭和12年7月，第2回瀬戸内海水産振興協議会が明石市で開催され，詳細な試験調査事項，

瀬戸内海の区域および分担区域に関する事項，試験調査の実現促進に関する事項が協議され決定された[43]（資料13）。翌13年の会議（筆者注：試験場事業報告には第5回となっている）が中央水試笠岡分場で開かれ，①各種現況調査に関する件，②次年度以降における既定計画の関する修正に関する件，③タイ生態調査に関する件，④タイ標識放流に関する件，⑤養殖試験に関する件，⑥海洋調査に関する件，⑦前各項以外の協定試験事項に関する件，⑧試験調査の発表討議，についての協議が行われた[44]。当初の目的からはだいぶ後退しているようである。

その後，15年に開かれた第6回瀬戸内海水産連絡試験打合会（愛媛県松山市で開催）（筆者注：なぜか名称が変わっている）では，①各種現況調査に関する件，②タイ生態調査に関する件，③タイ標識放流に関する件，④水産増殖試験に関する件，⑤底曳網漁業調査に関する件，⑥網目試験に関する件，⑦海洋調査に関する件，⑧水質汚濁調査に関する件，の協議が行われたが，以後は開催されていないようである。

【北太平洋距岸一千浬一斉海洋調査】昭和8年8月（第一次）からはじまり，昭和17年の第10次調査まで，毎年8月と9月に実施された（後述，表7-1，159ページ）[45]。このうち，三次以降の調査は，東北冷害対策調査の一環として実施された。この主旨は，「かつを，まぐろ，さんま他等ノ好漁場タル東北海区ニハ，三百浬以上ノ遠洋ノ状態ニ関シテハ其ノ資料ニ乏シク，且ツ之ガ一斉調査ノ如キハ嘗テ企テラレタルコトナシ。近時遠洋漁場ノ拡大ハ一千浬以上ニ及ブヲ以テ，八月（五日）ヲ期シ海洋連絡調査網ヲ編成シ，一齋ニ各分担海域並ニ担当事項ヲ定メ相連携シテ距岸一千浬ニ亘ル海洋観測，漁況並ニ漁場生物ノ調査シ，黒潮，親潮二流ノ衝合状態ヲ究メ，『かつを』其他ノ漁況ト海況トノ相関関係ヲ明カナラシメントス」[46]というもので，「水産連絡試験打合会」では確認作業をしたのであった。

昭和10年4月に八戸での第20回東日本太平洋海洋調査協議会[47]では，中央水試から春日場長，丸川，宇田技師が出席し，①観測報告，および採取海水は可及的迅速に送達すること，②表面水温は無電により迅速に互報すること，③北太平洋距岸一千浬一斉海洋調査は昭和10年以降は，必ず毎年8月5日を期し実施することとし，調査内容その他に変更の必要ある場合のみ提案協議すること，④横断観測の観測水深は0, 10, 25, 50, 100, 150, 200, 400 m（第三回漁撈海洋調査担当官会議協定の通り）の順とすること，⑤中央および宮城県以北の各道県1, 2, 3月の観測の際特に「やく水」[注13]の観測に留意し互報すること，が決められた（図5-6，表5-5）。

北太平洋の一斉調査は，海軍に諸官庁，大学関係等，いくつかの潮流が海洋調査について交錯したので，宇田[48]は，「春日信市農林省水産試験場長に，僕は本当いうと太平洋はやりたくない。日本海はもうさんべんぐらい四季一斉調査をやって，その調べにものを言わせてもらいたい。太平洋は君の個人の趣味でやってはいけない。趣旨が違うと戒められた」と書いた。70年前も，今と同じように各組織の存在と役割分担が問われていたのであろう。

5・3 地方水産試験場等による海洋調査

地方水試は，中央水試主催の「連絡試験打合会」「漁撈海洋調査担当者打合会」に参加し，その決定にもとづいて，「定線・定地調査」「一斉調査」を実施した。このほか，独自の目的に沿った海洋調査・漁場調査を実施した。これらの結果，定線ライン数は著しく増加し，昭和10年頃には半期ごとのライン数が国・地方あわせて100ラインと最大レベルに達した（図5-7）。昭和13年1月の観測位置一覧図[49]を図5-8に示す。昭和4年（図5-2）のものと比

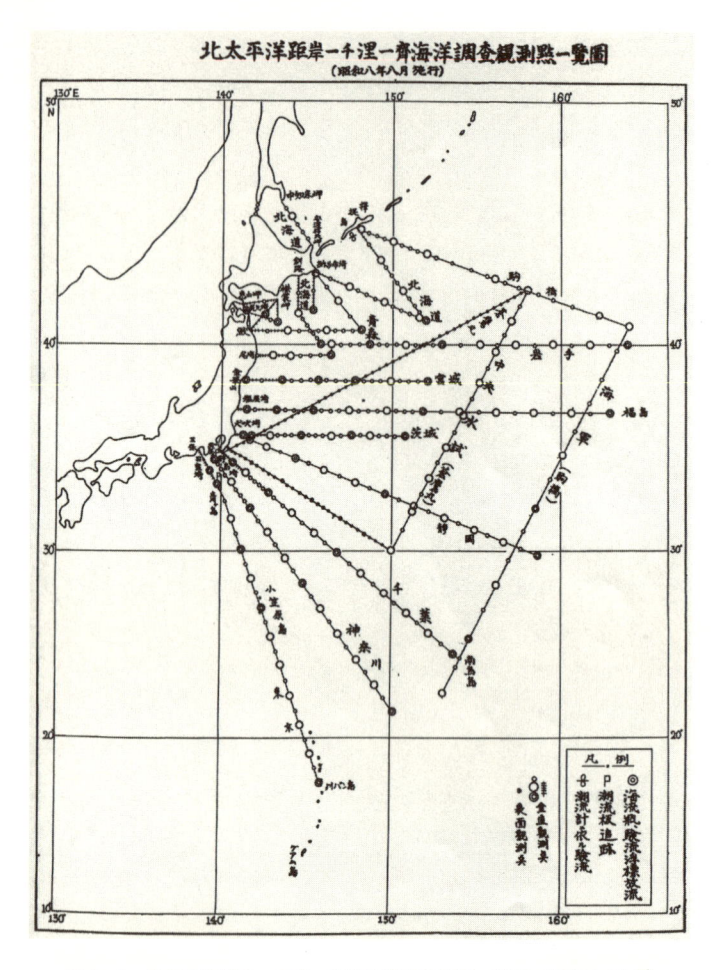

第5章　農林省水産試験場の設立と海洋調査事業の新たな展開

図5-6　北太平洋距岸一千浬一斉海洋調査観測点一覧図（昭和8年）[46]

表5-5　昭和8年8月北太平洋一斉海洋調査施行一覧表[45]

観測官署	船名	観測月日	観測線	塩検数	測点数	採水最大深 (m)	海流瓶投入点 (本数)	備考
北海道水試	探海丸	7.30～8.17	北海道南海, オホーツク	687	81	400		
青森県水試	魁丸	8.1～3　8.11～14	鮫 E300 M～納沙布～鮫～尻矢～恵山～襟裳～鮫	335	49	300	3 (150)	
岩手県水試	岩手丸	8.5～12	釜石 E200 M, 200 M 点～40°N 線 1000 浬	423	40	600	4 (200)	
宮城県水試	大東丸	8.5～8	金華山 E350 M	163	37	300	4 (200)	a
福島県水試	磐城丸	8.6～13	塩屋埼 E1000 M	289	21	300	5 (247)	
茨城県水試	茨城丸	8.8～11	犬吠埼 E500 M	234	37	400	5 (250)	
千葉県水試	ふさ丸	8.5～16	野島埼～南鳥島～硫黄島	293	27	400	4 (200)	b
神奈川県水試	相模丸	8.6～13	大島 S35°E1000 M	225	33	400	5 (250)	c
東京府水試	武蔵丸	8.4～12	伊豆～小笠原～サイパン	243	27	400	4 (200)	c
静岡県水試	富士丸	8.5～12	犬吠埼 ESE1000 M	165	21	400	4 (240)	
農林省水試	蒼鷹丸	7.31～8.17	距岸 600 M 東北区	344	24	1500	－	d
海軍水路部	駒橋	8.1～13	択捉～南鳥島東北海区千浬沖	452	34	1500	－	
		7.30～8.17	距岸 1000 浬以内	3853	419	300～3000	39 (1987)	

（註）a：機関故障のため，予定点500マイルに達せず，帰港
　　　b：このほか，漁場観測2点
　　　c：潮流板1日
　　　d：最深3000mまで観測。このほか表面観測175点

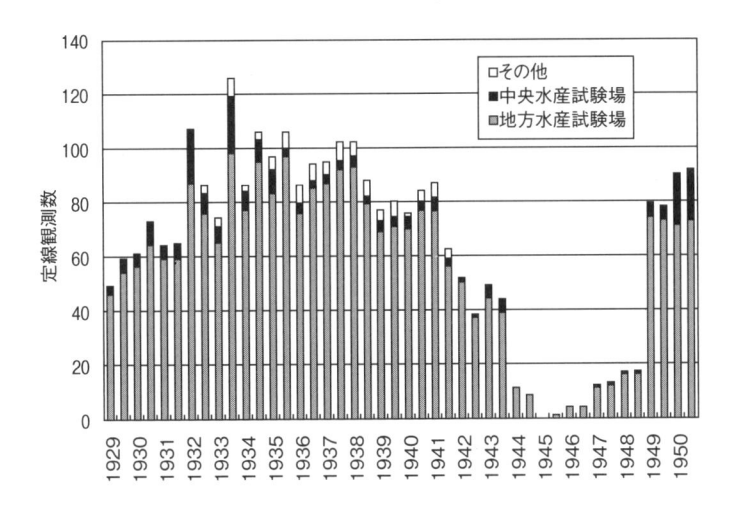

5・3 地方水産試験場等による海洋調査

図5-7 水産試験場設立以後の半期ごとの海洋調査定線ライン数の推移
　　　調査ラインの定義は，半期に一度でも毎月でも一ラインとする。その他は水産局の漁業取締船。データは海洋調査要報より作成

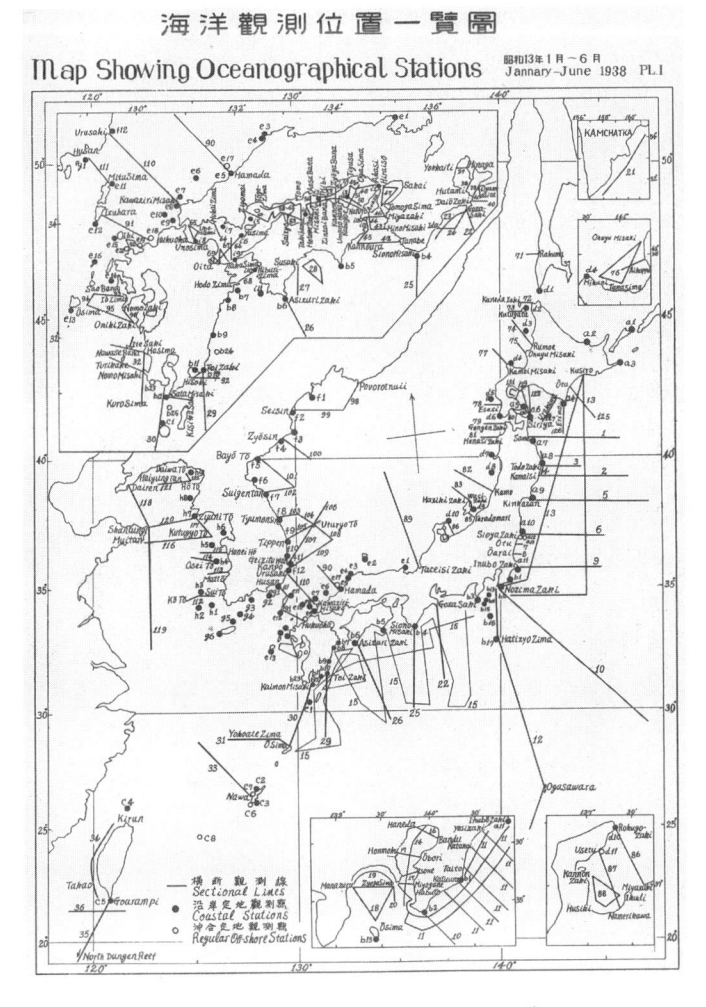

図5-8 昭和13年1月の観測位置一覧図[49]

第5章　農林省水産試験場の設立と海洋調査事業の新たな展開

べると，どこがどう増えたかが理解できるであろう。これと，漁業の外延的発展に呼応するような形で，各地方水試において大型新船が建造された[50)]（表5-6）（第9章参照）。

例えば，高知県[51)]では二代目「高鵬丸」が建造され，カツオ，マグロ漁場の調査水域がさらに拡大し，昭和3年からは台湾近海から北海道沖合域までのわが国太平洋全域に及び，昭和5年には南シナ海，スルー海の調査が行われた。昭和7年には室戸岬南方約400浬にある大規模な天然礁を発見し，高鵬礁と名付けられた。島根県[52)]でも，「昭和9年，老朽化した開洋丸の代船として島根丸（93トン，ディーゼル185馬力）が建造された。海洋漁場研究が実用領域から基礎的領域に入りかけた時，このような大型の試験船の建造が一層この研究を拡がるかにみえたが，現実には定線観測量は著しく減少する傾向を示し，昭和9年以降13年まで浜田NW横断観測は年2回となり，15年には業務の都合上でこれを中止し，戦後昭和23年まで全く行われることはなかった」。

ここでは，いくつかの各道県が実施した定線調査，定地調査について紹介する。

北海道[53)]は，「大正5年から漁場往復時に定点を決め，複数回観測する重要地点調査（後に定地観測）と定線を設け，横断観測を実施した。大正10年から15年にかけて海流瓶調査を実施し，昭和11年に水産調査報告書第38冊に付録として取りまとめられた。昭和2年以降，有用水族の豊凶，来遊時期等の漁況を明らかにする意図で，「有用水族調査」とともに，漁場における海況を把握するための「沖合調査」を昭和24年まで実施した。これらの結果は北海道水産試験場海洋調査月報に報告された。1930年代には北千島のサケ・マス流網漁業が発展するにともない北緯51度までの千島列島太平洋側の海況調査が始まった。昭和8年，「海潮流の魚群行動に及ぼす影響調査」が実施された。これは，「海潮流は魚群の去来に密接なる関係あるが，現在，表面流のみがやや知られ，中層以深の状況は不明の点が少なくない。表面流も風力，風向等気象事項の影響による変化等詳ならず。故に各地方的特徴を模型により実験的に決定し，既知の気象事項その他により魚群の去来を推知し，漁業上に資する」ため，まず漁況の蒐集が比較的容易で地形があまり複雑でない噴火湾の5万分の1の立体模型（深度方向は100mを13cmに縮尺）をつくり人工水流，人工的風向，風力を各種の強さで送り，その流動状態を調査しようとしたものであった。表面流の観察はアルミ粉末を散布し，中層の流れは細いガラス管の先からアニリン赤色色素を滴下して方向，速度を求め，それまでの海洋観測結果を取まとめて噴火湾の流動を想定し，噴火湾の水が秋季に親潮系水から津軽暖流系水へと交替することも明らかにした」。なお，図5-9は昭和

表5-6　昭和13年の地方庁水産試験船トン数別表[50)]

トン数別	国　内	外　地	計
10～50	34 (31)	13 (13)	47 (44)
50～100	21 (3)	6 (1)	27 (4)
100～150	13	1	14
150～200	4	1	5
200～250	2		2
計	74 (34)	21 (14)	95 (48)

注：（　）内は木造船

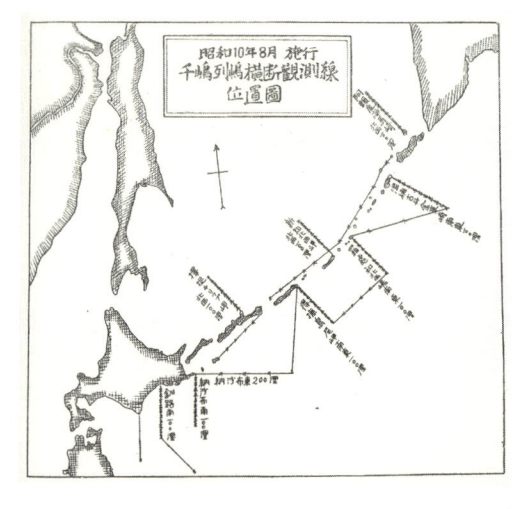

図5-9　昭和10年8月に施行された千島列島横断観測線[54)]

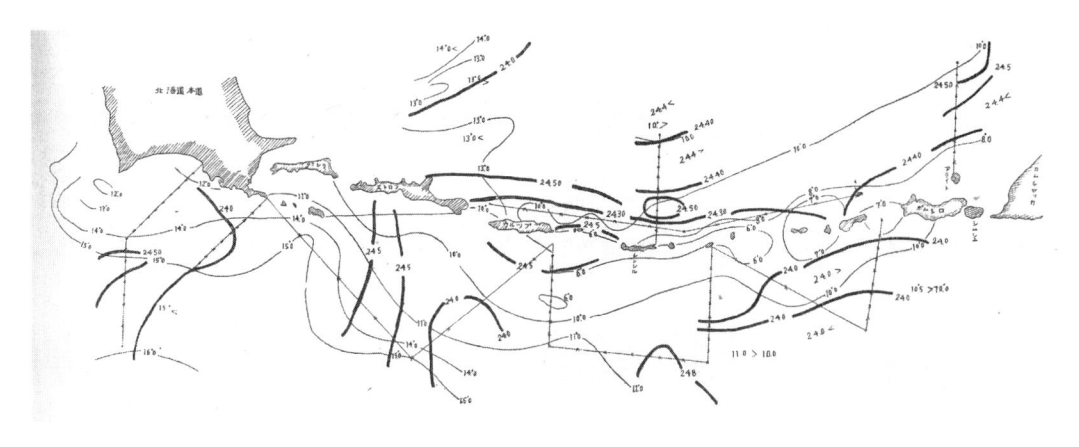

図5-10 千島列島横断表面水温,比重分布海況図[54]

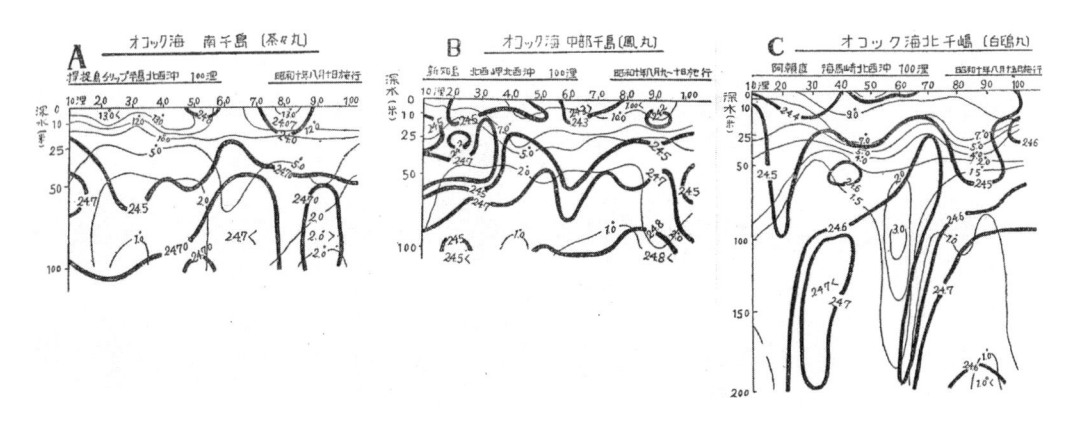

図5-11 千島列島の海洋断面図[54]

10年8月に同水試が実施した千島横断観測調査線図,そのときの海洋図(図5-10)と海洋断面図(図5-11)である[54]。

岩手県[55]は,県下の主要岬沖や湾口部において定期的に観測を行っていたが,昭和9年度からは県下9ヶ所の岬の距岸8マイル点における海洋観測を定点化・定期化した。また,昭和11年2月,大釜崎沖6マイルに3.3℃の異常冷水帯の南下張り出しが例年より強勢で2ヶ月余り経過後も局所にこの冷水が残った。さらに水温の上昇が遅いのでプランクトンの発生も少なく,海水の混濁度も低く,かつ冷水来襲中も漁況はよかったと報告した(第7章参照)。

静岡県[56]は,浜名湖横断観測(昭和9〜13年),湖東養蛎場調査(昭和9〜13年),佐鳴湖調査(昭和9年),猪鼻湖横断観測(昭和9年),その他の観測(昭和11〜13年)の浜名湖における調査を実施した。毎月1回横断観測を行い,気象項目のほか,上中底層の比重,水温など簡単な観測であったが,9年6,7月から,pH,アンモニア,亜硝酸,ケイ酸,リン酸,プランクトン調査も行った。

三重県[57]は,昭和5年には川越養魚場が竣工し,伊勢湾の湾奥部での海洋観測がはじまった。同年1月の伊勢湾横断観測線は合計29測点の観測が行われた。昭和6年12月からは熊野灘沿岸線の測点数が増大し,25〜30測点の観測(水温・比重,透明度,水色,水深など)が冬春季に行われるようになった。これはブリ定置漁場の海況調査が目的と考えられる。昭和

第5章　農林省水産試験場の設立と海洋調査事業の新たな展開

9年1月の熊野灘沿岸線は合計38測点で観測が行われた。

徳島県[58]は，横断観測（伊島〜日ノ岬），縦断観測（徳島沖ノ瀬〜宍喰竹の島）等を実施したほか，イワシ漁獲量調査を行い，関係漁業組合に通知をした。

高知県[59]は通常の定線調査のほか，昭和11年2月，甲浦沿岸域に異常冷潮が出現し，沿岸に生息する魚類が大量斃死したため急遽調査を行った（6・10を参照）。

大分県[60]は通常の定線観測のほか，大正14年，沿岸水の観測として別府湾や県沿岸域で水温，比重，透明度等の海洋観測を行った。また，昭和11年度には，「猪之串湾ニ於ケル鰤蓄養並養殖計画地ノ適否調査」で水温，比重，底生生物，浮遊生物，および海底を調査した。

島根県[61]は，大正後期，浜田の北西観測は試験船の大型化により冬期観測も安定的に実施し，朝鮮沿岸から鬱陵島を含む日本海西南海域数百浬の海洋調査が容易にできるようになった。そして，数年の観測調査データの蓄積から平均値を求め，その年々の海洋状態を平均値から偏差として説明できるまでに成長した。海流瓶による海流調査も定期的に実施され，その拾得状況から対馬暖流の平均流速が記述されるようになった。大正13年には，観測項目に水色・透明度が加わり，さらに，プランクトン採集を行ってこれを分類し，サバの餌のプランクトン量からサバ漁況について説明し，地方機関としてはじめて海況と漁況との関係についての研究成果をまとめた。島根県によれば「サバ漁業と沖合深部冷水団との関係概要として発表した。また，昭和6年，県下沿岸のサバの回遊密度と海況の関係における島根近海の海洋状態について，対馬海流の流軸の移動と日本海の下層部に停滞する深部寒冷水団の末梢流の消長の概要について述べた。すでに10余年の海洋調査の経験が学問的知識を育成し，適確な海洋構造の知見を紹介した。この報告は漁場形成論としてはじめての白眉の研究であって，深部寒冷水団（日本海固有冷水）の末梢流は底部冷水を指し，これの変動と漁場形成のメカニズムを探る研究は当場の海洋漁場研究の主流となった」。

福岡県[62]は，大正2年から昭和25年まで，観測内容を変更せずに，玄界島〜対馬厳原について海洋調査を継続した。昭和5年から8年に，これに付随した調査が対馬〜巨濟島（韓国）で一時的に実施された。その後も，玄海〜厳原間で調査が行われ，1919〜1979年の50年以上の膨大な資料から，低温期，高温期の周期性があることを明らかにした。この間，昭和4年と5年，海流調査として長崎県大島と対馬豆酘間の3ヶ所，対馬と沖ノ島間の2ヶ所，沖ノ島と山口県角島の2ヶ所に6，11月に各々50本の海流瓶を投入した。同6年，その内容が変更され海流瓶の投入箇所が，東水道では定期海洋観測の定線上の3点となり，さらに西水道の対馬小竹瀬〜巨濟島南端小竹列島の2点となった。以来，同15年まで東西両水道で6，11月の毎年2回の海流瓶の投入が行われたが，10年間の海流調査にもかかわらず，毎年の海流瓶の拾得結果は記載されていたものの対馬暖流の消長にかかわるような海洋研究までには進展しなかった。

朝鮮総督府水産課は大正4年以降，水産組合や灯台に沿岸観測を嘱託し，日々の表面水温，比重の測定および気象観測を実施した。大正6年に鷁丸（みさごまる）（木造汽船，62トン）が進水し，漁撈試験，漁業取締まりのかたわら，南鮮近海の海洋観測を実施した。大正10年5月に朝鮮総督府水産試験場が設立されると同水試に海洋調査事業は移管された。大正12年設立の咸鏡南道水試を皮切りに各道に水産試験場が設置されると，総督府水試は，各道の水試と連絡して調査網を張り，連絡事業として毎月，沖合定線等の海洋調査が実施された。これには一般的な海洋調査のほか，稚魚，プランクトン採集も併行して実施した。

大正15年以降には，海流瓶による表面海流の調査を朝鮮内各道水試とともに，年4回または，月々定線観測の際に実施し，昭和10年までには5500本（拾上率は約20％）に達した。流速計による観測は，大正12年8月，釜山南東沖8浬沖（水深106 m）を皮切りに，随時，朝鮮沿海諸点で25時間あるいは13～14時間の連続観測等をも実施した。昭和6年12月，新海洋調査船鵄丸（鋼製発動機船，153トン，320馬力，速力11.8ノット）が竣工し，観測設備も整備され，観測調査海域も，朝鮮半島から北海道，日本海の横断，シナ東海，黄海から渤海湾まで調査航海するようになった。

　これらの成果については，大正15年には海洋調査報告第1号（至大正10年10ヶ年の定地観測成績），同2号（朝鮮近海海流調査成績），海洋調査要報1～9号（昭和元年以降の海洋調査年報），朝鮮総督府水産試験場報告第5号（朝鮮東近海測深成績）のほか，朝鮮近海海洋図（大正15年1月から昭和16年まで，月々の横断観測成績を掲載）として発行された[63]（注14）。

　また，昭和11年2月から3月にかけてイワシ産卵調査が実施され，昭和17年は軍による航行規制や燃料調達不能のため九州西岸域の調査を中止したが，昭和19年度まで毎年継続した[64]。これにより，九州西岸域におけるマイワシの産卵が証明され，戦後のマイワシ研究に大きく貢献する。このほか，関東庁水試は昭和2年に，台湾総督府殖産局は大正7年以降に横断観測を開始した。

　一方，民間試験研究機関については，早鞆水産研究会の熊田頭四郎を主任として主にシナ海底魚漁場を対象に実地の調査を進め，魚族図説や底質分布図等を刊行した（注15）。熊田頭四郎は，漁撈海洋調査担当官打合会で，「勃海湾及支那東海，黄海，東京湾等に於けるマダイの分布，回遊，移動及産卵状態等より其海況との関係」について報告した。戦前できた南洋パラオの熱帯生物研究所（学術研究会議）は所長畑井新喜司の下に海洋生物学のすぐれた業績を残した（注16）。伊豆下田に三井高脩創設の三井海洋生物研究所（所長：谷津直秀）（注17）も俊秀の若手研究者を擁したが戦争になって腕を振るえなかった。

5・4　海軍水路部による海洋観測

　水産関係とともに日本の海洋調査の重要な一翼を担い，また，測量を中心として明治初期から海洋調査を実施してきた「海軍水路部」における海洋観測を「日本水路史」（海上保安庁水路部刊）[65]によりみることにしたい。

　明治3年，イギリスのシルビア号とともに第一丁卯丸による南海の測量が柳　楢悦（注18）に命じられた。この測量では装備・技術とも甚だ問題があり，事実上，イギリス式測量の実習の域を出なかったというが，これがわが国における海岸測量のはじまりである。しかし，同年8～12月に実施された備讃瀬戸の測量では，独力で「塩飽諸島実測図」を完成させた。その後，明治14年「全国海岸測量12ヶ年計画」を策定するなど，着々と海岸測量が実施された。

　一方，海洋調査については，潮汐や潮流等は各測量時において記録をしていたが，明治35年に験流儀（流速計）7台を購入し，明治36年に葛城艦による室蘭～浦河間の測量時に潮流を測量した。同年に磐城艦による日向大隅沿岸測量時，翌37年には音戸瀬戸の潮流測量において大潮時・小潮時における漲落両流の速力および憩流時を測定し，その後，主要測量の成果には必ず潮流図が添付されるようになった。

　技術的潮流測量の成果は，明治41年から流向を矢符で示し，流速を数字で示したほか，測量した海底および海面の温度を図上に示すこととし，海水の比重測定には秤水器を使いはじめた。同43年，米国製のリッチーハスケル，ピルスバリーの流速計を購入し，これにより下層水の験流も行われるようになった。明治44年，

第5章 農林省水産試験場の設立と海洋調査事業の新たな展開

浮標追跡方式による大隅海峡から九州東岸の海流調査を葛城艦で実施した。これは，沖合における海流調査の最初である。翌年，松江艦による紀伊水道～熊野灘～遠州灘～犬吠埼間の海流を測定し，大正14年には「海流速報」を発刊した。大正9年以降は海洋調査に意を注ぎ，大正9年1月「水路要報」を刊行し，一般水路に関する報告以外に，海洋に関する各種の報告も公表した。特に，大正11～昭和3年までは，軍艦満州を派遣して，北太平洋の観測ならびに深海の測量を行う等，わが国未曽有の海洋調査事業を実施した。昭和6年から，海区別，月別，四季別等の各様式による海流図を作成し，「水路要報」に掲載した。

このように，水路部も順次，海洋観測にも力を入れていった。海洋データの収集については，従来，一般船舶の協力を得て，報告数が昭和11年頃月間500～800通にも達した。昭和12年2月には，新たに各地測候所・灯台等に結氷や流氷状況を，また，汽船会社には各船の海流観測値の速報を依頼した。しかし，その多くは航路筋や特定海面のため，同年4月中央水試と協議し，各府県の水産指導船利用による調査を開始した。また，観測空白の海面に出動しそうな遠洋漁船100隻に温度計，アネロイド気圧計，表面採水器，海水温度計等を貸与し，気象・海象資料の収集を委託した。さらに，黄海・東海・シナ海および南シナ海に出漁する日本水産(株)のトロール船から水深・海底状況などの報告を受けての調査研究もはじめられた。

その後，水路部は特務艦である測量艦とは別に，昭和13年，岸人大佐（水路部第五課長）から，文官により運営できる専用観測体制を構築するため，①昭和14年から同17年までに200トン級海洋観測船6隻，また，昭和20年までに800トン級海洋観測船10隻を建造する，②借用船による一斉海流観測を行う，③日本沿岸の要所約25ヶ所に海洋観測基地を設定し，この基地に海洋観測班を常駐させ，30トン級海洋観測艇を配属し海洋観測をする，との構想が提出され，順次，実施されていった。

①のモデル船は，北海道水試所属の三洋丸（210トン，500馬力，鋼鉄製スクナー型帆走蒸気船）（図5-12）[66]で，13年「第一海洋」，「第二海洋」を新たに建造し，その後，18年までに6隻建造された。②は，その第一海洋，第二海洋等をはじめとして，蒼鷹丸，キャッチャーボート（200トン），明賀丸（40トン）等の借用船により，本州南方から九州東方海面にわたり観測するなど，一斉調査が昭和13年から19年まで実施された（表5-7）。昭和16年に使用した部外船舶は30隻を超えた[注19]。このうち，同14年2月から15年2月まで，水路部岸人大佐，神戸海洋気象台日高技師，中央水試宇田技師が，砕氷艦大泊に同乗して，オホーツク海の冬季・春季における氷の状況や海面下400mまでの海水の状況を調査した。その結果は，三者統一の見解として同15年2月，「日本近海の海氷の名称について」を水路要報（207号）に発表した。

このときのことについて，後日，宇田[67]は，「航海中酒好きの岸人さんに引っぱり出され，夜よく日高さんもいっしょに飲んだ。酔ったKさんは，『水産試験場の海洋調査などタタキつぶしておれの方へ来い。お前のやっているシオメなんか止めろ。三千メートルの深海までの観測など水産には要らん。岡田武松なんかは軍の

図5-12 三洋丸[66]

表5-7 水路部における海洋観測船および借用船による観測経過表
海上保安庁水路部[65]を改変して引用

	観測方面	観測使用船および主務職員
昭和13年	本州南方	蒼鷹丸（加藤元柳）・玉丸（〃）・第二玉丸（島崎正彦）・第三玉丸（山崎嘉美）・第五玉丸（渡辺謙次郎）・第六玉丸（福富孝治）・明賀丸（島崎正彦）
	黄海・シナ海	快鳳丸（吉村正猪）・白鷹丸（山崎嘉美）
	オホーツク海	大泊（佐藤富士達）（注）海氷観測が主務（14年度には鎌田弥三郎派遣）
昭和14年	本州南方	第一海洋（島崎正彦）・第二海洋（城至誠一）・第六京丸（菱田耕造）・第七京丸（山崎嘉美）・第八京丸（福富孝治）・第十京丸（加藤元柳）・第三玉丸（葛西資親）・第七利丸（吉村正猪）・第十拓南丸（山下 馨）・第八拓南丸（大東信市）・第二利丸（鎌田弥三郎）・第一拓南丸（富田皇一）・第二拓南丸（石井正己）
	黄海・東海	第三拓南丸（藤井正之）・第五玉丸（重松良一）・第七玉丸（宇田川徳之助）
	南シナ海	蒼鷹丸（川田健次）・快鳳丸（山下 馨）・俊鶻丸（中宮光俊）
昭和15年	本州南方	第一海洋（島崎正彦）・第二海洋（城至誠一）・第三拓南丸（福富孝治）・第五拓南丸（鎌田弥三郎）・第八京丸（葛西資親）・第一昭南丸（山下 馨）・第六昭南丸（加藤元柳）・京丸（菱田耕造）・第六玉丸（富所茂三郎）・白鳥丸（小島綱貞）・高知丸（坂上源次）・日向丸（加藤 満）・蒼鷹丸（葛西資親）
	黄海・シナ海	利丸（中宮光俊）・白鷹丸（吉村玉猪）
	セレベス海	快鳳丸（大東信市）
	バンダ海	俊鶻丸（菱田耕造）
昭和16年	本州南方	第一海洋（城至誠一）・第二海洋（田中良夫）・三洋丸（富所茂三郎）・磐城丸（浜田 実）・第二玉丸（富所茂三郎）・第二利丸（鎌田弥三郎）・第五利丸（小林邦彦）・第七利丸（坂上源次）・第三昭南丸（藤井正之）・第六昭南丸（小島綱貞）・第七昭南丸（葛西資親）・第八昭南丸（白石健雄）
	南シナ海	富山丸（川田健次）・白鷹丸（丸田頼三）
	ジャワ海	陽光丸（葛西資親）
	日本海	蒼鷹丸その他各道府県水産試験所船19隻の委託船舶による一斉調査
	本州東方	蒼鷹丸その他各道府県水産試験所船7隻の委託船舶による一斉調査
	ベーリング海	快鳳丸
昭和17年	本州南方	第一海洋（吉岡一雄）・第二海洋（田中良夫）
	南西諸島	第三海洋（末 正範）・第四海洋（佐藤孫七）両船とも17年1月第8気象隊に配属替
	本州東方	磐城丸（小石田直隆）・三洋丸（鈴木泰道）・神鷹丸（阿部八雄）・蒼鷹丸（金沢利男）・探海丸（富所茂三郎）・陽光丸（藤井正之）
	北方海面	凌風丸（菱田耕造）・富山丸（猪狩 良）
	南シナ海	白鷹丸（富田豊一）
昭和18年	本邦南方	第一海洋（吉岡一雄）・第二海洋（田中良夫）・4月第三海洋（神田 久）
	北千島方面	第五海洋（木村有己）・第六海洋（吉岡一雄）7～11月
	南方方面	富山丸（吉田 密）4月
	日本海	富山丸（鍛冶久安）6～9月
昭和19年	駿河湾	第三海洋・第四海洋・第五海洋・第六海洋・三洋丸
	南方方面	戸上山丸（富山丸改称）東京～スラバヤ間往復時

言うことをきかん国賊だ。殺してしまった方がよい。』などといった。腹の内が出たのだと思った。私はもちろん即座にことわった」と書いた。このことは日高孝次[68]も「海と日本人」（東海大学出版会）の中で触れている。

なお，蒼鷹丸が参加した調査については資料11にも示した。③については，土佐清水港，油津港，下田，八丈島，紀伊勝浦，那覇等に水路部海象班を置き，30トン内外の遠洋漁船を雇い，基地から100マイル圏内に設けられた観測定線に沿って，600m層までの各層観測を主体に毎月2～3回の観測を行った。しかし，戦争が激しくなり，中止を余儀なくされた。

5・5　気象官署による海洋観測

戦前までの気象官署の海洋業務は，黎明期（大正9年，神戸に海洋気象台が開設される以前），創設期（大正9年から昭和10年まで），戦前の発展期（昭和11年から21年まで）に区分される。本項では，安井善一論文「気象庁における海洋業務の歴史」（日本海洋学会20年の歩み）[69]により歴史を遡ってみたい。

①黎明期：明治5年函館測候所による函館港内で海洋調査等，二，三の気象官署での断片的な海洋調査が行われた。その後，中央気象台予報主任の和田雄治による，いわゆる「瓶流し」よる海流調査と，明治25年から20年間の船舶航海日誌による表面水温を統計して，北西太平洋の平年水温各月分布図を作成し，「中央気象台欧文彙報」に発表した。これらについてはすでに第1章で書いた。大正6年富山測候所で蜃気楼調査の際の海水温の調査，明治25年開始の網走測候所の海氷観測等，各地の沿岸気象官署では沿岸水温，波浪，津波，海氷の調査が実施されはじめた。

②創設期：大正9年，神戸に開設された海洋気象台を中心として本格的な海洋調査が開始された。これは，ドイツハンブルグの海洋気象台にならい，船舶への気象サービスを目的とした。観測船のなかった当初は，一般船舶からの資料，練習船進徳丸（大正13年建造）等の船舶への便乗による観測の資料で研究が行われた。このほか，3トンの海洋丸（大正10年建造）を用い，大阪湾，琵琶湖等で精密な調査を行った。これが気象官署における正式な海洋観測の第一歩である。

昭和2年に気象官署最初の観測船「春風丸」（125トン）が建造され，計画的な海洋観測が開始された。春風丸は，播磨灘，大阪湾，紀伊水道，瀬戸内海，日本海等を調査し，特に，4年にわたった日本海の海洋観測では，ナンゼン転倒採水器，リヒテルウイゼ，ネグリッチザンプラの転倒温度計を使って3000 mまでの測温，採水を行い，塩分はクヌードセンの方法による塩分検定法のほか，溶存酸素，リン酸塩，ケイ酸塩の分析，pH測定も行った。また，要所では，エクマン流速計を使い一昼夜以上の碇置測流した。須田晥次はこれらの観測結果を用いて力学的計算を行い日本海の海流分布を明らかにし，同時に，垂直安定度の計算から同海全般にわたる海流の機構を物理的に解明した。プランクトンについては丸川式ネットを使い採集し，沈澱法による定量と検鏡分析を行った。そのほか，底質の採集も行われた。昭和8年夏から3年間，南西諸島および九州環海の海洋観測が行われ，黒潮流域の水塊，流速の分布が明らかにされた。このほか，紀伊水道，別府湾および豊後水道（以上，昭和2年），瀬戸内海周防灘，東京湾，伊勢湾・三河湾（以上，昭和4年），鹿児島湾，津軽海峡（以上，昭和5年），大村湾（昭和6年），噴火湾，陸奥湾（以上，昭和7年），富山湾，有明海，八代海，敦賀湾（以上，昭和11年）で局地的観測が実施された。また，神戸，大阪，門司，名古屋，敦賀等で測流を主とする港湾調査を行った。

さらに，気象官署では湖沼（琵琶湖，池田湖，十和田湖，洞爺湖，中海湖，宍道湖，甑島なまこ湖群等），河川（淀川を含む大阪湾の諸河川，吉野川，江川，揖保川等）で湖沼観測を行った。以上のような海洋調査のデータ速報のために，昭和4年に「海洋時報」が発刊され，大戦の末期まで続いた。これらのデータをもとに研究論文が「海洋気象台彙報」，「海と空」（最初は「時習会」，現在は「海洋気象学会の機関誌」）に掲載発表された。

昭和8年頃から，海軍，水産関係等の多くの船が海洋観測を行うようになり，観測基準の統一のために海洋気象台は「海洋観測法」を作成し，昭和11年に出版した。このほか，海潮流の模型実験（瀬戸内海の潮流実験，日本近海の

海流模型，琵琶湖の模型実験等），海洋測器の検定（エクマン・メルツ流速計，転倒温度計の零点等），日本近海表面水温の調査，沿岸水温・比重の調査（石垣島，和歌山，銚子，宮古等16ヶ所の測候所に毎日午前10時の表面水温，比重の観測を依頼し，観測資料を収集調査），海氷の調査，潮汐の観測調査，波浪の観測調査が実施された。

③戦前の発展期：神戸海洋気象のほか，中央気象台，函館海洋気象台および管下の測候所でそれぞれ海洋調査が行われた。昭和9年の東北凶冷と室戸台風を契機に海洋調査の重要性が認められ，昭和12年の凌風丸（1179トン）の竣工等，測候所と協力して海上気象・海洋の観測を行い，観測資料を整理した。昭和17年に函館海洋気象台の創立により，従来の海洋気象台は神戸海洋気象台と改称された。中央気象台では，凌風丸により北千島，北海道海域，三陸沖，本州南方海面の海洋観測を行い，また，朝潮丸により，駿河湾，相模湾等の観測を行った。函館海洋気象台では夕汐丸により，宗谷海峡，噴火湾等を観測した。

昭和16年，第二次世界大戦勃発にともない，凌風丸は海軍に徴用され南方諸地域から千島列島に至る諸海域で気象観測通報や水路測量に用いられ，夕汐丸ももっぱら物資輸送に使用された。わずかに，黒潮丸，親潮丸が沿岸付近の定線観測を維持していたに過ぎない。このため，湖沼の観測を行った。化学分析も，ケイ酸塩，リン酸塩の他に，デュボスク比色計により窒素化合物（アンモニア，亜硝酸，硝酸，タンパク窒素，有機窒素）および鉄塩，硫酸塩等の比色分析が神戸海洋気象台で実施された。中央気象台では，ケルビン式推算器を購入し，昭和9年から「潮位表」を発行した。当初は，15港の推算値を掲載したが，毎年内容を増加して，昭和20年の潮位表には29港を掲載するようになった。

5・6　沿岸漁場環境（水質）の調査

鉱毒事件としては，明治から大正にかけての足尾銅山，別子銅山が有名である。足尾の銅は近代日本の殖産興業を支え，日清，日露の戦争で日本を勝利に導いた[70]。その結果，わが国の漁業水域も著しく拡大したが，同時に，この大増産で鉱害被害も一気に拡大した。足尾銅山と別子銅山の鉱害に関して，加害会社の対応は相反するもので，今では大きな教訓となるものである(注20) [71]。

この他にも鉱毒による被害が発生した。例えば，静岡県伊豆半島では，江戸時代から鉱毒問題があった。賀茂郡白田村では，戦国時代から硫黄の採掘が白田川上流で行われたが（明治末期まで操業），採掘残渣の河川への流出により，下流の農作物や海岸のアワビ，サザエ，イセエビ，テングサ，根付魚などが被害を受けた。このため，元禄末期から明治中期まで硫黄採掘反対運動があった。南上村奥山銅山でも，流出鉱泥が青野川流域に沈殿し，ウナギ，アユなどの魚は全滅した。

大正年間では，例えば浜崎村須崎鉱山において，井戸水の減少，水稲への悪影響，海水汚濁によるテングサ，貝の水揚げ減少などの鉱毒被害が発生した。このため，静岡水試は，昭和9，10年，運上鉱山と須崎鉱山では，鉱泥が海に流出し，テングサや磯根生物に悪影響を及ぼしており，地元の要望に応える形で，清越金山，土肥金山では排水の影響を知る目的で，それぞれ調査を行った[72]。

大正から昭和に時代が進むにつれて産業が振興し，工場の廃水によりさまざまな問題が発生した。すでに，明治45年の第7回瀬戸内海関係府県水産協議会では，工業と水産業との利害関係につき調査することが決められている[73]。

水産に関する主な被害は，広島県では，①佐伯郡廿日市町中国酒造株式会社工場排水による

魚類の被害（大正11年，同15年），②広島市江波町において重油の漏洩によるアマノリ，カキ，アサリ，ハマグリ，魚類の被害（大正12年），③広島市千田町帝国人造絹糸株式会社工場排水によるアマノリの被害（大正13年，昭和3年），④呉市阿賀町広島瓦斯電気株式会社阿賀骸炭製造工場排水によるカキの被害（大正14年），⑤安芸郡坂村関西石油合資会社坂油槽所における油類の漏洩によるカキの被害（昭和3年）等が発生した。

このために，広島水試は「水産生物ノ被害ニ関スル調査研究」（大正11年4月～昭和4年3月）を実施し，「紛議事件ノ解決並通告ナル予防施設講究ノ資料タラシメルトス」「尚将来本調査研究ハ其ノ研究設備ノ完成ヲ期シ，国立水産試験場ト連絡協調シテ有害成分ニ対スル重要水族ノ抵抗力ニ付テ試験研究ヲ遂ゲ，有害物質ノ判定並有害程度ノ限界ヲ確メ以テ水産生物ノ被害問題ニ関スル紛議事件ノ根本的解決ニ資セムトス」を目的とした[74]。

山口県では，徳山湾の北部に海軍燃料廠と同精油所，重油タンク，太華村には旭石油会社精油工場及貯油槽あり，常に鉱油類の浮泛により海水が汚穢され，魚貝藻類に被害を及ぼした。このため鉱油に対する抵抗試験として，魚類，貝類，マガキ，海苔，プランクトンについての試験を山口水試が「鉱油の魚介藻類に対する研究試験」として大正14～昭和4年にわたって実施した[75]。

福岡県では，昭和7年に「洞海湾水質調査」を，昭和15年に，「高千穂製紙工場廃水調査」を実施した。後者は，工場廃液からアンモニウム塩，亜硫酸塩，硫化水素等が検出されたもので，排水量も多くその影響範囲も拡がったためであった。これらの一般的な環境にかかわる問題のほか，「多々良川ノリ被害調査」が実施された。これは，当初，銅鉱より流出した銅，炭坑から出た廃水等が原因でないかと考えられたが，結局は，浮泥による日照不足，多雨による低比重等に原因があると判断された[76]。

八代海では，大正8～12年，約70 haの一年生カキ稚貝の大部分が死滅という大被害を受けた。このため，熊本水試は大正9～15年にかけて「不知火海牡蠣被害調査」を実施した。日本窒素肥料株式会社境工場の排水に有害物含有の疑いをもち，廃棄水が流入する入江川河口干潟に試験地を設け，工場排水の被害状況，稚貝発育状況を知るため，毎年5～7月までの調査を実施した。その結果，工場排水の原液状態では被害が発生（10倍液では無害）することを実験等で確認し，稚貝斃死原因は工場排水の影響であることを明らかにし，工場経営者に除害の研究並びに施設を設けさせた[77]。

愛媛県では，工場廃液に関する調査が昭和11年度に実施された。これは，東予地方に各種工場ができ，そこからの排液による漁業被害がみられるようになったため，その対策を講ずるため予備的な調査を新居浜町地先の住友化学工業の排液口など周辺の20点で実施した。調査項目は，水温，比重，pH，底質等の一般海況調査と浮遊生物，底生生物の分布状況および工場排液による魚族の抵抗力などであった[78]。

宮城県塩釜湾では，昭和11年から毎年の9～12月に水質が悪化し，12年11月にはカキと海苔が全滅し，13年10月には塩釜5割，多賀城，東宮の各組合地先では約9割が死滅し，被害人員は161人，被害金額99706円（県当局調査）が発生した。このほかにハゼ，ウナギ等が浮き上がり，アサリの壊滅等に相当な被害が発生した。宮城郡水産会の依頼を受けた宮城県水試は「養蠣場被害調査並びに対策試験」（昭和12～14年）を実施し，水質調査（水温，比重，pH，酸素量，硫化水素）を10ヶ所で行った。カキの斃死はイワシが大量に水揚げされ搾粕製造が盛んになった直後に発生し，海水は黒色または黒褐色となり，色は搾粕製造が下火となると元通りとなった。海水中の酸素は欠乏し，場

所により皆無となった。海水のpHは普通は8.20内外だが，7.5内外に下がる。硫化水素量やアンモニア量が大変増えたことなどから，鰯粕製造工場排水によるものと認めた。魚濁の採取法が不完全の時では，いわゆる「ベト」が相当海面に流れ出し，海苔簀に付着して胞子を死滅させた[79]。

以上のように，鉱毒による被害からはじまり，製紙工場や化学工場排水，食品工場排水等が発生し，地方水試はこれらの対応に迫られた。ちなみに，昭和12年の水質汚濁に関する水産業者との係争件数は370件に達した。当時の水産業被害関係主要工場とその数は表5-8の通りである[80]。また，各県における具体的な被害状況および対策については，「水質汚濁とその清浄化対策」[81]に書かれている。これら漁業への被害額等の状況，および社会的な状況とその背景に関する社会・経済的解析については，大森正之の「両大戦期『水質汚濁問題』－その再構成と分析－」[82]が詳しい。

このようなこともあり，昭和6年に開催された中央水試主催の第1回養殖担当官打合会において「水産汚濁と水族との関係調査」に関して協議を行い[83]，また，昭和9年の水産事務協議会において，「諮問2 水質汚濁による水産業被害の状況並びに之に対して執りたる措置如何」について協議された。この内容は，「水質汚濁防止法を速やかに制定する（法の目的は水族の繁殖を害するもの，嫌悪するもの，漁具を損傷するもの，病菌を含むもの及び水産製造工場又は養魚池の用水を害するもの，主務大臣において有害と認めたる物質はこれを水面に放流すべからずとの規定を制定する），適用者（工場，鉱山，輸送船その他多量の油を満載する船舶等），適用水面（内水，領海及び公海の一部），主務大臣の命令（除外装置，増殖施設，補償及び転職資金），禁止及び罰則規定」で，付帯事項として，本省並びに地方庁に国費で専任職員の配置，国立水試に調査部を設置し数府県を一括する地方区に現地調査部を設け，規則通りの運用が必要である[84]というものであった。また，昭和10年，東京湾における海苔の被害問題は甚大であったことから，東京，神奈川，千葉1府2県総合海面汚濁防止協議会を開催した。その会議には，農林省水産局，中央水産試験場，外務省，逓信省，商工省，警視庁，国際連盟事務局，帝水，大水，府県都市水産会，漁業組合等から70名参加し，「恒久的対策として，国内法を以て，油類に依る海面防止法を制定すると共に，領土海外において船舶の油類の排出防止による海面汚濁防止に関する国際条約を締結すること」とし，応急対策として，①船舶，工場における設備の改善，その取り扱いに関して最善の注意を向けるよう，監督官庁，船主協会等の関係団体が適当な処置を講じること，②港湾において，油分分離器並びの油類混合物取り扱い船の設置を，官庁・船首側において速やかに実施すること，を要望し，さらに，③都市水産会において油類による海面汚濁防止に関し注意を喚起する適当な宣伝ポスターを作成し輸送船，貯油所その他大量の油類を使用する船舶工場等に配布することを決議し，両院議長へ請願した[85]。

表5-8 水産業被害関係主要工場（昭和12年）徳久[80]を改変して引用

原　因	発生件数
デンプン工場	341
製材工場	169
鉱山（工業）	132
製糸（セロハン）	81
紡績	79
化学工業	64
水産肥料	61
精錬・染色	45
洗炭場	36
人絹（レーヨン，ベンベルグ）	21
精油所（採油）	17
羊毛（毛織）	15
瓦斯	7
精糖	4
セメント，石屑	4
金属	3
その他	29
計	1110

5・7　漁海況速報の実施

昭和9年11月に開催された第3回漁撈海洋調査担当官打合会の際，その一日を使って民間実業家を集め，「ぶりに関する研究会」を開催した。この会議で，主催者の春日中央水試場長[86]は，会議の冒頭，「産業の試験機関である以上適当な機会に民間の漁業者や水産業者と漁業や水産業に関する諸問題を協議し，また，研究の成果を伝える場を設けることは，試験機関の真の使命を果す上で重要であり，また，互に便益を得る一手段となると考え，打合会の席上に民間有力者の各位を御招きしてこの発表会を試みるに至った。これらの試みは，今回が始めと思ふ。単にブリだけでなく，今後の各種の試験事業についても若し今回のような催しが有意義であれば，年々，このような方法により試験機関の街頭進出の意味で，また，業界全般から言へば官民協力という意味合で，この試みをしばしば行いたい」と挨拶した[注21]。ここに，中央水試が産業研究機関として，「産業振興を意図した試験研究を実施し，その成果を業者に還元する」という，春日の考え方の一端を垣間見ることができる。

さて，漁況速報に関する事業については，すでに，第4章において，伝書鳩による通信等について説明した。

このほか，静岡水試[87]は，明治40～大正14年，漁況の豊凶，漁場の位置，漁獲の予想を知り，漁業指導の円滑を図るために，関係府県と相互連絡研究を実施した。連絡県は，鹿児島，宮崎，徳島，和歌山，三重，愛知，静岡，神奈川，千葉，茨城，福島の12県で，対象種は，カツオ，サンマ，マグロであった。このほか，静岡県では郡水産組合，漁業組合のあわせて44ヶ所に関する漁況，漁場位置，餌料の豊凶について相互通信した[注22]。また，同水試は，大正9年から昭和4年，富士丸で調査した漁海況を迅速に周知するため，富士丸から静岡水試に無線通信し，水試から急を要するものは「漁況電報通信心得」により定めた暗号電報で，そうでないものは郵便で当業者に通報し，出漁または漁場選定の便宜を図った。大正10年度の通信場所は，カツオは21ヶ所（電信248件，郵便813件），マグロは16ヶ所（郵便128件）であった。

岡山水試[88]は，明治35年から大正6年，水産局，関係水試と連絡施行し，嘱託員を置き，イワシ，ボラ，イカ，タコ，サワラ，タイ等の回遊，集散，漁獲の状況等の調査を取りまとめ，海洋観測と相まって漁況と海況の関係を解明しようとした。また，大正11年にはタイとサワラ海況調査を行った。これは，県下11ヶ所，県内17ヶ所の漁業組合に通信嘱託し，報告用紙を送付し，漁況を記入し，直ちに本場に通信させ，それを取りまとめて関係組合に印刷配布した。

岩手県[89]は，「漁業通信」として大正6年から一般当業者に迅速に報告，出漁の便に供するため，岩手の漁場探査と並行して管内および管外に漁況通信員の報告とを総合統一し，電報または無線によって伝える事業を行った。

新潟水試[90]は，大正元～15年まで，「漁況調査」を実施し，マイワシ，マダイ，サバ，セグロイワシ，マグロ，イカ，サケ，マス，ブリ，スケトウダラの10種の漁獲量・金額・漁期・漁況・市場単価・漁場などの項目について調査し，漁業者が出漁の目安にするための情報を提供した。また，大正6～13年，昭和2～27年，「漁況通信」を行い，県下主要漁業基地に通信員を配置し，原則として，毎日の漁況情報の報告を受け水産試験場がこれを取りまとめ，5日に1回程度，速報することにより漁業者の出漁の参考に供した。速報は新聞や直接通信の方法により漁業者に伝達した。マイワシ情報は石川県，福井県，富山県，京都府などの水産講習所や水産試験場からも入手した。対象魚種はマイ

ワシ，サバ，タイ，イカ等でこれ以外に大漁のあった魚種も含めた。各年終了後，大羽イワシについて取りまとめ関係者に供した。その後，きめ細かい情報収集と速報精度をあげるため，通信員も14名に増員し，県外情報の充実のため石川県に5名委嘱した。この事業により初漁日，終漁日，来遊量，漁場形成時期等が盛り込まれ，関係漁業者の出漁の指針としての役割を果たした。

高知県[91]は，大正5年からカツオ・マグロについては，①指導船高鵬丸の漁場探検により得た漁況，②県下重要漁村である甲浦，室戸，宇佐，福島，須崎，清水の六ヶ所に漁況通信員を置き，その地の入港船につき通信させた漁海況，③県下大型漁船より直接報告させた漁況，④無線電話により受信した漁況について，⑤ブリについては，各大敷網漁場より報告された漁況，から得た漁況を毎日一回本場陸上無線電信所より沖合の漁船に電話をもって放送し，また必要に応じては電報をもって関係漁業組合または各ブリ大敷漁場に通知した。ラジオによる放送は毎日行い，別に電報または書信をもって関係漁業組合にあて，昭和4年と5年にはカツオ・マグロ漁況は25回，ブリ漁況はブリ大敷網漁場あてに21回発信した。

宮崎水試[92]は，「県下重要漁業ノ盛衰ヲ詳ニシ，其変遷消長ノ跡ヲ明ニスルト共ニ，漁況ト海況トヲ比較対照シ，漁業経費ノ資料タラシメン」とするために大正3年から「漁況調査」を実施した。これは，県の重要魚種である鰮，鰹，鮪，鰤，鯛，鯵，鯖，烏賊，鰆，魳，鯢等を県下主要漁業組合に対して，毎日の水揚の数量，金額を記入した旬報を毎月三回報告させた。

秋田水試[93]も，大正15年から県下重要漁村12ヶ所に漁況通信員を設置し暗号電報により漁場の位置，漁獲数量，出漁船数等を報告させ，土崎の本場の調査と併せてイワシ，サバ，ハタハタについての漁況を速報し，漁業者の出漁の指針とした。このほかに，福岡水試では，海況と漁況との関係を明らかにするため「漁況調査」（昭和3年～）を実施し，「少なくとも10ヶ年後には海況との関係を得る手がかりにしたい」とした。

以上のように，地方水試等の多くは，いろいろな形で漁況や海況を調査し，その結果を情報として漁業者に伝えた。また，昭和4年5月に開かれた漁業用私設無線電信電話協議会の決議にもとづき，漁業気象放送を中央気象台に要請した結果，同年6月より，日本放送協会の協力を得て漁業気象放送がはじめられた。

昭和6年開催の第二回漁撈海洋調査担当官打合会の漁撈連絡試験のうち，「鰹漁業連絡試験に関する件」において，無線電信電話による漁況通信に関する事項が検討され，放送事項，放送時間と方法が合意され，「昭和6年11月1日以降，各県が決められた時間に一定の様式で無線電信電話で漁況通信連絡をすることになった。放送事項は，指導船の漁況放送（船名／調査月日／調査ノ区域／時間，漁具使用数，漁場ノ位置／水温／水色／魚群ノ状況／魚体（目廻等）／漁獲物種類／漁獲物数量／付近他船ノ状況／付近ノ潮流ノ方向速度／今後ノ見込／今後ノ調査方針），一般ノ漁況（沖合ノ部（他県指導船ノ状況／営業者船ノ状況），入港舶ノ部（各港ニ就キ）（入港船数／水揚魚種，数量，高値，安値，普通／入港舶ノ状況）で，状況は各県で取り纏め」，中央水試に報告することになった[94]。

このような背景と経緯を経て，昭和10年水産局は「多年懸案となっていた」漁況速報並びに予報の新予算を得て，カツオ，マグロ類，サバ，ブリ，イワシ，サンマ，イカの7種類の漁況速報と，カツオ，ブリ，マイワシの漁況予報を行うこととなった。そのため，昭和10年5月に開催された第七回水産連絡試験打合会の議題第二「漁況ノ速報並ニ予報ニ関スル件」というテーマで協議を行った[95]。その事業の主旨は次のようであった。

従来，協定に依り海洋調査の一項として全国に亘り重要魚種に就て毎月の漁況概要並に漁獲報告を蒐集し，其の結果は毎月海洋図及第二期の海洋調査要報に其の資料を報告しつつありたるが，今回中央に於て漁況の速報並に予報実施に要する経費の一部を得たるを以て海洋調査終局の目的を大成せしむる前程として，差当り魚種並に海区を限定して漁業に即したる漁況報道を行ひ，之が速報は勿論進んで予報にも触れ漁業の経営をして一層合理的たらしめんことを期す。而して本事業の達成には必然的に海洋状態の変化並に之が推移に関する豊富なる資料を要するや論なし。即ち速報並に予報の適正を期せんには一層厳密にして正確なる海洋観測の励行に俟たざるべからず。茲に新に漁況の速報並に予報を行はんとするに当り特に一般的海洋観測並に魚族調査の励行に関し連絡各府縣の一層熱心なる協調的連携により万難を排して之が徹底を期せんとす。

この内容は昭和4年の第一回水産連絡試験打合会の要望事項でもあり，また，従来から，マグロ，カツオ，サバ，サンマ等の連絡試験で行われてきた漁獲表や漁業図作成，無線電信電話による漁獲通信連絡に関する事項等をふまえ，併せて，担当官会議で研究されてきた魚種毎の海況と漁況との関係にかかわる成果を取り込み，発展させたものであった。この背景には，昭和初期からの沿岸漁業の不振が問題とされ，昭和9年の水産主任官会議での諮問事項において，「沿岸漁業の現状及振興如何」の中で議論された「漁業経営の合理化」や「水産試験機関は中央地方を通じて沿岸漁業振興上必要な調査試験を，一層徹底的に行うこと」等につながる事項であった。また，宇田は，「異常冷水による漁業への影響の対策でもあったのでは」と指摘している[96]。

しかし，この会議では，「第一．漁況報道を行う魚種，期間，海区並びに報道の形式其の他」についてでは，魚種ごとに各県からの修正等の意見のほか，全般的な視点から京都，兵庫，神奈川，静岡，沖縄等からの意見があったが，訂正を加えて可決した。「第二．報道の形式並に方法」および「第三．資料蒐集の方法並に形式」については，漁況資料蒐集の困難について意見を述べる者が多く，「第五．漁況報道を求める府県並に特定の漁村」についても意見が出された。議長は，「以上ヲ以テ案ノ大綱ヲ説明シ大体承認ヲ経タルガ，其ノ決定ハ明日ニ譲リ，本案ニ必要ナル報道ノ様式及其内容等ニ関シテモ猶成案ヲ得ルニ至ラザルヲ以テ，是等ニ就テハ，出来得レバ今年担当官会議ヲ催シ其ノ際，極メテ慎重協議スル様致シ度イ」と，取りまとめた。宿題となったのは，試験船および陸上無電局放送内容の検討，委嘱船と陸上無電局との連絡通信上の方法制定，無線電信および「ラジオ」による中央水試よりの放送内容の制定，試験船，委嘱船，陸上無電局並びに中央水産試験場相互間放送時間の制定，通信用，略符班（筆者注：暗号）の制定等であった。このときの内容については資料14に示す。

これらを受け，昭和10年9月に開催された第4回漁撈海洋調査担当官打合会議の第一議題「漁況の速報並に予報に関する細目打合」が協議され，次のような詳細な内容で合意された[97]。

①無線電信および「ラジオ」による漁況放送事項，時間，形式等の統一制定
　カツオ，マグロ，およびサンマ漁況放送事項
　a．試験船および委嘱船の放送事項（船名，調査時日，漁場の位置，水温，水色，魚群の種類・大小・濃淡，漁業状況，漁獲物の種類・大きさ・数量，餌付，調査区域，付近の状況，風向・風力・天候，海流の方向・速度，気圧，今後の見込み，今後の予定）

b．陸上局の放送事項（陸上局はその県の試験船の漁況，県内委嘱船の漁況，一般漁況の順に，沖合の部においてはaの試験船の項目を，釣込船においては，船名，時日，漁場位置（最多漁獲位置），水温，釣獲物種類・大きさ・尾数，売上金額を毎日放送すること）

　c．中央水試の放送事項（中央水試はaとbの放送事項と，その他の調査資料にもとづき総合的に魚種別に漁場の位置，範囲，移動方向，魚群の状態，漁獲状況および海況等を，日々中央放送局および逓信省海岸局を通じて放送または通信すること。ただし，イワシ，サバ，イカの主な漁況資料は文書による日報なので，その日の漁況ではないが，カツオ，マグロ，サンマ漁況に加えて放送すること）

②文書による漁況月報，日報其他報告様式の設定

　a．試験船および委嘱船の放送事項（漁場調査報告様式はカツオ，マグロ，サンマ，サバは漁業連絡試験報告によること，委嘱船の様式は別紙（筆者注：図5-13）により，報告書は毎航海の終わりに中央水試，その県の水試へ発送する。

　b．陸上局の放送事項（放送事項を基にして，日報を中央およびその県の水試に発送する）

　c．ブリ漁況，イワシ，サバ，イカ漁況報告（略）

③漁況電信略符号の制定

　迅速を要する漁況通報には電信略符号を使用することは経費上必要であるが，今は全国を統一したものはない。将来，気象通報のような略符号の制定を考慮する。

④漁況報告を委嘱する漁村，漁船，漁場等と各県水産試験場並に中央水試との連絡方法その他に関する件

　a．委嘱船に関する事項（委嘱船と各県水試，中央水試との連絡方法（毎日所定の時間に無線電信，または電話により陸上局，または試験船と交信（または放送））をするほか，航路ごとに漁況報告を取りまとめ，中央水試および県水試へ提出。委嘱船の選定は，各県が無線電信を有する適当な漁船を選定し，中央水試に通知す

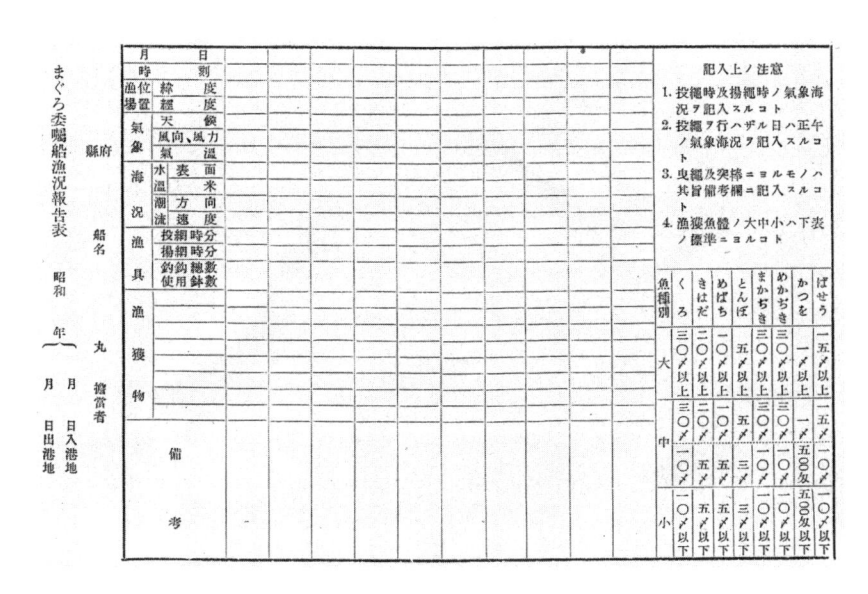

図5-13　マグロ委嘱船漁況報告表[97]

る。委嘱船の無線通信に関する件は，漁獲の有無にかかわらず毎日正確にその漁況を陸上局に通信する。）
b．陸上局に関する事項（沖合出動船との交信，入港船その他の漁況を取りまとめ放送すること。カツオ委嘱船からの放送を試験船同様に取り扱い報道放送すること。毎日の放送内容は，日報として中央水試および県水試に送付すること）
c．試験船に関する事項（陸上局，漁船との交信のほか，カツオ委嘱船との交信には特に留意し，連携を密にすること。試験船の調査事項は協定により迅速に取りまとめ，航海ごとに報告するように努力すること。特異現象や著しい事実は至急報告すること。
d．漁業組合立陸上無線局の漁況放送の参加並びに委嘱船に関する事項（略）
e．委嘱漁村および漁場に関する事項（略）
f．中央水産試験場に関する事項
・各資料を総合して毎日の定時の「ラジオ」放送並びに無線電信を発信すること。
・特異事実や著しく変化したことは，適宜，有線電信や文書による臨時報を発信すること。
・毎月取りまとめた結果は従来の海洋図を改正して発表すること。
・総合的研究についてはなるべく迅速に発表するように努力すること。

⑤漁況速報並に予報の実施と並行して海洋横断観測，その他協定事項励行に関する件
a．横断観測
・観測は毎月協定期日を中心に施行のこと。施行できない場合は必ずその旨を中央へ通知すること。
・次年度計画は毎年十月末日までに中央に通告すること。欠測の場合はその補充について中央より隣接海区府県と協議し最善の方法を講じること。
b．漁場調査
・漁場や漁場往復中，各指導船や委嘱船は表面水温の観測を行い，これを図示し報告すること。
・イワシ漁場調査
東北海区並びに日本海区のイワシ漁場調査を実行するものはきわめて少ない。漁場における海洋観測とプランクトン採集を励行し，その結果を報告すること。
c．標識魚移動回遊調査
本事業施行上の基礎資料の一つとして，カツオ，マグロ，サンマ，ブリ，サバ，イカについて回遊移動の経路闡明の目的をもって協定した標識魚放流を一層励行するように努力すること。
d．生態調査
予報の基礎的資料として各魚種の生態調査が一層必要である。よって協定した重要魚種の調査事項の遂行に特に努力をすること。
e．浮遊生物調査
「プランクトン」中魚卵分布は成魚の漁獲状況と密接な相関がある。全国的に魚卵の分布を明らかにするために資料を収集する必要がある。よって「プランクトン」の採集励行を期すること。

以上のように，報告要項では，漁場（位置，範囲，移動，傾向），魚群（群の濃淡，大小移動浮沈，魚の遊泳速度の遅速，速度，移動方向，付きものの有無），漁獲状況（日時，漁具，漁獲高，釣餌の関係），漁獲高（体長，体重，大小の割合，肥瘦，雌雄の割合，生殖腺熟否，食餌の多少，主たる食餌），混獲魚（種類と漁獲量，量，割合，特異なる混獲魚の有無），プランクトン（種類，量，分布，特異なる種別の有無），海況（水温，塩分（比重），潮流方向，速度，

5・7 漁海況速報の実施

潮目，色，透明，その他），気象（気温，気圧，風向，風力，雲量，降水），その他観察事項，他船の漁獲状況その他航海上見聞事項，特異事項，参考事項，経済事項（水揚漁港，魚価，入港船数，水揚高（魚種別）入港船による漁況（漁場位置その他）釣餌の費用の存否，価格等）等の多数の項目があり，また，主要な漁港，漁村，定置漁場の漁具別の詳細な漁況記録を収集するなど，さらに，試験船，委嘱船，陸上局および中央水試の業務内容についてこと細かく決められた。

はたして，これらが実際にどこまで実施され，できたのだろうか，と考えさせられる。そして，これらは全国関係機関と協定され，決められた前月の海況，漁況は翌月の中旬はじめに海洋図として刊行された。また，一ヶ年の漁況は遠洋漁業（カツオ，マグロ，サンマ），沿岸漁業（ブリ，イワシ，サバ，アジ），定置漁業（マグロ，ブリ）のそれぞれに分け海洋図年報として取りまとめられ，昭和11年から刊行された。さらに，漁期前にはそれぞれの魚種の漁況予報も発表し，資料はいち早く漁業者や関係機関に配布された。「これらの刊行物は，沖合・遠洋海域に出漁する漁船にとって貴重な指針となり，漁業界への貢献は計り知れず，ここに研究と漁業活動が一体となって，近代産業としての漁船漁業の基盤が築かれたと言っても過言ではない」と，木村喜之助業績概要の中で評価されている[98]。また，この事業について，春日中央水試場長が次のように「日本水産年報」[99]に書いた。

漁況予報の実施－昭和10年4月中央水産試験場に漁況通報に関する新規経費を得てより，全国各関係機関の協議により従来の一般的調査に加へて，かつを，まぐろ類，さんま，さば，ぶり，まいわし，いか（するめいか）の7魚種について，漁況の速報を行ひ，其の内，かつを，ぶり，まいわしに就ては予報を行ふこととし，之が実施に関する方法を具体的に協定した。之が成果を期する上には単に漁況資料の蒐集を徹底せしむるばかりでなく，海況の観測網を整備励行し，是等魚族の回遊移動に関する調査，研究を一層充実する必要があるのであって，従来の一般的海況，漁況の闡明と云ふ境地から竿頭一歩を進め，調査の実績を具体的に個々の魚族を目標として表現し，月々，時々，刻々に之が回遊去来の傾向，推移を漁獲状態の消長と海洋状態の変化とを総合して，漁場の推移と漁況の豊凶とを推断し，真に漁業の合理的発展に資せんとするもので，漁況，海況の蒐集機関として，中央にも新に無線電信電話の装置を整へ，広く民間漁業者及び従事船よりも資料を蒐集することとし，委嘱船又は委嘱漁村漁場等の数も300箇所に近く，其の調査網は全国に遍く各関係府県の協力を得て，着々実現の運びに至った。

速報としては，日々文書を以てする外，緊急を要する場合は無線電信，電報等を以てし，毎月の概況は之を海洋図として月報し，予報に就ては随時之を迅速に発表する各計画である。最近，昭和13年4月以降は当分毎週木曜日に中央放送局の放送事項として夜の気象通報の後に5分以内漁況海況の概要を発表することとなった。即ち海洋調査事業は，最近に至って漸く其の本来の使命を果す為に，諸般の計画が其の緒についたと云ふべきで，将来はこの計画を押し進めて，全国各関係機関が制度の上からも，一系統となって協力し此の事業の徹底を期し得る様に努力せねはならぬと考へる。

これを引用した安枝俊雄[100]は，「春日中央水産試験場長のこの事業に対しての熱意がうかがわれる」と書いた。また，この漁海況を担当した宇田道隆は，その著書「海」(旧版)[101]で，これらの事業の今後について熱く次のように述べた。

一般に対する漁況の発表は主に中央の水産試験場が取まとめて昭和13年の4月から中央放送局を通じて全国中継で放送されて居るので，只今の処は毎週木曜日の午後6時30分から数分間放送されてをり，まだ本格的とは云へないが，今に資料が完備するやうになれば毎日放送し，沖合で『今どこそこではこれ位の漁がある。明日の漁場はここになる。ここへ出漁すれば何尾位の大漁できるだろう』という風に，沿岸の方では『何々沿岸に明日ブリ群が来襲し，何網へは何千尾，何網へは何百尾位漁れるだろう』といへる位に，本当に漁業者の期待してをる指導が出来るやうになると思ふ。水産試験場ではラヂオ放送の他に月報年報の海洋図を出してをり，それに漁獲の数字や分布の図面，海水温度，塩分の分布などが示されて当業者及び研究者の便利を図ってをる。この海洋図も，其の内に月報を少なくとも旬報にしなければならない必要に迫られている。之等のものが本当に活用せられるためには，第一に資料が完備しなければならない。種のない手品が出来る筈はない。責任を以て物を言ひ，効果を挙げるのにはそれに相応する充分な準備がなくてはならない。それには先づ全国に調査網を拡張し充実して，水も洩らさぬ調査陣を布いて進む必要がある。そしてもっともっと漁況と海況と一の関係について研究を進め，其等の根本法則を発見せねばならない。斯くすることが日本の海洋資源の開発，従って水産の発展のために必須のものであることを信ずるものである。

昭和11年1月，海洋図197号において，中央水試は，「海況ノ速報並ニ予報」を行うにあたって次のような要請を行った。

本水産試験場ハ新タニ海況ノ速報並ニ予報ヲ行フコトニナッタノデ，各地方水産試験場トノ連携ヲ益々緊密ニシ，更ニ漁船，漁村，定置漁場ヲ選定シテ，漁況並ニ海況ニ関スル資料ヲ出来ルダケ迅速且ツ豊富ニ蒐集シ，其ノ綜合シタ結果ヲ中央放送局ヲ介シテ全国的ニ「ラヂオ」デ速報シ，或ハ本海洋図デ月報スルコトニシタ。其ノ為メ従来ノ海洋図ノ形式ヲ変更シ，内容ヲ充実スルコトニシタガ，資料ガ不足デ遺憾ナトコロガ非常ニ多イ。

此ノ海洋図ハ従ッテ，諸君ノ協力ニ依ッテ初メテ出来上ルモノデアルカラ，其ノ内容ノ整備充実ニ関シテハ，更ニ一段ノ期待スル次第デアル。

昭和12年11月に第5回漁撈及海洋担当官会議が開催され，その会議で，海況速報並に予報に関する細目の打ち合わせが行われ，①無線電信電話による漁況放送時間の改訂，②漁況報告の収集に関する件が合意された。この中で，「水産試験要録」より当時の状況を見ると，宮城県から，「本問題ハ宮城県水産試験場ヨリ昭和十一年六月開催ノ水産連絡試験第八回打合会議ニ提出セラレタルモノナルガ，従来ノ連絡試験ヲ一層効果的ナラシメ，且当業船ノ指導誘掖(ゆうえき)ニ資スル為メ，各県指導船ハ魚群ノ各海区ニ来遊スル初期ニ於テ，特ニ常時ノ漁場ヨリ一歩前進シタル海区ノ横断観測ヲ施行シ，其ノ結果ハ船舶無線電話ヲ以テ放送シ，前進海区ノ海況ヲ詳ニシ魚群探査ノ参考ニ供シ，併セテ中央水産試験場ヨリ放送セラルベキ漁況海況ノ資料ヲ豊富ナラシメントスルモノナリ」とする趣旨の「かつを漁場前進海区ノ横断表面観測ニ関スル件」が提出されたが，「本案ハ適切ナル企ナルモ，現在実施中ノ協定定線横断観測ノ実行ヲ超エテ，猶之ガ聯絡施行ヲ期スルコトハ各県共困難ナル事情ニアルヲ以テ，一應之レヲ将来ニ保留スルコト」となった。海洋調査に関する事項については，一部定線調査や調査報告記帳様式の変更等が決められたほか，「四．海洋調査ニ関スル協定事項ノ励行方ニ関スル件」について，

「①海洋観測月次報告及海水ノ送付ニ就テハ，毎回迅速ニ送付ヲ乞フ様協定シタルモ甚シキハ数箇月分ヲ併セテ送付セラルルガ如キ場合アリ，取纏メ上頗ル不便多シ，必ズ其ノ都度迅速ニ発送スル様努力スルコト，②月次横断観測ハ欠測ノ為メ，其ノ価値ヲ減ズルコト最モ甚シキヲ以テ，出来得ル限リ遣リ繰リ欠測ナキ様努力スルコト。止ムヲ得ズ欠測ノ場合ハ其ノ旨必ズ中央ヘ通知スルコト」との注意喚起がなされた[102]。

上記のように，昭和12年以降中央放送局（現NHK）による週一回の全国への漁況速報放送[注23]のほか，昭和13年，水産試験場長春日信市の指導で漁業無電局（短波1台，長波3台で，60 mのポール3基，費用約5～6万円，逓信省工事施工）が設立され，漁海況通報（予報，速報）を開始した。漁況速報は毎日刻々移動する魚群と海況との関係的な実態を個々の魚種ごとにとらえ，観測調査網は操業する個々の漁船，定置漁場，漁村，地方水試の指導船などを整備励行する点で最も大規模，かつ具体的な海洋連絡調査と発展した。昭和14年には中央水産試験場が漁況報告を依嘱した漁船定置漁場などの数は三百件に近かったという。これについては，木村喜之助[103]の「全国漁況通報」に詳しい。

各県も県の特徴と能力を活かした漁況予報と通報を実施した。宇田道隆はカツオ，サンマ，マグロ，木村喜之助はブリ，相川廣秋[注24]はイワシを担当した。もっとも，木村は「漁船は自己の発見した漁場を他船に荒されるのを恐れて漁場位置を秘密にし，無線通信の際もデタラメな位置・水温を伝える。そんな訳で漁業者自身にまかせておいたのでは，漁獲能率はすこぶる振るわないことになる。それでは中央水試が全漁船から報告を受け，その真意を確め，自己の調査船の記録と相まって適確な漁場位置を放送し，漁場以外の記録によって今後の漁場の動きを予想した」[104]と書くなど，苦労をして

いる。なお，木村喜之助と石井一美により，昭和12年に「漁場観測の常識」（理化学器械製作所）が発行された。

さて，ここで当時の漁況予報について，学問的にはどのように位置づけられていたのだろうか。宇田[105]は，「日本近海の海況と漁況の関係研究を中心とした学を仮に日本水産海洋学と称す」とし，「一般的に海況と漁況の関係として」，①ある年に成魚が産んだ魚卵の数の多少 → ②産まれた魚卵の孵化率はどうか（水理気象の環境が影響する）→ ③仔魚時代の餌料が十分であったか（孵化常時の植物プランクトンの繁殖状態，供給状態）→ ④害敵に捕食されて生き残った数は如何 → ⑤成魚に至るまでの成長をするための餌料量（軟体動物，底生生物，プランクトン等）は十分であったか。水理的環境は通常であったか → ⑥成魚が回遊して生まれて何年目かに大群として現れる → ⑦漁獲時の環境（天然，人為）により漁の多寡が分かれる，として，個々の内容を若干説明した後，⑦の項目については，「成魚の回遊の問題になると，これを漁場に寄せる原因が欠けて居れば其の場所での不漁を来す。それは気象（卓越風，低気圧等）や海潮流の変化やそれに伴ふ水温塩分等の急変の如き水理的条件，底棲生物，プランクトンや他の小魚群の如き食餌関係もあり，産卵の関係又は外敵に追われる等の関係がある。現在の調査の焦点は茲にあり，漁獲統計調査，水理及気象調査，生物（プランクトン其他）調査が三位一体となっている。年々の変動を見るべき前述（①～⑥）の基本研究は甚だ振はない。此の短期漁況の部門は此の一，二年に目覚しい進歩発達を示して来た」と述べ，「日本水産海洋学は其の応用としては必ず漁況の予報を目的とすべき」であるとし，「$Y = F(X)$によりXなる海況に応じYの漁況の応ずる事が知られたにせよ，Xを求むる研究は永久に其の劈頭(へきとう)に来らねばならぬ。即ち今仮に2箇月後の海況を予知せんとするには如何にすべきや。

第5章　農林省水産試験場の設立と海洋調査事業の新たな展開

筆者は先づNormal（平常）の状態を累年平均より求め，Normalの状態の各海底の相互関係を知っておく。次にこれからの月々の偏倚の如何なる方向に進み来つたかを看取して外挿的に2箇月後の海況を予想した値を，其の海区の特異な海の癖や，他の各海の偏倚の進行の傾向及び，気象の影響を入れて，修正し本当の予想が得られるものと思う」と，科学的な方法と現在までの到達点，海況の具体的な手法について指摘した。

宇田には，すでにこの頃には，水産海洋学という発想があることが理解でき，当面は漁業の振興の観点から経済的な漁業活動の視点を重用視しつつ，次いで，資源量の推定，資源の変動機構等をはじめとして，その後に取り組まれた多くの研究に関する問題意識がここでは示されている。

脚注

(注1)　大正5年当時の米（10 kg）の値段は91銭，米が一番高かった平成9年の値段は3874円であるので，物価指数はおよそ4257倍となる。また，大工の手間賃が，大正4年が1円10銭であったものが昭和54年には10490円となり，物価指数は9536倍となる。昭和54年から平成20年の総務省調査による物価指数は1.4倍で，これを換算すると13350倍となる[106]。大正5年の2500円は，現在の約1064万円（米の値段から），3338万円（大工の手間賃から）となる。船一隻の値段が13万円とすると，5億5千万円（米の値段から），17億3550万円（大工の手間賃から）となる。
　　初代の調査船の天鷗丸（161トン，木製）の建造費は11万円（調査経費6万円？を含む），初代蒼鷹丸（202トン，鋼製）の建造費は23万円，平成21年にできた兵庫県の漁業調査船新「たじま」（190トン）の建造費（総事業費）は13億円であることから考えると，物価指数は妥当なものと考えられ，当時の海洋関係の調査費がいかに少なかったかがよくわかる。

(注2)　各省の反応は次のようなものであった。
　【海軍】海軍ハ独立デ出来ルダケ海洋調査ハ従来モヤッテ居ル。又将来モヤル希望デアルカラ，必ズシモ新機関ガナクテモヤル積リデアル。併シ今言ハレル如クニ不十分デアルト云フ非難（筆者注：潮流等ノ調査ハ十分ではない等）モ免レヌカモ知レヌカラ，他ニ別ニ機関ガアレバソレト相俟ッテ行ウト云フコトニ付テハ敢テ反対ハシナイ。
　【通信省】所管ノ範囲ニ於イテハ，勿論海洋気象，海洋潮流等ノ観測ノ行届クコトハ希望。其事ニ就テハ私ノ所管ニ属スル機関ガ之ニ利用セラレルコトヲ欣ンデ応ジテイルヨウナ次第。其趣旨デ御諒察ヲ願ッテ，通信省ヲ代表シテ申上グルコトハ憚ル。
　【内務省】私ハ今直ニ答弁スルコトハムヅカシイノデアル。一体内務省ニ此案ガ関係ガアルト思ッテ居リマス云フト，其局ニ当ッテ居ル者ガ出ル筈デアリマスケレドモ。
　【文部省】「此海洋調査機関ト云フコトハ主旨ニハ異議ハナイガ，此調査機関ト云フモノハドウ云フ風ニヤッテ宜イカ，是ハ随分関係スル所ガ甚ダ広ク，其組織等ノ事ハ余程考ヘヌト面倒デアラウ。海洋ノ事ヲ研究調査スルト云フコトハ，是ハ認メテ居ルト云フコトニ申上ゲテ差支ナイ」との答弁に，小西が，「文部省ガ積極的ニ海洋調査研究機関ヲ震災予防調査会ノ如ク文部デ所管トシテヤッテ見ヤウト云フ努力ヲサレル訳ニイカヌカ，サウ云フ御考ガアルカ，又サウ云フ機関ヲ設定スルコトニ付テノ御考ハドノ辺ニアルカ」を質問し，「今文部省ハ先刻申シタ水産ト関連シテ学理上ノ研究ヲ致シテ居ル積リデアリ，此他ニ文部ノ所管トシテサウ云フ機関ヲ設クルコトハ唯今サウ云フコトヲ考ヘテ居ルト云フコトハ申上ゲル訳ニ参ラナイ。調査機関ヲ設ケルニ致シテモ，ドウ云フ風ニシテヤッタガ宜イカ，其範囲等モ能ク攻究シナケレバナラヌ。文部所管トシテ今日直ニ設ケルト云フコトニ御答致シ兼ネル」と回答。

(注3)　水産局・水産講習所等の技師や教官により構成された団体。初代会長は春日信市農林省技師（当時）であった。

(注4)　農林省水産試験場を府県の水産試験場と区別するために，中央水産試験場（略称，「中央水試」），あるいは国立水産試験場（同，「国立水試」）と呼び，府県水産試験場は「地方水試」と呼ばれるようになった。

(注5)　昭和6年度業務報告を筆者は見つけていない。

(注6)　全国の水産に関する連絡試験調査は，農林省水産試験場を中心に密接な連携を保ち得るに至った。しかし，連絡協調も制度上において相互に何等脈絡もなく，組織の寄るべきもない現状にあって，単に相互に大乗的見地から取り結ばれた好意的な申し合わせに過ぎないものである[107]。

(注7)　春日信市（1880～1969）東京帝国大学工科大学造船科出身。水産局技師，特許庁審査官，帝国大学講師等を歴任。漁船の設計，副漁具の業務を担う。水産局の技師や水産講習所の教授等の技術系職員からなる水政会の初代代表。設立の昭和4年から21年まで農林省水産試験場長を務め，退官後，大日本水産会副会長，社団法人漁船協会長，財団法人水産研究会理事。
　若い時英国に2年余留学。キチンとした英国型の気風を身につけられた紳士。宇田[108]は，「私よりは25才も年長でオヤジのような存在だった。若いころ散々叱られ，鍛えていただいただけに思い出も深い。4月2日水産試験場長就任の挨拶に，『ひきしめてできるだけ少ないトピックで，少数の人手でやって行きたい。朝は定刻に出勤するように』といわれ，早

(注8)　速『研究参考題目』提出を宿題とされた。場長が精励無比の方であるから，自然部下の気風にも一歩庁門を入るとピーンと張りつめたものが感じられた」と思い出を語る。写真は（独）水産総合研究センター中央水産研究所蔵。

(注8)　連絡調査に関係しては，昭和9年水産事務協議会においての戸田局長の訓辞で，「連絡試験に当らる一機関に於ては，時として幾分予期以上の負担と犠牲を払ふの余義なき場合あるべきを思ひ，曩に公文を以て，各地方長官各位並に外地の相当機関に了解を求め置けり。而して試験事業の円滑なる遂行を図る為従来実施の跡に鑑み諸君の所見を明にし，且つ意志を疎通するは必要欠くべからざることに属す」とし，「連絡試験事項」の遂行についての意見交換を行っている109)。

(注9)　上原ら110)によれば，「定地観測はこの事業の中で，沖合の海洋調査と併行してはじまり，当初は全国100地点余を数える観測点が決められた。定地観測は灯台への委託作業を主にしており，研修，指導等の準備期間を経て，漸く一斉に観測がはじめられたのは，手もとにある原簿をみると大正2年からとなっている。その後，昭和4年に農林省水産試験場が創設された以後は，本事業の形は全国の水産試験研究機関から成る水産連絡試験打合会が推進力となってそのまま受け継がれた。現在，私どもで直接担当している灯台への委託観測は上記のような歴史があり，それを農林省水産試験場から受け継いで今日に至っている。したがって現在手もとには実に50年余の長きにわたる資料の蓄積がある。戦後，これらの地点のうち外国となって自然に解消していったところ（樺太，朝鮮，台湾），および瀬戸内海の地点がなくなった。また，戦後は機構改革あるいは灯台の作業量の増加を理由に中止される地点が多くなった。さらに，最近は作業の近代化に伴い無人化されてゆく灯台が多く，このため観測ができなくなった地点が目立ち，現在では辛うじて第7-1表（筆者注：本稿の表5-2）に示す14地点を残すのみとなってしまった。そのうち，太平洋側についてみても戦後から最近までに，北から納沙布埼，襟裳岬，犬吠埼，勝浦，潮岬，室戸岬，足摺岬，屋久島などの地点がなくなった。このことは長い歴史があるだけにまことに惜しまれる。それにしても，この種の委託業務は灯台に対し大きな負担をかけていると思うし，これに代わる対策を真剣に考えねばならない時期にきているように思われる。それゆえ，従来の資料を整理した上で，不可欠と思われる地点については，将来は簡単で，しかも安価な自動測定器を導入してゆくことを真面目に考えてみる必要があろう。そうかといって，現在の段階ではまだまだ困難な点が多い。なお，大正7年から昭和40年までの88地点について整理し，「本邦沿岸定点観測表」として，東京水産大学資源学教室」で印刷された」。

(注10)　宇田道隆（1905〜1982）　高知県生まれ。昭和2年東京帝国大学理学部物理学科卒。寺田寅彦，藤原咲平に学ぶ。昭和2年水産講習所に入り，4年農林省水産試験場技師。6年日本陸水学会の創立に参加。第一次北太平洋一千浬一斉調査等，世界に先駆けて多数の調査船による同時観察を実施。15年「海洋の潮目の実験物理学的研究」で理学博士。17年長崎気象台長。24年東海区水産研究所長，26年東京水産大学教授を経て，43年東海大学教授。53年海中公園センターに勤務。昭和16年の海洋学会の創立に参画し，46〜49年同学会長。37年水産海洋研究会を創立し，37年から49年まで水産海洋学会長。41年には「海況の総観的研究」で第一回海洋学会賞を受賞。

特に，寺田寅彦から海の学問を学び，俳句を通じて詩心の生活を教わり，52年の歌会始めの召人を務めた。55年「海の心・歌句集」を出版。14年に出版した岩波新書「海」は啓蒙書として有名。このほか，本稿で引用した著作のほか，「海洋漁場学」（恒星社厚生閣，昭和35年），「海と漁の伝承」（玉川大学出版会，昭和59年）等，多数の著作がある。後年，「宇田は当時を振り返って，『当時は実によくやって来た。我乍ら驚いている。現代では到底あのようなことは不可能であろう。皆さんには，大変なご苦労をかけた』と繰り返し語られた。希に見る資質に恵まれ，優れた職見を有された方で，その上なみならぬ奮闘努力を続けられ，あの水産での海洋調査事業の大業に偉大な足跡を残された」と50年調査をともにした渡辺が書いた111)。

また，日高112)は，「従来物理学的の雰囲気の少なかった我国の水産界で先輩たちの間に立って海洋物理学を打建てることは少なからぬ苦労だったに違いない」と書いた。写真は（独）水産総合研究センター中央水産研究所蔵。

(注11)　木村喜之助（1903〜1986）北海道岩内生まれ。函館中学，第二高等学校を経て昭和2年東京帝国大学理学部物理学科卒。同年水産講習所に奉職し技手となり，海洋漁場学的研究をはじめる。同3年技師。昭和4年水産試験場の創設とともに異動し，技師。18年「沿岸の大急潮について」の論文により，東京帝国大学から理学博士の学位を授与された。21年に農林省水産試験場の機構改変にともない，木村研究室を開設し，終戦後の混乱の中で中断されていた漁海況に関する研究を再開。昭和24年に8海区水産研究所が設立されると東北区水産研究所長に就任し，東北海区の海洋前線周辺のカツオ，マグロ，サンマ等の回遊性魚類の資源と漁海況予測の研究に努力を傾注し，基本的理論を構築。同25年東北大学教授を併任。37年専任教授。41年に退官後仙台大学で50年まで勤務。この間38年木村漁場研究室を主宰。

常に現場の問題と結びついた研究を実施したことは本稿でも示したところである。川崎健113)は，「木村海洋学は，徹底した現場主義，有用主義がその真骨頂である。その中で，世界に冠たる「漁海況学」が作り上げられた。海洋物理学の理論が魚群の集散機構の研究と結びつき，それを生産の場で検証すること，これである。この研究と実践の結合が，一方では「水産海洋学」という学問分野の創出を促し，他方では「漁海況情報の通報・予報」という新しい

第5章 農林省水産試験場の設立と海洋調査事業の新たな展開

サービス産業を生み出したのである」と書いた。

このほか，魚群探知機の研究，サンマの漁場学的・資源学的研究等で業績を挙げた。これにより，昭和43年に日本水産学会功績賞第1号を授与された[98]。写真は木村記念会[98]より引用。

(注12) 徳久技師は，「瀬戸内海ノ特異性ヲ考慮シ問題ヲ撰定。特異点ト調査ノ重点ヲ何処ニ置ク可キカヲ明瞭ナラシムベシ」と力説し，さらに，「漁撈，製造方面ヨリモ研究スルノ必要，遊漁問題モ考慮」が必要と説明した。藤森技師は「漁業ノ消長ヲ明確ナラシムル方法ヲ，調査魚種漁具調査事項並ビニ様式ノ決定等ヨリハ，漁業現勢調査，漁獲統計ノ蒐集其ノ範囲，手段ノ決定等」，「繁殖保護施設ノ実際的効果ヲ増進セシムル方法中，禁漁区設置」「稚魚ノ保護ニ就テ，稚魚ヲ濫獲スル漁具ノ調査，調査方法，調査事項，保護対策ノ樹立」「経済的ニ増殖可能余地並ニ方法ニ関シ，浅海利用並ニ廃止塩田利用ニ就テ，増殖水族ノ撰定，適地調査，種苗試験調査」，中野技師は「稚魚繁殖場並ニ産卵場調査，禁漁区ノ撰定，試験方法ノ一例等」，「水質汚濁ニ就テ被害調査防止試験等ヨリ，害的生物ニ就テ被害調査，生物調査，防止試験等」「築磯設置ニ関シ，其効果調査，設置試験等」，酒井技手は「網目制限ニ就テ，網目ト漁獲トノ関係試験，現行網目ニヨル効果調査，稚魚損耗調査等ヨリ漁期制限ニ就テ，稚魚並ニ成魚ノ調査事項」「繁殖保護上被害ヲ及ボス事項ノ実際的被害ノ程度ヲ確カムル方法，並ニ防止方法ニ関シ，有事漁具調査」について説明した。

中央水試は，瀬戸内海における漁業管理と資源の培養を意図したものであった。これに対し，県水試から，「試験調査ハ藻場ニ重点」(広島)，「禁漁区ノ効果」(佐賀)，「基礎的細密調査」(関東庁)，「沿岸漁場ハ将来，農耕ト同様ニ取扱フベキモノニシテ，之ガ細密調査ノ徹底ニ緊要適切ナル問題」(宮城)，「水質ト磯焼トノ関係」「餌料ノ問題ニ付テ調査研究ノ要」(茨城)，「築磯ノ効果ト潜水調査」(宮崎) 等の要求があり，「漁民ノ経済調査，漁民ノ生活ニ触レタル調査ヲ度外シテハ本問題ノ意義薄弱ナリ」(岡山)，「内海ニ於ケル経験ニ鑑ミ，漁獲限度ノ認定，統計調査ノ困難，海洋調査ノ効果，藻場調査ノ必要，海魚ノ増殖等」(神奈川)，「従来施行シツツアル各府県ノ試験調査ノ結果ヲ生カシテ前進スルノ方策ヲ考慮」(広島)，「漁民ノ福利増進ヲ眼目トシ，重要魚例ヘバタヒノ如キモノニ就テ徹底シタル調査ヲ行フト共ニ，厳寒期ニ於ケル漁業ヲ考慮スルノ要アリ，更ニ環境ニ関スル調査ノ如キモ重大ナル事項ナリ」(兵庫) と意見が表明された。

その後，瀬戸内海全員委員会に付託し，和歌山，兵庫，岡山，広島，山口，福岡，愛媛，香川，徳島 (大阪欠席) で，兵庫は「施行ニ就テハ経費ノ関係ヲ伴フ旨ヲ力説」，広島の「瀬戸内海ニ於テ施行セントスル中央ノ本旨」について，徳久技師は，「本問題ハ緊喫適切ナル事項ナルヲ以テ，内閣其他ヘ建議ノ方図ニ出ヅベキ」と説いた。そして，中央主催として開催地と時期を決め，会の名称を「瀬戸内海水産振興協議会」とした[42]。

(注13) 春先から初夏にかけて，東北地方太平洋 (三陸沿岸) の親潮水の中に時々起こる赤潮に似た異常現象。多くは，キートセラス属，リゾソレニア属などの珪藻類の異常増殖によるもので，海水中に10～20万細胞/Lに達する。このため，海水は緑褐色を呈し，粘り気があり，かつ異臭を放つ。この水が，極沿岸に接近したときには不漁になるので「厄水」と呼ばれるが，内湾の赤潮ほど，魚類等に影響を与えることはない。厄水の去った後は，魚介類や海草類の生育はよくなるので漁況は一般に好転する。このため「薬水」「役水」とも呼ばれることがある。

(注14) すでに，西田敬三朝鮮総督府水産試験場長は「釜山近海に海流に就て」(水産学会報，4 (1), 74～79．大正12年) の論文を書いている。

(注15) 大正9年，共同漁業株式会社により早鞆水産研究会の名で下関に設立。熊田頭四郎が海洋・漁場調査事業を進めた。昭和5年に戸畑に移り早鞆水産研究所に改称。昭和8年千束島実験室を開設し，後に熊本県三角町でクルマエビ養殖研究をはじめる。昭和10年日産水産研究所を小田原に設立。秋穂出張所を開設し，ここで藤永元作，笠原 昊，桑原可武等が活躍。昭和17年，台風のため秋穂の施設が破壊されたので，秋穂を閉鎖し愛知県知多郡豊浜に実験室をつくる。戦時の要請によって船底付着生物の研究を行った。20年日本水産研究所となり，昭和32年頃東京杉並下高井戸，昭和42年に八王子に移る。

日水研究所ではシナ東海，黄海の底魚資源，日本近海の鯨資源，南洋の毒魚，クルマエビ等の研究が主であったが，現在は，水産食品や化学関係のほか，養殖に関する研究も実施。25ページ参照。

(注16) 昭和4年，ジャワで開催された第4回太平洋学術会議において，畑井新喜司 (東北帝国大学理学部生物学教室教授，浅虫臨海実験所長) が加盟各国の共通研究課題として「サンゴ礁の生物学的研究」を提唱。賛同を得て第5回会議において正式に採択された。紆余曲折を経て，昭和10年3月，日本学術振興会所属研究所が南洋庁があった北緯8度，ミクロネシア西カロリン群島，パラオ諸島のコロール島に完成。湾内に約40の小島が散在し，その周辺と岩山とリーフ・フラット間の水道の西岸斜面に110種を超す造礁サンゴが生育・繁茂し，研究には比類ない絶好の環境であった。

畑井は企画から運営まで重要な役割を担った。研究所設立当初の研究項目は，①コロール島付近海洋の基礎調査，②珊瑚虫の生態，③珊瑚虫の代謝機能，④珊瑚虫の生殖および発育，⑤珊瑚虫の骨格造成，⑥造礁作用と外的条件との関係であった。また，これらの研究結果をまとめて，太平洋学術会議における珊瑚礁委員会に報告書を送ることになった。さらに，内外南洋地域にわたる珊瑚礁の比較研究，熱帯地方動植物の生理生態，熱帯地方の海洋生物学的研究，土壌の生物学的研究，内外南洋地方における生物分布の研究ならびに有用動植物の調査等について研究するというものであった。この組織は研究員制をとり，期限を決めて来所して研究に従事する仕組みであった。延べ35名が選ばれて研究を委嘱された。研究所の研究報告は英文は Palao Tropical Biological Studies，和文は「科学南洋」で発表され，前者は

(注17) 三井高脩が出資した個人経営の純正生物学の研究のための研究所。伊豆半島東海岸の相模湾に面して位置していた。研究所建物の基本設計は高橋 堅、谷津直秀により行われ、昭和8年に竣工。研究所は三井個人によって維持されたが、初代所長谷津直秀、高橋 堅、雨宮育作、大島 広、小熊 捍、駒井 卓、坪井忠二等による委員会が運営にあたり、常在所員3名、研究員5名で、研究員の任期は2〜3年とされ、それぞれのテーマを抱えて、東京、京都、東北、北海道、九州の各帝大より1名ずつ派遣された。当時としては優秀な採集船、海水の恒温装置を有する飼育室、専門図書や探検航海報告書等を所有した。

戦後、経営が困難となり閉鎖された。この研究所からは、滞在研究員として、谷田専治（海綿類）、瀬川宗吉（海藻）、新山英二郎（甲殻類染色体）、時岡 隆（毛顎類）、阿部 襄、新崎盛敏（海藻）等がいる[115, 116)]。海洋関係の論文として、松平近義、田中於菟彦、田中 弌による「昭和11年6月に於ける伊豆半島東西両沿岸の海況の比較」（水産学会報、7、101〜124、昭和11年）がある。

(注18) 柳 楢悦（1832〜91）伊勢の国津の藩士柳惣五郎の子。津藩士村田佐十郎により数学を修め、安政年間、藩命で長崎海軍伝習所において航海術と測量術を学ぶ。明治2年、五大才助等の推薦で海軍に入り、海軍水路部設立に参加。この間、伊勢湾の海岸測量を実施。水路部において、北海をはじめ全国の測量を実施し、潮汐観測等を指導。また、わが国としてはじめて近代的な天文台の建設、水路事業の中心基地として大観象台（気象台）を建設。その後、水路部は明治33年には航海年表、大正10年には潮汐表、11年には水路要報等を発行。

柳は、和算の知識を通じて洋算を修めた数学者で、過渡期の代表的数学者といわれ、東京数学会社（数学専門の学会）を設立。明治15年、大日本水産会創立に参加し、20年幹事長。第三回内国勧業博覧会の審査では水産部長の役割を担う。水産試験場の設置を常に提唱した人でもあった。片山房吉は、柳を「漁業上の豊富な知識と大なる抱負を持って、後半生を水産業の開発に尽くした先駆者」と書いた[117)]。

水産関係の論文として「魚名論」「河豚説」「鯣説」「介殻利用説」「水産蕃殖を図るに一の困難あり」「漁船論」等がある。人となりについては、山下悦夫著「實瀛記―小説柳 楢悦」（東京新聞出版局、平成12年）が詳しい。民芸運動の創始者、柳 宗悦は息子である[118)]。写真は、「日本水路史」[65)]より転載。

(注19) 北海道水試三洋丸の海軍関係の海洋調査とその壮絶な最期については、元三洋丸無線局長の鈴木七郎により「三洋丸7年半の足跡」[119)]に詳細に書かれている。

(注20) 足尾銅山は鉱毒被害を拡大し、田中正造により公害の告発を受けたことはよく知られている。一方、別子銅山は、当初は鉱毒被害を拡大したが、その後、さまざまな公害対策を講じ、最終的には亜硫酸ガス除去技術を開発し、その副産物として硫安をつくり、またアルミ精錬事業をも興すなど、公害防止技術開発により産業の発展に寄与し、住友の重化学工業の基礎が作られたといわれている[71)]。

(注21) 『ぶりに関する研究会』での報告は次の通り。「ぶり」漁期における相模湾のプランクトン（相川廣秋）、「ぶり」漁期に於ける相模湾の海況（宇田道隆）、相模灘の「ぶり」漁況と海況の関係（木村喜之助）、相模湾に於ける「ぶり」稚魚の調査（小西芳太郎）、静岡県伊東漁場における透明度と「ぶり」漁に就いて（静岡県水試伊東分場、石原正義）[120)]。

(注22) 水産試験成績総覧では開始年を40年、「静岡県水産試験研究百年のあゆみ」では45年。

(注23) 昭和12年4月7日を第一回として、中央放送局により毎水曜日午後9時30分の時報放送終了直後に全国放送された。放送対象魚種は、カツオ、マグロ、サンマ、ブリ、イワシ、サバ等であった。その後、本格放送として、13年4月から毎水曜日午後6時30分、産業ニュースの放送終了後に全国中継により放送された。水産試験場業務報告は12年、安枝の「漁況海況予報の現状」と宇田道隆の「海」（旧版）も開始時期については13年となっているが、「試験放送」と「本放送」の違いによるものだろう。

(注24) 相川廣秋（1904〜1962）広島生まれ。釜山中学校、第五高等学校を経て、大正14年東京帝国大学農学部水産学科卒。原十太に学ぶ。同大学大学院でカニ類のゾエア幼生に関する研究を実施。昭和3年水産講習所海洋調査部に入り、同4年水産試験場第三部漁場生物係勤務。同8年技師で漁場生産係主任。昭和17年、前年新設の九州帝国大学農学部水産学科教授。同年、農学博士。23年、水産試験場の機構改革に関する委員会委員として、8海区制の水産研究所の設立構想に参加。25年長崎大学教授兼任。九大教授のまま、34年10月水産庁調査研究部長。36年3月専任部長となる。これには、初代の調査研究部長藤永元作の強い要請があったとされている[121)]。37年1月逝去。

28年「対馬暖流開発調査」におけるアジ・サバ資源班長として計画立案、研究指導を行ったほか、30年4〜5月の海洋生物資源の保存のために国際会議（ローマ）、32年国際海洋法会議（ジュネーブ）、35年日ソ漁業交渉等に参加。天衣無縫、きわめて庶民的親分肌、加えて大酒飲みで学者として異色の存在であったという[122)]。

著書として、16年「水産資源論」、17年「海洋浮遊生物学」、23年「水族生態学論」、35年「資源生物学」等があり、日本の水産資源学を体系づけた。特に、「水産資源論」は、資源学を総合的に一冊の本として取りまとめた世界最初のものであった[123)]。遺稿として、古来の多くの日本漁船の遭難漂流を海洋学的に解釈した「日本漂流誌」が刊行された[124)]。写真は「日本漂流誌」[125)]より転載。

引用文献

1) 大日本水産会報，343号，29，明治44年
2) 天　沖：海洋観測所を新設すべし，大日本水産会報，370号，7，大正2年
3) 第32回帝国議会議事録
4) 加藤勢三：水産界，424号，10～14，大正7年
5) 阪元　清：海洋漁況の統一と通報設備，水産界，424号，31～32，大正7年
6) 中野　広：智を磨き理を究め，海洋水産エンジニアリング，2007年6月，68～80，平成19年
7) 水産界，456号，47～49，大正9年
8) 第51回帝国議会議事録
9) 水政会：水政，1号，130～134，大正15年
10) 海洋調査所の新設計画，帝水，6（8），43，昭和2年
11) 人口食糧問題調査会の水産部会成案，水産界，541号，53～54，昭和3年
12) 渡辺信雄：水産試験場時代あれこれ，月島，4号，12～18，昭和58年
13) 科学技術庁資源局：日本における海洋調査の沿革，昭和35年（謄写版）
14) 春日信市：水産連絡試験要録，1号，1～3，昭和4年
15) 水産試験場：水産連絡試験要録，1号，13～33，昭和4年
16) 水産試験場：水産連絡試験要録，1号，62～68，昭和4年
17) 水産試験場：水産連絡試験要録，1号，57～62，昭和4年
18) 水産試験場：水産連絡試験要録，2号，102～116，昭和5年
19) 水産試験場：水産連絡試験要録，2号，129～130，昭和5年
20) 島根県水産試験場：島根県水産試験場八十年史，180～181，昭和58年
21) 水産試験場：水産連絡試験要録，2号，117～123，昭和5年
22) 水産試験場：水産連絡試験要録，2号，131～158，昭和5年
23) 水産試験場：海洋調査要報，46号，昭和5年
24) 水産試験場：水産連絡試験要録，2号，129～130，昭和5年
25) 水産試験場：水産連絡試験要録，2号，148，昭和5年
26) 上原　進，杉浦健三，平野敏行：水産における定地観測の現状について，沿岸海洋研究ノート，5（1），10～18，昭和41年
27) 水産試験場：水産連絡試験要録，3号，54，昭和6年
28) 水産試験場：水産連絡試験要録，4号，6～7，昭和8年
29) 水産試験場：水産連絡試験要録，4号，9～10，昭和8年
30) 第17回一道六県海洋調査協議会，水産界，598号，38～40，昭和9年
31) 宇田道隆：海に生きて，6，東海大学出版会，昭和46年
32) 水産試験場：水産連絡試験要録，6号，13～81，昭和10年
33) 木村喜之助：海洋の水産資源，海洋の科学，2（3），142～147，昭和17年
34) 科学技術庁資源局：日本における海洋調査の沿革，昭和35年（謄写版）
35) 宇田道隆：日本海及其隣接海区の海況（昭和7年5，6月連絡施行日本海第一次一斉海洋調査報告），水産試験場報告第5号，57～190，昭和9年
36) 宇田道隆：日本海及其隣接海区の海況（昭和8年10，11月連絡施行日本海第二次一斉海洋調査報告），農林省水産試験場報告，第7号，91～152，昭和11年
37) 水産試験場：水産連絡試験要録，7号，26～34，昭和8年
38) 宇田道隆・末廣恭雄：日本海開発洋海調査の印象，農林時報，1（15），32，昭和16年
39) 宇田道隆・末廣恭雄：日本海開発洋海調査，農林時報，1（16），25，昭和16年
40) 水産試験場：水産連絡試験要録，4号，34，昭和8年
41) 水産試験場：水産連絡試験要録，8号，19～42，昭和12年
42) 水産試験場：水産連絡試験要録，9号，1～84，昭和13年
43) 水産試験場：水産連絡試験要録，5号，59，昭和9年3月
44) 水産試験場：水産連絡試験要録，10号，45～79，昭和14年
45) 宇田道隆：昭和8年盛夏に於ける北太平洋の海況（昭和8年8月連絡施行，北太平洋距岸一千浬に亙る一斉海洋調査報告），水産試験場報告，第6号，1～128，昭和10年
46) 水産試験場：水産連絡試験要録，5号，59～93，昭和14年
47) 東日本太平洋海洋調査協議会，水産公論，23（2），67，昭和10年
48) 宇田道隆：海に生きて，303，東海大学出版会，昭和46年
49) 海洋調査要報，62号，昭和13年
50) 黒肱善雄：我が国の調査船の系譜と現勢，水産海洋研究，54（2），147～152，平成2年
51) 高知県水産試験場：高知県水産試験場百年のあゆみ，9，平成14年
52) 島根県水産試験場：島根県水産試験場八十年史，48，昭和58年
53) 北海道立水産試験場：北水試百年記念誌，154，平成13年
54) 北海道立水産試験場：海洋調査月報，10（2），昭和11年
55) 岩手県水産試験場：岩手県水産試験場80年史，38，平成3年
56) 静岡県水産試験場・栽培センター：静岡県水産試験研究百年のあゆみ，201～202，平成15年
57) 三重県技術センター水産技術センター：三重県水産試験場・水産技術センターの100年，88～89，平成12年
58) 徳島県水産試験場：試験研究85年のあゆみ，78，昭和60年
59) 高知県水産試験場：高知県水産試験場百年のあゆみ，36，平成14年
60) 大分県水産研究センター，大分県水産研究百年のあゆみ，58，平成12年
61) 島根県水産試験場：島根県水産試験場八十年史，180～181，昭和58年
62) 福岡県水産技術センター：福岡県水産試験研究機関百年史，252～257，平成11年
63) 西田敬三：朝鮮の海洋調査，日本海洋学会20年の歩み，154～155，日本海洋学会，昭和36年
64) 中井甚二郎：私のマイワシ産卵調査暦抄，さかな，27号，16～23，昭和56年
65) 海上保安庁水路部：日本水路史，日本水路協会，1971年
66) 北海道立水産試験場：北水試百年記念誌，平成13年
67) 宇田道隆：海に生きて，310，東海大学出版会，昭和46年
68) 日高孝次：日本の海洋学とともに，海と日本人（東海大

学海洋学部編），178～184，昭和52年
69) 安井善一：気象庁における海洋業務の歴史，日本海洋学会20年の歩み，23～30，日本海洋学会，昭和36年
70) 伊藤章治：ジャガイモの世界史，3～6，中公新書，平成20年
71) 宮本憲一：環境と開発（人間の歴史を考える14），128～133，岩波書店，平成10年
72) 静岡県水産試験場・栽培センター：静岡県水産試験研究百年のあゆみ，32～34，平成15年
73) 大日本水産会報，357号，76，明治45年
74) 中村　巖，田村松太郎：水産生物ノ被害ニ関スル研究，水産試験場：水産試験成績総覧（農林省水産試験場刊），625～626，昭和6年
75) 磯野泰二，中村四郎：水産試験成績総覧（農林省水産試験場刊），626，昭和6年
76) 福岡県水産技術センター：福岡県水産試験研究機関百年史，291～292，平成11年
77) 牧野謙二，八尋武良次：不知火海牡蠣被害調査，水産試験成績総覧（農林省水産試験場刊），670，昭和6年
78) 愛媛県水産試験場：愛媛県水産試験場百年史，71，平成12年
79) 中野　広：戦前までのカキ養殖に関する研究史，海と渚環境美化推進機構，平成18年
80) 徳久三種：我が国に於ける水質汚濁被害概況と其対策，水産界，672号，17～20，昭和13年
81) 帝国水産会：帝水，18（9），18（10），18（11），昭和14年
82) 大森正之：両大戦期『水質汚濁問題』−その再構成と分析−，漁業経済研究，31（1），70～89，昭和59年
83) 水産試験場：水産連絡試験要録，3号，21，昭和6年
84) 昭和9年度水産事務協議会，水産公論，22（10），54～64，昭和9年
85) 海面汚濁防止対策，水産界，627，52～53，昭和10年
86) 春日信市：日本定置漁業研究会：25号（創立10周年記念臨時増刊号），216～217，昭和10年
87) 静岡県水産試験場・栽培センター：静岡県水産試験研究百年のあゆみ，197，平成15年
88) 日向信治，家人四直，久保澤　薫，榎本弾正，山根撰一：重要水産物漁況調査，水産試験成績総覧（農林省水産試験場刊），1024，昭和6年
   木村宗太郎，稲葉和夫：鯛，鱶漁況調査，水産試験成績総覧（農林省水産試験場刊），1024，昭和6年
89) 谷本坂惠，金村正巳，小安正三，佐々木三治，甘利集基，長岡正幸：水産試験成績総覧（農林省水産試験場刊），1023，昭和6年
90) 新潟県水産海洋研究所：創立百年記念史，64，平成11年
91) 高知県水産試験場：高知県水産試験場百年のあゆみ，36～37，平成14年
92) 長友　寛，田代清友，山田　豊：漁況調査，水産試験成績総覧（農林省水産試験場刊），1025，昭和6年
93) 桐本富次，青木京一郎，加藤利夫：漁況通信，水産試験成績総覧（農林省水産試験場刊），1026，昭和6年
94) 水産試験場：水産連絡試験要録，4号，13～19，昭和8年

95) 水産試験場：水産連絡試験要録，7号，44，昭和11年
96) 宇田道隆：海に生きて，東海大学出版会，169～170，昭和46年
97) 水産試験場：水産連絡試験要録，8号，69～88，昭和12年
98) 木村記念会：潮，第1号，1～27，木村記念事業会，平成元年
99) 日本水産年報：第1輯，水産社，73～74，昭和12年
100) 安枝俊雄：漁況海況予報の現況，5～6，日本水産資源保護協会，昭和41年
101) 宇田道隆：海（旧版），172～195，岩波書店，昭和14年
102) 水産連絡試験要録，9号，85～109，昭和13年
103) 木村喜之助：全国漁況通報，海洋の科学，2（3），106～109，昭和17年
104) 木村喜之助：近年のカツオ漁業の一進路，海洋の科学，5（1）17～20，昭和23年
105) 宇田道隆：日本水産海洋学漁況予報の問題，科学，2（2），62～65，昭和7年
106) chigasakioows.cool.ne.jp/ima-ikura.shtml
107) 日本水産年報，6輯，236～237，水産社，昭和17年
108) 宇田道隆：海に生きて，301，東海大学出版会，昭和46年
109) 農林省水産事務協議会，水産公論，22（10），54～64，昭和9年
110) 上原　進，杉浦健三，平野敏行：水産における定地観測の現状について，沿岸海洋研究ノート，5（1），10～18，昭和41年
111) 渡辺信雄：水産試験場時代あれこれ，月島，4号，12～18，昭和58年
112) 日高孝次：日本の海洋学とともに，海と日本人（東海大学海洋学部編），173～184，東海大学出版会，昭和52年
113) 川崎　健：潮，第1号，序，平成元年
114) 例えば，畑井新喜司：太平洋学術会議の回顧，日本海洋学会20年の歩み，152～153，昭和37年
115) 加藤光次郎：研究室概観，三井海洋生物学研究所，科学，7（8），340～343，昭和12年
116) 元田　茂：海洋生物を研究している大学・研究所・実験所の組織と歴史，日本海洋学会20年の歩み，40～52，昭和37年
117) 片山房吉：日本水功伝（13），水産界，718号，100～105，昭和17年
118) 湯浅光朝：科学史，59～62，東洋経済新報社，1961年
119) 北海道立水産試験場：北水試百周年記念誌，572～586，平成13年
120) 日本定置漁業研究会：定置漁業界，第25号，217～310，昭和10年
121) 酒匂　昇：えびに夢を賭けた男，168～172，緑書房，平成4年
122) 岡本信男：水産人物百年史，314，水産社，昭和44年
123) 花岡　資：相川さん，水産時報，14（3），46～48，昭和37年
124) 九州大学農学部：九州大学の農学部五十年史，昭和46年
125) 日本漂流誌刊行委員会：日本漂流誌，昭和38年

第6章
水産における海洋研究の到達点

　前章では，農林省水産試験場の設立以後の海洋調査に関する取り組み，特に「瀬戸内海」「日本海」「北太平洋」の一斉の海洋調査等について説明した。このほか，中央水試は京都府水産講習所の提案による「若狭湾とその沿岸流動」に関する調査，また，神奈川水試との協同の「相模湾のブリに関する調査」等を実施した。これらの資料と明治末期以後の漁業基本調査・海洋調査により実施された定線・定地観測の資料は宇田道隆，相川廣秋らにより解析され，その結果は農林省水産試験場報告に掲載された。本章では，宇田や相川の報告を要約することにより，得られた研究の到達点を記すことにする。

6・1　日本近海各月平均海洋図 [1, 2)]

　海況予報には，長期間の観測値を平均した海洋図が必要である。宇田らは，大正7年から13年間の日本近海のデータを整理し，1～12月の累年平均値をもとに，親潮海区，黒潮海区，東北海区の親潮と黒潮の混合海区，オホーツク海区，リマン寒流域と日本海大冷水帯，対馬暖流域，シナ海に分け，表層，100m層の特徴を明らかにし（図6-1：口絵），その平年の海洋図より海流系を推定した（図6-2）。海流図は，その後の一斉調査等の結果により修正された（例えば，後述の図6-13，6-16を参照）。ここでは説明を省き，海洋図のみを掲載するが，

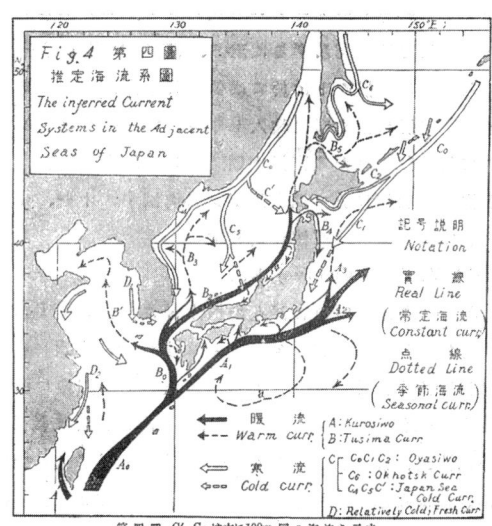

図6-2　日本周辺海域の推定海流系図 [1)]
　　　黒潮系：a, A_1, A_2, A', A_3
　　　対馬海流系：B_0, B_2, B_3, B_4, B'
　　　親潮系：C_0, C_1, C_2
　　　Okhotsk 海：C_6
　　　日本海大冷水塊：Ca, C_4, C_5, C'
　　　シナ東海黄海淡水系：D_1, D_2

その後の研究の成果が蓄積されていく過程を理解していただければと思う。

6・2　黒潮と親潮の海況 [3)]

　宇田らによる「日本海近海各月平均海洋図（自大正7年至昭和4年）並び該図より推定された

第6章　水産における海洋研究の到達点

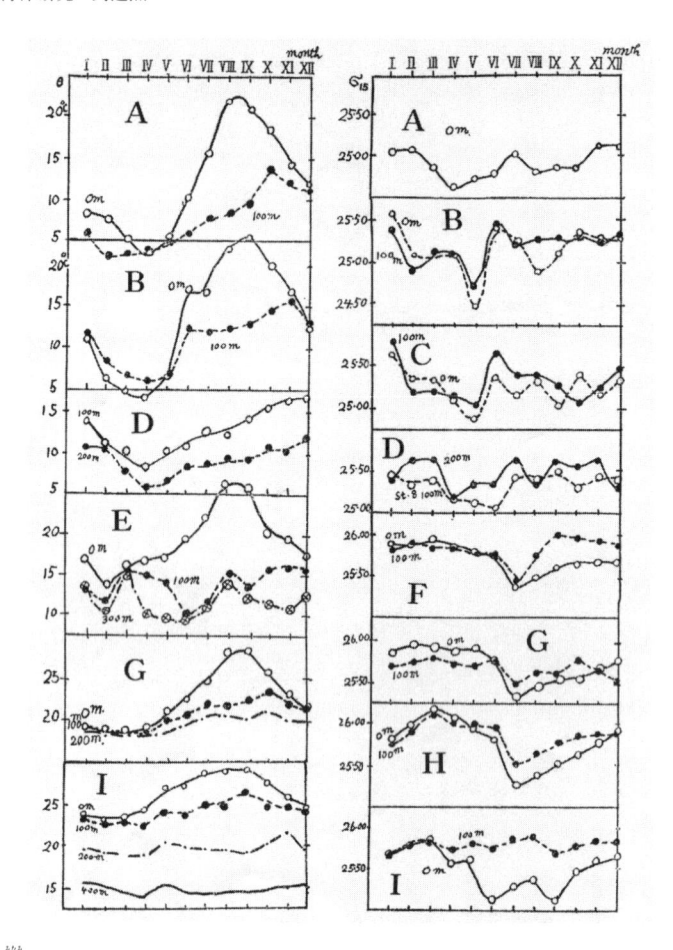

図6-3　千島単冠湾正南から台湾成廣沖東の20ヶ所の各月の水温塩分断面図（左：水温年変化曲線，右：比重年変化曲線）[3]
　　　A：青森鮫沖，B：岩手御崎沖，C：金華山沖，D：福島塩屋沖，E：茨城大洗沖，F：千葉野島沖，G：潮岬沖，H：宮崎鞍崎鼻沖，I：台湾沖

る海流に就いて」の第一報と第二報をふまえ，千島沖より台湾東沖にわたる太平洋側の日本沿海における黒潮と親潮の周年の性状変化について，過去に得られた推論を2000mの下層まで延長して解析し，次の結果を得た。これには，連絡施行した大正7年から13年間の沖合横断観測資料の累年平均値を用いた。

(1) 千島単冠湾正南から台湾成廣沖東までの20ヶ所の各月の水温塩分断面図を作成した結果，次のことが示唆された（図6-3）。

①親潮系水は北海道南の海域より東北海区にかけて2つの枝流となる。この原因は津軽暖流の影響と地球自転偏向力のためである。そのうち，1つは沿岸寒流で右偏接岸西流し，他は親潮寒流の主幹で，沖合を南西に向かう。

②黒潮系水は台湾東海では冬接岸し夏沖に離れるが，本土沿海黒潮域では春接岸し，冬離れる。

③夏季表層の低鹹水はシナ海系低鹹水の影響が大きい。宮崎〜薩南〜台北沖で高温低鹹な海水となる。東北〜宮崎沖以北では，夏季に暖水が影響する海域は高温高鹹であり，低温低鹹なる寒流系水とに分かれる。

④冷水が出現する海域は，ひとつは沿岸近くで岸より沖に向って深部が著しく斜めに走るために沿岸に接して下層より冷水が出現する海域で，野島崎近海，石室崎近海，潮岬，土佐近海，台湾近海である。ほかは，比重が重い海水に比重が軽い海水が重なり，反時計回転の中心部において上層水は凹み，下層水が隆起する海域で，福島沖，三重沖に出現する。

(2) 水温，塩分，水色，透明度の地理的分布，その月々の変化を詳細に調査した結果から，太平洋側で黒潮，親潮の本質的に異なる二大水塊がその水系の根幹で，西南海区ではこれに夏季のシナ海系低鹹水の混入が影響する。

(3) 年平均水温，塩分により作成した温鹹曲線より，東北海区の親潮系と黒潮系水は海流軸の方向の距離に比例して直線比により混合する転移海区（Transition Area）がある（図6-4）。また，上記の異種海水の交代が東北海区，南方海区等における水温や塩分の年較差に重大な影響を与える。

(4) 親潮，黒潮の境界面では親潮潜流の存在を示す。親潮潜流とは，親潮が沈み黒潮の下を南下する流れをいい，地球自転偏向力，黒潮流の誘引，地形等の関係により本邦の東海に発達するものを指す。各調査地点の四季別の温鹹曲線から低鹹な中層水が存在する。この親潮潜流は福島以北では4～10月に現れる。出現水深は岩手沖200 m，福島沖300 m深で，水深は北方ほど浅く，南方ほど深い。これは中間低鹹層と一致し，親潮潜流の存在とその旺盛な時季を示すものである。親潮潜流の主幹は房総南，伊豆南東から日本海溝に沿って南下し小笠原島の北を回り南方海盆に入り海盆を充満し，その後，日向，琉球，台湾の東側に接岸し上向する。下層冷水の上向が見られる海域が多い。その1つは流れが速い黒潮域の房総南側から伊豆南東で相模湾口に現れ，もう1つは，三宅島南，八丈島黒潮北の間を富士海嶺を越えて西行し，三重沖で上向する。

(5) 昭和2～4年の四季にわたる蒼鷹丸による伊豆南海区調査から，黒潮流域下の層重状態は3層で，上層（中心100～150 m）は黒潮で高温（>15℃）高鹹（>34.7‰），中間層は親潮潜流で8℃を中心に5～10℃，低鹹34.3‰，深層は1000 m以深で，2～3℃，親潮潜流よりは高鹹である，などが明らかとなり，特に三重～千葉沖の区域内の親潮潜流の性状についての多くの知見を得た。

6・3 瀬戸内海の海況（連絡試験）[4]

瀬戸内海の海洋調査は，明治8年の英船チャレンジャー号によるものがその嚆矢である。その後に実施された水産講習所隼丸による漁場調査（第4章参照），海軍水路部の潮汐流調査，海洋調査がはじまった大正7年からの瀬戸内各県水試による定期横断観測，一斉調査等の結果を取りまとめ，水温・塩分の横断面・縦断面分布図，表面底面における水平的分布図を作成し，

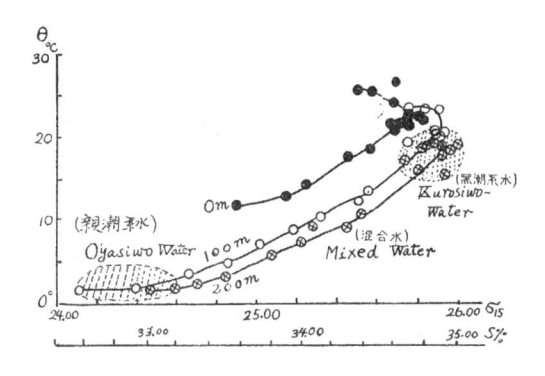

図6-4　温鹹曲線（沖合観測点年平均値による）[3]

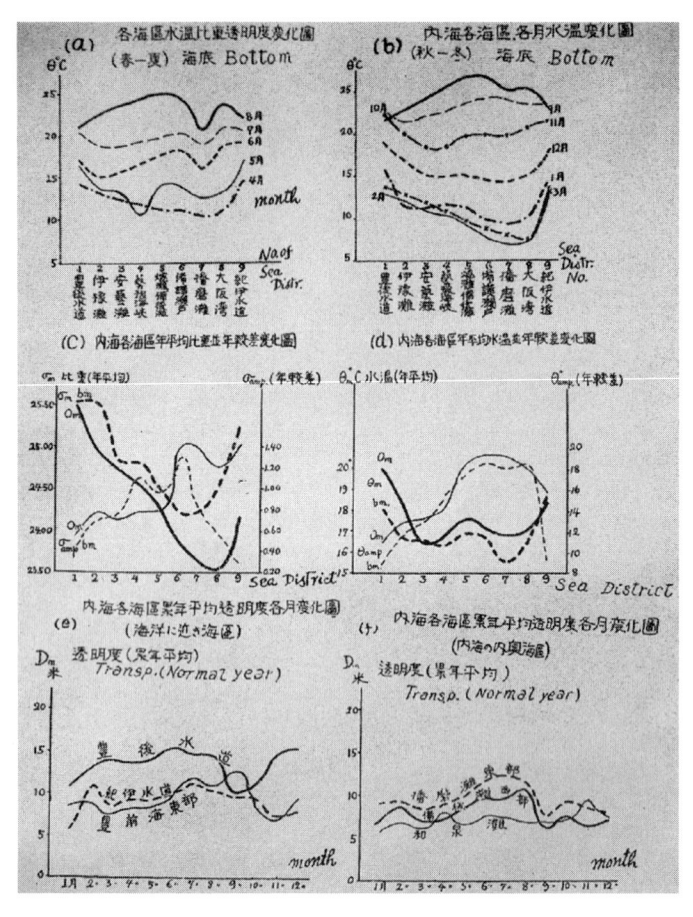

図6-5 瀬戸内海における各海区，各月水温変化図[4]

毎月の海況を示した（図6-5）。また，瀬戸内海水系の分析の結果，東部と西部とは性質が異なるが，内海は瀬戸，海峡により区分される数個の連続した海区からなると規定できる（図6-6）。その結果の概略は次の通りである。

(1) 暖流系（黒潮分派水）は3系統である。
　①紀伊水道系水：紀伊水道を紀州寄りに北上する。和泉灘に入り淡路側を北上し，末端は明石海峡を通り播磨灘に広がる。2～5月に優勢である。一方，冬季，鳴門海峡を播磨灘に進入する支脈あり，播磨灘南部に影響する。
　②豊後水道系水：足摺岬南西で黒潮暖流本幹より分岐し，四国側に沿い佐田岬方向へ北上する。佐田岬北方で2流に分かれ，1流は姫島から宇部～宇島間を目指して周防灘に入る。もう1つの流れは勢力強く流動が盛んで，伊予沿海に接し北上する。その後，備後灘に入り，やや四国寄りを東行し，末端は備讃瀬戸の四国側に影響を及ぼす。冬春卓越し，周年，影響は伊予灘まで及ぶ。豊後系水は紀伊系水に比べ大量に内湾へ入る。その断面積は東部の3.5倍で，大潮時の海水流動状態から容易に推定される。
　③下関海峡系水：下関対馬水道より関海峡を経て周防灘西部に進入する。1～6月に見られ，対馬海流の張り出しが盛んな4月に卓越する。

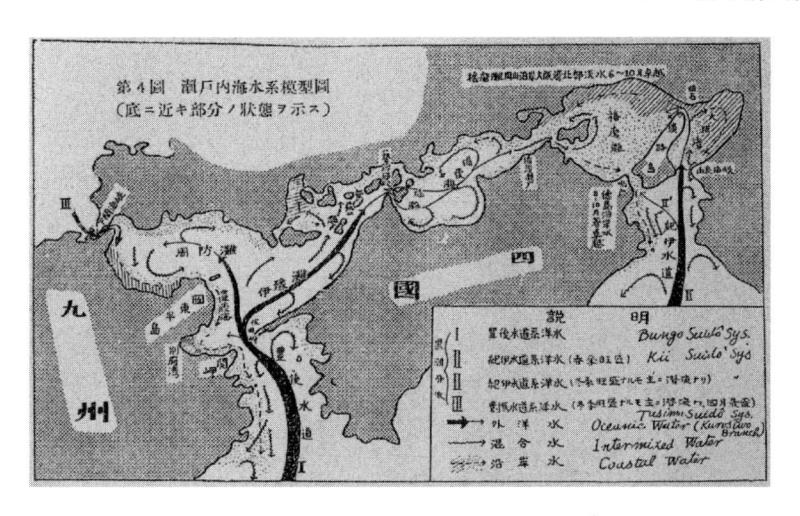

図6-6　瀬戸内海水系模型図（底に近い部分）[4]

(2) 淡水の影響は，備讃瀬戸，播磨灘，大阪湾北部，豊前海，別府湾，広島湾，徳島沿海等で著しい。各海区で，外洋水は淡水と混和し混合水となって環流となる。環流は，紀伊水道，播磨灘，備後灘の北方，周防灘・別府湾は反時計回りで，特に，豊後水道は顕著な反時計回りである。一方，大阪湾と燧灘南部は地形性時計回りである。夏季は沿岸ほど密度の関係上水位が高く，内奥の大阪湾，播磨灘では陸地からの淡水供給が最も多いため水位が高く，全体に海水成層が発達し，表層を薄く覆う。内海の水は西より東に移動する傾向が強い。西部外洋水の末端は混合水に転化し，播磨灘環流に入り，鳴門撫養より排出される。周防灘環流に入る外洋水末枝は九州西岸を伝い別府湾淡水をあわせ低鹹な混合水となり豊後水道西側より外洋に出ると推定される。

(3) 夏季は内海の特徴を呈す。各区とも中央低温，沿岸高温である。紀伊水道南部，豊後水道を除き奥の海区に向かうほど高温となる。瀬戸，海峡の潮流の激しいところでは上下海水がよく混和され，比較的表層は低温高鹹となるが，沿岸水が発達するところでは日射により表層は熱せられる。6月中下旬，10月が転換期である。11～5月は水温分布が海流の影響を示し，外洋より内海の奥に進むほど低温となる。塩分分布は周年各海区の特徴を示し，外洋水の進入状況を示す。

(4) 春季の海況急変にともなうタイ群の密集移動状況は，6月以降海況の内海性の変化により分散し，10月再び海況の回復とともに秋漁がある。またタイ群に続くサワラ群の移動，イワシ漁況と塩分分布との関係等，今後の漁況予測に関する調査研究の方向性を暗示する。

明治25年の水産調査予察報告において，松原新之助[5]が瀬戸内海の海洋環境について以下のように書いた。前述の宇田による報告と見比べるとよく合致していることは興味深い。

内海ハ外海ニ於テ見ルガ如キ特異一定ノ海流ナク，唯外海ノ干満ニ潮ニ感シ，潮汐ノ之ニ応スルアルノミ。而シテ其外海ノ干満ニ感スルハ，主トシテ，豊後，紀伊ノ二水道ニ由リ長門海峡ハ大ニ相関ナラス。思フニ，是レ海峡甚タ狭ク，外海潮勢ノ力ヲ及ボスニ足ラザルニ由ルベシ（長門海峡ノ満潮ハ西方外海ヨリ来ラスシテ，

却テ内海ノ方面ヨリス是レ西方外海ニ感セスシテ，寧ロ南方ノ海峡ヨリスル潮勢ニ随フニ由ルヲ知ルヘシ)。豊後水道ヨリスル満潮ハ東流シテ，四国中国ノ間ニ向ヒ(豊後ノ東方ヨリスルハ却テ西ニ向ヒ，以テ長門ニ至ル者アリ)。紀伊水道ヨリスル満潮ハ西流シテ，亦四国中国ノ間ニ向ヒ，讃岐国箱崎ト対岸本土トノ中間ニ於テ相曾スル者ノ如シ。而シテ箱崎前方西側ノ満潮恰モ其半ニ至レハ，東方ハ已ニ干潮ニ向フ。是レ東西相会スルノ証トスヘシ。該地方ノ漁民ハ之ヲ中みち，中びきト称ス。而シテ干潮ノ方向ハ亦各相反ス。内海中，大潮時潮水高低差ハ伊予来島ノ一「フィート」半ヲ以テ最小トシ，安芸内海ノ十二「フィート」ヲ最大トス。内海ノ潮水ハ之ヲ外海ニ比シテ年中冷暖ノ差甚タ著シク，且春季ハ早ク温暖トナリ，秋季ハ又早ク寒冷トナル。是レ幅員狭小海底亦浅キヲ以テ外気ノ冷暖ニ感スルコト自ラ速カナルニ由ル。

6・4 日本海・黄海・オホーツク海の海況（連絡試験調査）[6]

【日本海】大正7年から13年間の地方水試，水産講習所・中央水試の定期横断観測資料を使用し，日本海本土側18ヶ所（沿岸線（A線）と沖合線（B線）），朝鮮東岸側8ヶ所（沿岸線（C線）と沖合線（D線））（略）について分析した(図6-7)。主な調査結果は次の通りであった。

(1) 樺太楽磨沖では，1～3月の50m以浅は低鹹である。50～200m層は中暖中鹹で，距岸15浬点が最も水温が高い。

(2) 青森権現崎沖では，40浬100m深の沖合より下層冷水が上昇する。対馬暖流系水は距岸から10～40浬の幅がある。

(3) 津軽海峡は上下ともに恒温恒鹹の場合が多く，対馬海峡はこれに比べて程度は弱いがよく似る。この事実は，海峡では流動が強盛なために上下層の海水の混合が比較的激しいことを示す。

(4) 秋田沖の距岸20～30浬，60～70浬沖合は水温が高い暖流で2つの流れを示すが，70～90浬は下層200m以深より冷水が上向する。近海は4～6月に沿岸水が著しく広がる。

(5) 対馬暖流系水は福井～浦塩（ウラジオストク）の間において2本か3本の流れに分かれる。立石岬より50浬沖を中心に一本幹，120浬を中心に1つ，200～230浬沖に1つ，沖合の2つは時季により消長が激しく（6～8月に明瞭），かつ厚さが薄い。

(6) 島根沖50～60浬の200m層においては年中水平的に急激な水温の変化を示す。朝鮮側冷水（最低3℃以下）と本土側の暖水（12℃以上）を明確に分けることができる。

＜水温塩分の海域による特徴＞

A線：年平均水温の分布型は表面と100m層が似る。200m層は山形～鳥取間が低く，福井～鳥取間の海区の100m層との水温差は8～9℃である。水温年較差は，垂直的には表面最大で下層ほど小さい。また，南より北に向かうほど増大し，表面が10～20℃，100m層が5～8℃であり，秋田～鳥取の中部の海区で大きい。200m層の水温の年較差は，権現崎沖，禄剛崎沖，若狭湾口の中部沿海が大きい。0～200mの水温年較差は南北方向の暖水の消長であり，その往復的移動による水系の交代による変化である。200m層はそれとは異なり，対馬暖流系水の延びる方向と直角の西方より突っ込む下層冷水帯の消長による変化である。

塩分は，太平洋側とは異なり，表面と100m層，200m層とは大差があり，特に，北海道以南に著しい。年平均値は，沿岸水が発達する海域，例えば，羽越沿海は融雪による陸域からの出水のために3～6月に最低を示し，低鹹水が発達する。100m，200m層は沿岸水の影響は急減し，判然としなくなる。

B線：表面はA線と大差ないが，100m層は

6・4 日本海・黄海・オホーツク海の海況（連絡試験調査）

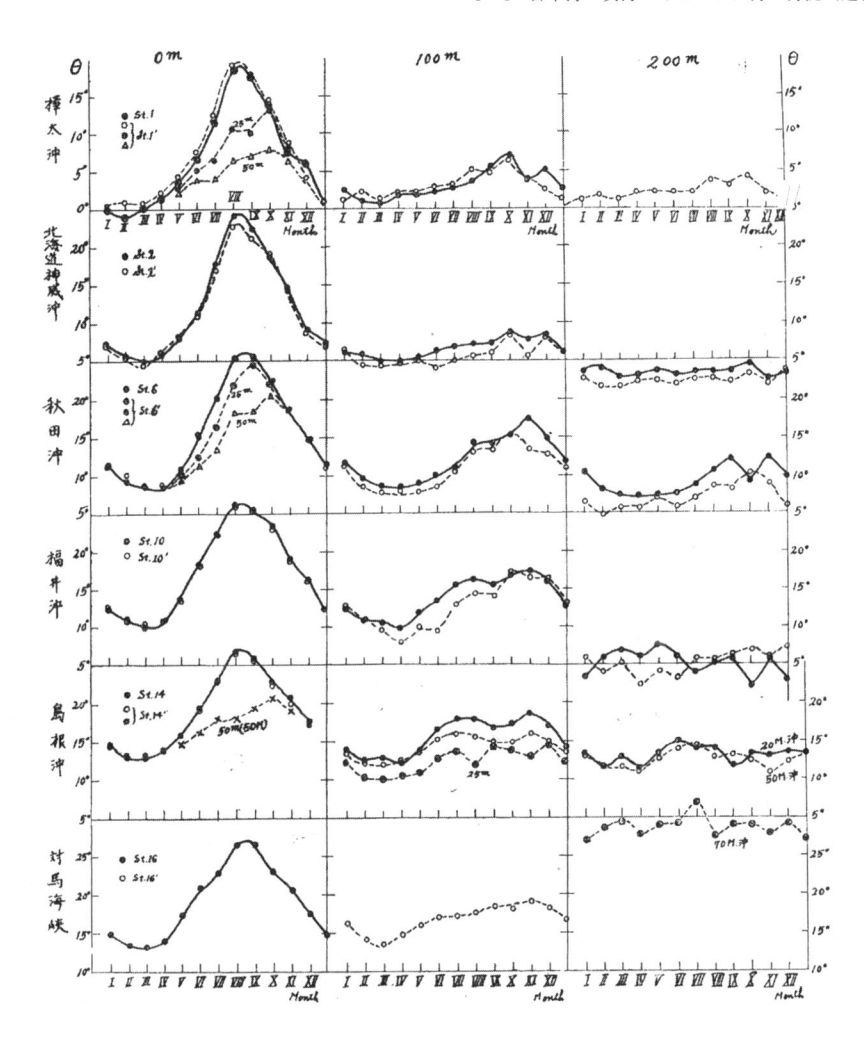

図6-7 日本海本土側水温の月別変化[6]

概して低温で，青森権現崎津軽海峡西口以北では5℃の低冷，秋田沖以南が10℃以上の暖水で，この間5℃変化する。これは津軽海峡北西部から大冷水帯の突入により，暖流水を津軽海峡西口において著しく圧迫するためである。塩分は，A線とほぼ同じであるが，羽越の沿岸水の影響は少なく，秋田沖にその影響を見る。鳥取～山口間は，夏季（梅雨期を含む）低鹹水の影響が見られる。年較差は，100 m，200 m層は小さく，年中塩分恒常に近く，沖合は沿岸に比して較差が小さい。

＜水温塩分年変化＞

A線：表面水温の最低月は3月が中心で，概ね2～4月の間で，最高月は8月である。100 m層は最低が3，4月で，最高が9～11月である。表面の塩分は，能登以北は複雑変化型（2つの高いピークと2つの低いピークを示す，北方型）で，塩分が高いのは夏と冬で，低いのは2～4月である。これは，氷雪の融解河水のため，4月を中心として最も低くなる。沿岸水の拡張が著しいのは羽越沿海で，$\sigma_{15} < 25.00$。能登以南は，1つの高いピークと1つの低いピークを示す型で，7～8月の梅雨期の降水により最も低くなるという特徴がある。塩分が最も高くなるのは，熊本～対馬水道（2～4月），山口

～鳥取（5月），兵庫～福井（6～7月），新潟～秋田（8月），江差から北海道南部（9月），北海道北部～樺太（12月）と，北から南に向け移動する。この他に北部には12～4月に移動しない高いピークが見られる。100m層の塩分の年変化は表面とほぼ同じである。能登以南では最高は4～6月が中心で9月にも低いピークがある。島根以南は対馬暖流系水が一年を通じて存在し，島根～津軽海峡間では高いピークが移動（鳥取沖5月，但馬海6月，若狭越前海6，7月，新潟・山形8月，秋田・青森沿海が8，9月）し，最高の時期は対馬暖流系の最強盛期に該当する。イワシ，サバ漁場は，最鹹水塊の移動に先んじて北進するので，来遊予想が可能である。200m層の水温の最高は，島根沖5～8月，秋田沖9～11月等で，南から北へ移動する。同層の塩分のピークは5～9月で，南から北へ移動するが，一般に変化が乏しく，$\sigma_{15} = 25.30$（34.1‰）が最も多い。

B線：表面水温は，A線よりもさらに明瞭である。3月が最低，8月中旬が最高である。比重のピークの移動はA線よりは不明瞭である。比重の高いピークは4～7月（主に4月），12月，1月で，最低は対馬水道以南（8月），島根～福井（9月），能登～山形（10月），青森～北海道南部（11月）で，樺太は2月と推定される。100m層水温の最低は島根以南が3月，鳥取～秋田が4月，北海道西海が6月で，北方ほど位相が遅れる。塩分が最も高いのは，島根以南が4月，鳥取沖が5月，福井～能登沖が7，8月である。低いのは対馬水道8月，秋田・山形12月である。見かけ上，春夏に表層を高鹹な水団が北に移動し，秋冬にその暖流系水の先端部が沈潜し，その海区の中層・下層に比較的高鹹水をもたらすと推定される。本土側の水温を垂直的にみると，下層ほど位相が遅れ，最高は，表面が8～9月，25m層が9月，50m層が10月，100m層が10月下旬である。最低は表面が3～4月，100m層が4～5月である。

＜水色，透明度＞

日本海側は太平洋側に比して水色番号が大きく，透明度が低い。オホーツク側，日本海北部の寒流水域～朝鮮西岸の浅海一帯も同様である。対馬暖流本幹は透明度が全般的に高く，水色2～3である。山形～島根では透明度が20mを超え，対馬水道15～20m，長崎沖20m内外である。対馬水道が相対的に低いのは，乱流とシナ海系の水色番号高く透明度が低い海水の影響による。オホーツク海区の透明度は15m以下で，宗谷暖流域に沿ってやや高く，枝幸，紋別沖30～40浬は15m以上である。純オホーツク海水は透明度10m以下，水色4以上。対馬流域区のうち樺太西区の透明度は10～15m，水色は4～5，北海道西岸区の透明度は15～20m，水色は3～4，夏の透明度は20mを超える。

【黄海】大正8年から昭和5年に至る12年間の関東庁，黄海道，忠清南道，全羅北道，全羅南道の各水試の資料と，大正8年頃からの水産局漁業監視船（祥鳳丸，飛隼丸，初鷹丸，龍田丸，園部丸，天鳥丸，速鳥丸等）の資料を整理し解析した（図6-8，6-9）。

(1) 12～3月は海水の垂直的対流が旺盛で，恒温・恒鹹である。5月には表層水温の上昇・降鹹が著しい。下層はこれにともなわず，昇温は緩徐で，躍層を形成する。底層は，中央部が深く海盆状であるため冷水団の根源となり，これを中心に5～8月に冷水層が発達する。10月以降には上層と沿岸水域が冷却され，12月には成層が崩れ上下混合する。

(2) 表面水温は8月が最高，3月が最低である。底層水温は10月が最高，3月が最低である。塩分は5月が最高，8月が最低である。25m層の水温・塩分は中間層としてきわめて特異的変化を示す。夏季，朝鮮西岸沿岸水域では，沖合に比し

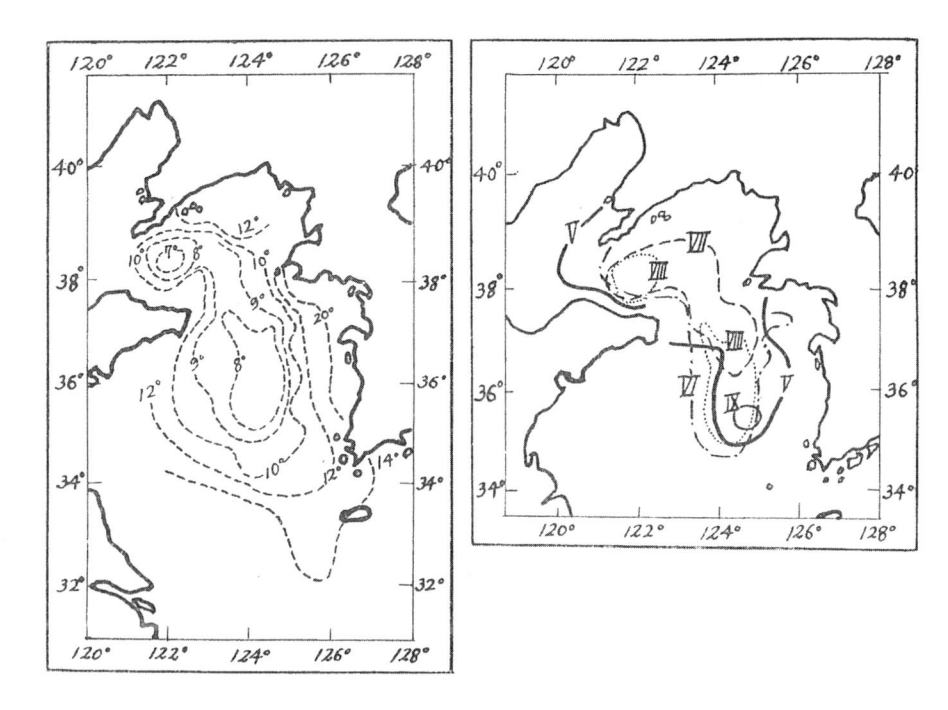

図6-8 黄海の海底水温分布[6)]
黄海の8月の海底水温分布（左），海底8℃線の移動（右）

て表層低温で上下等温に近く，垂直的な対流が旺盛なことを示す。
(3) 透明度は10月が最高，12～3月が最低である。通常の春秋の低いピークがない。黄海の透明度年変化の特徴は，流入河川からの無機物（懸濁泥粒）の流入による濁りによるもので，水色が著しく黄味を帯びる。黄海の海況年変化の説明は，乱渦動による海水混合とすべきである。底質の分布は，泥質と砂質の境界線は済州島より台湾北端に向かう80～100m線で，外側が砂質，内側が泥質，朝鮮西岸60m以浅は砂質である。沿岸に近い区域（特に朝鮮半島西側海域）では潮汐による干満差が大きく流動が盛ん，あるいは垂直対流のため垂直混合が盛んで，透明度低く水温塩分は上下均一となる。
(4) 黄海沿岸水の中心は等鹹線図より山東～長江一帯のシナ沿海で，夏季は対馬海峡に向かい低鹹水帯突出し日本海に流入する。下層は冷水の年変化が大きい。黄海道沖では，昭和5年では10～15℃の差であったが，6年では15～20℃差がみられた。これは，底層の水温が夏上昇せず，前年に比べ9月では6℃余りも過低であったことによる。塩分も7～9月には0.5‰以上高くなり，透明度は約10m高い。6年は前年に比べ表層の成層が完全で，垂直的安定，中央部下層冷水が接岸・発達したためである。月々の下層の冷水の接岸状況も不規則な活動を示すことがある。

【オホーツク海】調査が少なく海況に不明な点が多い。北海道，樺太水試の大正10～昭和6年，水産講習所雲鷹丸の大正5，6年の観測資料と比較した。その結果は次の通り。
(1) 北海道北岸は，夏季距岸10浬までは宗

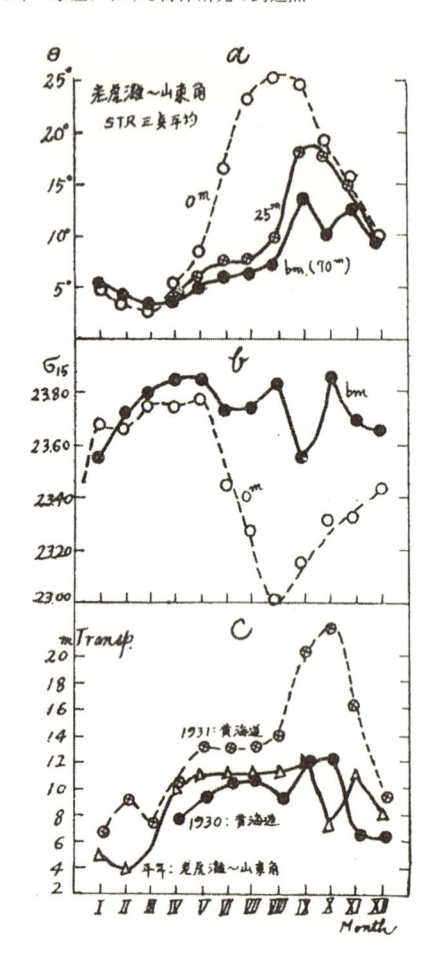

第6章 水産における海洋研究の到達点

図6-9 水温（a），比重（b），透明度（c）の月別変化[6]

谷暖流の影響が著しく比較的高温高鹹である。影響は9月が顕著で，知床岬付近は8月に影響を受ける。0℃の下層冷水は，頓別，枝幸，紋別沖の数十浬沖合下層より沿岸に接近上昇し，距岸20〜30浬で表面に浮上し，最低温部を示す。全体的に50浬内外，100m深前後にその中心を示す。

(2) 樺太南岸大泊湾の下層より海底まで6〜7月に冷水が広がり，表層には沿岸水が拡張する。6月50〜100m層が0℃以下，7月70〜100mが-1℃，海底が0℃である。樺太東岸の中知床岬は，7〜8月の50〜100m層が0℃以下で，10浬沖に冷水の本幹流，50浬沖に一幹流がある。愛郎岬〜海豹島では，冷水が50〜200m深に広がる。最低水温が-1.5℃。海豹島側（同島より10〜30浬）Aより入り多来湾内の約100m等深線に沿って反時計回りに環流し，愛郎岬側海豹島より40〜80浬離れたBより出る（図6-10）。

(3) 雲鷹丸の大正4〜5年，樺太水試の観測より，水温，塩分，水深の関係図（図6-11）から，オホーツク海水系は，A海水（31〜32‰の低鹹，10m以浅の表層で5〜10℃比較的温暖），B海水（50〜200m層の中層水。0℃以下，32〜33‰），C海水（400〜海底1000m層で，1〜2℃，33〜34.5‰）に分かれる。B海水の検討の結果，冷水が分布する中心は北海道側（-0.2℃，32.7‰），樺太側（-0.3℃，32.9‰）となる。中層の冷水は32.3〜33‰，0〜-0.5℃を中心とし40〜200m層に跨がる冷水で，その起源は北方にあり，北より南へオホーツク海西部（樺太東沿海）を移動する。その移動経路は切断図の最低の水温帯を連ねた一線である。年々の冷水の消長は50mで水温-0.5〜1℃と変化が大きいが，100mの水温は-0.5〜-1.5℃の変化で，変動が小さい。

6・5 若狭湾およびその沿海の流動[7]

京都水産講習所の提唱による「若狭湾開発」のために，昭和5年7月11〜16日，蒼鷹丸，京都水講昭和丸，兵庫水試但馬丸，福井水試二州丸が連携して調査を行った。調査項目は，水温，塩分，水色，透明度，溶存酸素量，浮遊生物分布量で，水温や塩分から力学的に流向・流速を算出した。また，潮流板，海流瓶，潮流計による験流成績から総合的な海洋図を作成する

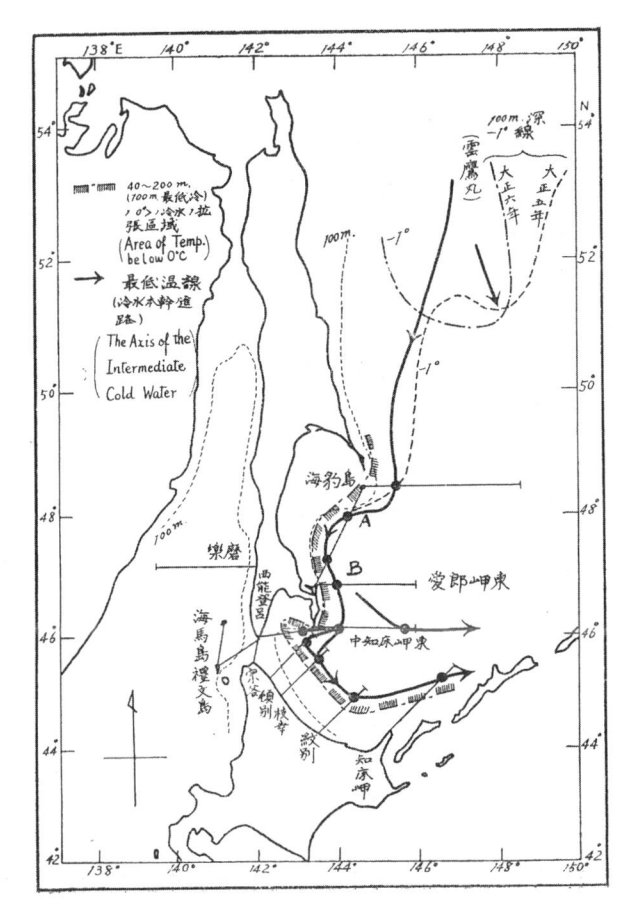

図 6-10 オホーツク海中層冷水本幹 [6)]

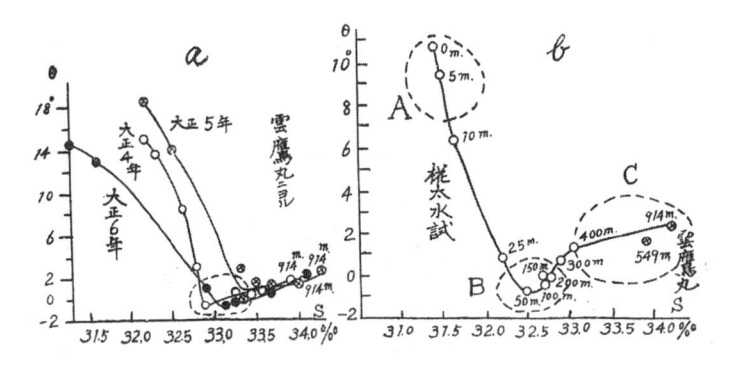

図 6-11 温鹹曲線 [6)]
　　a：雲鷹丸, b：樺太水試観測

ことを意図した。福井県は詳細な海底調査と新測点によって水路部海図を補い，新深度図を作製した。主な結果は以下の通りである。

(1) 水系は，水平的には高鹹（冬高温），水色，透明度が高く，溶存酸素量が大きく，総プランクトン量は低いが，動物プランクトンの割合が多い水系（沖合対馬暖流性）と，低鹹（夏高温，冬低温），水色，透明度低濁で溶存酸素量が低く総プランクトン量に富む（植物プランクトンが多い）2つの沿岸淡水系に分かれる。

(2) 2つの沿岸淡水系とは，（ア）経ヶ岬方面から対馬暖流に向かって張り出す小濱丹後湾系西部淡水系と，（イ）三国，敦賀湾系東部淡水系で，沖合対馬暖流系水団はこの中間に入り込み，常神岬および立石岬に向かう淡水系である。

(3) 3水系は周年この形式を保ち，対馬暖流系水団は冬春時に近接し夏秋時に遠ざかる。

(4) 水温，塩分より水層の層重状態調査の結果，50 m以浅の表層，50〜150 mの高鹹な中層（A-水系（表面淡水系で約26℃，32.4‰）とB-水系（50〜100 mを占める対馬暖流系海水，約19℃，34.6‰）の混合水），200 m以深の低冷低鹹（B-水系とC-水系（200 m以深の下層冷水0〜3℃，34.05‰内外）との混合水）の3層に分かれる。

(5) 力学的な計算と海流瓶放流成績（740本放流，回収率31.1%）等の験流結果から，若狭湾流は，沖合を1〜2 kn（ノット）で強流する対馬海流に誘発される地形性時計回りの大渦流があり，これに数個の副生小環流をともなう。沖合海水の入り込みは湾内の水を押し出し，顕著な収斂線（潮境）を経ヶ岬より越前岬に向かう形で形成する。

(6) 7月中旬，対馬海流が著しく旺盛で，流速は湾口1〜2 kn，湾内0.5〜0.8 kn，

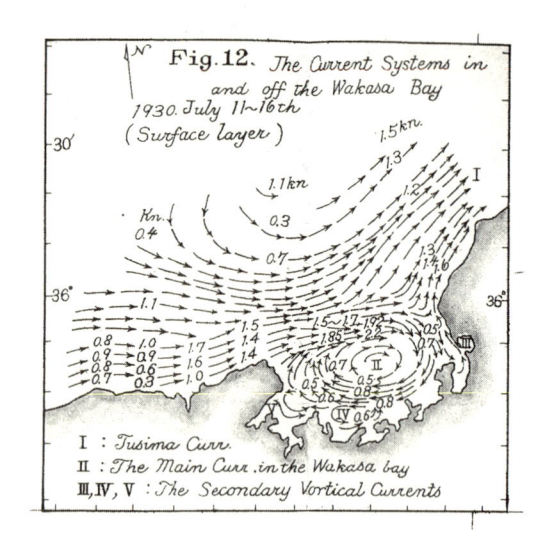

図6-12 若狭湾沿岸の流動図[7]

湾内一周周期は4，5日である。

(7) 深層流はだいたい等深線に沿い左旋し著しく南偏して緩慢に湾内に流入する。推算では200 m以深は0〜0.3 knの緩流である（以上，図6-12）。

本調査結果は，「既に終漁期に向うサバ，初漁期に入るイカ，漁獲金額が最多の冬ブリ等の回遊の考察，タイ，カレイ類，カニ，タラ等の底魚の漁況の考察の参考資料とするが，将来は四季，特に冬季の調査および底流の調査を望む次第」と宇田は結んだ。

6・6 日本海一斉調査[8, 9]

一斉調査には，日本海沿海の全府県と，当時日本領土であった樺太，朝鮮，台湾の水試等も参加した（表5-3，図5-4：88，87ページ）。各府県水試等の調査日数は4日程度で，最大は樺太中央水試の12日であるが，水産局の官船は15日，蒼鷹丸は22日間と，水産局関係の役割が大きい。手法は表5-4（88ページ）で示したが，すでに地方水試等でも基本的な調査機器が備わっていたことがわかる。府県が一斉調査をするということは，海域の特性把握という内容ばかりでなく，地方水試の調査レベルや解

析能力の向上という視点からも重要なことである。その意味で、中央水試が一斉調査に絡めて人材育成と分析機器の整備を行うという意図が貫徹されたといえるだろう。

【昭和7年5～6月の調査】
(1) 日本海の底質は、深度別に150 m以浅のほぼ陸性の砂質が混ざった帯、200～1500 mの青泥帯、1500～3000 mの上層赤く下層青の泥帯、3000 m以深のサイズが小さく赤褐泥のみ採取される4帯に区別が可能である。
(2) 0～1000 mおよび底層の水温、塩分の水平的分布図、水色透明度、溶存酸素量の分布等よりみた各水系の特徴は、北鮮寒流系水（塩分33.7～34.2）と対馬暖流系水（塩分34.3～34.8）の寒暖二大水塊の相接する日本海、黒潮系の鹹水、揚子江方面を中心とするシナ海系低鹹水の相接するシナ東海における海況の二大不連続帯が存在する。
(3) 水温、塩分、溶存酸素量、pH、ケイ酸、リン酸および硝酸態窒素、比容垂直安定度、計算流速等から解析した結果から、日本海の垂直的層重状態は、暖流域が5層、寒流域が3層に大別することが可能で、かつ200 m以浅と以深の性状は根本的差異がある。すなわち、暖流域は0～25 mの上層、25～200 mの中層、200～500 mの下層、500～1000 mの深層、1000 m～海底の底層の5層に、寒流域は0～25 mの上層、25～200 mの中層、200 m以深の下層の3層に分類できる。
(4) 海況との関係では、プランクトンは水平的には冷水域において、上昇流や垂直的対流による海水混合のため下層の豊富な栄養分を含有する海水が上層に運ばれる海区に多量に存在する。垂直的には0～50 m層内の全プランクトン量は、50 m, 100 m層の栄養分の多寡や、25～50 m層の酸素飽和度の大小等と比例的に変化する。0～2 m層に酸素飽和度の最大を見出すが、これはプランクトンが0～25 m層で最も多く繁殖し、同化作用が最も盛んであったためと考えられる。
(5) 海流瓶、潮流板、エックマン・メルツ流速計による流動実測、流動の力学的推算から、
① 対馬水道以南の浅海は潮汐流が強く約0.5～1 knであるが、海流は比較的微弱で、反時計回りの環流が多い。
② 日本海対馬水道より上層 0.5～1.0 kn（平均0.5 kn）で流入する対馬暖流系水は、一派は本流として本土側で0.5 kn前後の北上流となり、一派は東鮮沖合を北上し、再び津軽海峡西口で集合し、本流と合して津軽海峡を2 kn以上の強流で通過し、太平洋側に流出する。この水量は対馬水道より流入する水量の約2/3と推定される。
③ 残りの暖流は北上を続け、大部分を宗谷海峡よりオホーツク海側に出る。
④ リマン海流は流量が乏しい。日本海の寒流の主体は北鮮寒流で、流速0.2～0.5 knで沿岸に沿って南向流となる。
(6) 対馬暖流系水の本土側の対馬暖流本幹と分派の東鮮暖流との中間に西行逆流の存在が推定される。日本海固有海水は200 m以深にある一大水塊で、水温0～1℃、塩分34.1‰前後、pH 7.85～7.9、O_2 5.4～5.99 cc、酸素飽和度 67～70 %、P_2O_5 200～250 mg/m^3、$N_2O_5-N_2$ 250～350 mg/m^3、SiO 3000～4000 mg/m^{3}等、均等な性状を有する。

【昭和8年10～11月の調査】
新測深値により新たな日本海等深線図を作製

し，海底の起伏断面図と日本海の面積容積，傾斜等についての計算結果を示した。また，海流瓶（6838本投入，23％拾上），潮流板（19点測流），流速計（11点測流）により潮流を実際に求め，当期の日本海・黄海方面の上層の総合的海流および水系を明らかにした。その主な点は，

(1) 対馬暖流は対馬海峡西口より最強1knの流速で同海峡に流入し，対馬島西北で二分し，ひとつは本土側に，他は朝鮮側に沿い，ともに平均流速0.5kn（最速1.5kn）で北上し，一旦発散した流線が津軽海峡西口に集約されて大部分は津軽海峡を東に流過し，一部分は北海道西海に北上する。対馬暖流本幹と東鮮暖流の間には南西に向かう反流，および山口～佐賀沿岸に南行反流が明瞭に認められる。

(2) 日本海50～150m深の中層は，南部の高温高鹹で栄養塩および酸素量に乏しくpHの大きい対馬暖流系水塊に対し，北部の低温低鹹，栄養塩および酸素量の豊富でpHの小さい寒流系水塊があり，両者の間には韓国慶尚北道の迎日湾北東線より津軽海峡西40浬に向かい弧状の不連続線が日本海中部を走る。

(3) 水温，塩分，溶存酸素量，栄養塩等の分布から下層冷水上昇流が顕著と推察される海域は，津軽海峡西～沿海州の中間，大和堆等の浅所付近，対馬水道東口に認められる。

(4) 日本海の海水の層重状態を見ると，200m以深にはほとんど一様な塩分34.0～34.2‰，水温0.1～2℃の日本海固有水が存在し，1000～1500m層に最低温層（0.1～0.15℃）を示す。栄養塩は上層では，本土側が大陸側に比べ少ないが，200m以深では逆に多い。

(5) 黄海では，25m以浅の高温低鹹な上層水と50m以深の低温高鹹な下層水が明瞭に分かれる。

これらの二次にわたる日本海一斉調査は，第4章の丸川らの報告をさらに進めたものとなった。これらの結果，取りまとめられた海流図を示した（図6-13）。

6・7 北太平洋距岸一千浬一斉海洋調査[10]

本調査は，東北海域における漁業海域の拡大に対応し，暖寒両流の衝合状態を究め，「かつを」等の漁況と海況との関係を明らかにするためであった。すでに，一斉調査の定線ラインは図5-6（92ページ），参加道府県は表5-5（92ページ）に示した。調査は「荒天の多かったにも拘らず各船とも所定の計画を達成して幸いにも連絡試験に好成績を収め得た」と宇田は書いた。主な結果は次の通りである。

(1) 0～1500mにわたる各層の水温，塩分の分布図，水色，透明度，溶存酸素量，ケイ酸量等の分布より，500m以浅では三陸沖合に海況の急変する不連続的水帯が東西にわたり多少波状の凹凸を呈して存在し，その北側の親潮寒流系水，南側の黒潮暖流系水の二大水塊を分ける潮境を示す。潮境の位置は，表層では41°～42°N線付近にあり，下層になるほど南方に移り，400m層では36°～37°N線付近である。

(2) 親潮系水は，15℃以下，34‰以下の低温低鹹で，水色Ⅳ～Ⅷ（図6-14），透明度10m以下の濁った海水で，その上層は酸素溶解度が過飽和状態を示し，栄養分に富み，特にケイ酸を著しく多量に含有する。親潮系水は三陸沖合では距岸数十浬沖，147°E，150°Eを南下するものとの顕著な3枝を示す。

当海区の大部分を占める黒潮系水は高温（15～30℃）・高鹹（34.5～35.3‰）で，海水清澄（透明度25m以上，水色Ⅰ～Ⅱ），比較的貧酸素であるが親潮系水よ

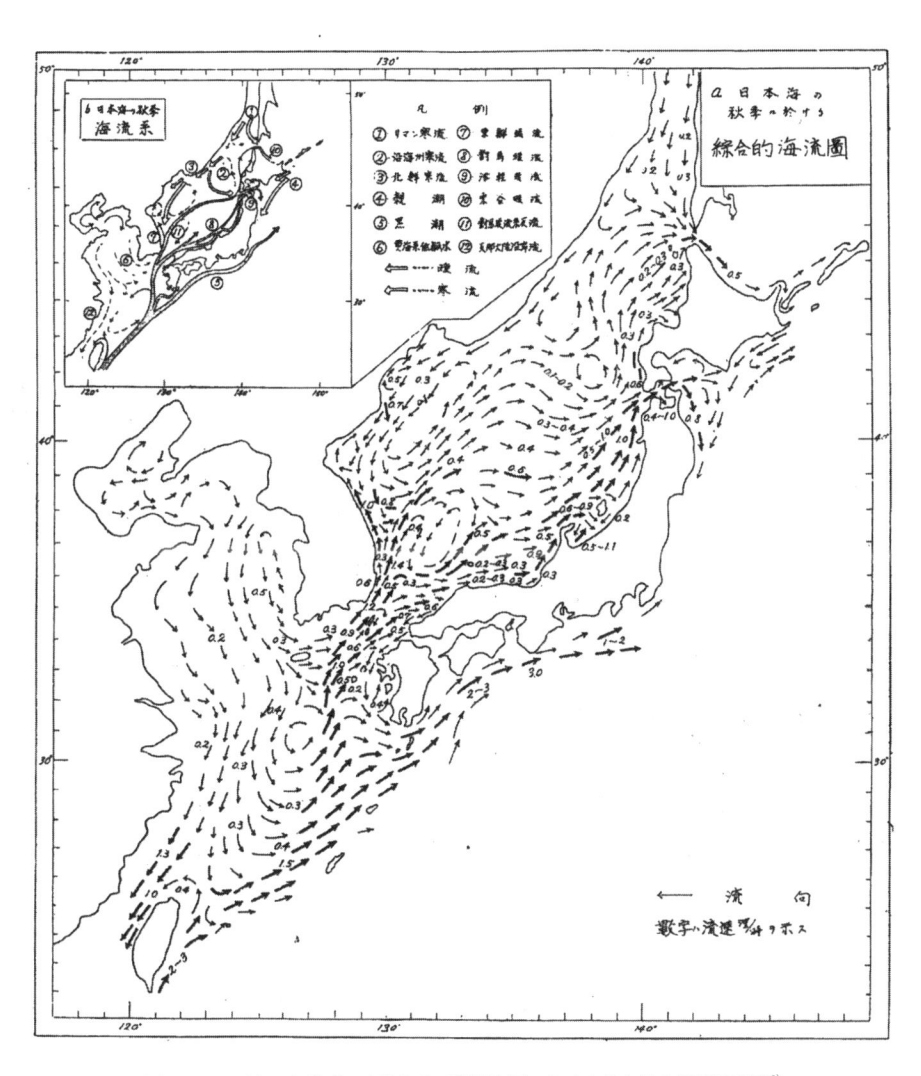

図6-13 昭和8年秋季日本海および隣接海区における総合的上層海流系図[9]

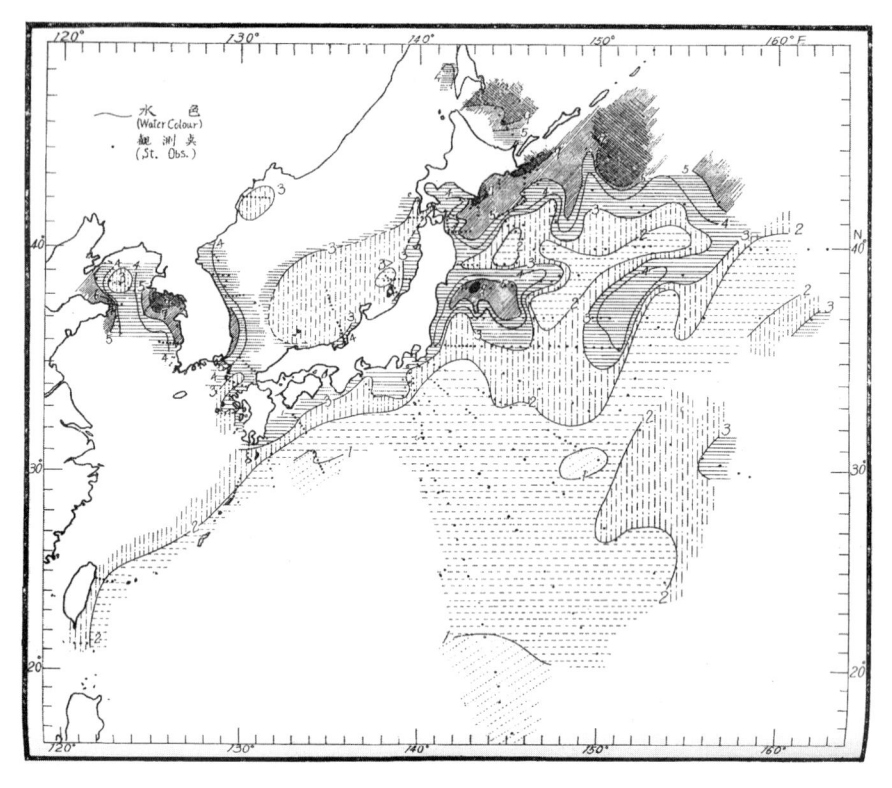

図6-14 日本周辺海域の水色図[10]

りアルカリ性が強くpH 8.3で，栄養分，特にケイ酸量に乏しい。豆南海区大島～青ヶ島間を経て37°N線に連なる黒潮本幹と銚子沖から分岐して三陸沖に北上する黒潮分派がある。

なお，この他に襟裳岬以西150m以浅には明瞭な津軽暖流系水の存在を示し，択捉島～落石埼沿岸近くには朧気(おぼろげ)な宗谷暖流系水末派の影響がある。

(3) 3000m以浅における鉛直的な海域特性は次の通り。

黒潮海区では，通常，(ア) 25m以浅の高温 (20～30℃)，比較的低鹹 (34.5‰以下) な黒潮系表層水，(イ) 50～100m深を中心とする高温 (15～20℃) 高鹹 (34.5～35.3‰) な純黒潮系水，(ウ) 中間最低鹹を表す中間層水 (5～8℃，33.5～34‰，南方では600～800m深で，北ほど浅く位置し親潮系水の上層に連なる)，(エ) 1300～1500m深を中心とする比較的高鹹な深層水 (34.5‰以上，5℃以下) がある。

北方親潮海区では，(ア) 5m以浅の表層に低温，かつ低鹹な親潮系表層水 (15℃以下，33.5‰以下)，(イ) 著しい中冷を示す100～150m深中心の純親潮系水 (0～2℃，33.3‰前後)，(ウ) 500～800m深には上方中冷水にともなって生じたと考えられる中暖水 (3～4℃，34.1‰前後)，(エ) 1500m深を中心に前記深層水と同種の深層水 (2～3℃，34.4～34.6‰) がある。

(4) 力学的計算，潮流板の潮流成績から，青ヶ島北，大島南において黒潮は東流2kn，海流瓶 (約2000本投入，4.4％拾得) 報告から東北海区沿岸流 (鮫沖を南へ1

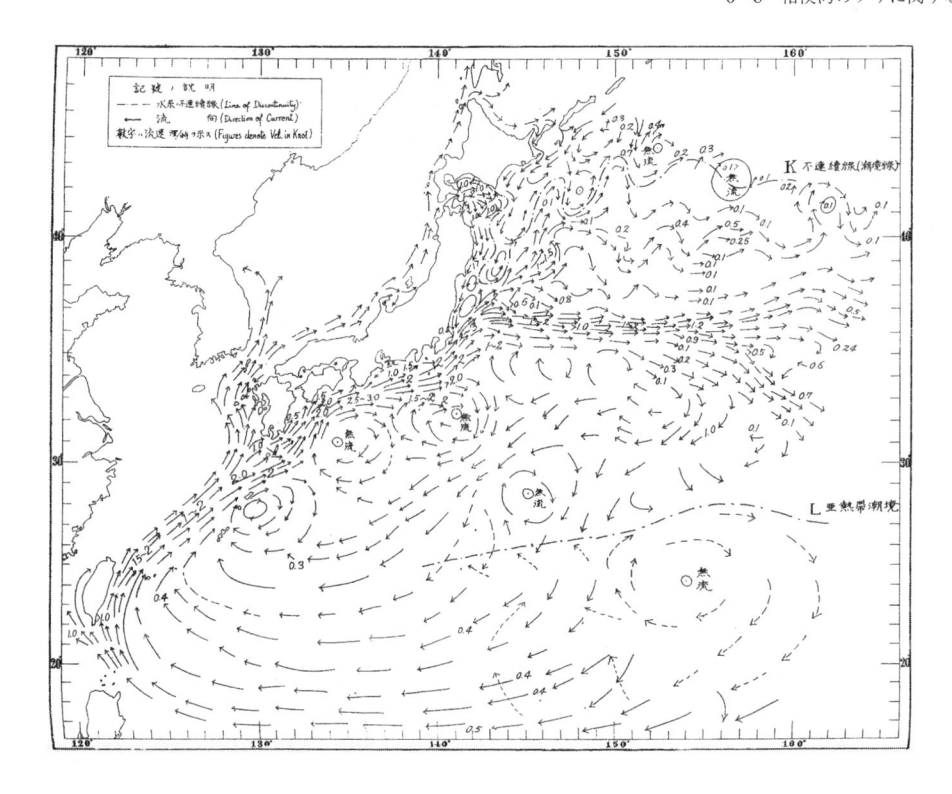

図6-15 太平洋の海流の流速[10]

kn 以上，常磐～外房間南流 0.4 kn 前後），黒潮反流，北赤道流の関連（ともに平均漂流速度 0.4～0.5 kn 程度）が見出される。以上，流動に関する諸調査を総合し昭和 8 年 8 月の上層海流と海流系図を作り，これを既往の調査と別に求めた延縄，流網による海流図とは概ねよく合致することを認めた。さらに，未測の広範囲にわたる海域に海流の存在を示した（図6-15，6-16）。

(5) 北太平洋を立体的に観察し，200 m 以浅の親潮系水が南下し黒潮系水との潮境で沈降し，潜流として南下することを確認した。南方海区に 600 m 以深の観測点が少ないこと，海流実測値の僅少と親潮海区の調査不足，漁況・魚群調査資料収集の不完全等があり，今後，「再々反復調査に努め，完全なる本海区利用等の基本たらしめん事を切望する」（宇田[10]）と書かれている。

6・8 相模湾のブリに関する調査[11]

ブリの漁獲の豊凶予察，漁場選定基準を得る目的で，中央水試が神奈川県水試と協同で，昭和 4 年冬季から 10 年まで，蒼鷹丸による沿岸・沖合 31 点の海洋観測ならびに流動調査，プランクトン・魚卵・魚仔の調査を漁期前，漁期間，毎月調査を実施した。また，大磯，小八幡，真鶴の漁場では，漁期間毎日朝夕 2 回操網時に水温（表面・50 m 層）・透明度・流動（方向・強弱）観測，表面・50 m 層の採水，プランクトン採集が実施された。昭和 9 年は，相模湾沿岸全漁場から海況・漁況の資料を集めた。これには北原式中層採水器を漁業者に貸与し，観測も委託し，また流動については毎時観測を励行す

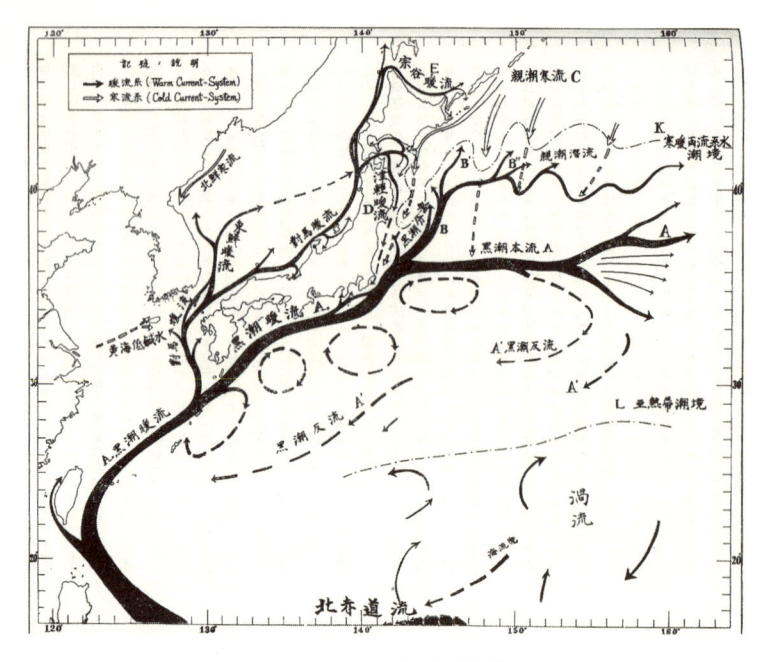

第6章　水産における海洋研究の到達点

図6-16　太平洋の海流図[10]

る等，沿岸海況を詳細に実施することに努めた。また，第5章に書いたように昭和9年11月に『ぶりに関する研究会』が開催され，成果の一部が報告された。主な結果は以下の通りである。

(1) 相模湾海水の層重状態は，300 m以浅上層（50～100 m深が中心，16.5℃，34.56‰の黒潮系水塊），300～1000 m中層（600 m深が中心。5.55℃，34.3‰の親潮潜流系中間層水塊），1000 m以深の下層（2.60℃，35.5‰の太平洋系深層水塊）に大別可能である。

(2) 相模湾内表層海流は黒潮分派流が大島西側から湾内へ北北東に向かって進入する。大島北で北東に転じ，大島東に至って東流を示し，外海に流出する。流速は1 kn以上，三崎～川奈線以北では0.5 kn以下で，反時計回り大環流を常態とするが，同線以南では北東流が卓越し流速0.5 kn以上である。さらに東伊豆沿岸を南下する定常海流の存在が示唆された（図6-17）。

(3) 潮汐流は1日周期と半日周期のものとがほぼ同じ程度の大きさで組み合う。真鶴，網代，江ノ島沿岸では上，下層の流向の相反する場合が多く，向岸上昇流が起きることを示し，大磯付近は向岸する暖流分枝の先端に当たる。

(4) 潮汐的周期の変動が沿岸の50～100 m層に著しく現れる。

(5) 「ぶり」漁期中53日間連続的に湾口で水温，塩分・海流等を観測し，暖流系水の流入が10日前後の間隔で反復され，これと低気圧の通過とかなりよく一致する。冬季相模湾の「ぶり」漁はその1～2日前に低気圧不連続線が出現し，低気圧の通過半日前から通過後2日の範囲内で大部分が漁獲され，統計的による極大は通過半日後である。

しかし，「沖合海況の変化と沿岸漁況の変化との相互関係を明示する調査がなお不備で，ぶり群襲来に最も肝要な急潮の前後は荒天の為め調査を行い得なかつた。このためには将来，水

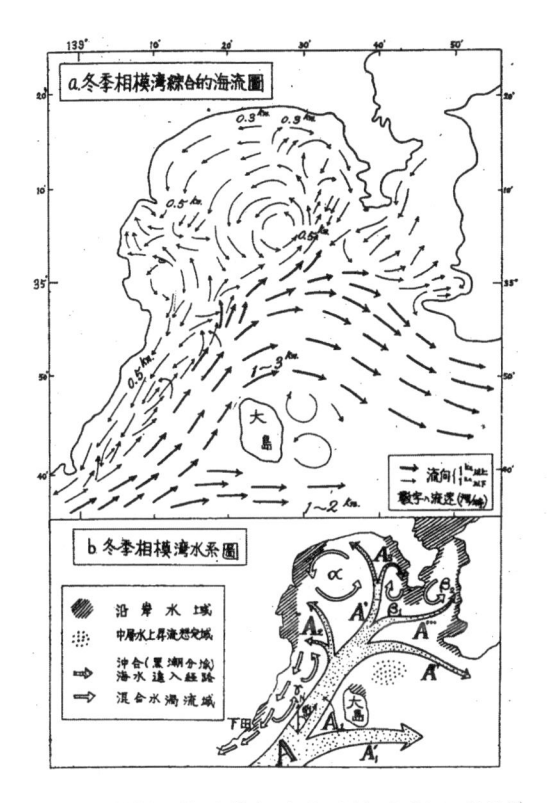

図6-17 総合的に見た相模湾の冬季の上層の水系および海流[11]

温，塩分，海潮流，気象等の自記記録機械を相模湾の要所要所に設備し，絶えず生物，漁況の調査と並行して連続的調査が必要がある」と宇田[11]は結んだ。

これを受け，木村喜之助[12]が海況について（水温，透明度，流動，濁りの原因）説明し，「ぶり」漁況と海況との関係（平年漁況，各年漁況，各年の海況と漁況との関係，「ぶり」幼魚の漁況）について報告した。この中で，木村喜之助は「急潮」現象について以下のように結論づけた。

相模湾の沿岸の水温は，12月がおよそ17℃であるが，1月後半や2月はじめには14℃まで低下する。通常，「大急潮」現象は，水温が1〜2℃上昇し，大群のブリの沿岸への接近を引き起こす。ブリの主漁期の水温は14〜16℃であり，13℃に低下すると漁獲は非常に少なくなる。「春の大急潮後」にしばしば大漁となる。この場合，表面水温は非常に高いが，下層の水温は17℃以下である。一般的に，ブリ漁業の漁期は冬の「大急潮」とともにはじまるが，冬の大急潮が発生しない年や大急潮が全然見られないところでは，漁獲は非常に少ない。たとえ大急潮がみられなくても，沿岸の水温が非常に高く，沖合と沿岸との水温差がほとんどないときには，ブリの豊漁となる。

これら，宇田と木村の2つの論文は，詳細な海洋環境と漁獲情報にもとづき海況と漁況との関係を明らかにした最初の本格的論文であろう。また，漁業者が直接観測に参加するという新しいシステムについても，今なお学ぶべきことが多い。

6・9　浮遊生物定量調査[13〜17]

相川廣秋は，浮遊生物定量調査報告というテーマで（其一）から（其五）までを水産試験場報告に書いた[13〜17]。この目的は，日本近海各主要海域の浮遊生物学的特徴を明らかにしようとするもので，中央水試や地方水試等が実施した定線調査や一斉調査（日本海一斉調査，北太平洋一斉海洋調査等）等により収集された試料を分析し取りまとめたものである。このほか，これに関係する論文として相川の「冬期季に於ける相模湾の浮遊生物的の性状，第一報，量的変化について」[18]，昭和5年，田中於莵彦の「相模湾の撓脚類　Fam. Eucalanidae I」[19]等がある。ここでは，相川の論文の内容について紹介する。

なお，相川の論文を説明するに際して①プランクトンの分類や学名が現在とだいぶ異なっていること，②プランクトンの学名が簡略されているものがあるが，これは原文でそうなっていること，の2点について断っておきたい。

【其一．目的並びに方法】[13]

個々の種属を基準とせず，目，科あるいは綱等のレベルを単位として，浮遊植物群（藍藻類，鞭藻類，珪藻類），浮遊動物群，グロピヂェリナ類

(Globigerinidae), Sticholonche Zanklea, 放散虫類 (Radiolaria), 夜光虫 (*Noctiluca scintilans*), 有鐘繊毛虫類 (Tintinnoinea), 管水母類その他 (Siphonophora & other Medusae), 蠕虫類並幼生 (Worms), 橈脚類 (Copepoda), 橈脚類幼生 (Copepoda juv.), 雑甲殻類 (Crustacea miscel.), 軟体動物幼虫 (Mollusca juv.), 毛顎類 (Chaetognatha), 幼形類 (Copelata), 海樽類 (Thaliaceae), 卵 (Pelagic egg) と, 大まかに, さらに, 珪藻類は38種, 鞭藻類は3種, 橈脚類は7種類について分類した。

まず, 昭和5年7～8月の日本海底生生物調査航海, 若狭湾流動調査により採集された試料を分析し, 日本海北陸道沿岸浮遊生物の分布とその性状について検討した。その結果は次の通り。

(1) 若狭湾における浮遊生物稠密度を図6-18で示し, 定量的には5区に, 組織的には2区に区分が可能である。

(2) 日本海沿岸の夏季の浮遊生物は定量的・定性的にも貧弱である（図6-19）。特に珪藻種は貧弱で, 沿岸区域において *Chaetoceros* 属を除き, 存在する種は10数種のみであった。藍藻類は沿岸で乏しく外洋で豊富であるが, 各海域で不安定である。鞭藻類は沿岸の最密域で乏しいが, 中密区から低密区になるにともない増加する。なお, これらの論文では, 1回の浮遊生物の採集数が100万以上を最密区, 50～100万を亜最密区, 10～50万を中密区, 1～10万を亜低密区, 1万以下を低密区とした。一般に, 動物性的な組成を示す海域は南方では沖に, 北部では沿岸域である。植物性組成が多い海区は南部沿岸にみられる。これらの海区の浮遊生物の分布を見ると地形的にも共通で, 隠岐島西側, 佐渡西側, 若狭湾, 富山湾等の湾の東寄り等にあり, 北流する主流に対していずれも同一の関係を有し, 海流により直接擾乱されることを避

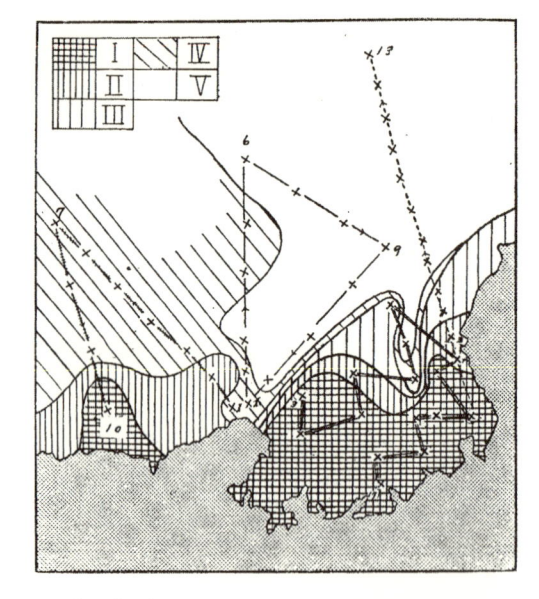

図6-18 若狭湾浮遊生物稠密度（7～8月）[13]
Ⅰ：細密区域, Ⅱ：亜細密区域, Ⅲ：中細密区域, Ⅳ：亜貧弱区域, Ⅴ：低密区域 （図6-19も同じ）

けるようである。このことから, 濃淡の生成は生物的原因よりもむしろ流れの影響であると推定した。

【其二. 日本海の浮遊生物の特質に就いて（連絡試験調査）】[14]

黄海, 日本海における浮遊生物の分布, 福井県沖合の浮遊珪藻類の組成の周年変化と日本海春季の浮遊生物の性状との比較, 福岡県玄海島朝鮮小竹列島間の浮遊生物の周年変化（昭和5～7年）と日本海春季浮遊生物の性状（昭和7年）との比較を行った。

＜黄海, 日本海における浮遊生物の分布（昭和5年6月）＞

地方水試の採集試料, 南部太平洋岸15点, 黄海45点, 日本海95点, 計155点について分析し, 海域（太平洋沿岸（台湾・鬼界島東100

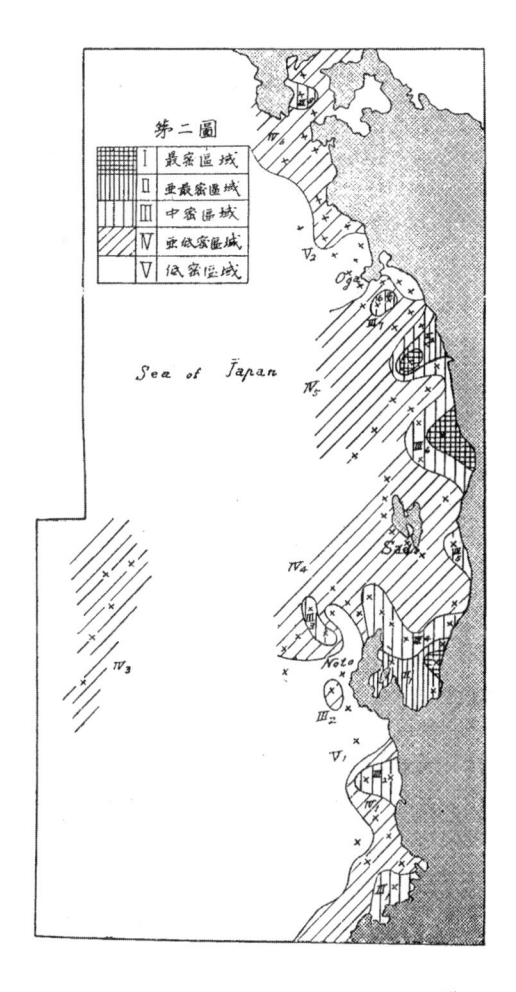

図6-19 日本海北陸道沿岸浮遊生物稠密度[13]

浬),九州西岸,日本海について)ごとに浮遊生物の特徴を記した。

黄海は植物プランクトンが貧弱である(図6-20左図)。朝鮮東岸北部沖合の動物性域はリマン区域の南端で,植物性は北に向かい増加する。朝鮮海峡より本土側を流れる対馬海流の動物プランクトン区域はリマン区域と関係がない。重要浮遊生物群については次の通り。

(1) 珪藻群構成種属は各海域に共通だが,代表種は各海域で相異する。重要種属は,*Chaet.* spp., *Cos*.sp., *Rhiz. alata.*, *R. hebetata.*, *Thal. long.*, *Cor. hyst.*, *Bact. cons.*, *Nitz. ser.* である。種類は南部海区に多く,北部海区に少ない。このうち,*Bact.* 属は,*B. delicatum*, *B. varians* が台北沖,九州西岸の南部沿岸においてはわずかに存在し,*Bact. consomum* が日本海中部より青森県,北海道沿岸に多く,他海区にはない。*Biddulphia longicrusis* は黄海全体に豊富である。*B. sinensis* は北部黄海で重要種で,朝鮮西岸より朝鮮海峡,福岡県沖合,山口県沖合に少量認められる。すなわち,6月の黄海起因の水塊指示種である。*Climacodium biconcavum*, *Clim. frauenfeldianum* は両方暖水系のため,台北,鹿児島,九州西岸等の黒潮の影響が顕著な海域では重要である。これに *Lauderia borealis*, *Land. annulata*, *Thal'thrix Frauenfeldii*, *Scelet. costum* 等は6月では南の海区にのみ存在する。*Phiz. alata*, *R. hebetata* は九州西岸以南の黒潮系海区に多いが,日本海も対馬暖流の影響ある区域に認められ,かなり北部にまで分布する。*R. schrubsolei*, *R. styliformis*, *R. stoltherfothii*, *R. cylindrus* 等は本季の日本海には出現せず,南部海面でのみ重要な要素である。*Corethron pelagicum* は南部諸区に存在する。*Cor. hystrix* は日本海,特にリマン区域に重要種で高率を占める。リマン型の *Cor. hyst.* は南のものと比べて繊細かつ長大で,太平洋でも親潮系冷水の指標種である。*Cor. pel.* は北部黄海,朝鮮海峡で比較的豊富に認められる。*Ditylium brightwellii* は台北州より黄海,特に山東角付近に多量に存在する。これは,*D. sol* が台北沖合に極限されるのに比べて一層広く分布してはいるが,朝鮮海峡から山口県沖合に見られるのみである。*D. Btw* は普通型と著しい微小型が山口県沖合で豊富である。元来,微小型は東北海区でも親潮系の冷水影響区域に多く見られるが,山口県沖の暖流卓越海域で重要な組成分子となる

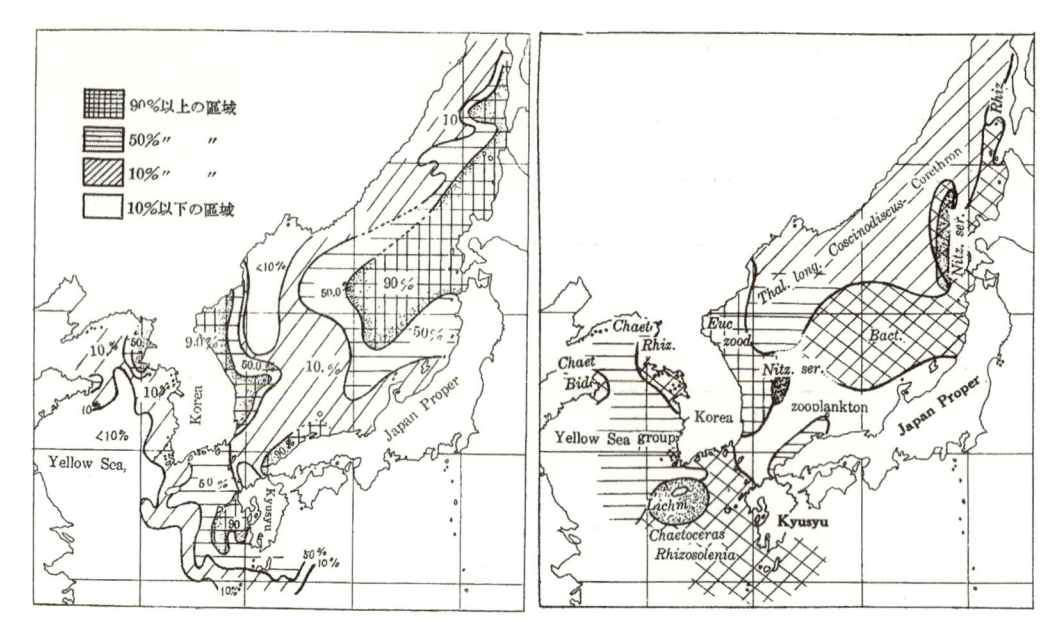

図6-20 植物プランクトン等比（左），珪藻プランクトンによる主要区域の区分並びに主要珪藻種の分布（右）[14]

のは奇異に思える。*Liemophora lyngbyei* は済州島周囲で異常に豊富で，朝鮮南西岸多島海にも相当存在する。これは，済州島，朝鮮西南岸間の狭隘な海峡を通り朝鮮海峡に出ようとする黄海水が済州島や多島海浅海における擾乱により，下層性である本種が表層に出現した可能性がある（図6-20右）。

(2) 藍藻類のうち *Trichodesmium* は台北沖合から鹿児島県沖合に多い。九州西岸も多少重要である。黄海，日本海には認められない。本季の水温は未だ低いことが原因と推定される。北海道北部で多少認められるが，これは本年初頭日本海に流入した対馬暖流の痕跡によるものと推定できる。

(3) 鞭藻類は一般に動物性浮遊生物群の見られる区域で重要である。例えば北部黄海，福井・石川両県沖合等に多い。九州西岸の夜光虫の豊富な区域にも多い。本季，鞭藻類は暖流系の区域，淡水の豊富に供給される区域で重要である。

(4) 放散虫類は，台北州，鹿児島県沖合には多く，九州西岸も重要である。しかし黄海，朝鮮海峡を越え，やがて日本海に入ると消失している。しかし藍藻と同様，北海道の一部にも少量存在する。

(5) 夜光虫（*Noctiluca scintilans*）も暖水の影響がある沿岸水に多く，九州西岸より朝鮮海峡にわたり著しく多量に存在するが，北海道の一部を除いて日本海では一般に消失する。

(6) 有鐘繊毛虫類は各海区にわたる重要な一群である。
  ①台北－鹿児島にわたる黒潮区域：全動物プランクトンの5％以下である。主要種は沿岸性 *Codonellopsis*. sp と外洋性 *Xystonella*. sp で，両種の量は少ない。
  ②北部黄海：他よりも多量の有鐘繊毛虫類を有す。台北州沖合のものとは異なる *Codonellopsis*. sp が最も卓越し，このほか，*Parafavella rotuudata*, *P. cylindrica*, *Tintinnopsis*. sp が認められる。黄海全般に広く分布する。

③日本海：太平洋群，黄海群とは共通種属はない。*Parafavella subrotundata, P. sp* の両種は日本海全般に分布し，他種属も多い。日本海北部と南部には多少の相異がある。*Parafavella gigantea, Dadayella. sp* は福井県沖合より南ならびに朝鮮東岸に存し，*Proplectella, Helicostomella, Tintinnus* sp., *Favella serota* は北部に重要である。有鐘繊毛虫類全体としては北海道沖合に最も多く，全動物プランクトン群の半分を占める。また，種も北部は南部より豊富である。

(7) 橈脚類は，6月各沿岸域にわたり*Oithona similis* が多量に存在する。特に，黄海，日本海本土側の動物性浮遊生物群中で注意をひく。橈脚類群が特殊な組成を示す区域は北部黄海，ロシア沿岸リマン区域，黒潮系海区である。リマン区域は他海区と比して，量は大であるが，種属は単調で大型の種属のみである。動物プランクトンの地理的変化は植物プランクトンほど複雑でなく，規則的でない。*Oithona similis* 以外の他種属は，黒潮区域ならびに朝鮮海峡を経て日本海で対馬暖流区域に豊富である（図は略）。

＜福井県沖合の浮遊珪藻類の組成の周年変化と日本海春季の浮遊プランクトンの性状との比較＞（略）

＜福岡県玄海島朝鮮小竹列島間の浮遊生物の周年変化（昭和5～7年）と日本海春季浮遊生物の性状（昭和7年）との比較＞

朝鮮海峡内のプランクトン群は，黒潮水系，黄海水系，朝鮮および九州各沿岸水系の4系群である。九州北岸の浮遊生物は九州西岸で決定される。これらの比較から，次のような結論を導いた。

(1) 昭和7年6月山口県沖合から佐渡弾崎沖にまで認められた動物性群は，福井・福岡両県沖合に大正15年，昭和5, 6年のそれぞれ同一時期に認められた。大正15年11, 12月の福井県沖合の珪藻群は昭和7年12月の北海道太平洋岸のものと著しい類似を示していた。この結果から，季節的なプランクトン組成の変化は比較的順調に進むと推定した。

(2) 日本海本土沿岸の対馬暖流系浮遊生物群は，九州西岸において沿岸水と黒潮の混合により育成され，対馬海峡に運ばれ，さらに日本海本土沿岸に卓越すると推定されるが，能登半島，佐渡島以北の北部海域においてはたいてい多少変化する。

(3) 浮遊生物組成に関する限り，少なくとも春季の対馬暖流系の影響は，朝鮮東岸では鬱陵島以北できわめて弱く，リマン系プランクトンでむしろ顕著である。

(4) 朝鮮海峡では種々の異なる水塊の出現混合により浮遊生物の組成は不安定・複雑で，季節的変化にも多少年の変異が大きい。しかも，全般的に沿岸的特質が卓越しているが，珪藻群の第二番目の多い種により，各水塊の特質と勢力の消失は識別できる。

(5) 黄海水は固有の浮遊生物群を有し，全般的に変化に乏しい。小青島，山東角付近の上昇流の見られる区域において，黒潮系と共通の種属が出現することから，下層に黒潮系の浮遊生物群を有すると推定できる。

【其三．北太平洋の浮遊生物の特質について】[15]

(1) 得撫丸による北海道沿岸で採取した植物プランクトンの分析結果を図6-21に示した（説明は略）。

(2) 東北海区の浮遊生物の特質

第一次北太平洋一斉調査試料，白鳳丸によるベーリング海西部アリューシャン群島とオホーツク海での採取試料，大正

11〜15年の東北6県水産試験場の横断観測による採集試料に関して沖合プランクトン群，特に珪藻群を中心に周年変化について，地理的分布とその月次変化の分析結果である。

東北海区の50m層の塩分（図6-22），水温分布（図6-23），主要植物プランクトンの量的分布（図6-24），主要動物プランクトンの分布（図6-25），月別の代表的珪藻群と植物プランクトンの等比率線分布（図6-26）を示した。

①東北海区の主要珪藻類とその年変化：珪藻類中 Chaet. 属が沿岸域で周年重要で，春秋季に広く分布し外洋に及ぶ。特に金華山・塩屋岬沖合に非常に多い。Chaet. atl. は春季に青森・岩手沖合に豊富であるが，直ちに北部に移る。

Rhis 属は冬季に乏しい。本属中 R. alata, R. hebetata, R. stylif が主要種で，R. stylif. は南部に周年あり，夏季に多少北上するが，金華山沖以北では稀である。R. hebetata は夏季は全海区に分布し，アリューシャン群島太平洋海面からオホーツク海まで重要であるが沿岸域には少ない。R. alata は東北海区の沿岸区域，特に北部に重要種である。

Thal'sira 属（T.hyalina, T. deciplens）Stephnopyxis nipponica, Bid. aurita, B.

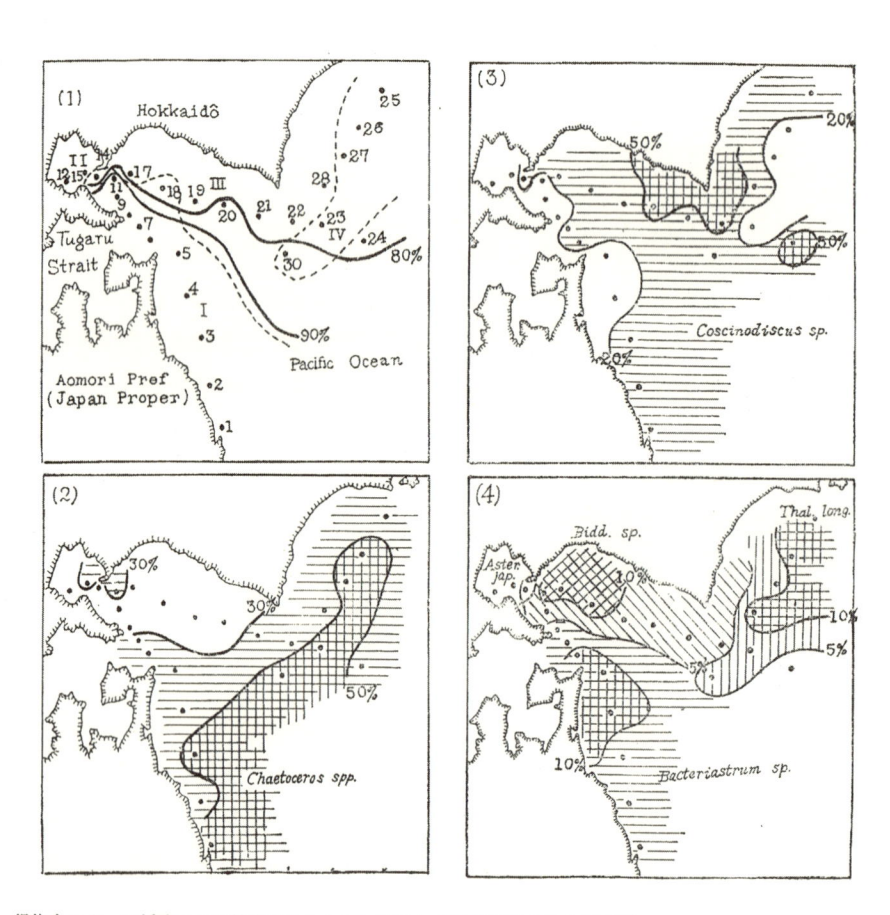

図6-21 得撫丸によって採取された植物プランクトン分布と主要珪藻群の分布区域[15]
(1) 植物プランクトンの等比率分布，(2) Chaetoceros spp. の分布，(3) Coscinodiscus sp. の分布，(4) Aster. jap., Bidd. sp., Thal. long., ならびに Bacteriastrum sp. の分布

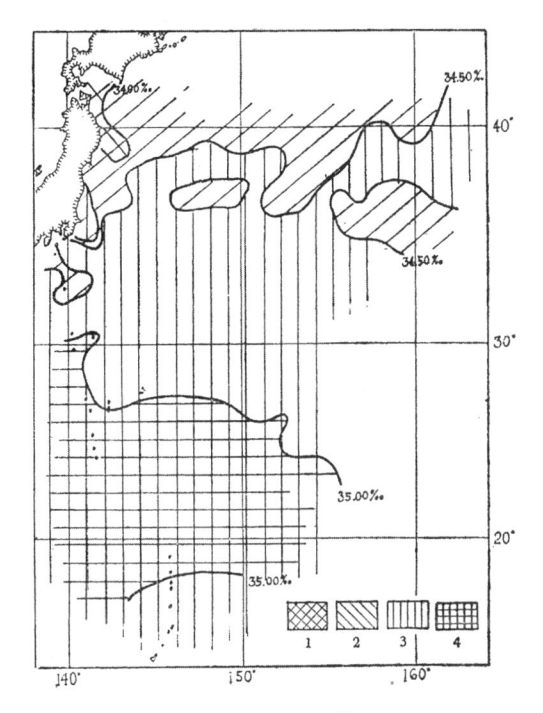

図 6-22　等塩分線の分布（50 m 層）[15]
　　　　 1：＞34.00‰，2：34.00～34.50‰，3：34.50
　　　　 ～35.00‰，4：＜35.00‰

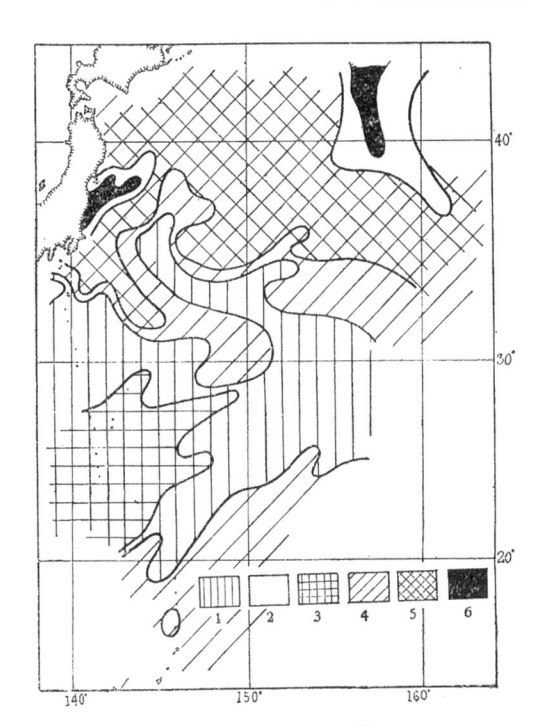

図 6-24　主要植物プランクトンの分布[15]
　　　　 1：藍珪藻類区域，2：鞭珪藻類区域，3：珪藻類最
　　　　 多区域，4：藍藻類区域，5：珪藻類区域，6：鞭藻
　　　　 類区域

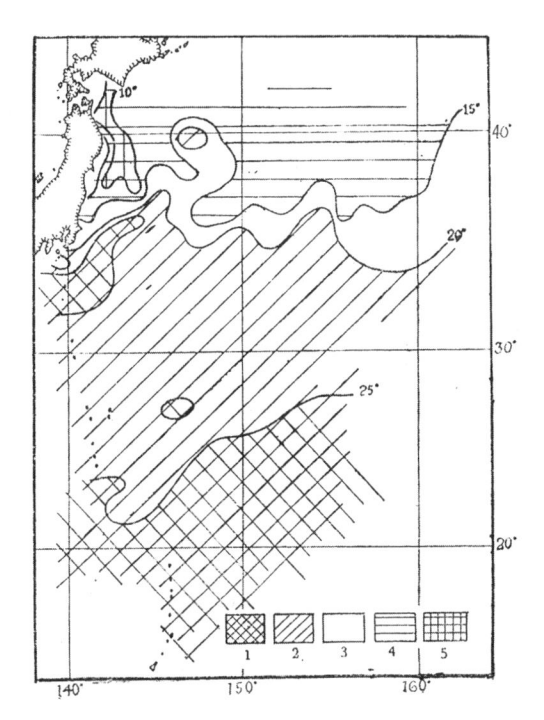

図 6-23　等温線の分布[15]
　　　　 1：＞25℃，2：20～25℃，3：15～20℃，4：10
　　　　 ～15℃，5：＜10℃

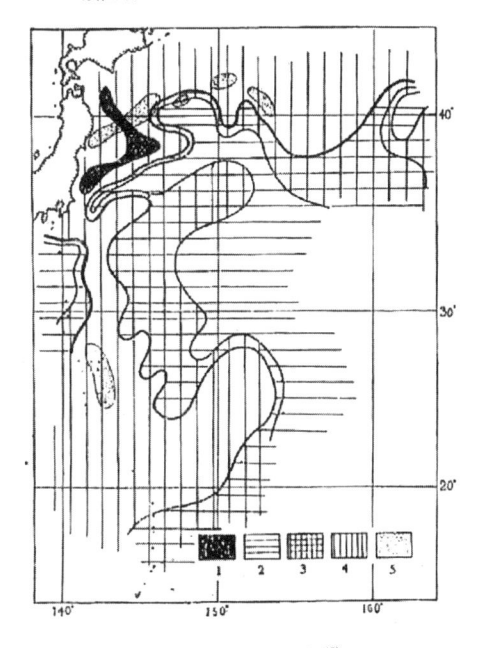

図 6-25　主要動物プランクトンの分布[15]
　　　　 1：*Noct. scint*，2：Radiolaria，3：Copepoda
　　　　 Radiolaria，4：Copepoda，5：イワシ漁場

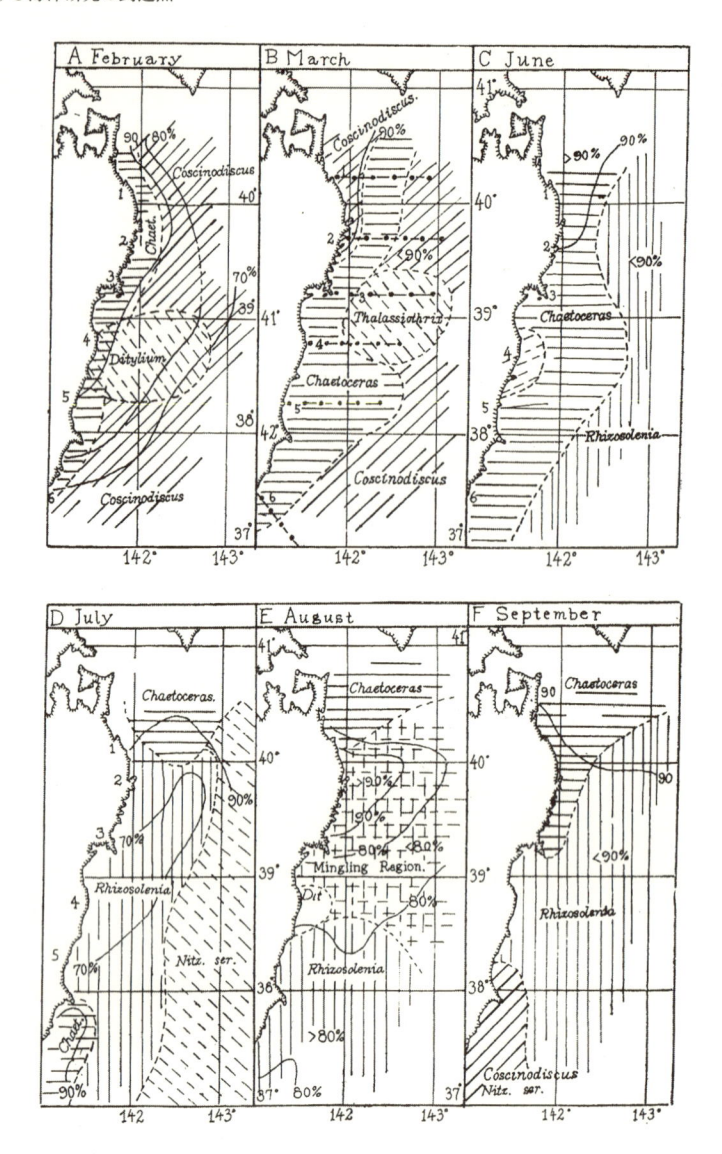

図6-26 代表的珪藻群と植物プランクトンの等比率線の分布[15]

sinensis は冬季を中心に東北海区北部に重要であるが，金華山以南は少ない。これに対し，*Bact.* 属，*Nitz. ser.*, *Ditylium Brightwellii* 等は南部では比較的重要である。*Cos.* 属は冬季の黒潮系水域を指示する代表種である。

珪藻種は南部は常に北部より豊富で，北部では冬季は夏季より種属が多い。夏季は *Rhiz.* 属が黒潮系プランクトン群の盛衰を代表する。青森・岩手沖合に多数の南方系種属が存在するから対馬海流起源と推定される。東北海区北部における時期に関係しない黒潮系種属の存在原因も対馬系群の存在によって説明可能である。

② 海流系とプランクトン群：親潮・黒潮の勢力交代によりプランクトン群分布が変化する。

黒潮系では，冬季 *Cos.* 属を主とするいわゆる *Disco* 群，夏季は *Rhiz.* 属を

代表とする *Styli* 群が主体で，春季両プランクトン群交代期に短期間 *Nitzschia* が認められ，秋季は *Styli* 群から直接 *Disco* 群になる。沿岸は常に *Chaet* で，金華山以北では津軽海峡よりの対馬系群が混在し，南部より黒潮系の特質を顕著に示すことがある。

親潮系は冬季，青森以北に顕著であり，金華山沖合までは痕跡を示す。指示種族は *Dent.* sp., *Cor. hyst.*, *Thalsira* 属等で，夏季は *Cos.* 属が加わる。夏季東北沖合ではきわめて不明瞭で，広く黒潮系群の影響を受ける。この場合，動物プランクトン群中 *Radiolaria* の衰退と *Tintinnodes* 中の *Parafavella* 属の有無が親潮系の影響区域を示す。

③水質とプランクトン群：ケイ酸塩の豊富域は珪藻類豊饒域と一致する。北緯41〜42°以北はケイ酸塩も珪藻類も多い。北緯40〜43°，東経155〜160°に見られる鞭藻類域では珪藻類もケイ酸塩も乏しい。南に向かい藍藻類の卓越にしたがいケイ酸塩は乏しくなる。

④上昇流と特殊プランクトン群の発現：金華山〜塩屋埼沖には異常なプランクトン群がある。量が不安定で，近接地点でも相違する。沖合の黒潮域と沿岸の *Chaeto* - プランクトン区域を比較すれば，顕著な特徴である。昭和8年8月この海域は周囲と異なり，鞭藻類の豊富なプランクトン群がある。本群は金華山真東1000浬沖合の鞭藻類プランクトンと類似する。両鞭藻類群は表層では直接につながってはいない。元来，夏季，鞭藻類はオホーツク海区でかなり豊富になり，これが上記の金華山沖合の鞭藻類の根源であろう。南部では表層に黒潮系が卓越するため認められないが，塩屋埼・金華山沖合で親潮潜流系水の上昇流により表層に運ばれたものと推定される。

⑤潮境とプランクトン群：潮境ではクラゲ，放散虫類による異常なプランクトン集群現象の報告がある。1933年8月も *Radiolaria* が青森・岩手県沖合で異常に集群した。それは狭少15〜20°の水帯で，いわゆる Polar Front（極前線）と一致する。

⑥カツオ漁場のプランクトン：東北海区の8月のカツオ主漁場は *Radiolaria* が集群する狭少な帯状区域の外側で，*Copepoda* の主要な海面である。プランクトン量も *Radiolaria* の卓越水域よりははるかに多い。しかし，沿岸に接近すればプランクトン量は一層増大するので，その水域では天然餌料があまりに豊富なのでカツオ群が存在しても釣獲できないと推定される。野島崎500〜1000浬では近年カツオの好漁場であるが，その海域は黒潮反流域で，プランクトン量が南側の純黒潮海区より多く，種も純黒潮区域に比して *Radiolaria* は少なく，*Copepoda* が重要である。したがって，カツオ漁場はプランクトン量が特に多いということは必要ではないが，純黒潮区域よりは多く，動物プランクトン中 *Copepoda* の豊富なことが第一条件とする観がある。これは従来，「玉水」と称して *Sapphirina* の多い海面はカツオ漁場として好適と称せられる事実とよく一致する。

【其四．第二次北太平並び日本海一斉調査に依る浮遊生物調査報告】[16]

(1) 昭和9年8月施行の第二次北太平洋一斉調査

プランクトンの量的分布，群の重要種

属分布，カツオ・マグロ漁場とプランクトン群の性状について，例年との比較を行った。昭和9年，東北地方は異常低温のために農作物は被害甚大で，海洋も漁況に異常を認めたので，プランクトンも例年との差異が興味深い点であった。

プランクトンの量的分布については図6-27に示す。本期の東北海区には，北部のプランクトン量が多く，かつ植物プランクトンが高い。とりわけ珪藻類の比率が高い珪藻類区域と，プランクトン量が少ない南部のうち藍藻類の比率が高い藍藻類区域とが識別できる（図6-28）。主要プランクトン群の特性に大差はないが，珪藻群と藍藻類の分布区域の間に植物プランクトンの比率が低い鞭藻類区域が存在し，本区域の周囲に組成・量の変化が激しいプランクトン群が認められる。

珪藻類の代表種は *Chaetoceros* 属，*Rhizosolenia* 属，*Thalassiothrix longissima*，*Nitzschia seriata* の4種で，昭和8年に比べて種属が乏しい。*Chaet.* 属中で *Phaeoceros* 亜属は北部に多い。中部の混合域では *Hyalochaete* 亜属が多く，南部に稀である（図6-29のA）。

Rhiz. 属は南部に多く，*R. styliformis* が特に高率に存在する（同B）。

R. hebetata は前種より北に分布するが，北緯40°を越えると著しく低率となり，前年度より分布域が南下し，*R. alata* の分布域は狭くなる（同C）。

動物プランクトンのうち撓脚類は北に（同E），放散虫類は南に多いが（同F），後者は前年に比べて南にあり，伊豆七島海域では量は一時的に低下する。プランクトンについて前年と比較すると，南部黒潮系代表プランクトン分布域は大差がなく，全体的に南部に

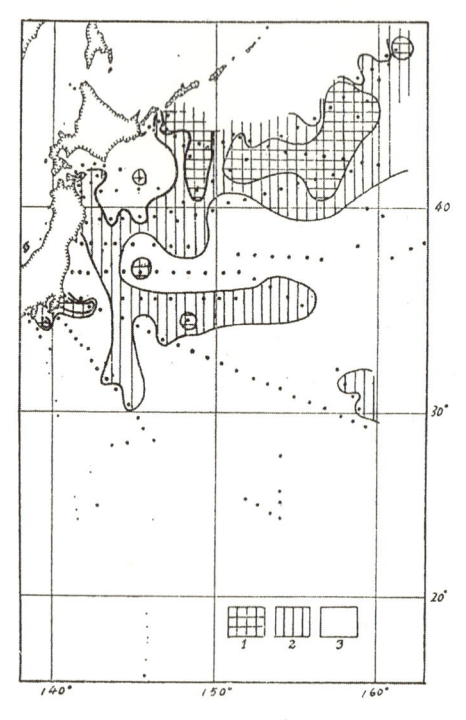

図6-27 プランクトンの量的分布 [16)]
　　　1：10万個以上，2：10〜1万個，3：1万個以下

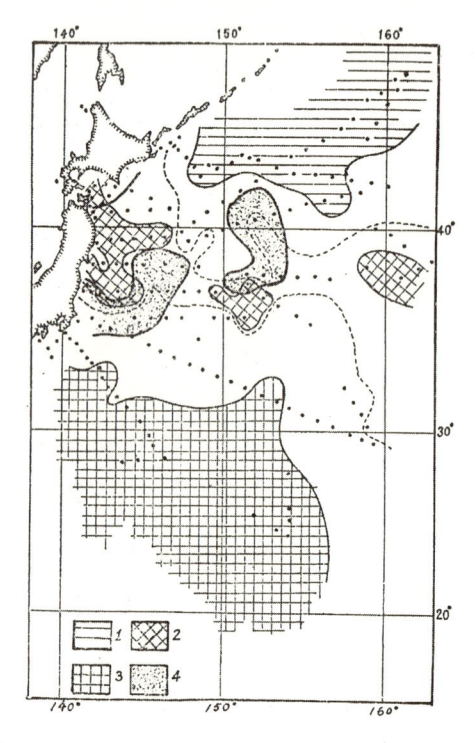

図6-28 三主要植物プランクトンの分布区域 [16)]
　　　1：珪藻類区域，2：鞭藻類区域，3：藍藻類区域，4：カツオ漁場

局限されている。すなわち，植物プランクトン中，鞭藻類は前年が金華山沖合で上昇流により表層に現れ，金華山沖東1000浬にわずかに観察されたに過ぎなかった。本年（昭和9年）も金華山沖に上昇流により表層に現れ，さらに周囲の珪藻類群と混合して発達し，北緯35°線に沿って広く延長する。

動物プランクトンでは，放散虫類が，前年に南から鮫角正東沖まで分布する。特に，極前線付近では異常な集群現象を呈したが，翌年は銚子沖正東沖で激減する。沿岸域では鞭藻類とともにSalpa類が多く，沖合でも他水域よりもその比率は高い。

(2) 昭和8年10～11月施行の第二次日本海一斉調査（図6-30）

① 黄海およびシナ東海のプランクトンの性状：台湾総督府，台北州，鹿児島，熊本，長崎等各県，関東庁の各試験船と初鷹丸が10月初旬の海洋観測で採集した黄海，シナ東海のプランクトンの分析を行った。

(ア) プランクトン量は，シナ海沿岸（台湾北部）から揚子江河口沖，九州西岸，五島近海が大きく，次いで渤海湾で，黄海の大部分と琉球列島はきわめて少ない。藍藻類は九州西岸から琉球列島・済州島に及ぶ南北で豊富で，鞭藻類は広く黄海で豊富である（A図）。

(イ) Rhizosolenia 属は琉球列島が中心で重要である（B図）。

(ウ) 珪藻類は沿岸で広く認められ，Chaetoceros 属が最も広範囲に分布する。特に九州西岸，済州島南部，渤海湾口小青島近海が豊富で，黒潮の影響を受ける区域である（C図）。

(エ) 列島付近では R. styliformis が代表だが，北上にともない R. alata となる。本属の分布はシナ東海東半部に主に見られ，黒潮系群の主要分布域が推定可能である。黒潮系群は九州沿岸を離れるとすぐに消失し，再び渤海湾内杓にて黒潮系群の特質が顕著となり，R. alata を代表とする Rhiz. 属が主に増加する。黄海，シナ海沿岸は代表的種属はないが，九州西岸の Chaeto - 属区域では Rhiz 属が低率となり，R. setigera が代表種である（D図）。

(オ) Cos. 属は渤海湾，シナ沿岸区域に最多で，渤海湾内とこれより流出するシナ沿岸流域に分布する。Nitz. ser. は Cos 属の分布範囲の周辺部に多く，沿岸珪藻類区域と藍藻類区域の境界である（E図）。

(カ) Bacteriastrum 属, Biddulphia 属, Thal'thrix 属等が本海区の特異分布を示す。Guidfl, Hemiculus Heiborgii は南部に限局され黒潮系群を示すものである。本来，黒潮系群に多い Climacodium が本期は黄海北部で著しく高率を示し，特に山東角を中心に分布する。本地点付近に認められる上昇海流は下層を通じて南より分布された黒潮系群を表層に招来させたものである（F図）。

珪藻種族の分布状況から，シナ沿岸域，九州西岸域，渤海湾北部域，同南部域，黒潮域，シナ東海本土側黒潮域の識別が可能である。

渤海湾内2区域の固有種属は Asterionella japonica, Bid. longicrusis, Cos. 属, Dity. Btw 等で，多少の黒潮系が混在する。シナ沿岸は Bact. 属が多く，

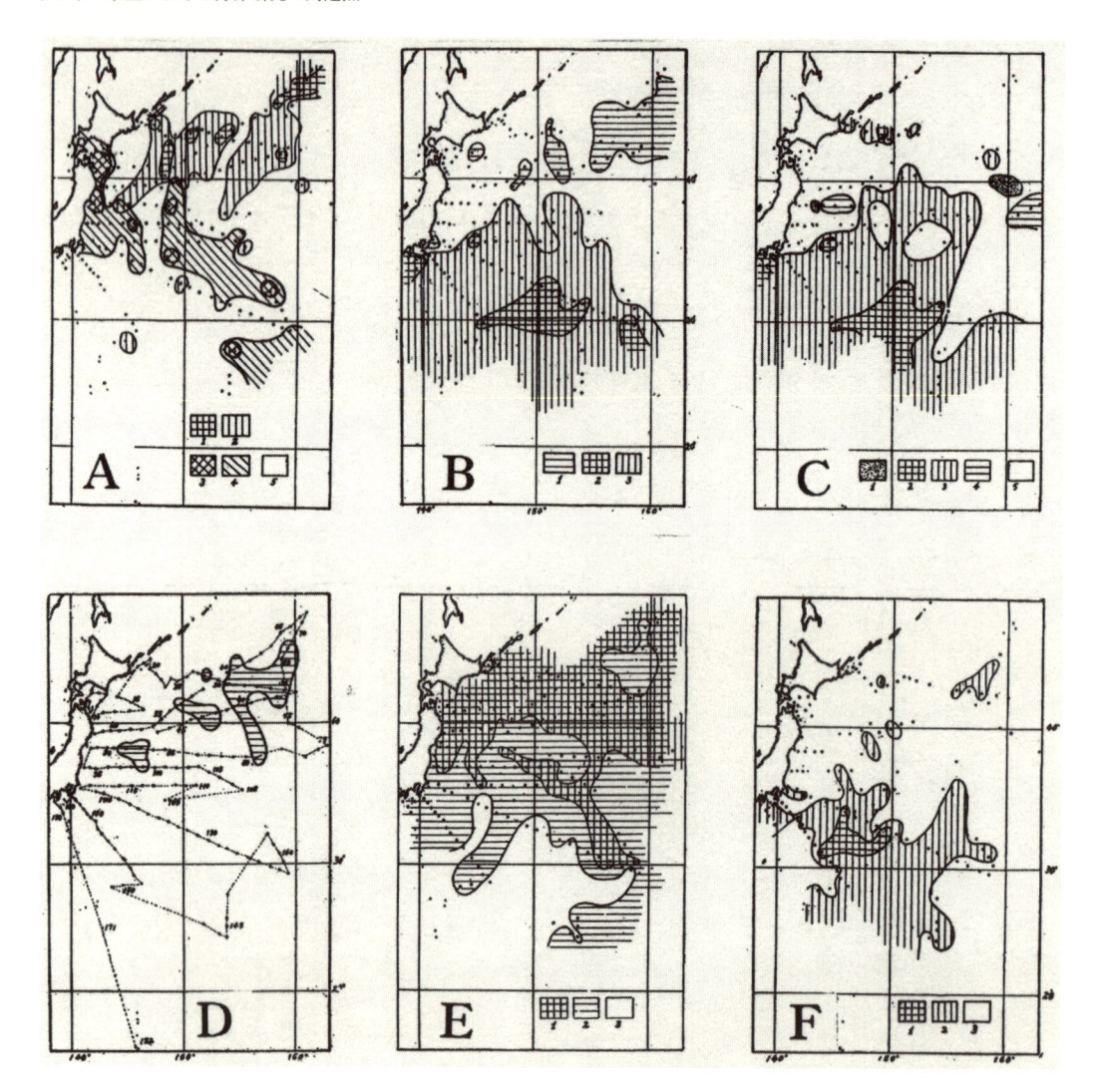

第6章 水産における海洋研究の到達点

図6-29 北太平洋の Chaetoceros 属（A），Nitz. ser. ならびに Rhiz. styliformis（B），Rhizosolenia 属（C），Thal'hrix long（D），Copepoda（E），Radiolaria の分布（F）[16]

A. Phoeoceros 亜属（1：70％以上，2：70～20％）。Hyolochaete 亜属（3：70％以上，4：70～20％）。5：両亜属20％以下

B. 1：Nitz. ser. 20％以上。Rhiz. stylif.（2：70％以上，3：70～20％以上）。他の区域は20％以下

C. 1：R. schrubsolei 20％以上。2：Rhiz. heb. 70％以上，3：Rhiz. heb. 70％～20％，4：R. alata 20％以上，5：各種合せて20％以下

D. 横線区域に20％以上認められた

E. 1：70％以上，2：70～30％，3：30％以下

F. 1：70％以上，2：70～20％，3：20％以下

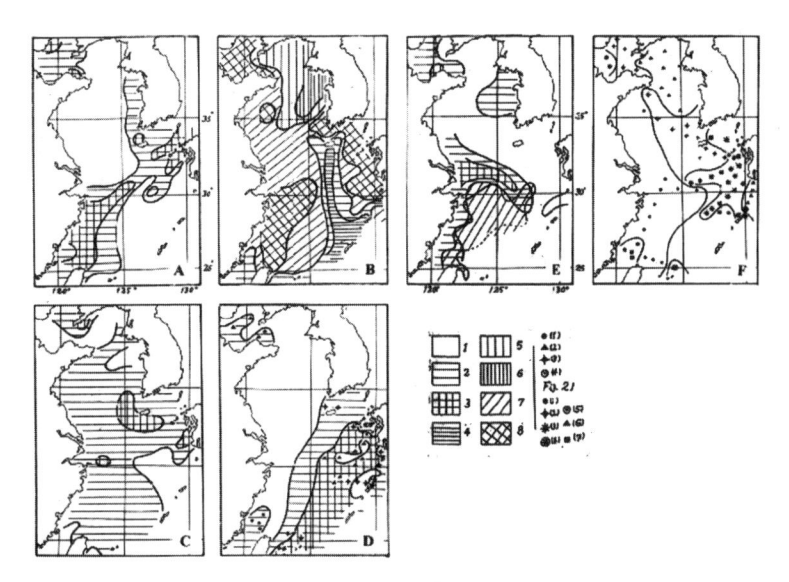

図 6-30 シナ東海並びに黄海の浮遊生物の特質（昭和8年10月）[16]
A：量的分布．1：1回の採集量が1cc．以下，2：1〜2cc．，3：3cc．以上
B：主要浮遊植物分布．藍藻類（2：40％以下，4：40％以上），鞭藻類（5：70％以下，6：70％以上），珪藻類（7：30％以下，8：30％以上）
C：珪藻類 *Chaetoceros* 属の分布．1：20％以下，2：20〜60％，3：60％以上
D：珪藻類 *Rhizosolenia* 属の分布．1：10％以下，2：10〜20％，3：20〜30％。主要種の分布は (1) *Rhiz. alata* ならびに *R. stylif.*，(2) *R. alata*，(3) *R. stylif.*，(4) *R. setigera*
E：*Coscinod.* sp. ならびに *Nitz. ser* の分布．*Coscinod.* sp. (1：10％以下，2：10〜40％，3：40％以上)，4：*Nitz. ser.* 約20％
F：南方系珪藻類の分布．(1)：*Bacteriastrum* 10％以上，(2)：*Dity. Btw.*，(3)：*Thal'thrix* 属5％以上，(4)：*Hemiaulus Heib.*，(5)：*Biddulphia* 属，(6)：*Climacodium* 属，(7)：*Guinaradia. fl.*

渤海湾系も多量に含み，黒潮系も少なくはない。黄海中部の鞭藻類区域には珪藻類が少なく，組成は渤海湾群と類似する。*Climacod.* 属が多いことは特異な点で，他に *R. alata* も存在し，黒潮系の影響を多少示す。琉球列島近海の藍藻類区域では，珪藻類は純然たる黒潮系で，*Rhiz.* 属が量・種類も最も多く，太平洋岸の黒潮系珪藻群と類似する。

動物プランクトン分布も各区域で特徴を示し，Globigerinidae, *Sticholoncle zanklea* は藍藻類区域を中心として，九州西岸，シナ海沿岸にも認められるが，黄海，渤海湾内にはない。*Noct scient* は渤海湾に主として分布する。有鐘繊毛虫類中では，*Tintinnopsis* 属は夜光虫と同様に渤海湾内に最も多く，シナ沿岸並びに黄海に多少見られる。*Amphorella, Xystonella, Proplectella* 等を主とする黒潮系群は放散虫類とともに藍藻類区域に多い。撓脚類は藍藻類区域に最も多く，他の沿岸諸区域においては他種属が豊富なため，比率は低下する。

②日本海一斉調査：従来の結果から，次のことがあきらかとなった。

(ア) リマン海流系はプランクトン量が常に少ない。動物プランクトンが30％を超え，特に，大型撓脚類が多くの集群を形成する。珪藻類は量・種族も乏しく，冬〜春季はオホーツク海系に類似する。夏〜秋季は対馬海流系群を含む

Parafavella 属が常在し，夏季は黒潮系の有鐘繊毛虫類群が混入する。
(イ) 対馬海流系ではプランクトン量は多量で，植物プランクトンは常に量・種属も豊富であり，植物性群を形成する。藍藻類は夏季は豊富であるが，放散虫類は冬季も相当量を占め，本プランクトン群からリマン海流系との識別が可能である。夏季，動物プランクトンが豊富となりプランクトン量全体の30％を超え動物性プランクトン群を形成する場合があっても，珪藻類特に *Rhiz* 属が種属に富む点，動物プランクトンが橈脚類のみを主要とせず夜光虫，種々の幼生類（Larval Plankton）を多種保有する点によってリマン海流系と異なる。
(ウ) 昭和8年10月と前年5月での相違点は，秋季のプランクトンには日本海全般にわたり南方的（対馬海流系）性質が多少とも認められ，春季のプランクトンには北方的（リマン海流系）性質が濃厚な点である。夏季高温時に対馬海流系プランクトン群が卓越するため秋季に広くその痕跡を留め，春には冬季のリマン海流系プランクトンの隆盛による結果が残存するためであろう。
(エ) 昭和8年10月上旬と下旬，11月上旬を比較すると，リマン海流系群は北より南に順次卓越し，対馬海流系群の南への後退が認められ，利尻島以北には冬季リマン海流系プランクトンがすでに出現する。
(オ) 日本海南部には対馬暖流系群がかなり沖合まで影響するが，北部はリマン海流系群が拡大され，特に津軽海峡口では本土側に接近する。このため，能登半島以北では対馬暖流系群は狭い本土沿岸域に認められるのみである。
(カ) 朝鮮東海岸では，昭和7年5月，リマン海流系群が沖合を南下して鬱陵島近海にまで影響を示すが，同年10月初旬には対馬海流系群が浦潮（ウラジオストク）沖合に，下旬には清津沖合に影響を与えるほど北上した。したがって，両系プランクトン群は季節的に交代し，冬はリマン海流系群が東岸沖合に認められ，夏は対馬暖流系群が存在するのであろう（以上，図6-31）。

【其五．第三次北太平洋一斉海洋調査による浮遊生物調査報告】[17]

昭和10年8月初旬の一斉調査で採集された北太平洋北西部と，農林省監視船白鳳丸および俊鵬丸がオホーツク海南部とベーリング海で採取されたプランクトンについて解析し，主要海域ごとの全プランクトン量（図6-32上），主要種族の分布，藍藻類，鞭藻類（以上，図6-32下），珪藻類（図6-33上）と *Chaetoceros*-*Phaeoceros* 群（図6-33下），図6-34にはDesmsプランクトン，Styliプランクトン，Chaetoプランクトン，Triposプランクトン，Phaeoプランクトン，CopepodaやCopepoda幼生の分布について記した。また，プランクトン群のうち最も豊富なものを選び，代表種の地理的変化から海流の範囲と海流の生物学的特質を推定可能とし，一見複雑な種の分布も一定の系統の下に総括し得るものと考え，主要プランクトンの地理的変化（図6-34下）について検討した。

(1) プランクトン量：相模湾から千葉県にわたる本土沿岸域，千島列島周海，ベーリング海のKaraginski島の陸地側等は豊富

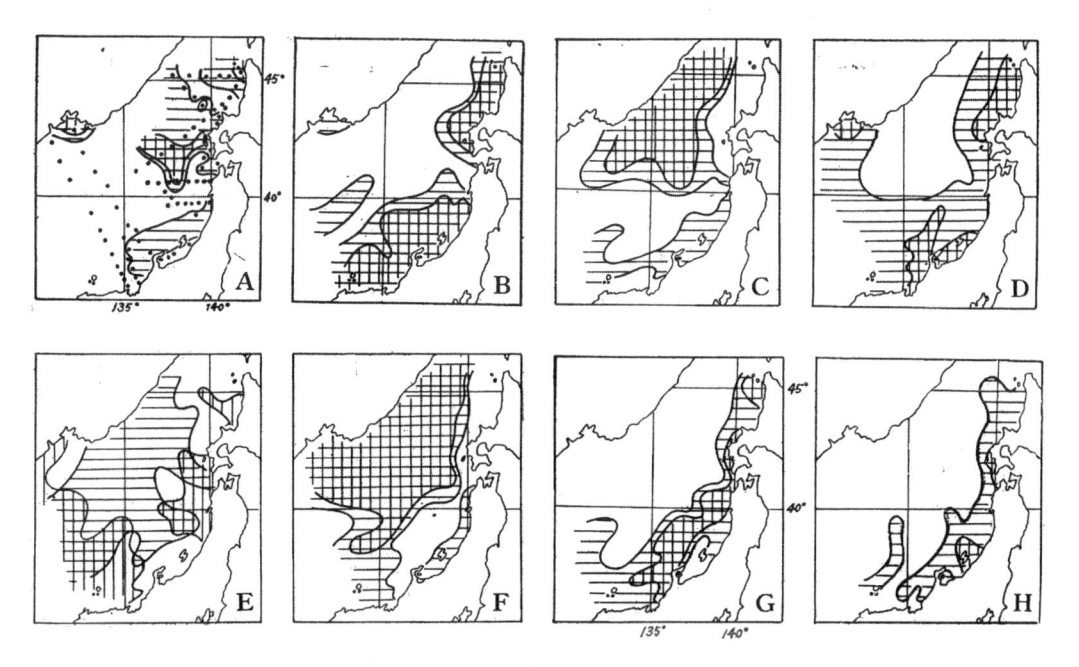

図6-31 日本海北部の浮遊生物学的性状（昭和8年10月）[16]
　A：量的分布。1：2 cc. 以下，2：2～4 cc. 3：4 cc. 以上
　B：浮遊植物の等比率の分布。1：50%以下，2：50～90%，3：90%以上
　C：珪藻類 *Phaeoceros* 亜属の分布。1：20%以下，2：20～50%，3：50%以上
　D：*Hyalochaete* 同亜属の分布。1：10%以下，2：10～50%，3：50%以上
　E：1：*Rhizosoleina* の分布，2：*Rhiz. hebetata* の分布区域（10%以上），4：*R. alata*, *R. setigera* および *R. styliformis* の分布区域（10%以上）
　F：撓脚類（Copepoda）の分布。1：50%以下，2：50～90%，3：90%以上
　G：放散虫類（Radiolaria）の分布。1：10%以下，2：10～30%，3：30%以上
　H：Tintinnoinea の分布。1：10%以下，2：10～30%，3：30%以上

で，オホーツク海，ベーリング海中央部も少なくはない。少ない海域は，伊豆七島から小笠原群島を経てマリアナ群島から伊豆南諸島線・犬吠埼正東線間と，岩手県鮎崎正東沖合に2個に分離された狭小な区域，北知床岬と Lopatka 岬の中央に認められるのみである。総括的には，北緯42度以北はプランクトンが概して豊富であるが，沿岸区域を除き北緯36度以南はプランクトンが乏しい（図6-32）。

(2) 主要種族の分布：黒潮域では，南で Desms-プランクトン群，東北海区で Styli-プランクトンが分布する。親潮域の Phaeo-プランクトンは，オホーツク海で種が単純であり，影響は Lopatka 岬沖を曲がってベーリング海に追跡できる。寒暖両水塊の境には Copepoda 群があり，下層冷水の上昇区域には，オホーツク海系の Tripos-プランクトンがある。特異なプランクトン群としては，第一にベーリング海より Anadyr 湾に分布する Copepoda 群，第二に宗谷海峡を出て北海道東岸に見られるものと津軽海峡を出て三陸沿岸に分布する対馬海流系の Copepoda 群である。その他の純沿岸域には Chaeto-プランクトンが存在する（図6-33，6-34）。

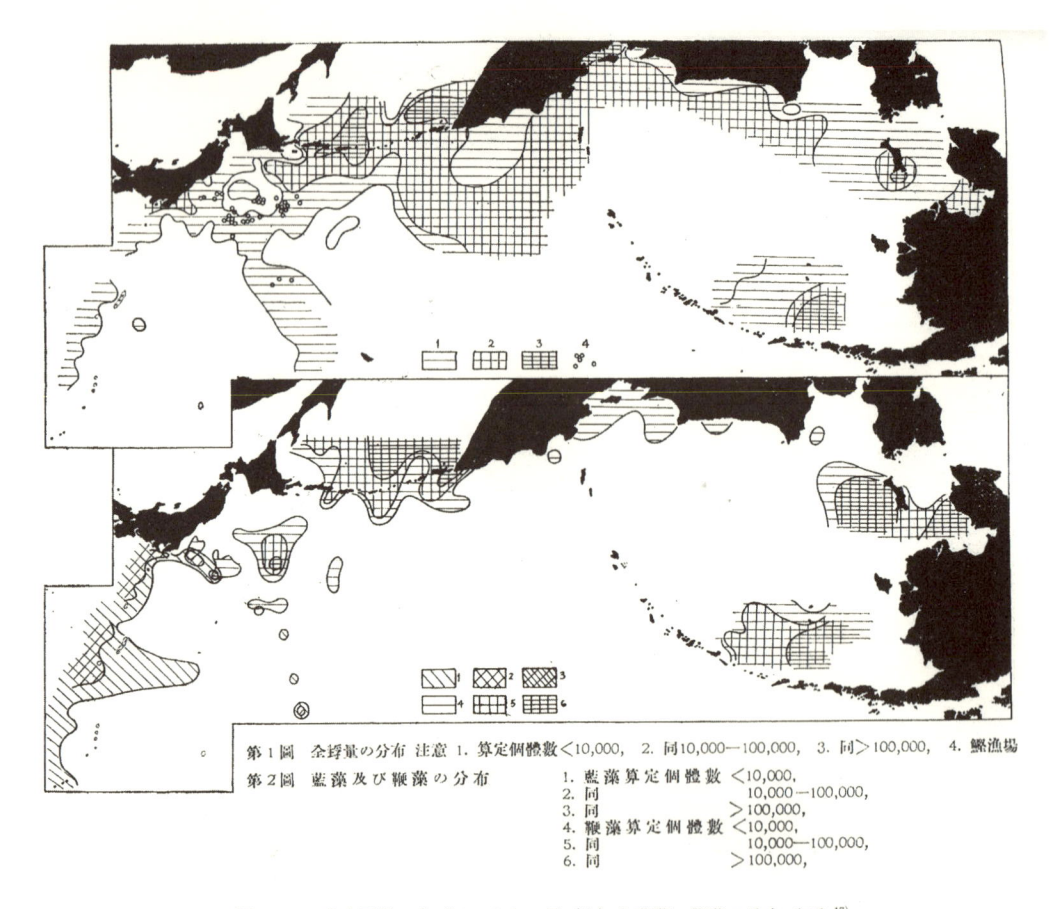

第6章 水産における海洋研究の到達点

図6-32 北太平洋の全プランクトン量（上）と藍藻・鞭藻の分布（下）[17]

6・10 黒潮の異常について[20]

紀南沖合の黒潮流域の海況異常は昭和9年頃から認められはじめ，11〜14年に連続して見出された。昭和10年9〜10月，紀伊半島沖で大演習中の艦隊が黒潮流路の変化を知らずに艦位の修正に適正を欠き，大混乱を招いた直後で，水路部はこれを測量艦駒橋の資料から黒潮の状況と冷水塊とを結びつけて解説した。これが改めて海軍当局を啓発するものとなり，水路部の海洋調査方式が深く認識される結果ともなった[21]。記録と口伝の調査から，これは，過去，10年〜30数年程度の間隔での反復現象であると推察された。このため，中央水試は海軍水路部と連絡して，黒潮異常調査を実施した。このことについては，軍は秘匿にしたいとの意向があったが，「宇田が先回りをして本論文を発表した」と黒肱[22]が記した。

昭和13，14年の春・夏季の蒼鷹丸等の観測結果から，次のことが明らかとなった。

(1) 昭和13年5〜7月，14年6〜8月，紀南沖合距岸100浬前後を中心として現れた異常冷水塊（A）と中心位置が通常よりかなり西遷している土佐南方沖合の高鹹水塊（B）とをめぐって黒潮が流れ，平年の水温分布が激変した。特に沿岸では，潮岬沿海で「上シオ」と呼ばれる西行逆流（低温），志摩方面沿海で「マシオ」と呼ばれる東流（高温）が強勢となる異

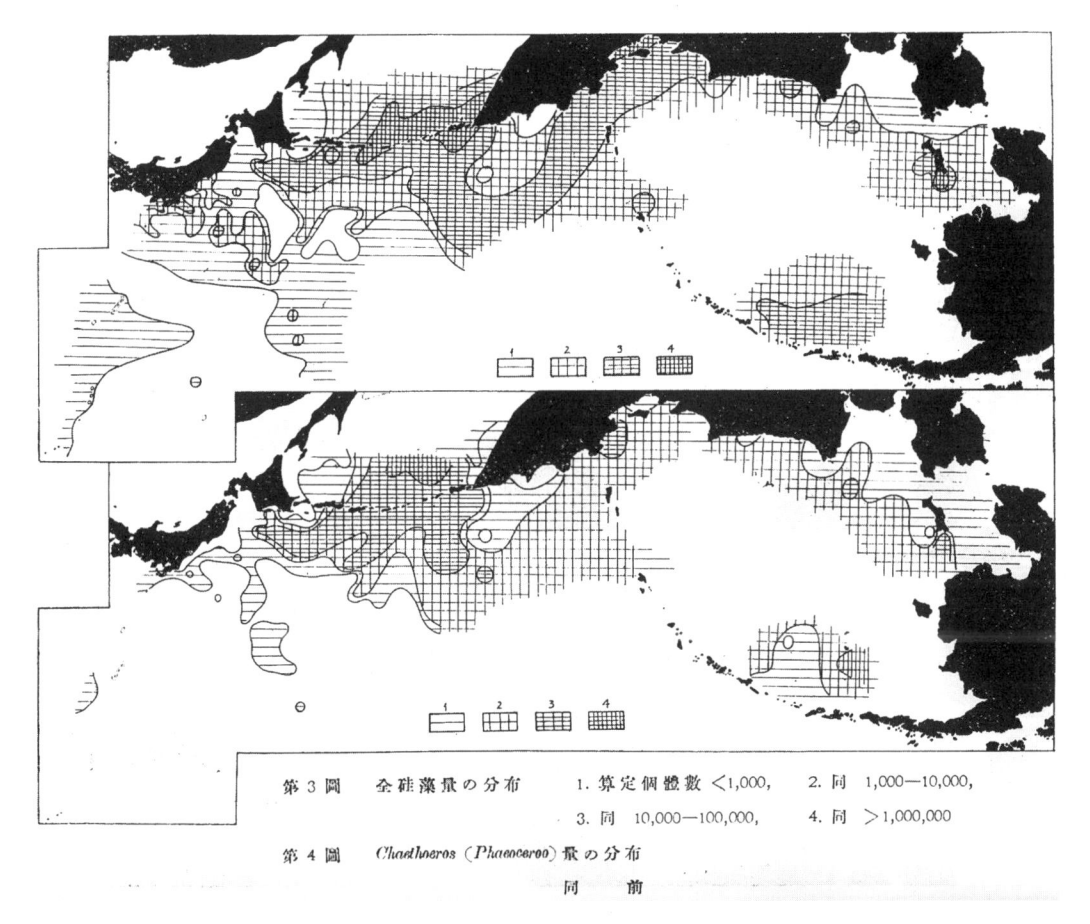

第 3 圖　全硅藻量の分布　　1. 算定個體數 <1,000,　2. 同　1,000—10,000,
　　　　　　　　　　　　　　 3. 同　10,000—100,000,　4. 同 >1,000,000
第 4 圖　*Chaetoceros*（*Phaeoceros*）量の分布
　　　　　　　　同　前

図 6-33　珪藻類の分布（上）と *Chaetoceros*（*Phaeoceros*）の分布（下）[17]

常を示した。
(2) 反時計回り渦流 A 水塊は低温低鹹で透明度が低く，水色高く，栄養塩類は比較的豊富で，表層では酸素に富む（50 m 以深は貧酸素）。その海域は，海水の諸成分から湧昇流域と推定された。時計回りの渦流 B 水塊は海水が清澄かつ高鹹で，上層 150 m 以浅は比較的低温，300 m 以深は周囲より高鹹，上下層ともに酸素は比較的豊富に溶存し，栄養塩類が少ないことなどから下降流域にあたると推定された。
(3) A, B 両水塊の境界は顕著な不連続面で，その直上の表層付近は張流帯の縁辺と一致し，潮目や漁場生物の集団を見出した。
(4) A 水塊の起源は親潮系水塊の潜流南下したもの，B 水塊の起源は亜熱帯高鹹水圏の西方へ移行したものと推定された。
(5) 黒潮流域の指標の特性的高温水層は，断面潮境の直上付近に現れ強流層とおよそ一致することから，その成因を黒潮の強流に対応して南方の暖水域よりもたらされてきた暖水の舌状凸という二次的なものと推定された（図 6-35）。

黒潮横断面内の環流を水温等の分布から推察し，収斂と発散を図 6-36 に示す。

黒潮異常現象の原因は，紀南沖合の冷水塊（A）が湧昇し盤踞（ばんきょ）することによるもので，岡田光世の理論的研究によれば，A 水塊部は，その密度分布に対応し流速は微弱であるが明らか

第6章　水産における海洋研究の到達点

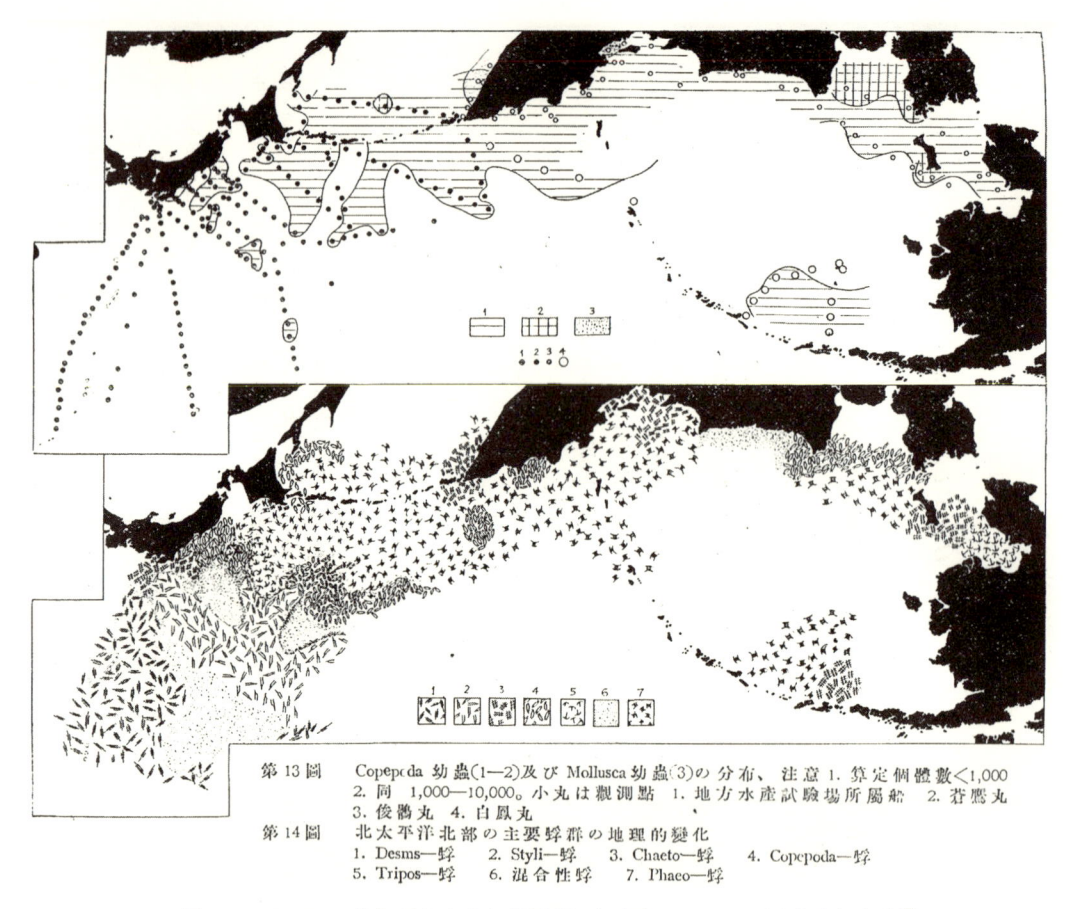

第13圖　Copepoda 幼蟲(1-2)及び Mollusca 幼蟲(3)の分布、注意 1. 算定個體數<1,000
2. 同　1,000-10,000。小丸は觀測點　1. 地方水產試驗場所屬船　2. 蒼鷹丸
3. 俊鶻丸　4. 白鳳丸
第14圖　北太平洋北部の主要蜉群の地理的變化
1. Desms—蜉　2. Styli—蜉　3. Chaeto—蜉　4. Copepoda—蜉
5. Tripos—蜉　6. 混合性蜉　7. Phaeo—蜉

図6-34　Copepoda 幼生（上）と北太平洋北部の主要プランクトンの地理的分布（下）[17]

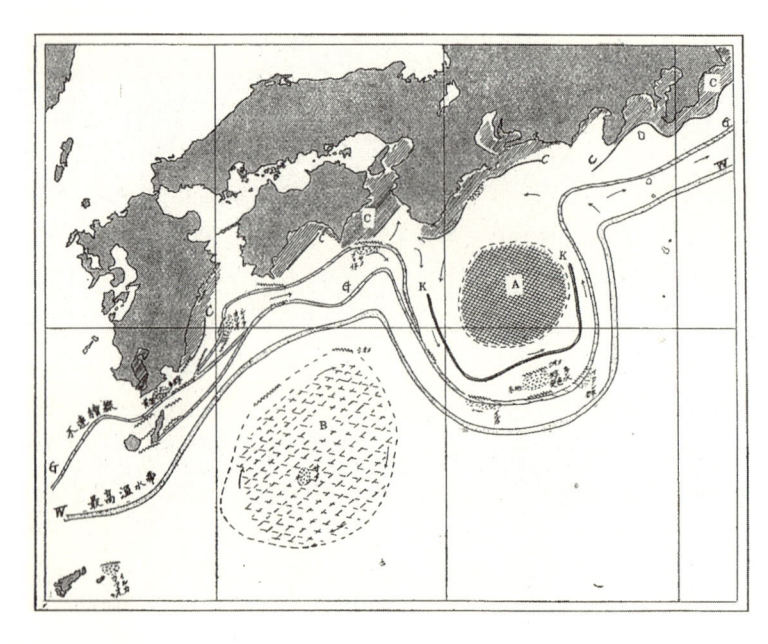

図6-35　昭和13年5～7月調査諸水塊(A, B, C)，およびその表層境界(G)，表層暖流最高水温帯(W)，中層顕著湧昇水帯(K)[20]

に湧昇流域で，表層は発散を現し，この周辺は沈降流に補われる。一定の密度分布を示す海区の周縁をめぐる反時計回りの渦流は，この冷水塊の湧昇流を助長し，持続させる傾向を保つと見られる。このA冷水塊の中心の移動やその範囲の縮小拡大の原因は，B水塊の侵入する分量とその圧力とA水塊の湧昇してくる分量，その拡張勢力との両者の平衡関係が変化消長することによる。

すなわち，親潮潜流の影響は房総沖から本州南海に及ぶが，伊豆南諸島の比較的水深の浅い海嶺に妨げられて，中層を進む親潮潜流系水はあまり発達できず，黒潮系水が優越して北上してくることになり，かつ，この本州と伊豆南諸島，紀南礁を包含する鍵状の海底地形がA冷水塊を発達させ，持続する反時計回りの渦流を強める素因となるものと考えられた。本海区では平年もA水塊は冬春季には中下層に多少湧昇流の傾向を示す冷水塊の突き上がった状態が認められる。特に異常現象が出現した年は親潮潜流系水が増大して強勢に本海区に侵入することで発生し，上層が不安定で大陸台風性の低気圧がしばしばくる盛冬2～3月頃からはじまる。

異常年の春季，A水塊が表層に判然と認められるが，夏季の7，8月以降は表層の冷水塊の存在は不明瞭になる。これは夏季の黒潮強勢にともない暖流系水が薄く表層を拡張するためであり，さらに，秋季の対流による暖水沈降のためであろう。このことよりA冷水塊の出現は親潮潜流の強弱より，北方の親潮寒流の強弱と相関があると考えられる。

このような紀南沖合における海況異常に対応する「かつを」，「びんながまぐろ」，「くろまぐろ」，「さんま」，「ぶり」等の漁況の変化を示し，春季冷水塊の縁辺部に「かつを」漁場が，中央部付近に「びんなが」と「くろ」の漁場が発達し，魚群を滞泳させる傾向があり，冷水塊をめぐり暖流の北上接岸により「かつを」，「ぶり」等の漁況に著しい変化があること，冷水塊の発達程度により漁期の遅速につながるなどが明らかとなった。このため，毎年，1～4月和歌山，三重両県沖合の黒潮の海況を精測すると漁況予想もかなりの程度で実行可能なことがわかった。そのうえで，宇田[20]は，「本海区の春季海況の調査は東北海区の夏季海況を予測する上で参考資料となるから，豆南及東北海区の漁況予

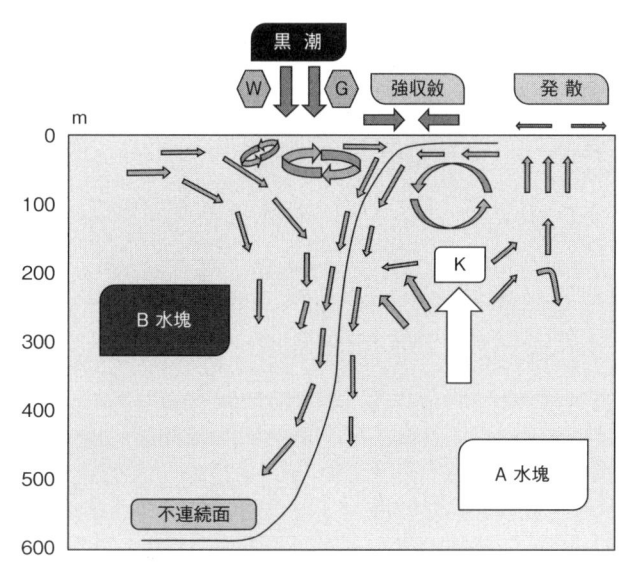

図6-36 黒潮流域横断面内環流模式図[20]

第6章　水産における海洋研究の到達点

報及び東北冷害対策資料のためにも地方水産試験場の定線海洋観測の励行を望んで止まない」と結論づけた。

引用文献

1) 宇田道隆・岡本五郎三：日本海近海各月平均海洋図（自大正7年至昭和4年）並び該図より推定されたる海流に就いて（第一報），水産試験場報告，1号，39～55，昭和5年
2) 宇田道隆：日本海近海各月平均海洋図（自大正7年至昭和5年）並び該図より推定されたる海流に就いて（第二報），水産試験場報告，第2号，59～81，昭和5年
3) 宇田道隆：黒潮と親潮の平均各月海況，水産試験場報告，3号，79～136，昭和7年
4) 宇田道隆，渡邊静雄：瀬戸内海の平均各月海況，水産試験場報告，3号，137～164，昭和7年
5) 松原新之助：水産調査予察報告，2巻，2～3，明治25年
6) 宇田道隆：日本海・黄海。オホーツク海の平年各月海況（連絡試験），水産試験場報告，5号，191～236，昭和9年
7) 宇田道隆：若狭湾及びその沿海の流動，水産試験場報告第，2号，17～36，昭和6年
8) 宇田道隆：日本海及其隣接海区の海況（昭和7年5，6月連絡施行日本海第一次一斉海洋調査報告），水産試験場報告，5号，57～190，昭和9年
9) 宇田道隆：日本海及其隣接海区の海況（昭和8年10，11月連絡施行日本海第二次一斉海洋調査報告），水産試験場報告，7号，91～152，昭和11年
10) 宇田道隆：昭和8年盛夏に於ける北太平洋の海況（昭和八年八月連絡施行，北太平洋距岸一千浬に亙る一斉海洋調査報告），水産試験場報告，6号，1～128，昭和10年
11) 宇田道隆：「ぶり」の漁期における相模湾の海況及び気象と漁協関係，水産試験場報告，第8号，1～50，昭和12年
12) 木村喜之助：相模湾の海況と「ぶり」漁況，水産試験場報告，10号，38～230，昭和15年
13) 相川廣秋：浮遊生物定量調査報告（其一），目的並に方法，水産試験場報告，2号，37～57，昭和6年
14) 相川廣秋：浮遊生物定量調査報告（其二），日本海の浮遊生物の特質に就いて，水産試験場報告，5号，237～272，昭和9年
15) 相川廣秋：浮遊生物定量調査報告（其三），北太平洋の浮遊生物の特質に就いて，水産試験場報告，6号，131～171，昭和10年
16) 相川廣秋：浮遊生物定量調査報告（其四），第二次北太平並び日本海一斉調査に依る浮遊生物調査報告，水産試験場報告，7号，153～182，昭和11年
17) 相川廣秋：浮遊生物定量調査報告（其五），第三次北太平洋一斉海洋調査による浮遊生物調査報告，水産試験場報告，9号，67～86，昭和13年
18) 相川廣秋：冬期季に於ける相模湾の浮遊生物的の性状，第一報，量的変化について，水産学会報，5(3)，267～284，昭和5年
19) 田中於菟彦：相模湾の橈脚類　Fam.Eucalanidae I，水産学会報，6，142～165，昭和9年
20) 宇田道隆：近年本州南海黒潮流域に於ける海況の異常と漁況との関係，水産試験場報告，10号，231～278，昭和15年
21) 海上保安庁水路部：日本水路史，254，日本水路協会，昭和46年
22) 黒肱善雄：我が国調査船の系譜と現勢，水産海洋研究，54(2)，147～152，平成2年

第7章
冷害と海洋調査

　東北には,「凶作の年は鮭豊漁」という諺があるが, 我が国では一定の周期で凶作があり, 特に, 北海道や東北地方では不作, 凶作が常習のようであった。また, 海流が冷害に何らかの形で関与していることが語り伝えられていた。

　明治41年, 太平洋の寒流が変調をきたした。当時, 銚子気象台長[1]は,「近年太平洋黒潮の流域に変動を生ぜし傾向。之が為め親潮流域にも随て変調を起すの懸念あり。抑も本年の冬期は満韓西比利亜樺太北海道の寒気は近年比類なき厳寒を呈し, 北海道南東部は絶大なる結氷を生じその区域は陸地を去る六七十浬に及ぶが, 之が風勢に乗じ東経百四十四度北緯四十二度の点より南西の方向を取り大に流失せし模様なれば, 其融解消失に及びては水温の低降を来すは理の当然。予想の如く東海岸中石の巻, 塩竈, 荻の濱, 気仙沼等の港湾の海水温は一月以来四月に至るも月平均摂氏二度内外の低温。港湾の水温が低冷となれば外洋は想像するに難からず。之を以て東海岸鰮の漁獲は殆ど皆無で未曾有の不漁と云ふ。又一面気象上に及したる影響の著しきものは, 寒流の南下区域の沿岸地は一月以来平年よりも摂氏二度乃至五度月平均低く, 殊に北海道南東部より三陸地方は一層顕著」と北太平洋の異常冷水と漁業への影響を伝えた。このときには東北地方に冷害が発生した(第2章参照)。

　昭和9年, 東北地方は大凶作だった。伊藤章治は[2],「昭和九年岩手県凶作誌」(岩手県編)を引用し,「7月に入ると気温が下がる。三陸沖から内陸へ北東気流,「ヤマセ」が吹き込んだのである。中旬に入ると北方より襲来した冷気流は南海上に滞留した暖気流と抗争して豪雨を醸成し, 且つ漸次南下し, 岩手県は冷気圏内に包容され低温となり, 稲の生育上最も重要な7月から9月上旬にかけて低温・多雨・寡照の悲観すべき気象状態を継続した。米の収穫は岩手県では54.5%の減収となった。明治以来の記録的大凶作である」と書いた。この結果, 弁当をもたない小学生が増加し, 東北本線沿線では汽車の窓から捨てられた弁当の食べ残しを拾う子供も見られ, 岩手県では約24000人が欠食児童であった。また, 東北6県で売られた娘の数は58173人に達した[3]。富山県でも農民は草の根, 木の皮をかじり, 公益質屋は鍋・かまで大繁盛であったという。

　この状況をふまえ, 伊藤は,「東北農村の疲弊が, (筆者注:陸軍の)青年将校たちの危機感をあおった。東北農村は「帝国軍隊」の兵士の重要な供給源だった。五・一五事件の被告は,「国家革新を実現せねばならぬと考へた理由を当時の国家内外の情勢に対する認識, 特に痛感したのは東北地方の大飢饉であった」と上申した。この危機意識が青年将校らを五・一五事件(昭和7年), 二・二六事件(昭和11年)に駆り立て, 陸軍は次第に実権を握りファシズム的支配体制を確立し, 以後日本は不幸な戦争へと突入していく」と書いた[2]。冷害が時代を創る一要因となったの

である。

本章では，海洋調査を実施する発端のひとつとなった「冷害」に関して，実施された海洋調査について記述し，海洋環境と冷害に関する議論を紹介する。

7・1 水産試験研究機関による冷害に対する海洋調査

昭和9年8月の北太平洋距岸一千浬海洋調査の折，東北海区沖合水温の異常に低い事実が確認された。これを受け，第三回漁撈海洋担当官打合会において，東北海区異常海況の漁況その他に及ぼす影響について，岩手県と中央水試宇田技師から報告された。昭和9年10月29日農林省冷害対策協議会において春日信市中央水試場長が発表した「海洋調査に依り冷寒予報可能」[4]との意見が採択され，昭和10年1月以降農務当局の依嘱を受け，中央水試，千葉県から北海道の東北・北海道関係水試は，海洋と気象との関係を明らかにするため，毎年1，2，3，8，11月に東北冷害対策海洋調査を実施した[5]。また，農林省水産局も，昭和11年には，東北地方その他の冷害等の応急施設助成により約11万円を支出した。政府の東北振興調査会も，これに関連して国立海洋観測施設の設置を提案した。この調査結果の速報として東北海区海洋図が発行されたとされるが，筆者は未確認である。

蒼鷹丸がこの関係で実施した調査一覧（ただし，昭和12年8月まで）を表7-1に示す。また，昭和9，10年の一斉観測調査ラインを図7-1と図7-2に示す。宇田は，この調査について，「昭和17年まで毎年5ヶ月飽きもせず連続的に従事することとなったため，他の人にも『宇田に殺される』と言われた」[6]と書いたように，表7-1のように苛酷な日程であった。

一方，現在の気象庁関係でも，この凶冷と室戸台風を契機として海洋調査の重要性が認められ，中央気象台として5隻の観測船（凌風丸（1179トン），朝潮丸（58トン）等）を新造して，凶冷のための観測等，全国的な観測網を組織した。この中では，宮古測候所の黒潮丸（31トン）や八戸測候所の親潮丸（17トン）は毎旬宮古および八戸沖の定線を観測するほか，年数回は沖合まで観測船を伸ばした[7]。

この冷害について，雑誌「水産界」は626号と627号に特集を組んだ。その中で，林は冷害による凶作について，その原因を，①夏期寒流の卓越によって同地方の気温が影響されるもの（直接的影響）と，海洋の水温の過冷により気圧の配置に変化があり，したがって気温の過冷，湿潤を招来する（間接的影響），②日照の過少を主とするもの（最も少ない意見），③①および②の原因が共存するとしたもので，冷害による凶作予知としては，特殊地方の気温または海洋の水温を冬期または春期観測することによってその目的を達し得るとした[8]。このようなことから，「水産界」[9]は「海の研究により陸産豊凶の予報も出来，応急施設も敢えて難事ならず」と海洋学者が警報を発していると書いた。

7・2 冷害に関する海洋調査の結果とその発生に関する論議

東北地方の冷害に関するいくつかの報告を紹介すると，明治35年の東北大凶作時の翌年の津軽海峡付近の海藻の減少を遠藤吉三郎（東北帝国大学農科大学）が海洋の異常と同一原因とし，凶作に関係する夏の気温は1～3月の北海道国後水道および津軽海峡東入口の海水温度と気温を調べると予知できると述べた[10]。明治40年に關　豊太郎（盛岡高校）は，官報にて，「凶作は寒流の卓越により，夏期に達するも近海の水温が低く，しかも偏東風の優勢な年に起こる。三陸沿海（宮古湾と広田湾）の春の水温を観測すれば夏の水温の高低が予察可能」とした。林[8]によると築地宜雄（上田蚕糸専）も，8月に北海道千島方面に高気圧が現れ，この結果，親潮の夏期の勢力が優勢で，しかも日本海の環流の一部が北越，両羽の沿岸を通過せず，遠く沖合を

表7-1 蒼鷹丸東北海区調査一覧表[5]

調査期間	調査員名	主要海洋調査事項	備考（事業名）
8.7.31～8.16	宇田道隆，相川廣秋，浅利悦蔵，本田幸市	◎房州勝浦S60°E600浬～42°40'N，157°E～勝浦三角線	第一次北太平洋距岸一千浬一斉調査
9.8.5～17	宇田道隆，岡本五郎三，牛奥貞夫，浅利悦蔵	◎金華山～42°N，160°E～色丹島●色丹島NNE7.5浬○st.28'，30'	第二次北太平洋距岸一千浬一斉調査
10.1.8～27	宇田道隆，渡邊信雄	◎野島埼～釧路，釧路南200浬釧路～落石埼，金華山北東，金華山～野島埼	東北冷害対策海洋調査
10.2.5～21	相川廣秋，本田幸市	◎野島埼～釧路，釧路南500浬，釧路～落石埼東150浬，石室埼東	東北冷害対策海洋調査
10.3.5～30	岡本五郎三，浅利悦蔵	◎野島埼～釧路，釧路南500浬，釧路～落石埼東150浬，石室埼東	東北冷害対策海洋調査
10.7.25～8.31	宇田道隆，渡邊信雄，浅利悦蔵	◎第一図b，●占守海峡	第三次北太平洋距岸一千浬一斉調査
10.11.7～26	岡本五郎三，浅利悦蔵	◎（第一図b中オホーツク海および択捉島～占守島間沖合除く）	東北冷害対策海洋調査
11.1.7～26	岡本五郎三，筑紫次郎	◎前年2月と同じ	東北冷害対策海洋調査
11.2.5～25	渡邊信雄，浅利悦蔵	◎同上	東北冷害対策海洋調査
11.3.5～26	宇田道隆，渡邊信雄	◎前年三月に同じ	東北冷害対策海洋調査
11.7.27～9.4	岡本五郎三，柿崎栖辞，黒川英男	●二機験流st.7，○幌莚海峡，●安渡移矢岬167°23浬および幌莚島4°50浬	第四次北太平洋距岸一千浬一斉調査
11.11.5～30	渡邊信雄，浅利悦蔵	◎前年11月に同じ	東北冷害対策海洋調査
12.1.7～23	宇田道隆，浅利悦蔵	◎前年1月に同じ	東北冷害対策海洋調査
12.2.4～25	岡本五郎三，福原光義	◎前年2月に同じ	東北冷害対策海洋調査
12.3.6～26	渡辺信雄，福原光義	◎前年3月に同じ	東北冷害対策海洋調査
12.8.6～9.17	宇田道隆，渡邊信雄	◎前年8月に同じ。●二機験流st.，●幌莚海峡村上湾及び国後水道各26時間，○幌莚海峡各2回	第五次北太平洋距岸一千浬一斉調査

◎は横断観測施行を意味し，○潮流板による測流，●エクマンメルツ式潮流計による測流を意味する。
調査項目は水温，塩分，酸素量，pH，リン酸，ケイ酸，硝酸等栄養塩，海潮流，水色，透明度，水深，底質，波浪，気象等のほかに稚魚，魚卵，プランクトン採集。上記調査員のほか蒼鷹丸（202噸）船長今村喜市氏以下の船員は毎航海調査を分担した。測器はナンゼン式採水器をリヒター製転倒寒暖計とともに3～4筒連結使用し，観測水深は測角儀による鋼索傾角の測定と同時にリヒター製被圧転倒寒暖計による温度測定を行いその正確を期した。尚採水器を最深採水層に降下した時の鋼索の傾角および走出向を鋼索傾角計および針盤により測定しこれと当時の風向風力とをあわせて考え，海流の強弱推定の一助とした。

北流する結果，東北地方において東北風を冷湿なものとし，特に，東海岸の過冷過湿を起こすとした。すなわち，凶冷が海面の低温と気圧分布の変調に関係することに注意した。

農事試験場の安藤広太郎[11]は，大正2年の凶作のあと，「冷害は7，8月の低温に主因があり，この低温は太平洋岸の偏東風の卓越によるもので，その直接要因は北海道東方海上に発達する局部高気圧であり，その発達理由は寒暖流の水温によることが多い。よって地点間，季節間の海水温・気温・気圧の相関を求められれば，8月低温を予知できる」とし，実例として宮古の8月気温を根室・宮古の4月気温・気圧から知る実験式を適用して妥当性を示した。さらに，「ある定点，船舶による気温・海水温・気圧の観測を整備すべき」と提案するが，しばらく冷害のないままに採用されず，昭和9年の大冷害でその構想は実現するが，昭和12年より戦時態勢となり3年で打ち切られた。上述の論文については，東大の稲垣乙丙，東北大（札幌）遠藤吉三郎らと激しい論争を再三繰り返したとされている[12]。

これらの資料は，岩手大学ミュージアム農業教育資料館第二資料展示室「盛岡高等農林学校における冷害の研究の伝統と宮沢賢治」で見られる。

第7章　冷害と海洋調査

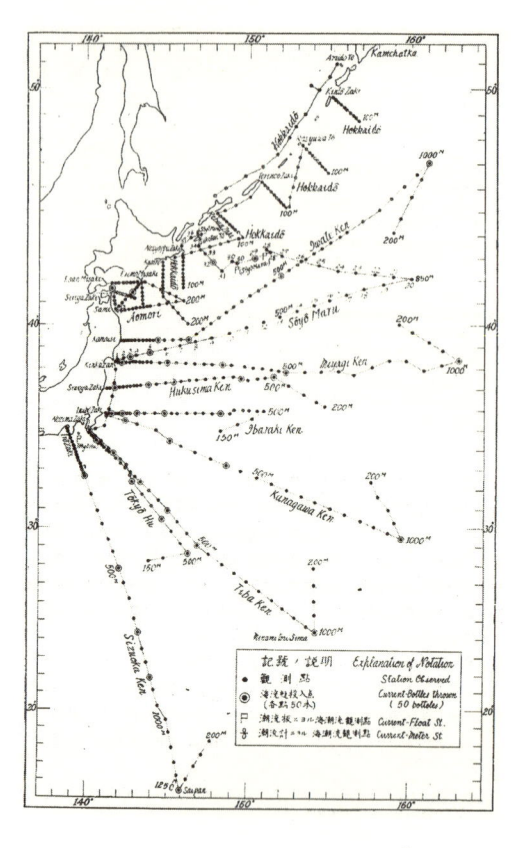

図7-1　昭和9年8月海洋観測点[5]

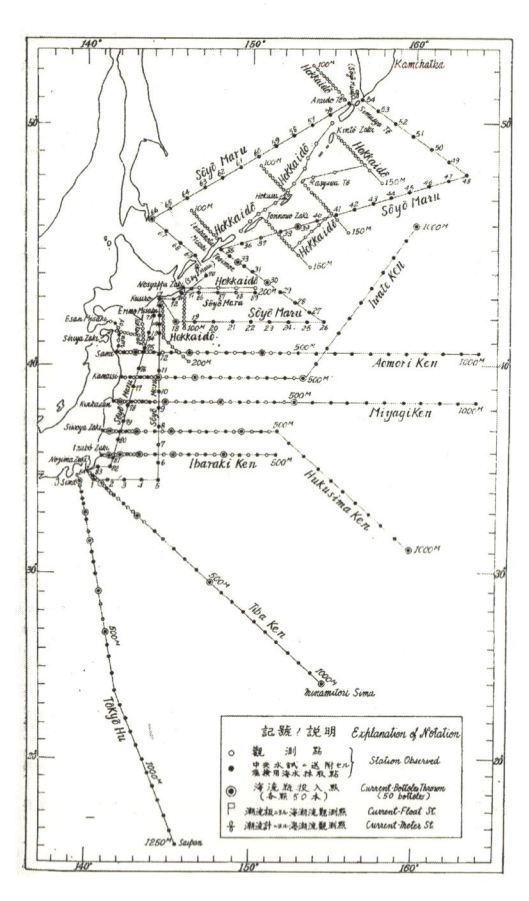

図7-2　昭和10年1月以降海洋観測点[5]

　岡田武松（気象台）[13]は，ベーリング海東部の気圧が高いとその方面に冬の低気圧の発達により北東風が生じ，寒流が盛んとなり，低温でオホーツク高気圧の根を張り，冷たい東偏風で不作原因となるとした。ダッチハーバーの冬期の気温が高いときには，北海道が不作となることを見出した。このことは，黒潮の流れに関係するもので，冬期の低気圧の発達を促し，ベーリング海に北東風が卓越し，それによって多量の極氷を吹送し，融氷後にはベーリング海および近海に源を有する親潮の水温は低くなり，夏期の過冷を来たす，というものであった。その後，池野四郎と藤原咲平[14]は岡田の報告を検証し同様の結果を得た。須田晥次[15]は，海洋気象台発行の海洋気象（昭和五年版），水産試験場発行の海洋調査要報，朝鮮総督府水産試験場発行の海洋調査報告等の材料により，東北地方の冷害による凶作について研究し，①夏期日本近海の近海表面水温は日本海北部の水温の低下の方が親潮より大きい，②オホーツク海の水温は終始常に著しい低温である。安藤，岡田は東方沖合の海水温度に影響するものはベーリング海より流下する冷水塊としたが，岡田はベーリング海から来るものを二次的として，三陸沖が夏期例年より過冷となるのは，オホーツク海にその冬例年よりも多量の海氷と例年よりも多量の冷水塊が生成され，その結果，融氷の後，オホーツク海より流出する冷水塊が親潮を過冷するとした。また，丸川久俊[16]は，宮城県の江ノ島の水温平均値よりの偏差が大のとき，米の大凶年や不作年と一致することを報告した（図7-3）。岩手水試場長の酒向　昇[17]は，諺「凶作の年は鮭豊漁」の統計的考察を行った。

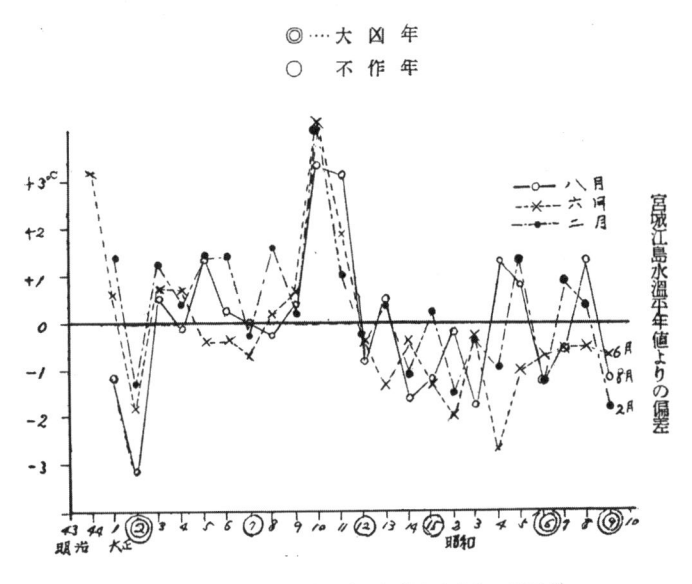

7・2 冷害に関する海洋調査の結果とその発生に関する論議

図7-3 宮城県江ノ島の水温偏差と冷害との関係[14]

これらの「冷害」一斉調査の中で,次のことを明らかにした[5]。

①昭和9年8月の東北海区は異常低温で,昭和8年8月に比べると150m深以浅の上層が甚だしい低温を示す。

②南方の黒潮本流と北方の分派流およびそれらと寒流との間に潮境線が存在する。また,その潮境線が変化し,異種の水塊が南北に移動する。

③既往年の東北海区沖合および沿岸の水温変動度を求めると,地理的には同海区中部が最大,季節的には南部が春季,北部が夏季に比較的大きくなる。

④東北海区では冬夏の水温が正相関にあり,かつその年の最低水温と年平均水温とが正に相関する。東北海区の夏季水温と南方黒潮域の冬季水温とは正の相関を示し,南方から暖流に運ばれて著しい高温偏差が移行し,北方から寒流によって運ばれる低温偏異の移行と津軽暖流による高温偏異の移行が認められた。

⑤東北海区異常高低温の原因は,冬季の鉛直対流と寒冷季節風による乱渦混合の強弱によるものと,津軽暖流,黒潮および親潮による暖寒流系水拡張の消長によるものとの合成である。

以上の結果から,昭和10年1月～同12年8月の間の東北海区海況変動の概勢から,半年前の予想と実際の照合し,流氷あるいは黒潮域内の異常冷水塊出現気象状態の激変による海況の急変現象(図7-4),三陸沖および朝鮮東沿海では潮境の移動にもとづく海況変動が顕著で,年々の東北海区における暖寒流の南北移動の極限位置を等温線,中冷中淡水塊から説明した。そして,本来の主題である,東北海区の異常低温高温が稲作の凶作豊作に与える影響については,凶作には水温の過低に基づく夏季気温の異常低冷による冷害が大概の主因。空気に比べて海水の方が熱容量が大きいので,水温の影響を気温に与える。日照の直接的影響は主因とはなし難い。東北地方の春夏の気温を異常に低冷にするのは,岡田説のごとく,沖合海面の低温に基づく高気圧の発達幡踞するため,高気圧におおわれ,あるいは高気圧圏より冷気を風が運ぶことの影響と,

第7章 冷害と海洋調査

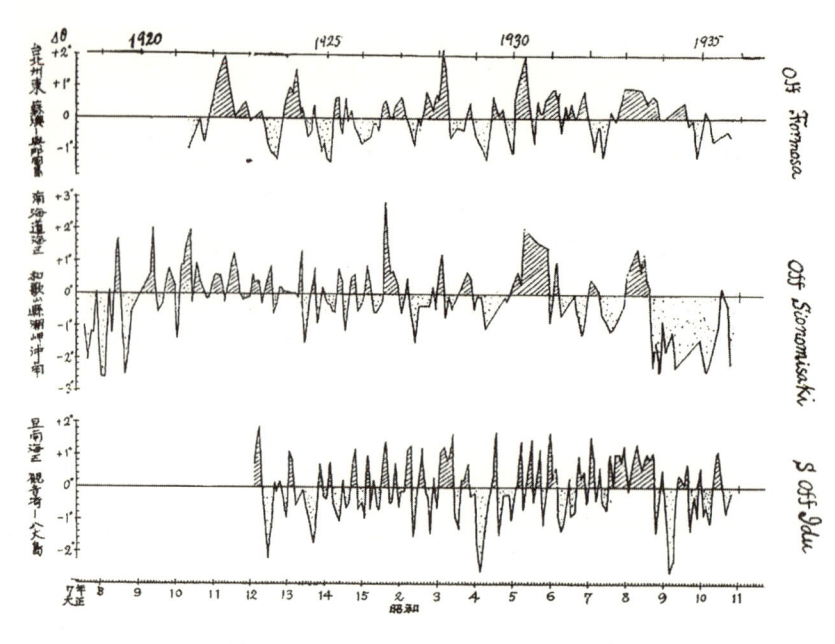

図7-4 わが国東方沖合の海水温の平年偏差[5]

推測した。また、このような海況の変化が暖寒流性魚族の漁期、漁場、漁獲高に変化を及ぼすことを例示した。さらに、水温異常の前年秋からその年の冬を中心として概ね春までに現れることを述べ、上記の諸関係を一括して東北海区の水温を予測する方式を説明した[5]。

このような調査は、海洋のみならず農作豊凶のための長期予報資料として貢献し、世界に類のない日本独特の海洋調査として特色を発揮した。その後も福田喜代松、渡辺信雄などによる調査が行われ、凶冷に関連し特によく行われた[18]。また、宇田[19]は、対馬暖流域の冬の水温、気温と裏日本の積雪量の相関の短報を報告した。

現在、レジームシフトが資源変動に大きくかかわっているとされている。昭和47年に函館で開催された「ベーリング国際シンポジウム」におけるベーリング海に関する水産海洋学的な論議[20]が行われ、前述のように、各道県による長年のデータによる海水温の周期性の発見（例えば、福岡県のデータ等）、冷害対策における「ベーリング海での高気圧の発達」等の議論等、すでに今から半世紀ほど前にも同様の議論がされていたことに

も注目したい。

引用文献

1) 本邦東海岸海水温の底冷と其の影響に就て、水産研究誌、3 (7)、146～147、明治41年
2) 伊藤章治：ジャガイモの世界史、169～178、中公新書、平成20年
3) 下川耿史編：環境史（昭和・平成編）、62～63、河出書房新社、平成16年
4) 春日昭市：海洋調査による東北地方寒冷予報の可能性、農業と経済、1 (9)、17～29、昭和9年
5) 宇田道隆：東北海区に於ける海況の変動に就て（昭和九～十二年連絡施行、北太平洋一斉海洋調査報告の一部）、水産試験場報告、第9号、1～66、昭和13年
6) 宇田道隆：海に生きて、306、東海大学出版会、昭和46年
7) 安井善一：気象庁における海洋業務の歴史、日本海洋学会20年の歩み、23～30、昭和36年
8) 林 喬：海洋よりみたる東北地方の冷害、水産界、626号、2～16、昭和10年
9) 巻頭言：水産界、626号、1、昭和10年
10) 遠藤吉三郎：日本民族の為に、417、天佑社、大正10年
11) 安藤広太郎：東北地方の稲凶作誘致の低温予知、農試特別報告30号、大正4年
12) 戸苅善次：安藤広太郎、近代日本生物学者小伝（木原均・篠遠喜人・磯野直秀監修）、294～301、平河出版社、平成10年
13) T. Okada : On the possibilty of forecasting the summer temperature and approximate yield of rice-crop for northen japan, The Memories of the Imperial Marine Observatory,

1, 18～26, 1922
14) 池野四郎, 藤原咲平：根室及びダッチハーバーの冬期気温と北海道米作との相関関係について, 気象集誌, 第Ⅱ輯, 10 (8), 489～492, 昭和7年
15) 須田晥次：日本近海表面水温の異常分布について, 中央気象台産業気象調査報告, 第4巻第1冊, 175～235, 昭和8年
16) 丸川久俊：水産界, 626号, 16～22, 昭和10年
17) 酒向 昇：水産界, 640号, 37～39, 昭和11年
18) 科学技術庁資源局：日本における海洋調査の沿革, 昭和35.2.25（謄写版）
19) 宇田道隆：潮目などの研究を通して見た海と日本人, 海と日本人（東海大学海洋学部編）, 185～202, 東海大学出版会, 昭和52年
20) 水産海洋研究会報, 20号, 181～187, 昭和47年

第8章
海洋調査と戦争

わが国の漁業水域は，日清・日露戦争により朝鮮半島周辺，東海・黄海，オホーツク海，ベーリング海へ，第一次世界大戦により南洋諸島海域へ拡大した。これにともない海洋調査業務も発展していった（第9章参照）。しかし，第二次世界大戦は海洋調査にとって大きな阻害要因となった。本章では，戦時中における海洋調査に関する論議，戦争が海洋調査の阻害となった経緯を明らかにするとともに，水産業や水産の試験研究への具体的な影響について説明する。

8・1 戦時における海洋調査に関する論議

「一国が海洋を制するには，その国民の旺盛な海洋精紳，すなはち海の子たるの精神に俟つことが甚だ多いが，これとゝもに海洋を制するに足る科学技術の進歩も絶対に必要である」と山縣昌夫[1]がいえば，「今眼前に力強く展開された予想以上に広い海軍の作戦海面を見て国民斉しく海洋を外にしては我国家の発展はない。此の際進んで海洋の研究調査の重要性に対する認識を深くして貰はねばならぬ。海洋を縦横自在に利用しようとすれば海洋に乗り出して現場に於てあらゆる科学的な研究調査を行はねばならぬことも明瞭に理解して欲しい。今後聖戦の目的が達成せられ東亜共栄の実が挙がると挙がらざるとは共栄圏内及び其の周辺の所要海面を確保克服すると否とにあることを想へば，今や海洋の観測調査研究並に之が開発利用は国策遂行上絶対的地位にあると云はねばならない。実に海洋学は大東亜戦争によつて重要性を加へて来た」と海軍水路部長の副島大助[2]が主張した。

東北帝国大学の野村七録[3]も，「海上作戦に海洋学の基礎の重要なるは言を俟たざる所であるが，更に近代戦は長期総力戦なるが故に，海洋資源の確保，交通運輸通商の安全を期するは戦争目的完遂の為め喫緊とする所であつて，従つてまた海洋学の活用に負ふ所は頗る多い。かかる大精神を持すると共に一方に於ては，我国の学者の従来貧乏予算に放れたる因循姐息なる態度を一擲し当局に向つて堂々と大予算を提出すべきである。それでこそ国家もまた戦火未だ収まらずと雖も，惜む所なく巨費を投じて斯学の隆盛を要望するものと確信する」として，さらに，海洋の振興方案として，「①海洋学の一大中央研究所とそれに付属する研究支所を大東亜共栄圏内の数箇所に設置すること，②設備充分たる大研究船の建造，③研究者及技術者の養成」と威勢よく，それぞれ，戦時下における海洋学の重要性を訴え，野村は海洋研究所設立をぶち挙げた。

そして，多くの海洋学者により，例えば，昭和18年，日本学術振興会に海洋開発（第14部）特別委員会（委員長岡田武松）が設置され，水中音波の伝播，沿岸波浪の観測，海潮流による物質輸送，海底泥土の肥料化等が検討された。

第8章 海洋調査と戦争

海洋学会「海洋の科学」は,「戦争と海洋生物」(第4巻3号),「決戦下の港湾」(同4号),「戦争と海洋技術」(同5号)と戦争をあおり,海洋開発特別委員会の設置も空しく,やがて19年11月をもって「海洋の科学」の発行が停止され,人的・物質的資産を失い,調査観測体制は機能停止に陥った。

8・2 戦争と海洋調査

昭和12年1月,漁船活動と太平洋海洋調査を統制する動きが海軍水路部大東信市少佐を通じてはじまった[注1]。昭和8年以来実施してきた「北太平洋連絡海洋調査」は昭和17年まで行われたが,昭和17年度の水産試験場事業報告では「従来,本場を中心として関係水産試験場連絡施行したる本調査は,本年度軍関係にて実施せられ,本場蒼鷹丸之に参加したるも,資料は軍資秘扱のため発表せず」と書いた。昭和17年8月に発行された「海洋調査要報」(69号)には「軍資秘」の押印がなされ,ナンバーが打たれ(図8-1)[4],そして,折り込みの赤紙には,「気象海洋に関する事項は軍策戦の機密と相成り」「保管は充分注意し,業務関係者以外に公開せざる様御取計ひ願上候」とされた(図8-2)[5]。海洋図も同様に軍資秘とされた。すでに,海軍水路部では,「海流速報」や「水路要報」は昭和8年から発表を中止し,軍関係者のみに昭和

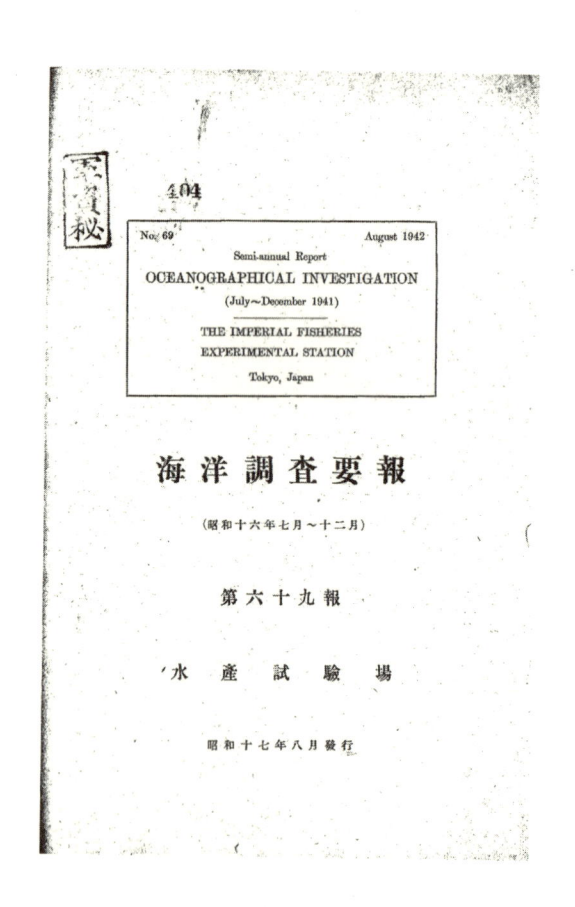

図8-1 海洋調査要報71号[4]
左上に「軍資秘」の押印がされている

図8-2 海洋調査要報の取り扱いについての注意書き[5]

10年機密水路雑図として「日本近海気象図」と「日本近海海洋図」を刊行し配布した[6]。

また，昭和12年にはじまった中央放送局の漁海況通報も16年12月8日の太平洋戦争勃発にともない電波統制により中止となった。17年度には，「全国より蒐集した漁況資料の調査取纏め結果は，毎週土曜日神奈川県三崎無線電信所を通じ各漁船に通報。沿岸漁況は毎旬文書で配布」されるようになり，さらに昭和19年度中央水試事業報告は，「沿岸漁村，定置漁場，灯台等から集まった漁況の記録の取纏めを行ったが，地方への通報は都合により中止した。尚，右の資料により作成して居た海洋図は用紙不足，印刷困難の為，19年3，4月合併号を最後とし，其の後の発行を中止した」とし，20年度は，「前年度に引続き，沿岸漁村，定置漁場，灯台等から集めた漁況と海況の記録の取纏めを行った」と書いた。宇田[7]は，「結局は海流が統制され，海洋調査要報，月報海洋図が「軍機秘」となった。私どもは手も足も出なくなった」と書いた。

しかし，現実は一層厳しかった。昭和13年10月に開催された第10回水産連絡試験打合会では，綿糸代用品，マニラ代用品，ラミー代用品，鉛沈子代用品，輸入染料代用品等の漁網・漁具等の規制物質代用品に関する連絡試験についての協議が行われた[8]。この一方では，塩分検定用の標準海水の入手ができなくなった(注2)。

戦争になれば太平洋側での漁業生産は困難になるとのことで，食料の確保の観点から日本海の海洋開発が重要だとして，昭和15年日本海一斉海洋調査が行われた（第5章参照）。

これと軌を一にして，昭和16年，決戦体制下の漁業増産の応急対策として，①漁法転換助成（石油消費が少ないか，まったくこれを要しない漁業へ，あるいは漁獲効率の小さいものより効率の大きい漁業への転換），②沿岸漁業の振興助成（石油不要の漁業増産を目標とするもので，魚礁，浅海漁場の耕耘，磯焼けして荒廃した漁場の更生），③内水面漁業の振興助成（河川湖沼などの高度利用。種苗採取や大陸産草魚の種苗移殖，あるいは誘蛾灯の奨励），④漁船動力の転換助成（石油規制強化に対する対策として，小型漁船は電気着火機関を木炭ガス発生装置，ガス化困難な小型船は帆走化の装置に要する助成），⑤集魚灯の電化助成（石油やカーバイトの不足から集魚灯の電化が必要となった。漁業組合がこれの充電装置を設ける場合の助成）が行われるなど，漁業の実態も大きく変わり，また政策も，食料の確保の観点から沿岸漁業や増養殖に切り替わった[9]。

昭和17年8月には漁船船型統一と造船諸規格が定められ，11月には漁船用染料の配給，19年4月釣鉤統制，8月には漁船用代用燃油統制となり，漁業者はこれらの配給物資の確保に腐心狂奔した[10]。同様の観点から，昭和18年汽船底曳漁業整理転換奨励規則も廃止された。また，香川県水産試験場[11]では，東京の資源科学研究所と協力して，ハタクラゲ（赤クラゲ）の刺激物を化学兵器として戦争に役立つものができないかを検討したり，高知県[12]では，昭和17～18年に航空機用の潤滑剤確保のために，アブラツノザメ，アイザメの試験操業を実施するなど，あらゆる行為が戦争へ動員され(注3)，沿岸や沖合では乱獲が進み，漁場の悪化が進んだ（第9章参照）。

中央気象台における海洋業務も軍事研究が主なものとなり，沿岸の波浪，水中音波，海霧，海流を利用する物資輸送，北方海域の海氷等の研究調査が行われた（第5章参照）。米国潜水艦への対応のために，中央気象台長藤原咲平（当時）は，気象台全海洋関係者の力を結集し，明治42年以来集められた日本近海の豊富な海洋観測資料を用いて海中における音の異常伝播の研究実施を決めた。アメリカ海軍はこれを作戦に利用していたと思われるが，日本の海軍はまったく無関心であった。数回の海上や湖水における研究により，日本近海における音波伝播

図が海洋観測資料を用いて作成されたが，すでにそのとき日本には外洋航海の船舶は残っていなかった。

また，敵の本土上陸が予想され，小型魚雷艇が対上陸作戦に用いられる段階になり，波浪予想が必要となってきた。昭和19年夏から中央気象台と神戸海洋気象台では沿岸波浪の観測に着手し，気象状況と磯波との関係の研究をはじめた。一方，沿岸測候所と灯台で行われていた波浪観測を用いて，毎日の天気図に日本全海岸における波浪階級分布図を加えて作製した。磯波の観測の結果は，①風速，地形と波高の関係を求める実験式にまとめ，②波浪階級分布図は月ごとに代表的な気圧配置に分類して，この2つによって天気図から沿岸の波高を予想する体制を整えた。波浪予報業務は戦局の様相で実施の日を決めることとして，沿岸から放ѕ観測の資料収集中に戦争は終わった。この結果は印刷中に火災にあい一部しか公表されず，大部分は失われてしまった[13]。

以上のように，日本の科学技術の動員は，欧米のそれに比べて中途半端で荒唐無稽なものが多かったし，また，研究者や技術者はあまりにも社会的な関心がなかった[14]。これらの背景について，阿部謹也[15]は，大学教育においてリベラルアーツが重要視されず，ドイツ流の「教養主義」を重視した結果，実務や実利に疎く，現場を知らないリーダーの輩出がその要因であるとした(注4)。

8・3 戦争と水産業・水産の試験研究

日中戦争が本格化する昭和12年から軍による漁船の徴用がはじまった。これは，長江の支流やクリーク（運河）を利用して弾薬や物資輸送の必要があり，漁船がそれにマッチしていたためであった[16]。その後，捕鯨母船，トロール船，同運搬船，北洋工船等がおしなべて徴用された。岩手県漁業史[17]は，「マグロ流し網漁業は昭和14年を契機に衰退が一段と進み，イワシまき網漁業も同年からの不漁と，太平洋戦争の勃発にともなう漁船の徴用，資材の入手難，従業員の応召，労働者の不足などによって，休廃業船が続出するようになった。沿岸捕鯨業については，柳原水産社が釜石でゴンドウクジラやコイワシクジラの捕獲を目的とした小型捕鯨業を開始しているが，これも，昭和15年から始まった捕鯨船の徴用，同16年以降の燃料不足などによって継続が困難となってきた。また，再興されたサケ・マス延縄漁業は昭和13・14年以降，再び休業状況に追い込まれた。母船式サケ・マス漁業も同17年を最後に中止された。サケ・マス流し網漁業は，おそくとも昭和16年までは実施されていたが，その後の情況については，県統計書の廃刊によって知ることができない」と，漁業の衰頽を伝えた。

やがて地方水試の漁業調査船にも徴用が拡大された。例えば，昭和17年には三重県の神威丸，岩手県の岩手丸，愛知県の白鳥丸，千葉県のふさ丸（二代）(注5)，18年には石川県の白山丸(注6)，高知県の高知丸，熊本県の肥後丸，宮崎県の日向丸，島根県の島根丸(注7)の徴用のほか，三重県の五十鈴丸が浜島港にて戦災で大破するなど，多くの船が失われた。また，北海道水試の三洋丸は実質的に海軍の海洋調査のほか，兵器輸送等の任につき（表5-7：99ページ），昭和19年10月那覇港で米機の襲撃を受け沈没した。水産局所属の船舶はほとんどすべて徴用され，例えば，水産局の快鳳丸（1093トン），水産講習所の白鷹丸（1327トン）が喪失した。喪失した官庁船は41隻に上った[18](注8)。

このようななかで，蒼鷹丸は最後まで徴用されなかった。これは蒼鷹丸による黒潮蛇行についての調査や，北千島から海南島に至る海域の精度の高い海洋漁業情報の重要性が認められたためといわれている。蒼鷹丸は，開戦後はわずかに海洋調査を行ったが，昭和17年から19年まで主として深海鮫の調査に従事し，19年に

は陸軍の要請により，横須賀沖で輸送船団用魚雷防止ネットのテストを行ったが成功しなかった。同年11月頃，俊鷹丸が徴用され無人となった唐津の水産局倉庫整理のために唐津まで往復したのを最後に，以後繋船状態となり終戦を迎えた[19]。なお，戦争で喪失した500トン以上の漁船名は前掲の「近代漁業発達史」[18]に掲載されている。

燃油については，わが国の漁船の燃油の消費割合は大正元年では3.8％に過ぎなかったが，発動機付き漁船の増加にともない上昇し，昭和2年には48％に達した。その後，石油供給量の増加により漁船の消費割合は低下したものの昭和11年においてもなお26％を占めた。昭和13年3月に「ガソリン及び重油販売取締規則」が公布され，5月1日よりガソリン，重油の売買には購買券を割当公布し，購買券と引き換えでなくては売買できなくなった。このため，戦時経済統制の一貫である石油配給制度をめぐっては，例えば，日本遠洋漁業者組合長大濱喜一郎[20]は「鮪でも鰹でも太平洋なら何処にでもいる。油を制限されたら，制限された距離位の処で，漁獲をしたらよいのではないかと思うのは陸上生活者の大部分である。恐らく，油制限の立案者もあっさりその辺で片付けているのである。それで事がすむなら，漁士には何の苦労もいらない話」といいきり，漁業家と政府，石油業者との間で深刻な対立を醸しだした[21]。また，同年，綿糸についても統制が行われた。

さらに，職員の応召が増え，例えば，静岡県浜名湖分場では，職員数は17年以降の在籍職員が6〜7名であったが，実際，ほとんどの職員が出征し，18年9月には分場長で42歳の職員までも出征した[22]。「石川県水産研究機関のあゆみ」[23]は，「昭和19年4月以降，調査研究など全く業務が中止し，閉鎖されていた。昭和13年以降，日支事変による水産試験場職員の応召や燃油消費規制のため，一部の業務を中止せざるを得なかったが全面中止は初めてであった」と述べ，熊本県[24]では，昭和19年4月には試験の実施が困難となり，併せて行政事務応援の意味もあり，県庁内に「熊本県水産製品検査所」と併合して「熊本水産指導所」となり，新潟県[25]も，水産物増産強化のための臨時措置として本場を閉鎖し，職員は県水産課で勤務をするようになった。京都府[26]は，「水試への移行後の昭和17年以降については試験研究も殆ど不可能に近い状況であったろうか。あまりにも当時の記録の少ないのは，敗戦時の混乱による秘密裏の一部焼却処分等によるものではなかろうかとも憶測するが，その実態は不明である」と記されている。さらに，三重県では昭和19年，串本海軍航空隊の浜島基地として三重県水産試験場の本場が接収された。

このようにして，日本海洋学会の「海洋の科学」が威勢のよい海洋学の重要性と海洋開発振興の必要性を主張する一方，実際の海洋調査は，船舶，燃油，調査員・船員の問題等から，当然ながら，図5-7（93ページ）に示したように，戦争の開始にともなって定線調査のライン数は著しく減少し，昭和19年には太平洋側が11ライン，日本海側が6ライン（本土）で，調査も1〜2回であった。そして，昭和20年は富山水講が11月に実施した生地〜観音崎〜伏木〜東岩瀬のラインが唯一のものであった[注9]。また，調査情報秘匿の点から海洋調査はまったく無意味なものとなっていった。

さらに，戦争遂行のために森林，河畔林，防砂林等が伐採された。例えば，「高知市桂浜を中心として延々東西に連なった松林は，背後の農産物を潮害から保護し，沿岸に魚を誘い，地曳網の舟ひき場や休憩所として，永い間，人々の生活と密接に結びついていたのであるが，戦争末期にいたって無残にも切り尽くされ」「昭和18・19年，米軍により撃沈されたわが国輸送船の不足を補うため，政府は緊急の造船計画を樹立し，その用材として搬出，輸送に便利な海岸部や平野部の寺社林および並木，魚付保安

林等が対象として伐採・供出され，さらに，米軍上陸に備えた陣地構築用材，とくに対戦車用抗木材とされたほか，航空機燃料の松根油採取のため，松林は徹底的に切り尽くされその根まで掘り返された」[27]。これらはやがて，戦後の台風等により大きな被害をもたらし，河川，海洋環境のさらなる悪化を導いた[28]。

北西（1回）実施され，その後，少しずつ増加し，昭和24年には昭和4年の水準に達するなど，戦前の水準に回復した。

中央水試は，戦争のために中止されていた蒼鷹丸による漁況および海況調査を昭和21年11月中旬東北海区に終戦後はじめて出動させた。同時に水産講習所の協力を得て神鷹丸に本場係員が乗船し，宮古湾沖の調査を行った。また，22年2月より4月まで東海区より九州近海を調査し，別にこの期間神鷹丸は伊豆七島より紀州沖合の調査を施行した。

脚注

（注1） 海軍水路部でも，軍機密保護法が強化されたために，昭和8年以後は海流通報をはじめ，水路要報・水路部報告の形式による北太平洋の気象や海流も中止となった。その代わりに，機密水路雑図として昭和10年に「日本近海気象図」「日本近海海流図」が刊行され，軍方面にだけに配付された[29]。

（注2） 昭和16年大戦による輸入途絶により，富永斉らの発唱で「標準海水委員会」が生まれ，中央気象台の三宅泰雄が中心となり，協力研究により改善された[30,31]。

（注3） これらについては，末廣恭雄[32]の「最近の水産試験雑感」で触れられている。

（注4） 佐竹五六[33]は日本の官僚の思考と行動様式として，ファクトファインデング（事実認識による現状把握と評価）の弱さ，実務の弱さ，法令の執行過程に対する無関心等を指摘している。

（注5） ふさ丸（二代）は，海軍に特設艦艇として徴用され，鳥島から南西諸島間の監視業務にあたった。昭和19年11月16日に2名の船員が戦死し，その後も戦死者を出した。

（注6） 白山丸は，昭和18年1月，戦時体制下，海軍に徴用され，軍務に従事していたが，19年6月，西ニューギニアのマクワリ島水域において爆撃を受け，その雄姿を南洋の落陽とともに没し去った[34]。

（注7） 「島根県水産試験場80年史」[35]によると，島根丸は海軍より徴用を受け，呉艦船部に回航し，そこで特設駆逐潜艇に改造され，昭和19年6月ニューギニア島近海で40機の空襲を受け撃沈された。

（注8） 業種別大型漁船（20トン以上）の喪失を昭和15年と21年の比較から推定するに，6万9千隻，53.5万トンが喪失し，喪失率（昭和14年と昭和20年8月の比較）は，母船式が100%，トロール漁船が78.3%，雑漁船が73.0%，官庁船が59.4%，カツオ・マグロ船が57.5%，運搬船が52.5%，捕鯨船が44.9%，イワシ揚繰船が33.1%，汽船底曳船が32.8%と，大半の漁船が喪失し，残った漁船も被害を受けたり老朽化するなど，漁船の被害が甚大であった。

（注9） 図5-7（93ページ）に示したように，昭和21年には太平洋側が茨城県が2線（大洗東と犬吠埼東，6月に各1回），高知県の須崎南（9，10月），日本海側が富山県の2線（滑川〜宇出津（5，7月）と生地〜観音崎〜伏木〜東岩瀬（5回）），島根県が浜田

引用文献

1) 山縣昌夫：海洋・船舶・科学，海洋の科学，3（2），77，昭和18年
2) 副島大助：大東亜戦争と海洋学，海洋の科学，2（7），1〜2，昭和17年
3) 大東亜の海洋学，海洋の科学，2（7），3〜4，昭和17年
4) 水産試験場：海洋調査要報，71号，昭和17年
5) 水産試験場：海洋調査要報，69号，昭和17年
6) 日本地学史編纂委員会：日本地学の展開（大正13年〜昭和20年）（（その3）－日本地学史）稿抄，地学雑誌，112（1），141，平成20年
7) 宇田道隆：海に生きて，308，東海大学出版会，昭和46年
8) 水産試験場：水産連絡試験要録，10号，81〜112，昭和14年
9) 岡本信男：近代漁業発達史，462〜470，水産社，昭和40年
10) 静岡県水産試験場・栽培センター：静岡県水産試験研究機関百年のあゆみ，43〜45，平成15年
11) 香川県水産試験場：香川県水産試験場百年のあゆみ，69，平成12年
12) 高知県水産試験場：高知県水産試験場百年のあゆみ，9，平成14年
13) 安井善一：気象庁における海洋業務の歴史，日本海洋学会20年の歩み，23〜30，日本海洋学会，昭和36年
14) 中岡哲朗，鈴木 淳，堤 一郎，宮地正人編：産業技術史（新体系日本史11），401，山川出版社，平成13年
15) 阿部謹也：学問と「世間」，36〜37，岩波書店，平成13年
16) 徳島県漁業史編さん協議会：徳島県漁業史，571〜575，平成8年
17) 岩手県：岩手県漁業史，573，昭和59年
18) 岡本信男：近代漁業発達史，540，水産社，昭和40年
19) 黒肱善雄：月島，5号，13〜22，昭和59年
20) 大濱喜一郎：石油消費規制と遠洋漁業，水産界，669号，29〜31，昭和13年
21) 山口和雄編：現代日本産業発達史，XIX巻，382〜383，昭和40年
    牧野文夫：日本漁業における技術進歩（1904〜40年），技術と文明，5（1），平成11年
22) 静岡県水産試験場・栽培センター：静岡県水産試験研究百年のあゆみ，56，平成15年
23) 石川県水産試験場，石川県増殖試験場，石川県内水面水産試験場，石川県水産業改良普及所：石川県水産研究機関のあゆみ，23，平成6年
24) 熊本県水産研究センター：熊本水産試験場創立百周年記念誌，4，平成13年

25）新潟県水産海洋研究所：創立百周年記念誌，17，平成 11 年
26）京都府：京都府立海洋センター創立 88 年記念誌，16 ～ 17，昭和 62 年
27）岡林正十郎：高知県地曳網漁業史，96 ～ 98，土佐史談会，平成 10 年
28）高崎哲郎：洪水，天ニ漫ツ，講談社，平成 9 年
29）海上保安庁水路部：日本水路史，254，日本水路協会，昭和 46 年
30）三宅泰雄（東京－父島－硫黄島），海洋の科学，1（3），41 ～ 47，昭和 16 年。同：日本海洋学・最近の進歩，海洋の科学，4（1）1 ～ 9，昭和 16 年

31）日高孝次，丸川久俊，相川廣秋，福原忠孝，喜多村　保，渡部七郎，若宮正雄：我が国の海洋測器を語る，海洋の科学，4（7），1 ～ 19，昭和 19 年
32）末廣恭雄：最近の水産試験雑感，水産界，750 号，8 ～ 11，昭和 21 年
33）佐竹五六：体験的官僚論，267 ～ 311，有斐閣，平成 10 年
34）石川県水産試験場，石川県増殖試験場，石川県内水面水産試験場，石川県水産業改良普及所：石川県水産研究機関のあゆみ，19，平成 6 年
35）島根県水産試験場：島根県水産試験場 80 年史，43，昭和 58 年

第9章
日本漁業の発展と海洋調査との関係

　前章までは，明治からの昭和（戦前）までの水産における海洋調査の考え方と展開，それらによる成果について説明してきた。これは，海洋調査から漁業の発展を見てきたもので，いいかえると「きっと海洋調査は漁業に貢献したはずだ」との視点であった。本章では，漁業の展開と漁業生産の増加要因となった内地沖合漁業（カツオ・マグロ漁業等），外地出漁，北洋漁業，底曳漁業等，漁業の発展と海洋調査について，特に水産局・水産講習所・中央水試と地方水試における取り組みから検討する。

　なお，本章における統計史・漁獲量累年統計については，「水産業累年統計（第4巻）水産統計調査史」[1]，および「水産業累年統計（第2巻）生産流通統計」[2]による。

9・1　わが国の漁獲統計の歴史

　わが国の漁業の展開を説明する前に，漁獲統計の歴史と漁獲量調査への取り組みについて簡単に触れたい。

　水産業の統計は明治3年の「物産調」からはじまった。同27年3月農商務省訓令第14号により農商務統計様式が改正された。それにより，「水産事項特別調査」の成果をふまえ，新造漁船，新製漁網等の統計のほか，実質的な「漁獲物」と「水産製造物」統計が作成されるようになった。これと相前後して，水産調査所は，明治26年から30年に「漁業報告（漁況報告）」を実施し，各地に嘱託調査員を配し，漁獲高（対象魚種：鰹，鰮（マイワシ），鰆（サワラ），鮪，鰤，鱶，飛魚，秋刀魚，鱈，鰊，鯛，烏賊等）の統計を取らせた。調査員数は，明治27年1月には西南海区（沖縄，鹿児島，大分，長崎，宮崎，福岡，高知，徳島，計20名），内海区（兵庫，愛媛，広島，福岡，香川，山口，計5名），東海区（和歌山，三重，静岡，神奈川，東京，千葉，茨城，福島，岩手，計15名），北海区（島根，京都，福井，石川，富山，新潟，山形，秋田，青森，山口，計16名）であった。また，水産局は各府県水産試験場と連絡して「重要水産物漁況調査」を実施した。

　岡山水試[3]は水産局および各府県水産試験場と連絡して「明治35年から大正6年まで，和気郡日生町，邑久郡牛窓町，児島郡下津井町，浅口郡寄島町の4カ所に，翌年度は更に小田郡金浦町，白石島，真鍋島の3ヶ所を加へ，夫々嘱託員を置きて鰯，鯏，鮒，烏賊，章魚（タコ），鰆，鯛，蝦，鱧，さっぱ等の魚族に付き回遊，集散，漁獲の状況等を調査し之を取纒めの上各関係官署に報告すると共に，海洋観測と相俟つて漁況と海況とを闡明し，漁業経済の基礎資料たらしむ」と記している。この間とその後も，政策の視点，漁業や水産業の発展，漁業経営層の変貌にともない統計内容と様式は順次整備されていった。

　32年の改正では，遠洋漁業や水産養殖などが重視された。37年の改正では，遠洋漁業の

表9-1 漁獲統計として取り上げられた魚介藻類の種の推移
文献1) をもとに筆者作成

	魚 類	他水産動物	貝 類	藻 類	合 計
明治27～31年	29	5	4	2	41
明治32～37年	29	6	4	2	41
明治38～41年	26	10	3	3	42
明治42～44年	26	10	6	3	45
明治45～大正3年	26	9	6	3	44
大正4～10年	26	10	6	4	46
大正11～13年	30	11	8	5	54
大正14～昭和14年	25	9	7	6	47
昭和15～16年	39	11	13	16	79
昭和17～18年	15	6	1	7	50
昭和19～20年	6	2	5	4	23

漁業実態把握と統計様式がより体系的になるように進められ,「漁船の日本型と西洋型の区分」,「漁獲物の魚類,介類,その他水産動物,藻類の4区分化」,「水産養殖の公有水面と私有水面の区分」,41年の改正では,「漁船の動力機の有無」,「トロール漁業」が区分された。

大正3年では,「水産本業・副業別漁業戸数,本業・副業,男女の漁業者数」と「漁船にトン数別区分」,「漁業種類別の漁獲量・金額」が新たに設けられ,さらに10年では漁業者表示を「漁撈・養殖・製造」および「業者と被用者」に区分し,漁船20トン以上との階層を20～30トン,30～50トン,50トン以上と細分化した。14年では市町村長の調査に関する権限強化等の改正がなされた。昭和に入っても昭和15年の従来の調査方式の大改正,17年には戦争遂行のための「簡素化」が行われた。

以上のように,漁業や水産業にかかわる統計は,漁業や水産業の実態に合うように,また,これらの実態が明らかになるように順次整備されていった。なお,漁業統計として取り上げられた魚介藻類の種類数（内水面を含む）の推移は表9-1に示した。

9・2 漁獲量の推移と動力付き漁船の増加

明治27年からはじまった漁獲量の推移と,明治中期からはじまった発動機付き漁船の推移の2点について触れ,さらに,漁船建造に関する試験研究の取り組みについて記す。

1. 漁獲量の推移

まず,沿岸漁獲物量の推移をみる。沿岸漁獲物量は,明治期には150万トン前後であったものが,大正期には200万トンへ増加し,昭和に入ると250万トンから300万トンの水準に増加した（図9-1左）。沿岸漁獲物量の大半はニシンとマイワシであり,やがて明治から大正期にかけて高かったニシンの漁獲量が昭和に入って減少するが,代わりにマイワシの漁獲量が増加した（図9-2上：口絵）。これらの魚類は沿岸や沖合に来遊し,かつ大きく資源変動をする種で,必ずしも漁業技術の進歩が漁獲量を大きく増加させたものではないと考えられる。むしろ,それ以外の魚種が漁業技術の発展に大きく影響を受けたもので,それらの漁獲量は魚種（イカを含む）ごとに変動があるが,明治期ではおよそ30万トン前後で,明治末期から昭和10年頃までは80万トン前後の増加を示し,その後は著しく増加した（図9-2下：口絵）。イカ,サケ・マス,タラ類,ヒラメ・カレイ類,カツオ,マグロ,アジ類とたいていの魚介類で漁獲量が増加している。

一方,沖合・遠洋の漁獲量は,内地沖合,汽船トロール,外地出漁いずれも明治末期から増加した（図9-1右）。特に,内地沖合漁業の漁

9・2　漁獲量の推移と動力付き漁船の増加

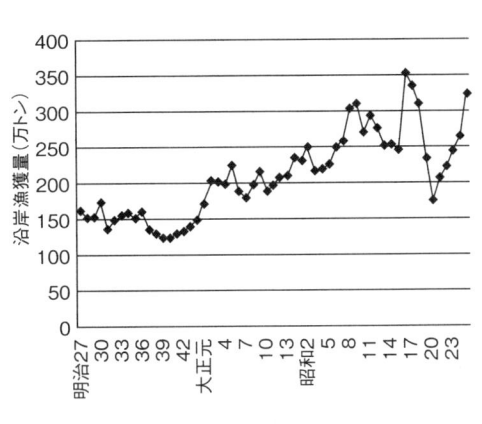

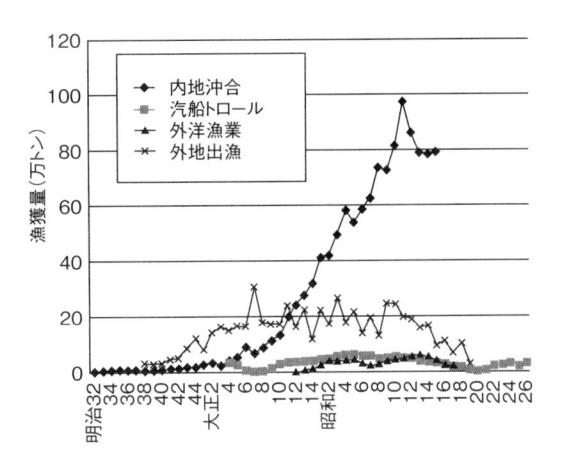

図 9-1　明治期中期から昭和 25 年までの漁獲量の推移
文献 2) をもとに筆者作成
左：沿岸漁獲物，右：内地沖合，機船トロール，外洋漁業，外地出漁による漁獲量
内地沖合：遠洋漁業のひとつ．漁船規模約 200 トンの汽船トロールに相当
汽船トロール：南シナ海の汽船トロール，汽船底曳網
外洋漁業：母船式サケマス漁業，母船式カニ漁業
外地出漁：露領出漁，関東州・朝鮮・台湾・南洋島出漁

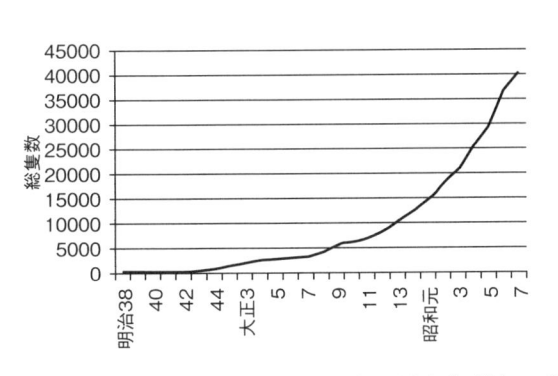

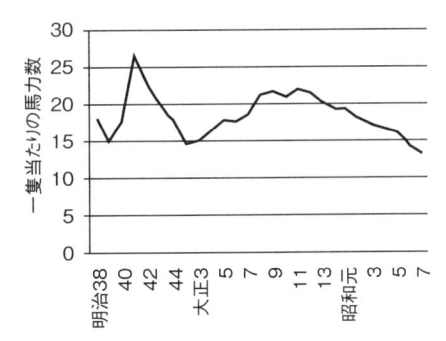

図 9-3　動力付き漁船数（左），一隻平均馬力数の推移（右）
文献 4) をもとに筆者作成

獲量は大正に入って著しく増加した．それを漁業種別にみると，旋網（主な魚種は，マイワシ，サバ），沖底曳網（タラ類，サメ類，ヒラメ・カレイ類，タイ類），カツオ釣，延縄（マグロ類，タラ類，サメ類）である．これを魚種別にみると，増加した種の主なものは，イワシ（主な漁法は旋網），マグロ（延縄，流網），カツオ（一本釣り），サバ（延縄，旋網等），サンマ（流網，旋網等）で，特にイワシ，カツオ，タラ，マグロ類が著しい．

このように，漁獲統計からも，明治期までは沿岸にへばりついた漁業活動が行われていたが，その後，沿岸から沖合へ，沖合から遠洋への展開が理解できる．

2. 動力付き漁船の建造と試験研究

漁業生産基盤としての漁船について，発動機付き漁船数，一隻当たりの平均馬力数を図 9-3 に示した．動力付き漁船数が大正中期頃から著しく増加していることがわかり，また，漁船

一隻の平均馬力数から，昭和に入ると小型漁船の増加が著しいことが推定できる[4]。これら漁船の動力化と西洋化が，沿岸から沖合，沖合から遠洋への漁業の展開を支えた。

沿岸から沖合，沖合から遠洋へとの漁業の外延的発展にともない，その先兵たる地方水試の漁業調査船も大型化されていった（表4-2，表5-6（各48，94ページ）参照）。その漁業調査船や漁船の建造に関する調査・試験研究を見てみる(注1)。なお，明治41年の地方事務官水産協議会において，「漁船の改良及漁船避難に関する件」についての協議を行った[5]。

農商務省水産調査所が，明治26～27年，「漁船改良並運用試験」[6]を実施した。これは，遠洋航海に耐え，操業時間を短縮し，漁業利益の増進と漁夫の生命を守るために，造船と運用試験を大日本水産会に委託して実施したもので，その内容は房州地方の漁船の改良であった。

明治28～29年，同所が「日本漁船調査」[7]において，各地方の漁船の「長さ，幅，深さ」「帆装」「船体構造」「改良ノ実績」等を学理的に評価した。その結果は，「近年ハ改良ノ実績ヲ唱フルモ，些々タル一部ノ改造ニテ根本的ニ改良セシモノ極メテ少シ。斯ノ如ク我ガ漁船ハ唯一，二ノ地方ヲ除ク外ハ極メテ不完全。遠洋漁船ノ発達セシメルニハ旧習ヲ捨テ姑息ニ安ンセス，進ンテ漁船ノ改良ヲ計ルノ勇気ナカル可カラス」とし，調査した各種漁船の数十隻分については，詳細な表，一般配置図，切断図面を挿入し，船の大小，各部の割合，使用上の特徴，改良の実績と改良の要する箇所等を一目瞭然にした。さらに，明治37年，水産局は，「遠洋漁業船舶」[8]に関する調査により，遠洋漁船の種類（捕鯨業（米国式，ノルウェー式），延縄漁業，流網漁業等々）ごとに西洋型漁船の実例を示した。

このようななかで，和歌山県は，明治28年に「ケッチ」型帆船那智丸を建造し，これを各種漁業に使用して，操業のしやすさについての試験を行った[9]。静岡水試は明治39年，木造「ケッチ」型帆船「富士丸」（米国製「ユニオンガスエンジン」20馬力，石油発動機付）を建造した[10]。高知水試は明治39～40年，船体中央部に活魚艙と鮮魚艙を装備した「ケッチ」型帆走木造船（補助機関米国製石油発動機10馬力）「姫島丸」を建造し，マグロ延縄の試験操業を行い，「成績良好ニシテ帆走ハ快速，補助機関ノ石油発動機ハ運転頗ル確実ナリ，急潮又ハ逆風無キ時ハ一時間5浬帆走シ得タリ」「諸般ノ漁撈作業上時期ト労力ヲ省キ，出漁ノ日数ヲ増加シ得ル便益ヲ得タルハ一般ニ認メラレタリ」とした[11]。島根水試は，明治39～43年，「日本型改良漁船試験」を実施し，日本型改良漁船「三国丸」により延縄と流網による漁獲試験を実施し，「良い成績を挙げ，業者が三国丸に倣い，新造および改良するものが現れた」とした[12]。三重県では，宿田曽村山本新太郎が，明治40年に西洋型（ケッチ型）16トンに15馬力の発動機を積んだ南島丸を造船し，それを三重水試が借り受け操業試験を実施した。翌年，南島丸は水試へ委譲された。このときの操業結果は，「不便な点もあるが，便利な点も多く，早晩カツオ釣り漁船は発動機付きになる」と明治41年の「石油発動機付漁船鰹漁撈試験報告」にまとめられた[13]。

以上のように，試験船の改造，西洋型漁船や発動機の導入は，漁獲の効率化や安全性によい結果をもたらした。

大正期に入ると，より沖合へ，より遠洋への進出のために漁船の改良試験が加速した。富山水講は，大正元～4年，県下の漁船の構造，漁具等に関する比較研究を行う「漁船調査」を実施し，それらの長所短所を発表した[14]。水産講習所は，「布良鮪延縄漁船設計」を大正3年に実施した。これは「ヤンノウ」型に西洋型造船方法を加味し，かつ夏期マグロ延縄，カツオ釣漁業にも使用できる構造に設計したもので，13トンの帆船で，12馬力石油発動機を据え付け，副漁具「モータ」ラインホーラーの設置等

を行った。帆装は「ラガー」型で檣（はしら）は甲板上で起倒し得る構造とし、2週間の航海に耐えるように燃料槽容積は石油40缶が入るものとした。「図面と仕様書に依り建造した漁船は当時、極めて少なく、業界の進歩に貢献が大きかった。成績も良好で、同型漁船も数隻建造され、其設計に基き改造等も盛に行なわれた」と報告されている[15]。これに引き続いて、漁船設計の基礎資料とするために「漁船重要寸法並ニ諸係数表」（大正5年）を作成した[16]。

静岡水試は、大正9年、新しく158トン、蒸気機関200馬力の「富士丸」を建造し[10]、岩手水試は、大正4年から「漁船設計」の課題で、県の重要漁業の漁船の設計を行った。その結果、業者は新造のための設計を競って同水試に依頼した[17]。長崎水試は、大正8～昭和3年、「小型漁船設計並実地指導」の試験研究を実施し、最初、小型鯛延縄船において肩幅2.1 m、長9 m、深さ48 cmを基準として、旧型（扁（ひらた）いもの）と新型（深いもの）を設計し、業者の意見を斟酌して、同型船車軸上下式10隻（機関5馬力を据え付け）を建造し、漁夫自身が運転できるように10日間にわたり水試で実地指導し、操業させた。大正9年度からは少し大型船肩幅3 m、深さ1.5 m、長15 mの手繰船をはじめとして遠洋漁船検査規定により水試でこれを設計し、大正11年度頃からは大型船の設計の指導を行った。これらの結果、昭和初期には、小型船は漁獲成績が顕著となり、船型も次第に大型化し、肩幅2.7～3 m、馬力も15馬力程度となり、建造者数も増えた。「この成績は長崎県の漁業のみならず他県にも及び、本県の最も誇りとするところなり。大型にありては最初は日本型多きも和洋折衷型となり、現在においては漸次西洋型に改むる現況なり」と取りまとめた[18]。

このように、水試では、モデルとしての調査船の建造のみならず、「漁船の設計」等も手がけ、西洋型漁船の建造と動力化に貢献した。そして、漁船の大型化・動力化にともない、石川水試が大正5～7年に「母船式発動機船漁業試験」、福岡水試が、大正10～12年に「小型発動機船漁業試験」、島根水試が大正12～14年に「小型発動機利用試験」、富山水講が昭和3年に「小型発動機適種漁業試験」等々、発動機を利用した漁船に関する漁業試験が各地で実施された。

漁船の西洋型漁船の導入、大型化、動力化の一例として、表9-2と図9-4に三重水試の漁業調査船の変遷を示した。また、宮崎県における試験船の展開[19]も三重県とほぼ同様で、各県では時代に呼応、あるいは先取りした形で試験船の建造が行われていることが理解できるであろう。また、この結果、海洋調査の発展を支えることになったのである。

3. 漁業の発展と技術の展開

明治以降の漁業の発展、特に大正以降の沖合を中心とした漁獲量の増加は、勧業博覧会や漁業博覧会、巡回教師による各種の啓蒙活動、遠洋漁業奨励法等の漁業に関する法律・規則・制度の導入、西洋型漁船の導入や動力化、汽船底曳・トロール等の新漁法の導入、綿網の導入と機械製網技術の開発等によるものが直接的な契機となったと、多くの研究者から説明されてきた。これについては、二野瓶徳夫[20]の「明治漁業開拓史」に詳しい。岡本信男[21]は、それらの関係を一枚のフローチャートで整理をした（図9-5）。沿岸、沖合、遠洋、外地漁業の発展には時間には差があるが、およそこのような形で発展してきたと理解することができるだろう。

漁業技術の時系列的な流れ、施策等の詳細については資料15に示し、あわせて海洋関係事項、漁業史に詳しい識者による漁業の発展段階とそれらのコメントについても記した。なお、ここでは漁業史を論じるのが目的ではないので論議はしないが、識者においては若干違いがあるものの、発展段階の認識はほぼ共通するものといえる。また、山崎俊雄[22]が区分した技術的視点からみたわが国の産業の発展段階とも比

第9章 日本漁業の発展と海洋調査との関係

表9-2 三重県における漁業調査船の変遷

明治39年（1906）朝熊丸	明治43年（1910）三水丸	大正9年（1920）五十鈴丸	昭和2年（1927）神威丸
35トン，西洋型帆船 全長22.5 m，最大幅4.9 m	17トン，石油発動機付き帆船（25馬力），ケッチ型帆船	34.95トン，ディーゼル式発動機（50馬力），全長17.1 m，幅4.6 m	138.3トン，ディーゼル発動機（275馬力），全長27.5 m，幅6.1 m，無線電信電話，各航海計器の完備
・遠洋漁業の発展の促進 ・西洋型帆船普及 ・操業試験繰り返し，朝鮮海域でも操業	・カツオ漁場の発見，安全操業，燃費等の経費節約を踏まえた模範的な造船の提示 ・マグロ漁場の発見，サンマ漁業の指導	・漁船に先行してカツオ・マグロ漁場の探査，漁況通信可能に ・船員養成	・海況や漁況情報の沖合各船への提供

図9-4 三重県水産試験場漁業調査船等の推移
　　　左：朝熊丸（上），五十鈴丸（ディーゼル式発動機にて航行中：中央），（帆による航行中：下）
　　　右：三水丸（上），神威丸（下）
　　　文献13)を一部改変して引用
　　　三重県「海の博物館」の許可を得て筆者撮影，および三重県水産研究所提供

較的よく対応する．このことから，日本の漁業技術の発展は，産業全体の技術の発展と密接に関係していたことだけは指摘しておきたい．

9・3　カツオ，マグロ漁業

漁船の動力化により内地沖合漁業開発の先頭に立ったのがカツオ釣り漁業であった．特に，片山七兵衛（東海遠洋漁業（株）），山口平右衛門（焼津漁業生産組合）など，焼津の漁業者の活躍は華々しかった[23)（注2)]．

カツオ漁業は，幕末には漁船の肩幅が2.7～3 mに達し，25～30名乗り組む等の漁業が行われた（図9-6）．明治30年には漁船の肩幅3.3 mとなり，操業海域も伊豆七島付近等の数十浬の沖合に達した．36年に動力付き漁船千鳥丸，39年に静岡水試富士丸がつくられ，大正3年遠洋漁船検査規定の交付，大正8年ディーゼル機関の据え付けと船体の大型化，10年鋼船化等，漁船の改造と動力化が進んだ．12年には，静岡県のカツオ漁船が一般漁船としてはじめて無線電信を取り付け，好成績を収めた．これ以

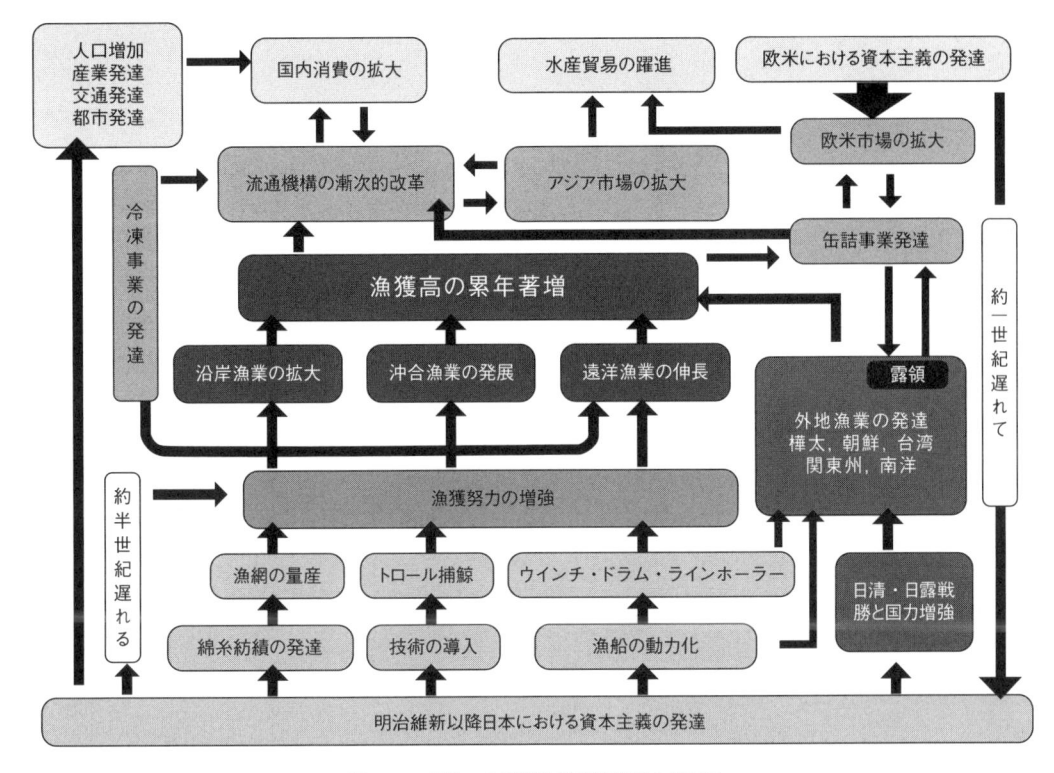

図9-5 明治・大正期漁業発達過程の相関図
岡本[21]を改変

図9-6 大吉丸（左）（全長13 m。江戸時代から大正初期まで，三重県鳥羽以南の沿岸で，カツオの一本釣りに使用された八丁櫓船）と共栄丸（右）（近海カツオ・マグロ漁船，昭和30年から40年代に使用）
提供：三重県「海の博物館」

後，漁船の電信電話利用が広まった。これらの結果，動力付きカツオ漁船数は大正12年には2982隻，昭和13年には10トン以上の漁船数が1144隻となった。動力付き漁船数の増加にともない，農商務省は地方公共団体に補助金を出し，それにより小名浜（福島），白浜（千葉），伊東（静岡），波切（三重），油津（宮城），能生（新潟）等の漁港が築港された。こうして漁場が，大正期には北は東北沖，南は小笠原，西は高知沖や南西諸島に延び，昭和に入ると北は東北沖から日付変更線，南はマリアナ諸島，西は南シナ海まで広がり，大正末期にはカツオの総漁獲量のうちほとんどが5トン以上の動力漁船によるものとなった[24]。

また，明治43年水産局のはじめての漁業連絡試験が東京，千葉，茨城，福島の間で行われ，

カツオの漁獲状況と水温の関係等について研究が行われた。このとき，千葉水試の西洋型補機付帆船坂東丸が「鮪延縄漁業試験」中に「未曾有ノ大暴風に遭ヒ遂ニ行方不明」[25]になる事件も発生した。なお，この慰霊碑は千葉県館山市にある[注3]。

マグロ漁業については，明治期，千葉県では肩幅約3mの漁船により冬の荒波を2～3昼夜沖合に漂泊し，延縄漁業に従事した。遭難が多く，鮪縄を俗に後家縄と称したという。このため凌波性のあるヤンノー型が選ばれ，水密甲板を張る等の遭難防止を行うとともに，明治40年頃から動力化が図られ，その後，多くの漁船が動力化された。この一方，明治44年頃には巾着網，大正2年には吉祥丸，水産講習所雲鷹丸等でトロールによる試験操業が試みられたが，戦前の大部分は延縄漁業であった。昭和初期からビンナガは冷凍としてアメリカに輸出され，また，マグロ類油漬缶詰も昭和6年以降，アメリカに輸出されるようになり[26]，この成功によってカツオ漁業の裏作でしかなかったマグロ漁業が次第にその地位を上げた。

昭和4年，カツオ，マグロについては，中央水試と地方水試等との協同で「重要魚種現勢調査」[27]が実施された。昭和8年の第5回水産連絡試験打合会でカツオ漁業試験（漁場調査），第7回の同会議で「マグロ」についての漁業試験（漁場調査）が実施されることになり，この実施項目の中には，海洋調査が含められた[28, 29]（第5章参照）。昭和7年から，北太平洋一斉調査が実施されたが，その主旨は，「黒潮，親潮二流ノ衝合状態ヲ究メ，『かつを』其他ノ漁況ト海況トノ相関関係ヲ明カナラシメントス」[30]であった。すなわち，この一斉調査では，基本的な漁場環境を把握し，実際の漁獲時の海洋環境と漁場の形成機構を明らかにしようとするものであった。

このほか，三重水試[31]は，大正7年にカツオ魚群発見の一方法として飛行機を利用する試みを行った。日本水産年報（第6輯）[32]は，昭和12年のカツオの緯度・経度1度の範囲内の漁獲量を示しているが，漁獲量の高い海域を見ると，この一斉海岸調査の範囲にあることがわかる。竹田重雄[33]は，「この間には漁具，漁法等にも不断の研究が積まれ，餌料鰮の畜養及び其の取扱ひ等種々改良せられた点も少なくない。殊に海況と漁況との関係に留意し，延ては無線電信の活用ともなり，今日に於ては年産二千余万貫（筆者注：約7.5万トン）三千余万円以上の漁獲を挙ぐる一大漁業となった」と述べ，上述したように地方水試等の海況と漁況に関する取り組みがカツオ，マグロ漁業の発展のひとつの要因として評価された。

この節では，カツオ・マグロ漁業の各水試等の調査研究等を時系列で見るとともに，さらに，その調査研究の目的と内容について少し詳細に見る。そして，以降展開されていく要因や海洋調査がどのような位置づけであったのかを見てみたい。

1. カツオ・マグロ漁業の各県の調査研究の時系列的な取り組み

静岡県[34]のカツオ釣り漁業は，明治43年頃には漁船の大半が補助機関付きとなりその数300隻に増加し，漁場はますます狭隘化した。静岡水試は，「鰹釣漁業試験」（明治39～43年），「鰹漁場調査並ニ指導」（大正10～昭和11年）のほか，「鰹木漬試験」（大正12～15年）を実施した。試験内容は，富士丸による漁場の探索，漁期延長のための潮流，魚道（回遊）調査であった。また，マリアナ群島への漁場調査のほか，大型漁船の船頭16名を富士丸に乗せ，漁場調査を兼ね鹿児島，沖縄方面の未知漁場を視察させた。さらに，昭和2年から漁場調査結果を無線電話で一般漁船に速報した。マグロ漁業については，「鮪漁業試験」（明治39～大正1年，11～13年，大正15～昭和13年），「鮪延縄貸与試験」（大正2～3年），「鮪延縄漁業委託試験」

(大正3～4年),「近海漁業調査」(昭和11～12年),「鬢長鮪漁業試験」(昭和12～13年),「びんなが鮪調査」(昭和13年)等により,三陸沖から房総沖2400浬,ミッドウェー海域等の漁場調査を行った。この結果,昭和5年,焼津漁船第一海洋丸が全国に先駆けてマリアナ諸島で操業した。この頃,富士丸の漁場調査に刺激され,東太平洋に出漁するために和歌山や徳島等の外来のマグロ漁船には三崎を根拠地とするものが増加した。昭和12年からは東太平洋や南方海域に漁場が拡大し,季節的な操業から周年操業となった。

高知県[35]では,大正4年初代「高鵬丸」(26トン,50馬力)が竣工した。これにより,カツオ・マグロ漁場開発は,足摺,室戸岬沖合50～70浬水域から,大正末には薩南,台湾水域まで水域を拡大した。昭和元年に二代目「高鵬丸」(80トン,150馬力)が竣工し,カツオ・マグロの調査水域がさらに拡大し,昭和3年には台湾近海から北海道沖合の太平洋側全域に及び,5年には東シナ海,スルー海に至る海域を調査した。高知県南方域の調査も当初足摺沖200浬,室戸沖300浬だったものが10年には沖合1000浬に延長された。

宮崎水試[36]は,「カツオ釣り漁業試験」(大正元～10年度),「カツオ釣漁業指導及び調査」(昭和2～14年),「カツオ流網試験」(明治36～40年),「カツオ巾着網漁業試験」(大正13～15年)等を実施し,漁場調査を実施のほか,県下の主要漁村よりカツオ漁業関係組合の関係者を募集し,北海道から太平洋の主要漁業基地を調査し,県外出漁に備えた。また,県内船の活動範囲を広げるために,日向丸(鋼船70トン)は台湾から北海道までの漁場調査や漁業指導を行った。また,マグロについては,「マグロ延縄漁業」(明治36～40年),「マグロ延縄漁業試験」(大正元～15年),「マグロ延縄漁業試験・マグロ漁業指導及び漁場調査」(昭和2～14年)等を実施し,千葉県の布良より入手した延縄,曳縄漁具一鉢を購入,漁業者に貸与し日向灘での試験後,県内を巡航し,漁具,漁船,漁法を実地に披露した。次いで,帆船笠狭丸で延縄漁に取り組んだ。また,沖合の未知・既知の漁場調査を目的に,鵬丸により種子島・屋久島,高知沖までを調査し,好適な海況を明らかにした。さらに,日向丸で,種子島近海のクロマグロ漁場の漁海況調査並びに延縄試験を実施し,漁船の誘導を行った。

愛知県[37]は,「かつお流網漁業試験」「まぐろ刺網漁業試験」「まぐろ延縄漁業試験」(いずれも明治33～38年)を実施し,特に,後者の2課題については三重,和歌山,千葉沖で試験操業を実施した。漁業者を内湾から沖合漁業に誘導するため,「かつお釣漁業試験」(大正4～7年)を実施したが,技術は普及しなかったとされる。大正12年白鳥丸(70トン,130馬力)建造を契機に「まぐろ延縄漁業試験」で漁場調査と漁業経営に関する調査を実施した。また,大正15～昭和4年に「かつお釣漁業試験」,昭和2年12月から翌年2月まで「まぐろ延縄漁業試験」を実施し,いずれも天候,風力,漁場,漁具,餌料,漁獲物,価格などの調査を行った。さらに,昭和13～15年に「まぐろ延縄漁業試験」を実施し,2代目白鳥丸(296トン,450馬力)により,遠洋漁場の開発,漁業指導にあたり,その結果,民間漁船三福丸,第5愛石丸が続き,まぐろ延縄漁業が復活した。

以上のことから,漁船等の技術革新により,海洋調査や漁場調査が広域に拡大していくことが理解できるであろう。

2. カツオ漁業に関する試験研究

青森水試[38]が,明治33～昭和2年まで,「鰹釣漁業試験」を実施した。この目的は「本県東海にはカツオの来遊が非常に多いが,漁獲高はそれほどでもない。魚群の去来と海況の関係を明らかにし,漁場開発を図ると共に,漁具,漁法と漁船の改良,業者の実地指導と練習生の教

導を行う」ことにあった。この試験では，改良川崎船での漁場調査，漁船と漁具の改良，餌料捕獲と蓄養試験，延縄漁業試験，鶚丸（石油発動機付き帆船）による普通漁船と発動機船の優劣比較，魁丸（ディーゼル，100馬力）は遠方へ進出し，漁場と海況との変化にともなう魚群の推移等について検討した。これらの結果，普通船より発動機船の方が3倍の能力を有すること等を得て，カツオ漁業を開発指導した結果，大いに産業に貢献したが，「近頃，マグロ漁業の発展にともない，カツオ漁業者の減退せるは誠に遺憾」とした。

岩手水試[39]も，明治44年から「鰹漁場調査」を実施した。目的は，「海洋の変遷と魚族の去来の状態を調査し，海況と漁況との関係を闡明し，更に，漁業調査の結果を業者に示し，漁場の開発とカツオ漁業の根本的基礎を確立する」ことで，岩手丸（蒸気補助機関，公称11馬力）により，南方諸島から北海道沖合に至る海域の海洋学的，生物学的調査を行った。この中で，補助機関付漁船の能率と経済性との試験も実施した。さらに，大正10年には当時の大型船「岩手丸」（55.29トン，100馬力），昭和2年に鋼船「岩手丸」（145.58トン，250馬力）を新造し，海況，漁況の変化に関する調査研究と魚群の発見，回遊経路の探査に努めた。また無線電信電話で速報し，本場漁況通信部においても無線電話により業者に対して漁況等を迅速に周知させた。これらの結果，発動機付き漁船の能率と成果が大きいことが認められ，業者にも発動機付き漁船を建造するものが続出し，数年ならずして県下で2百数十隻になり，漁獲高も数百万円に達するようになった。

このほか，カツオ釣漁業については，福島水試が「鰹漁場調査並ニ漁業試験及鰹漁況速報」（明治41年から），宮城水試が「鰹釣漁業」（明治34～昭和3年），茨城水試が「鰹釣漁業調査試験」（大正8～昭和3年）等々，カツオ流網漁業については，徳島水試の「鰹流網試験」（明治35～36年），和歌山水試の「鰹流網試験」（明治36～37年）等々，カツオ旋網漁業については，千葉水試が「鰹巾着網共同試験及鰹鯖巾着網連絡試験」（大正5～6年），「鰹鮪一艘旋巾着網漁業試験」（大正12～昭和2年），神奈川水試が「鰹鮪一艘旋巾着網漁業試験」（大正10～昭和3年）等々，カツオ漬漁業については，高知水試が「鰹漬試験」（明治43年），静岡水試が「鰹木漬試験」（大正12～15年）等々，このように，全国各地で，釣，流網，旋網，漬漁業等々の試験調査が行われた[40]。

3. マグロ漁業に関する試験研究－特に延縄試験について

目的を大別すると，①漁場の荒廃や漁業の衰退への対応，②漁船・漁具・漁法の開発，③漁場の探検・漁場の開発，④漁業者への指導・人材育成，等々であったが，多くの水試等は複数の目的で調査と試験研究を行った[41]。

①沖合漁場の荒廃・漁業の衰退に関して

「沖合漁業は漸次荒廃し，漁獲率漸減の状態であり，沿岸小型漁船と建網業者との紛争が多発。この救済として大型発動機付漁船により遠洋漁業方面へ向かわせる」（石川水試，昭和3年，「鮪延縄漁業試験」），「本漁業を復活し，漁場を調査し，行き詰まる機船の漁業者を遠洋に進出させる」（新潟水試，大正14年～，「鮪延縄漁業試験」），「定置漁業の増設にともない，漁獲漸減の傾向があり，これの防止と共に沖合漁業が有望であることを実証し，沿岸漁民を沖合に誘導し漁利の増進を図る」（富山水講，大正元～2年，6～8年「鮪延縄漁業試験」），「日本型漁船を用いて紀州や土佐沖で延縄漁業を営んだが発動機漁船の発達で壊滅状態。延縄漁業の復活と内海漁業者の窮状の救済，冬期内海漁業の閑散時に遠洋漁業を奨励」（岡山水試，大正11年，「鮪延縄漁業試験」），「機船底曳漁業の発達により鮪流

網漁業を顧みるものなく，しかも底曳漁業の将来も予測しがたいため，これに変わるべき漁業を求める」（福島水試，大正5，7～8，12年～「鮪漁場調査並ニ鮪延縄漁業試験」），「本県漁業の発展を図るには遠洋漁業あるいは出稼ぎ漁業を図ることがもっとも適切（香川水試，昭和4年，「鮪延縄漁業試験」）等々，沿岸漁業対策（岡山，香川），沖合漁業対策（石川），機船漁業対策（新潟），底曳漁業対策（福島），定置漁業対策（富山）と，理由は県それぞれで異なるが，マグロ延縄漁業の開発により遠洋へ進出させることで漁業問題へ対応しようとしたことは共通している。他府県も，マグロ漁業に関する試験研究の背景には，多少このような沿岸や沖合漁業にかかわる問題があったものと思われる。

この試験では，新潟水試が「出漁しようとする者が相当に多く，行詰まりの感がある機船漁業者に対して一新正面を拓くに到れり」と成果をあげた反面，「二年間に亘る試験中，船体小型にして風浪に抗し難く，且つ船体機関の故障並びに餌料不足等に遭遇し見るべき成果をあげることが出来なかった」（岡山水試），「マグロの来遊が希薄，天然餌料が多く，産卵期には餌付きが悪く延縄には不利。マグロが水面に飛躍するのは摂餌時で，夜間は水中深く沈下し流網に不利，来遊時期は短期間で魚群は大きくはない」（富山水講）とする水試等，「本試験は猶継続中にて，未だ本県一般業者を見られないが，遠洋漁業としては有望であると認められる」（石川水試），「鮪延縄漁業は大正5年本場に刺激され同年従業船六隻を出したが，機船底曳網漁業の発達により現在従業船なし」（福島水試）と，他の要因で結果が出なかった水試等，多くは期待通りの結果が得られなかったようである。

②漁船・漁具・漁法に関して

「改良川崎船による操業についての検討し，次いで発動機船「魁丸」により漁場の調査，回遊状況と海況との関係を業者に速報し，出漁の機会を与え，傍ら漁具・漁法の適正試験を実施」（青森水試，明治35～40年，大正12年～「鮪延縄漁業試験」），「海況と漁況との関係を調査し，その傍ら漁具漁法の適否試験を施行し，業者の参考に資し斯業の発展に期す」（茨城水試，大正9～昭和3年「鮪延縄漁業調査試験」），「改良漁船の適否，経済試験を実施し，本漁業の改良発達を促す」（静岡水試，明治39～昭和4年，鮪漁業試験），「年々魚群の来遊減少とともに漁場は沖合に推移。沖合漁業の必要が生じてきたが，漁船の構造が不完全で，荒天時には操業困難となり，経営上遺憾とするところが本漁業衰頽の主因。その後，従来使用してきた帆走漁船を補助機関付発動機船とし，漁具等の改良試験を実施」（和歌山水試，明治36～昭和3年，「鮪漁業試験」），「本県の鮪漁業は従来一本釣りの外行われていないので，沖合漁業を奨励のため，延縄漁業とともに漁場の拡張探検，漁船，漁具，漁法を改善し，斯業の堅実に発展させる」（徳島水試，明治35～昭和2年，「鮪延縄漁業試験」），「動力付漁船の進歩発達により沖合における鮪延縄漁業の事業的価値が増大したが，本県は本漁業は普及していないので，漁場試験を行い，本漁業の有利性を示し，同時に新規漁場を開発して業者を指導する」（大分水試，大正11～昭和4年，「鮪延縄漁業試験」）「本県近海は海洋状態を考え，必ず本漁業有望であると認め，漁場漁期の探査，漁具，漁法の研究をなし，鰹漁船の閑期利用の途を拓く」（沖縄水試，大正10年，「鮪延縄漁業試験」）等々，漁船の動力化や漁具・漁法の改良を行った結果，「大正13年以降，

従漁船数十隻を数え，指導の結果，沖合流し網不況時は三陸～房総沖に出漁船増加」（茨城水試），「これに従事する業者が増加し，現在（筆者注：昭和6年）百三十余隻に達し，北海道沖より宮崎県沖合の海区に活躍し盛況を呈する」（大分水試），「試験開始以来，帆走漁船の船体各部に改良を加え，補助機関付漁船の有利なことを発表し，進歩改良しつつある一般漁船をして一層改良を促進させ，漸次遠洋に進出するに至った」（和歌山水試），「本試験の結果，小型マグロ延縄漁船が増加し，大型カツオ船の漁閑期において従業するに至る」（沖縄水試）等々，総じて期待通りの結果を得た。

③漁場の探査と海洋調査に関して

「岩手丸によりマグロ延縄を使用して，北海道から南方諸島に至る海域に出動し」「漁期にともない海況変化と漁場の推移を調査しつつ海洋学的並びに生物学的研究を行い，その間の漁場の現況を一般業者に速報を出漁に便宜を与える」（岩手水試，大正元年～，「鮪漁場調査」），「海況と魚族回遊との関係を調査し，漁場の探究を行い，斯業に貢献する」（宮城水試，大正8～9, 11～12年，昭和2～3年，「鮪延縄漁業試験」），「島嶼近海を中心とする洋上においては漁業試験を行い，黒潮移動にともなう海況との関係を考察して，マグロ漁業の豊凶を推定し，業者の出漁に便宜を図る」（東京府（伊豆七島水産経営），大正9～15年，「鮪漁業試験及び漁場調査」），「本島漁業の啓発を目的とし，漁場の探査，餌料の適否，遊泳層の深度等を明らかにする」（東京府小笠原支庁，明治41～昭和3年「鮪漁業試験」），「魚群の回遊と海況との関係を調査し，新漁場の開発のため本試験を実施」（三重水試，明治43年～，「鮪漁業試験及漁場調査」）等々，動力化した漁船を用いて海洋調査を実施し，海況と漁況との関係を明らかにしつつ漁場の開発が行われた。これらの結果，「本調査施行後，急速に発達し，補助機関付き漁船の遠洋への出漁者が増大し，船型も次第に大型化し無線電信，電話，受信機を設置する等，漁業活動を合理化しつつある」（岩手水試），「近年本漁業を営むもの俄に増加し，本県重要漁業の一に数えられるように至れり」（宮城水試），「本試験により漁場の拡張，漁具および餌料の適否を決定し，動力付漁船の増加を促した。本島のマグロ漁業を確立し，本島主要な産業とした。昭和3年度には，従漁船数50隻，魚量366トン，生産額104,500円」（東京府（伊豆七島水産経営）），「業者の出漁船続出し，漸次，遠洋沖合まで進出するに到れるは本試験の効果」（三重水試）との結論を得るなど，多くはよい結果が得られた。

以上のように，多くの府県でマグロ延縄漁業関係の調査研究が行われ，海洋調査やマグロの生態調査，漁船の動力化，漁具，漁法の改良等に積極的に取り組んだ水試では多くの成果が得られ，本漁業の振興に寄与していることがわかる。

このほか，マグロ漁業については，「マグロ流網漁業試験」が，青森，宮城，福島，千葉，静岡，愛知，高知，愛媛，長崎等々の水試で行われ，「マグロ旋網試験」が，北海道，宮城，大分の水試で実施された。

9・4　外地出漁

明治9年日鮮修好条約が批准され，同16年日鮮貿易条約第41条款の実施により，日本漁船の朝鮮半島への進出が行われ，さらに，22年の朝鮮通漁規則の制定により，朝鮮沿岸への出漁は，明治33年には少なくとも1893隻，大正10年には5500隻に達した。この間，明治35年，水産局は遠洋漁業奨励事業の調査の一

貫として，金田歸逸が「朝鮮漁業調査」を，山脇宗次が「香川・広島，山口，大分四県下朝鮮海出漁者に関する調査」を実施した[42]。また，後述するように，多くの県水試は朝鮮沿岸海域における漁業試験を実施した。

この結果，漁業生産は大正初期から昭和13年ぐらいまでは約20万トン前後で推移した。しかし，昭和15年には，朝鮮，台湾，南洋への出漁がなくなり，昭和16年には外地出漁は露領漁業のみとなった。

吉田敬市[43]は，「朝鮮通漁の推移過程は，①通漁時代（明治期），②移住漁村建設時代（大正期），③自由発展時代（昭和期）と区分し，通漁であればたいした漁はできないが，大正期になり移住漁村建設がなされ，仲買資本による輸送が行われると漁獲量が増大した」とした。この結果，林兼（後の大洋漁業）等の仲買資本が明治末期から大正にかけて発生し，漁業資本となっていくひとつの経緯となった。また，これが基礎となり世界的規模の油脂工業を生成させ，日本の水産業の重要な地位を占めた[44]。

有薗眞琴[45]によると，山口県では，明治40年通漁と移住漁との比較を目的として，朝鮮半島南北岸，南岸の迎日湾一帯で明太魚手繰網，鱶延縄，羽魚流網等の漁撈試験を実施した。明治41〜42年には朝鮮海通漁試験として柔魚釣，鰆流網，鯖流網を，また移住漁業試験として，迎日湾を中心に小規模な鰊底刺網，鯛延縄，鰈手繰網試験等を実施した。その結果，明治42年には迎日湾を中心とした移住漁業や通漁を勧奨できる見通しを得た。明治末期，元山付近の鰮揚繰網（明治42年以降），鰤刺網，朝鮮沿岸の鱶延縄，鯖曳縄試験（明治44年以降）等を主とし，大正元年には五島から隠岐一帯，翌2年には対馬東水道から県外海一帯にわたり，水温や潮流などの精密な調査と関連させて漁撈試験を実施した。さらに，発動機付き漁船と在来日本型漁船の延縄や流網漁における効果の比較試験を実施し，その結果，延縄や流網漁には発動機船が有利で，船の規模は幅2.7 m・長さ15 m・15馬力を適当とするとの結論を得た。

このような過程により，山口県では，大正期になると朝鮮方面への進出が盛んになった。また，「遠洋漁業奨励法」の改正による沿岸漁船充実の方針に呼応して，漁船の充実と遠洋漁業への進出を奨励し，この一環として，山口県と山口水産組合は朝鮮への移住漁業には補助金を出した。明治42年，農商務省の勧奨もあって関東州沿岸においてビーム・トロール漁業を行うが，漁獲物が腐敗し氷蔵運搬技術の遅れが問題になった。このことにより，仲買資本による輸送に拍車がかかった。しかし，朝鮮海漁業が有利なことは明白であり，依然として半島南岸の旋捕網，大敷網，延縄，一本釣に留まっていたので，大正4年からは新たに鯖流網や延縄試験などを行った。大正7年頃から発動機付き漁船の建造が急激に増加し，漁業は鯖巾着網漁法を中心にして沿岸漁業から沖合漁業へと大きな転換を示し，また，大羽鰮刺網漁業試験を推進した。大正11年からは毎年継続事業として深海漁業試験を開始した。大正13年，試験船仙鶴丸の調査で，朝鮮咸鏡南北両道沿岸に大羽鰮，ニシンの大群の回遊が明らかになり，14年から朝鮮沿海の巾着網漁業開発を行い，県内当業者の出漁機運を促進するものであった。

この機船巾着網漁法の普及発達により，内地近海の漁場が狭小になり，内地漁業者が急速に朝鮮沿岸へ進出し，大正15年，この方法に従う県下漁船は25隻，資本金150万円で毎年300万円のサバの漁獲をあげるに至った。また，北朝鮮におけるイワシ，およびニシン漁業の試験操業にも従った。

島根県も同様の経過をたどった。例えば，明治35〜36年，明治40〜42年，大正14〜15年までと3回にわたって水産試験場が韓国沿岸に出漁して試験操業（韓海出稼漁業試験）を実施し，「漁船団結シテ漁獲物ヲ処理スル方法ヲ講ゼバ，有価ノ魚類ヲ啻ニ低廉ニ売却セザルノ

ミナラズ，其ノ利ヤ又大ナルベシ」とし，漁具の構成，漁場と海流の関係，漁業の阻害要因，漁業日誌等が揃えられ，韓海出漁模範漁業の実態と問題点を明らかにした[46]。これにもとづいて，島根県[47]は，韓国沿岸の適地に漁業権を獲得して根拠地を設備し，業務員，医員等を常備して出漁者に諸般の利便を与えることとした。

この頃から，韓海には各県から補助機関付き帆船，冷蔵庫付き汽船が登場した。福岡県[48]も明治36年より遠洋漁業奨励規程を発布して，補助金を支出し，38年度からは通漁補助に加えて移動補助を行い，現地視察，水試試験船による漁業実習を積極的に行った。愛知水試[49]は，「韓国沿岸における有望漁業を調査し，以てこれの経営の順序，方法を明らかにして，県下の業者の出漁を指導誘液する」ことを目的に，マグロ，カツオ漁業に使用した漁船「三七丸」に修理を加え，別に小漁船築見丸を新造して，沖打瀬網，藻打瀬網，サワラ流網，サメ延縄，タイ延縄，その他手釣具数種を搭載し，韓国木浦にて試験漁業を行った（「韓海漁業試験」，明治39～大正元年）。

福井水試は，大正15～昭和3年，「対岸及び北鮮沖合底魚漁場調査試験」を実施した。これは，県下の発動機船漁業が発達し，底曳網漁業は船数過剰で，本県の近海では漁場が狭隘で，かつ他の漁業と相容れないため，対岸および北鮮沖合の漁場を調査し，業者を該地に出漁奨励指導のための参考資料を作成することであり，生息する魚介類の種組成と生態，資源量，水温と底質との関係等々を調査した。その結果，「北鮮および露領沖方面へ出漁する手繰網漁業者多数生じ，又北鮮方面におけるサバ，イワシ漁業に従事する者が多数出た」とした[50]。岡山水試も，沿岸の酷漁乱獲のため，この打開策として遠洋出稼ぎ漁業を奨励するため，「朝鮮海遠洋漁場探検試験」（明治37～40年）を実施した[51]。

このほか，鹿児島水試[52]では「朝鮮海漁業調査試験」（明治44年），香川水試[53]が「朝鮮海漁業試験」（大正8年，12～13年）が実施されたほか，富山水講[54]が「冬季沿海州漁業試験」（大正10年），新潟水試[55]が「露領沿海県漁業調査」（大正15～昭和5年）を実施した。以上のように，多くの外地出漁試験は，沿岸漁業問題を打開するために実施された。

既述のように，明治後期，和田雄治は朝鮮においても標識瓶による海流調査を行った。大正中期から，日本海において地方水試等による定線・定地海洋調査等が行われるようになり，また，大正4年からは朝鮮総督府水産課による海洋調査がはじまった。それらの結果は，丸川らにより大正13年「日本海の海洋の性状」として取りまとめられ，海洋調査彙報に掲載された。それにより日本海の海洋環境のおよそ概要がわかるようになった。大正9年には，最初の民間の水産研究機関である早鞆水産研究会が設立され，東海・黄海の底魚等の資源調査を行い，併せて海洋観測を実施した。昭和5年の第2回水産連絡試験打合会で，サバについて漁業図を作成することが決まり[56]，翌年の第2回漁撈・海洋調査担当官打合会で日本海を3区に分け，漁法別に，漁期，漁獲高，漁船数，従業員数，投資額等が調査された[57]。

さらに，翌年の第4回水産連絡試験打合会の合意にもとづいて「イワシの現勢調査」が追加されたほか[58]，日本海一斉調査が実施された。この一斉調査の主旨は，「日本海々洋ノ性状ヲ一層開明」し，「日本海ニ於ケル重要漁場ノ基礎調査」を実施するなかで，「重要漁場ニ於テ詳細ナル其ノ流動及測深調査ヲ行ヒ，各地方水試ノ施行スル漁業試験ヲ中心トスル漁況ト対比」するとともに「新漁場開発ニ資スル」こととし，「5，6月ヲ択ベル所以ハ該期ニ於ケル北鮮沿海，日本海北部及中央部ノ海況不明ナルト，いわし，さば，ぶり等ノ漁況ヲ知ル上ニ於テ調査上有意義ナルヲ以テナリ」とした[59]。この

9・5　北洋漁業

　明治27年，郡司大尉(注4)一行がカムチャッカ半島沿岸各地に進出し漁業を営むなど，北千島以北からカムチャッカ半島には明治初期から出漁し，日本人により漁業が開発された。明治32年，樺太における邦人漁場主52名，漁場数222ヶ所，漁夫数は5244名，漁獲高77065石で，大半はニシン粕で，サケマス塩魚は従であった。日露戦争の戦後処理であるポーツマス条約により明治40年日露漁業協定が調印され，ロシア極東水域における漁業権が既得権として明文化され，沿海州，オホーツク海，カムチャッカ一帯への出漁に拍車がかかり，43年には出漁汽船総トン数が40611トン，帆船が38253トンであったものが，昭和4年には汽船424385トン，帆船5332トンとなった。明治末期の出漁漁船の平均トン数が7～800トンであったが，大正10年頃には1000トンを超えた[60]。明治43年堤商会はカムチャッカ河河口漁場のベニザケ，ギンザケの缶詰製造を試みた。その後，第一次世界大戦下での缶詰技術の発展を介してサケ缶詰は輸出商品として急速に生産が拡大された。この堤商会は大正10年，日魯漁業となる。

　大正3年には水産講習所練習船雲鷹丸による試験操業がはじまり，大正4～6年，オホーツクやカムチャッカ半島周辺での海洋，生物の海洋調査のほか，タラ，サケ・マス，タラバガニ等の漁場調査が行われた。大正15年（昭和元年），北洋において八木商店の樺太丸がカムチャッカ西岸沖で，カニ漁業のかたわら流網によるサケ・マス沖取り試験操業を行い，母船式サケ・マスの企業化の見通しを得たのち昭和5年から本格的に事業化された。昭和7年北洋漁業を主とする資本が合同し北洋漁業株式会社が設立，40名の中小漁業者が統一された。翌8年には日魯漁業に吸収され，その後日魯漁業が国策会社として露領漁業を独占することになった。

　カニ漁業については，大正3年雲鷹丸がオホーツク海において船内でカニ缶詰を製造し，大正9年富山水講呉羽丸が海水でカニ肉を洗浄し300函の缶詰製造が蟹工船による事業化の動機となり，大正10年和島貞二が母船式カニ漁業をオホーツク海で営み，2759函の缶詰が製造された。3年後の12年には出漁母船15隻（合計9000トン），缶詰生産高が33800函に達し，早くも資源保護と市場統制の問題を生じ，同年3月に「工船カニ漁業取締規則」を公布，許可制度とした。当初は，日本海北部の沿海州であったが，13年以降はカムチャッカ西部に移り，その後カムチャッカ東部，ベーリング海西部へも進出した[61]。これらの北洋漁業も戦争の影響を最も受け，昭和13年をピークとし17年には終わりをつげた。これらの労働環境は小林多喜二の「蟹工船」に描かれている。

　これら北洋漁業の振興に併行して，水産局の俊鶻丸，祥鳳丸，水産講習所の白鷹丸，蒼鷹丸，北海道水試探海丸，茶々丸，桧山丸，海軍水路部駒橋，厳島等々により海洋調査が実施された[62]。また，太平洋漁業の天神丸，菊丸，梅丸等の民間船も海洋観測を行った。特に昭和7年ぐらいから著しく海洋調査が増加した。このようにして，「漁業経営も帆船から汽船へ，冒険的投機的経営から近代的資本主義経営へ，採算を重要視する工場組織による缶詰生産が行われようになった」[60]が，その背景には，漁場調査，海洋調査が実施されていたことを忘れてはならないだろう。

9・6　底魚漁業

　トロール漁業と機船底曳網漁業は法規上は異なるが，同じ底魚漁業である。機船底曳網漁業

は明治40年頃から盛んになり，各地で内地近海の沿岸漁民との問題が発生した。これについては，石田好数「日本漁民史」[63]（三一書房，昭和53年）や三島康雄「漁業紛争の歴史的類型」[64]に詳しい。その後，東海・黄海，南シナ海に出漁するなど，西は島根県，東は茨城県で成功した。

島根県を例[65]にすると，明治45年に補助機関付き試験船八千矛丸（19トン，25馬力）が建造され，同年手繰網漁業試験を行った。その際，漁撈長として乗った片江村の渋谷兼八がその漁業の有望性を確信し，方結丸（8トン，12馬力）を建造し自己経営の結果，大正2年には採算が採れる成績を挙げた。これにならい，片江村に45隻の石油発動機付き漁船ができた。6年渋谷は捲揚機を考案し，捲揚作業が能率化された。そして，この技術が全国的に普及した。発動機船による手繰網漁業は，大正7年来，各県が相競い盛大なる勢いで事業を開始し，発動機船業界に一新機軸開拓したという。これは大正6，7年頃の第一次世界大戦による景気と漁船用発動機の実用化が合致したもので，大正10年の漁船数は，全国で4000隻，島根県で320隻となった。大正中期頃からの漁場の荒廃，第一次世界大戦後の景気の終息等による魚価の低迷で，ますます船の大型化に拍車がかかる。さらに大正9年，新漁場を求めて西進中，五島沖で二艘の発動機船で行う二艘曳等の新漁法が編みだされた。しかしこの結果，さらに沿岸漁民との摩擦が強まり，翌年，政府は「機船底曳き網漁業取締規則」を制定し，取り締まりを強化した。以後，漁業行政の最大の課題となる。

このような状況において，多くの道府県では「機船手繰網漁業試験」を実施した[66]。このなかで，京都水講は，明治43～大正3年，大正15～昭和3年に「一艘手繰網漁業試験」実施し，府下漁場における海底の形状，底質等の基本調査と漁況と海況との関係，魚類の生息状況を調査した。その結果，「本試験は当初より相当の効果を収め，業者の認めるところである。一時，本漁業の隆盛をきたした他，漁具漁法の改善と新漁場の開発等，斯業の伸展に資するところが大きかった」とした。

また，佐賀水試は，大正9～10年，「発動機付手繰網漁業試験」を実施した。試験船「松浦丸」を建造し，大正10年，壱岐島付近から対馬沖合にわたる海区の海底，底質潮流ならびに魚類の生息状況に関する調査を実施。また，佐賀水試試験船「仙鶴丸」（39トン，50馬力）と業者船「かもめ丸」（13トン，20馬力）により二艘曳漁法を実施。両船の馬力の差で完全な結果がでなかったが，漁獲率が良好との結果を得て，二艘曳きを有望であることを知らしめた。

島根県では，県庁関係者や漁業者からなる海外漁業視察団を企画し，11年浜田港を出港し，釜山，統営（韓国），青島（中国），基隆（台湾）をめぐり，海洋観測とともに，青島，上海沿岸，台湾周辺での底曳網漁業を実施した。また，新漁場探索のため，大正11年朝鮮東岸水域（慶尚北道迎日湾～咸鏡南道新浦）について開発調査を実施した。

このようにして，大型漁船は東海・黄海，東シナ海への進出を可能としたが，水深の関係で沖合に進出できない小型漁船は近海に残り，沿岸漁民との軋轢を生み出し，さらなる取り締まりの強化が図られた。昭和8年，汽船底曳網漁業の許可権が地方長官から中央に移され，12年には，向こう10年間に1910隻（36628トン）のうち1151隻（21778トン）が整理されることとなった。「この事態を底びき側からみるときは，『底びき漁業の犠牲によつて漁村の窮乏性が救われる』と農林当局は考えており，しかも，『国民生活の安定と生産力の拡充』という併立しそうもない二つの国策の下で，大衆の側でもなく，また，大資本の力にも依存しない中間的存在の底びき漁業が，政策題目の犠牲にされているのだ。とくに現状のような底びき漁業への圧迫は密漁船を増加させるだけで，沿岸漁

村の救済にはならないだろうという論もでてくる。しかしながら幸か不幸か，この減船整理は戦争の影響によって昭和19年に廃止され，底曳き漁業問題は戦後にもちこされることになる」[67]。なお，当時の主な漁獲対象はタイ，ヒラメ，ホウボウ，スケソウダラ，浅海性カレイ，サメ，タコで，昭和10年頃の東経130°以西で漁業生産額が1400万円，以東で1600万円であった[注4]。

汽船トロール漁業は機船底曳漁業の一歩前を歩んだ。明治38年鳥取県の奥田亀造が「海光丸」を建造し試験的に行ったのが最初とされ，41年倉場富三郎が英国から鋼船トロール（196トン）を導入し，英国人を雇い着業したのが本格的なはじまりである。これに遅れて，山口県の岡　十郎と神戸市の田村市郎が鋼船「第一丸（199トン）」を建造し操業した。当時，政府は奨励金を交付し建造を奨め，漁場や漁船に制限なく沿岸操業できたことから好成績をあげ，トロール漁業勃興のきっかけとなった。トロール船は，翌42年には9隻，43年には17隻となった。汽船トロール漁業の改良発達と業者の利益を図るために「日本汽船トロール水産組合」が結成され，本部を下関，長崎に出張所を設置し，44年には下関水産，関門水産，関西漁業等が創立されトロール漁船は67隻となる。

そこで，政府は奨励金の交付を廃止し，トロール漁業の取り締まりを厳重にした。当時，政府は沿岸漁業保護の立場から漁獲物の陸揚地を下関，博多，唐津，伊万里，長崎の5港に制限指定したが，水揚げは下関がその7，8割を占め，長崎・博多の順であった。その後も漁船は増え続けて大正元年には139隻に達した。明治末から大正はじめのこうした盛況は，一方で禁止区域の侵犯・無差別操業・漁民との衝突・海底電線の損傷など多くの問題を引き起こし，トロール漁業に対する非難の声が高まった。このために政府は禁止区域を拡大し，操業区域を東経130°以西および朝鮮禁止区域外の海面に限定する措置をとった。これにより，漁場は黄海からさらに東シナ海へ延び，出漁回数の減少と航海所要日数の増加により漁獲物の鮮度低下をもたらした。さらに，生産過剰と経済界の不況により魚価は暴落し，トロール漁業は凋落の道を辿った。

大正3年不況はさらに深刻となり，トロール船は131隻に減少した。このため，関係業者は資本金200万円の「共同漁業」を設立して，経営の合理化を図った。しかし，第一次世界大戦が勃発し船腹不足による船価の暴騰を契機に漁船を欧州へ売却した。一方で，船を売却しなかった田村市郎は田村漁業部を日本トロールに改組し，共同漁業（当時，休眠状態）と合併させ，共同漁業の名称でトロール漁業を専業とした。これが後の日本水産（株）の発展の基礎となった。

大正6年，機船トロール漁業取締規則が改正され，内地近海を禁止とし，東海・黄海，渤海を漁場として，船数制限，船体の大型化（200トン以上，速力11ノット以上，航続距離2000浬以上）等により，沿岸漁業との摩擦を避けようとした。しかし，逆にトロール漁業に大資本が集中する結果となったが，汽船底曳網漁業の進出のために漁獲量は減少した。

昭和2年世界最初のディーゼルトロール船「釧路丸」が建造され，航続距離9500浬と漁場が一段と広がり，昭和4年頃になるとVD式漁業の導入，ディーゼルエンジンの採用等，トロール漁船の大型化・近代化が一段と進んだ。船内急速冷凍を設備した雄基丸の建造は漁獲物の鮮度保持に革新をもたらすと同時に，遠洋漁場への出漁を可能にした。この結果，南シナ海，豪州沖，ベンガル湾，メキシコ湾，アルゼンチン沖，ベーリング沖に進出した。昭和16年の許可漁船数は67隻で，漁場別では東海・黄海60隻，南シナ海17隻，白令海3隻，豪州沖3隻であった[68]。

これらの漁業に対して，大正2，3年東京湾

から上海に至る農商務局北水丸による海洋調査，大正2年雲鷹丸はトロール監視のために，九州西南海・対馬水道の海洋観測（大正2年），玄海灘・対馬横断観測（山口水試・福岡水試，大正2〜3年），黄海海洋調査（大正4年）等の調査のほか，台湾総督府水試，関東庁水試が定型的な調査に参加した。このほか水産局，水産講習所，水産試験場による東海・黄海についての各種の海洋調査も実施された。さらに，大正9年，共同漁業（後の日本水産）により設立された早鞆水産研究会では，トロール漁業の振興のため東海，黄海での底魚漁場調査や海洋調査を実施した。「福岡県水産機関百年史」[69]は，「これらのトロール漁業の発展は，西日本漁業の近代化，そして全国的に展開する機船底曳漁業の発生を誘導させ，我国漁業の総体的近代化の端緒としてきわめて重大な意義を持っている」と書いた。

9・7　漁業の発展と海洋調査

図9-7（口絵）は昭和4年の漁業別遠洋漁業図[70]（台湾以外の植民地漁船・漁場，工船，トロール，捕鯨，北千島漁場並びに海外漁場を含まず）である。これをみると，昭和初期には，日本の漁業が広範囲に拡がっていることがわかる。技術的にも制度的にも頭打ち感のある沿岸漁業とは対照的に，強国意識とトップレベルへの民族的感情に支援された遠洋漁業は，戦前の最盛期にまさに入ろうとする時期であった。また，これらの海域は水産局・水産講習所・水産試験場と府県等が海洋調査を行ってきたところともおよそ一致する。漁場の拡大には，「漁業生産においては，漁場にフロンティアが残存しているかぎり，漁場範囲の拡大と，そこでの生産の高能率化を追求することになるのは避けがたい。近代漁業技術の模索と開発の過程は，豊かなフロンティアに恵まれていた時代の試みであり，大部分の漁業関係者を巻き込んだものと思われる」[71]。しかし，蜷川虎三（元京都府知事，水産講習所出身）(注6)[72]は，その著書で「漁場は狭い」とした。この主旨は，「海は無人の宝庫だというが海のどこに行っても魚がいるわけでもなし又獲れるわけでもない。魚の繁殖するところ，成育するところ，群遊し来るところが自然的に漁場であるが，いくら自然的にいい漁場でも，漁撈の技術上及び経済上の関係から，自然的に漁場は制約されてくる。だから海は広くても漁場は狭い」，漁場を広くするには，「科学の進歩，経済の発達に待つより外はない」であった(注7)。

漁場が，沿岸にへばりついている限りにおいてはそれほどの海洋調査は必要がない。漁場が拡大するにつれて，経済的な漁業活動の視点から広大な海のなかでどこに漁場ができるかを予測することがきわめて重要となる。このためには海洋図の作成が必要となり，漁況・海況の速報が重要となる。明治末期の漁業基本調査からはじまり，漁業生産が飛躍的に伸びる大正7年の海洋調査の開始と海洋図の作成，昭和4年の中央水試を中心とした本格的な海洋調査，海況や漁況速報と予測，日本海，北太平洋，瀬戸内海等の一斉調査は漁業界の要求を反映したものであったといえるであろう。さらに新漁場の開拓のための漁場・海況調査のほか，無線電信電話速報や各種の漁撈試験もなされた。「無線電信電話の利用により，魚群調査が合理化し漁獲高が倍化した事実」[73]との指摘もなされた。

以上，各種の漁業活動を見てきたように，水産局・水産講習所・中央水試，および地方水試等が，各種の漁撈試験のほか，漁場調査や海洋調査について取り組み，海洋や漁場等に関する研究成果と漁場開発についても多くの成果をあげた。これらの多くは水産事務協議会や水産連絡試験打合会の協議事項であり，それらの対応の結果でもあった。また，これらの海洋調査により魚介類の生態等も少しずつ明らかとなり，海流等の科学的な法則に裏打ちされた成果が総

合されて漁場選択技術が生み出されていった。一方で船舶，漁具・測器，漁法，電信電話等の漁撈手段の発展や情報伝達手段が開発され，漁撈技術として一定のレベルに達し，前述の漁場選択技術とあわせて労働手段の体系化が図られ，それらが総合され漁業生産「技術」の成立をみたといえるであろう。その漁業生産「技術」が経済的な漁業生産として市場に適合し，水産業，特に漁業の発達に大きく貢献したといえる。その意味で，海洋調査はわが国の漁業の発展に大きく寄与してきたといえるであろう。

脚注

(注1)　春日[74]は，「船舶を改良して理想的漁船とするには，少なくとも造船，漁業，経済との三つを兼ね備えた有識者が必要。現在はこのような人はいない。造船家は漁業の大要を知り，漁業家は造船の大要に通じ，各がその職務に向かっての欠点と特長を考え，互いに情報を提供し，互いに助力し，互いに研究することが必要。当面，造船について極簡単で差し当たり広く知っておく事項は，①船の速力，②船の受ける迫力（抵抗），③航海の安全，④港湾および漁場，⑤船体の構造強力および重量，⑥動力，⑦漁業における利便性，⑧運用における利便性，⑨価格であり，この9課題について研究が必要」と書いた。

(注2)　二ней瓶は，その著書「明治漁業開拓史」（平凡社）において，カツオ漁業の試験研究の発展を第一～三期に分け，次のような指摘をした。「即ち，第一期の試験は無動力船時代のもので，改良川崎船など旧来の漁船改造，漁具改良，実業教師の招聘などを行い，無動力船のままでの改良を意図した試験で，青森と宮城で行われた。第二期は，西洋型漁船の構造が堅牢であり，補助機関の利用が有利であることを実際に示そうとしたもので，漁場調査や漁況調査をやり，その結果を漁業者に速報し，また漁夫や船頭の実地教育を行った。カツオ釣漁業が従来あまり行われていなかったところでは，それを新たに振興しようとし，その可能性を確かめるための試験もあった。第二期の試験は漁船動力化の実現過程の第一段階とみられる。第三期は，動力漁船の大型化を実現していくべき大正10年以降に，それを奨励・発展させるために行われた。その内容は，ディーゼル機関・鋼船などによる漁撈試験，拡大された漁場区域に即応し，新漁場を開拓するための漁場漁況調査，無線電信電話による漁況速報，また船主・船頭などの実地教育もやっていた。いずれにしても，これらの漁撈試験は実際の漁業者に奉仕し，その発展を現実に沿って推し進めようとする性格のものであった。そしてまたその成果も実際に大きかったとみられる」[19]。これらの指摘は，本稿で紹介した各県の取り組みと照合するにあたって非常に的確である。

(注3)　この他，明治37年7月には大分県水産試験場の珍彦丸（うずひこまる）が，また，昭和6年7月には長崎県水産試験場の長洋丸が，いずれも試験操業中に五島周辺で暴風雨等により遭難した。また，漁場調査や海洋調査で活躍をした水産局の漁業監視船速鳥丸も，昭和2年5月に済州島付近で遭難している[75]。

(注4)　郡司成忠（1860〜1924）幕臣幸田成延の二男。海軍兵学校卒。北方警備の必要性を主張し，明治16年予備兵57名と占守島にわたり，北方警備のかたわら漁業の開発に努める。日露戦争中にカムチャッカで活躍。幸田露伴の兄にあたる。郡司の行動については，外崎克久の「北の水路誌－千島列島と柏原長繁」（平成2年，清水弘文堂）に書かれている。柏原は，明治24〜28年の間，測量艦「磐城」の船長で，和田雄治による海流瓶による海流調査にも重要な役割を果たした。

(注5)　昭和10年の内地沖合の漁獲量は，マイワシ（28.2万トン），タラ類（10万トン），カツオ（6万トン），ヒラメ・カレイ類（4.7万トン），サバ類（4.1万トン），サメ類（3.9万トン），マグロ類（3.4万トン）であり，漁獲金額からは，カツオ（10.9百万円），マグロ類（10.2同），イワシ（5.8同），ヒラメ・カレイ類（5.3同），タイ類（5.3同），タラ類（3.9同），サメ類（2.9同），サンマ（1.2同）との順となり，当時の漁業にとっての重要種がわかる。

(注6)　蜷川虎三（1897〜1981）東京都深川生まれ。大正3年水産講習所養殖科入学。6年同所研究科入学。同年助手。9年京都帝国大学経済学部専科入学。10年本科入学。11年京都帝国大学大学院入学，15年京都帝国大学講師，昭和3年ドイツ等へ留学。10年，統計利用における基本問題（岩波書店）で経済学博士。昭和17年教授。20年経済学部長。21年停職。22年教授辞職。23年中小企業庁長官。25年京都府知事となり53年まで知事在職。

蜷川が，水産講習所入学理由を，「叔父飯嶋敬一郎に「これからは，海の時代だ。スタンフォード大学のジョルダンという先生が『日本の魚類の研究』って本を書いているが，日本人で魚類の本を書いているのはほとんどいない。魚をやったらな，必ず天下の大学者になれるよ」とすすめられたこととする。しかし，魚類学者を志して入学するが，魚の研究は向かないことに気づき，海洋学に移る。そのため，ドイツ語を勉強するために夜は神田の外国語学校の専修科にも通う。卒業後，助手となり海洋調査を担うが，河上 肇著『近世経済思想史論』に感激し，京都帝国大学へ入学する。蜷川の京大への入学に際，北原多作は，「やめておけ，わしゃ，東大の専科出て，これまで外国の研究なんかに参加していても，専科出だっていうんで一技師にすぎない。お前も若気のいたりで京大へ行っても，帰ってきたら泣くぞ」といったという。これに対して，虎三は，「あたしは，出世するためじゃなくて，河上先生の講義が聴きたいんです」「じゃ，一年で帰ってくるか」「はい，帰ってきます」といい，伊谷以知二郎水産講習所長が了解したという。蜷川は，知事の在職中，日本海側において最も力をもつ府立海洋センターをめざし，外

第9章　日本漁業の発展と海洋調査との関係

部から実力のある研究者を所長として招く等，京都の水産業の振興に尽くした」[76]。

著書として，「水産経済論」（改造社），「統計学概論」（岩波書店），「漁村の更正と漁村の指導」（政経書院）等多数。蜷川は，丸川，神谷と続く水産講習所出身の助手であり，「漁業基本調査報告」に浅野彦太郎，神谷尚志と共著で調査報告を書いている。筆者は，北原の言動においても，その後の活躍を期待されていたものと推測する。写真は「蜷川虎三の生涯」[76]より引用。

(注7) 蜷川[72]は，これに引き続いて次のように書いた。「即ち，漁業は水界の状態によって支配される結果，(一) 漁獲の不安定，(二) 沿岸漁業の衰退狭隘化は免れない。従って之がためには，①漁業を支配する水界の諸状態諸条件の作用を明らかにするために，湖沼及び海洋の調査研究を行ひ，また水界生物の繁殖生長回遊並びにその他の習性に関する研究の発達を図ること，②海洋の状態即ち海況と漁況の状態形勢の観測及び調査の励行，其の通報を正確且つ迅速に行う施設，③漁業統計の整備，④沖合及び遠洋漁業への発展，⑤沿岸漁業の養殖化，⑥多角式漁業経営，等の方法を講じて，技術的に漁業の安定を図ると共に，技術的に克服出来ぬ自然条件による支配を経済的に分散し，漁業それ自体の経済的な安定性を図らなければ，之によって衣食生活の安定を期すことはできない」

引用文献

1) 農林水産省統計情報部・農林統計研究会：水産業累年統計（第4巻）水産統計調査史，農林統計協会，昭和54年
2) 農林水産省統計情報部，農林統計研究会：水産業累年統計（第2巻），生産流通統計，昭和54年
3) 日向新次，家人四直，久保澤　薫，榎本彈正，山根撰一：重要水産物漁況調査，水産試験成績総覧（農林省水産試験場刊），1024，昭和6年
4) 遠洋漁業奨励の成績（四），帝水，15 (3)，49～54，昭和11年
5) 水産局に於る地方事務官水産協議会，大日本水産会報，311号，37，明治41年
6) 寺野精一，丹羽平太郎：漁船改良並運用試験，水産試験成績総覧（農林省水産試験場刊），1387，昭和6年
7) 寺野精一：日本漁船調査，第一報，水産調査報告，4巻2冊，1～10，明治29年
8) 加藤誠一：遠洋漁業船舶，水産試験成績総覧（農林省水産試験場刊），1387～1388，昭和6年
9) 喜多山昇来：漁船改良試験，水産試験成績総覧（農林省水産試験場刊），1382，昭和6年
10) 静岡水試：富士丸ノ建造，水産試験成績総覧（農林省水産試験場刊），1381，昭和6年
11) 小島省吾，中越愛藏：補助機関付帆船建造，水産試験成績総覧（農林省水産試験場刊），1382，昭和6年
　　小島省吾，中越愛藏：姫島丸運用試験，水産試験成績総覧（農林省水産試験場刊），1382，昭和6年
12) 面高慶之助，中村源一郎：日本型改良漁船試験，水産試験成績総覧（農林省水産試験場刊），1384，昭和6年
13) 三重県水産試験場・水産技術センターの100年，20，平成12年
14) 高木繁春：漁船調査，日本型改良漁船試験，水産試験成績総覧（農林省水産試験場刊），1384，昭和6年
15) 春日信市，橋本徳壽：布良鮪延縄漁船設計，水産試験成績総覧（農林省水産試験場刊），1388，昭和6年
16) 農商務省水産局：漁船重要寸法並ニ諸係数表，水産試験成績総覧（農林省水産試験場刊），1386，昭和6年
17) 岩ının直朗，小安正三，佐々木三治，長岡正幸：漁船設計，水産試験成績総覧（農林省水産試験場刊），1380，昭和6年
18) 松尾秀夫：小型漁船改良設計並実地指導，水産試験成績総覧（農林省水産試験場刊），1383～1384，昭和6年
19) 小島才一，坂本熊次郎，荒卯　忠，長友　寛，小林章之：漁船改良試験，水産試験成績総覧（農林省水産試験場刊），1382～1383，昭和6年
　　宮崎県：宮崎県水産試験場百年史，8～10，平成15年
20) 二野瓶徳夫：明治漁業開拓史，平凡社，昭和56年
21) 岡本信男：明治・大正期漁業発達過程の相関図，近代漁業発達史，26，水産社，昭和40年
22) 山崎俊雄：技術史，東洋経済新報社，369～377，昭和36年
23) 大海原　宏：カツオ・マグロの研究，成山堂書店，平成8年
24) 水産業の現況（水産庁編），1952年版，173，内外水産研究所，昭和27年
25) 鮪延縄漁業試験，水産試験成績総覧（農林省水産試験場刊），1068，昭和6年
26) 中井　昭：現代日本産業発達史（山口和雄編），19巻，297，交詢社出版局，昭和40年
27) 水産試験場：水産連絡試験要録，2号，131～122，昭和5年
28) 水産試験場：水産連絡試験要録，5号，9～15，昭和9年
29) 水産試験場：水産連絡試験要録，7号，9～24，昭和11年
30) 水産試験場：水産連絡試験要録，5号，59，昭和9年
31) 三重県科学技術振興センター水産技術センター：三重県水産試験場・水産技術センターの100年，81～82，平成12年
32) 日本水産年報（第6輯），水産社，311，昭和17年
33) 竹田重雄：鰹鮪漁業史，水産界，700号，57～59，昭和16年
34) 静岡県水産試験場・栽培漁業センター：静岡県水産試験研究百年のあゆみ，169～172，平成15年
35) 高知県水産試験場：高知水産試験場百年のあゆみ，7～9，平成14年
36) 宮崎県：宮崎県水産試験場百年史，15～18，平成15年
37) 愛知県水産試験場：水産試験場百周年記念誌，34～37，平成6年
38) 中山琢三，中西治吉郎，合原　一，辻　志郎，清國　逸：鰹釣漁業試験，水産試験成績総覧（農林省水産試験場刊），1335～1336，昭和6年
39) 秋山　實ら：鰹漁場調査，水産試験成績総覧（農林省水産試験場刊），1336～1337，昭和6年
40) 水産試験成績総覧（農林省水産試験場刊），1035～1063，昭和6年
41) 水産試験成績総覧（農林省水産試験場刊），1064～1099，昭和6年

42）農商務省水産局：遠洋漁業奨励事業ノ調査，水産試験成績総覧（農林省水産試験場刊），1309，昭和6年
43）吉田敬市：朝鮮水産開発史，朝水会，昭和29年（近代民衆の記録7（漁業），新人物往来社，昭和53年に収録）
44）岡本信男：漁業発達史，95，水産社，昭和40年
45）有薗眞琴：山口県漁業の歴史，74～76，日本水産資源保護協会，平成14年
46）面高慶之助，中村源一郎，鎌田　穣，根岸勝彌：韓海出稼漁業試験，水産試験成績総覧（農林省水産試験場刊），1349，昭和6年
47）島根県水産試験場：島根県水産試験場八十年史，10～12，昭和58年
48）福岡県水産技術センター：福岡県水産試験研究機関百年史，44，平成11年
49）堀　宏，中北　静：韓海漁業試験，水産試験成績総覧（農林省水産試験場刊），1345～1346，昭和6年
50）和田信二郎，永井福三郎：対岸及北鮮沖合底魚漁場調査試験，水産試験成績総覧（農林省水産試験場刊），1279～1280，昭和6年
51）樋口邦彦：朝鮮海遠洋漁場探検調査，水産試験成績総覧（農林省水産試験場刊），1346，昭和6年
52）漁撈部員：朝鮮海漁業調査試験，水産試験成績総覧（農林省水産試験場刊），1348，昭和6年
53）興儀喜宜：鮮海漁業試験，水産試験成績総覧（農林省水産試験場刊），1348，昭和6年
54）尾藤信正：冬期沿海州漁業試験，水産試験成績総覧（農林省水産試験場刊），1349，昭和6年
55）新潟県水産海洋研究所：創立百周年記念誌，55～56，平成11年
56）水産試験場：水産連絡試験要録，2号，134～142，昭和5年
57）水産試験場：水産連絡試験要録，4号，19～23，昭和8年
58）水産試験場：水産連絡試験要録，4号，46～48，昭和8年
59）水産試験場：水産連絡試験要録，4号，26～34，昭和8年
60）田中丸佑厚：北洋漁業発達史，水産界，700号，50～53，昭和16年
61）岡本信男：近代漁業発達史，235～250，水産社，昭和40年
62）渡辺信雄：北方海域海況資料（自明治18年至昭和28年），農業技術協会，昭和29年
63）石田好数：日本漁民史，三一書房，昭和53年
64）三島康雄：漁業紛争の歴史的類型，東京水産大学論集，2号，13～28，昭和42年
65）島根県水産試験場：島根県水産試験場八十年史，22～25，昭和58年
66）機船手繰網漁業試験，水産試験成績総覧（農林省水産試験場刊），1275～1284，昭和6年
67）松本　巖：漁獲量変化年史（四），水産時報，1961年8月号，31～35，昭和36年
68）野崎民平：トロール漁業並び汽船底曳漁業の変遷，水産界，700号，59～62，昭和16年
69）福岡県水産技術センター：福岡県水産試験研究機関百年史，49，平成11年
70）高山伊太郎，吉田秀一：重要漁業現勢調査報告，水産試験場報告，3号，1～36，昭和7年
71）二野瓶徳夫：日本漁業近代史，227～231，平凡社，平成11年
72）蜷川虎三：漁村問題と其対策，41～43，立命館出版部，昭和7年，
73）日本水産年報，第6輯，44，水産社，昭和17年
74）春日信市：漁船の改良に就て，大日本水産会報，309号，9～13，明治41年
75）松本　巖編著：日本近代漁業年表（戦前編），水産社，昭和52年
76）細野武男・吉村　康：蜷川虎三の生涯，29～36，三省堂，昭和57年

第10章 まとめ

　漁業・水産業の振興とともにその科学化を推し進める一環として，明治末期に「漁業基本調査」が取り上げられ，大正期には「海洋調査」として発展し，昭和期に入ると漁況・海況予報が行われるようになった。第9章でみてきたように，これらの事業は，わが国の水産業の科学化，特に，漁業生産技術の形成に関しては貢献をしたと考えられる。

　ところで，わが国で最初に海洋調査を行ったのは海軍水路部初代部長柳　楢悦である。彼は，「水路事業ノ一切ハ海員精神ニ依リ徹頭徹尾外国人ヲ雇用セズ，自力ヲ以テ外国ノ学術技芸ヲ選択利用シ改良進歩ヲ基スベキ」[1]と主張した(注1)。柳の主張によるか否かは不明だが，水産の技術学（水産学）や海洋学に関しては直接的な外国人教師はいない[2]。一方，日本の技術史においては，わが国は他の国・地域とは異なり，「なぜ，日本は西欧にのみこまれなかったのか」[3](注2)が研究テーマとされている。ここで述べてきた水産における海洋調査史は，この問いかけの解題においては一つの例証となる。まとめとするにあたって，水産における海洋調査のあゆみを次の4つの視点から検討する。

1. なぜ漁業基本調査，海洋調査をなし得たのか
2. 漁業や水産業と海洋調査との関係，漁業基本調査・海洋調査が漁業振興に果たした役割は何か
3. 漁業基本調査・海洋調査における国と県の役割はどうだったのか
4. 今，なぜ海洋調査なのか

10・1　なぜ漁業基本調査，海洋調査をなし得たのか

　明治維新後，政府は多くの産業振興等を見すえ，財政難のなかで直接使用する船舶もなく，いかにして漁業基本調査，海洋調査をなし得たか。ひとつは産業的・社会的背景であり，ほかに主体的要因（人的な背景）が考えられる。この両面から検討したい。

1. 産業的・社会的背景

　海洋調査の展開と漁業とのかかわりについては第9章にすでに書いた。ここではそれをふまえ，第一に重要な産業的・社会的背景について書く。

　明治期，わが国は先進諸国に学んで近代工業技術を積極的に導入した。漁業で大きいのは，綿網並びに機械製網(注3)であり，漁船の動力化であった。この2つを軸として近代漁業技術は急速に展開し，漁業生産は飛躍的に上昇していった。綿網の導入は漁獲効率の向上，漁船の動力化は漁場探査能力向上・漁業エリアの拡大を意味する。これらに，従来の漁撈技術と揚網技術の開発等が加わり，カツオ漁業，機船底曳漁業が発達していった。これは，漁業者の「情

第10章　まとめ

熱」と水産試験場の「試験研究の貢献」が大きい[4]。また，ノルウェー式捕鯨技術，汽船トロールの技術についてはまるごと導入された。

もうひとつは政策的な面である。明治初期，わが国周辺海域においては外国船によるラッコやオットセイ捕獲が盛んに行われていた。この事実は国民感情からみても，また軍事や国防からも放置できない面をもっていた。そして，これはわが国の漁業における国際的規模でのはじめての競争でもあった。この対策として，明治30年に遠洋漁業奨励法が制定された。この法律はその後，遠洋漁業を営む者に漁船トン数と乗組員数とに応じて奨励金を給付し，それによって遠洋漁業を促進させるものとなり，制度として，遠洋漁業のための漁船，漁法，魚介類の保存（氷冷・冷凍庫），漁港等の近代的技術の導入と乗組員の技能訓練とが意図され，順々に実施された(注4)。さらに，わが国は，明治27〜28年の日清戦争，明治37〜38年の日露戦争などにより，台湾，南樺太，関東州，朝鮮を次々に植民地とした。大正9年には，第一次世界大戦の結果として，旧ドイツ領の南洋群島を委任統治するようになった。これらの結果，漁業操業海域が朝鮮半島の沿岸海域，黄海・東海，三陸沖，千島，樺太，カムチャッカ半島沖，南洋群島等に拡大された。大久保利謙[5]は「近代日本は戦争を踏み台にして異常な発展を遂げ，大正期日本資本主義は独占体制を確立した」としたが，まさに日本の漁業は，戦争を媒介として操業海域を拡大し発展したともいえるであろう。

しかし，二野瓶[6]は，「機船底曳漁業やトロール漁業では，沖合といっても沿岸近くで展開する方が能率的で漁獲が多いために，多くは資源を枯渇させ，同じ資源に依存する沿岸漁業に対し深刻な影響を与えた。その結果，しばしば沿岸漁民との抗争が発生し，資源保護問題が生じた。漁業生産は自然的与件，すなわち魚群の回遊，生息の状態や海況などによって大きく規定される。この自然的与件には大きな地域的差異がある。沖合漁業においては漁船もそれほど大型化せず，多くは日帰りかせいぜい2〜3日の航海であれば，その自然的与件の差異はそのまま漁業生産の地域的差異をもたらすことが多かったものとみられる。それはともかくとして，沖合漁業生産の発展には地理的差異が大きかった」としている。つまり，漁業海域が拡大するにつれ，より効率的・経済的な漁業を営むためには，いつ，どこに漁場が形成されるか，どこにいけば魚が効率的に獲れるかなどの漁場選択が重要な課題となった。それには海洋環境の把握が重要な課題となり，回遊経路等の視点から魚介類の生態を明らかにすることも必要であった。

その後も，カツオ・マグロ漁業（内地沖合漁業），トロール漁業，底曳漁業等の振興にともない，より一層漁業海域が拡大し，海洋調査の重要性が増した。それにより，「漁業基本調査」実施当初は，沿岸の定地観測や近海の調査が主であったものが，「海洋調査」では沖合域に拡大され，昭和期に入ると太平洋一千浬調査のほか，カムチャッカ海域や南方海域等の遠洋海域にまで拡大されていった。まさに，漁場の拡大と海洋調査域の拡大は卵とニワトリの関係のようであった。

さらに，漁業関係の技術，例えば漁船の動力化，漁網，漁港，捕鯨技術，トロール技術等，外国から成熟した技術を導入できても，また，従来の国内の技術を輸入技術を活用して改善・開発することが可能としても，わが国の漁業の特質，周辺海域の海洋環境の特性，漁場環境，漁場形成，魚介類の分類・生態，資源状態は「基本的」には自らが明らかにし，そのための技術開発をしなくては対応できないことである。しかも，丸川[7]が書いたように，「水産業は之を他産業に比するに，其の立脚せる自然界中学術的研究の最も困難なる水界を生産の基礎としてゐること其れ自体が発達の速度を著して阻止し

てゐるのである。故に水産業の健全な発達を期するにはどうしても海洋の調査研究が必要」であった。このことは，基礎的な海洋学をはじめ，魚介類の分類や生態等の生物的特性等の「科学」的研究を実施せざるを得ないことを意味した。第2章で書いたように北原が「漁業基本調査」の目的として「重要水産生物の性質を知ること」，「重要水産生物の漁場を明らかにすること」等と述べたが，このためには海洋のモニタリング調査がきわめて重要な課題であった。今も，開発途上国は魚介類の分類から海洋調査までも他の国に依存することがあり，この点が明治期のわが国と決定的に異なっていた。海軍水路部にいながらも水産とも関係が深かった柳の決意が貫徹されたものであったといえるだろう。

2. 主体的要因

主体的要因の第一は「人」に恵まれたことである。湯浅光朝[8]は，明治維新後の日本の科学を推進した者を，甲グループ（国内で漢学と蘭学の教育を受けたもので，乙との師弟関係はない），乙グループ（外国の大学を卒業したもの，または留学したもの，日本でも主に外国人教師により教育を受けた者），丙グループ（日本の研究室で育った人で乙グループと師弟関係あり）の3グループに分けた。明治期の水産・海洋関係者を湯浅の基準で分けると，甲グループは関沢明清，柳　楢悦，田中芳男[注5]，乙グループは伊藤一隆[注6]，松原新之介，内村鑑三[注7]，宮部金吾[注8]，佐々木忠次郎，飯島　魁，石川千代松[注9]，箕作佳吉，和田雄治，丙グループは岸上鎌吉，岡村金太郎，北原多作，西川藤吉，三宅驥一，妹尾秀実，遠藤吉三郎，田中茂穂[注10]，寺田寅彦，原　十太，岡田武松[注11]である[注12]。

このうち，東京帝国大学の動物学科と植物学科出身は石川，岸上，岡村，北原，西川，遠藤，妹尾，原，三宅，田中，同物理学科は和田，寺田，岡田で，札幌農学校出身は伊藤，宮部と内村である。また，明治21〜45年までの24年間に（東京）帝国大学での博士取得者は93名である。水産や海洋関係者では箕作（学位取得年明治21年），佐々木，飯島，石川（同24年），岸上，岡村（同28年），寺田，遠藤（同31年），宮部（同32年），三宅（同39年），岡田（同44年）の計11名である[8]。このように，当時の数少ないエリートのうち多くの者が今でいう「水産学」や「海洋学」の研究に参加されたことがうかがい知れる。話は逸れるが，日本の生物学，特に水産学や海洋学の形成に関して東京大学（帝国大学，東京帝国大学）生物学科（動物学科・植物学科）と札幌農学校が重要な役割を担っているので，これらの歴史を垣間見てみたい。

東京大学生物学科は明治10年に設置された。帝国大学となるのは明治19年である。初代動物学教授はモース（Edward Sylverster Morse）[注13]で，在任は明治10〜11年であった。彼は大森貝塚の発見で有名だが，基本的には博物学者であり，わが国に進化論をもち込んだ人でもある。また，江ノ島に臨海実験場を設け，海産動物の採集を積極的に行った。モースの後任（2代目）はホイットマン（Charles Otis Whitman）（明治12〜14年），三代目は箕作佳吉（明治15〜42年），四代目は飯島　魁（動物学第二講座担当が明治26〜42年。第一講座は明治42〜大正10年）と続く。モース直々の弟子は，松浦佐用彦，佐々木忠次郎，飯島　魁，岩川友太郎で，石川千代松は事実上の弟子であり，これらの者は二代目ホイットマンの弟子でもあった。

石川[9]は，モースについては「ドレッジで海産生物の採集，普通動物の解剖，分類と標本に名前を付けて陳列する事を教え，動物学の講義をした。そのほか，毎土日には主として進化論の通俗的講演を試みられた」，ホイットマンについては「教育は主として実験室内のもので，多くは顕微鏡の仕事であった」，箕作については「プランクトンの採集を始めて教えていただ

第10章 まとめ

いた。又臨海実験所の必要も先生が始めて唱えられた」とし、さらに、三崎の臨海実験所建設については石川が走り回り、神奈川県有地に建設された[10]。一方、植物学教授は矢田部良吉であった。矢田部の弟子が岡村金太郎である。モースが主唱して、矢田部、宮嶺秀夫（当時、動物学助教授、後に高等師範教授）と協議し、東京大学生物学会（矢田部良吉が会長）を明治11年10月に設立した。創設時の会員数は13名で、モースの弟子たちのほか、松原新之助がこれに参加した。この学会はホイットマン教授時代には下火になったが、箕作教授時代の明治15年2月に東京生物学会として、箕作会頭、松原副会頭として体制が建て直された。その後、明治18年には東京動物学会、大正12年に日本動物学会となり、現在に至る。一方、植物学側も、矢田部教授たちが明治15年に東京植物学会を結成し、これが現在の日本植物学会の起源となった。

このような経過を経て、「（箕作と飯島が）モースが種を蒔いた日本の動物学を育て、世界に伍するレベルにした」[11]のであった。谷津[12]も、「モースとホイットマンは産婆役で、動物学の産みの親は箕作・飯島両教授であった。創業に際して、モースの如き多才な士を得て動物学を進化論的に通俗化して広くインテリゲンチャの中に植え付け盛に採集を行い、日本のfauna（筆者注：地方の動物相）の荒削りをなしたこと、次に、全然性格、経歴、学風を異にする世界的な学者ホイットマンを迎え得たことは我邦の動物学の発達の上に実に幸運であった」と書いた。

一方、明治9年設立の札幌農学校は、東京大学に匹敵するほどの高等教育機関として発足した。一期生（伊藤一隆、大島正健、佐藤昌助（北海道帝国大学初代総長））と二期生（内村、宮部、新渡戸稲造）には傑出した人物が育った。その後の水産関係者では、志賀重昂（農学校4期生、地理学者、前述）、和田謙三（農学校6期生）、藤村信吉（農学校7期生）[注14]のほかはあまりみられない。

蝦名賢造[13]は「この理由の第一には、明治15年北海道開拓使廃止により農商務省に移り、さらに、明治19年北海道庁所属となった。その際、札幌農学校の廃止論が台頭し、明治28年文部省直轄となる等、不安定な状況があったことである。第二には、明治20年以降、実に卒業生の4割以上が教育者となり、全国各地の中学校、農学校、師範学校教師として地域の一線の教育現場に立ち、そこに定着しつつ、自ら学んできた札幌農学校の精神と方法にもとづいて教育の実践と人材育成はもとより、地域の産業振興の発展に寄与してきたのであり、研究者になる人は相対的に少なかったことである。しかし、農学校精神は、（旧制）第一高等学校において、内村と新渡戸により日本の軍国主義やファシズムに対応し、また、戦後の民主主義を指導した東京帝国大学の矢内原忠雄、南原　繁（筆者注：後の東大総長）、田中耕太郎等の人々が、内村鑑三より「神」、新渡戸稲造より「人間」を学び（筆者注：例えば、矢内原忠雄著「内村鑑三とともに」[14]がある）、自ら札幌農学校の"子"と自称した感化を受けた人たちがおり、信仰を持たなくともその影響を受けた末弘厳太郎、宮沢俊義（筆者注：憲法学者）、横田喜三郎に受け継がれた様に、専門性というよりは全人格的な性格をもつものであった」とした。まさに、大正デモクラシーや反戦思想、戦後の民主化において、札幌農学校の精神がいかんなく発揮されたのであった。

このように、わが国の動物学に大きな影響を残したのはモースやホイットマンであり、そして彼らの弟子たちであり、また、東京生物学会・東京動物学会であった。このようななかで、岸上、内村、岡村、北原、原、西川、三宅、遠藤等が生物学の基礎知識、科学的なものの考え方、現場における調査法等を学び、鍛えられ、成長していったのである。

湯浅[15]は、「乙グループが近代科学者の生産

ルートの源であり，丙グループは真に創造的な仕事を日本の研究室でなした人達で，科学の移植が一応終わって，その樹に花が咲いて実を結びはじめたと読みとることができる」としたが，まさに海洋学・水産学において，箕作，飯島，石川，松原が近代科学の生産ルートの源となり，その弟子たちの丙グループに属する人たちが漁業基本調査・海洋調査の中心メンバーとなった。当時の数の少ないエリートたちが，この調査に集結し，あるいは水産や海洋という世界において創造的な仕事をしたということができるだろう(注15)。特に，モース，箕作や飯島による臨海実験場設置に見られるように，多くのエリートが海洋生物に興味をもったことは，われわれ水産関係者にとっては幸いなことであった。実際的な漁業を大切にした箕作には次の逸話が残されている。

> 農林省に頼まれ広島にカキ調査に行かれた時，県庁から先生を迎へに来た役人達が先生を海岸の料理屋へ案内して酒肴を出したので，先生は大いに不満に思はれ，カキは何処で調べるのかと云はれた処，カキ粗朶はアレに見えますと一里も遠方にあるものを指して申し上げた処，では舟は何処にあるかと云はれた。東京から来た役人も，広島の役人も御舟杯に御乗りにならないでも此処からお調べになれば宜しいのでございます。只今カキの漁夫共を呼び寄せますから，彼れ等から御聴き取りになりませばと申し上げ，先生を非常に立腹させたとの事である。当時，農林省辺から所謂調査に出掛けたデモ学者達は皆之れ等御役人が云ふた様にして報告書を出したことがあった[16)]。

次に指摘できるのは，上述した研究者の大半は，「生物学」や「物理学」研究のみならず，水産業を視野において「水産学」にかかわる研究をしたことである。箕作は，「水産事業上学術ノ応用」[17)]との論文を書き，水産業の発展には「科学」の活用が重要であることを示唆したほか，三崎臨海実験所の設置の第二の理由として「水産ノ事業ヲ助クル事」を挙げた(注16)。また，蚕の研究で有名な佐々木忠次郎（忠二郎）でさえ淡水養魚論を講述し，毎年11月には中禅寺湖へ出張してサケマスの人工孵化実験を指導した。また，農商務省の水産調査会委員として真珠貝養殖の研究を行い，水産調査報告等に4報を報告している[18)]。

明治初期，わが国の大学における科学教育は理学部と医学部であった。理学部について，廣重 徹[19)]は，「明治初期の日本は，死ぬか生きるかの切迫した条件のもとにあったはずで，東京大学開設にあたって理学部をおいた理由は，所謂，アクセサリーでなく，純粋科学，基礎科学の研究と言う今日の意味の理学部ではなく，なかば以上は工学部の役割を担っていたとみるべきであろう」とし，そのことは，「東京大学開設前の学科編成をめぐる議論をみても明らかである。明治10年9月の東京大学開講を前に各方面の意見を徴したところ，大きく分けて，①大学という以上，ヨーロッパの体裁に従い，純然たる高尚な学問を修めさせよ，②簡易にして早く日用に便する学術を授けよ，の二つの意見があった。①は趣旨はよいが現実的でない。学者が育ったとしても将来生計に苦しむだけであろう。②は大学の本旨にもとる。専門学科の萌芽をさまたげ，各国なみの知識を根づかせることができない。そこで，理論・実用に偏せず，一学科中に両方の課目を含めて兼修させるという結論になったという」。

このように，当時社会的状況からも産業を意図しなければいけない状況にあったとしても，箕作は単なる生物学者でなく，真珠，スッポン，カキ養殖等，産業を見すえた生物教育を実施し，自らも養殖に関する研究をも手がけた水産学者でもあった。特に，真珠養殖における箕作と西川の取り組みは注目に値するものである[20)]。

第10章 まとめ

磯野直秀[21]はこの要因として，「当時の日本の科学者は概して応用面への関心が後代の人よりも深かったが，実用への関心がもともと強いアメリカで長く過ごしたため，人一倍に応用面を大切にした」と書いた。また，石川は金魚の育種に取り組んだほか，琵琶湖産小アユの遺伝的特性の解明と多摩川への放流で有名である。飯島も真珠養殖に関心をもった[注17]。このほか，岡村のアサクサノリ，岸上のサバ・マグロ，遠藤の磯焼け，宮部のコンブ，伊藤や内村のサケ等，水産業への貢献も計りしれない。

この意味では，廣重の指摘のように，当時の人材は，基礎的な科学を進めると同時に産業的な視点をもっての研究を推進した。いいかえると，当時の研究者は，「科学」が「技術」を生み出し，「産業」を育成するという視点を大切にし，産業を見すえるとの視点をもって研究を進めていたことが伺いしれる。箕作の弟子の北原は，「海洋調査を水産の発展と科学のためにどうしてもやらねばならぬ仕事という信念を持たれ，漁政にせよ漁業者の操業企画にせよ，全てこの調査の正しい結果に立脚すべきであると考え」[22]，モース以来の「現場主義」と「科学主義」の問題意識を受け継ぎ，それを「漁業基本調査」「海洋調査」の中で活かしていくのであった。

さらにいえることは，漁業や海洋を見る場合，生物学的な視点だけでなく物理学的な視点も必要で，寺田寅彦，藤原咲平や岡田武松等の参加も重要であった。寺田寅彦は生涯の研究題目を地球物理学（気象学・海洋学）とし，漁業基本調査に関しては水産局からすでに嘱託されていた。そして，丸川久俊は「海洋学をやるには物理の知識が必要」と下啓介水産講習所長へ進言し，長岡半太郎との仲介によって，「絹のハンカチを雑巾にする」といわれながらも下は寺田寅彦を水産講習所の水産物理学の講師に口説いたといわれている。このことについて，藤原[23]は，寺田寅彦を「賓客の礼を以て扱われた」と記した。その結果，寺田の功績は，海洋調査のみならず水産物理学への貢献も計りしれないものである[24]。

岡田も「気象，地震，海洋などの地球物理学は，自然科学の中でも未発達分野であったから，すでにどこかで研究された結果を現業に利用したり応用したりすればよい，と言う状態ではなかった。例えば，天気予報についても，予想法が確立していて，それで機械的に出せるというものではなく，予想をやるかたわら，次々と現れる未知の事柄を解明して行かなくては発展は期せられない事情にあった。また，これらの学問分野の特徴は，現象の観測が基礎になっているので，逆に言えば，観測もただ機械的にやるのではなく研究的態度が大切」[25]とする問題意識をもち，業務にあたった。このことは海洋学や水産学にもいえたし，現在でも通用する重要な指摘である。さらに，これらを指示・支援した当時の水産局長道家は東京外国語学校仏語課出身で，谷　干城農商務大臣の欧州漫遊の際，フランス語通訳として参加した。随員だった奥青輔が漁業制度や漁業の発達程度の視察を行い，その後の漁業法制定のときに，それが大きな役割を果たしたことは有名である[26]。道家は趣味が「仕事」というまじめ人間[27]で，しかも外国の情勢をつかみ，理解できる人材でもあった。

以上のように，生物，物理的分野のみならず，法律系事務官も含めて量的にも質的にも当時の優秀な人材が，水産や海洋調査の分野に集まったことが第一の要因であった。

主体的な要因の第二は「情報」の問題である。明治15年には松原新之助が「水産調査ノ要旨」，明治22年には箕作佳吉が「水産物調査並ニ深キ海ノ魚」について記した。明治32年にストックホルムで開かれた北海を中心とした北大西洋を対象とする国際海洋調査準備会での結果は万国水産雑誌第2号によりわが国に伝わり，これを基にして，岸上鎌吉は明治33年4月の

府県水産試験場長，水産講習所長及水産巡回教師協議会の席上，上記会議で協定された観測事項を説明した。また，翌34年にスウェーデンのクリスチャニアで開かれた第1回国際海洋調査会議に水産局調査課長の肩書きで参加した。さらに，宇田は，「北原多作はクリュンメル著『海洋学』を読んで物理学的海洋調査の必要性を認め，岡村金太郎は明治32年に出たヨルト，グラン共著の論文の別刷りをグランから贈られ，生物学的海洋調査の必要性を感じた」[28]と述べている。

以上のように，明治維新前後から外国で開催された万国博覧会等への参加等による外国からの積極的な技術（ハード）導入のほか，少しのタイムラグがあったとしても，外国の図書，学術雑誌，主たる会議報告等の当時の先端の科学・技術情報（ソフト）が不十分ながらも伝わるシステムが構築されていたことも大きな要因であったろう。そして，すでにこれらに関心をもち，理解し，使いこなせる研究者・技術者が育っていたということである。その後も，遠洋漁業奨励法により，遠洋漁業の監督と技術向上のために予算の10％が支出でき，これにより春日信市，田島達之輔，藤井 信，宮田弥次郎，関口四郎などの若手技術職員の海外留学が行われた。また，それとは別に水産講習所に在外研究生規程が明治40年に設けられ，丸川久俊，小野辰次郎，小瀬次郎，日暮 忠，妹尾秀實，関根磯吉，木村金太郎，星野三郎，寺尾 新など多数が外国出張し，彼らは，帰国後に多くの研究成果をあげ，漁業や水産業の科学化に大きく貢献した。このように「遠洋漁業奨励法は，単に漁業を奨励するのみでなく，新漁法技術の導入や，漁業近代化を促進する重要な動機となった」[29]。その後も，論文，公刊図書，測器や分析機器の入手のほか，積極的な人材の派遣等を含め外国の情報の積極的な入手が図られたことである。さらに付け加えると，北原らは，外国製品をモデルとしながらも海洋や水産関係の多くの測器を国産化した。これらのなかで，漁業基本調査の当初の主役は帝国大学出身者であったが，その後，水産講習所出身の丸川，神谷，蜷川[(注18)]等が育ち，さらに，宇田や木村等の東京帝国大学卒の寺田寅彦等の弟子たち，相川という原の弟子も育った。そのことが海洋調査の成功の大きな要因となったのである。

「それにしても」と二野瓶[30]は次のように書いた。「一国家公務員（筆者注：当時，二野瓶は国立国会図書館調査立法局次長）である著者にとって，一段と身にしみるのは，当時の水産担当の役人の，スケールの大きさ，有能で目ざましい働きぶりである。何人もいない担当者でよくできたものだと驚くばかりであるが，逆に少数で，必要な業務に意欲的に打ち込む条件があればこそ，驚くようなことが自然にできたのかと思う。人種が違ったわけではないのだから，歴史情況の差異の持つ意味の大きさを，しみじみと感じさせられる。それはともかくとして，結果からみると，担当の役人と漁業者との関係は，それぞれの立場を生かしながら，かなり成功といえる組み合わせになっているように思われる。漁業振興というようなテーマだったら，担当の役人と漁業者の関係がうまくいくのは，当然かも知れない。しかしそれにしても当時の両者の大局的な判断が正確で，その上に立っての対応がなかなか見事なのに驚かされることが少なくなかった。当時の不十分な情報関係の中で，それが可能だったのは，現在の研究水準ではわが国の文化水準の高さとしか言いようのない，なにか捉え切っていない歴史条件のためであろう」。

ところで，中岡の「なぜ日本は西欧にのみこまれなかったのか」[3]について，冒頭，水産の海洋調査史はこの課題の解決に一つの例証になると書いた。すでに明らかにしてきたように，漁業基本調査・海洋調査において，外国に学びながら海洋調査を実施し，その中での着実な人材育成，リバースエンジニアリングによる海洋

測器の国産化等，柳ではないが「自らの力で改良・進歩」を図ってきた。しかしながら，筆者も開発途上地域の水産業を見てきたが，現在も外国から成熟した技術をそのまま導入する国も多々あり，さらに，それらの国において，海洋特性，漁場環境，魚介類の分類・生態，資源状態の把握をも未だに他国に委ねていることもある。ここが明治前・中期のわが国と多くの開発途上国との決定的に異なる点である。上述の二野瓶の言ではないが，これは，旧武士階級を中心として，先進科学を受け入れ，情報を利用できる高い知的レベルと高い問題意識（甲と乙グループの出身の大半は武士階級）をもった「人」の存在と，いろいろな問題がありながらも，国の漁業政策や科学技術および教育政策とが結びついての結果によるものであろう。

近年，中国の胡　錦涛国家主席が，中国の「創造性豊かな科学技術人材」が有すると思われる点について，①崇高な人生理念をもち，祖国と国民を愛し，才徳を備えていること，②真理追究に情熱をもち，事実にもとづいて真理を追究，時代の流れに対応できること，③科学的な思考力，弁証法的唯物主義の考え方をもち，また科学的方法と手段にもとづいて研究を行うこと，④しっかりした専門的基礎，幅広い国際的視野をもち，科学技術の進展を正確に把握できること，⑤強いチームワークや協調的意識をもつこと，⑥着実かつ真剣に仕事に取り組み，名利に流されず困難に屈しないこと，という6つの側面を指摘しているが[31]，時代背景や社会体制が大きく異なるにしても，明治や大正時代のリーダーたちに，上記の多くの点が該当することは興味深い。

10・2　漁業基本調査・海洋調査が漁業振興に果たした役割は何か

漁業基本調査・海洋調査が果たした役割は，(1) 科学，(2) 漁業・水産業の2つの分野に分けることができる。ここでは，この2つの視点から検討する。

1．科学に果たした役割

第4章に述べたように，北原は，海流の状況と魚類の回遊との関係について，「魚は潮目に集まる」（通称「北原の法則」）ことを明らかにし，それを受けて，宇田は，カツオ，マグロ，サンマ漁場の形成について北原の法則をさらに発展させ，「海洋前線（潮境）は海洋生物の濃密に集まる水域を示し，そこには好漁場があらわれ，通常海面に走る条目をあらわす潮目－収束線－がその指標となる」（宇田の法則）と述べ（第5章），漁場論の観点から魚群集散の原理を展開した。これに対して，木村，渡辺らが，ブリ，マグロ，イワシ，サンマなどについて，海洋力学的観点から漁場形成および漁況の変動を論じた。これらはいずれも，日本の漁場論・漁況論などのその後の発展方向を指導した重要な展開で，いわゆる日本の海洋学の特徴である「漁場学」的海洋学が形成された[32]。また，これらの調査研究を通じて，黒潮の流れにおいての蛇行，冷水塊，急潮現象の存在，親潮と黒潮の交わる東北海域での各種系統の混合状態がわかってきたとされる[33]。これらの多くはすでに，本文中に記したので，取りまとめることにとどめたい。

科学に果たした役割の第一は，海洋に関してモニタリング調査がきわめて重要であると認識され，その結果にもとづいて，海洋に関する，また資源生物に関する議論が展開できるようになったことである。第二は，明治後半期からおよそ（戦前まで）40年間のまがりなりにも水温，塩分，プランクトン量等のデータを蓄積してきたことである。その後もいろいろな事業として現在も継続され，100年ものデータが蓄積されたことになり，このような事業は世界的にみても非常に貴重なものである。これらのデータは，いろいろな難点があるにしても，その資料としては十分価値があるものであり，地球温暖化が

いわれている現在，これらのデータを積極的に有効活用することが求められている。第三は，これらの調査を通じて，三宅泰雄が指摘しているように「わが国の周辺の海洋特性の大凡が理解できた」[33)]ことで，海洋と気象との関係についても議論ができるようになったことである。第四は，海洋調査に関する測器の積極的な導入と普及が進み，さらに国産化につながったことである。第五には，漁業基本調査・海洋調査を実施するなかで，水産局・水産講習所関係および地方水産試験場等のみならず，大学，海軍水路部，気象台との連携態勢が構築されたことである。これらの発展の一形態として，海洋談話会ができ，昭和16年の日本海洋学会の設立，昭和32年のいわゆる三官庁海洋業務連絡会の結成につながるのである[34)]。これらの機関が現在もなお連携し，海洋データの供給等を含め，海洋学の発展に寄与している。

2. 漁業・水産業に果たした役割

第一には，「北原の法則」「宇田の法則」により，潮目を各種のデータから予測し，漁況予測を可能にしたことである。また，これらの調査等を通じて，魚の生態の一端が理解できたことである。これらの成果は，潮目に行けば魚が獲れることを意味する。このことは漁業の生産性を高めるためのひとつである「漁場選択」の効率化につながった。その後の研究の成果により，これがさらに進められ，漁業調査船の情報のほか，漁船等のデータの収集・解析が進められ，海洋図の作成，海況予報，漁況予報へとつながっていった。このことについて，中央水試の木村と水産講習所の稲葉伝三郎等が座談会の席上での「科学漁業」ということで次のように議論している[33)]。

　木村　漁師にしても近頃は随分科学的になつてゐますね。今はみんな海図の立派なのを船長室に掲げてゐるし，無線電信，無線電話も持つてゐる。水産の方面では，寒暖計を持つてゐない漁船なんかありませんからね。常に水温を測つてゐます。

　稲葉　それも一斉調査のお陰ですね。

　木村　昔僕等が口を酸つぱくして水温を測れ測れと言つて歩いたのが，今漸く効果を挙げて来たわけですね。航海についても非常に綿密になつたし，漁業に関しても相当科学的で，どこで魚が獲れるとか，この温度では鰹は駄目だとか，よく研究してやつてゐる。漁場に出掛ける時には漁況放送を聴いてから出掛ける。昔のやうにカンで魚を探すといふやうなことはなくなつた。私達のほうも暗号通信で漁況放送をやり，魚のゐる位置，水温の分布状況を知らせてゐますが，それをとても熱心に聴いて居り，船の位置の天測や水温観測等によつて，自分の船がさういふ位置に当つてゐるかどうか調べてゐる。

　稲葉　さうして漁期の関係，海流といふやうなことも知つてゐて，この時期ではもう採算が合はんといふことになると，漁船も無駄には動かなくなりましたからね。

　科学的な視点で漁業ができるようになったことは，木村と稲葉の話の展開に尽きるが，「福岡県水産試験研究機関百年史」[35)]が指摘したように「観測資料を用いて海況の特徴を整理し，漁業関係者へフィードバックさせるという情報提供の側面からみると重要な役割を果たし」，新たな漁船や漁具導入と相まって経済的な漁業活動ができるようになったことである。さらに，調査海域の拡大により，新漁場が開拓され，漁業者の活動の場が広がったことである。これらの一方では，急潮現象，海流等を取り上げ，その物理現象の解明へとつながった。木村[33)]は，前述の座談会の中で，急潮現象を「急潮といふ言葉は昔からあったのですが，漁師の使つてゐる急潮といふのは，狂潮とも云って，普段と違った方向から急な流れ突っかけて来て，網が流されたりします。私のはこれに大をつけて，大急

第10章　まとめ

潮といふのですが，これはなにもスピードばかりを問題にしてゐるのぢやない。流れももちろん強いが，水温が急に高くなるといふ様なことも関係して居ります。即ち，沖合外洋水が一時に多量に沿岸区域へ流入して沿岸に異常な変化（急流・水温の大きな上昇等）を与へると云ふ様な事を総合して此の現象を沿岸の大急潮と命名したわけです。之がどういふ時期にどういふ形式で現れるか，更にそれが地方的にどう違つてゐるかといふ事等を吟味したわけです」と述べた。これらのことは，「漁船」「定置網」という財産の保全ばかりでなく，「底一枚地獄」という漁業活動についても生命の保全という視点からも貢献したものと考えられる。

第二には，地方水試等の技師・技手等の海洋学・水産学等を担う人材の育成である。漁業基本調査では，館山，尾道等において道府県水試・講習所の技師・技手等を集め，漁場調査に関する講習会と打合会を実施し，その手引書として北原・岡村共著の「水理生物学要稿」が私費刊行され，使用された。その後も，この種の講習会・研修会を「海洋調査主任官打合会」等と称して，昭和3年までに10回にわたり開催した。さらに，中央水試主催で漁撈海洋調査担当官打合会が実施された。これらの一連の会議への参加者の延べ人数は相当なものとなったであろう。

そして，これらの研修会・打合会を通じて，海洋学に関する基礎的な事項，海洋調査の意義と成果，調査方法，調査機器の講義等が実施された。その結果，例えば，第4章で示した山口県水産試験場が取りまとめた「漁業基本調査報告書」の内容は，水産局や水産講習所の「漁業基本調査報告書」のものと遜色がないものであった。「北水試百周年記念誌」は「1931年全国水産試験場長会議で，農林省水産試験場より，1933年から日本海一斉海洋調査計画案が提出され，この観測まで各県の試験船の観測技術を統一し，習熟する必要があった」[36]と記したが，漁業基本調査・海洋調査においては，多種多様な測器が利用され，また，利用が求められ，多くは一定の水準に達した。まさに，漁業基本調査・海洋調査・各種の一斉調査等は海洋研究や漁業における人材育成と各種の技術の普及について大きな役割を果たしたといえるであろう。

第三には，漁業者等への海洋学・水産学の普及である。大日本水産会の機関誌「水産界」に，北原[37]は「通俗海洋研究談」（後日「漁村夜話」として出版）を，蜷川[38]は「海洋学」（(1)〜(2)）を書いた。原[39]は「海洋学講話」を「水産学会報」に連載するなど，月刊誌「大日本水産会報」・「水産界」，「水産」，「水産公論」，「帝水」等を通じて，いわゆる水産局，水産講習所，東京帝国大学等の専門家・知識人は，水産学や海洋学に関する積極的な啓蒙を図った。また，「水産界」や「帝水」等には「漁況と海況の予報」が掲載された。当初，これらの雑誌を購入し，読みこなせるものはごく一部の漁業者であり，一般漁民にはなかなか海洋学や水産学の知識は行き渡らなかった。また，府県の水産試験場や講習所の成果の広報活動については問題があったようで，大正7年の水産事務協議会において，水産局は，「水産試験場又は水産講習所に於て従来試験調査せる事項中営業者に普及せる事業の種類経過及効果に関する報告並試験調査の事項を営業者に速知せしむるに最も適切なりと認むる方法に関する件」[40]について協議し，詳細な取りまとめを行っている。しかしながら，「漁業者の政府に対する依存心は弱く，漁業振興のために必要な模索の過程では，自力更生を，ほかに手段のない当然の営みとみなしていたのであろう。漁業者の行動力は大きく，真剣であったように思われ」[41]，明治前期の巡回教師，明治から大正期にかけては水産共進会，水産会，集談会や談話会等の各種の会議で積極的な論議が行われた。また，明治30年代頃から水産学校が順次設置され，戦前には水産学校は甲種が14校，乙種が8校となった。このほか，明治から大正，特に大正中期以降には旧制中学，商

業学校や工業学校等の実業学校も続々と設立され，これらの結果，漁業や水産業者，彼らの周辺においてもだんだんと知的水準が上がり，論文や各種情報を読みこなすことができるようになったものと考えられる[注19]。

このほか水産講習所の技師等は，例えば，大正11年に静岡水試が後援した御前崎村漁業組合の海洋調査講習会において，海洋調査に関する講義をするなど，いろいろなところで講演・講義したほか，日本放送協会を通じて「水産講座」のラジオ放送をも行った。水産試験場時代には，漁業者を集めて「ぶりに関する研究会」を開催するなど，中央水試が組織として研究成果等の積極的な普及活動をするようにもなった。これらの情報を媒介として，漁業界に新しい知識や技術が普及，導入されていった。

10・3 漁業基本調査・海洋調査における国と県の役割はどうだったのか

漁業基本調査・海洋調査の成功は，水産局が企画し，水産講習所と地方水産試験場を巻き込み，大学，水路部，気象台の協力を得て実施するなど，わが国が一体となった海洋観測システムが構築できたことにあった。その中核機関が水産局から水産講習所へ，そして水産講習所から中央水試へ移ったが，その後も各機関と連携され継続実施された。ここで確認しておきたいのは，共同して調査することの重要性である。

熊田頭四郎[42]は，大正6年11月1日を期しての「対馬海峡付近四県（島根，山口，福岡，長崎）一府（朝鮮総督府）連絡海洋調査」の報告書の中で，「連絡調査の必要」という項目を設け，「今回の四県一府同時調査を，若し各県が異った時に勝手に施行したと仮定したならば，其結果は如何であつたらう。僅かに一個或は二個の断面図を作り得たばかりで，何等立体的観念は得られないのである。又同一場所に就て，定期に数年間調査を継続した所で，結果は略同様で，非常なる憶測を加味させない以上は，矢張り立体的観念は零であって，唯僅かに年々の水温や比重の変化，浮游生物の出現状況等の統計を得るにすぎない。然るに僅かの時日と経費とを繰合して遂行した今回の聯絡調査でさへ，曲りなりにもこれだけの概念が得られるのである。若し此様な連絡調査を一年間に四，五回宛，三，四年も継続したならば，対馬海峡などは明かに解決されると思ふ」とし，さらに，「これだけの調査を遂行するには，百三十時間即約五日間の日時を要する，之に出入港，寄港等の時間を加算すると，約六昼夜なければ遂行出来ない。此六昼夜は，連続した六昼夜でなければならない，若し一隻の調査船で，この調査をしたならば，其れは殆んど不可能と言ってよい，何故ならば，或仮定の時期に於て，此の海区で，連続六昼夜の好天気を見出す事は甚だ稀であるからである。されば非常に完全な，大きな調査船でも出来ない以上は，此種の調査は各県の連絡によらなければ，殆んど永久に不可能と言つても宜しい位であらうと思ふ。必要なるかな連絡調査」と述べた。

すなわち，多くの断面図を作成し，そのうえで海洋構造を明らかにするには，県同士の連絡を密にした連続的な連絡調査が必要であるということである。海洋の調査の場合，常に変動するため動的にとらえることが必要で，このため同時に体系的（組織的）に，かつ連続的に実施してこそ，意味があるものとなる。つまり，各機関の定線調査を一斉に行うことが重要であり，また，それを一定期間ごとに実施することが望ましい。例えば，アニメーションにおける1つのセル（1つの定線調査）とアニメーション（一斉調査）に相当するもので，この一斉調査を一定期間ごとに繰り返すことにより，より見やすいスムーズな動きのアニメーションになるということである。各都道府県だけでは小さな力でも共同して取り組むことにより，すばらしい図を描くことができることを証明したもので，熊田頭四郎が述べたのはまさにこのことである。

第二には，中核機関としての水産局・水産講習所・中央水試の役割と機能である。中核機関は調査計画の策定とその調整，データの取りまとめと供給・解析，プランクトンや海水等の分析，そして報告を担当した。このため，明治42年以降には水産局・水産講習所・中央水試が海洋関係の担当者会議を開催した。また，各地域も，例えば，東北一道一府八県担当者会議，北日本七県海洋協議会，有明海水産研究会，瀬戸内海水産研究会など全国のあらゆる海区で研究会が開催され，それぞれの時点でのその海域の課題，調査内容，方法，技術的問題が協議された。予算もその一部が水産局から，指定事業，漁業基本調査費（当初，水産局の予算をかき集めたものとされている），海洋調査費等で支出されてきた。それらの結果は，明治43年の漁業基本調査報告書，大正7年の水産講習所海洋調査部以来の月報海洋図，海洋調査要報として取りまとめられ配布されたほか，漁況や海況予測は当時の水産雑誌「水産界」「帝水」等に公表され，その後には，海況，漁況情報として中央放送局や各地方水試を通じて漁業者に還元されたのであった。

水産講習所の梶山英二技師[43]は，調査海域に関して，「国と地方が施行する海洋調査とはそれぞれ独自の特徴を持つべき。国はその年の黒潮・親潮が強いか弱いか，中心の流動方向に異変の有無，海水の成分・性質に異常はないか等を調査観測することを主眼に置き，実行に当つては本邦に接近し，而も黒潮或は親潮の性質の顕著な海面を選び此の海面の海洋調査（主として横断観測）を月に1回或いは2回（特殊な月のみ）施行し，両潮の其の時期に於ける特徴を迅速に地方庁に通達することを任務とする（筆者注：梶山はこの海面としてオホーツク海々水系とアリューシャン列島方面海水系とが相合する付近の海面，南部では黒潮と対馬海峡とが分離するその基部付近を想定）。地方庁は国の調査観測報告と各地方沖合で施行した海洋観測を比較講究して該地方現在における海洋の状態とその変化を知り，更に今後に於ける大要を予想すると云ふ具合に相互に関連すれば合理的である」と述べている。すでにこの頃から，国と地方との役割分担が問われていたと考えられ，梶山の指摘は妥当なものである。

以上のように，漁業基本調査・海洋調査等を通して，定地調査や定線調査を各県水試等が分担し，より広範な海域と沖合定線を水産講習所・中央水試が分担するという役割分担が構築されていった。もっとも，いくつかの県水試では適切な調査船がなかったために海洋調査を実施していないところ，定線調査に意味をもたなかったために漁場調査のかたわらで実施したに過ぎなかったところもあったようである。

また，水産講習所・中央水試は中核機関として，縦糸の関係として前述のような地方水試等の関係のほか，横糸の関係として，ここでは水産講習所・中央水試と大学，海軍水路部，中央気象台等との連携関係が構築された。これが海洋調査を実施するうえで重要な点でもあった。現在も，（独）水産総合研究センターを中核として水産関係の公設試験研究機関との連携（縦糸の関係），三官庁会議（国土交通省海上保安庁海洋情報部，気象庁，水産庁），四官庁会議（上記に海上自衛隊が加わる）として継続して情報交換や調査の打ち合わせを行っている[34]。ここで問題として指摘しておきたいことは，今，モニタリング調査が危機的な状況にあるということである。これは，国・県ともこの調査に関する予算削減が行われ，かつ，研究職員，船員の削減のほか，漁業調査船そのものの減船も行われているからである。このため，縦糸，横糸の関係も綻びかけている。

10・4　なぜ，今海洋調査なのか

水産にとって海洋研究はどのような意味があるのだろうか。もうひとつ遡っていえば，私た

ちは漁業や海洋に関する研究をなぜ行うのかである。そして，そこにおける海洋調査の必要性は何かである。

筆者は，漁業に関する海洋研究の意味は3つあると考えている。

第一は，いわゆる経済的な漁業生産活動を営むためである。いいかえると，どこにいけば，どのような魚が効率よく獲れるかである。当時の表現をすれば「もうかる漁業」である。

第二は，どのようにすれば持続的に魚が獲れるか，どのようにすれば漁業経営が成立するかである。いわゆる合理的な漁業活動である。

第三は，安全な漁業活動である。これは海難事故のない安全な操業にかかわる事項であり，気象予報や海況予報のソフト関係，船体や機関等の漁船のハード関係が重要であるが，ここでは触れない。

漁業の外延的発展がないと，終局的には経済的漁業と合理的漁業は一致するはずである。現在の漁業・水産業の問題は，この点が十分に整理されていないことに一因がある。

それらについて模式的に表したのが図10-1である。明治以来，大正から昭和の戦前にかけての海洋調査の要求の根拠を整理すると，第9章に示したように上述の第一と第三であった。

1. 経済的な漁業生産活動

まず，第一の経済的な漁業生産活動である（図10-1上段のカラム）。これには，漁場選択技術（海況予測・漁況予測），効率的な漁撈技術（漁船・装備，漁具・漁法）がともに必須である。ここでは，漁撈技術については触れない。

蜷川虎三[44]は，「実際之（筆者注：海洋のこと）を産業上研究するに如何なる方法を持ち，如何なる目的によって，此に臨んでるかを明らかにせねばならぬ」とし，「その研究が産業的目的を有する上から考えて，生物に其の帰結を求めねばならぬ。少くも産業的見地に立つて，

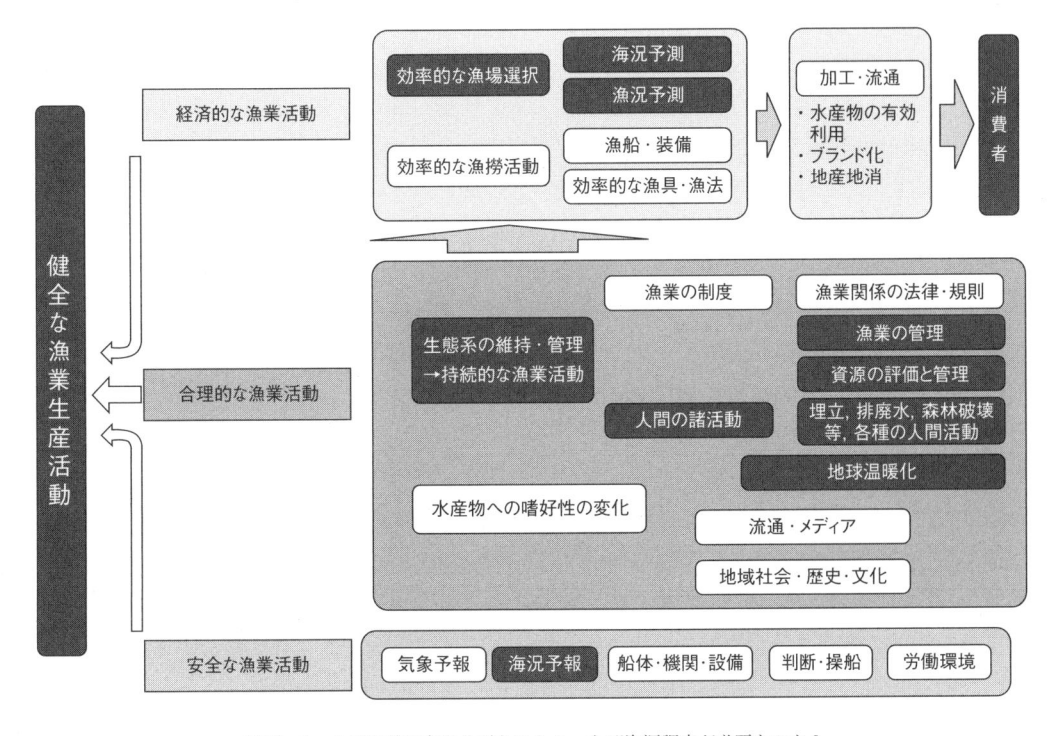

図10-1　なぜ海洋調査が必要なのか？　なぜ資源調査が必要なのか？
白抜きは，海洋調査に関係した事項を示す

第10章　まとめ

海洋学の理論に基いて研究せねば，それは如何に努力するも産業的の効果は挙げられないであらう。勿論吾人は純科学としての海洋学を研究する事は切望して止まぬ。然しそれにはそれの機関あり順序がある。其時，其場所の海洋状態を物理的研究に依って知ると共に，生物の状態は如何であったかを研究して見ねばならぬ。鰹漁場では，海洋の研究によれば，何故居るか，何故居ないかが問題であって，獲れた，獲れぬは研究の範囲ではない。此の観察の結果と，海洋における実験材料とを照合して一つの結論に達してゆかねばならぬ。其原因は必ず海洋自体に伴う変化か，或は生物の習性生活に縁由するものか，何れでなければならない。而て此の二つの原因は相関連するもので，因果関係のあるものである。研究した結果は，天気予報の如く予報的の根拠ある材料を得さしめるものである。研究が此処まで行けば著しい進歩で，大なる実益の伴ふものである。此の予報的根拠を得る迄には，一は諸観測材料及観察結果を統計的に綜合するの方法，ほかは動物の生理習性其ほかの研究から一の理論を求め，之れと海洋の状態との関係を明らかにするの方法である。故に将来我国の海洋の研究に於ても，徒らに理論に走り，或は形式にとらはれないで，実際の問題に触れつつ進まねばならぬとおもふ。即ち海洋を一の科学として研究するは重大なる任務ではあるが，之を応用化し実際化することは，より以上の責務であらねばならぬ」と記した。

この蜷川の指摘は，的確にその当時の漁業生産における海洋研究の目的と研究方向を示しており，現在でも通じる視点でもある。筆者が第一に挙げたことは，明治後半期以降，漁業海域の拡大にともない試験研究サイドに求められた命題であり，蜷川が述べた海洋研究の目的とする内容である。この解決のために，明治末期からの「漁業基本調査」や「海洋調査」等，多くのモニタリング調査が実施され，それらを北原や宇田が科学的な視点から取りまとめ，木村が漁海況予報として成立させたが，これらは，まさにこの命題の解決のために奮闘した成果である。その後の魚群探知機[注20]，衛星画像等の導入は，その延長上にあるといえるし，現在，水産総合研究センターの海洋部門が総力を挙げて実施しているFRA-JCOPE[注21]や日本海洋予測システム（JADE）[注22]もこれに関係したものである。これは，蜷川等，多くの識者が「天気予報の様に」といった大正中期から，約90年を経過して海況予測が少し実現に近づいたものといえよう。しかし，モデル自体の問題のほか，モデルに初期値をどう組み込むかで，予報はまったく異なってくる。天気予報ではアメダスの全国的な配備等を含め，多くの観測点を有し日常的な情報収集が図られている。水産の場合，情報の多くは水産試験場等のデータ収集に依存されている面が多く，調査が削減されると，予報の精度についてもいろいろな困難に直面するであろう。

以上のように，海況予報，漁況予報のための技術学的な研究成果が多く蓄積され，それらが取りまとめられ漁場選択技術として成立している現在，多くの漁業者はこれらの技術学的成果を，最新の機器，あるいはデータとして積極的に活用しているといえる。この意味で，蜷川が求めた事項については科学的には非常に進んだといえる。小さく装備が不十分な当時の調査船で，しかも少ない調査員による広い海域での調査によって，過去には遭難，行方不明等をも記録されている。困難な調査を成し遂げた先人たちに敬意を表したいと思う。

もっとも，戦後すぐ相川[45]は，「漁場荒廃に悩み，生産の低下に苦しんだ日本の漁業者が水産資源の合理的利用を考えて，その大きさと年々の増加量との関係からみて最も有利に採捕する基準を得ようと考える日が来たことは，日本の漁業の将来も明るくなったと云える」とし，南海区水産研究所油津支所長の居城　力[46]は，「総司令部の基本政策は最大限度恒常生産であ

る。百年の大計を樹てるのは，健全な資源保護政策に帰する。日本の水産科学者の従来の研究に就ても，漁獲を専一にし，保護面を全然等閑に付した。漁業経営の実際的方面から云えば，何か手近な手段や方法で，容易によく獲れる海域の操業点が知り度いのである」と述べた。戦前までの外延的な発展による生産第一主義とそれに対応した研究方向に批判が起こり，水産資源の合理的利用とそれに向けての「資源学」の概念の積極的な導入や漁業管理の重要性が指摘されはじめたのである。

ここで，以下の経済的な漁業生産の視点から，海洋調査の必要性についてひとつ議論を提起したい。それは，漁業生産「技術」にかかわる問題であり，モニタリング調査の経済評価に関する事項である。

▶漁業生産技術（漁場選択技術）における海洋モニタリング調査の経済的評価は？

大海原　宏は「現代水産経済論」[47]で，「漁業技術論」の構築を試みた。その主な点は，「労働手段の一定の**特殊な体系**」（筆者注：太字は大海原）としようとするもので，「それは漁撈，その前提としての魚群探査，保蔵・加工，そして，これらの活動を保障する海上交通・運輸の4活動である」とした。また，大海原は「カツオ・マグロ漁業の研究」[48]でも同様の議論を展開した。これについて，米田一二三[49]は，「期待が大きかっただけに指摘しておきたいものに『漁業技術論』がある。『漁撈学』的漁業技術論から労働手段体系説への発展がみられ，その業績を高く評価するが，その把握・展開においてやや問題があると思われる」と記し，次いで，「漁業技術を，極めて狭義の漁船機能論と漁業技術の類型区分による結合に終り，漁船機能は狭義の漁撈との結合関係でしかとらえられていない。漁業生産における漁船漁業の漁船が，労働手段体系の中でまず位置づけられなければならないのはいかなる自然を生産の対象となし得るか，占有支配するかというその機能を第一にあげねばならないのであるが，それが見落されている。そこがまさに漁業技術における労働手段の一定の「**特殊な体系**」（筆者注：太字は大海原）が一般的な工業生産技術と異なる相対的独自性であり，区別把握されなければならない重要な視点である。ここで，漁業生産において－この場合漁船漁業を指している－労働手段体系としての一義的機能を，対象資源への接近，遭遇，つまり占有支配する行為に見出すことになる。漁船の動力化は，曳網等の漁撈過程とは別に，自然的労働対象に対する時間的・空間的克服手段として，生産力視点からも画期的意義を有するものであった」と書いた。

また，秋山博一[50]は，大海原の「漁業技術論」が，「本格的に漁業技術論を体系化しようとする試みであるが，そして，観念体系として頭の中に存在するとしても，それが論文等として充分に客観化されていないが，少なくとも『漁業における基幹労働手段である漁船を分析の主対象に据える』ことで，果して技術論として有効性を得ることができるかという疑問である」とした。さらに，漁業技術発展の経過をスケッチした後，「日本の漁業技術発展は，生産と自然との矛盾の逐次的克服の過程であり，同時にそれは技術体系がその要素の変化にともない生産の目的に適合した機械体系へと進展する過程であった。すなわち，日本漁業にとっては，生産と自然との矛盾は漁場の拡大という形で，逐次的に克服されるべき矛盾として存在していたのであり，その克服は，技術体系自体の有する客観的法則性の合目的利用の展開の過程であったということができる。『技術体系自体の有する客観的法則性の合目的利用の展開』とは，第一は，技術体系とは，ここでは労働手段の物的体系のことであって，体系を構成する要素の変化は，それ自体の有する客観的法則性に従って全体系へと波及していくことである。第二は，合目的利用とは，生産の目的，つまり漁獲という

目的に適合した技術体系の利用ということであって，労働対象である魚の有する客観的法則性の利用に関係する。つまり，魚の性状に合せていかに効率よく漁獲するかという問題である。漁業技術発展の最も主要な契機はここにある」とした。

米田は，「労働手段体系としての一義的機能を，対象資源への接近，遭遇，つまり占有支配する行為に見出すことになる」とし，秋山は，「労働対象である魚の有する客観的法則性の利用に関係する。つまり，魚の性状に合せていかに効率よく漁獲するかという問題である」と書いた。つまり，米田と秋山の指摘に共通するのは，自然に支配される対象資源とのかかわりの重要性の指摘である。これは，図10－1の上のカラムの経済的な漁業活動での部分である。既述のように，北原[51]は，漁業基本調査の目的を，①重要水産生物の性質を知ること，②重要水産生物の漁場を明らかにすること，③漁業保護および発展の方針を確定することとしたが，これらは漁況予測・海況予測につながることであり，かつ，米田や秋山のいう対象資源とのかかわりの問題であった。

さらに，先人たちはモニタリング調査等を通じて，多くの海洋の科学的知見，水産学の成果を生み出し，さらに，これらにもとづいて，「漁海況予測」技術等の新しい技術が開発されたものである。筆者がいいたいのは，「対象資源への接近，遭遇，つまり占有支配する行為に見出すことになる」「効率よく漁獲する」「魚の有する客観的法則の利用」の技術が，単に，「漁撈機能としての海上交通・運輸関連機器，漁網，漁具，漁撈機械，魚群探査機能としての魚群探知機，ソナー，通信機器」[47]に矮小化されたり，また，米田や秋山においても具体的に言及されていないことである[注23]。

すなわち，漁撈技術のなかで，経済的な側面からは，特に魚の有する客観的法則を明らかにし，それにもとづいた，魚群探査のための漁況や海況情報やそれらの予測等の漁場選択技術と，それを漁業者等へ伝達する技術，漁獲における漁船・漁具・漁法の技術等の両方が重要であるということである[注24]。そこが漁業経済学の視点からほとんど触れられていない，顧みられていないことを指摘したい。いいかえると，漁況・海況情報やそれらの予測による魚群探査・漁場選択技術については，経済行為としての評価がなされてこなかったということである[注25]。これが，行政や漁業者に「モニタリング調査の重要性が評価されない，経済評価がされなかったし，され得なかった」理由の一つではないかと，筆者は考えている。

2．合理的な漁業生産活動

2つめは，どのようにすれば持続的に魚が獲れるか，持続的な漁業活動を営めるかである（図10－1の中段のカラム）。

戦後から多くの識者により求められた「合理的」な漁業生産活動であり，経済行為としての持続的な漁業の成立である[注26]。後述する秋山のいうところの「生産と自然の基本的な矛盾」を克服するための生産技術の開発である。今から20年ほど前の漁業資源研究会[注27]において，田中昌一元東京水産大学学長は筆者たちに，「漁獲量が減れば，漁獲努力量を減らせば良い。それで資源が維持される」と話され，これは資源調査が行われないと漁獲量の減少を防ぐことができないというわけではないと理解したことを鮮明に覚えている。

しかし，これをなすには3つの前提がある。1つめは漁獲情報の問題である。要は漁獲量情報・漁獲努力量が精確に把握できるかということである。ここでは触れないが，この根幹をなす漁業統計はいわゆる行政改革により縮小傾向にあることだけは警鐘をならしておきたい。2つめは漁獲努力量の削減，いいかえれば資源の管理でなく，漁業の管理が迅速的，かつ実質的にできるかである。3つめは，獲れたり獲れな

かったりでは漁業が経済的に成立し得ない。通常，多くの漁業者は，種々の魚種や漁業を組み合わせて周年の操業を行い，経営を成立させている。漁業を経済的に成立させるには，漁業管理が厳しくなされたとしても，いろいろな魚種・漁業を回しながら年間を通して，それなりの（いろいろな）漁業活動ができ，漁獲した魚介類が生産費に見合った価格で売れることである。このための，端的にいえば，漁業制度や資源管理を含め利益を生み出すシステムの構築が必要である。この意味において，利益を得るためには，「環境」から「生産」「流通」「加工」「消費」等を一貫したシステムでとらえることが重要であることはいうまでもない。要は，持続的に生活できる収入を確保できるシステムづくりである。これは①漁業制度，②漁業管理，③漁業生産技術といった問題のほか，④「漁獲物」を「商品」として付加価値を付け差別化して流通させる加工保蔵技術と商品流通上の問題と，⑤それら漁業の前提となる持続的に生産できる海洋生態系の保全である(注28)。

問題の第一は，秋山が前述の論文において，「200カイリ漁業専管水域問題の発生する以前から各種遠洋漁業において総漁獲量の低下と単位努力量当り漁獲量の低下が見られた。いわゆる乱獲傾向の現象化である。日本漁業にとっては，前記水域問題がこれに拍車をかけ，一気に資源問題が噴出した。すなわち，生産と自然の基本的矛盾のクリティカルな顕在化である。この基本的矛盾は，従来までは，労働手段の物的体系の高度化＝機械体系化によって逐次克服されてきた。だが，今や，この基本的矛盾は，労働手段の物的体系をいかようにいじろうとも，克服はすこぶる困難な問題として立ちはだかっている」と指摘された課題である。

これが書かれたのは昭和58年であるが，現在はますます漁業生産と自然の生産力との矛盾が顕著となっている。また，一部の意見として，「海洋が富栄養的環境から貧栄養的環境に変化したが，生態系が追いついていない」[52]との意見もある。このほか，漁業の外延的な発展が事実上不可能な状況が進み，漁業者の減少・高齢化，漁船齢の高齢化，漁業地域の疲弊等の漁業生産基盤が脆弱化しており，さらには漁業に関しての厳しい外圧もあり，全体としては，経済的な漁業生産技術（図10-1の上のカラム）から，漁業者が持続的な漁業ができる合理的な漁業生産技術の開発（図10-1の中のカラム）へと課題がシフトし，いわゆる「生態系管理」(注29)による持続的な漁業生産技術の開発が重要となってきている。

図10-1では，海洋のモニタリング調査に絡むことを白抜きで示したが，モニタリング調査は効率的な漁場選択，生態系の管理，安全な漁業活動等の健全な漁業生産活動を維持するための土台なのだからこそ，今後，一層強化する必要性を示しているものといえる。さらに，これらの土台に立って合理的な漁業をするための法的整備が必要となってくる。今の時代に見あった漁業制度が検討される時期に来ているのではないだろうか。そして，海洋モニタリング調査がこれらの生態系管理による漁業活動に与える経済効果についての検討が必要であり，これがモニタリング態勢の強化を図るうえでのひとつの拠りどころとなるものであろう。

これを阻害する要因として，大きく分けて2つある。1つめは，漁業活動を含めての各種の人間活動が海洋環境に与える影響であり，2つめは，食の嗜好性が漁業生産に与える大きな影響である。

▶沿岸・沖合の海洋環境は大きく変化している

ここ数十年間において沿岸・沖合の海洋環境は大きく変化している。図10-2は資源生物の生物生産に及ぼすさまざまなインパクト要因を模式的に示したものである。およそ半世紀ほど前までは，レジームシフトといわれる気候変動に伴う魚介類資源の変動と漁業活動（すなわち

第10章　まとめ

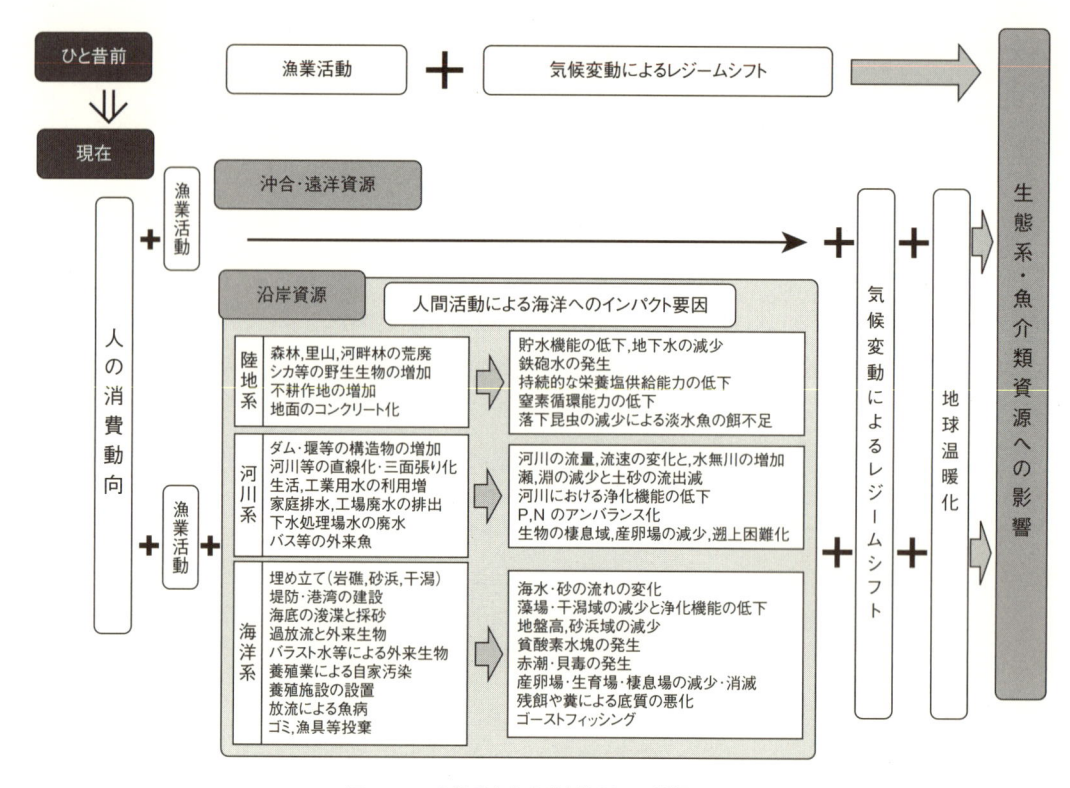

図10-2　生態系と魚介藻類資源への影響要因

乱獲）が資源に大きな影響を与えた。といっても，レジームシフトによる資源への影響が著しく大きく，一部の底魚等の資源を除いて乱獲による問題は従であったともいえる。また，乱獲といっても，今の漁獲圧力からいえばたいしたものではなかった。しかし，今では，漁業生産技術（漁場選択技術，漁撈技術）の著しい発達に加え，国際的な魚介類の需要の著しい増加により，漁獲圧力が著しく増加している。それに加えて，「まえがき」で書いたように，沿岸では，資源の乱獲のほか，埋立，浚渫，河川の三面張りや直線化，ダム・堰等の土木工事，取水や利水による水量の変化（いわゆる水無川や上流からの持続的な栄養塩の供給ができない），下水処理場を含む廃排水問題やいわゆる環境ホルモン問題，外来魚介類等の安易な放流，バラスト水の問題，さまざまな人間活動による沿岸にかかわる問題，河川にかかわる問題，そして，森林・陸域をめぐる問題が生じており，それらが，直接的にも間接的にも生物生産に大きく影響している。特に，地先で生息し，大きく移動しない魚介藻類や再生産年齢の高い魚介類への影響は直接的である。

また，沿岸環境は，大きく回遊する魚でも沿岸域で産卵するものも多く，それらの魚介類にも直接的な影響が大きい。沖合についてもクラゲやゴーストフィッシング問題がある。資源については，漁獲努力量の制限に関してTAC制度等による量的規制があるが[注30]，自主的な資源管理のほかは質の規制（禁漁区，禁漁期，制限体長，制限年齢など）がないため，加入乱獲を招いている[53]。多獲性浮魚資源についてはいわゆるレジームシフトによる魚種交替の影響が大きいとしつつも，「乱獲による自然増加への介入は，浮魚生態系の魚種交替のメカニズム全体を破壊してしまう恐れがある。このこと

が決して杞憂でないことが，サンマ，マサバ，極東イワシの例で理解できるであろう」[54]と川崎 健は書いた。近年，沿岸・沖合をも含め多くの魚介類（特に，成熟年齢の高い魚介類）は卓越年級群により資源を維持しているが，いろいろな要因が絡み卓越年級群が発生しづらい，発生しても再生産に寄与しない状況となっている。そして，昨今では，これらに加えて地球温暖化問題に直面しているといわれている。このような現象が続く限り，海洋生態系はさまざまな影響を受け，合理的な漁業生産活動にも大きな影響を与えることが推察される。

▶食の嗜好性が漁業生産に大きな影響を与える

この生態系に基づいた持続的な漁業生産に大きく影響を与える2つめの要素は，人々の食生活（嗜好性）である。

内閣府の家計調査年報によると，生鮮魚介の一世帯当たりの総購入量は昭和31年の74.2 kg（世帯人数4.61人）から平成18年の38.5 kg（同3.16人）と減少した。すなわち，平成18年の一人当たりの購入量は昭和31年の約4分の3となった。内訳を見ると，イワシ，サバ，アジ，サンマ，イカのいわゆる多獲性浮魚は一世帯当たり約37 kgから約10 kg弱に激減し，一人当たりの購入量も昭和31年の約40％弱となった。カレイ類（イシガレイ，マコガレイ，メイタガレイ，オヒョウ）は3分の1に，家計調査年報上の項目「ほかの鮮魚」に分類される多種多様な魚(注31)も約半分となった。

一方，マグロ，ブリ，カツオの3種の購入量は変化がなく，サケは増加した。一人当たりに換算するとこれらを合わせた購入量は平成18年は昭和31年の約2倍近くとなる。エビ・カニ類については昭和40年の1.8 kgから平成18年では約3 kgと増加し（平成5年は5 kgでピーク），ウナギの消費量は昭和55年から平成17年までの間に約2.5倍増となった[55]。このような消費動向から，約50年ほど前は，多獲性浮魚を中心にして，カレイ類，「ほかの鮮魚」，マグロ，カツオ等，地先で獲れたいろいろな「魚介類」を中心として，いろいろな形で魚介類が消費されてきたことを物語っている。

「保存性がなく，その価値を限られた人にしか認められないような水産物は，投機の対象にならない。例えれば，夏の瀬戸内海の五目釣りの獲物のようなものだ。小さな磯魚は，冷凍しておいても小骨が多くて，誰でもが食べてくれるものではない。釣りを楽しみ，それの鮮度を生かして工夫して食べる。顔と顔のつながった利用だから，話の通じる人びとの間では価値を持つ」，「むかしは，といっても30年ほど前には，引き売りの魚屋さんがいて，小魚をキレイにさばいて売り歩いてくれた。お店に行っても，魚ごとの食べ方や楽しみ方を教えてくれて，季節の変化が楽しめた。その魚屋さんでさえ，20年前には国内に4万店舗以上あったが，今日では2万店舗をきるところまで減少している」と鷲尾[52]が書いた。少なくとも30年前頃までは，まさに「地産地消」であった。当時は冷蔵手段，輸送手段も十分に発達していなかったこともあり，産物としての魚介類の特徴から「地産地消」をせざるを得なかった面があった。

その後，いわゆるコールドチェーンや輸送手段が発達し，スーパーマーケットを中心とした流通形態への転換（後述する加工品と同じで，基本的には規格，数量等に合致したものが流通する），集合住宅の増加等の住宅構造の変化，生活様式も変化し，柵やフィレーで流通するマグロ，ブリ，カツオ，サケの購入量の増加に見られるように，「骨なし，皮なし，臭いなし」という消費形態が進んだ。そして，さらなる消費生活の向上と，いわゆるグルメブーム・グルメ番組の影響もあり，マグロ，サケ，ウナギ，エビ，カニ等の特定のいわゆる高級魚介類といわれるものへの消費に拍車がかかっている。サケやブリ等の一部の魚は養殖生産の増加の反映とも考えられるが，マグロ，カツオ，エビ，カ

第10章 まとめ

ニ等も増加していることから，嗜好性の反映といえるだろう。これは，あくまでも家庭における消費動向であり，中食や外食を含めると，さらにこの傾向は著しいと推定される。

そして，わが国におけるこれらの漁業生産量は偏った消費量や消費動向に追いつかず，「漁業生産」と「消費量」の差を埋めるために，養殖生産のほか，全世界からいろいろな魚介類を買い漁り，輸入している。平成19年度の輸入金額は石油に次ぐ2位で1兆6362億円，水産物輸入量は289万トン[56]にも達し，ほぼ漁業生産額に匹敵するほど大きくなった。これが，「漁業生産」と「消費動向」の矛盾である。

神門善久[57]は，「かつて一九八〇年代初頭において，食生活は日本の誇りであった。脂肪過多の欧米や，栄養不足の途上国と比べて，日本はたんぱく質，脂肪，炭水化物のバランスがよく，しかも良質のたんぱく質・ミネラルを含むとされる海産物の摂取が多く，統計で見て当時の日本の食生活は理想状態であった」と日本型食生活を評価した後，「しかし，今日の日本の食生活は八〇年代とは雲泥の差がある。個食化・孤食化が進み，食事を摂る時間も食事の内容も，各自の気ままになり，嗜好性・習慣性の強い特定の食品ばかりを食べる傾向がある。料理はますます手抜きになって中食や加工食品への依存が高い。これに伴い，栄養バランスが崩れ，脂肪の摂取過多，野菜の摂取不足，過食など深刻な健康危害になっている。しかも，大人の食生活の乱れが，社会的遺伝として，味覚や生活習慣の形成期の子供に悪影響を及ぼす。骨折や肥満が増加するなど，歯止めなく子供の健康が悪化している」と書いた。

一方，いわゆる加工品となる多獲性魚・大衆魚の流通形態が「規格，数量」となり，「規格と数量」に合致した輸入水産物の増加と「味なき魚」の流通が進んだ[58](注32)。この理由は，日本の漁業のように，多様な漁法で多種多様な魚介類を獲る漁業では，「規格」や「数量」に合致することは困難であることから，「規格，数量」に合致した魚介類が多数輸入されるようになったのである。この結果，輸入水産物との競合に敗れ，数種の集中的に消費される魚介類から外れた魚介類（昔はその地域で消費されていた魚）の価格が低下したり，いわゆる雑多な魚として値がつかなくなったり，規格外として流通システムから外れていった。これが昨今の加工品となる魚介類や地域特産の魚介類の生産量と消費（需要）動向をめぐる状況である。

以上のように，秋山のいう「自然（自然の生産力）」と「漁業生産」の矛盾のほか，現在では「漁業生産」と「消費動向」「需要動向」の矛盾も深刻な問題となっており，これが漁業生産を介して自然の生産力に大きなインパクトを与えており，この問題を解決する必要性にも迫られている（図10-3）。このための方策の一つとして「地産地消」「スローフード」「旬産旬食」が唱えられ，また，地球温暖化対策のひとつとしてフードマイレージ表示による商品輸送にかかわるエネルギー消費量を抑えようとの試みが一部でははじまっている。その試みは「地産地消」を促進する意味では重要であるが，その取り組みのなかで，「漁業生産」と「消費動向」の矛盾の解決のための取り組みがなければ，生態系の管理による持続的で合理的な漁業活動にはなかなかつながらないものと思われる。

食生活は人間形成に重要な働きをする[59]。神門は，「『食育』という言葉が大流行である。食育と銘打った企画は花盛りで，食傷さえ感じ

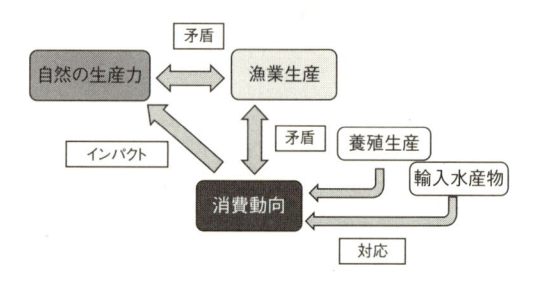

図10-3 自然の生産力・漁業生産・消費動向の関係

る。しかし，この食育ブームこそが，食の自己崩壊を助長している可能性がある」と，岩村の論文[60]を引用しつつ，警告を発した[57]。

3. 海洋は複雑系である

気候や気象，生態系，地球環境などはすべて「複雑系」(注33)であり，ひとつが変化するとほかも変化する。このため，多数のデータを絶え間なく継続的に集積する必要がある。また，これらに共通するのは「循環するシステム」という点である[61]。寺田寅彦，岡田武松等，初期の気象学者の多くは海洋学者でもあったように，海洋も同じ「複雑系」で「循環するシステム」であり，海洋に関するさまざまな視点からの日常的なデータの蓄積が必要となっている。また，海洋では今でも明らかになっていないことも多く，前述の岡田の指摘のように「すでにどこかで研究された結果を現業に利用したり応用したりすればよい，と言う状態ではなく，次々と現れる事柄を解明して行かなくては発展は期せられない。これらの学問分野の特徴は，現象の観測が基礎になっているので，逆に言えば，観測もただ機械的にやるのではなく研究的態度が大切である」[25]。

現在では，すでに述べてきたように，人間活動だけでなく地球温暖化等もあり，一世紀前の「漁業基本調査」の開始時期よりもますます海洋や漁業資源に対するインパクトが多数あり，多様化している。このため，生態系の監視がますます必要となっており，そのためのモニタリング調査の重要性が一層増しているのであり，過去に収集したデータの有効利用が求められているのである。すでに，昭和初期に海洋を理解する観点から当時の海洋気象台長の岡田は「(海洋気象台の)物理学的研究の雰囲気にあって，プランクトンの種類は水系の分類の指標となるから，海洋の物理的研究にも有用である。プランクトンによって海峡の季節的な変化の遅速も判定できそうであるから，沿岸測候所でもこれを観測したらよいであろうと早速手配した」[62]と述べている。初歩的だが昭和初期において「生態系の概念」を視野に入れ海洋のモニタリング調査を実施するということの重要性を指摘していることが理解できる。筆者は以上述べてきたように，現在では，「生態系」という概念のなかで漁業や人間の活動の管理を総合的に実施する必要が一層増していると考えている。

これらの命題の終着点は，1992年ブラジルのリオデジャネイロで開かれた環境と開発に関する国際会議（UNCED）における国際的に合意された環境政策の概念である「sustainable development」(維持可能な発展）における漁業施策であり，そのための技術開発である(注34)。つまり，自然現象やさまざまな人間活動による影響を受け海洋環境が変動し，漁業資源も変動するが，それを予測して，いかに合理的な漁業生産活動を行うかであり，それらのための法整備をもふくめた技術開発をするかである(注35)。また，人間活動による影響を最小限にする技術開発も重要である。資源評価が単に資源量を測るだけでは意味はない。資源の年級別組成（豊度）等の質的評価，海洋環境の特性や変化を分析し，そのうえで漁獲計画の策定まで及ぶ技術の開発が必要である。そのうえにたって法制度を整備し，漁業管理システムを構築する必要があり，その結果として，現在の情勢にマッチした漁業という産業を成立させる必要がある。そのためには当然，そこには生態系の概念が入っている必要がある。資源豊度の変化や生態系という概念は，大気と海洋との相互作用を含めダイナミックなものであり，海洋をはじめとした総合的なモニタリング調査抜きでは語れないものである。このことをよく理解したうえでの取り組みが必要であろうし，モニタリングを生かした合理的な漁業生産活動への到達を期待するものである。

第10章 まとめ

脚注

(注1) 話の性格が若干異なるが，これに近いことが植物分類の分野にもあった。日本の植物相の分類学的研究が欧米で盛んに行われていたが，東京大学初代植物学教授の矢田部良吉は，明治23年「植物学雑誌」第4巻44号に英文により発表された「泰西植物学者に告ぐ」において，外国と外国人における日本の植物相の分類の困難さを示し，「日本植物研究は以後欧米植物家を煩わさずして，日本の植物学者の底力によって解決せん」との檄文を書いた。この宣言は，東京大学における研究水準がようやく植物学といえる状態になったという自己評価であるといえる[63]。

矢田部良吉(1851〜1899)は伊豆韮山生まれ。コーネル大学で植物学を学び，明治21年東京大学理学部植物学初代教授。東京生物学会長，植物学会長を務め，日本の近代植物学の普及，研究，教育に従事。岡村金太郎の師でもある。「牧野植物図鑑」などを著した牧野富太郎との軋轢でも有名[64,65]。

(注2) 中岡は「日本近代技術の形成」の本文中で，正確には「日本はなぜ『低開発の開発』の道を免れたのか」と書いている。今回使用した文章「なぜ日本は西洋にのみこまれなかったか」は，わかりやすくするために，同書の帯に書かれているキャッチコピーを使用した。

(注3) 機械製網については，桜田勝徳「わが国機械製網の沿革について」（桜田勝徳著作集3－漁撈技術の船と網の伝承，名著出版，昭和55年）が詳しい。

(注4) オットセイに関しては，坪井守夫著「北洋開拓史とオットセイ産業(1)〜(14)」（さかな，16号〜34号，昭和51年〜60年）が詳しい。遠洋漁業奨励法については，二野瓶徳夫著「明治漁業開拓史」が詳しい。

(注5) 田中芳男(1836〜1916) 長野県飯田市生まれ。伊藤圭介の門に入り本草学（中国に由来する薬物についての学問。薬物研究にとどまらず博物学の色彩が強い）を学ぶ。文久元年，伊藤圭介に付き添い蕃書取調所（翌年，開成所と改称）に出仕し，物産学の研究を実施。明治維新後，開成所は政府直轄の南校となり大学出仕，文部省少教授で博物局掛。慶応2年フランス大博覧会に出張，その後，オーストリア博覧会御用係，ウィーン国博覧会事務官として渡欧。帰国後は内務省勧農寮に出仕兼勤。以後，農商務省御用係兼農書編纂係長博物局事務取扱等として，内務省や農商務省の博覧会事業による農政関係の殖産興業政策に尽力。農商務省大書記官，農務局長を経て，16年同年元老院議官，23年貴族院議員。水産に関しては，15年大日本水産会創設に尽力し，顧問に。また，20年東京農林学校に水産科簡易科の設置に貢献。水産局の編纂監督として，大日本水産誌（日本有用水産誌，日本水産捕採誌，日本製品誌）を着手以来10年目で完成させた。28年水産調査会委員，30年第2回水産博覧会評議員と審査官，同年水産講習所商議員。39年帝国学士院会員。男爵。写真は，下啓介著「明治大正水産回顧録」[26]より引用。

(注6) 伊藤一隆(1859〜1929) 江戸芝田町生まれ。明治13年札幌農学校一期生でマサチューセッツ農科大学長クラーク博士の教導を受け，また，ジョン・カッターに水産学を学ぶ。卒業後，開拓使御用係を命じられ，七重勧業試験場在勤となるが，赴任しないまま物産局博物課兼精錬課勤務。明治19年北海道庁に水産課が設置されるとその初代水産課長。明治19年北海道庁技師として米国水産業視察のため渡米。このとき，ワシントン在駐の九鬼公使の紹介を受け，米国水産委員ベヤード等の協力を得て，スミソニヤン博物館中央孵化場等を視察し，サケ漁とホワイトフィッシュの孵化事業を研究する。その後，漁港，魚梯，漁業会社，漁業組合等の漁業組織を視察。帰国後，千歳孵化場の設置とサケマスの孵化事業に尽くす。

また，紛争の絶え間なく，ときには流血の騒ぎとなった漁区問題を解決する。17年，民間人による強力な水産団体を組織し，官業を援助しつつ，自らもまた官の手の及ばぬ方面の事業を経営して進むことを企画し，民間人による北海道における水産学術の振興と漁業経営の強化に関する根本施策を旨とする「北水協会」を設立し，これをもって，Associationを「協会」とする訳語を作成した。

27年函館に半官半民で設立されたラッコ・オットセイ捕獲の帝国水産株式会社の社長となるが，役員内の確執で退職後は水産とは袂を分かつ。30年神戸の水産博覧会審査委員。33年，元米国公使エドウキン・ダンの勧誘によりインターナショナルオイルカンパニイに入社し，その後，日本石油の技師として石油事業で活躍。終始，札幌農学校教頭クラークの教えによる禁酒運動に力を入れ，後に日本禁酒同盟副会長になった。

(注7) 内村鑑三(1861〜1930) 江戸小石川の高崎藩中屋敷生まれ。6歳のとき高崎に転居し少年時代を送るが，その間，石巻，気仙沼で1年9ヶ月過ごす。有馬学校（報国学舎），東京外国語学校を経て，明治10年札幌農学校入学。同

左：内村鑑三，
中：大島正健，
右：伊藤一隆

14年首席で卒業し，「大洋の農耕，漁業も又学術の一なり」と卒業演説を行い，水産研究への決意を示し，動物学あるいは漁撈・水産養殖をしたい旨希望する。開拓使御用掛として採用され，日本最初の水産調査官といわれる「札幌県鮑養殖調査書」を発表し，「大小鮑殻標本」（北大博物館に陳列）を作成。続いて「千歳川鮭魚減少の原因」を大日本水産会報に発表するなど，精力的な研究を実施。明治15年の大日本水産会の結成に参加し，議員となる。また，東京生物学会にも加わる。

明治16年農商務省嘱託として水産課勤務し，日本魚類目録(599種を記載した原稿本)を著したほか，北海道産のニシン卵の佐渡への移植等について検討した。17年農商務省御用掛を辞職し，同年渡米し，アマスト大学に選科生として，史学，ドイツ語，聖書文学，鉱物・地質学，ギリシア語，心理哲学，倫

理哲学を学ぶ。その後，コネチカット州ハーフォード神学校に進むが，4ヶ月で中退・帰国。東洋英和学校，水産伝習所等で教鞭を執った後，1890年第一高等中学校の嘱託教員となるが，翌年，教育勅語奉読式において天皇親筆の署名に対して最敬礼を行わなかったことから批判され（内村鑑三不敬事件），依願解嘱。その後，高等英学校等の教員を経て，30年朝報社に入社し，「萬朝報」英文欄主筆，翌年客員として寄稿。その後，33年「聖書之研究」，34年「無教会」を創刊。この頃から聖書の講義をはじめ，志賀直哉や小山内 薫等が訪れる。堺 利彦，幸徳秋水らと社会改良を目的とする理想団を結成した。

著作として「基督信徒のなぐさみ」「余は如何にして基督信徒となりし乎」「代表的日本人」等がある[66, 67]。なお，日本魚類目録は，大島正満著「伊藤一隆と内村鑑三」[68]に掲載されている。大島正満の父は大島正健（札幌農学校一期生）。同じ一期生の伊藤一隆の甥となる人物である。大島正満は東京帝国大学理学部動物学科出身の動物学者（魚類学）で，スタンフォード大学でジョルダンとギルバートに学ぶ。台湾総督府技師，東京府立高等学校教授。連合軍総司令部資源課水産課技術顧問。著者として「動物学汎論」，「生物学汎論」がある。写真は，「伊藤一隆と内村鑑三」[68]より引用。

(注8) 宮部金吾（1860～1951）江戸生。東京外国語学校から札幌農学校へ進学。新渡戸稲造，内村鑑三と並び称される札幌農学校二期生の三羽がらすの一人で，卒業後，開拓史御用掛を経て札幌農学校助教授，教授。

御用掛のとき，在官のまま東京帝国大学理学部植物学専攻生となり，矢田部良吉に学ぶ。その後，ハーバード大学に留学し，菌類と藻類を学び，「北海道千島の植物」で学位を取得。世界的な植物病理学者で，コンブ等の北日本の海藻の分類にも業績を挙げるほか，留学中にはアメリカ漁業局の研究所で魚の寄生菌（水生菌）の研究をも行う[69]。然別湖に生息するミヤベイワナは，最初の発見者である彼の名前に由来する。昭和21年文化勲章受章。写真は「宮部金吾博士を語る」（原資料は北海道大学附属図書館所蔵）[69]より上記図書館北方資料室の許可を得て引用。

(注9) 石川千代松（1861～1935）東京本所生まれ。外国語学校を経て，明治15年東京大学理学部生物学科卒。卒業論文は「ヌマエビの発生」。卒業後，直ちに准助教授となり，また，16年開設の水産博覧会委員。同年動物進化論（モース教授講演筆記）を著し，助教。17年ドイツに留学しワイズマン教授等に発生学，進化学，解剖学，地質学等を学ぶ。フライブルク大学助教授となり ph.D を受ける。22年帰国，再び，帝国大学助教授，帝国博物館学芸委員。23年農学部教授。24年理学博士。26年動物学昆虫学農産蚕学第一講座担当。33年東京帝室博物館館長。41年水産学第二講座分担。44年学士院会員。大正13年退職，東京帝国大学名誉教授。

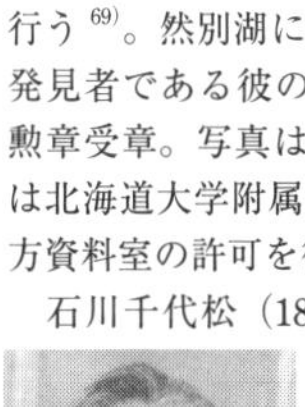

ドイツより帰国以来，動物学の講義を分担し，発生学・遺伝学・進化学等を教える。研究テーマは，ホタルイカ，夜光虫，山椒魚，鯨のほか金魚の育種と琵琶湖のアユ移殖試験であった。琵琶湖の小アユは環境による身体上一時的変化であるとし，27年からはじめ，35年からは小アユの飼育試験を実施した。大正2年から多摩川に小アユを輸送・放流した結果，小アユが琵琶湖に陸封された大アユであることを明らかにした。これを基に滋賀県水産試験場は，大正8年天の川の支流で滝のため遡上できないアユを取り上げ，これを上流に放流して大アユに成長したことで好結果を得た。これ以来，琵琶湖産の小アユが全国各地の河川に放流され，また，池中養殖の種苗としても利用された。また，豊橋養魚場（当時水産講習所）で海産稚アユの飼育をも行った[71] 写真は，「動物学雑誌」[70]より引用。

(注10) 田中茂穂（1878～1974）高知県土佐郡上街通町（現高知市）生まれ。明治30年高知県尋常中学校卒業。旧制一高を経て，明治37年東京帝国大学理科大学卒。県立尋常中学校（現追手前高校）で寺田寅彦と同級生で，学内成績で競っていたが，常に寅彦が先んじていたという。

在学3年目，大阪で開かれた内国勧業博覧会に出品された魚の査定が縁で魚類専攻が運命づけられたという。昭和6年「日本産魚類の分布に関する研究」（英文）（東京帝国大学理学部紀要，第4類第1号，1931）で理学博士。常に「学位なんてつまんないよ」というのが口癖であったという。大学院を経て，講師，助教授を経て，退官直前の昭和13年教授，並びに第4代三崎臨海実験所長。

日本の魚類分類の創始者であるばかりでなく，世界の学会にも大きく貢献した。田中はジョルダン（D. S. Jordan），スナイダー（J. O. Snyder）との連名で，大正2年，A catalogue of the fishes of Japan (J. coll. Sci. Imp. Univ. Tokyo, 33, art. 1 : 1 ～ 497，大正2年）を出版したほか，「日本産魚類図説」（和英両文）（全48巻）の出版を明治44～昭和5年まで続け，阿部宗明（元東海水研）と富山一郎がその続きを昭和33年59巻まで続けた。研究論文数は約300編，著書は50冊を数え，約170種の新種を記載し，そのうち約90種は有効種である。田中の魚類標本は，東京大学総合研究博物館に所蔵。

田中茂穂は，土佐人でもちょっと珍しい「イゴッソー」といわれ，目上の者にも，あまり気安くない人でも，歯に衣着せず意見をいったという[71-75]。写真は東京大学総合研究博物館[76]より許可を得て引用。

(注11) 岡田武松（1874～1956）千葉県布佐（現，我孫子市）生まれ。明治32年東京帝国大学理科大学物理学科卒。中央気象台に就職し，予報課勤務，技手。37年技師となり予報課長兼臨時観測課長。37年日本海海戦時の気象予報担当し，「天気晴朗なれど浪たかかるべし」を予報。39年農業と気象との関係調

第10章 まとめ

査嘱託。世界にさきがけ海上気象電報規程の実施に努力。44年「梅雨論」で理学博士。森林気象に関する事務嘱託のほか、海洋調査の関係で水産講習所の嘱託でもあった。

大正2年、寺田寅彦、大森房吉とともに気象談話会を組織。大正7年海難防止のため海洋気象台設置に動き出し、大正9年神戸海洋気象台長。11年中央気象台付属測候技術官養成所設立。12年中央気象台長兼海洋気象台長。15年東京帝大教授兼任。昭和2年教科書「気象学」を刊行。海洋観測船春風丸竣工。13年科学技術振興会委員。16年日本海洋学会長、中央気象台退職後、同台の参与となり、18年学術研究会会長、24年文化勲章を受章。

理論気象学を昭和17年から19年にわたり発刊。岡田が常々、若い人へ説いた箴言を紹介する。①外国人の尻馬に乗るな、②一年間にせめて1冊の標準書を読め、③自分の専門関係の標準書は自費で備えよ、④1年に2つや3つの論文を書けないものは気象台をやめろ、⑤雑学は事業発展の基いだから、そのつもりで専門外の本も読め[77]。写真は「岡田武松伝」[62]より引用。

(注12) 湯浅も中間的な人もいて明確に区分することは困難であると述べているが、ここではいちおう、年代、経歴等から判断した。

(注13) モース（Edward Sylverster Morse）(1838～1925) アメリカポートランド生まれ。製図工を経て1859年、アガシーの学生助手。19歳で最初の論文をポートランド自然史学会に発表。1871年ピーボディン大学教授。同年ph.D取得。アメリカンナチュラリストを創刊し、その後、ハーバード大学で講義。1877年（明治10年）東京大学教授に就任し、大森貝塚の発見と発掘、進化論の講義とともに、江ノ島臨海実験所開設。明治11年東京大学生物学会創設。12年帰国。15年に再来日し、大日本水産会で「水産の緊要」（大日本水産会報、5号、4～15、明治15年）と題して講演。

モースは動物学だけでなく、天文学、建築学、地理学、美術学等にも興味をもった。1862年に腕足類に関する研究のため、これを多産する日本に来たときにひょんなことから初代教授としてスカウトされた。教育者として、飯島 魁、石川千代松等の多くの弟子を育てたほか、当時の知識人に影響を与えた。アメリカに一時帰国中に集めた2500冊の書籍や小冊子は東大図書館の核となり、また、関東大震災後には彼の全蔵書を寄贈。モースは大変な親日家で、日本人の生活、生活様式から陶器に至るまで関心をもち、日米の文化交流に重要な役割を果した。その内容は「日本その日その日」に描かれている。モース述（石川千代松訳）「動物進化論」、モース著（矢田部良吉訳）「動物学初歩」等の出版物がある。

1884年アメリカ科学振興協会副会長（人類学部門選出）、1886年会長、1914年ボストン博物学会会長、1916年セーラム・ピーボディ博物館名誉館長。1922年勲二等瑞宝章を授与された。写真は「動物学雑誌」[78]より引用。

(注14) 和田謙三は、農学校6期生。明治21年卒業後、北海道庁に勤務し、25年内務部水産課長に抜擢され、38年北海道庁立水産学校長（現、小樽水産高校）。

藤村信吉（農学校7期生）は、伊藤一隆の薫陶を受け道庁水産課勤務し、千歳の孵化場主任として建設や運営の責任を負わされ、研究に打ち込む。その後、虹別孵化場等の多くの孵化場の建設のほか、チミケップ湖にしか存在しなかった陸封性ベニサケ（今のヒメマス）の支笏湖への移殖に成功。明治35年北海道水産試験場長。

(注15) 明治14年の第一回卒業から27年までの14年間に動物学科卒業生は15名しかいなく、単純に平均すると毎年1名余ということになる。

(注16) 「今ヤ報告ヲ終ルニ臨ミ、余等ノ大ニ後来ニ切望スル所ヲ陳ゼザルヲ得ズ。他ニ非ズ、東京近傍ニ於テ相当ノ場所ヲ撰ミ、海岸実験場設立アランコト是ナリ。(中略)我国ニ一ノ定リタル実験場ナケレバ、余等其海岸ニ達スルノ後、新ニ実験場ニ適セル家ヲ捜索シ、其他ノ準備ヲナスガ為メ規定ノ日子若干ヲ空クコトニ費サザルヲ得ズ。又其家屋トイフモ通常ノ民屋ナレバ、自ラ実験ノ目的ニ適セズ、毎ニ充分ナル結果ヲ得ルコト少シ。(中略)今宜ノ地ニ於テ実験場ヲ設クルアラバ、眼前左（筆者注：本書では下）ノ神益アルベシト勘考ス。

第一、学術ノ進歩ヲ助クル事。

第二、水産ノ事業ヲ助クル事。

例ヘバ、石決明（筆者注：アワビ）ノ如キハ我水産ノ一ニシテ、国民ノ食糧トナルノミナラズ、外国ニ輸出スルモノ実ニ夥シ。故ニ之ヲ培養スルコトハ最肝要ナリ。便チ之ヲ為スニハ其発生ノ経過其常習等ヲ明ニセザルベカラズ。発生ノ経過明ナル時ハ、或ハ媒助法ヲ以テ之ヲ繁殖セシムルヲ得ベシ。然レドモ此等ノ事、皆海岸ニ於テ実地験究セザレバ能シ難キ所ナリ。

第三、学生及ビ地方学校教員ヲシテ実地ニ動物ノ研究ヲ為スヲ得ベカラシムル事。

動物ハ陸産ノモノ多シト雖モ、水産ノモノニ比スレバ其数甚ダ少ナケレバ、動物学ヲ修メシムルニハ最モ要用ノコトナリ。

第四、博物館地方学校等ノ為ニ水産動物ノ標本ヲ集ムルコトヲ得ベシ。

第五、集ムル所ノ標本ハ外国ト交換シ、以テ我邦ニ於テ獲ルコト能ハザル品ヲ得テ参考ノ助ケトナサバ、其益少小ナラザルベシ。

然レドモ余等ノ経験ニ由テ考ルニ此実験場ハ敢テ広大ナルモノヲ要セズ。僅ニ数百円ヲ費サバ、以テ建築スルコトヲ得ベシ。且ツ之ヲ保存スルニモ年々僅少ノ金額ヲ以テセバ足ラン。故ニ今我大学、若シ教育博物館、農商務省中博物局、水産局等ト協力シテ之ヲ設立セバ、其費ス所ハ甚ダ微ニシテ、其得ル所ノ神益ハ必ズ大ナルベシ」[79]。

(注17) 飯島 魁は真珠養殖研究のために五ヶ所浦を訪れているが、その際に撮った双子島（獅子島）の写真がある[80]。これは、現在の養殖研究所宿舎辺りから

撮ったもののようである。戦前，御木本は五ヶ所浦周辺で大々的に真珠養殖業を営なみ，従業員数は800名を数えたという。南勢町史[81]は，「作業場に隣接する小高い丘の上に住居と迎賓館を建設した。いわゆる御木本御殿といわれた建物で，ここに多くの貴賓を迎えた。しかし現在は取り壊されて，由緒ある建物はない」と書いた。このときの風景写真は，「真珠王ものがたり」（しおさい文庫（2））[82]に掲載されている。宿舎のあるところは御木本の別荘があったということで，飯島が泊まったのは御木本の迎賓館のようである。

(注18)　第9章で蜷川虎三の略歴を書いた，本来，丸川，神谷に続いて助手となり，海洋調査を担う者として位置づけられたと考えられる。

(注19)　明治末期の水産学校等の設置は，水産学校の本科9校，別科6科，水産補習学校（小学校教育の補習と職業教育の基礎を目的とする学校，修業年限3年が原則）128校，水産科の加設高等小学校121校であった。しかしながら在漁村水産科未設高等小学校が936校もあり，水産に関する教育システムが少しずつ整備が図られているが，全体としてはまだまだ未整備であることがわかる[83]。

本文にも書いたが，大正期には産業が発展し，そのための専門家需要を増大させ，その結果，中等教育や高等教育の拡大へと導いた。これにより，漁業や水産業の周辺をも含めて知的水準が上がり，種々の論文等を読みこなす人が増加したものと考えられる。その後，水産補習学校は青年学校となり，在郷青年陶冶の根幹となった。昭和14年から義務制となり，小学校の過程をおえて水産業に従事するものに対して，水産業に関する智識技能を授けるとともに国民生活に須要の精神教育を施すのが本旨で，修業年限は普通科2年，本科5年であった。全国の校数は，普通科531校，本科817校で，これらの教員養成所は全国で45ヶ所，水産では富山県立実業補習学校教員養成所と長崎県実業補習学校教員養成所（現長崎大学水産学部）の2ヶ所であった[84]。

(注20)　魚群探知機については寺田寅彦，木村喜之助，田内森三郎らも精力的に研究した。

(注21)　FRA-JCOPEとは，海洋研究開発機構が作成した海洋変動モデルを（独）水産総合研究センターが改変し，気象予報のように，一定期間の漁況の予報に活用しようとするものである。

(注22)　日本海海洋予測システム（JADE）は，九州大学応用力学研究所と（独）水産総合研究センター日本海区水研が共同で開発した海洋環境予測システムである。

(注23)　筆者が調べた範囲（あまり多くはないが）では，米田や秋山だけでなく，二野瓶，平沢，小沼，岡本等も海洋調査の役割・貢献については触れてはいない。経済学者の中で海洋調査の重要性をきちんと評価しているのは，当事者ともいうべき蜷川で，彼は「水産経済学」（厚生閣，昭和8年）の中で，「漁業の経営に当たり，できるだけ自然的危険を少なくならしむ方法を採ると共に，または之を経済的に危険分散の方法を講じるよりほかはない。従って，沖合遠洋漁業に於いては，漁船漁具の改良は勿論，気象通報・漁況海況の通信連絡を円滑充分ならしめて」と書いた。蜷川は海洋学の調査研究をやっていたこともあるが，水産学を単なる自然科学的なものだけでなく，社会科学，人文科学を含めてトータルなものと位置づけた[44]。

わが国の水産学は，昔から，漁業，養殖，製造等（海洋学を加えることもある）と明確に区分し，しかも学問的には，自然科学，特に，生物学や化学に偏在し，社会科学，人文科学をも含めて，トータルに考える教育が行われていない。大海原[85]は，「伝統的『水産学』は漁業，製造業，増殖業との三つに識別し，『水産物を人類の生活に利用する産業』と極く常識的に捉えている。水産学に技術学観点が不可欠である。水産学の本体は水産技術学であるという認識が欠落している。技術思想が水産学には皆無である」とした。

筆者も同じような問題意識に立っており，我々にとって重要なのは水産の技術学であり，その技術学の根底にある成果には科学的な法則性が必須であり，そのためにはそれぞれの課題に沿った基礎研究が必須であると認識している。そして，さらに重要なのは水産の技術学的成果を，技術として経済的に成立するようにどのように組み立てていくかであると考えている。この意味では，「技術学」と「技術」とは異なる。

中山 茂[86]は，「思うに，生産技術というものは，すべて科学上の一つのアイデアだけで，あるいは先端的な技術のみによって表現できるものではない。たしかに先端を切って進む技術の最前線にある企業では，産業スパイを使ってでも盗みたい個人的な発明発見があるだろうが，大学における研究のすぐれた論文があらわれ，またすぐれた特許の申請があったからといって，それだけで事が足りるものではない。製品が生産されて市場に出るまでの過程には，さまざまな要素が入ってくる。その過程にも創意や工夫が必要であろう。それらを総合してもっとも市場に適した形のもののみが市場における競争に勝ち残り，生き残るのである。そうした技術が活きるための基盤作りには，知的な伝統もあるし，技術者・生産者の教育水準・技術水準もある」と書いた。

彼は，一つの見出された科学的な成果だけで技術が成立するものではないことを指摘している。電気や機械工業のような二次産業では，それでも一つの突出した成果があれば企業家等がそれにもとづきいろいろな努力・工夫し，経済的利益を生み出すために，切磋琢磨して「技術」として成立させる。しかし，水産分野の場合にはそのような企業等が弱いというより，ない状況であることから，水産学の知見ばかりでなくハードもある一定のところまでも試験研究機関が対応しなければ，「労働の実践的側面を第一義として労働の生産力の増大，労働の節約を物的に担う労働手段の体系」[87]を作り得ない，すなわち，「技術」としての形成ができないと考えている。

(注24)　昨今の状況では，燃油費が高騰しており，ここでいう漁業生産技術においてもより一層の技術開発が求められている。このため，効率的な漁業生産技術（漁場探査技術と（狭義の）漁撈生産技術）の再見直しが重要となっている。

(注25)　海況の予測によりおよその魚群の位置を把握し，そこに接近すると魚群探知機やソナー等により魚群を把握する。戦前までの，魚群探知機やソナーが普及されなかった当時は，今より一層，海況や漁況予測が重要であったものと考えられる。

(注26)　合理的漁業について，戦前も考えられなかったわけではない。例えば，相川[88]は，「漁村の経済及び行政に関する諸問題は近年になって一般の深く関心する処である。斯る方面の対策は人為的処置に依り当面の危急を救済することも不可能ではないが，水産物の生産資源たる魚群体（Stock）の涵養をなし，以て生産の維持を計るのが基本的方策であらう。漁民の生活の安定と漁村の更生繁栄は生産資源を確保し得て始めて成就せられるものであらう。元来漁獲高の変動劇しく，漁場変遷の著しきは漁業経営上の一大障害である。此等の変動の本質を開明して漁業経営を科学的軌道に沿はしめる為には新しい水産科学（Science of fishery）の一分野が展開せらる可きであり，其成果に基づいて漁業の合理化（Rationalization of fishery）が行はる可きである。斯くて魚群体が維持確保されると恒久的に最小の経費を以て最大の漁獲高を挙げ得て，経済的漁業経営（Economy of fishery）が成就されるであらう」と書いた。

(注27)　通称，GSK。水産研究所における漁業や海洋分野の研究会。資源・海洋の研究の成果や課題，研究方向性について自主的に協議する場。すでに廃止された。

(注28)　経済的漁業・持続的な漁業を営むという視点からは，資源や海洋モニタリング調査を実施し，その結果にもとづいて将来の資源予測や海洋環境変動予測を行うことが必要である。漁獲量と漁獲努力量との関係から資源の維持は，資源の管理のうえでは初期的なものである。

(注29)　筆者は，「水圏では生態系は評価できるが，管理はできない」と考えている。ここで便宜上「管理」という言葉を使っているが，その意味は「生態系の解明，監視，維持，修復」と理解していただきたい。

(注30)　川崎は[55] TACを「漁獲可能量」と訳すのは語感が異なり，不適切」としている。TACによる漁業管理は合理的な漁業のごく初期的な段階である。

(注31)　他の鮮魚とは，「あこうだい，あまだい，姫だい，丸だい，きんめだい，とび魚，いとより，ひらめ，ほんがれい，あなご，かわはぎ，きす，たら，さわら，にしん，白魚，ほっけ，あんこう，まながつお，生うに，なまこ，ほや，あゆ，はや，やまめ，にじます，ひめます，川えび，さわがに，生すじこ，生たらこ，たらの白子，シーフードミックス」。

　およその平成18年の購入量（38.5 kg）は，多獲性浮魚（イワシ，サバ，サンマ，アジ，イカ）が約10 kg，カレイ類，タイ類の底魚が約2 kg，マグロ，ブリ，カツオ，サケが約10 kg，ほかの魚が7 kg，エビ・カニ類が約3 kg，タコが0.9 kg，貝類が約4 kgとなる（およそのため，足し算をしても38.5 kgにはならない）。

(注32)　「味なき魚の流通」とは，バイヤーが直接商品を吟味することなく，ファックス，メール等を用いて，写真で現物を確認し，規格，数量が合致していれば売買を成立させる商取引。

(注33)　「ゆらぎ」や「偶然」を引き金とする秩序形成や単純な操作の繰り返しが生み出す複雑なパターン形成など，一括して「複雑系」と呼ばれる。これらは，系が多成分の要素から成り立っており，それらの要素間の非線形（入力と出力が比例関係にない）相互作用のために部分の和が全体にあらず，系全体の協同的な振る舞いによって新たな質が生まれ，ゆらぎやノイズによって秩序が創発する。従来の要素還元主義的な手法（系を部分に分け，各部分が完全に理解できれば全体の振る舞いも理解できるとする考え方）では解決不可能な問題である。よくよく考えてみれば，日常的に経験する地震や気象や生態系や生命現象などは，すべて複雑系である[89]。

(注34)　原科幸彦[90]は，「sustainable developmentを「持続可能な発展」や「持続可能な開発」と訳されることが多いが，この本来の考え方は，環境は人間活動の器であり，人間活動は器としての環境が持続可能な範囲でしか行えないということである。環境を人間生活の制約条件と明確に認識するという理念から，「維持可能な発展」という表現がふさわしい」とした。

(注35)　筆者は，「資源は評価できるが，管理はできない。管理ができるのは漁業である」と考えている。漁業の分野において，「資源管理」を強調すれば強調するほど，漁業問題が「資源問題」という自然科学的な問題に矮小化され，本来，議論すべき経済行為としての漁業問題から論点が逸らされていくのではないか，と危惧する。

引用文献

1）片山房吉：日本水功伝（13），水産界，100 ～ 105，昭和17年
2）小沼　勇：漁業政策百年－その経済史的考察，279，平成元年
3）中岡哲郎：日本近代技術の形成，朝日新聞社，平成18年
4）二野瓶徳夫：日本漁業近代史，117，平凡社，平成11年
5）大久保利謙：日本近代史学事始め，84，岩波書店，平成8年
6）二野瓶徳雄：現在日本産業発達史19水産（山口和雄編），161 ～ 164，財団法人交詢社出版局，昭和40年
7）丸川久俊：海洋調査の二十年，水産二十年史，54 ～ 64，水産新報社，昭和7年
8）湯浅光朝：科学史，109 ～ 111，東洋経済新報社，昭和36年
9）石川千代松：動物学雑誌，500号，210 ～ 212，昭和5年
10）石川千代松：箕作先生と小生，動物学雑誌，256号，5 ～ 9，明治43年
11）磯野直秀：モースその日その日，197 ～ 202，有隣堂，昭和62年
12）谷津直秀：東京帝国大学理学部動物学教室の歴史（I），科学，8（8），36 ～ 42，昭和15年
13）蝦名賢造：札幌農学校，新評論，昭和56年
14）矢内原忠雄：内村鑑三とともに，東大出版会，昭和37年
15）湯浅光朝：科学史，186 ～ 189，東洋経済新報，昭和

16) 石川千代松:歴代編集委員回想記,動物学雑誌,500号,210～212,昭和5年
17) 箕作佳吉:水産事業上学術ノ応用,東洋学芸雑誌,108号,500～508,明治23年
18) 鏑木外岐雄:佐々木忠治郎博士,科学,8 (9),32～34,昭和13年
19) 廣重 徹:科学の社会史(上),20～21,岩波書店,平成14年
20) 久留太郎:真珠の発明者は誰か？－西川藤吉と東大プロジェクト,勁草書房,平成9年
21) 磯野直秀:モースその日その日,30,有隣堂,昭和62年
22) 宇田道隆:海の探求史,185,河出書房,昭和18年
23) 藤原咲平:寺田寅彦,科学,6 (2),81～85,昭和11年
24) 影山 昇:人物による水産教育の歩み,62～113,成山堂書店,平成8年
25) 須田瀧雄,岡田武松伝,305～306,岩波書店,昭和43年
26) 下 啓介:明治大正水産回顧録,9,東京水産新聞社,昭和7年
27) 片山房吉:日本水功傳(22),道家 齋,水産界,731号,62～65,昭和18年
28) 宇田道隆:海に生きて,229,東海大学出版会,昭和46年
29) 岡本信男:近代漁業発達史,71,水産社,昭和40年
30) 二野瓶徳夫:明治漁業開拓史,64,平凡社,昭和56年
31) 黄 福濤:中国における「創造性豊かな人材」育成,科学,78 (3),310～312,平成20年
32) 佐藤 栄:日本の海洋,漁業生物研究の歴史的過程とその発展に関する研究,第二報,漁業生物の基本的諸性質および生物的生産に関する諸理論の歴史的発展,東北水研報,31,1～79,昭和46年
33) 稲葉伝三郎,木村喜之助,竹内能忠,三宅泰雄:座談会,海洋学の進歩,海洋の科学,4 (1),20～29,昭和19年
34) 寺田一彦:海洋調査研究における国内の連絡,海洋学会20年の歩み(日本海洋学会),114～118,昭和36年
35) 福岡県水産技術センター:福岡県水産試験研究機関百年史,252～253,平成11年
36) 北海道立水産試験場:北水試百周年記念誌,154,平成13年
37) 北原多作:通俗海洋研究談,水産界,388号(大正4年)～460号(大正10年).後日「漁村夜話」(大日本水産会刊)として出版
38) 蜷川虎三:海洋の研究について(その一),水産界,28～32,大正9年
海洋の研究について(その二),水産界,26～30,大正9年
39) 原 十太:海洋学講話,水産学会報,1巻2号(大正4年)
同,1巻3号 (大正5年)
同,2巻1～4号 (大正6年)
同,3巻1号 (大正8年)
同,3巻2号 (大正10年)
40) 水産協議会の結果,水産界,404号,39～42,大正5年
41) 二野瓶徳夫:明治漁業開拓史,64,平凡社,昭和56年
42) 熊田頭四郎:対馬海峡付近四県(島根,山口,福岡,長崎)一府(朝鮮総督府)連絡海洋調査,水産研究誌,13 (1)～(3),大正7年
43) 梶山英二:海洋から観たる東北地方の冷害と其予知,水産界,626号,22～32,昭和10年
44) 蜷川虎三:海洋の研究について(2),水産界,450号,26～30,大正9年
45) 相川廣秋:水産資源研究の性格,水産界,765号,4～7,昭和22年
46) 居城 力:水産研究白書,水産界,803号,6～17,昭和26年
47) 大海原 宏:漁業技術論,現代水産経済論(大海原 宏,志村賢男,高山隆三,長谷川 彰,八木庸夫編),53～80,北斗書房,昭和57年
48) 大海原 宏:カツオ・マグロ漁業の研究,成山堂書店,平成8年
49) 米田一二三:書評,大海原ら編著「現代水産経済論」,漁業経済研究,27 (4),51～56,昭和58年
50) 秋山博一:現代的課題としての漁業技術論,漁業経済研究,28 (3),33～45,昭和58年
51) 北原多作:漁業基本調査に就て,大日本水産会報,350号,23～24,明治35年
52) 鷲尾圭司:日本の漁業は,どうあるべきか,環,35号,134～140,平成20年
53) 川崎 健:日本漁業－現状・歴史,課題－,経済,104号,112～131,平成16年
54) 川崎 健:漁業資源－なぜ管理できないのか－(二訂版),208～209,成山堂書店,平成17年
55) 吉川昌之:統計データからわかる静岡県の養鰻業を取り巻く情勢(PartⅡ),はまな,517号,3～5,平成19年
56) 日本水産経済新聞:平成21年1月1日,日本水産物貿易協会集計による
57) 神門善久:何が食生活を乱したのか,世界,778号,137～142,平成20年
58) 大谷 毅:シーフード流通の問題点,漁村,66 (11),62～76,平成12年
59) 新村洋史編著:食と人間形成,青木書店,昭和58年
60) 岩村暢子:ファミリーストップ！食卓崩壊,「孤食」そして「勝手食い」へ,日本経済新聞,平成19年5月12日夕刊
61) 池内 了:寺田寅彦と現代,110,みすず書房,平成17年
62) 須田瀧雄:岡田武松伝,307～308,岩波書店,昭和43年
63) 大場秀章:キレンゲマショウマ,東京大学大学博物館ウエブサイトから
64) 清原美智子:牧野富太郎,異能異才人物事典(祖田浩一編),311～316,東京堂出版,平成4年
65) 牧野富太郎:牧野富太郎自叙伝,講談社,平成16年
66) 影山 昇:人物のよる水産教育の歩み,9～61,成山堂書店,平成8年
67) 鈴木範久:内村鑑三,岩波書店,昭和59年
68) 大島正満:伊藤一隆と内村鑑三,北水協会,昭和38年
69) 北海道大学大学院農学研究科:宮部金吾博士を語る,平成13年
70) 動物学雑誌,47巻(8・9)(故石川千代松博士記念号),9,昭和10年
71) 阿部宗明:名誉会員 田中茂穂先生を偲ぶ,動物学雑誌,84 (1),93,昭和50年
72) 富山一郎:田中茂穂先生に師事して,魚類学雑誌,22 (2),119～124,昭和50年
73) 坂本一男:日本産魚類の研究と東京大学の魚類コレクション,東京大学博物館Web.版

第10章　まとめ

74) 高知大学博物館：土佐の魚類学者，高知大学 Web 版
75) 瀬能　宏：魚学史－日本の魚を研究した人たち，神奈川県生命の星・地球博物館，自然科学のとびら，4（2），平成 10 年
76) 東京大学総合研究博物館：「東京大学所蔵肖像画・肖像彫刻」（http://www.um.u-tokyo.ac.jp/publish_db/1998Portrait/03/03100.html）
77) 須田皖次：学会創立当時と岡田先生，日本海洋学会 20 年の歩み，148 ～ 51，日本海洋学会，昭和 36 年
78) 動物学雑誌，34 巻，大正 11 年
79) 磯野直秀：三崎臨海実験所を去来した人たち，29 ～ 30，学会出版センター，昭和 63 年。原典は，『学芸志林』第八十冊（明治 17 年 3 月発行）の「動物採集報告」
80) 平坂恭平：私の思い出，動物学雑誌，34 巻 401 号，104 ～ 105，大正 11 年
81) 南勢町誌編纂委員会：改訂増補版南勢町誌（下巻），162，平成 16 年
82) 真珠王ものがたり（しおさい文庫），伊勢志摩編集室，平成 5 年
83) 影山　昇：明治期におけるわが国水産教育の史的展開過程－水産伝習所と水産講習所－，東京水産大学報告，25 号，1 ～ 59，昭和 60 年
84) 農林行政史，第 4 巻，529 ～ 530，昭和 34 年
85) 大海原　宏：「水産学」の全体像をさぐる，水産科学，17（1），32 ～ 38，昭和 46 年
86) 中山　茂：科学技術の戦後史，78，岩波書店，平成 7 年
87) 中村静治：技術論論争史（下），501，青木書店，昭和 50 年
88) 相川廣秋：合理的漁獲率決定の基準，水産学会報，7，212 ～ 229，昭和 11 年
89) 池内　了：寺田寅彦と現代－等身大の科学をもとめて，2 ～ 4，みすず書房，平成 17 年
90) 原科幸彦：環境アセスメントとは何か－対応から戦略へ，28 ～ 29，岩波書店，平成 23 年

資　　料

1. 水産海洋調査改善の具体的方策（要約）
2. 水産調査の方法に就て
3. 漁業基本調査（漁業基本調査ノ目的及方法）
4. 漁業調査基本報告・海洋調査彙報・水産試験場報告（漁業・海洋関係）
5. 日本環海海流調査業績
6. 地方水産試験場の海洋・資源関係試験事項
7. わが国の明治期から戦前までの水産における海洋モニタリング調査
8. 海洋調査ト魚族ノ廻游
9. 海洋観測と漁業の関係
10. 大正7年水産事務協議会「海洋調査連絡方法に関する件」の協定事項
11. 農林省水産試験場事業報告（海洋関係部門）
12. 新ニ協定シタル連絡試験項目
13. 瀬戸内海水産振興協議会で決定された試験調査事項
14. 漁況の速報並に予報に関する件
15. わが国の漁業の発達と海洋調査関連事項について

資料

資料1　水産海洋調査改善の具体的方策（要約）

（宇田道隆，栗田　晋，平野敏行：水産海洋観測改善に関する研究（農林畜水産業関係応用的研究費），昭和33年）

　水産海洋調査改善の方策は多岐にわたるが，こゝには特に重要な点のみを要約列記し，各項目毎に簡単な説明を付け加えた。詳細は後に述べてある。

改善の具体的方策

1. 早急に水産海洋調査に関するセンターを設ける。
   近年極めて不備であった水産海洋調査の全国的な連絡調整および技術研究の向上を図り，水産関係で行われた一般海洋調査資料を全国的に集め，これを速やかに整理，公表するためである。
2. 国内の関係各方面の研究者を網羅した水産海洋調査研究協議会（水産海洋測器分科会を含む）を常置し，その事務は上記のセンターがこれに当たる。
   水産海洋調査研究関係者の全国的な連絡，討議による研究の推進，調査方法の改善，水産に適した海洋測器の性能向上，研修，講習等による海洋調査員（特に地方庁調査員）の技術の向上，各増養殖場についての関係機関の海洋調査計画の連絡統一を図るためである。
3. 水産研究所，各県水産試験場，大学等のA海域水産海洋調査研究予算を相当大幅に増額する。
   A海域とは直接漁業や増養殖業の行われている海域（対象生物の存在する場所）の環境について，生物または漁業と対応して調査する場合，この海域を言う。
   これは漁業との結びつきの目的が最も明確な調査研究であって，現在優先的に行うべきものと考えられる。その中でも，資源生物（遠洋，沿岸魚族および増養殖生物を含む）と環境との関係の研究が重要であり，また漁況の予察，予報につとめることが肝要である。特に沿岸漁業資源（例えば，マイワシ，カタクチイワシ，サバ，アジ，ブリ，スケソー，スルメイカ，クロマグロ等）の魚群行動や分布，量的変動と環境との関係を求めるため，それぞれモデル海域を定め，魚群等と対応した細密な水産海洋調査を行う。
   前項の研究中，最も優先的にとりあげるべきものを具体的に述べたのである。
5. 沿岸漁況予察，国際漁場研究のためにB海域の一般海洋調査を整備し，予算を増額する。
   A海域の環境条件と密接な関係を持ち，これを支配するような海域について環境を調べる場合（資源生物とは直接対応させない。そこに資源生物の存在すると否とにかゝわらない），この海域をB海域と言う。
   現在他官庁で行っている一般海洋調査を，水産に役立たせるためには，調査地点，時期，調査項目などが不足で，とくに水産の立場から検討の上，充実を要するものである。またこれは地方庁試験調査船の活用によって大いに効果をあげることができる。
6. 水産海洋調査のため地方庁試験調査船を有効に活用するには，国より地方庁に交付する水産海洋調査の委託費を増額する。
   現在地方庁の試験調査船は全国的に見て隻数において必ずしも少なくないが，ほとんど収入予算のための漁業に忙殺されている。これらの船を海洋調査に活用するには，それほど多額の予算を要しないであろう。またこの委託費などによって，現在憂慮されている地方庁の海洋調査の技術を向上させ，地方的漁況予報を著しく改善し，生産拡充を期待することもできる。
7. 増養殖場経営の基本となる微細海洋調査を確立する。
   これによって，増養殖生物との関連において有効で，最近とくに進歩しつゝある微細海洋調査（microocenography）の結果と関係新測器の導入，発展が期待され，しかも経費が比較的少なくてよいからである。

資料2　水産調査の方法に就て
（岸上鎌吉：大日本水産会報，216号，1～4，明治33年）

　本資料は，明治33年4月10日水産局に於て府県水産試験場長，水産講習所長及水産巡回教師協議会の時，参考として演説したものである（筆者注）。

　　水産調査の方法に就て　　　理学博士　岸上　鎌吉

　余は水産調査に就ては互に相協同して事業の進捗を図られことを希望するか故に昨年瑞典（筆者注：スウェーデン）に曾同したる各国学者か指定したる事項を述へ，以て諸君の参考に供せんとす。其協定たる水産の調査を生物学上と水形学上とに分ち，一定の方法手段を以て調査するにあり。本邦も亦是等の方法に依り，一様に調査をなすに於ては東西各地互に比較することを得て斯業上利益する所尠少ならさるべし。
水形学上の調査は概ね左（筆者注：本書では下）の如し。
　一．海深
　一．海水の温度
　一．海水中の塩分
　一．海水中に瓦斯の含有量
　一．海水中の浮遊生物
　一．潮流
　以上は時々変化あるものにして，随て重要水産物の運動棲息に大関係を有するを以て，毎年二月，五月，八月，十二月の四回に一定の器械を用ひ一定の場所に於て調査することを要す。
　此四季に於てなす試験は前と同しく水温（気温を検すること勿論なり）水分気圧等を二時間毎に検すへし。又水の表面に於ける温度は各二時間毎に検す。若し必要あれは尚其度数を増加すへし。是に用ふる寒暖計はインデツキス付（Index）のものを用ひ分明に之を検すへし。
　水温は 0，5，10，15，20，30，40，50，75，100，150，200，250，300，400，500，600メートルの深に於て測るへし。
　海底の温度は殊に精密に検査するを要し，又水温を検したる所にて観測の各所及ひ各深より水の標本を採り置くへし。
　塩分を量るには水の千グラム中に溶解せる固形体の分量を検するにあり。
　比重は摂氏四度の温度の純水に対するものなり。而して一立方センチメートルの水の重量をグラムにて示したるものなり。
　海水中に含める瓦斯の分量と酸素，窒素，及炭酸瓦斯等を検すへし。
　海深を測るにはメートルを以てす。若しフォゾム（Fathom.）（尋）を以てするときは必す之をメートルに改算すへし。
　緯度は英国緑威を標準とす。
　海里は一海里を千八百五十二メートルとす。
　温度を測るは摂氏を以てす。若し華氏を用ふれは摂氏に換算すへし。
　水温を測る寒暖計を一度の間を少くとも五ミリメートルとし，此を二分したるものならさるへからす。華氏を用ふるも之に準じたる長のものを用ふへし。
　高深の水温を測るにはネグレッチ，サンプラー製の寒暖計（大海用寒暖計）を用ふへし。或は之と同様の形を用ふへし。
　是等の事業を総括するか為め中央に試験場を設け，各国の試験を監督及ひ編纂し又一定の器械を用ひて調査せしか為めに，中央試験場に於て検定したる後各国に送付することに決定せり。
　塩分を検定するに化学的及物理学的の二様あり。化学的は分析し，理学的は比重を検するにあり。塩分は0.05迄，比重は0.0004迄詳密に検すへし。
　水中の瓦斯を分析する標本水は真空（Vacuum.）にして，能く消毒したる管中に採取すへし。
　又，海水中の浮遊生物を検するには化学上分析の定性定量とに分つか如く二様あり。定性検査は六時間毎に絹の網を用ひ十五分間つつ採捕すへし。
　海水の色，透明不透明等を検すること亦必要なり。之には定まりたる器械なし。余の考えには径二三尺の亜鉛板に白ペンキを塗り，中央に網を付けたるものを沈下して之を検す。尤も天気に依りて其色を異にするを以て是の試験には天気の模様をも付記すへし。
　潮流又は潮の干満は成るへく屢々検すへし。
　潮力を測るには潮流メートルを用ふるか，又は表面に浮子を置き，若くは中層に浮子を付け又は底に回転器を沈め種々の方面より之を為すへし。
　潮流を検するには一潮の間舟を繋留して観測するも便利なり。
　其他海底図を作ること必要なり。
　尚各国に於て海の区域を定めて各分担して調査なすこととせり。
生物学上の調査は左（筆者注：本書では下）の如し。
一．定量の方法を用ひて重要魚類の卵を検し，又漁場の局部に於ての分布，深さに於ての分布の二を検すること。
一．又重要なる魚類の幼稚なる時の生活の有様を継続して検すへし。詳言すれは親魚の形に肖さる時より親になりたる迄の形態及其間如何に分布さるかを見るなり。

資料

一．親になりたる時の重要魚類之は順序を立てて検す。例へは局部の変種，生活の有様，栄養の有様，又天然害敵の有無又之に加ふるに海面より海底に至る間に於て魚の食餌は如何なる種類か，如何なる順序に分布さるるか，等を観察をなすこと。局部の変種に付て一言せは，鰊の如き鱈の如き或る地方のものは頭長く或る地方のものは胴の短かき等の差異あり。又是等は如何なる関係に依り如何なる状態に於て回遊するや等，又時としては群来し時として来らさることあるは如何なる関係に起因する等を検すへし。

一．統計には水揚したる魚類の数量及価格大小等を検し，並に之に関する原因等を調査すへし。又従来の漁場に於て漁期に際し試験的の漁業をなし，尚又漁場外（新規なる場所）に於て若くは漁季にあらさる時に於て試験をなすへし。

　是等試験的になしたる事は，各国均一に完全なる統計を製す。故に数量種類，大さ，目方，魚の模様，子の有無，肥瘠，脂肪の多少等を検するなり。又魚の運動を知る為に試験の魚に記号を付して放すことは大仕掛を以て廣くなさんことを希望す（西洋に於ける試験の一二を挙くれは，丁抹（筆者注：デンマーク）にては鮃の移転を知る為に魚に烙印を施して放ち，又蘇格蘭（筆者注：スコットランド）にては札を付し，亜米利加にては鱈に札を付して之を放ちて，其運動如何を試験せり）。

　又捕獲具に依る統計，例へは網及船等に就き，或は漁夫の数の如きも亦統計を作るへし。

　其他漁場図を作り，色合又は符号を以て如何なる地に如何なる漁業をなすかを一目瞭然たらしむこと必要なり。

　以上は大略を述べたるに止まれとも此の如き気運なるを以て日本に於ても同一の器械同一の方法を以て調査すること必要なりとす。故に是等の方法に基き今回余の計画せるものを述べれば左（筆者注：本書では下）の如し。

　四季に一定の場所に於て一定の仕事をなす。即ち，二月，五月，八月，十二月は日本の春夏秋冬に当る故に此時に於て水温，気温，塩分，比重，海水中の浮遊生物等を検査す。今年は紀州の潮の岬，宮崎県の細島，対州，能登の輪島，奥州の鮫港の五箇所に於て之を行ふ筈なり。其他尾の道，江の浦の試験場に於ても試験する積なり。而して二，五，八，十二月は其月一日に試験をなせども天気其他の都合あるを以て前月の終りに試験し尚二日或は三日にも之を検する積りなり。即ち一日の前後二日つつの猶予を与へ置くなり（但し夜間は之をなさす）而して捕獲したる生物は絹製の小袋（取出に便なる為に口廣き糠袋形に作るを宜しとす）に入れ之に年月日及採集の場所，番号等を附してアルコールの瓶に入れて貯へ持返りて調査する積なり。

　是に要する器械類は目下試験中なるを以て其結果に依りて今年より諸君に依頼するも図られず。

　附言　万国水産調査会議に関し詳細の事は萬国水産雑誌第2号（明治32年分）にあり。

資料3　漁業基本調査（漁業基本調査ノ目的及方法）（漁業基本調査準備報，明治43年）

目　的
第一　重要水産生物ノ性質ヲ知ルコト，第二　重要水産生物ノ漁場ヲ明ニスルコト，第三　漁業保護及発展ノ方針ヲ確定スルコト

調査ノ区分
第一　生物学上ノ調査
　　甲　重要水産生物ノ調査，乙　浮遊生物ノ調査
第二　理化学上ノ調査
　　丙　海洋及湖川理化学上ノ調査
第三　漁業ノ調査
　　丁　漁場，漁船，漁具，漁法及漁獲物ノ変遷，戊　漁場図ノ調製

調査ノ手順
　水産局，水産講習所，地方水産試験場，地方水産講習所，水路部，帝国大学，水産学校，中央気象台，測候所，観測所其他ニ於テ行フ調査ニ就キ互ニ聯絡ヲ保チ其結果ヲ綜合スルコト
　前記関係官衙学校其他ニ於テ調査上相互聯絡ヲ保ツニハ左（筆者注：本書では下）ノ手順ニ依ルコト
一　調査ノ範囲及方法並ニ調査器械及其使用方法ハ可成一定スルコト
二　前項ニ就テハ水産局，水産講習所，水路部，帝国大学及中央気象台ノ関係者ニ於テ協議決定スルコト
三　地方水産試験場，地方水産講習所，水産学校其他ノ調査主任ヲ便宜ノ地ニ集メ前項ニヨリ決定シタル事項ニ就キ講習ヲ為スコト
四　観測及調査ノ結果ハ水産局ニ於テ取纏メ之ヲ整理スルコト
五　浮遊生物調査ハ関係ノ密接ナル地方ニ於テハ調査ノ聯絡ヲ保ツ為メ可成之ヲ実行スルコト
六　地方水産試験場，地方水産講習所，水産学校其他ノ採集ニ係ル浮遊生物ハ一旦水産局ニ取纏メ更ニ之ヲ豫メ定メタル担当者ニ配分スルコト，分配ヲ受ケタル担当者ハ可成速ニ其調査ヲ結了シ之ヲ水産局ニ報告スルコト
七　調査ノ成績ハ水産局ニ於テ印刷ニ附シ毎年之ヲ報告スルコト

調査ノ範囲及方法
　甲　重要水産物ノ調査
一　調査ヲ必要トスル種類ヲ定ムルコト
二　各種類採捕ノ際ハ左（筆者注：本書では下）ノ事項ヲ記載スルコト
　　イ　採捕ノ日時，天気（風向，晴雨）水ノ温度，比重，色，海流又ハ潮流（方向，緩急），ロ　採捕用ニ供シタル器具，ハ　採捕ノ位置，水面ヨリノ距離並ニ同位置ニオケル水深，ニ　種類，性，体長，体重，生殖器ノ熟否，消化器内ノ含有物，ホ　其他参考トナルベキ事項，ヘ　検査員ノ姓名
三　各種類採捕ノ際ハ前項各号ノ外可成乙及丙ノ区分ニ関スル調査ヲ行フコト
四　回遊魚ニ就テハ乙及丙ノ区分ニ属スル調査ノ結果ト対照シテ回遊ノ状況ヲ査察スルコト
五　底魚，介類，藻類ニ就テハ底質トノ関係ヲ調査シ且ツ乙及丙ノ区分ニ属スル調査結果ト対照シテ其成育状態ヲ査察スルコト
　乙　浮遊生物ノ調査
一　浮遊生物ヲ採集シタルトキハ左ノ事項ヲ記載スルコト
　　イ　採集ノ日時，天気（風向，晴雨），水ノ温度，比重，色，海流又ハ潮流（方向，緩急），ロ　採集ノ位置，水面ヨリノ距離，ハ　分量ノ大要，其他参考トナルヘキ事項，ニ　丙ノ区分ニ属スル事項，ホ　採集者ノ姓名
二　浮遊生物ノ調査ハ先ツ各海ニ特有ナリト認ムヘキ種類ヨリ着手シ各海共通ニ成育スルモノ又ハ稀有ナル種類ヲ後ニスルコト
三　種類又ハ属ノ査定並ニ性質ノ大要ヲ査覈スルコト
四　甲及丙ノ区分ニ属スル調査ト対照シ各時季ニ於ケル浮遊区域並ニ其変化，異動及重要水産生物トノ関係ヲ明言スルコト
　丙　海洋及湖川理化学上ノ調査
一　水温及比重ノ観測ハ少クモ百尋マテトシ表面，二十五尋，五十尋，百尋等ノ四ケ所ニテ為スコト，但シ上記以外各深度ニ於テ観測ヲ為スハ当事者ノ随意トスルコト
二　前項ノ観測ヲ為シタルトキハ左（筆者注：本書では下）ノ事項ヲ記載スルコト
　　イ　観測ノ日時及位置，ロ　月ノ盈虚及潮候，ハ　水色及透明度，ニ　観測時及其前ニ於ケル付近ノ気象，ホ　観測者ノ姓名
三　海流及潮流ノ其区域（広サ及深サ）方向及適度ニ就キ調査スルコト
四　適宜ノ官衙又ハ学校ニ於テ水ノ定量分析ヲ行フコト
　丁　漁場，漁船，漁具，漁法及漁獲物ノ変遷
一　各種漁業ニ就キ其沿革並ニ現況ヲ調査スルコト
二　前項ノ調査ハ地方庁及地方水産試験等ト協議ノ上之ヲ行フコト
三　調査ノ要項ハ左（筆者注：本書では下）ノ範囲ニ準スルコト
　　イ　現在ノ漁場，漁船，漁具，漁法，漁獲物及其利用，ロ　漁業ノ組織及経済，ハ　廃滅ニ帰シタル漁場，漁船，漁具，漁法，

資料

漁獲物利用法並ニ其廃滅シタル理由，ニ　新漁場ノ発見又ハ新漁船，漁具，漁法，漁獲物ノ創始及其沿革，ホ　漁場，漁船，漁具，漁法，及漁獲物利用法ノ変更並ニ沿革

四　前項ノ調査ニハ事項ニ就キ精細ノ取調ヲ為スルコト
　　イ　漁具及付属物ノ構造寸法，材料，ロ　漁業ノ方法，ハ　漁船及付属具ノ構造寸法，材料，運用方法，乗組員，ニ　漁獲物ノ種類，数量，大サ，去来又ハ発生，採捕ノ時季，ホ　主要漁獲物大漁，不漁ノ年月日及其原因ト認ムヘキ事項，ヘ　漁場ノ位置，廣表，水深，底質，海流，潮流，水色，生物等，ト　漁獲物ノ処理，貯蔵，運搬法等，チ　漁業資本，魚夫雇人，利益分配法，餌料供給

五　漁場，漁船，漁具，漁法ノ創始，変更，廃滅ニ漁獲物及漁獲高ニ及ホシタル影響

六　漁場，漁船，漁具，漁法ニ就テハ甲，乙，丙ノ区分ニ属スル調査ノ結果ト対照シ其保護発展又改善ノ方法ヲ査察スルコト

戊　漁業図ノ調製
一　生物及漁具ノ種類ニ依リ各別ニ調製スルコト，但シ時期ニ困リ著シク変動アルモノハ更ニ時期別ニ調整スルコト
二　底魚ノ漁場図ニハ水深，底質並ニ生物ノ種類其多寡，分布区域，成育状態，水ノ温度，比重，其他参考トナルヘキ事項ヲ記入スルコト
三　回遊魚ノ漁場図ニハ甲，乙，丙，ノ区分ニ属スル調査ノ結果並ニ水深，底質其他参考トナルヘキ事項ヲ記入スルコト
四　漁場図ニハ漁業法ニ依ル免許漁業漁場区域ヲ記入スルコト

第一着トシテ調査スヘキ重要水族ノ種類ト地方別ハ左（筆者注：本書では下）ノ如シ

北海道	にしん				愛　知	いわし		
青　森		いわし	かつを	いか	三　重	いわし	かつを	
秋　田		いわし			和歌山	いわし	かつを	
新　潟		いわし		いか	徳　島	いわし	かつを	
富　山		いわし		いか	香　川	いわし		
石　川		いわし		いか	愛　媛	いわし	かつを	
福　井		いわし		いか	岡　山	いわし		
京　都		いわし		いか	山　口	いわし		いか
鳥　取		いわし		いか	大　分	いわし		
島　根		いわし		いか	高　知		かつを	
岩　手			かつを	いか	宮　崎	いわし	かつを	いか
宮　城		いわし	かつを		鹿児島	いわし	かつを	いか
福　島		いわし	かつを		熊　本	いわし		いか
茨　城		いわし	かつを		長　崎	いわし	かつを	いか
千　葉		いわし	かつを		福　岡	いわし		いか
静　岡		いわし	かつを	いか				

備考　いわしトアルハまいわし及ひしこいわしヲ含ミ，いかトアルハするめいか及けんさきいかヲ含ム

　　調査員ノ便宜ヲ計リ報告紙ヲ分チテ甲乙丙ノ三トセリ。則チ左（筆者注：本書では右）ノ如シ。甲ハ重要水族ヲ主トシ，乙ハ重要水族ノ食餌トナルヘキ浮遊生物ヲ主トシ，丙ハ水温比重ノ調査ヲ主トスルモノナリ。然レトモ調査員ハ乙及丙ニ依リテ報告スル場合ニ於テモ重要水族ノ去来及其漁業ニ就テハ殊ニ注意シテ参考欄内ニ記入スルコトヲ勉ムヘシ。是レ海洋ノ変化ト漁業トノ関係ヲ結合スルニ極メテ必要ナレハナリ

資料3

甲報告

甲報告		号		調査員氏名					
明治　年　月　日　午前／後　時　分　　　　　調査									

観測点ノ位置									
	雲量	雨量	風向	風力	気温	前日ノ気象概要			
観測点									

		表　面	尋	尋	尋	水　色			
	水温					透明度			
水ノ比重	温度					月　齢			
	比重					潮　候			
	標準温度比重					海流又ハ潮流	方向		
							速度	時間	
								距離	

採捕ノ位置			採捕水層深	
			採捕場水深	
			採捕場底質	

種類及数量			標本番号	

体長	最長		平均		体重	最重			平均	
	最短					最軽				

胃腸含有物				生殖器ノ熟否	雌	
		標本番号	食		雄	

指定外ノ種類	
参考事項	

官公署又ハ船名

乙報告

乙報告		号		調査員氏名					
明治　年　月　日　午前／後　時　分　　　　　調査									

観測点ノ位置									
	雲量	雨量	風向	風力	気温	前日ノ気象概要			
観測点									

		表　面	尋	尋	尋	水　色			
	水温					透明度			
水ノ比重	温度					月　齢			
	比重					潮　候			
	標準温度比重					海流又ハ潮流	方向		
							速度	時間	
								距離	

浮遊生物採集ノ位置			採捕水層深	
			採捕場水深	
			採捕場底質	

大型浮遊生物			標本番号	大浮
小型浮遊生物			標本番号	浮

参考事項	

官公署又ハ船名

資料

明治　　年　　　丙報告　　　号										自明治　　年　　月　　日 至明治　　年　　月　　日		
月	日	時	場所	水温	水比重	比重ヲ計リタル水温	気温	風向	風力	雲量	雨量	調査員名
参考事項												
参考事項												
参考事項												

漁業基本調査報告紙記入心得

一．観測又ハ調査シタル事項ハ現場ニ於テ直ニ鮮明ニ記入スヘシ
二．観測, 採捕, 採集ノ位置ヲ表示スルニハ左（筆者注：本書では下）ノ三方法ノ一ニ依ルヘシ
　　一．顕著ナル目標ニ対スル方位及距離, 二．顕著ナル目標ヲ連結シタル線二個以上ノ交叉, 三．経度及緯度
三．前項壱号及弐号ニ依ル場合ニ於テ既刊ノ海図ニ記載ナキ目標ヲ用キルトキハ其位置ヲ明示スルノ方法ヲ執ルヘシ
四．本調査ハ凡テ緻密ト正確トヲ期スヘシ, 仮命一回ノ不正確アルモ害ヲ全般ニ及ホシ其成果ヲ破壊スルニ至ルヘケレハナリ
　（イ）　天気ノ観測
五．雲量ヲ表示スルニ左（筆者注：本書では下）ノ三種ニ分チ其下ニ記スル標準ニ依ルベシ
　　快晴（雲量零ヨリ二マテ）, 晴（雲量二ヨリ八マテ）, 曇（雲量八以上）
六．雨ハ大要微雨, 和雨, 強雨ニ分チテ記入スヘシ
七．風向ハ左図（筆者注：本書では下）ノ十六方位ニ分チ其吹キ来ル方向ヲ記入スヘシ
八．風力ハ大要左（筆者注：本書では下）ノ三級ニ分チテ記入スヘシ
　　無風, 弱風, 強風, 弱風ハ中央気象台ノ定メタル六階級中軟風及和風ニ当リ強風ハ同上疾風, 強風, 暴風及台風ニ当ル
九．航走スル船上ニ在リテ風向及風力ヲ定ムルニハ船ノ進路及速度並ニ波浪ノ来ル方向ヲ斟酌スルコトニ注意スヘシ
十．普通ノ漁船ニ在リテハ正当ニ気温ヲ観測スルコト困難ナルニヨリ略スヘシ, 然レトモ甲板ヲ有スル船舶ニ在リテハ, 空気ノ流通宜シク太陽熱ノ直射又ハ反射セサル処ニ寒暖計ヲ備ヘ観測点ノ気温ヲ測ルヘシ
十一．前日気象概要ハ自己又ハ付近測候所ノ観測ニヨリ一週間前ヨリノ気象ノ概要ヲ記入スヘシ

　（ロ）　水質, 海流, 潮流ノ観測
十二．寒暖計ハ摂氏トシ中央気象台検定済ノモノヲ用ヰ常ニ其器差ヲ加減シテ記入スヘシ
十三．表面水温ヲ計ルニハ二重筒水器ヲ用ヰ汲ミ上ケタルトキハ時ヲ移サス履行スヘシ, 二重筒水器ヲ備ヘサルトキハ稍大ナル水器ヲ用ヰ観測中温度ヲ変化セサル様ニ注意スヘシ, 二重筒水器其他ノ水器ハ使用前日向ニ曝ラシ又ハ火器ノ付辺ニ置クヘカラス
十四．寒暖計ハ凡ソ三分間水中ニ挿入シ水銀線ノ先端ヲ僅ニ水面ニ出シテ其度数ヲ読ムヘシ
十五．中層下層ノ水温ヲ計ルニハ二重筒形採水器ヲ用ヰテ汲ミ上ケ時ヲ移サス履行スヘシ, 但シ百尋以上深層ニハ傾倒寒暖計ヲ用ユヘシ此ノ場合ニハ検定済ノ普通基準計ト対査シ器差ヲ定メ置クヘシ。器差ノ不定ナルモノハ用フヘカラス
十六．比重計ハ水産局検定済ノモノヲ用ヰ常ニ其器差ヲ加減シテ記入スヘシ
十七．水ノ比重ヲ計ルニハ船ガ全ク動揺セサルトキノ外陸上ニ於テ計ルヘシ, 故ニ検定セント欲スル水ハ夫々水器ニ容レ注意シテ保存シ時機ヲ待ツヘシ, 中層下層ノ水ノ比重ヲ計ルニハ十五項ノ採水器ニテ取リタル水ヲ用フルヲ便トス
十八．比重ヲ計ルニハ一旦硝子筒ニ水ヲ満シ水泡ノ上昇シ尽キタル後徐ニ比重計ヲ挿入シ満チタル水ノ二三分ヲ溢ホシ去リテ安置シ比重計ノ静止スルヲ待ツヘシ, 度数ヲ横ヨリ視テ毛細管現象ナキ水平面ノ比重計杆ニ当ル処ヲ読ムヘシ, 水ノ比重ハ其温度ニヨリテ変化スルモノナレハ同時ニ其温度ヲ検スルコトヲ忘レヘカラス, 標準温度比重ニ換算ハ当分之ヲ記入スルニ及ハス
十九．比重計ハ使用後必ス清水ニテ洗ヒ清潔ナル布帛ニテ拭クヘシ塩分, 脂油, 其他ノ雑物ノ之ニ付著シタルママ用ヰルトキハ

誤差ヲ生スヘシ，検査ノ際ニハ手ヲ清潔ニシ，尚ホ比重計ノ上端ニ水滴ノ付著セサル様注意スヘシ

二十．水色度ハ当分ふほーれる式ヲ用フヘシ

二十一．透明度ハ直径壱尺ノ白円板ヲ水平ニ保チツツ沈下シテ其視ヘサルヲ度トシ沈下シタル深サヲ尋ニテ記入スヘシ（五尺ヲ以テ壱尋トス以下之ニ倣フ）

二十二．月齢ハ神部署刊行本暦ニヨリ記入スヘシ

二十三．潮候ハ上ケ潮ノ最高ニ達シタル（満）後又ハ下ケ潮ノ最低ニ達シタル（干）後ノ時間ヲ記入スヘシ

二十四．海流潮流ヲ測ルニハ浅所ニテハ碇ヲ以テ船ヲ止メ測流板ヲ使用スヘシ，方向ハ流レ去ル方位ヲ記入シ速度ハ測流板ノ流レタル時間ト距離トヲ記入スヘシ，深海ニテハ交叉法又ハ経緯観測ニヨリ船ノ流レタル方向ト距離トヲ測定シ前ニ準シテ記入スヘシ，前各号ニ依ルコト能ハサルトキハ方位ノ概略及速度ノ緩急ヲ記入スヘシ

　（ハ）重要水族採捕及浮遊生物採集

二十五．採捕又ハ採集水層ノ深サトハ水族ヲ採捕シ又ハ浮遊生物ヲ採集スルニ当其水族ノ居リタル位置ノ水面ヨリノ距離ヲ云ヒ，採捕又採集場ノ水深トハ採捕又採集シタル場所ニ於ケル水面ヨリ水底ニ至ル迄ノ距離ヲ云フ

二十六．採捕器具ハ漁具ノ名称其他捕獲ノ方法ノ概要ヲ記入スヘシ

二十七．採捕シタル重要水族ノ種名ハ確実ニ査定シテ毎一枚一種宛記入スヘシ，其査定シ難キカ又ハ疑義アルモノハ標本又ハ解説（図書ヲ添ヘ）ヲ水産局へ送付スヘシ

二十八．凡テ長サハ曲尺ヲ以テ重サハ貫匁ヲ以テ計リテ記入スヘシ，魚類ノ体長ハ吻端ヨリ尾鰭ノ後マテ（左図（筆者注：本稿では下図）いヨリロマテ）計ルヘシ，いか類ノ体長ハ外套膜背面ノ長サ（左（筆者注：本書では下図）図はヨリにマテ）ヲ計ルヘシ

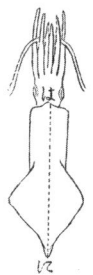

二十九．胃腸含有物ハ確実ニ査定シテ記入スヘシ，其査定シ難キカ又ハ疑義アルモノハ相当保存液ニ容レ水産局へ送付スヘシ

三十．生殖器ハ熟否ノ外場合ニ依リ長幅ヲモ記入スヘシ

三十一．かつを，いはし，いか如キ指定シタル水族以外ノ水族ヲ捕獲又ハ検査シ必要ト認メタルトキハ相当欄内ニ其概要ヲ記入スヘシ

三十二．浮遊生物採集器ハ水産局指定ノモノヲ用フヘシ，採集ハ壱秒時間約弐尺ノ速度ヲ以テ水中ヲ曳キ拾分間ニテ止ムヘシ，此速度ト時間トハ浮遊生物分量ノ調査上ニ必要ナルヲ以テ可成注意シテ正確ニ行フコトヲ要ス，水ノ表層ニ在ル浮漂生物ヲ採集スルニハ桶又ハぽんぷニテ約弐石ノ水ヲ酌ミ，之ヲ採集器ニテ濾過スルノ方法ヲ執ルモ可ナリ，但此場合ニハ其旨ヲ明カニ「採集位置」欄内ニ記入スヘシ

三十三．採集シタル浮遊生物ハ丁寧ニ採集器ノ嚢底ニ集メ別ニ備ヘタル硝子瓶ノ海水中ニ嚢底ヲ反転シテ洗ヒ落シふをまりん小量ヲ加ヘテ数時間静置シ沈下セシムヘシ，其充分沈下シタル時ハ静ニ瓶ヲ傾ケテ上液ヲ拾テ尚吸取紙ニテ残液ヲ除去シ六七拾ぺるせんと（ほーめ三十度許）ノ酒精ヲ注入シテ保存シ丁寧ニ荷造シテ水産局へ送付スヘシ

三十四．梢大ナル浮遊生物ニシテ必要ト認ムヘキモノハ其標本（微細浮遊生物ト別個ニ保存シ）又ハ解説（図書ヲ添ヘ）ヲ水産局へ送付スヘシ

三十五．水産局へ送付スル標本及解説ハ報告紙ニ記入シタル番号ト同一ノ番号ヲ付スヘシ

三十六．参考事項欄ニハ波浪ノ大小，水鳥，魚群ノ動静漁獲ノ状況等ヲ記入スヘシ

資料

資料4　漁業基本調査報告・海洋調査彙報・水産試験場報告一覧（漁業・海洋関係）

巻　号	発行年	著　者	題　名
漁業基本調査報告（水産局・水産講習所）			
準備報	明治43年		漁業基本調査ノ目的及方法
		北原多作	定時海洋調査ト漁業
		赤沼徳郎	本州南海岸ニ於ケル表面海水ノ温度及比重
		赤沼徳郎	本州東海岸ニ於ケル表面海水ノ温度及比重
		青木越雄	千葉県館山湾内高ノ島附近浮遊生物ノ観察
		北原多作	地方海洋観測及漁況ノ報告ニ就テ
		北原多作	北米合衆国調査船「アルバトロス」号ノ日本近海観測ニ就テ
		柳　直勝	橈脚類検索表
		岡村金太郎	鞭藻類及珪藻類検索表
		妹尾秀実	さるぱ類検索表
		田子勝彌	頭脚類検索表
		北原多作	漁業基本調査ノ器械ニ就テ（採水器，寒暖計，比重計，潜入屈折計，塩分測定，塩分量算定法，採泥器，測流板，透明度板及ビ水色標準，測深器械，浮遊生物採集器，ステンペルピペット）
第一冊	明治45年	柳　直勝	明治四十三年地方水産試験場調査報告ニ就テ
		北原多作	明治四十三年捕鯨船金華山丸船長ノ報告ニ就テ
		岡村金太郎	かつを漁場ニ於ケル浮遊生物
		浅野彦太郎	毛顎類（Chaetognatha）ニ就テ
		岸上鎌吉	日本近海ニ於ケル水産動物ノ分布
		柳　直勝	重要橈脚類概説
		北原多作	エクマン氏潮流計
		北原多作	北欧国際漁業基本調査ノ概要（一）
			付図目録 　エクマン氏潮流計図 　地方水産試験場調査報告ニ関スル図表 　かつを漁場ニ於ケル浮遊生物図版 　毛顎類図版 　重要橈脚類図版 　捕鯨船金華山観測図
第二冊	大正元年	北原多作 島村満彦	明治四十四年地方水産試験場調査報告ニ就テ
		北原多作 島村満彦	明治四十四年鰹漁業聯絡試験中ノ海洋調査ニ就テ
			浮遊生物調査
		北原多作	明治四十四年捕鯨船金華山丸船長ノ報告ニ就テ
		浅野彦太郎	千葉県鰮漁場ニ於ケル海洋調査
		北原多作	北欧国際漁業基本調査ノ概要（二）
			付図目録 　「諾威水産調査船「ミケル，サース」号略図 　地方水産試験場報告ニ関スル図表 　鰹漁業聯絡試験ニ関スル海図 　捕鯨船金華山丸観測ニ関スル海図 　千葉県鰮漁場海洋調査ニ関スル海図 　浮遊生物図
			付録（別刷）
		北原多作	海水比重有換算表
第三冊	大正2年	北原多作 島村満彦	明治四十五年，大正元年地方水産試験場水産講習所ノ調査報告ニ就テ
		川上宗治	水産講習所雲鷹丸ノ海洋調査
		堀　宏	水産講習所隼丸対馬西水道海洋調査
		北原多作	明治四十五年，大正元年捕鯨船金華山丸船長報告ニ就テ 　附自明治四十三年至大正元年三漁期ニ於ケル調査成績ノ要領
		浅野彦太郎	軍艦松江ニ於ケル海洋観測　附　浮遊生物
		浅野彦太郎 島村満彦	豆相及房総沿海ニ於ケル海洋観測
		浅野彦太郎	千島列島近海ニ於ケル水温比重並浮遊生物

		北原多作	横濱シアトル間航路ニ於ケル海洋観測
		田子勝彌	伊勢湾及三河湾海洋調査
			浮遊生物調査
		柳　直勝	重要撓脚類図解
		岡村金太郎	朝鮮沿海ニ於ケル海藻ノ分布ニ就テ
		北原多作	北欧国際漁業基本調査ノ概要（三） 　附　ハインケ博士ぶれーす調査報告ノ要領
第四冊	大正4年	丸川久俊 川上宗治	九州西南海洋及生物調査
		北原多作	玄界灘及対馬東水道横断観測（大正二年山口，福岡両水産試験場実施）
		片岡虎之助	本土ヨリ支那上海ニ至ル海洋観測
		浅野彦太郎	北海道近海海洋調査
		浅野彦太郎 柳　直勝 丸川久俊	鰹漁場調査（イ）自伊豆大島至紀伊潮岬調査（雲鷹丸） 　　　　　　（ロ）相模灘調査 　　　　　　（ハ）茨城県沖調査
		堀　宏 丸川久俊	東京海湾調査
		岡村金太郎 丸川久俊	豊後水道横断観測
		丸川久俊 米田　保	大正二年度各地海洋観測及浮遊生物調査
第五冊	大正7年	柳　直勝 米田　保	大正三年地方水産試験場其ノ他調査ニ就テ
		浅野彦太郎	金華山沖海洋調査報告（雲鷹丸）
		柳　直勝 米田　保	金華山沖横断観測ニ就テ
		柳　直勝 米田　保	玄界灘及対馬東水道横断観測ニ就テ
		柳　直勝	相模灘海洋調査
		柳　直勝 米田　保	秋刀魚漁況調査
		堀　宏	東京湾調査
		柳　直勝	（付録）天秤ヲ用ヰテ海水ノ比重ヲ測定スル方法
第六冊	大正7年	浅野彦太郎 神谷尚志 蜷川虎三	大正四年地方水産試験場並ニ灯台，観測ニ就テ
		浅野彦太郎 蜷川虎三	金華山及塩屋沖横断観測ニ就テ（宮城福島両水産試験場施行）
		浅野彦太郎 蜷川虎三	島根県多古鼻沖六十浬横断観測ニ就テ（島根県水産試験場施行）
		丸川久俊	黄海海洋調査（雲鷹丸）
		丸川久俊	オコック海，日本海及金華山沖海洋，生物，漁場調査（雲鷹丸）
第七冊ノ一	大正7年	浅野彦太郎 神谷尚志 蜷川虎三	大正五年地方水産試験場定地観測並ニ灯台ノ観測報告ニ就テ
		浅野彦太郎 蜷川虎三	大正五年地方横断観測ニ就テ
		浅野彦太郎 堀　宏	大正四,五年瀬戸内海鯛漁場海洋調査（隼丸施行）
第七冊ノ二	大正8年	浅野彦太郎	大正四,五両年対馬海峡並ニ吐喝喇群島海洋調査（得撫丸施行）
		丸川久俊	オコック海金華山沖海洋生物漁場調査報告（雲鷹丸施行）
第8冊ノ一	大正8年	浅野彦太郎 神谷尚志 蜷川虎三	大正六年地方水産試験場並ニ灯台観測ニ就テ
		丸川久俊	大正六年雲鷹丸漁場調査報告
第8冊ノ二	大正8年	梶山英二	大正六年地方水産試験場横断観測ニ就テ

資料

海洋調査彙報（水産講習所）			
第1巻第1冊	大正15年	丸川久俊 神谷尚志 岡本五郎三 川名　武 中島由太郎	日本海々洋ノ性状
第2巻 第1冊	昭和3年	丸川久俊	鞭藻類ノ4新種
		丸川久俊	輪虫類ノ新属種
		丸川久俊	裂脚類ノ5新種
		丸川久俊	日本海ノ蟹ニ就テ
		神谷尚志 川名　武	若狭湾ノ海況ニ就テ
		神谷尚志 川名　武	日本海ニ於ケル下層冷水帯ニ就テ
第3巻 第1冊	昭和4年 1月		日本近海ニ於ケル大陸棚（沿海漁場）調査報告（一　底棲生物記録）其一（東北海区）
第3巻 第2冊	昭和4年 3月		日本近海ニ於ケル大陸棚（沿海漁場）調査報告（二　底棲生物記録）其二（南東海区）
水産試験場報告（農林省水産試験場）			
1号	昭和5年	宇田道隆 岡本五郎三	日本近海各月平均海洋図（自大正7年至昭和4年（1918～1929））並に該図より推定されたる海流に就いて（第一報）
		木村喜之助	水中における濁度測定法
2号	昭和6年	宇田道隆	若狭湾及其沿海の流動
		相川廣秋	浮遊生物定量調査報告（其一）
		宇田道隆	日本近海各月平均海洋図（自大正7年至昭和5年（1918～1930））並に該図より推定されたる海流に就いて（第二報）
3号	昭和7年	宇田道隆	黒潮と親潮の平均各月海況（連絡調査）
		宇田道隆 渡邊信雄	瀬戸内海の平均各月海況（連絡調査）
4号	昭和8年	丸川久俊	「たらばがに」調査
5号	昭和9年	宇田道隆	日本海及其隣接海区の海況（昭和7年5，6月連絡施行日本海第一次一斉海洋調査報告）
		宇田道隆	日本海，黄海，オホーツク海の平均各月海況（連絡試験）
		相川廣秋	浮遊生物定量報告其二日本海の浮遊生物の特徴について（連絡試験調査）
6号	昭和10年	宇田道隆	昭和8年盛夏に於ける北太平洋の海況（昭和8年8月連絡施行，北太平洋距岸一千浬一斉海洋調査報告）
		相川廣秋	浮遊生物定量調査報告其三北太平洋の浮遊生物の特質に就て（連絡試験調査）
7号	昭和11年	宇田道隆	日本海及び其の隣接海区の海況（昭和8年10，11月連絡施行，第二次日本海一斉海洋調査報告）
		相川廣秋	浮遊生物定量調査報告（其四）第二次北太平洋並に日本海一斉調査に依る浮遊生物調査報告（連絡調査）
		相川廣秋	本邦沿岸漁場の底棲生物の性状，日本海に於ける大陸棚（沿岸漁場）調査
8号	昭和12年	宇田道隆	「ぶり」漁期に於ける相模湾の海況及び気象と漁況との関係
9号	昭和13年	宇田道隆	東北海区に於ける海況の変動に就いて（昭和九～十二年連絡施行，北太平洋一斉調査報告の一部）
		相川廣秋	浮遊生物定量調査報告（其五）第三次北太平洋並に日本海一斉調査に依る浮遊生物調査報告（昭和10年）（連絡調査）
10号	昭和15年	木村喜之助	相模湾の海況と「ぶり」の漁況
		宇田道隆	近年本州南海黒潮流域に於ける海況の異常と漁況との関係（連絡試験）
11号	昭和16年	宇田道隆	昭和14年6，7月に於ける支那海方面の海況
12号	昭和17年	末広恭雄	蒼鷹丸における日本海の魚類調査報告，昭和16年施行，第三次日本海一斉海洋調査の一部

資料5　日本環海海流調査業績
　　　（熊田頭四郎編）

　けつろん
　明治二十六年以来，我が環海に於て施行せられた標識瓶投入法も数回に及び，其方面も殆ど全沿岸に亘つてゐるのは，頗る慶賀すべきである。且又其成績は一回毎に甚だ見るべきものが増加しつつあるのである。殊に大正年間に入つてから，大阪毎日東京日日の両新聞社が鋭意本事業に力を添へ，二年間渉りて全国は勿論支那海に至るまで，一万有余の投瓶を為したるは，我が近海の海流調査に対して一大功績を齎したのである。拾得瓶一千五百余本の各箇行程に就ては猶は十分の研究を要するのであるが，大体の事は前後二回の「瓶のゆくへ」に由て知ることが出来ると思ふのである。この結果を利用すべきものは，単に航海者や水産家等に止まらぬのである。本邦古代史又は貿易史文明史等を研究するもの，或は我が生物の分布系統などを論ずるに当たつても，海流の関係は等閑に付すべからざるものであるから，今後とも十分に海流の研究を遂行せねばならぬのである。各国政府又は富豪が巨資を投じて，此事業に腐心してゐるのも，単に地球理学上の問題のみでなく，百般の学術及び殖産の発展を企画するが為である。終に臨み，今回実施したる標識瓶投入法の結果を総括して本篇の結了と為すは余の最も光栄とする所である。

第一　日本海流は支那海の東部呂宋島付近より北上し，主として台湾海峡の東部を経て東海に入り，北東方大隅海峡より南海東海両道の沖合を経て北東太平洋に走進す。

第二　日本海流の東側小笠原群島以西には，沖縄群島より台湾に背進する逆流ありて，呂宋島の東方より赤道付近にまで達するものの如し。

第三　日本海流は沖縄群島の西方に於て一支流を分岐して東海に北上せしめ，主とし北東方対馬水道に入らしむ。

第四　日本海流は東海に於て更に一支流を生じ，黄海の東部を北上して渤海に入り，又出でて支那東岸を南下せしむ。

第五　東海の支流は支那東岸を南下して，台湾海峡に至れば日本海流の本流に合して，爰に逆転循環海流を完成す。

第六　対馬水道に向ひたる支流は対馬海流となりて，一は朝鮮東岸の沖合を北上し，舞水端付近に於て南行の李満海流と衝突して共に山陰道沖合に南下す。又一支は東水道を入り，山陰道の沖合隠岐付近に於て前支と合し，共に本州西岸の沖合を北上す。

第七　本州西岸を北上する海流は津軽海峡に西口に於て二分し，一支は北海本道の西岸を北上し，一支は海峡を東方に通過して親潮と共に本州東岸を南下す。

第八　北海本道の西岸を北上する海流は，宗谷海峡に於て二分し，一は北行を継続して間宮海峡に進入し，北方より来る李満海流と衝突し，共に西方に屈折して沿海州の東岸を南下し，舞水端付近に至りて遂に逆転循環海流を構成す。又一支は宗谷海峡を東方に通過してオホック海に出づ。

第九　オホック海に出でたる海流は，北見海岸を南下して知床半島より北東に転じ，国後択捉両島の西岸を洗ひて択捉水道に至り，夫れより南下して根室半島の東方を経，北海本道の南岸に沿ひて噴火湾に至り，更に南下して津軽海峡の東口に於て，海峡より逸出する対馬海流に合し，共に親潮となりて本州東岸を南下し房総付近に達す。

第十　以上の成績は大体を示すものにして，流行風位によりて其方向を変ずるとあるは勿論，時と場所とによりて全く反対の方向に運動することあり。（了）（大正四年十一月三日記）（注，和田雄治著）

資料

資料6　地方水産試験場の海洋・資源関係試験事項
（大日本水産会報，284号，15～16，明治39年）

県　名	試験及調査事項
島　根	鱶縄，打瀬網，棒受網試験及調査，鰆流網試験，プランクトン調査
鳥　取	丸子魚及鰆巻刺網，鰆流網，鰤巻網，玉筋漁網，鱶鯛延縄試験
石　川	飯施刺網，沖捕網（鯖鰮，鯵誘集「アセチリン」灯使用），鱈刺網，鰤鱶釣，臺網浮子防蝕試験
新　潟	鰮巾着網，飯鯖巾着網，鮪流網，打瀬網，鮪延縄，鱶延縄試験，漁業調査，気象及水形学調査
秋　田	流網，巾着網，揚繰網，延縄，剣先烏賊釣試験，瓢網及び鰍刺網（嘱託試験），漁村経営に関する調査
青　森	スケトウ鱈釣，鰹釣，鱈釣及延縄，鱶，鮪延縄，沖手繰網，サンマ，鮪流網，鰤捲網，海洋気象観測
宮　城	メヌケ，フカ，ムツ漁業，棒受網（鰹漁餌料用鰮捕獲），コマセ網試験
茨　城	鰮巾着網（嘱託試験），鰹流網，鮪流網，鮫延縄，柔魚釣，餌料貯蔵試験，漁船漁具漁場調査
福　島	海洋調査
千　葉	流網，船曳網，秋刀魚漁，改良漁船試験，漁具材料及染料試験，餌料試験，漁場，漁船，漁業，水形学調査，気象及海水観測
静　岡	－
愛　知	鰹，鮪流網，鱶底延縄，鮪延縄，紀勢乃至房総沖及韓海漁場調査，打瀬漁利害調査
三　重	鰹漁業試験，餌料試験，県下漁況調査，漁撈調査，伊勢湾漁撈調査，生物調査気象観測
滋　賀	－
和歌山	流網，秋刀魚流網，鮪延縄，漁船改良試験，県下現在漁業調査，海洋地文と漁業との関係調査
高　知	流網試験，改良漁船試験，生物調査，海洋観測
徳　島	鮪，鰹，鰆流網，小臺網，中抜網，棒受網，鱈網，底建網，其他簡易なる漁網試験，鮪，鰤，鱶延縄並各種の提け釣，鰡漬，漁業用餌料及網具釣染料等の原料適否比較試験，漁業観測
香　川	改良揚繰網，鯵流網試験，餌料試験，鯛鰡漁業，浮遊生物調査，潮流観測，海洋月次観測，気象観測
愛　媛	鰮巾着網漁業調査
岡　山	棒受網，漁具調査，漁場探検調査（韓国西南海面），重要生物調査，海洋観測
広　島	韓海に於ける鮫鱶網試験，潮流観測
山　口	韓海漁業試験，改良鰡敷網，鯖，鯵，鰡，焚入網，鰤中層延縄及柔魚釣各種漁具の貸与監督試験，釣漁餌料活養試験，漁業気象観測
大　分	鰆，鰹流網，鱶延縄，鰤釣，漁船運用浮遊生物調査
宮　崎	鰹流網，鮪，鱶延縄，トロール，諸漬試験，小臺網巡回伝習，韓海出漁監督指導，海洋気象観測
鹿児島	鰹巾着網，鰮揚繰網（貸与試験），鰹餌料鰮捕獲の為め縫切網試験，鰆流網（貸与試験），鰹餌料貯蔵試験，アキタロ（バセウカヂキ）及鱶延縄試験
熊　本	鱶延縄，鰤撒餌釣場査定試験
長　崎	鮪延縄，鰤沖取網（貸与試験），生物及漁場調査
福　岡	築磯，鯖竿釣，鰮刺網試験，韓海漁業調査監督

資料7　わが国の明治期から戦前までの水産における海洋モニタリング調査

	横断観測		定地観測／定点観測	
	観測地点	期日	観測地点	期日
北海道	○日本海（津軽海峡），太平洋（恵山～襟裳，襟裳～落石）	明44	○道内6ヶ所，道外3ヶ所，毎日3回。	昭2
	○冬と春の日本海区の春ニシン，夏期は太平洋の夏ニシン，マグロ漁場調査	明44～昭2		
	○津軽海峡，函館～小樽，小樽～宗谷，函館～宗谷，室蘭近海，本道一周，本道西海岸～ノサップ，南千島，日本海区，太平洋	明44～昭11	○沿岸枢要区9灯台	明44
	○オコック調査	大2, 4, 10～昭2	○安渡移矢岬	昭4～19
	○日本海横断観測	昭6～11	○能取岬	昭4～19
	○太平洋距岸1000浬一斉調査	昭8	○愛郎岬	昭15～19
	○釧路沖南100浬	昭9～10	○納沙布岬	昭4～19
	○釧路沖南50浬	昭4～16	○襟裳岬	昭4～19
	○釧路沖南	昭16	○汐首岬	昭4～19
	○釧路沖南東50浬	昭17	○西能登呂	昭4～19
	○釧路沖南東	昭7, 12, 16	○鷲泊	昭4～19
	○釧路沖南100浬より南東70浬	昭17	○焼尻島	昭4～19
	○釧路沖南100浬点より南東60浬	昭4	○神威岬	昭4～19
	○釧路沖南100浬点より南東100浬	昭9	○稲穂岬	昭4～19
	○釧路沖南8°西32浬	昭10, 11	○白神岬	昭4～19
	○釧路沖南30°東14浬	昭10	○釧路港南10浬点	昭16～17
	○大黒島沖南65°東100浬	昭10	○釧路港南20浬点	昭16～17
	○厚岸大黒島沖南30°24浬	昭10	○岩内沖西10浬点	昭17
	○地球岬沖南19浬	昭10	○茂津多沖西5浬点	昭17
	○十勝川沖98浬	昭10, 12	○奥尻太田沖北西5浬点	昭17
	○襟裳岬沖南100浬	昭6		
	○襟裳岬沖南60浬	昭4, 5		
	○襟裳岬沖南120浬より東120浬	昭5, 7～16		
	○襟裳岬沖南40浬	昭4		
	○襟裳岬沖南10浬点北87°東へ35浬	昭13		
	○襟裳岬沖東300浬	昭10		
	○襟裳岬沖南50浬	昭10		
	○襟裳岬沖南70浬	昭7, 13		
	○襟裳岬沖南10浬点北87°東35浬	昭10, 16		
	○尻羽崎沖北76°200浬	昭10		
	○恵山～襟裳岬	昭9		
	○恵山岬～尻屋崎	昭10		
	○浦河沖南西微南1/2南60浬	昭12, 13		
	○浦河沖南東50浬	昭13		
	○錦多峰沖南40浬	昭12		
	○広尾沖南西50浬	昭12		
	○広尾沖南東	昭12, 16		
	○大津沖南東20浬	昭17		
	○大津沖南東50浬	昭12		
	○大津沖南東30浬	昭13		
	○大津沖南東	昭16		
	○地球岬～尻屋崎	昭17		
	○錦多峰～尻屋崎	昭13		
	○噴火湾	昭13		
	○厚別沖西微南50浬	昭13		
	○恵山沖北81°東60浬	昭12		
	○恵山沖北80°東60浬	昭13		
	○恵山沖北74°東60浬	昭7, 8		
	○尻羽崎北76°西200浬	昭8～10		
	○落石沖南13°東100浬	昭9		
	○落石沖東南東18°西40浬	昭9		
	○落石沖南西微南3/4南40浬	昭12		
	○落石沖南微西40浬	昭12		
	○落石沖東400浬	昭16		

資料

○落石南 19°西	昭16	
○地球岬沖南 19 浬	昭17	
○尻屋崎沖東南東 70 浬	昭10	
○尻屋崎沖東南東 175 浬	昭 5, 7～16	
○尻屋崎東南東 50 浬	昭 5	
○門別～尻矢崎	昭 9	
○恵山岬～尻矢崎	昭12	
○持田沖西	昭11, 12	
○持田岬沖西	昭16	
○枝幸沖北東 60 浬	昭24	
○枝幸沖北東 40 浬	昭16, 18	
○利尻杳形沖西 20 浬	昭24	
○利尻杳形沖西	昭 9	
○利尻杳形沖北西	昭24	
○利尻杳形沖北 65°西 15 浬	昭 6	
○利尻杳形沖南 7°東 45 浬	昭12	
○霧多布灯台南 25°西 40 浬	昭14	
北千島沿岸線	昭10	
○安渡移矢岬～中知床岬	昭11	
紋別沖北東 50 浬	昭 8	
紋別沖北東 60 浬	昭 7, 24	
枝幸沖北東 50 浬	昭18	
留萌沖北西 80 浬	昭 7	
留萌沖北西 30 浬	昭 5, 6, 8, 9, 12～14	
留萌沖北西	昭 7	
○留萌沖北北西 80 浬	昭24	
○留萌沖北西 100 浬	昭 6, 12, 13	
○宗谷海峡宗谷岬～西能登呂岬	昭16	
能登呂岬沖北 60°東 40 浬	昭12	
○知床岬沖北東 60 浬	昭12	
○知床沖北 50 浬	昭12	
○金田崎沖東微南 20 浬	昭18	
○金田崎～野寒岬	昭12	
利尻杳形沖西 30 浬	昭12, 13	
○中知床沖	昭 5, 7, 12～14	
中知床岬東 30 浬	昭16	
雄冬岬沖北西 30 浬	昭18	
神威岬沖北西 50 浬	昭13, 15	
神威岬沖北西 120 浬	昭 4～14, 16～18	
神威岬沖 30 浬	昭 7	
神威岬沖北西 150 浬	昭10	
神威岬沖北西	昭15	
神威岬沖北西 40 浬	昭16, 24	
神威岬沖北 70°西 160 浬	昭19	
○江差沖西 50 浬	昭16	
○江差沖西 40 浬	昭 4, 5	
○江差沖西 200 浬	昭 6～15, 17～19	
○江差沖西	昭16	
○江差沖西 150 浬	昭17, 24	
○江差沖西 100 浬	昭 7	
○権現崎西 50 浬	昭 8, 25	
○権現崎西 100 浬	昭 5～16	
○権現崎沖西	昭25	
積丹・余市沖	昭16	
○岩内沖西	昭24	
川白埼沖	昭17	
○弁慶岬沖西	昭17	
○津軽海峡, 函館～大間崎	昭17, 24	
○津軽海峡西口	昭 4～13, 15, 16	
○宗谷海峡宗谷岬～西能登呂岬	昭25	

	○利尻～岩生～神威岬	昭12		
	○宗谷岬～西能登呂岬～宗谷岬	昭7		
	○愛冠岬沖南66°西25浬	昭8		
	○石狩湾	昭12		
	○利尻島北西30浬	昭12～14		
	○雄冬岬沖北西40浬	昭7		
	○雄冬岬沖北西37浬	昭11		
	○天売島沖南17°西	昭12		
	○納沙布沖東200浬	昭14		
	○納沙布沖東280浬	昭10～13，15		
	○納沙布沖南100浬	昭14		
	○納沙布沖南58°東300浬	昭7～16		
	○納沙布沖南64°東150浬	昭8		
	○納沙布沖南180浬	昭10		
	○納沙布沖南50浬	昭14		
	○納沙布沖南	昭16		
	○択捉島潮波鼻沖南42°西100浬	昭176		
	○千島海洋調査	昭10		
	○北千島近海	昭7		
	○羅処和島北端沖南東100浬	昭9，10		
	○羅処和島北端沖南東150浬	昭11		
	○羅処和島南端沖南10°西180浬	昭9		
	○得撫島鳥ノ尾岬沖南東100浬	昭9，10，14		
	○得撫島鳥ノ尾岬沖南100浬	昭15		
	○得撫島鳥ノ尾岬沖南東150浬	昭11		
	○得撫島鳥ノ尾岬沖南東	昭16		
	○得撫島鳥ノ尾岬沖南東100浬点北西48°～100浬	昭10		
	○得撫島～択捉島	昭9		
	○択捉島～礼文尻岬沖南東100浬	昭9		
	○択捉島老門沖	昭16		
	○羅処和島北端沖北74°東75浬	昭10		
	○海馬島沖南12°西40浬	昭12		
	○西能登呂岬北58°西30浬	昭12		
	○阿頼度島海馬埼沖北西100浬	昭10		
	○新知島北西埼沖北西100浬	昭10		
	○千島列島オホツク海側沿岸線	昭9，10		
	○択捉島南	昭8		
	○択捉島イカバノツ岬沖北西100浬	昭10		
	○温弥古丹島東埼沖南東100浬	昭9，10		
	○温弥古丹島東埼沖北西150浬	昭11		
	○仙法志埼南20浬	昭12		
	○水垂岬西30浬	昭25		
	○北海道西方沖合（表面観測）	昭24		
青森	○東北4県の横断連絡試験 （鮫角正東60マイル，10マイルごと）	大12	○宇鐵沖（2浬）で月6回，1日3回の表面水温と気象	明37
	○鮫角東	昭6		
	○鮫角東100浬	昭5		
	○鮫角東300浬	昭8		
	○鮫沖東1000浬観測	昭10～16	○深浦・尻屋を追加。月3回。尻屋にかわり下風呂を追加。三厩を追加。	明39
	○鮫沖東200浬観測	昭4，6，9，12，13，15		
	○鮫沖東300浬	昭10，14		明40
	○鮫角東200浬観測	昭8		
	○鮫角沖東325浬	昭16		
	○鮫沖東130浬	昭7		明43
	○鮫角～恵山～襟裳岬	昭5	○鮫，尻屋，三厩，深浦。最終的に八戸，尻屋，大畑，大間，脇野	大5 ??
	○襟裳岬～鮫角	昭8		
	○鮫角沖東20浬	昭9		
	○鮫沖東50浬	昭17		
	○鮫～尻矢崎～恵山岬～襟裳岬～鮫	昭9		
	○鮫近海	昭10		

資料

	○鮫沖東500浬	昭11	沢, 三厩, 平館, 小泊, 鰺ヶ沢, 深浦, 岩崎。	
	○鮫～恵山岬	昭10		
	○久慈湾沖北東30浬	昭10		
	○艫作崎沖西150浬	昭7, 8		
	○艫作崎沖西25浬	昭9	○尻屋崎	昭4～19
	○艫作崎沖西20浬	昭10, 11, 25	○八戸港	昭4～17
	○艫作崎沖西100浬観測	昭12, 15		
	○艫作崎沖西200浬観測	昭13, 14		
	○艫作崎沖西30浬観測	昭13		
	○艫作崎沖西50浬観測	昭14, 15, 25		
	○艫作崎沖西観測	昭16		
	○日本海の艫作崎から久六島横断観測	昭11？		
	○鮫角東海洋横断観測, 月1回	昭11？		
	○津軽海峡大畑～恵山	昭15		
	○竜飛崎西	昭24		
	○竜飛崎西60浬, 80浬	昭25		
	○尻屋崎から恵山岬	昭25		
	○入道崎西70浬	昭25		
	○陸奥湾及び津軽海峡	昭24, 25		
	○納沙布沖南42°東	昭8		
	○襟裳岬南55°東122浬	昭9		
岩手	○沖合距岸100浬迄, 深度300 m の横断観測	明44	○釜石湾内（3回/月）	明44
	○沖合100浬, 深度300 m（1／月）	大2		
	○距岸15浬（6／月）（農事試験場委託）	大4～8	○釜石湾恵比寿埼南方（3回/月）	大12～昭4
	○釜石尾崎正東100浬横断	大9～昭4, 7		
	○かつお・まぐろ・さんま調査の際の海洋観測	昭5～7		
	○釜石沖東1000浬	昭8, 9, 11～15	○県下9ヶ所岬の距岸8浬海洋観測	昭9～？
	○釜石沖東300浬	昭10		
	○釜石沖東	昭10, 17		
	○釜石沖東200浬	昭11～13	○鮖埼	昭4～19
	○釜石沖東100浬	昭14, 15		
	○釜石沖東50浬	昭14, 16～18		
	○鮖崎沖東100浬	昭13, 15		
	○鮖崎沖東50浬	昭15, 16, 18		
	○久慈湾～広田湾	昭9		
	○岩手県沿岸線	昭9～19, 24, 25		
	○岩手県沿海	昭11		
	○尾崎東50浬	昭19, 25		
	○尾崎東	昭22～24		
	○釜石湾	昭24		
	○三陸沖並び北海道南方沖合	昭24		
	○鮫・鮪漁業連絡試験	昭24		
	○釜石～三崎	昭25		
	○三陸沖南部900浬	昭25		
宮城	○金華山東100浬（10浬ごと2, 5, 6, 7, 8, 9, 10, 11, 12月）	大3～10	○江ノ島（毎月）	明43～
	○かつお・さんま・まぐろ・底魚調査時海洋観測	昭3～17	○江ノ島	昭4～19
	○金華山東200浬	昭6, 7	○宮城水試江ノ島	昭9
	○金華山東350浬	昭8		
	○金華山東1000浬	昭9, 11～16		
	○金華山東500浬	昭10, 11		
	○金華山沖東	昭10, 17		
	○金華山沖東300浬	昭12, 13		
	○金華山沖東50浬より南東へ200浬	昭12		
	○金華山沖東150浬	昭14		
	○三陸沖北部	昭25		
	＊大正4年以降は東北各県と連絡試験を実施			
福島	○小名浜湾	明37	○網取崎南西1浬	明38
	○塩屋岬東（連絡試験）（東北3県（大4～5）, 東北4県（大6～7）, 北海道・東北6県, 茨城（大8））	大4～8	○原釜沖	大9
	○塩屋岬沖東100浬	大9～昭4	○塩屋埼	昭4～19

240

資料7

	○塩屋岬沖東 200 浬	昭 6, 9, 13, 14, 16	○小名浜網取沖南 西1浬	昭 10～17
	○塩屋岬沖東 70 浬	昭 7		
	○塩屋岬沖東 1000 浬	昭 8, 13～15	○小名浜灯台下	昭 12～17
	○塩屋岬沖東 700 浬	昭 9, 16		
	○塩屋岬沖東 300 浬	昭 10～12, 15		
	○塩屋岬沖東	昭 10		
	○塩屋岬沖東 500 浬	昭 11		
	○塩屋岬沖東 550 浬	昭 12		
茨城	○大洗岬正東 100 浬	大 8		
	○大洗岬東 100 浬（10浬ごと，1～8／年）	大 12, 昭 4		
	○大洗岬沖東 200	昭 5		
	○犬吠埼沖（10浬ごと，3～5／年）	大 8～11		
	○犬吠埼沖東 150 浬	昭 5		
	○犬吠埼沖東 175 浬	昭 5		
	○犬吠埼沖東 200 浬	昭 5～8, 12～14		
	○犬吠埼沖東 500 浬	昭 8, 9, 11～15		
	○犬吠埼沖東 100 浬	昭 9, 15		
	○犬吠埼沖東 300 浬	昭 10, 11		
	○犬吠埼沖東 20 浬	昭 12～19		
	○犬吠埼沖東	昭 21, 22		
	○大洗岬沖東 20 浬	昭 10, 12～19		
	○大洗岬沖東北東	昭 25		
	○大洗岬沖東	昭 21, 22, 24, 25		
	○大洗岬東 30 浬	昭 9		
	○大洗岬東 60 浬	昭 11		
	○鹿島灘	昭 9		
	○大津沖東 20 浬	昭 12～19		
	○大津沖東	昭 22		
	○大津沖東 50 浬	昭 9		
	○大洗岬沖東 50 浬	昭 9		
	○大洗岬沖東	昭 10, 11		
	○犬吠埼沖東	昭 5, 6, 10, 17		
	○磯崎沖東 10 浬	昭 11		
	○茨城千葉県沿岸線	昭 11		
	○茨城県沿岸線	昭 9, 10		
	○犬吠埼沖東 600 浬	昭 16		
	○鹿島沖東 40 浬	昭 11		
	○常磐沖表面観測	昭 25		
	○常磐沿岸表面観測	昭 25		
	○洲崎～八丈島	昭 24		
	○東北海区さんま漁場	昭 25		
千葉	○洲崎～八丈島（毎月）	大 5～7	○銚子	昭 4～19
	○銚子沖 60 浬	大 6	○勝浦	昭 4～19
	○野島崎東 100 浬（協定に基づく）	大 7～11	○野島崎	昭 4～19
	○沿岸漁場観測並漁況（3／月）	大 6～7		
	○野島崎南東 100 及び 300 浬	大 12～昭 4, 5		
	○九十九里沿海海洋観測	昭 2～4		
	○野島崎沖南東 100 浬	昭 4, 8		
	○野島崎沖南東 200 浬	昭 7		
	○野島崎沖南東 300 浬	昭 5～7, 9, 11		
	○野島崎～南鳥島	昭 8		
	○野島崎沖南東 1000 浬	昭 9, 11, 12, 14～16		
	○野島崎沖南東 500 浬	昭 10, 12～16		
	○野島崎沖南東 700 浬	昭 13		
	○野島崎沖南東 80 浬	昭 18		
	○野島崎沖南東	昭 6, 10, 17		
	○野島崎沖南 20 浬	昭 11		
	○千葉県沿岸線観測	昭 12～17		
	○勝浦沖東 20 浬	昭 11		
	○勝浦沖南東	昭 12		

資料

	○勝浦〜大島	昭23		
	○洲崎〜小笠原	昭25		
	○東京湾口	昭25		
東京（東京水試）（小笠原支庁）	○波浮港口東北東，波浮港口西，波浮港口〜新島（3線，1回／月）	昭3	○波浮港内（毎日10時）	昭3
	○大島〜硫黄島	昭11，12	○父島二見湾内（6回／月）	明42
	○八丈島神湊港沖北北西	昭10〜13，15，17	○神子元島	昭4〜19
	○東京湾	昭13	○八丈島	昭4〜12
	○大島波浮港沖南微東700浬	昭15	○大島波浮港	昭12〜19
	○大島〜鳥島	昭15	○新島黒根	昭12〜14
	○大島近海	昭25	○新島	昭14〜19
	○小笠原近海（漁業指導線の閑散期）	明42	○神津島前浜	昭12〜16
	○母島〜アッツソングソン	昭15	○三宅島伊豆	昭12
	○小笠原〜硫黄島	昭16	○三宅島伊ヶ谷	昭12〜17
	○小笠原〜三宅島	昭16	○三宅島阿古	昭12
	○八丈島北西微北16浬	昭8	○三宅島坪田	昭12〜16
	○八丈島神湊沖北北西15浬	昭9〜16	○三宅島赤場浜	昭12
	○八丈島〜黒瀬	昭8，9	○御蔵島大賀浜	昭12
	○石室崎〜サイパン島	昭8	○八丈島大賀郷	昭12
	○野島崎沖南東500浬	昭9	○八丈島中ノ郷	昭12
	○青ヶ島〜北硫黄島	昭10	○八丈三ッ根	昭12〜19
	○大島沖南微東	昭10		
	○大島〜小笠原	昭11		
	○八丈周り	昭11		
	○波浮港沖東北東20浬	昭5		
	○波浮港沖西20浬	昭5		
	○青ヶ島〜小笠原	昭15		
	○洲ノ崎〜小笠原（表面水温）	昭8		
神奈川	○相模湾内の定置の表面，25，50，100尋の各層を調査。メートル法施行後，表面，25，50，100，200 m。毎月三旬3回	大正元	○長井沖（2回／月）	大元〜8
	○城ヶ島〜大島。乳ヶ間4点，大島乳ヶ崎〜城ヶ島4点等の12点（1回／月）	大12	○酒向村（2回／月）	大2〜10
	○相模湾（城ヶ島〜乳ヶ崎，乳ヶ崎〜真鶴崎，真鶴崎〜城ヶ島）	昭4，5	○西浦村秋谷（3回／月）	大6
	○相模湾沖合線	昭6〜17	○網一式，江ノ島，城ヶ島	大11
	○相模湾沿岸線	昭5〜18	○城ヶ島，長井，江ノ島，大磯，網一色真鶴，網代（3回／月）	大12
	○東京湾	昭11〜13		
	○三崎沖南南東	昭10，12，16		
	○城ヶ島灯台南微西	昭12，13，15，16		
	○城ヶ島灯台西微南	昭14〜16		
	○三崎沖南南東1000浬	昭13〜16		
	○大島沖東200浬	昭9		
	○大島沖35°東1000浬	昭8		
	○犬吠埼南68°東1000浬	昭9		
	○相模湾	昭19		
	○三崎〜川奈〜新島〜三崎	昭24		
	○東北さんま漁場	昭25		
静岡	○伊豆石室崎〜八丈島（10浬ごと表面，10，25，50，100 m，毎月）	大10	○漁業基本調査と関係し，県下20ヶ所，週1回観測。観測点：初島，伊東，稲取，南埼，田子，戸田，三保，焼津，御前崎，舞阪	大4〜14
	○三保灯台南微東線（10，20，30浬，不定期）・伊豆南端石廊崎の南南東（5，15，30，45，60，75，90浬，表面，25，50，100，200，400 m）の水温，比重，潮流，プランクトン等測定。駿河湾内9点（昭4年から追加）	大14〜昭5，6		
	○伊豆石室崎沖南々東90浬観測	昭4，5		
	○三保〜青ヶ島観測	昭7，12		
	○北太平洋1000浬沖合	昭12		
	○野島崎沖東	昭13		
	○石室崎沖南20°東1000浬	昭9		
	○駿河湾	昭10		
	○伊東〜大島	昭16		
	○三保灯台〜八丈島	昭4		
	○三保灯台沖南東30浬	昭4		

資料7

	○三保灯台沖南微東30浬	昭5		
	○三保灯台沖南微東	昭6		
	○犬吠埼沖南南西1000浬	昭8		
	○美保〜大瀬崎	昭24, 25		
愛知	○沖合横断観測。日長四日市線（知多郡日長鼻〜四日市），揖斐川〜横須賀	大11		
	○沿岸横断観測（海苔発生期中）。四日市〜揖斐川突堤先端，知多郡西海岸，海部郡飛島村沿岸			
	○干潟横断観測（潮水の干潟に襲来する状況調査）稲永，庄内線，藤高前線，蟹江線，天白線→牡蠣・海苔の付着材料設置時期予報			
三重	○大王崎〜大山下，大山下〜安乗崎の水温，比重	大6	○伊勢湾若松沖1浬（月1回）気温，表面と底の水温と比重	明33〜35
	○御座岬南東100浬，御座岬南南東100浬（10浬ごと）の伊勢湾3〜4線。	大7〜?		
	○熊野灘3ライン調査	大8〜?		
	○外洋100浬の観測の御座沖80マイルで放流瓶200本（大正14年），伊勢湾内で放流瓶20本が4ヶ所で放流（昭和2年）	大14	○浜島沖（御座沖西方1.5浬地点）観測。水温，比重，潮流速度，浮遊生物	明43〜?
	○伊勢湾奥部の海洋観測の実施	昭2		
	○伊勢湾横断観測線が29点での観測	昭5		
	○熊野沿岸の観測点が25〜30点（水温，比重，透明度，水色，水深など）	昭6		
	○御座岬南東100浬	昭6	○和具沖2浬	明44〜
	○御座岬南南東200浬	昭4, 5, 8	○大王崎	昭14〜19
	○御座岬南東180浬	昭6, 12	○大王崎南1浬点	昭10〜14
	○御座岬南東205浬	昭13		
	○御座岬南東	昭13	○和具沖南0.5浬点	昭10〜14
	○熊野灘A，B線	昭16		
	○熊野灘沖合線	昭4	○御座岬沖南点	昭10〜14
	○熊野灘沿岸線	昭6〜10, 13, 14		
	○伊勢湾　津〜野間岬	昭5〜16		
	○　　　　幡豆岬〜二見	昭4〜11		
	○　　　　鎧崎〜大山下	昭5〜15		
	○　　　　四日市〜日長	昭5〜15		
	○井田沖東30浬	昭5〜17		
	○御座岬沖南南西	昭5, 12		
	○大王崎沖東	昭12		
	○大山下沖南	昭12〜14		
	○答志島観音崎沖北微西	昭12〜15		
	○御座岬沖南南東120浬	昭13		
	○熊野灘沿岸船田会〜井田	昭7		
	○梶取崎沖南110浬	昭9		
	○御座岬沖南南東80浬	昭10		
	○御座岬沖南	昭9		
	○御座岬沖南南東200浬	昭11, 12		
	○御座岬沖南微東185浬	昭9		
	○御座岬沖南微東	昭10		
	○御座岬沖南微東200浬	昭10〜12, 14		
	○御座岬沖南微東160浬	昭11		
	○御座岬沖微西1/2西	昭14		
	○勝浦沖南南東60浬	昭12		
	○御座岬沖南南東110浬	昭9		
	○御座岬沖南南東100浬	昭7		
	○御座岬南微西30浬	昭8		
	○勝浦沖南南東	昭5		
	○勝浦沖	昭12		
	○神前沖南85浬	昭11		
	○樫野崎沖南	昭9		
	○井田沖東	昭12		
	○大王崎沖南	昭12		
	○津〜野間〜四日市〜大湊〜師埼〜大口湾	昭14		

資料

	○津～日長～揖斐川口～四日市	昭25		
	○木曽川川口～四日市	昭24, 25		
	○津～野間～日長～四日市～津	昭24		
	○伊勢湾口	昭24		
	○30°-35° N, 140°-177° E 表面観測	昭24, 25		
	○25°-29° N, 155°-147° E 表面観測	昭24		
大阪	○大阪新淀川口～淡輪沖	昭16		
	○和田岬～武庫川	昭7～9		
	○淡輪～武庫川	昭7～9		
	○淡輪～堺	昭7～9		
和歌山	○潮岬南100浬	大5～昭5, 25	○加太（月3回）	大8～12
	○紀阿海峡（徳島連絡，隔月調査）	大8～15	○潮岬	昭4～19
	○潮岬沖南300浬	昭6	○潮岬沖西1浬点	昭12～14
	○潮岬沖南150浬	昭6		
	○潮岬沖南50浬	昭7		
	○潮岬沖南200浬	昭7, 9, 11, 13		
	○潮岬沖南	昭11, 12, 16		
	○瀬戸崎沖西10浬	昭15		
	○瀬戸崎沖南西10浬	昭9～12		
	○市江崎沖南西10浬	昭9～12		
	○切目崎沖西10浬	昭9, 10, 15		
	○日ノ御埼沖10浬	昭12, 13, 15		
	○勝浦沖東10浬	昭10		
	○勝浦沖東	昭10, 11		
	○切目崎沖西微南	昭10, 11		
	○切目崎沖何隻	昭12		
	○瀬戸崎沖西微南	昭10		
	○市江崎沖西微南	昭10		
	○市江崎沖南東	昭10		
	○市江崎沖西南西	昭11		
	○瀬戸崎沖南西	昭12, 16		
	○市江崎から室戸岬	昭7		
	○室戸岬沖南50浬	昭7		
	○日ノ御埼～伊島	昭7		
	○友ヶ島微西40浬	昭9		
	○日ノ御埼沖西	昭12		
	○宮崎沖西	昭12		
	○田倉崎～生石鼻	昭12		
	○和歌山沿岸線	昭9, 10		
	○宇久井, 梶取, 太地, 樫野沖10浬	昭25		
	○紀伊水道東部	昭25		
兵庫	○和泉灘，紀伊水道，播磨灘鹿之瀬（1回／月）水温，比重, 潮流, プランクトンの分布等	大14～	○明石（港）	昭7～19
			○兵庫二見	昭6～7
	○鹿之瀬漁場調査と鯛漁況	大15～昭3	○的形	昭8～9
	○難波江鼻～沼島（紀伊水道）	昭4		
	○難波江鼻～粟津口	昭5, 6		
	○岩屋絵島沖南南東（和泉灘）	昭4		
	○岩屋～岸和田	昭5, 6		
	○播磨灘（淡路丸山崎沖北東）	昭4		
	○丸山崎～飾磨	昭5, 6		
	○平磯～堺～友ヶ島～平磯	昭7～19, 25		
	○金ヶ崎～明石	昭7～18		
	○千種川南2°西	昭11～18		
	○津田口～宮崎	昭7, 8		
	○同津田口～宮崎～友ヶ島	昭9～18		
	○大角鼻～門崎	昭7, 8, 10～18		
	○大角鼻～鳴門	昭9, 25		
	○紀伊水道	昭19		
	○明石海峡	昭19		
	○播磨灘, 明石～金ヶ崎～千種川～大角鼻～門崎	昭19		

資料7

	○徳島～宮崎～友ヶ島	昭25		
	○和泉灘	昭24		
	○播磨灘	昭24		
	○紀伊水道	昭24		
	○余部岬北150浬	昭5		
	○経ヶ岬沖北西微北43.5浬	昭5		
	○余部岬沖北30°西100浬	昭6		
	○余部岬沖北30°西30浬	昭12		
	○余部岬沖北30°西50浬	昭15, 18		
	○余部岬～清津～賀露	昭16		
	○余部岬～浦塩	昭8		
	○余部岬北30浬	昭12		
	○余部岬北30°西	昭7		
	○余部岬北30°西100浬	昭7, 11		
岡山	○西部横断観測（6点）	大7～?	○県下2ヶ所(3回／月)（嘱託員）	明35～41
	○県下縦断観測（14点）	大10～?	○県下3ヶ所(3回／月)（嘱託員）	明42～大6
	○東部横断観測（6点）	大14～?		
	○備後灘東部（青左鼻～三崎）	昭4～18		
	○丈ヶ鼻～観音崎	昭7～18		
	○児島湾三幡～余根崎	昭8		
	○備讃瀬戸縦断線	昭14	○笠岡（農林省水産試験場）	昭14～19
	○備讃瀬戸青佐鼻～家島	昭7～18		
広島	○鞆～愛媛県多喜浜間観測（23浬／8点）	大13, 昭4～13	○鞆	昭9～11
	○備後灘から燧灘観測	昭12, 13	○大長（農林省水産試験場大長分場）	昭7～9
	○芸予海峡観測	昭12, 13		
	○安芸灘観測	昭12, 13		
	○広島湾観測	昭12, 13		
	○瀬戸内観測	昭13～17		
	○多喜浜～大島～鞆	昭7～12		
香川	○大川郡馬の鼻～兵庫県鹿ノ瀬灯台, 13点, 毎月	大7～12	○大角鼻	昭7～19
	○播磨灘横断（大川郡越崎～兵庫県家島の9点）（月1回）	大13, 昭12	○伊吹島	昭7～19
	○備讃瀬戸東部（小豆島地蔵鼻～大川郡馬の歯間）	昭2, 4～18		
	○備讃瀬戸中部（香川郡神在鼻～岡山県松ヶ浜間）	昭5		
	○蕉越崎～男鹿島	昭5～17		
	○神在鼻～日比	昭5～18		
	○仏埼～鳴門	昭9, 11～13		
	○仏埼～淡路	昭10		
	○備後灘縦断線, 伊吹島～淡路	昭8		
	○備後瀬戸縦断線	昭12		
徳島	○紀伊水道（和歌山県と連絡）	大正年代に3回	鳴門村, 椿泊牟岐村で観測。水温, 比重, 透明度, プランクトン, 水色, 潮流, 魚群調査	明38～45
	○徳島市沖ノ瀬～宍喰町竹ノ島間12点, 竹ヶ島～伊島間4点, 伊島～和歌山日ノ御埼間5点, 計21点	昭1～13		
	○高知甲ノ浦～和歌山田辺	昭7?～14, 16, 17		
	○日ノ御埼～伊島	昭4, 6～16, 18		
	○中ノ瀬～竹島	昭6, 7		
	○淡路島～伊島	昭7～17		
	○沖ノ瀬～甲ノ浦	昭8～17	○上記を継続	大正期
	○沖ノ瀬～宍喰	昭7	○徳島市沖ノ瀬, 亀磯	昭6～19
	○和歌山～難波江鼻～徳島粟津口	昭6		
	○竹島～田邊	昭7		
	○亀磯～蒲生田岬	昭18		
	○潮岬～伊島, あるいは甲ノ浦	昭18		
	○徳島県沿岸	昭22		
	○紀伊水道西部	昭23～25		
高知	○足摺岬沖70浬以内の水域で, 水深300mまで6層の水温, 比重, 水色と浮遊生物の調査	大5～	○室戸, 須崎柏島	明36～大5
	○足摺岬南南東100浬定線（10点）, 須崎から南方に向かい足摺岬に至る（25点）の調査。月1回	昭4	○室戸岬	昭4～19
			○足摺岬	昭4～19
	○足摺岬南南東定線が200浬（21点）に, また, 須崎港から南方37.5浬（7点）となる	昭6	○須崎沖1浬	昭10～14

資料

	○神島沖南南西30浬	昭4		
	○足摺岬沖南南東100浬	昭4, 5		
	○足摺岬沖々東200浬	昭6, 7, 9～12		
	○足摺岬南25浬	昭18		
	○足摺岬沖南東	昭6～8, 10, 13, 15, 16		
	○足摺岬沖東	昭17		
	○室戸岬沖南南東	昭6, 7		
	○須崎沖南30浬	昭4～6, 9, 12, 13		
	○須崎港口南40浬	昭6, 18		
	○須崎沖南	昭6～8, 10～15, 17, 21～24		
	○室戸岬～須崎	昭7		
	○室戸岬～潮岬	昭10		
	○足摺岬沖南東	昭6, 8, 11, 14, 22～24		
	○須崎南7.5浬より足摺岬	昭14		
	○土佐湾沿岸線	昭14		
	○須崎～室戸埼～甲浦	昭13		
	○須崎南37.5浬	昭25		
	○足摺岬南東60浬	昭25		
	○須崎沖	昭24		
	○須崎～足摺岬～室戸岬～須崎	昭25		
	○須崎～足摺岬～宿毛湾	昭23～25		
	○宿毛湾	昭24		
愛媛	○南宇和郡から高知幡多郡沖合海域を3, 4, 5, 6, 8, 9, 10月の海洋観測	明43	○日振島と御五神島沖の2点。月1～2回, 浮遊生物量, 水温, 比重, 水色, 透明度等を調査	明43～大7
	○海洋観測	大8		
	○燧観測	昭12		
	○西条～高井神島	昭13, 14		
	○豊後水道	昭14		
	○備後灘～備後海	昭14		
	○豊後水道（日振島～保土島）	昭5		
	○豊後水道	昭23	○今治港沖(45尋), 青島沖(37尋)	明40～?
			○佐多岬	昭6～19
			○日振島	昭7～16
			○魚島	昭7, 8
			○水ノ子島	昭9～19
			○大島	昭14～19
大分	○豊後水道保戸島～胆振島間5点（毎月）	大3	○姫島, 佐賀関, 保戸島, 大島, 蒲江等の定置	大6～9
	○別府湾	大6～12, 昭13～16, 18		
	○保戸島～胆振島（愛媛・大分交代で実施）月1回	大6～12	○屋島	昭9～19
	○保戸島～胆振島（瀬戸内海府県連合）	昭3～16, 18		
	○大分～屋島	昭7～18		
	○高島沖	昭7～18		
	○美濃崎～屋島	昭5, 6		
	○屋島～三机	昭5～7		
	○高島沖25浬	昭9		
	○姫島～高島	昭18		
宮崎	○甲：南那珂郡大島鞍埼灯台から100浬（8ヶ所）(1, 3, 4, 6, 7, 9, 10, 12月測定)。水深10, 25, 50, 75, 100, 150尋水温, 気温, 海潮, 波浪, 魚類の回遊状況, 浮遊生物	大7～??	○青島村折生東微北, 月3回	明36～41
	○乙：南那珂郡都井岬～大分県深島の南1浬(M字形)100浬(2, 5, 8, 11月観測)	昭4	○島野浦, 細島, 内海, 宮乃浦(5回／月)	大7～14
	○都井岬～足摺岬観測	昭5～8	○宮崎細島	昭4～16
	○都井岬沖南160浬	昭12	○宮崎鳥の浦	昭4～19
	○都井岬南150浬	昭8, 13, 14	○宮崎内海	昭4～19
	○都井岬沖南観測	昭14～16	○鞍崎	昭4～19
	○都井岬沖南140浬	昭9, 11	○戸崎鼻79°10.7浬	昭13
	○都井岬南190浬	昭9		

	○都井岬沖南微西	昭10	○宮崎島の浦 10, 20 m	昭18, 19
	○都井岬沖南 250 浬	昭11	○宮崎内海 10, 20 m	昭18, 19
	○鞍崎沖東 100 浬	昭4, 5	○宮崎宮の浦 10, 20 m	昭18, 19
鹿児島	○海洋観測（主として漁場観測）	明43	○鹿児島港外神瀬灯台正面沖の小島（1～2回／月，表面，15, 25, 50, 75 尋）	大7
	○黒島～口ノ島（50 浬）（表面，25, 50, 75, 100 尋）	大5～7		
	○開門岬～屋久島（5 点）（表面，25, 50, 75 尋）（年により測定月変わる）	大8, 昭4～6		
	○屋久島～奄美大島観測	昭6, 12		
	○開聞岬沖 32 浬観測	昭4	○佐多岬	昭4～19
	○開聞岬～屋久島～大島	昭6～15	○屋久島	昭4～19
	○鹿児島県沿岸	昭11～13	○鹿児島	昭6～9
	○永田岬～大島	昭5	○枕崎沖西南西 80 浬点	昭14
	○坊ノ岬沖南西微南 200 浬	昭7		
	○喜界島沖東 100 浬	昭7	○大隅海峡	昭13
	○横当島沖西 108 浬	昭8	○立神東南東 33 浬点	昭13
	○横当島沖西 55 浬	昭9		
	○横当島沖西 120 浬	昭6, 7, 12, 13, 15	○喜界島沖 1 浬点	昭9
	○横当島沖西 120 浬	昭7, 10～12, 14, 15		
	○横当島沖西	昭6, 7, 10～14		
	○坊ノ岬沖南 58°西	昭8		
	○甑島近海	昭25		
	○開聞岬～屋久島～大島～横当島西 100 浬	昭25		
沖縄	○喜屋武岬西 170 浬観測	昭4	○伊江島	昭4～19
	○喜屋武岬～大東島観測	昭4	○津堅島	昭4～19
	○喜屋武岬～赤尾嶼	昭5	○ルカン礁 1 浬	昭12
	○那覇沖北西 200 浬	昭5, 6, 9, 12～14	○喜屋武美咲沖 5 浬	昭12～19
	○那覇港沖 300 浬	昭7, 8		
	○那覇港沖北西	昭14	○宮古島沖 1.6 浬	昭13
熊本	○三角～長崎県大崎（福岡，長崎連絡）月 1 回	大3～4	○牛深港・牛深町片島沖	明39～42
	○富岡～長崎県権田鼻及び樺島間	大6		
	○富岡～樺島	大7～8	○天草郡富岡	明43～大7
	○魚貫岬から西方 20 浬	大9	○沿岸漁業組合委嘱による海洋観測	大10～?
	○魚貫岬から南西 150 浬	昭5～9		
	○不知火・有明・天草外洋の巡航。月 1 回	大10～12		
	○魚貫岬西微北 24 浬 主要生物の調査および，毎月大潮小潮時の水温，比重の横断観測	大13～	○緑川・菊池川河口付近の水質，浮遊生物調査，特にリン酸塩，遊離アンモニア，過マンガン酸消費量等の栄養塩類，COD 等の水質分析	昭14
	○有明海，八代海の干潟面積，地盤高，底質，比重	大12～14		
	○不知火海沿岸海流調査（加賀島と氷川尻からの漂流板の追跡調査）	昭7		
	○宇土網田～島原，三角町～長崎県布津町の横断観測郡築村～天草郡阿村の横断観測で，水温，比重，浮遊生物を測定	昭10		
	○有明海縦断観測（17年まで），不知火海縦断観測で（15年まで），14 点の水温，比重，浮遊生物調査	昭10～17		
	○魚貫崎沖西 24 浬	昭4		
	○魚貫崎沖西南西 100 浬	昭5		
	○魚貫崎沖西南西	昭6		
	○魚貫崎沖西南西 150 浬	昭5, 6, 8, 9		
	○魚貫崎沖西南西 300 浬	昭7, 8		
	○魚貫崎沖西南西 3/4 南 160 浬	昭7		
	○魚貫崎沖西南西 3/4 南 150 浬	昭7		
	○魚貫崎沖西 1/2 南 160 浬	昭8		
	○口之島沖西 240 浬	昭7		
	○口之島沖西 100 浬～260 浬	昭8		
	○天草灘	昭23		
	○天草西海	昭24, 25		
長崎	○有明海，大村湾，野母糀島，伊王島～黄島，大瀬崎～済州島，	大4～	○対馬豊崎村	大9

資料

	千々石湾，伊万里湾大島～生月島，奈良尾漁場，生月島漁場（年により調査場所が変更）		神崎灯台下	
	○漁場水温其他調査	大15～昭2	○南松浦郡大瀬崎灯台下	大9
	○日本海連絡一斉調査	昭7～8	○西彼杵郡大立島灯台下	大15
	○黄島～伊王島	昭4～9	○壱岐郡厘筒白崎灯台下	大15
	○奈良尾～瀬戸	昭6, 7	○北松浦郡古志岐灯台下	大15
	○平戸沖北部	昭7		
	○黄島～馬羅島	昭8		
	○樺鼻～黄島観測	昭12～16	○三島	昭4～19
	○魚貫崎～野母崎	昭12～16	○神埼	昭4～19
	○大野鼻～魚貫崎	昭12～15	○大立島	昭4～19
	○大野鼻～野母崎	昭12, 16	○筒城島	昭4～19
	○伊王島～樺鼻	昭12～16	○古志岐島	昭10～19
	○黄島～魚貫崎	昭14	○大瀬崎	昭4～19
佐賀	○加唐島～壱岐江豚鼻（9浬，3点）	大10？	○松浦海波戸浦東（0.5浬，2～3回／月）	明44, 大9
	○漁業基本調査	大12		
	○加唐島～壱岐	昭4～9		
	○加唐島～江豚鼻～烏帽子島～神集島	昭10～18	○波戸岬	昭6～9
	○加唐島～神集島	昭19	○波戸岬沖東1浬	昭11
	○壱岐水道	昭22～25	○波戸岬沖0.5浬	昭10～17
	○唐津湾	昭23～25	○神集島南東1浬	昭10～16, 18
			○神集島南東0.5浬	昭16～17
福岡	○玄界灘横断観測（玄界島～厳原）	大元～大6～昭18	○津屋崎，毎月3回	明35～37
	○豊前海横断観測（宇島～御崎沖（4点），御崎～簀島（3点），簀島～本山（3点））	大5～昭15	○宗像郡大島，小呂島，藍島。最初は3日ごとに，次いで月3回に。海況，気象，浮遊生物，沿岸重要漁況等を調査	明44～大5
	○宇島～御崎沖（5点），御崎～戸崎（3点），戸崎～宇島（4点）	昭3～大7～昭3, 9～10, 14		
	○有明海横断観測	昭4～14		
	○日本海連絡一斉調査	昭7		
	○対馬（小松瀬）～巨済島	昭6, 7		
	○豊前海宇島～宇部～御崎～宇島	昭7～16, 18		
	○豊前海宇島～宇部～御崎	昭5		
	○対馬小松瀬～小竹列島	昭7～12		
	○福岡～五島列島～男女群島（表面観測）	昭9		
	○博多湾	昭10	○豊前海宇島港における定点観測	昭8～14
	○玄界島～福岡県大島～山口県角島	昭11		
	○玄界島～厳原	昭4～7, 9～19, 22～24	○玄界灘沖合定点	昭11～14
	○福岡～厳原	昭6, 8	○沖ノ島	
	○筑後河口～三池灯台	昭24, 25	○玄界島沖北西1浬	昭4～19
	○豊前海	昭24, 25		昭9～17
	○宇島～宇部	昭19		
	○対馬沿岸	昭24		
	○対馬東水道	昭25		
山口	○川尻岬～蔚崎，釜山～川尻岬（4回／年，10, 25, 100 m）	大2	○仙崎，島戸，上関	明35
	○川尻岬～釜山	大4～6		
	○川尻岬～蔚崎間，釜山～川尻岬間（4回／年）	大11, 昭12	○奈古，島戸，上関	明36
	○日本海連絡一斉調査	昭7～8		
	○川尻岬～蔚崎	昭4～12, 16	○奈古，上関	明37
	○蔚崎～釜山～川尻岬	昭16	○奈古，上関，見島	明41
	○青海島～見島観測	昭16		
	○外海沿岸観測	昭5	○見島，角島，蓋囲島，野島，八島，柱島	大2
	○青海島～見島～川尻岬北西～川尻岬50浬	昭24		
	○青海島～見島～川尻岬北西50浬～川尻岬～角島～蓋井島	昭25		

資料7

(瀬戸内分場)	○佐波郡向島南端より大分県姫島灯台見通線。向島南端より2浬ごと。海洋の水理状態の調査（月1回）	大12	○見島，角島，蓋囲島，野島	大4
	○向島～姫島観測	昭4～18, 24, 25	○祝島，柱島(6回／月)見島，角島，蓋囲島，野島，祝島，柱島	大12
	○周防灘祝島沖西34浬	昭7, 9		
	○周防灘祝島沖西35浬	昭9		
	○周防灘祝島西	昭7		
	○姫島～祝島～大島	昭24	○野島，祝島，柱島，月6回	大12
			○山口見島	昭4～19
			○角島灯台	昭7, 9～19
			○山口角島	昭10～19
			○蓋囲島	昭4～19
			○柱島	昭6～19
			○祝島	昭6～9
			○野島	昭6～19
			○山口見島 3 m	昭18, 19
			○山口角島 25 m	昭18, 19
			○山口蓋囲島 3 m	昭18, 19
島根	○浜田馬島灯台西北100浬（10浬ごと，表面から200 mまで）（水温，比重，浮遊生物，透明度，流向，流速等）	大元	○西郷，美保関，日御碕，馬島（6回／月）で	大元
	○江角～隠岐島の横断観測	大4		
	○浜田沖北西100浬観測	昭4, 5, 13	○日御碕	昭4～19
	○浜田沖北西100浬点～慶北冬外串	昭5	○隠岐西郷	昭4～8
	○浜田沖北西	昭6, 17	○地蔵岬	昭4～8
	○浜田沖北西140浬観測	昭6	○浜田	昭4～19
	○浜田～長髪岬	昭7	○三度崎	昭7～13
	○浜田沖～迎日湾	昭7	○浜田沖北西10浬	昭10～15
	○浜田馬島沖北西70浬	昭8		
	○浜田馬島沖西80浬	昭9, 14	○島根日御碕	昭6～19
	○浜田沖北西30浬	昭10	○三度崎	昭14～19
	○浜田沖北北西90浬	昭11	○三度崎 43 m	昭18, 19
	○浜田沖北西80浬観測	昭12, 13	○日美崎 28, 55 m	昭18, 19
	○浜田沖北西20浬	昭16		
	○浜田～江原道観測	昭16	○島根浜田 20, 50 m	昭18, 19
	○浜田沖北西20浬	昭21～24		
	○隠岐近海	昭24		
	○美保関北西	昭24		
	○日御碕北	昭24		
	○島根県沿岸	昭24		
	○島根県沖合	昭24		
	○日御碕～大和碓	昭25		
	○浜田北西20浬, 80浬	昭25		
鳥取	○賀露沖北微西100浬観測	昭6	○賀露港	昭16
	○賀露沖北50浬	昭6, 7	○鳥取港	昭16, 17
	○賀露沖北	昭6		
	○御崎～竹島	昭7		
	○賀露沖北35浬	昭7		
	○御崎～鬱陵島観測	昭16		
	○地蔵崎～地夫利島	昭11～12		
	○賀露沖北西134浬	昭25		
	○隠岐碓	昭25		
	○出雲～隠岐沿岸	昭25		
	○網代北北西25浬	昭25		
	○網代北～北西	昭24		
京都	○経ヶ岬から北50浬（10浬ごと）	大3	○ブリ定置観測（黒崎～新井埼～成生岬の7点）	大13～昭15
	○昭和丸による海洋観測と海流による調査	昭5		
	○若狭湾横断観測	昭5, 10～14, 16		
	○日本海連絡横断調査（経ヶ岬から朝鮮清津，同朝鮮雄基まで））	昭6～8		
	○経ヶ岬沖3線	昭5	○経ヶ岬	昭4～19

資料

	○経ヶ岬〜朝鮮東海岸	昭5		
	○経ヶ岬〜雄基	昭8		
	○経ヶ岬〜清津 440浬	昭7		
	○経ヶ岬沖北 21°41′西 30浬	昭7, 8		
	○経ヶ岬沖北 21°41′西 41浬	昭7〜9		
	○経ヶ岬沖北 20°西 30浬	昭9		
	○経ヶ岬沖北	昭24		
	○鷲崎沖南 7°東 7浬	昭7〜9		
	○成生岬沖北東 28浬	昭7, 8		
	○無双鼻〜冠島	昭25		
	○鷲崎〜成生岬〜財島〜鷲崎	昭25		
	○成生岬〜越前岬	昭25		
	○経ヶ岬北 10浬	昭25		
福井	○県近海一帯	大9〜15	○日御碕定点	大4
	○敦賀浦塩線上の石崎より 150浬	昭2	○立石岬沖西北西 10浬	昭13
	○若狭湾横断観測	昭5		
	○他に敦賀〜浦塩, 敦賀〜大和堆間 (数回)	大13〜		
	○立石岬沖北 17°西 150浬	昭4, 5, 9, 13〜16		
	○立石岬沖北 17°西 450浬	昭4, 6, 7, 8, 11, 12		
	○立石岬沖北 17°西	昭5, 6, 13, 14, 16		
	○立石岬沖北 17°西 385浬	昭7		
	○立石岬沖北 17°西 60浬	昭8		
	○立石岬沖北 17°西 150浬より北へ 70浬	昭9		
	○立石岬沖北 17°西 195浬	昭12		
	○雄島沖 250浬	昭12		
	○立石岬沖北 10°西 200浬	昭10		
	○立石岬沖北 17°西 150浬より北へ 50浬	昭11		
	○立石岬沖北 17°西 240浬	昭10		
	○立石岬沖北 17°西 30浬	昭18		
	○敦賀〜浦塩	昭8, 9		
	○安島埼〜浦塩	昭10		
	○若狭湾験流中の海洋観測 (福井, 京都, 兵庫)	昭5		
	○日本海南部	昭12		
	○立石岬西北西	昭24		
	○立石岬 N20°西 20浬	昭25		
	○立石岬西北西 30浬	昭18		
	○立石岬沖北 17°西 50浬	昭17		
	○立石岬沖北 17°西	昭17		
	○猿山岬〜安島埼	昭17		
	○敦賀湾口	昭19		
	○若狭湾沿岸	昭25		
	○嶺南定置漁場	昭25		
	○禄剛崎〜浦塩	昭10		
石川	○輪島沖合大蛇礁〜宇出津沖合。水温と比重	大6	○北緯37度16分 東経137度10分の地点, 水深27尋で毎月2のつく日に観測。上中下層水温, 比重, 潮流方向・速度, 透明度, 水色, 浮遊生物沈殿量	明43〜45
	○輪島沖合大蛇礁〜北方 50浬, 金石沖から北方 30浬, 禄剛岬沖合北方 100浬	大7		
	○猿山〜北西 50浬, 100浬, 禄剛岬沖合北方 40浬	大8		
	○舳倉島〜禄剛岬 100浬 (6点), 猿山北西 195浬 (11点), 100浬 (16点)	大9		
	○猿山沖距岸 50〜100浬を 5〜10浬ごと測定	大10, 11		
	○日本海一斉調査 (猿山岬〜北西 100浬)？	昭7〜13		
	○禄剛崎〜北北西 50浬を 10浬ごとに水温, 比重は 300mまで, 透明度を測定	昭9〜13		
	○禄剛崎北北西 50浬	昭8〜12		
	○猿山岬沖北西 100浬	昭7〜8	○宇出津港外 3マイル, 水深 50尋。毎月 3回, 水温 (表層, 25, 50尋),	大2〜5

資料7

			比重, 潮流, 水色, 透明度, 浮遊生物の測定。他, 定時観測を実施	
			○宇出津沖53マイル水深53尋（月3回）の地点と禄剛岬沖入り20尋の地点（毎日）で水温, 比重, 流向を測定。7, 8年度には小塩沖合が加わるが, 10年からは元に	大6～?
			○羽作郡ノ宮村, 珠洲郡西海村地先	昭4～9
			○宇出津沖, 月3回, 表面, 40, 80m水温, 比重の測定	昭10～18?
			○禄剛崎地先	昭4～19
富山	○伏木港～佐渡二見港, 大泊鼻～滑川, 小口～生地崎, 小木～宮崎鼻, 禄剛崎～糸魚川, 禄剛崎～佐渡中央を経て直江津線, 舳倉島～佐渡北端弾崎	大3	○滑川本所沖合1浬（30, 60, 85尋, 各季）	明45～大2
	○越中滑川～能登七尾湾口小口間（4点）, 越中生地鼻～能登七尾湾口小口間（4点）, 越中宮崎鼻～能登小木町（5点）, 越後糸魚川～能登小泊見通（6点） 越中宮崎鼻～能登禄剛崎（7点）, 佐渡澤崎～伏木（50浬, 10点）	大4～6	○東部（生地沖1浬）, 中部（本所1浬）, 西部（藪田村沖合）	大8～11
	○越中宮崎鼻～能登禄剛崎（7点）, 能登禄剛崎～佐渡澤崎（7点）, 佐渡澤崎～伏木（16点）	大7～14		
	○伏木港～佐渡澤崎見通線上（伏木より45浬, 7点）, 越中宮崎鼻～能登禄剛崎（7点）, 能登観音崎～越中生地鼻（4点） 大正3～8年　表面, 25, 50, 100尋4層 大正9～11年　表面, 18, 45, 90, 180m 大正12年～　表面, 25, 50, 100, 200m	大15～?	○東部（下新川郡沖合1浬）, 中部（本所1浬）, 西部（藪田村沖合）（3回／月）	大13～昭20
	○鰤漁業基本調査	大2		
	○滑川沖微西30浬	昭5		
	○伏木～観音崎～生地～伏木	昭5		
	○宮崎～禄剛崎	昭4～18, 23～25		
	○宇出津～滑川	昭5～18, 21～25		
	○生地沖北西17浬	昭6		
	○伏木港北微東13浬	昭6		
	○生地～観音崎～伏木	昭8		
	○生地～観音崎	昭9		
	○富山湾沿岸線, 観音崎～生地	昭9		
	○富山湾観測	昭10～17		
	○生地～観音崎, 宇出津～伏木, 伏木東1/28浬北	昭18		
	○落石岬沖南70浬	昭11		
	○大黒山島南1/2西70浬	昭11		
	○知人鼻沖南微西70浬	昭11		
	○富山湾鰤漁場	昭7		
	○伏木～澤崎	昭4		
	○生地鼻～観音崎	昭4		

資料

	○禄剛崎北西	昭24		
	○富山湾生地〜伏木	昭19		
	○生地〜観音崎〜伏木〜東岩瀬	昭20〜25		
新潟	○寺泊〜赤泊, 佐渡弾崎北西45浬（現場に支障のない限り毎月, 大正14年以降は調査船が遠洋に出漁のため海況観測回数減少）	大5	○水形調査, 小木沖調査（気象, 水温, 比重, 潮流, 波浪, 透明度, 浮遊生物等）	明37〜38
	○海洋調査（イカ操業時に水温, 比重, 潮流, 浮遊生物の調査。相川〜真野湾〜小木〜赤泊の佐渡全域）	大4〜昭16		
	○横断観測（赤泊〜寺泊, 赤泊〜間瀬, 弾崎〜粟島〜馬下, 沢崎〜禄剛崎）	大6		
	○海流瓶の放流（北陸4県共同調査）	大9	○寺泊沖調査	明39
	○日本海連絡一斉調査	昭7〜8	○加茂湖調査（湖口の一定点は毎日, 湖内3ヶ所は月6回, 表面と湖底部の水温と比重）	大10
	○横断観測（寺泊〜赤泊間）	昭5〜14, 16, 24		
	○横断観測（弾崎北西五十浬）	昭10〜14		
	○弾崎沖北北西50浬	昭6, 8〜10, 12〜14		
	○弾崎沖北西100浬	昭16		
	○姫崎〜鷲崎	昭12, 13		
	○弾崎沖北西110浬	昭7		
	○弾崎沖北西200浬	昭8		
	○弾崎沖北西50浬	昭7〜14	○姫崎	昭4〜19
	○新潟〜弾崎	昭8		
	○姫崎〜弾崎	昭14		
	○弾崎〜アスコールト島	昭9		
	○弾崎沖北北西	昭6		
	○弾崎沖北西100浬	昭16		
	○新潟〜粟生島〜笹川	昭23		
	○新潟〜粟生島〜弾崎〜弾崎北30浬	昭25		
	○弾崎北北西〜弾崎北	昭24		
山形	○加茂沖西50浬	大13, 昭4, 5	○飛島	昭4〜19
	○加茂沖西100浬	昭9		
	○加茂沖西150浬	昭7, 8		
	○加茂沖西60浬	昭9		
	○加茂沖西北西100浬	昭10〜14, 16		
	○加茂沖北西100浬	昭12, 14		
	○襟裳岬沖	昭9		
	○加茂沖西25浬	昭14		
	○酒田沖西北西50浬	昭14		
	○加茂沖西	昭6		
	○加茂沖西南西100浬	昭10		
	○酒田沖北西	昭24		
秋田	○能代港と本荘港真西30〜50浬, 飛島〜久六島	大7	○入道埼	昭4〜19
	○土崎港真西400浬（毎月。4, 8, 10, 12月は30浬・50浬で浮流瓶を投入）	大8		
	○土崎沖西150浬	昭5, 7, 8		
	○土崎沖西160浬	昭6		
	○土崎沖西200浬	昭6		
	○土崎沖西70浬	昭7		
	○土崎沖西50浬	昭4, 9, 10, 12, 14		
	○土崎沖西40浬	昭10, 11		
	○土崎沖南西20浬	昭10		
	○土崎沖西100浬	昭5, 12		
	○土崎沖西	昭16		
	○飛島〜象潟6浬	昭10		
	○金浦〜飛島7浬	昭10		
	○土崎〜象潟沖西5浬	昭11		
	○入道崎西	昭24		

機関名	調査名	調査年度	調査内容
水産局	航海観測報告（相模湾と駿河湾，外房州沖，東京湾）	明33～35	東京湾汽船会社等の船舶を使っての乗船調査（計8回）。一航海10日。横断観測の緒をなすもの
	本州東海岸に於ける表面海水温度及び比重	明35	汽船西京丸による神戸～横浜港間での表面の水温と比重の測定。青森～函館，萩之浜～横浜の海面水温の測定
	横浜シアトル間航路における海洋観測	明41・44	表面水温，比重，気象観測
	明治43年捕鯨船金華山丸船長の報告	明43	
	明治44年捕鯨船金華山丸船長の報告	明44	
	明治45年捕鯨船金華山丸船長の報告	明45	
	千島列島近海に於ける水温，比重並，浮遊生物	明45	軍艦浪速に便乗。千島列島の水温，比重，浮遊生物について調査
	軍艦松江に於ける海洋観測付浮遊生物	大元	土佐室戸岬より伊豆神子元島。表面，300尋の水温，比重，浮遊生物
	対馬西水道海洋調査（水産講習所隼丸）	大元	釜山冬柏島東端から対馬佐須奈港29浬。海深，底質，水温，比重，海流，潮流
	伊豆相模及び房総沿海に於ける海洋観測	大元	サンマ，鮪，鰯等の豊漁に関しての海洋調査。伊豆相模房総沿海の海洋調査
水産講習所	水産講習所実習船雲鷹丸の海洋調査	明44～大元	生徒実習時の3航海で海洋調査と生物調査，漁場調査を実施
	九州西南海海洋及び生物調査	大2	雲鷹丸のトロール漁業監視に便乗
	北海道近海海流調査	大2	雲鷹丸に乗船
	本土より支那に至海洋調査	大2～3	東京湾から上海間の農商務省北水丸の航路。水温，比重，浮遊生物の採取。採取塩分の検定
	玄界灘及び対馬水道横断観測に就いて	大2	山口水試・福岡水試の対馬水道連絡横断観測の取りまとめ。日本海固有の冷水の存在を示唆
	金華山沖海洋調査報告	大3	雲鷹丸により青森県尻屋崎より千葉県犬吠埼に至る沖合の表面，25，50，100，200，300，400，500尋の水温，比重を観測し，各横断面の熱量を計算
	玄界灘及び対馬東水道横断観測（福岡，山口両県施行）	大3	断面平均温度表，横断観測水温，比重断面図
	相模灘海洋調査	大3～4	三崎～初島，下田～大島，三崎～大島・新島，下田，大島～州崎の数線上，略5浬毎に水温，比重，水色観測。観測水深は最大200尋
	金華山沖横断観測に就いて（宮城県施行）	大3	岩手・宮城・福島の連合地先同時観測。同一線の数ヶ所における断面100尋まで観測の宮城県の結果取りまとめ
	金華山及び塩屋岬沖横断観測に就いて（宮城・福島両県実施）	大4	観測各月断面図，平均水温表
	島根県多古鼻沖60浬横断観測に就いて	大4	横断観測図，平均温度表
	対馬海峡並びにトカラ群島海洋調査	大4～5	得撫丸で実施。横断観測図，平均温度表
	黄海洋調査	大4	下関～木浦～青島～威海～仁川間，仁川～下関を隼丸航海
	「オコツク」海，日本海及び金華山沖海洋，生物，漁場調査	大4	雲鷹丸，忍路丸（東北帝大），探海丸（北水試），高志丸（富山水講）の調査と岩手，宮城，福島の各水試の連絡調査の記録の取りまとめ。水温，塩分の水平・垂直分布について，「オホツク」海区，日本海区，太平洋海区に区分して精述。海流の速度，方向について大要算出。さらに，「カムチャツカ」西部沿岸の鱈漁場の調査
	「オコツク」海，金華山沖海洋，生物，漁場調査（雲鷹丸）	大5	海水の温度，比重（塩分）の垂直と水平分布状況と海流を記述。金華山沖の横断観測線の熱量算出。カムチャツカ西岸漁場の調査。大陸棚上で測深し，百尋分布図を作成。セントジョージバンク探索。タラ資源の調査，サケマスの調査を実施。プランクトン調査を実施
	大正5年地方横断観測に就いて	大5	岩手，宮城，福島県が施行した月山，金華山，塩屋岬沖調査，福岡県施行の玄界島～厳原間調査結果の取りまとめ

資料

	大正6年地方横断観測に就いて	大6	大正5年の水試場長会協議にもとづきイワシ連絡調査を実施。観測結果を受け，取りまとめ，連絡試験実施県に通報。これに，水温，気象，比重，水色，透明度等の観測結果も記述		
	海洋漁場調査報告（雲鷹丸）	大6	館山～太平洋を北上～室蘭。室蘭～千島～「オコック」海まで横断観測。また，樺太亜庭湾～北海道日本海側を南下～津軽海峡～御崎～金華山～館山までの横断観測。水温，塩分，比重の測定。水平分布を表面，25，50，100，300尋について，また，垂直分布を記述。海流の速度をも記述。それより海区の流動の大勢を記述。熱量は，宮古沖と金華山沖の表面・表面下500尋の熱量（平均温度）を算出		
	海洋調査	大7～昭3～（継続）	大正7年度，全国水産試験場長会議・地方海洋調査担当者会議の決議にもとづき，全国各地に委託した海洋定置観測，地方水試横断観測，水講の調査船の各種記録（海洋観測結果，漁況）を取りまとめ，関係各府県に配布。海洋調査要録の発刊，海況漁況を報じる		
	日本海海洋の性状	大7～13	全国的に連絡試験として実施した海洋調査の結果を取りまとめ，日本海の一般的性状を示す。内容は，海底，海水（海流，水温，酸素等と四季の変化）と浮遊生物（植物34属145種，動物42属70種。日本海固有種は1属1種）		
	日本海に於ける下層冷水帯に就いて	大7～15	日本海の九州および本土，各府県の観測記録につき各月の200m水温の平均値を求め，また，これより得た累年の平均値について論じる。この海水の特徴より，A，B，B'，Cに区分。福井水試の実施した海洋観測結果について取りまとめ		
	若狭湾の海況に就いて	大8～15	四季における比重の変化，200m層水温帯と比重との関係を概説。若狭湾は地理的，底形的関係により，下層冷水帯の流入旺盛による海域の特性を明示		
水産試験場蒼鷹丸	観音崎～八丈島	昭4	下関～下田（表面観測）	昭8	
	豆南海区	昭4	釜山～下関	昭8	
	対馬水道～蓋囲島・絶影島	昭4	東北海区	昭9～16	
	対馬水道（表面観測）	昭4，5	神威岬沖西微南180浬	昭7	
	東京湾口	昭5	神威岬沖北西微北160浬	昭7	
	潮流板験流中の海洋観測	昭5	宗谷岬北西140浬	昭7	
	相模湾 川奈崎～城ヶ島	昭4，5，6	利尻島～神威岬～権現崎	昭7	
	瓜木埼～洲ノ崎	昭4，5，6	函館～利尻島	昭8	
	城ヶ島～洲ノ崎	昭4，5，6	利尻島～神威岬	昭8	
	沿岸線	昭5～9	神威岬～船川	昭8	
	洲ノ崎～下田	昭7～9	船川～澤崎	昭8	
	三崎～川奈崎	昭7～9	澤崎～清津	昭8	
	洲ノ崎～三崎	昭7～9	清津～境	昭8	
	相模湾	昭8，10	境～隠岐	昭8	
	洲ノ崎～小笠原（表面観測）	昭6～18	隠岐～蔚崎～釜山	昭8	
	東京～小笠原（表面観測）	昭6	野島埼～釧路	昭8	
	東京湾口～小笠原（表面観測）	昭4，5	大島～下田	昭9	
	東京湾	昭6～16	釧路沖南500浬	昭10	
	東京湾（表面観測）	昭13	釧路～落石岬沖東150浬	昭10	
	岩手御崎沖200浬	昭5	金華山沖北東	昭10	
	岩手御崎沖～洲ノ崎	昭5	金華山～野島崎	昭10	
	若狭湾	昭5	オホーツク海	昭10～13	
	東京～下関（表面観測）	昭7	日本海	昭16	
	北海道～東京（表面観測）	昭7	石室崎沖東	昭10	
	下関～釜山	昭7，8	日本南海	昭13～16	
	釜山～日之岬	昭7	紀南海区	昭17	
	日之岬～清津	昭7	塩屋埼20浬	昭18	
	豆満江～佐渡二見	昭7	東北海区深海漁場	昭18	
	佐渡二見～七尾	昭7	尾崎東40浬	昭18	
	禄剛崎～寺泊	昭7	金華山40浬	昭18	
	弾崎沖北西微北300浬	昭7	本州南西沿海	昭22～24	
	東京～勝浦（表面観測）	昭8，9	金華山及び塩屋埼沖	昭24	
	北太平洋	昭8	洲ノ崎～八丈島	昭24	

資料7

		野島崎〜尻屋崎	昭8		野島崎沖〜小笠原群島東方		昭24
		熊野灘三木埼沖	昭8		大東島〜沖縄		昭24
大長分場	安芸灘		昭7				
農林省	初鷹丸	黄海	昭7〜14	金鵄丸	対馬〜神威岬		昭7
		シナ東海	昭7〜14	白鴻丸	東京〜瀬戸内海		昭8, 9
		渤海	昭7		瀬戸内海		昭10〜16
		日本海	昭16		熊野灘		昭10
		シナ海	昭11	得撫丸	東北海区		昭7, 10, 12
		対馬海峡	昭16		北海道南部沿海		昭10
		九州海峡	昭16		北海道沿海		昭7
	飛隼丸	黄海	昭7〜14	白鳳丸	千島近海		昭10
		シナ東海	昭7〜14, 16		ベーリング海		昭12
		玄界灘	昭16	俊鶻丸	オホーツク海		昭10
		豪州北西沿岸	昭11		ベーリング海		昭10
		安南海湾	昭15		堪察加西岸		昭11, 12, 14, 15
	祥鳳丸	瀬戸内海	昭8	俊鷹丸	九州西岸海海		昭11
		対馬海峡	昭8		佐賀県〜福井県沿海		昭11
		北千島沿海	昭10, 11		九州沿岸沖合		昭11
		渤海	昭7		佐賀県西岸沖合		昭12
		黄海	昭7		佐賀県〜山口県沿海		昭12
		シナ東海	昭16		日本海南部沿海		昭13
		堪察加西岸	昭13, 15	快鳳丸	ベーリング		昭14
		日本海北部	昭14		堪察加東岸		昭15
		日本海	昭14				
水産講習所	白鷹丸	相模湾 下田〜洲ノ崎		昭10			
		相模湾大島西部		昭11			
		駿河湾及び金洲ノ瀬		昭12			
		ベーリング海東部		昭5(測点2点)			
		カムチャッカ西岸		昭5(表面水温のみ)			
		オホーツク海		昭6			
		カムチャッカ東岸カムチャッカ湾		昭6			
		北海道〜カムチャッカ東岸〜オホーツク海		昭7			
		千島〜カムチャッカ東岸〜ベーリング海		昭8			
		ベーリング海東部〜北部		昭9			
		ベーリング海東部		昭10			
		北太平洋〜ベーリング海		昭11			

海軍水路部	軍艦駒橋		経ヶ岬〜清津	昭8
			豆満江〜安島崎	昭8
			南鳥島沖北24°東	昭8
			北太平洋	昭9, 11
			択捉島南71°東	昭8
			千島周辺並沖合〜ベーリング海	昭9, 10, 11
			千島周辺〜オホーツク海	昭12
	軍艦厳島		北太平洋〜ベーリング	昭10
	軍艦大泊		オホーツク海	昭13, 14
	凌風丸		千島周辺〜オホーツク海	昭17
	富山丸		オホーツク海	昭17
日本郵船			スエズ運河〜神戸往復表面観測	昭13
太平洋漁業	天神丸／菊丸／梅丸／竹丸		カムチャッカ東岸	昭12
	菊丸／天神丸／梅丸／竹丸		カムチャッカ西岸	昭12
	菊丸／天神丸／竹丸		千島列島オホーツク海側沖合	昭12
	菊丸／天神丸／竹丸／鳶丸／松丸／桐丸		千島列島太平洋側沖合	昭13
	松丸／天神丸／桐丸／菊丸／鳶丸		カムチャッカ東岸沖	昭13
	鳶丸		カムチャッカ西岸沖	昭13
	鳶丸		千島列島オホーツク沖合	昭13
	蘭丸／菊丸／船名不詳		カムチャッカ東岸沖合	昭14
	松丸／鳶丸／船名不詳		千島列島オホーツク側沖合	昭14
	松丸／竹丸／鳶丸／菊丸／		千島列島太平洋側沖合	昭14
	桐丸梅丸／竹丸／菊丸		千島列島太平洋側沖合	昭15

資料

梅丸／竹丸／菊丸／桐丸		千島列島オホーツク側沖合	昭15
桂丸／菊丸／梅丸		千島列島太平洋側沖合	昭16
萩丸／蘭丸／桐丸		カムチャッカ東岸沖	昭16
蘭丸／竹丸		千島列島オホーツク側沖合	昭16

☆海流調査

調査名	調査期間	調査時期	調査内容
北海道流氷調査	北海道水試	大4以前	流氷の性質とその流路，結氷，流氷区域，流氷期間等を調査
海流調査	千葉水試	大14～	野島崎南東海洋横断観測線上の各点で，2，5，8，11月に海流瓶を20～100本放流
小笠原群島近海々流調査	東京府小笠原支庁	大15～	群島近海の海流を精査し，回遊魚族との関係を調査。海流瓶200本以上を放流
海流調査	神奈川水試	大13～	大島乳ヶ崎，真鶴岬，城ヶ島の3点からなる線上で，海流瓶と測流板を放流
海流調査	山口水試	大14～	川尻岬と蕋崎間で，2月と8月に5ヶ所にビール瓶を放流
変調流及溷濁水帯調査	鹿児島水試	大5	種子島，屋久島以西の草垣島にわたり，変調な流れと溷濁（こんだく）水が出現。一般的海洋観測による調査
日本海海流調査	福井水試	大10～	「ブリキ」羽根付き海流瓶で調査。5回までは県近海，6回は三国北微492浬，7回からは敦賀～浦塩で，放流地点73ヶ所，放流総数4430本
海流調査	石川水試	大7～15	浮瓶放流による潮流調査。7年には輪島から北，金石から北西，8年猿山沖，9年猿山沖等，一定間隔ごとの放流
海流調査	石川水試	昭元～20	昭7年猿山沖，他は他の事業の中に組み込み実施。昭7年猿山岬沖と宇出津地先で漂流板観測
本邦東岸海流調査	水産調査所	明26～27	
東京湾内の潮流及其海産植物分布の関係	農商務省水産局	明35	

①潮流計による観測

水産試験場	相模湾		平塚町寿賀沖 S20°西 1.45浬	昭8.12
			小多田湾沖	昭6.2
			二宮沖	昭6.11
			真鶴沖	昭5.11，昭6.2，昭6.11，昭6.12，昭7.2，昭7.11，昭7.12，昭8.1，昭8.2，昭8.4，昭9.1，昭9.11
			真鶴沖真鶴笠島南東微南 0.7浬	昭7.3
			真鶴沖 N8°東 1.3浬	昭8.12
			網代沖	昭5.11，昭6.2，昭6.11
			網代沖網代立岩南東微東 0.6浬	昭7.3
			大磯沖	昭6.12，昭7.2
			大磯沖大磯照ヶ埼 1.8浬	昭7.3
			江ノ島沖	昭5.11
			初島沖	昭7.12，昭8.1，昭8.2
			相模湾魚見埼沖	昭7.2
			中央	昭10.1
	若狭湾			昭5.7
	弾崎沖 N/W3/4W3浬			昭7.6
		N/E1/2E 7.3/4浬		昭7.5
	北海道乙部 NW1/4W4.7浬			昭8.10
	利尻水道			昭8.10
	越佐海況・佐渡新谷岬沖合			昭8.10
	隠岐西郷沖			昭8.11
	千島色丹島斜古丹埼北北東 7.5浬			昭9.8
	千島占守島国端埼北 18浬			昭10.8
	北海道色丹沖 0，10，50m 碇置 22時間連続観測			昭14.9
北海道水産試験場	神威岬沖北 2.5浬			昭7.10
	権現崎沖			昭7.6
農林省	初鷹丸	済州島南		昭8.7
		東海 済州島 SW20浬		昭7.6
	飛隼丸	東海		昭8.9
		黄海 山東高角沖 S/W110浬		昭7.6
	祥鳳丸	渤海 起母島高角 WSW30浬		昭7.6

資料7

②潮流板による観測

水産試験場	若狭湾（小浜沖合，越前岬沖合，経ヶ岬沖合，新井崎沖合，沖ノ島沖合，伊根沖，浦生沖合，敦賀沖合，丹生沖合，丹生湾～常神岬，特牛埼北西沖，中浜沖合，間人沖合，津居山沖合，柴山沖合，香住沖合）		昭5.7
	相模湾	城ヶ島沖	昭4.12
		城ヶ島沖西微南	昭9.11
		真鶴沖	昭4.12, 昭5.2, 昭6.1
		初島沖	昭4.12, 昭5.4
		大磯沖	昭5.1
		川奈沖	昭5.1, 5.4
		川奈崎～三崎	昭9.11
		伊東沖	昭5.3
		網代沖	昭5.10
		網代沖東	昭9.11
		小田原沖	昭5.12
		小網代沖	昭5.10, 昭6.1
		江ノ島沖	昭5.2, 昭6.2
		相模川口沖	昭6.2
		国府津沖	昭5.7, 昭6.3
		初島沖	昭6.3
		小多田湾沖	昭6.3
		大島沖合	昭7.11, 昭7.12, 昭9.2～4, 昭9.2～4
		長井沖西微南	昭9.11
		相模湾中央部	昭9.12
		真鶴沖南50°東	昭9.12
	千島幌莚海峡		昭14.9
北海道水産試験場	津軽海峡		昭7.6, 7.5
	神威岬北2浬海面		昭7.6
青森県水産試験場	青森県鮫角沖		昭9.10
神奈川県水産試験場	相模湾	小網代沖	昭5.11, 5.12
		須賀沖	昭5.10
		江ノ島沖	昭5.11
		初島沖	昭5.12
		魚見埼沖	昭5.11
		相模湾大島沖	昭5.12, 昭8.8
同　三崎分場	東京府大島沖		昭9.10
東京府水産試験場	青ヶ島沖北西		昭8.8
和歌山県水産試験場	日ノ岬沖		昭8.5～8
青森県水産試験場	日蓮埼～大島		昭8.12
	鱸作崎沖合		昭7.6, 8.10
秋田県水産試験場	男鹿半島塩瀬埼沖合		昭8.10
	平沢沖		昭7.6
山形県水産試験場	加茂沖		昭7.6
	飛島沖		昭7.6
新潟県水産試験場	寺泊～赤泊		昭7.6, 昭8.10
富山県水産講習所	富山湾		昭8.10
石川県水産試験場	宇出津沖		昭7.6
	猿山岬沖		昭7.6
	猿山岬沖合		昭8.10
福井県水産試験場	安島埼沖合		昭7.6, 昭8.9
	越前岬沖合		昭7.6, 昭8.9
	敦賀沖		昭7.6, 昭8.10
京都水産講習所	経ヶ岬東方沖合		昭7.6, 昭8.10
	若狭湾沓島沖		昭7.6
	高浜沖		昭7.6
兵庫県水産試験場	猫崎沖合		昭7.6
	余部岬沖		昭7.6
島根県水産試験場	浜田馬島沖		昭7.6
	地蔵崎沖		昭7.6

資料

山口県水産試験場	日御碕沖	昭7.6
	川尻岬沖合	昭7.6, 昭8.10
	大島沖合	昭7.6, 昭8.10
	蓋井島沖合	昭7.6, 昭8.10
福岡県水産試験場	玄界島西北西沖	昭7.6
長崎県水産試験場	大瀬崎南方沖合	昭8.7
熊本県水産試験場	魚貫崎沖合	昭7.6, 昭8.10
③潮見縄によるもの		
福井県水産試験場	敦賀沖（敦賀笙ノ河北，立石埼より北17°西）	昭7.6
	越前岬沖	昭7.6
④海流瓶による観測		
全国共同調査	第一次日本海一斉海洋調査	昭7.5
	第二次日本海一斉海洋調査	昭8.10
	第三次日本海一斉海洋調査	昭16.5〜6
	第一次太平洋距岸一千浬海洋調査	昭8.8
	第二次太平洋距岸一千浬海洋調査	昭9.8
	第三次太平洋距岸一千浬海洋調査	昭10.8
	第四次太平洋距岸一千浬海洋調査	昭11.8
	第五次太平洋距岸一千浬海洋調査	昭12.8
	第六次太平洋距岸一千浬海洋調査	昭13.8
	第七次太平洋距岸一千浬海洋調査	昭14.8
	黒潮調査	昭13.5〜6
	黒潮流域及びシナ海海洋調査	昭14.6〜8
	本州南海洋調査	昭15.4〜5
水産試験場，京都府，福井県，兵庫県	若狭湾	昭5.7
水産試験場	洲ノ崎〜下田	昭6.2, 昭7.2
	下田〜網代	昭6.2
	川奈崎〜城ヶ島	昭6.2
	城ヶ島〜洲ノ崎	昭6.2
	三崎〜網代	昭6.2
	下田〜川奈崎	昭6.11, 昭7.2
	真鶴〜洲ノ崎沿岸	昭6.11
	川奈崎〜城ヶ島	昭6.11
	下田〜洲ノ崎	昭6.11
	川奈崎〜三崎	昭7.2
	三崎〜洲ノ崎	昭7.2
	三崎〜川奈崎	昭7.2
青森県水産試験場	艫作崎沖 W50	昭12.5
深浦分場	艫作崎沖西	昭12.8, 昭13.8, 昭14.8, 昭15.8
秋田水試	土崎沖 W20〜100浬	昭8.2, 昭8.5
	土崎西沖 20〜100浬	昭6.2, 5, 8, 11月, 昭7.2, 昭7.6, 昭7.9
	土崎沖西 20浬	昭5.1
	土崎沖西 20〜70浬	昭5.5
	土崎港沖西 20〜100浬	昭5.8
	土崎港沖西 20〜50浬	昭5.11
山形県水試	加茂沖 W20・50	昭8.11
新潟水試	新潟沖	昭8.6
	弾崎沖 NW1/2W 20〜200浬	昭8.6
	弾崎沖 NW20〜400浬	昭8.8〜9, 昭8.11〜12
	寺泊〜赤泊	昭7.2, 昭5, 8, 昭8.11, 昭9.2
	寺泊〜赤泊	昭8.2, 昭8.5
	弾崎北西	昭7.5, 昭7.11
富山県水産講習所	宮崎〜禄剛崎	昭5.5, 昭6.5, 昭6.10
	滑川〜宇出津	昭5.10
	宮崎より5浬〜35浬禄剛岬に至る点	昭6.5, 昭6.10, 昭7.10
	宮崎から禄剛崎	昭12.10
福井県水産試験場	立石岬沖北17°西 10〜450浬	昭4.8, 昭5.9
石川県水産試験場	猿山沖 NW	昭8.10

島根県水産試験場	島根沖合	昭5.8
	浜田馬島灯台北西10～90浬	昭6.2
	浜田馬島灯台北西100浬より北鬐岬に向い20浬）	昭6.9
千葉県水産試験場	野島崎沖南東20.60.100浬	昭4.7，昭5.2，昭5.5
	野島崎沖南東20～300浬	昭5.8
	野島崎沖南東20～200浬	昭5.12
静岡県水産試験場	駿河湾（三保～大瀬埼，相良～波勝埼，瀬の海）	昭10.4，昭10.8
三重県水産試験場	御座岬南東80浬	大14.2
	御座岬南5浬その点南南東40浬	昭8.8
	御座岬沖SSE沖20～160浬	昭6.5，昭8，11，昭8.12
	御座岬沖南南東沖合	昭7.6，昭7.7
	御座岬南5浬点SE/S80浬	昭5.11
	御座岬沖S5浬点よりSES線60，80，100浬	昭4.5
	御座岬南東60浬	昭4.8，昭5.2，昭5.8
	御座沖S5浬点よりSES線60，80，100浬	昭4.11，昭5.9，昭5.11
	熊野灘沖	?
	伊勢湾内4ヶ所，20本	昭2
福岡県水産試験場	長崎県大島西南部～対馬豆酘埼間／対馬舌峰～角島間	昭4.6，昭4.11，昭5.11
	東水道の定線上3点，西水道対馬小竹瀬～巨齊島2点	昭6.6，6.11～昭15.6，昭15.11
長崎県水産試験場	伊王島灯台より南83°西0.8～41.8浬	昭3.7，昭3.10
	大瀬崎灯台より真西1～25浬	昭3.7，昭3.10
	奈良尾福見埼より北85°東1.66浬より17.66浬	昭3.7，昭3.10
	伊王島～黄島	昭5.8
	福見埼～松島	昭5.10，5.12
沖縄水試	那覇沖NW100～300浬	昭8.11
	喜屋武岬S5浬より赤尾嶼に至る線上170浬	昭4.6
	喜屋武岬沖西0～153浬	昭4.9
	喜屋武岬沖西0～191浬	昭4.12
	喜屋武西0～170浬	昭5.4
	那覇沖20～200浬	昭5.11
農林省	初鷹丸	シナ海	昭9.6
	祥鳳丸	津軽海峡	昭9.6
		浦塩沖合	昭10.5

☆内湾調査

調査名	調査機関	調査時期	調査内容
東京湾海況状態の概要	農商務省水産局	明35	東京湾海水の系統解明（6，8～9，12の3回調査）
東京湾調査	水産講習所	大2～3	水温，塩分，潮流，水色，透明度，底質，浮遊生物，気象等を調査。湾内潮流の方向，速力，海苔籤付近の水温，塩分の変化等に言及
東京内湾利用調査	農商務省水産局	大3	貝類養殖，地形，水質，生物，産業の調査
伊勢湾三重・愛知県両県連絡調査	愛知・三重県	明42～44	両県と水産局の連絡試験。魚介藻類についての調査。明治42年は白魚，蛤，まいわし，ひこいわしについて分布域，成長度，漁場の状態等の調査。43年は蛤，鳥貝の分布，生息，海洋状態について調査。
伊勢湾及三河湾の海洋調査	農商務省水産局	明44	三重水試三水丸に乗船，伊勢湾・三河湾における海洋状態を調査
伊勢湾浅海利用調査	農商務省水産局	大3	養殖的利用を図るため，地形，沿岸の水質，生物調査，養殖業調査，および漁業組合の状況調査
伊勢湾，三河湾横断観測要録	農商務省水産局	大3	伊勢湾，三河湾の水温，比重の分布と外海流の影響を知り，浅海利用に資する
三河湾調査	農商務省水産局	大4～5	養殖的利用を図るため，地形，沿岸の水質，生物調査，産業に関する状況調査
駿河湾調査	水産調査所	明29	駿河湾の地文，形状，海底深浅度，底質，海流の大勢，駿河湾の重要水族等について調査し，調査方針に言及

資料

有明海地形等に関する調査	福岡県水試	大6～9	干潟の地形，高低，土質，生物の分布等を調査
有明海定地観測		明43～昭3	くさのり発生条件調査等，魚貝，藻類発生，分布または豊凶と海洋との関係
有明海潮間観測		明43～大3	
有明海横断観測		大4～？	
アゲマキ貝死滅原因調査及救済試験		明40～大7	

☆浮遊生物調査／赤潮調査

調査名	調査機関	調査時期
浮遊珪藻類	水産講習所	明38
本邦産浮遊生物の一部（伊豆に於ける橈脚類）	水産講習所	明41
千葉県館山湾内高の島付近「プランクトン」	水産講習所	明42
かつを漁場における浮遊生物	水産講習所	明42～43
館山湾に於ける浮遊生物及魚卵の垂直分布並定量的変化	水産講習所	大2
鰹漁場浮遊生物調査	岩手水試	大10～11
浮遊生物定量調査（第7回東京内湾水産協議会の決定事項）	千葉水試	大15～昭2
浮遊生物調査	愛知水試	明35～43（大2）
浮遊生物調査	宮崎水試	大7
佐島湖赤潮調査	静岡水試	大14
北部沿岸における赤潮発生	徳島水試	昭3
紀伊水道打瀬網漁業における粘着性泥質（俗称ドマ）による被害調査	徳島水試	昭6
北海道沿岸における浮遊生物調査（本道東南海岸，東北海，津軽海峡）	北海道水試	明44～45
浮遊橈脚類調査（探海丸等によって採集されたもの）	北海道水試	明44～大2
高島近海における浮遊珪藻	北海道水試	明45～大3

資料8　海洋調査ト魚族ノ廻游（水産講習所海洋調査部）

　海洋調査事業ハ西暦一千八百六十八年（明治元年）英国軍艦ライトニング號ガ施行シタル北大西洋ノ調査ヲ以テ嚆矢トナス。爾来, 英, 米, 獨, 諾等ノ諸国相競フテ其ノ近海ハ勿論, 遠ク南北氷洋ノ調査ヲ為シ大ニ海洋ニ関スル智識ヲ扶植スルヲ得タリ。然レドモ此等ハ何レモ断片ノ學術上ノ調査ニシテ直ニ之ヲ産業上ニ應用シ得ベキモノ少シトス。降テ一千九百二年（明治三十五年）ニ至リ北欧ノ列強英, 獨, 諾, 瑞, 丁, 蘭, 白, 露, 芬（筆者注：イギリス, ドイツ, ノルウェー, スウェーデン, デンマーク, オランダ, ベルギー, ロシア, フィンランド）ノ九ヶ国聯盟シテ北海及北大西洋ノ調査ヲ開始スルヤ組織的ノ方法ヲ採用シ且ツ漁業啓発ヲ主ナル目的トナシタリ。我政府ニ於テハ明治三十三年始メテ全国沿海數ヶ所ニ於テ定時海洋観測ヲ行ヒ以テ魚族廻游ノ状況ヲ研究スルノ端緒ヲ開キ, 明治四十二年ニ至リ水産局ノ主唱ニ基キ本所並ニ沿海地方水産試験場及水産講習所等ニ於ケル調査ヲ聯絡セシメ, 其資料ニ就キ綜合講究スル所アリ。其調査成績タル未ダ固ヨリ完美ナルヲ期スベカラザルモ各地方官衙其ノ他ノ努力ノ結果沿海各方面ニ於ケル海水ノ性質魚族ノ習性等ニ就キ窺知スルコトヲ得タルモノ多々アリ。就中海流ノ状況ト重要魚類ノ廻游ニ関係ニ付キ二三緊切ナル推論ヲ為スヲ得ントスル機運ニ達セリ。此等ニ関シテハ尚他日ヲ期シテ幾多研究ヲ要スルノ餘地ヲ存スト雖モ, 左（筆者注：本書では下）ニ實例ヲ掲ケテ其概要ヲ豫報シ以テ當事者ノ参考ニ資セントス。

（第一）魚族ハ二海流ノ衝突線ニ多キコト
　海水ノ上層若クハ中層ヲ游泳スル魚族ハ各其生息スル海流ト共ニ知ラス識ラス遠所ニ運バルヽモノナリ。而シテ其海流ガ他ノ海流ニ衝突スルトキハ, 此處ニ両海流ニ依リテ運バレタル魚族ハ多数停滞シテ大魚群ヲ形成スベシ。第一圖ニ示スモノハ其實例ノ一ニシテ茨城県小名濱沖合距岸百哩乃至三百哩ニ於ケル寒暖両線流ノ衝突状況ト鰹魚群ノ所在ノ實況ナリ。是レ大正元年初秋捕鯨船金華山丸ガ調査シタルモノニシテ, 當時両海流ノ衝突線ハ頗ル長ク二百哩以上ニ亘リ其中間ニハ尚寒流ノ断片ヲ點在シ寒暖両流混和ノ状態ヲ現ハスト同時ニ暖流ニ依リテ運バレタル鰹ノ大群ガ混和水中ニ示セリ。第二圖ハ大正四年六月三重県水産試験場ガ調査ニ係ハル同県外海ニ於ケル沿岸水ト暖流トノ衝突状況及鰹漁況ヲ示スモノニシテ, 暖流ハ遠州灘ニ瀰漫シタル沿海水ニ向ツテ突進シ来リ, 其尖角ノ付近ニ於テ鰹ノ大漁ヲ博セシモノ多キハ前述ノ理由ニ基ツクモノト見做スヲ得ベシ。

（第二）洋流ノ壓迫ハ沿海ノ魚群ヲ濃厚ナラシムルコト
　各地沿海ニハ多少淡水ノ混和セル固有ノ海水ヲ存在ス。所謂沿岸水是ナリ。鰮ノ如キハ此ノ沿岸水中ニ蕃殖スル魚類ニシテ沿岸水ノ發達廣大ナル地方ニハ相當ニ蕃殖盛ナルモ海面廣キ為ノ著シキ魚群ヲ形成セサル場合多キガ如シ。然レドモ一旦遠洋又ハ沖合ヨリ海流ノ来襲スルアリテ其ノ沿岸水ヲ壓迫シ其ノ區域縮小セラルヽトキハ濃厚ナル魚群ヲ近岸ニ出現スルモノナリ。第三圖ハ大正二年一月千葉県九十九里濱ニ於テ鰮ノ大漁アリタルトキノ海流状況ヲ示スモノニシテ, 如何ニ暖流ガ陸岸ニ接近シ來リテ其ノ沿岸水ノ區域ヲ著シク壓縮シ濃厚ナル魚群ヲ近岸ニ押付シタルカヲ推察スルニ足ルベシ。實ニ常時小兒ト雖モ海岸ニ抄網ヲ携ヘテ鰮ヲ漁獲シ得タリト云フ。又第四圖ハ大正六年秋山口県水産試験場ガ其日本海沿海ニ於テ實行シタル横断観測圖ニシテ日本海ノ底流ガ陸岸ニ向ツテ進來シ沿岸水ヲ壓迫セントスルノ形勢ヲ見ルヲ得ベシ。而シテ近岸ニ於テハ鰮漁業旺盛ヲ極メタリ。

（第三）水道ニ於テハ其共通ズル二海ヨリ来襲スル海流ノ壓迫ニ因リ其ノ魚群ガ濃厚ナラシムルコト
　是レ第一及第二ニ説明シタル場合ノ混成ヨリ起ルモノト云フヲ得ベシ。對馬水道ハ通常沿岸水ヲ以テ填充セラルヽモ時ニ南方ヨリ黒潮分派ノ進撃ヲ受ケ又北方ヨリ日本海南部ニ存在スル濃厚ナル海水ノ来襲ニ遇フコトアリ。而シテ南北両方ヨリ同時ニ濃厚海水ノ襲撃ヲ受ケンニハ其ノ沿岸水ハ壓縮セラレ其ノ魚群ハ濃厚トナラザルヲ得ザルナリ。第五圖ハ大正四年一月對島水道ニ於ケル海流ノ大勢ニシテ暖流ナル黒潮分派並ニ日本海濃水ハ共ニ其勢力ヲ逞フシ各先鋒ヲ将ニ壹岐島ノ西南沖合ニテ相会カントスルノ状況ナリサレバ此近海ニ生息セル柔魚ハ其ノ付近ニ密集シ地方漁業者ハ近年稀ナル大漁ヲ為セリ。是レ對馬水道ニ於ケル一例ニ過ギザレドモ之ニ類シタル現象ハ他ノ各水道ニモ見ルコトアルベシ。

　以上各推論ハ海水上中層ニ游泳スル所謂浮魚ニ就テ述ベタルモノニシテ海底ニ近ク生息スル所謂底魚ニ對シテ直ニ之ヲ適用スルコト難キ場合アルベシト雖モ或程度マデハ能ク適合シ得ルヲ信ズ。将來漸次研究ノ歩ヲ進メ以テ之ヲ明ニセントス。
　魚族ノ廻游移動ハ海流ニ因リテ左右セラルヽコト勿論ナレドモ亦水温ノ變化「プランクトン」ノ消長等ニ因リテモ影響ヲ受クルモノナレバ此等事項ニ関シ精細ナル注意ヲ拂ヒツヽ調査ヲ進行セザルベカラズ。将又浅海内湾ニ産スル魚介類ノ蕃殖移動等ノ如キモ此等海水ノ變化ニ至大ノ関係ヲ有スルモノトス。故ニ将來海洋ニ関スル各種ノ調査ヲ遂ゲ重要魚介類ト海洋變化トノ関係ヲ明ニセバ漁業ハ自ラ學術ノ基礎ノ上ニ建ツコトヲ得, 其ノ収穫ハ確實トナリ, 其ノ資金ノ運用ハ圓滑トナリ, 斯業ハ健全ナル發展ヲ遂ゲ大ニ国富ノ増進ヲ期スルコトヲ得ベシ。實ニ海洋調査ハ漁業経営ノ根本義ナリトス。

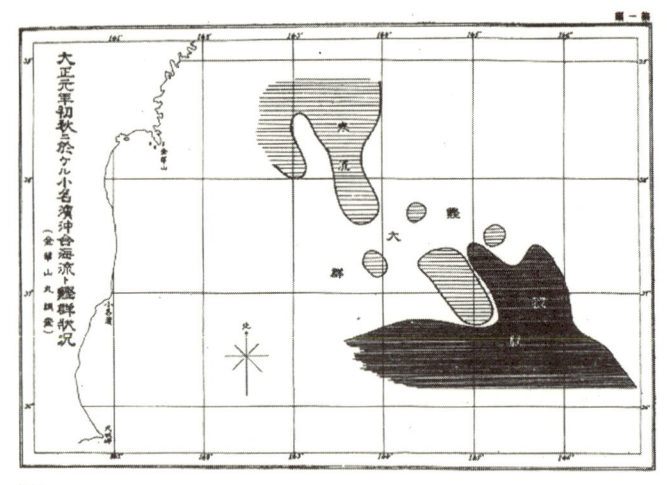

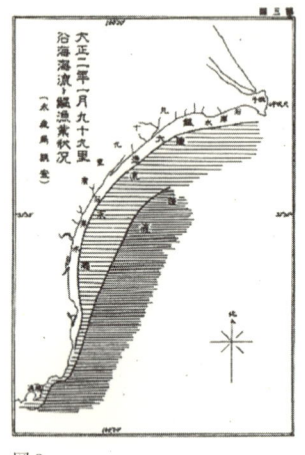

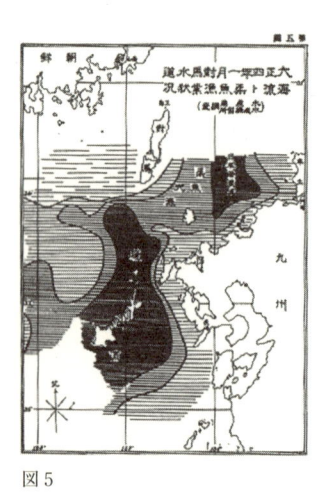

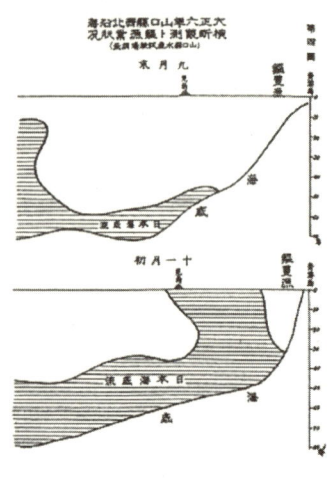

資料

図1

図3

図2

図5

図4

資料9　海洋観測と漁業の関係（漁業者の資料とすべし）

（大日本水産会報，384，62～68，大正3年）

海洋観測発表の趣旨

　農商務省水産講習所に於ては本月24日以降の官報を以て全国水産試験場及沿海19ヶ所の灯台に於ける海洋観測の結果を発表せり，左（筆者注：本書では下）に其の趣旨を略説せむとす．

　従来，本邦漁業者は積年の経験に依りて殆んど直覚的に漁場の探検，漁業の豊凶其他天候の変化等を知り得たるも近時漁具，漁船及漁法の改良と近海漁業の思はしからざるに伴ひ漁場を遠洋に求むるの急に迫られ一方に於て漁船，漁具を改良して之に石油発動機又は汽力を応用すると共に他方に於ては在来の如く単に経験のみに依りて安んずること能はず．更に進んで魚族の習性，海洋の状態を研究し魚群の去来，漁場の位置等を明かにし以て漁業の発達を図るの必要を認むるに至れり．

　抑魚類は概して一箇所に定着するものに非らず．鰹，鰊其他烏賊，秋刀魚等の如き所謂回遊性のものに在りては昨の好漁場は今日既に片鱗を認めざるに至ることあり．而して是の如き魚族の移動を誘致する原因は主として海洋状態の変化に帰因するものなりとす．

　広漠無涯の太洋は一見蒼空と相類し山なく河なく千万里を往くも何等の変化あらざるが如しと雖も何ぞ知らむ．一度海底の状態を研め来れば高山あり深谿あり急流あり渦流あり随て塩分，温度並其中に棲息して専ら稚魚の餌料と為るべき微細生物は皆其の規を一にせず．されば一定の魚族は常に一定の海水中にのみ棲息し，分布区域に自らの制限もあり，例えば，鰹の如きは凡摂氏17度比重1.025以上の海水即ち暖流中に非れば棲息せざるが如き是れ也．

　老巧なる漁夫は水色を見て能く魚群の存否を直覚するも彼等の見る所は僅に眼下数尺の深さ航路一線上の水色に過ぎざるを以て五，七尋乃至十数尋の処航路数浬外の消息に至りては全く之を知るを得ず．故に往々にして其の観察を誤り奔命に疲れ徒労に終ること珍しからずと，海洋調査機関の備はらざる場合亦止を得ざる所なり．

　欧米に於ては夙に海洋調査の必要を認め殊に北海に関係ある諸国は聯合して国際海洋調査会なるものを設け，諸威国は1900年来調査船「ミケルサース」を建造し，専ら之が調査に任じ幾多有益なる新事実を発見する所ありたる結果，独り漁業者を利するに止らず，惹て陸上気温をも予測し農業林業に対しても貢献する所少なからずと云ふ．試に其一例を掲げんに5月に於て諸威（筆者注：ノルウェー）タンペンの西方太西洋の表面下平均水温の高低はスポルバーに於ける翌鱈漁期間の平均気温の高低と一致し，且平均水温高ければ翌3月15日前ロフホテンに於ける鱈の漁獲高少く，水温低ければ漁獲高多きこと，又5月中太西洋中にある墨西哥湾流（ガルフストリーム）の表面平均温度高ければ翌年東部に於ける樅の成長度佳良なること其他五月中の沿岸水量は前年北欧に於ける降水量の多寡に依りて推算せられ，且小鰊の漁業と極めて密接なる関係あること等累年の調査並に統計に依り明瞭となれり．勿論此等を以て調査の目的を達し得たりと云ふ可からずと雖頗碩学鴻儒競うて研鑽に力め国家も亦特殊の注意と保護とを怠らざるを以て近き将来に於て齎らす所の効果定めて大なるものあるべしと信す．

　我水産局に於ても夙に該調査の必要を認め曩に漁業基本調査事業に着手し専ら魚族習性の研究，海洋の観測に努めたるも特別の経費を有せざる為自ら進んで実行する能はず．便宜地方水産試験場又は講習所等に託し，纔かに近海の観測を為すに過ぎざりしも其報告を綜合し漁業基本調査報告として公刊し冊を重ぬること既に三巻に及びたり．而して該事業は本年度より水産講習所に移さるることとなりたるも経費の不足は同様なるを以て実行方法に於て従来と多く異なる所なし．然れども既刊の漁業基本調査報告は約一ヶ年以前の事行を報告するの有様なりしを改め成るべく迅速に周知せしむる為水産試験場，又は講習所及其他全国沿岸19ヶ所の灯台より蒐集する水温比重漁況等の観測報告を編纂し毎月之を官報に掲載することと為したり．

　又同所は地方の報告を編纂綜合する外毎年少くとも一回紀州沖及金華山沖凡二百浬の間に於て数百尋の水中まで精密なる調査を施行するの計画を立て既に本年4，5月の間紀州沖第1回の調査を了せり．其の結果に依れば本邦東南海岸に大影響を與ふる黒潮の幹流は此季に於て摂氏20度以上の温度を持ち紀州潮岬南方凡20浬の地点より凡30浬の幅員を以て東に流れ其速力3乃至4浬あり．伊豆沖に於ては御倉八丈両島の間を洗ふ一派は分れて北上し幹流は少しく其方向を変じ北東に向ふ．而して黒潮の南方は其流向反対にして水温少しく低し．沿岸一帯は黒潮の分派，反対流及沿岸水の合体に依り海洋状態頗る複雑なるも紀州東牟婁郡の東方三州渥美半島の南方に当り常に一大渦流を認め得べく此渦流の位置と流勢とは黒潮幹流の消長に依りて支配せられて多少の変化あるが如し．

　此種の調査を累年継続し其結果を比較研究すれば本邦太平洋岸に於ける暖寒両流毎年の消息を明にするを得，此に依りて魚族来遊の時期遠近等の推測し得べく併せては亦陸地気温の概略をも予知するを得るに至るべき也．

　是れ今回海洋観測として官報及本誌に掲載し尚今後調査の進行と倶に之を一般に公示せんとする所以なり．

　水産講習所に於て調査したる大正2年度各地水産試験場及全国沿海19箇所の灯台に於ける海洋観測並に明治43年より大正2年に至る和歌山，茨城，宮城，長崎四県の平均水温表左（著者注：本稿では次頁）の如し．

　明治42年水産局は漁業基本調査の一部として海洋観測の必要を提唱し地方庁と連路して其実行に着手することと為り同43年来各地水産試験場は，気温，水温，比重の観測を行ひ併て漁況を報告するに至り．水産局は之を綜合して其結果は既に漁業基本調査報告として前後数冊の刊行を為したり．而して大正3年度より此事業を水産講習所に引継がれたるを以て茲に昨年度に於ける各地水産試験場よりの報告並に昨年後半より新に全国沿海19箇所の灯台に委嘱して行ひたる観測とに基き月別平均気温，水温，比重表を作成し，参考のため漁況の摘要を記入し別に既刊の漁業基本調査報告より明治43年以降の和歌山，茨城，宮城及長崎県に於ける平均水温表（第3表），並に水産統計年鑑より抜粋せる鰹，鰮，柔魚漁獲高（第4表）とを示せり．而して，第3表中明治43年より大正元年に亙るものは漁業基本調査報告書中の示す曲線画より平均値を求めたるものにして，大正2年度和歌山県潮の岬平均水温中8月以降のものは水産試験場の観測を欠きたるを以て潮の岬灯台の報告より転載補充したるものなれ

資料

ば特に括弧を付したり。乃ち此表に就きて考ふるに和歌山県潮の岬に在りては大正元年に於て水温最も高く年平均20.13度を示し明治44年には20.09度, 大正2年には20.05度を示し, 明治43年に於て最も低く19.95度を示せり。長崎県壱岐国勝本に於ても之と同様の傾向を呈し, 明治43年には観測数少きを似て平均水温各求め難きも同年44年には19.07度なりしもの大正元年には19.61度の最高温度を示し, 同2年に至りては19.33度に下れり。此の如く和歌山県付近に於て水温高き年は長崎県付近に於ても亦高く, 其高低は年々相一致するものありと雖も茨城, 宮城沿岸に在りては必ずしも之と一致することなし。例へば紀州潮の岬又は壱岐勝本に在りでは明治44年水温低かりしに反し茨城, 宮城両県に在りては水温共に最も高く大正元年に至りては前者に高かりしも後者に於て低く更に同2年に至りては益々低し。但し, 茨城, 宮城2県に在りては年々常に相一致して高下す。

次に海洋情態及其変化と漁獲高との関係に就きては本調査実施以来未だ年数を重ねざるが故に容易に言及し能はざるも大正元年度に於て和歌山, 千葉地方又は静岡以西に鰹の漁獲高多きに反し神奈川以東又は宮城地方に少かりしが如き, 或は鰮の九州西岸, 日本海及太平洋方面特に千葉沿岸（此地に於ける海洋観測を欠くを以て水温の高低と其漁獲の関係を比較すること難きも）に於て大なりが如き或は柔魚の北海道方面に於て例年に比し著しく大漁なりしは其原因不明なるも長崎及和歌山県地方に於て大漁なりしが如きは恐らく水温の例年に比し較、高きものありしに原因せしものの如し。

之を要するに此観測の続行は重要魚類漁獲の豊凶を解釈し或は漁況を予察する上に有効なるものあるが如きを以て本所は今後一層詳細なる観測に依りて之が解明に努めんとす。

一. 大正2年度海洋観測月別平均表（水産試験場）
以下紙面の都合によりて大部分を省略し大中漁のみを抜粋せり。詳細を知らんとする者は官報7月24日より28日迄を参照すべし。

月次方面	場　　所	気　温	水　温	比　重	漁況及び参考事項
1月					
太平洋	和歌山（潮の岬）	18.0	14.0	1.02608	柔魚小漁, 秋刀魚大漁
		10.6	12.5	1.02446	柔魚小漁, 秋刀魚, 鮪大漁
	茨城	4.2	12.4	1.02526	鰮中漁, 秋刀魚小漁
九州西岸	熊本	11.3	16.7	1.02513	鰮大漁, 鰤中漁
	長崎（魚目）	11.0	10.7	1.02378	鰮小漁, 柔魚中漁
日本海	長崎（壱岐）	7.9	15.7	1.02545	鰮大漁, 柔魚・秋刀魚中漁
	（対馬）	8.8	16.4	1.02481	鰮群遊, 柔魚小漁
	佐賀	9.6	14.1	1.02554	鰮, 鰤大漁, 鰆中漁
	島根（日ノ岬）	12.6	12.5	1.02541	柔魚大漁
	富山	2.5	10.5	1.02308	鰮中漁, 柔魚小漁
2月					
太平洋	和歌山（潮の岬）	17.1	15.6	1.02600	鰮群来
		9.1	10.7	1.02376	鰮群来
	神奈川	13.3	15.8	1.02560	柔魚中漁
	茨城	9.4	13.2	1.02527	鰮大漁
	宮城	3.2	5.8	1.02480	鱈中漁
	青森	0.1	4.5	1.02520	鱈中漁
九州西岸	熊本	11.3	13.7	1.02490	鰮中漁, 柔魚小漁
	長崎（魚目）	7.0	10.3	1.02465	鰮大漁, 柔魚中漁
	（大島）	11.0	14.5	1.02576	鰮大漁, 柔魚中漁
日本海	長崎（壱岐）	10.5	14.8	1.02526	鰮, 秋刀魚大漁, 柔魚中漁
	（封馬）	7.6	15.6	1.02446	鰮大漁, 鰆中漁, 鰤小漁
	福井	−	10.0	1.02372	鰮中漁
3月					
太平洋	和歌山（潮ノ岬）	15.8	12.2	1.02657	沖合鰮群遊
		6.8	10.2	1.02360	
	神奈川	12.5	13.5	1.02563	柔魚中漁
	茨城	7.3	11.8	1.02541	鰮群遊
	宮城	4.0	4.7	1.02470	鱈中漁
九州西岸	熊本	10.6	14.4	1.02511	鰮, 鰤小漁
	長崎（大島）	12.0	15.6	1.02547	鰮中漁, 柔魚小漁
日本海	長崎（壱岐）	12.0	14.6	1.02529	鰮大漁
	佐賀	12.0	12.9	1.02558	鰤小漁, 鰆中漁

（4〜12月は略）

水産試験場報告に基づく大正2年度に於ける漁況各県に於ける鰮, 柔魚の漁況と水温とに就き概述するに, 茨城県大洗地先の2浬の所に在りては水温3月に於て最低11.8度, 9月に最高22.2度を示し, 鰮は2, 4, 5月に於て豊漁を呈し後, 水温の上るに反し漁獲なく12月に於て更に大漁ありたり, 而して, 其豊漁時期に於ける水温は13.2乃至14.7度を示せり。宮城県に在りては6, 7, 8月の夏季に於て鰮, 柔魚の大漁あり, 鰮は水温11.9乃至18.3度, 柔魚は15.1乃至18.3度を示し, 青森県にてに7・8

月に於て水温 13.4 乃至 16.5 度の時大漁を報せり。熊本，長崎，九州西岸及壱岐，対馬に在りては，1，2 月及 11，12 月に於て大鯛の漁獲盛にして其水温は 10.3 乃至 19.4 度の間に在り，柔魚は 6 月に於てのみ大漁ありしが水温は 20.1 乃至 23.5 度を示せり。尚ほ，対馬にては 12 月水温 16.8 度，島根にて 1 月水温 12.5 度の時豊漁ありしこと，例年 5，6 月頃島根県に於て柔魚の大漁ありしに反し此年に於て殆ど其漁獲なかりしは異常の変化なるが如し。

〇漁　況　（自七月廿日至八月廿日）

鮪其の他。三陸地方を中心として常磐，奥羽，北越に亘り漁獲ありたる。鮪漁況は 7 月下旬に於て太平洋沿岸最も好況を呈し，就中，仙台鮪の大漁は近年稀有の盛況を示せり。宮城県牡鹿郡本吉方面より名取，亘理各郡を通じ，7 月末までの漁獲高は十万尾を超へたり。同月 23 日より 2 日間に於て渡波，塩竃，気仙沼，船越に陸揚げせられたるは 7,500 尾に達し，各地とも景況著しく活気を呈せり。本年の漁況は最初大網の好望を唱へられたるに反し其の漁獲は九分通り巻網にて一隻にてよく 2,600 余尾を得たるものすらありと云ふ，其の主漁地は田代島沖及大根礁付近なり。宮城県水産試験場観測報告に依れば江島の平均水温は 68 度 7（筆者注：華氏。このパラグラフ以下同じ）にして前年同期の 62.9 度に比し 5 度 8 の高温なり，綱地島の平均水温は 69 度 6 にて前年同期の 70 度 5 に対し 0.9 度の低温を示し，石の巻湾中端島田代見通線の中央部は 70 度乃至 75 度を示し，金華山以北は金華山海峡北に於て 64～65 度，大須崎は 63～64 度，歌津沖及び大島黒崎沖も稍同温にして仙台湾に最も好温度の潮流あり。7 月中旬好況なりし鰤漁は水温の上昇に従ひ北下して終漁となるも，柔魚釣漁又は筒伏網の大鯛漁其他は，いしもち等の縄漁或機械網に於けるわかな，すずき漁等は好況なりしと云ふ。

鰹　漁期の当初に於て好況を呈したる鰹漁は其の後に至りて一向振はず。静岡県は勿論，房総，東北地方一帯に不漁を示せるが，八月五日，福島県磐城郡豊間村塩屋崎沖に於て鰹巾着網漁船吉祥丸は鰹大は一貫匁小は二三百匁平均五六百匁のもの 2,800 余尾を網獲し，猶其の近海一円に群魚を認めたり。岩手県に於ては 8 月 9 日鯨崎沖に於て初漁あり。茨城県石城沿岸に於ても 8 月 15，16 日頃に初漁ありたりと云ふ。

房州の鯛　8 月初めより房州鴨川付近に鯛の群来あり，同町漁民は意外の大漁を為す。

蝦の好漁　愛知知多郡豊浜町付近に於ては七月初旬より蝦の豊漁ありしが八月初旬に至るも尚此の好況を継続し蝦打瀬網を以て漁獲を為せり。是等の蝦は一部分は氷詰として東京方面に輸送せられ，大部分は乾蝦に製造せられたり。

朝鮮沿海の漁況　同沿海は盛漁期に属するにも拘はらず，例年漁獲物多量を占むる平安南北道，黄海道即ち西北鮮沿海より南鮮地方に亘る一帯の沿海は頗る漁撈不況にして例年此期に於て製造する煮乾鯛の大きは大打撃を受けたり。咸鏡南北道即ち北鮮沿海は鯣，鯛，大刀魚，鱈は勿論海藻類の採取盛なりしが如し。（TK 生）

資料

資料10　大正7年水産事務協議会「海洋調査連絡方法に関する件」の協定事項（「水産界」，427号，87，大正7年）

一．本調査に使用する船舶は専用調査船（新造一隻），練習船雲鷹丸，漁業取締船速鳥丸，膃肭獣保護船得撫丸等を以て之に充つること，其の調査方面左（筆者注：本稿では下）の如し．
　　専用調査船　　本州，四国，九州及び沖縄の沿海
　　雲鷹丸　　　　鹿児島県佐多岬より青森県尻矢崎に至る太平洋側並に千島近海及オホーツク海
　　速鳥丸　　　　対馬海峡及其付近（漁業取締の傍）
　　得撫丸　　　　千島近海（膃肭獣保護取締の傍）

二．左記（筆者注：本稿では下）の地に於ける灯台又は測候所に依託し毎月六回其の沿岸海水の温度，比重等を観測報告せしむること．
　　納沙布崎，西能登呂崎，角島，襟裳崎，稲穂崎，大瀬崎，汐首崎，白神崎，那覇，尻矢崎，入道崎，石垣島，鮕岬，姫崎，彭佳嶼，塩屋崎，禄剛崎，鳶鑾鼻，銚子，経ヶ岬，野島崎，宮津，神子元島，日の岬，潮岬，三島

三．調査連絡の為め左記（筆者注：本稿では下）各地方は下に記する場所を基点とし距岸五十浬乃至百五十浬間毎月一回月初に於て横断観測を施行すること，但し内湾浅海に於けるものは下に記する範囲を施行すること．
　　青森縣　　鮫港
　　岩手縣　　月山（宮古町附近）
　　宮城縣　　金華山
　　福島縣　　塩屋崎
　　千葉縣　　洲崎
　　神奈川縣　未定
　　静岡縣　　未定
　　三重縣　　浜島，大王埼大山間
　　愛知縣　　幡豆埼二見間，野間埼津間
　　和歌山縣　潮岬，日の岬伊島間（徳島縣と交互に施行）
　　徳島縣　　伊島日の岬間（和歌山縣と交互に施行）
　　岡山縣　　寄島箱崎間
　　香川縣　　馬の鼻鹿の瀬間
　　高知縣　　須崎
　　愛媛縣　　日振島保戸島間（大分縣と交互施行）
　　大分縣　　保戸島日振島間（愛媛縣と交互施行）
　　宮崎縣　　油津
　　鹿児島縣　山川港
　　熊本縣　　富岡樺島（野母埼）間
　　長崎縣　　野母埼樺島（五島），五島済州島間（朝鮮総督府と交互に施行）
　　福岡縣　　玄海島嚴原間
　　山口縣　　角島沖の島間，青海島
　　島根縣　　浜田
　　京都府　　経ヶ岬
　　石川縣　　輪島，金石
　　富山縣　　伏木澤埼間，宮崎緑剛埼間
　　新潟縣　　寺泊赤泊間，弾埼
　　山形縣　　加茂港
　　秋田縣　　石脇，能代

四．前項の調査成績は施行後十日以内に水産講習所海洋調査部へ報告すること．
五．毎月重要水族の移動及漁況の大勢を調査し前項の報告と同時に之れを同前海洋調査部へ報告すること．
六．従来各地方に於て施行したる定時観測は之を継続すること．
七．前項の調査成績は毎月十日迄に同前海洋調査部へ報告すること．
八．以上調査の外各府縣に於て施行する特殊海洋調査成績は毎月十日迄に同前海洋調査部へ報告すること．
九．魚族の移動，海流及氣象の変化等漁業上急要なる事項を発見したる時は府県並に水産講習所は相互に臨機急報を発すること．
十．水産講習所は毎三ヶ月一回及毎年一回調査成績報告書を編纂刊行すること．但し必要あるときは臨機報告書を刊行す．
十一．本調査執行上の便宜を計る爲め毎年一回以上関係官衙の打合会を開くこと．

資料11　農林省水産試験場事業報告（海洋関係部門）

	海洋の一般調査観測		漁況一般調査	浮遊生物分布並に習性調査	底棲生物調査			
	海洋観測資料の整理	本場施行の海洋観測						
昭和4年	連絡各府県の施行した調査資料,本場施行の資料を整理。昭和4年1月〜12月の分を海洋調査要報第44号,45号に収録し,各関係者に配布。調査結果を月報として印刷配布。	①細密調査,黒潮流域の海洋細密調査の一部として4年5月下旬より6月上旬に亘り,蒼鷹丸で伊豆南沿海を調査。②定期表面観測,対馬海峡及東京湾八丈島小笠原間の観測を行い,前者は昭和4年4,5,6月,昭和5年3月欠測し,後者は昭和4年4,5,6月欠測。同12月以降は毎月近海郵船芝罘丸に委嘱し継続中。	重要水族の移動,集散は浮遊生物,底棲生物,及び水理的変化との関係。此等の環境諸要件の調査と対応した漁期の早晩,各種の粗密,漁場の推移等に就き,本邦各沿海の各地方水産諸機関と連絡し調査実施中。その概要は毎月之を蒐集して,海洋調査月報に掲載し,その詳細は海洋調査要報に水理的事項と共に之を発表。	浮遊生物は水族の栄養として重要なるのみならず其分布移動により水理的要件と共に漁場の推移を察知し得べき要件。地方水産試験場より送付された材料,相模湾内の数ヶ漁場及調査船蒼鷹丸にて採取した材料に依り各種類の多寡及び各群団の消長について調査中。	本邦沿海を五海区に分け,①東北海区（青森県尻屋崎より千葉県野島崎）,②南方海区（野島崎より鹿児島佐多岬,③九州西北海区（佐多岬より対馬水道,④日本海南部（対馬水道より能登半島,⑤日本海区北部（能登半島より北海道南端白神岬）の中,順次調査。昭和4年度は,7,8月に九州西北海区より日本海南部海区に至る大陸棚の底棲生物の調査を施行。			
昭和5年	同上。昭和5年1〜12月分は海洋調査要報46号と47号に採録。結果は毎月月報として印刷配布。尚,既往の調査に依る海況の一般的変化及び其の結果に依る海流については,その一部を取り纏め,水試報告に平均海洋図,夏秋半年部	①対馬水道毎月観測。5年7月以降都合で中止したが,既往成績を取り纏め中②東京湾口,八丈,小笠原島間表面観測,4年12月来引き続き芝罘丸に嘱託し,観測を施行。既往成績は大略取纏中。	①前年と同様。②漁況及び生態調査,前年度に引き続き実施。本年度は相模湾内漁獲の変遷を知るため,各漁場の記録を既往に遡り蒐集した外,標識放流,生態調査等を行い,相模湾内漁場篤志家に委嘱し,漁場に於ける浮	地方水試より送付された材料,蒼鷹丸で採集したもの（相模湾ブリ漁場にて）等につき個体及群団の多寡及組成消長等に就いて調査。	昭和5年度は,5年7,8月に,日本海北部の大陸棚調査。本年度を以て,本州,四国,九州の調査を全部完了。現在,資料を整理中。			

267

資料

	分を掲載。他は近日発表予定。		遊生物の採集及び漁況の報告を得,夫々整理取纒中。						
昭和7年	同上。海洋調査要報50号,51号,52号に採録。毎月海洋図を作成し,関係者に配布。既往の調査の結果,黒潮と親潮との平均各月海況,瀬戸内海の平均各月海況について水試試験報告第3号に掲載。	海況と漁況との相関関係調査 一般的漁況は連絡提携して調査記録を蒐集し,月報に掲載。詳細は要報に発表。サンマ,カツオ漁況と海況との相関関係については漁業連絡試験に依る報告について詳細に考察。5年度のサンマ漁況を取纒め,①漁場表面水温12-20℃,平均17.5℃,②好適水温15-17.5℃で,漁期遅れるにつき低温化,③好適水温範囲は17-18℃より14.3-15.5℃,④漁場の中心は漁場における好適水温の変化に推移,従って,好適漁場の捜索には好適水温の存在する所を見いだすこと等結論。	漁況調査 全国より報告される漁況資料は整理の上,海洋調査要報に蒐録し且つ,速報を月の海洋図に編録し関係者に配布。	浮遊生物調査 前年度に引き続き地方水産試験場から送付された材料及び蒼鷹丸が相模湾内ブリ漁場において,又日本海一斉海洋調査において採集したものを個体,群団の多寡並びに其の組成消長等に関して調査。海況と浮遊生物との間に密接なる関係あることが益々明瞭となる。	ブリに関する海洋調査 ①相模湾細密調査 前年度継続事業。6年10月より開始。11,12月後,7年1,2,3月,毎月約10～14日間相模湾の海洋観測。特に海流の実測,湾奥の海況調査,海水成分分析等施行し,要報に掲載。毎月の成績大要は相模湾海洋図で速報。②漁況及び生態調査 前年同様,特定漁場に委嘱し,浮遊生物採集,海況の報告蒐集。生態調査の為,6年10,11月には底刺網を定置漁場沖合水深70～80尋に敷設。鰤が漁場に近接する以前の移動状況調査を試みたが不成績に終わる。稚魚採集は6年4月,8月に行い,両月とも少数ながら目的を達す。	日本海一斉海洋調査(第一次) 昭和7年5～6月,日本海及びその隣接海区において各関係官衙と連絡し,調査船50隻出し,流動,水温,塩分,水色,透明度,海水の化学的成分,水深,底質,浮遊生物,魚卵,稚魚,一般漁況,気象等の一斉調査。資料は要報51号に掲載。			

資料 11

昭和8年	同上。要報52号,53号を掲載。速報として一般海洋図及び瀬戸内海海洋図を作成。日本海黄海,オコック海の各月平均海況を既往の結果に取纏め,試験場報告5号に掲載。		同上。	相模湾にて蒼鷹丸,北太平洋一斉調査の際に採集したもの,相模湾内ブリ漁場に於いて採集したもの,各地水産試験場が横断観測の際,採集したものについて,浮遊生物各群団の消長,多寡等に関して調査分析。	①相模湾の水理的細密調査 前年度来の事業の継続。要報に掲載。毎月の成績の大要は「相模湾海洋図」を作成し,関係者に速報。②漁況及び生態調査 同上の他,流向,流速の簡易調査も行う。漁獲との関係を調査中。生態調査中,8年5月より8月迄の相模湾内の稚魚調査を行った結果,出現と親魚の漁獲と相関関係を確認。	日本海一斉海洋調査（第二次）8年10月5日を期して一斉調査を実施。調査要報53号に掲載。	北太平洋距岸一千浬海洋調査（第一次）8年8月東日本太平洋海洋調査協議会の協定に基き,各関係官衙連絡施行。暖流及び寒流の接岸海区にして,カツオ,マグロの漁場たる本海区の流動,水温,塩分,水色,透明度,海水の化学的成分,浮遊生物,魚卵,稚魚,一般漁況,気象等の一斉調査。其資料は要報53号に掲載。	
昭和9年	内地及び植民地における各地水産試験場並び本場において連絡施行した全国海洋資料を整理。要報54号,55号に掲載。速報は,一般海洋図,瀬戸内海海洋図を作成,配布。			第一次太平洋一斉調査資料並びに地方水産試験場委嘱資料について調査。水産試験場報告第6号に成果を発表。一般資料並びに相模湾採集試料の調査分析。	①相模湾の水理的細密調査 9年4月,11,12月は従来通査。10年1,2,3月は部分的調査。調査要報に掲載。相模湾海洋図を作成配布。9年度の事業打ち切り。②漁況及び生態調査 同上。		北太平洋一斉海洋調査（第二次）9年5月を期し,第二次調査を施行。要報55号に掲載。第一次調査結果は水試報告6号に報告。	東北冷害対策海洋調査 9年東北地方を襲った冷害に対し関係各当局協議の結果,対策として実施された。10年1,2,3月蒼鷹丸で東北沿海調査。その成績の概略を東北海区海洋図として関係各方面に速報。
昭和10年	同上。要報56号,57号に掲載。	漁況と海況との相関関係調査 既往の資料に基づき,日本海大羽イワシ,サバについて	①新年度に予算を得て,漁況速報並びに予報を実施することとなった。四回漁撈海洋調査担当	第二次日本海洋調査,第二次北太平洋一斉調査の資料並びに地方水産試験場委嘱資料の調		日本近海一斉海洋調査 北太平洋一斉海洋調査三次調査は,10年8月施行。蒼鷹丸は7月28日～8月31日まで調査に従事。結果は要報57号に掲載。日		前年に引き続き,関係官衙と連絡して,10年1,2,3,8,11月に蒼鷹丸で調査。その結果は,

269

資料

		取り纏め，試験場報告第7号に発表。カツオ漁場の推移と海況との関係について9年までに各種資料に基づき「かつお漁場図」を輯録し一般に配布。	官打合会議に基づき，各関係府県の漁村，漁場，漁船，陸上無線局に依拠し，漁況日報，月報させる場所を決定，11年1月1日以降，資料蒐集に着手。本場に，無線電信電話受信装置を設備し，漁況聴取に便した。従来の海洋図は，前項の実施により内容を充実し，昭和11年以降は漁獲高を裏面に印刷。調査関係等へは無料配布。一般には購買に応じる方法を執る。②漁況調査整理。	査。要報56号，57号に掲載。水試報告第7号に報告。		本海一斉調査結果は水産試験場報告第7号に発表。	東北海区の海洋図としてその都度主務局に報告。	
昭和11年	同上。58号，59号に掲載	既往資料に基づき，相模湾のブリ漁況と海況，気象（低気圧等）との関係を取り纏め水産試験場8号に発表。11年度以降は，カツオ漁況変動と海況の変動との関係を調査。	①カツオ，マグロ，サンマ，ブリ，イワシ，サバ，イカの七種について，11年1月以降，各府県と連絡し，各漁期中と周年の漁況を日報，月報として集積。本場に設置した無線電信電話受信機による漁況聴取と相俟って，関係漁況資料収集上遺憾なき様期しつつある。②一般漁況調査資料整理	第三次，第四次北太平洋一斉調査，東北冷害対策海洋調査，及び地方水産試験場委嘱の資料につき調査。			本場を中心とする，北太平洋一斉連絡調査第四次調査は，各関係官衙を動員して11年8月実施。蒼鷹丸は7月27日より9月4日まで調査。資料は要報59号に掲載。	前年に引き続いて，関係各官衙と連絡して，本場は，11年1, 2, 3, 8, 11月蒼鷹丸で出動。成績の大略は東北海区の海洋図としてその都度速報し，主務局に対しては必要に応じて報告。	

資料11

昭和12年	同上。60号, 61号に掲載。	11年度以降は, カツオ漁況変動と海況の変動との関係を調査。12年11月水産試験場第五回漁撈海洋調査担当者会議にて謄写刷りの部分的中間報告を発表。全般的成績の取り纏めの結果は別途報告の予定。	全国の資料を毎週取り纏め, 中央放送局より放送。その後寄せられた詳細な漁況と共に, 従来通り海洋図に採録。遠洋, 沿岸, 定置等の各漁業別に依り海洋図付録を以て, 一年間の資料取り纏めを行い, 年報として各関係機関に配布。又, 資料整理に当たり, 魚類名は各地方的名称を用いる事が多く, 彼此混同し, 主要魚種の呼称判別困難な為, 魚種名統一を行う必要を認め, 魚類図を作製し, 関係方面に配布。	第五次北太平洋一斉調査, 東北冷害対策調査及び地方水産試験場委嘱の資料につき調査。	漁況放送 12年4月7日を第一回とし, 中央放送局を介し, 毎水曜日午後9時30分の時報放送終了直後に全国放送せり。放送魚種は, カツオ, マグロ, サンマ, ブリ, イワシ, サバ等。	本場を中心とする, 北太平洋一斉連絡調査第五次調査は, 各関係官衙を動員して12年8月実施。蒼鷹丸は8月6日より9月17日まで調査。資料は要報61号に掲載。それらの成果は, 冷害調査と併せて水産試験場報告9号に発表。	前年に引き続いて, 関係各官衙と連絡して, 本場は12年1, 2, 3, 8, 11月蒼鷹丸で出動。成績の大略は東北海区の海洋図としてその都度速報し, 主務局に対しては必要に応じて報告。尚, 調査の結果の一部分と既往の調査の結果を総合して, 前項に述べた如く「東北海区」の海況の変動に就いてと題し, 水試報告に発表。本調査結果に基づき, 毎月海況の次月予想及び冬季の資料より夏季の予想を行う。	
昭和13年	同上, 要報62号, 63号に掲載。	同上。	同上。	第六次北太平洋一斉調査, 東北冷害対策調査及び地方水産試験場委嘱の資料につき調査。	毎木曜日午後6時30分, 産業ニュースの放送終了後に全国中継により放送。魚種は同上。	北太平洋一斉連絡調査六次調査は, 各関係官衙を動員して13年8月実施。蒼鷹丸は8月2日～9月10日まで調査。資料は要報63号に掲載。	前年に引き続き関係各官衙と連絡。本場は13年1, 2, 3, 8, 11月蒼鷹丸で出動。成績の大略は東北海区の海洋図としてその都度速報。	黒潮流域海洋調査 海軍水路部と協議連絡。5月14日より6月29日に亘り黒潮流域海洋調査を実施。
昭和14年	同上。要報64号, 65号に掲載。	同上。相模湾の海況とブリ漁況との相関関係を水試報告10号に発表。三重県水産試験場と協力して	同上。	第七次北太平洋一斉調査, 東北冷害対策調査及び地方水産試験場委嘱の資料につき調査。		本場を中心とする, 北太平洋一斉連絡調査第七次調査は, 各関係官衙を動員して14年8, 9月	前年に引き続いて, 関係各官衙と連絡して, 本場は, 14年1, 2, 3, 8, 11月蒼鷹丸で出動。	6月4日より8月2日に亘り黒潮流域海洋調査を実施。

資料

		熊野灘沿岸海洋観測を追加して調査を継続中。昭和11年以来,黒潮流域に異常海況顕著に発生し,カツオ,マグロ,サンマ,ブリ等の漁況に著しい影響。この調査を水試報告10号に発表。異常海況については,漁況,天候等に及ぼす影響大なるを以て,引続き調査中。						間に実施。蒼鷹丸は8月21日より9月22日まで調査。資料は要報65号に掲載。	成績の大略は東北海区の海洋図としてその都度速報。
昭和15年	同上。要報66号,67号に掲載。	14年夏季における支那海方面の海況と漁況との関係について水試報告11号に発表。猶三重県水産試験場と協力して熊野灘沿岸海洋観測調査を継続中。	同上。	第八次北太平洋一斉調査,東北冷害対策調査及び地方水産試験場委嘱の資料につき調査。			本場を中心とする北太平洋一斉連絡調査第八次調査は,各関係官衙を動員して15年8,9月間に実施。蒼鷹丸は8月10日より9月11日まで調査。資料は要報67号に掲載。	前年に引き続いて,関係各官衙と連絡して,本場は,15年1,2,3,8,11月蒼鷹丸出動。成績の大略は東北海区の海洋図としてその都度速報。	4月23日より5月29日に亘り黒潮流域(紀南,豆南,房州沖より小笠原に至海区)の海洋調査を実施。
昭和16年	同上。要報68号,69号に掲載。	一般海況とカツオ,サンマ,ブリ,イワシ,サバ等の漁況との関係に就て引続き調査実施。	同上。猶,12月8日大東亜戦争勃発以来,ラジオ放送を中止。毎週取り纏め結果は文書として関係方面に配布。	本場並びに地方水試委嘱の資料を調査。		日本海一斉海洋調査 本場を中心とする日本海一斉海洋調査を水路部と協議連絡し関係各官衙と協力して,16年5,6月に施行。蒼鷹丸の調査資料は取り敢えず要報68号に掲載。	本場を中心とする,北太平洋一斉連絡調査第九次調査は,各関係官衙を動員して15年8,9月間に実施。蒼鷹丸の調査結果は要報69号に掲載。	前年に引き続き,関係各官衙と連絡して,本場は,16年8月,17年2,3月出動。成績の大略は東北海区の海洋図としてその都度速報。	17年2,3月紀南沖合黒潮域を蒼鷹丸で実施。
昭和17年	同上。要報70号,71号に掲載。			全国より蒐集した漁況資料の調査取纏め結果			北太平洋連絡海洋調査 従来,本場を中心とし	前年に引き続いて,関係各官衙と連絡して実	

資料 11

			は，毎週土曜日神奈川県三崎無線電信所を通じ，各漁船に通報。沿岸漁況は毎旬文書で。				て関係水産試験場連絡施行したる本調査は，本年度軍関係にて実施せられ，本場蒼鷹丸之に参加したるも，資料は軍資秘扱のため発表せず。(原文)	施。成績の大略は東北海区の海洋図としてその都度速報。	
昭和18年	同上。要報72号に掲載。		同上。					前年に引き続き，関係各官衙と連絡して実施。成績の大略は東北海区の海洋図としてその都度速報。	
昭和19年			沿岸漁村，定置漁場，灯台等から集まった漁況の記録の取纏めを行ったが，地方への通報は都合により中止した。尚，右の資料により作成して居た海洋図は用紙不足，印刷困難の為，19年3，4月合併号を最後とし，其の後の発行を中止した。						
昭和20年			前年度に引続き，沿岸漁村，定置漁場，灯台等から集めた漁況と海況の記録の取纏めを行った。(原文)						
	漁況海況調査戦争危険の為，中止され		①漁況調査講習会 イワシ，ニシン						

資料

昭和21年	ていた蒼鷹丸による漁況、海況調査は11月中旬東北海区に終戦後はじめて出動。同時に水産講習所の協力を得て神鷹丸に係員乗船し、宮古湾沖を調査。又22年2月より4月迄東海区より九州近海を調査し、別にこの期間神鷹丸は伊豆七島より紀州沖合の調査を施行した。	等の資源調査、各海区の海況、漁況調査を実施する為、全国配置の調査員約40名を8月中旬より2週間館山にて講習。更に、9月～10月迄、本場係官が現地に出張し調査方法等を指導。②海洋図の発行 19年4月以降中止していた海洋図は22年1月より復活。						

資料12 新ニ協定シタル連絡試験項目（水産連絡試験第二回打合会決議（昭和5年5月））
　　　　（水産試験場：水産連絡試験要録，第2号，昭和5年10月）

漁業連絡試験

　趣　　旨
　　本試験ハ大正三年以来水産局ヲ中心トセルヲ第一回連絡試験打合会ノ決議ニ基キ昭和五年度ヨリ水産試験場ニ移管シタルモノニシテ，本試験ト海洋調査事業トヲ密接ナラシムル為メ前協定ヲ改定シタルモノナリ。而シテ其ノ目的トスルトコロハ漁業ノ現勢推移ヲ明カニシ，且ツ其原因ヲ究メ将来ノ出漁ニ資シ以テ斯業ノ指針タラシメントスルニアリ。

　漁業連絡試験ノ種類
　　一．鰹
　　二．鮪
　　三．秋刀魚
　　四．鯖

　漁業連絡試験ノ方法
　（イ）連絡府県ハ，左記（筆者注：本書では下記）様式ニ依ル漁業表ヲ作製スルコト
　（ロ）連絡府県ハナルベク海図第二号ノ縮尺ニ依ル漁場図ヲ作製スルコト
　（ハ）連絡府県ハ使用セル漁具ノ種類構成及其ノ使用上ノ適否ニ付研究シタル事項，魚群ノ厚薄，餌料ノ種類，餌付ノ良否，海流潮流ノ模様其他ノ海況及漁況，初漁月日，同上尾数，終漁月日其他参考事項ヲ漁業表ニ記入ノ外別ニ其ノ詳細ナル報告ヲ作製スルコト
　（ニ）連絡府県ハ漁業表及漁場図並ニ報告ヲ試験終了後速ニ水産試験場ニ送付スルコト
　（ホ）水産試験場ハ連絡府県送付ノ漁業表漁場図及報告ヲ取纏メ研究ノ結果ヲ可成次期試験前ニ連絡府県ニ報告スルコト

漁　業　表
漁業ノ種類　　　　県名　　　船名　　　担当者氏名

月日	漁場		天候風向風力	漁具		水温				換算比重				水色透明度	海潮流方向速度	餌料種類	目的ノ魚以外ノ捕獲物種類	漁獲ト水深	漁獲				備考
	符号	位置		使用時	同上回数	0m	50m	100m	200m	0m	50m	100m	200m						種類	数量			価格	
																				大	中	小		
1	イ																							
2	ロ																							
3	ハ																							
記事																								

　記入注意其他
　（イ）漁場符号欄ノ符号ハ記入法ヲ示スモノニシテ漁場図トノ対照ニ便ニス
　（ロ）風力ノ階級ハ「ビーフオールド，スケール」ニヨリ漁具使用時ノ最大風力ヲ記入スルコト
　（ハ）漁具使用時ハ（1-10）（12-15）（23-2）等可成簡明ニ記入スルコト
　（ニ）海洋観測ノ方法ハ海洋調査打合会ノ協定ニヨルコト
　（ホ）水温比重及海潮流ノ観測ハ漁具使用時ノモノヲ記入シ尚可成二百米層ノ水温比重ヲモ観測スルコト
　（ヘ）比重ハ可成塩分検定法ニヨリ算出スルコトトシ，其際ハ塩検ト付記スルコト
　（ト）漁獲水深ハ魚ノ罹リタル漁具ノ水深トス。
　（チ）目的漁獲物以外ニ漁獲セルモノハ其種類ヲ記シ特殊ノモノハ標本トシテ水産試験場ニ送付スルコト
　（リ）漁具ヲ使用セシモ漁獲ナキトキ又ハ碇泊セシ時ハ之ヲ明記スルコト。但シ前者ニアリテハ観測ヲ行フコト
　（ヌ）漁業表各項ノ外一般漁況ヲ漁期間毎月ニ区分シテ記事欄ニ詳記スルコト
　（ル）食餌ノ種類分量及生殖腺ノ熟否産卵期産卵場等ヲ記事欄ニ詳記スルコト
　（ヲ）連絡府県ニ於テ自ラ試験ヲ行ヒ難キ場合ハ漁期中ヲ通ジテ一般当業者ノ漁況ヲ前表ノ様式ニヨリ報告スルコト
　（ワ）新漁場発見ノ際ハ記事欄ニ詳記スルコト

　付帯試験及調査
　　本試験ノ効果ヲ一層的確ナラシムル為連絡漁業ニ付キ前記ノ外可成水産試験場ニ於テ左記試験及調査ヲ行フコトトシ連絡府県ニ於テモ事情ノ許ス限リ之ヲ行フコト
　（一）標識魚ノ放流試験
　（二）食餌及餌料調査
　（三）生態調査
　（四）漁況ト一般海況トノ関係調査

資料

生態調査表　　　　　　　　府県名　　（又ハ試験場名）　　担当者氏名

漁獲			性別		平均体長			尾数			重量			生殖腺					標本記号番号	食餌	摘要
日時	場所	種類	尾数	雌	雄	大	中	小	大	中	小	大	中	小	長	巾	厚	重	熟否			
				尾	尾	糎	糎	糎				瓦	瓦	瓦								
記事																						

記入注意其他
　（イ）本表ニハ自己ノ漁獲物ニ限リ記入スルコト
　（ロ）性別ハ調査尾数中雌何尾雄何尾ト記入スルコト
　（ハ）大中小ハ大体ノ区分ニヨリ特大特小ハ特記スルコト
　（ニ）食餌ノ種類不明ノ胃袋，生殖腺並ニ本表ハ之ヲ水産試験場ヘ送付スルコト

連絡参加府県
　（一）鰹漁業
　　　東京，千葉，茨城，福島，宮城，岩手，静岡，三重，和歌山，徳島，高知，愛媛，宮崎，鹿児島，熊本，沖縄，小笠原。
　（二）鮪漁業
　　　北海道，東京，千葉，茨城，福島，宮城，岩手，青森，秋田，山形，新潟，静岡，愛知，三重，和歌山，香川，高知，徳島，大分，宮崎，鹿児島，沖縄，台湾（保留），小笠原，長崎，神奈川
　（三）鯖漁業
　　　北海道，鹿児島，佐賀，長崎，山口，島根，鳥取，兵庫，京都，福井，山形，秋田，和歌山，朝鮮，富山，青森（保留）
　（四）秋刀魚漁業
　　　千葉，茨城，福島，宮城，岩手，香川

資料 13　瀬戸内海水産振興協議会で決定された試験調査事項（目次）
　　　　（水産連絡試験要録第 9 号，昭和 13 年 3 月）

第一　重要水族ノ蕃殖保護並ニ漁業生産費軽減ヲ目的トスル試験調査
（Ⅰ）重要水族ノ蕃殖保護ニ関スル試験調査
　　主旨
　（一）試験調査スベキ魚種
　（二）試験調査施行順序及ビ分担
　（三）試験調査方法
　　　A．たひニ関スル試験調査
　　　　1．現勢調査
　　　　　主旨
　　　　　①調査事項（(イ) 漁船及び乗組員，(ロ) 漁獲高，(ハ) 月別操業状況及ビ漁獲高，(ニ) 漁場，(ホ) 漁具，(ヘ) 漁業経済，(ト) 漁業変遷，(チ) 稚鯛ヲ混獲スル漁業，(リ) 漁業ニ関スル制限禁止ノ申合事項，(ヌ) 産卵場，生育場其他，(ル) 回遊移動）
　　　　　②調査方法
　　　　　③分担及ビ取繕メ
　　　　2．既往ノ試験調査資料蒐集
　　　　　主旨
　　　　　①調査資料（(イ) 生態ニ関スル資料（a．試験調査文献ノ概要，b．産卵期及ビ産卵場，c．卵及ビ孵化児，d．稚鯛，e．生物学的最小形，f．稚鯛及ビ成鯛），(ロ) 消極的及ビ積極的蕃殖方法ニ関スル資料（a．試験調査文献ノ概要，b．蕃殖保護ニ関スル事項別概要））
　　　　　②分担及ビ取繕メ
　　　　3．生態調査
　　　　　主旨
　　　　　①調査事項（(イ) 産卵期及ビ産卵場，(ロ) 孵化児及ビ稚仔，(ハ) 稚鯛，(ニ) 幼鯛，(ホ) 成鯛，(ヘ) 標識放流ニ依ル回遊移動，(ト) 理化学的原因ニ依ル蕃殖阻害程度）
　　　　　②施行期及ビ分担
　　　　　③取繕メ
　　　　4．消極的蕃殖方法ニ関スル試験調査
　　　　　主旨
　　　　　（イ）稚魚損耗試験
　　　　　（ロ）網目試験
　　　　5．積極的蕃殖方法ニ関スル試験調査
　　　　　主旨
　　　　　（イ）保護区
　　　　　（ロ）築磯
　　　　6．海況ト漁況トノ関係調査
　　　B．いわしニ関スル試験調査
　　　　1．現勢調査
　　　　　主旨
　　　　　①調査事項（(イ) 漁船及ビ乗組員，(ロ) 漁獲高，(ハ) 月別操業状況及ビ漁獲高，(ニ) 漁場，(ホ) 漁具，(ヘ) 漁業経済，(ト) 漁業変遷，(チ) 漁業ニ関スル制限禁止申合事項，(リ) 産卵場及ビ生育場，(ヌ) 回遊移動）
　　　　　②調査方法
　　　　　③分担及ビ取繕メ
　　　　2．既往ノ試験調査資料蒐集
　　　　　　主旨
　　　　　①調査資料（(イ) 生態ニ関スル資料（(a) 調査文献ノ概要，(b) 産卵期及ビ産卵場，(c) 産卵及び孵化児，(d) 稚鰮，(e) 成鰮），(ロ) 消極的積極的蕃殖保護ニ関スル資料（(a) 調査文献ノ概要，(b) 蕃殖保護ニ関スル事項別概要），(ハ) 海況ト鰮漁況トニ関スル資料（(a) 調査文献ノ概要，(b) 海況ト鰮漁況トノ関係））
　　　　　②分担及ビ取繕メ
　　　　3．生態調査
　　　　　主旨
　　　　　①調査事項（(イ) 産卵期及ビ産卵場，(ロ) 稚鰮，(ハ) 成鰮，(ニ) 回遊移動，(ホ) 鰮ト燈火トノ関係）
　　　　　②分担及ビ取繕メ
　　　　4．蕃殖ノ保護方法ニ関スル試験調査

資料

　　　　　主旨
　　　　　試験方法
　　（Ⅱ）底曳網漁獲物調査
　　　　　主旨
　　　　　①調査事項（（イ）試験漁具ノ種類，（ロ）漁獲物調査，（ハ）操業状況）
　　　　　②調査方法
　　　　　③分担及ビ取纏メ
　　（Ⅲ）瀬戸内海底質図及漁場図ノ作製
　　　　　主旨
　　　　　①作製方法
　　　　　②記載事項（（イ）底質図，（ロ）漁場図）
　　　　　③分担及ビ取纏メ
　　（Ⅳ）漁況ト海況トノ関係調査
　　　　　主旨
　　　　　①調査事項（（イ）漁況資料ノ蒐集，（ロ）海況ノ調査（（a）横断観測，（b）定地観測，（c）海潮流調査））
　　　　　②取纏メ
　　（Ⅴ）藻場（あじも）調査
　　　　　主旨
　　　　　①現状調査
　　　　　②藻場及ビ其環境調査
　　　　　③藻場ト水族トノ関係
　　　　　④あじも蕃殖試験
　　　　　⑤分担及ビ取纏メ
　　（Ⅵ）有害漁業ト称セラルルモノニ付其善処方ニ関スル技術的研究
　　（Ⅶ）蕃殖保護並ニ漁業生産費軽減ニ関スル方策ノ樹立
第二．重要水族ノ養殖ヲ目的トスル試験調査
　　主旨
　　（Ⅰ）養殖適地調査
　　（Ⅱ）種苗，供給能力調査
　　（Ⅲ）養殖試験事項及分担並ニ方法
　　（Ⅳ）水質汚濁調査
　　（Ⅴ）施行期
　　（Ⅵ）取纏メ
第三．水産物ノ価値増進ニ関スル試験
　　（Ⅰ）試験事項及ビ分担並ニ施行期
　　（Ⅱ）取纏メ
試験調査実施年度表

資料14

資料14 漁況の速報並に予報に関する件（第7回水産連絡試験打合会，水産連絡試験要録7号，昭和11年）

○実施大綱
一．漁況報導を行ふ魚種期間海区

魚種	海区	期間	報道			
			種類	形式	様式	時期
かつを	1. 太平洋岸全区 2. 豆南海区並に東北海区 3. 同上	自2月 至10月	月報 速報 予報	月報 日報 随時報	文書 無線電信及ラジオ 同上	毎月上旬 定時 随時
まぐろ類 （各種）	1. 太平洋岸全区 2. 豆南海区並に東北海区	周年 （註1）	月報 速報	月報 日報	文書 無線電信及ラジオ	毎月上旬 定時
さんま	東北海区	自9月 至12月	月報 速報	月報 日報	文書 無線電信及ラジオ	毎月上旬 定時
さば	1. 全海区 2. 日本海区	自3月 至7月	月報 速報	月報 日報	文書 無線電信及ラジオ	毎月上旬 定時
ぶり	1. 全海区 2. 潮岬以東－千葉以南 3. 同上	自9月 至5月 （註2）	月報 速報 予報	月報 日報 随時報	文書 無線電信及ラジオ 同上	毎月上旬 定時 随時
まいわし	1. 全海区 2. 日本海区，東北海区 3. 同上	周年	月報 速報 予報	月報 日報 随時報	文書 無線電信及ラジオ 同上	毎月上旬 定時 随時
いか （するめいか）	日本海区及東北海区	自4月 至12月	月報 速報	月報 日報	文書 無線電信及ラジオ	毎月上旬 定時

（註1）定置漁業をも含み漁具に制限なし
（註2）定置漁業及飼付漁業

一．報道の実施期は昭和十年十月以降とすること
一．以上魚種以外の各重要魚族に付ては従前通り之が漁況を月報すること

○報道の形式並に方法
　（イ）報道は前表の如くし必要に應じ，臨時に至急報を発すること
　（ロ）報道の宛先は各水産試験場，各県陸上無電局並に特定の者及び所要の経費を負担する当業者其他となすこと
　（ハ）中央の報道を受けたる各県水産試験場又は陸上無線局は之を各管下の漁業者へ周知せしむる手段を採ること
　（ニ）各報道の様式内容等の詳細は適当なる機会に於て別に定むること

○資料蒐集の方法並に形式
　1　一般資料
　　（イ）月次一般漁況概況は従来通り中央へ報告すること
　　（ロ）一般重要魚種に就ては従来通り漁獲報告を中央へ発送すること
　2　漁業連絡試験資料
　　漁業連絡試験の協定による報告は速かに中央へ送達すること
　3　漁況速報資料
　　（イ）協定による各試験船及陸上無電局の定時無線電信電話の通信は中央に於て蒐集すること。但し陸上無電局の放送内容は文書にて中央へ日報すること
　　（ロ）各県水産試験場はぶり，いわし，さば及いかに付ては特定の漁村又は漁場毎に調査員を依嘱し漁況を日報すること
　　　但し，漁況調査員に対する手当の負担地方なると中央なるとを問はず其報告は二通を求め一通は其試験場へ他一通は中央へ直接送達する様取計ふこと
　　（ハ）各水産試験場はかつをに付ては無線電信設備を有する特定の漁船に委嘱し漁況を蒐集すること。但し，委嘱船に対する手当の負担地方なると中央なるを問はず委嘱船をして毎航海毎に漁場調査報告二通を提出せしめ一通は其地水産試験場へ他一通は中央へ直接送達する様取計ふこと
　　（ニ）初漁，大漁，豊漁其他漁況並に海況に現はれたる特異現象は遅怠なく之が速報に努むること
　　（ホ）蒼鷹丸調査及中央の直接調査したる事項

○漁況調査並に報告要項
　1．漁場　位置，範囲，移動傾向
　2．魚群　群の濃淡，大小，移動浮沈，魚脚の遅速，速度，異動方向，付きものの有無種類
　3．漁獲状況　時日，時刻，漁具，漁獲高，餌付良否，罹網状態，漁獲水深，釣餌の関係

資料

  4. 漁獲魚　体長，体重，大小の割合，肥瘠，雌雄の割合，生殖腺熟否，食餌の多少，主なる食餌
  5. 混獲魚　種類，量，割合，特異なる混獲魚の有無
  6. プランクトン　種類，量，分布，特異なる種別の有無
  7. 海況　水温，塩分（比重），潮流方向，速度，潮目，水色，透明度，其他
  8. 気象　気温，気圧，風向，風力，雲量，降水
  9. 其他観察事項　他船の漁獲状況其他航海上見聞事実，特異事実，参考事項
 10. 経済事項　水揚漁港，魚価，入港船数，水揚高（魚種別），入港船による漁況（漁場位置其他），釣餌料の存否価格等

○漁況報道を求むる府県並に特定の漁村
  1. かつを漁業
    （イ）かつを漁業を行ふ府県は全部参加するを原則とす
    （ロ）試験船及出漁々船全部に就て漁獲調査をなすこと
    （ハ）調査委嘱船は左記四十隻とし各水産試験場の推薦により選定すること
        かつを漁況報告委嘱船四十隻選定割当
          台北州一，鹿児島二，三重四，静岡十五，和歌山三，千葉二，福島二，宮城九，岩手二
  2. まぐろ漁業
    （イ）まぐろ漁業を行ふ府県は全部参加するを原則とす
    （ロ）試験船及出漁々船全部に就て漁獲調査をなすこと
  3. さんま漁業
    （イ）千葉以北の東北沿海各県並に本漁業に関する漁業試験を行ふ各府県参加すること
    （ロ）試験船及出漁々船全部に就て漁獲高を調査すること
  4. ぶり漁業
    （イ）ぶりに関する海洋調査参加県全部
    （ロ）潮岬以東左記（筆者注：本書では下記）漁場より日報を求むること
    ○冬網期間
      千葉県（外房）　　　　天津，鴨川，和田，白子　四ヶ所
      神奈川県（相模湾）　　茅ヶ崎，須賀，大磯，前川，小八幡，岩，真鶴　七ヶ所
      静岡県（相模湾）　　　網代，伊東，川奈，赤澤，北川，白田　六ヶ所
      静岡県（駿河湾）　　　原，田子浦，蒲原，西倉澤，駒越，小濱，焼津，田尻北，吉永，川尻　十ヶ所
      三重県（熊野灘）　　　相差，贄浦，錦，島勝，九木，相賀，方座，古和，阿田和，長島，須賀利，梶賀，古泊，志原尻，
                      井田　十五ヶ所
      和歌山県（熊野灘）　　三輪，太地，樫野，宇久井　四ヶ所
    ○夏網期間
      千葉県　　　　　　　　外房（和田），内房（波佐間）　二ヶ所
      神奈川県（相模湾）　　西浦，米神，真鶴，福浦　四ヶ所
      静岡県（相模湾）　　　網代，伊東，川奈　三ヶ所
      静岡県（駿河湾）　　　大瀬崎，八木澤，重寺，外に湾北，湾西に各一ヶ所（選定の上通知すること）　五ヶ所
      三重県（熊野灘）　　　選定の上通知すること
      和歌山県（熊野灘）　　選定の上通知すること　　三重および和歌山両県の熊野灘で五ヶ所
    （ハ）其他左記（筆者注：本書では下記）重要漁場の中より特定漁場を選定し日報を求むること
        但し日報せざる漁場も漁況日誌を月々送付すること
      高　知　　津呂，上ノ加江，甲浦，伏越，水尻，佐喜濱，椎名，三津，吉良川，羽根，宇佐住吉，池浦，双子久禮，矢井賀，
                志和，興津，以布利，伊田，窪津，貝川，古満目
      宮　崎　　赤水，築島
      鹿児島　　桃ノ木，甑島一ヶ所
      長　崎　　三井楽
      京　都　　伊根，田井，新井
      福　井　　立石，小礒，松ヶ崎，日向
      石　川　　宇出津，岸端，波並，藤波，日吉，蛸島，媛目，佐々波，古君
      富　山　　大神楽，茂淵，岸網，鈴島，新平塚，深曳，沖網，樽水，松ヶ崎，坪岩崎
      新　潟　　佐渡（白瀬）
      岩　手　　箱崎，釜石，汐折，二ツ水，小壁，宮古
      宮　城　　金華山
      福　島　　豊間
      茨　城　　平潟，南中郷
  5. いわし漁業
    （イ）まいわしの漁業ある地方は全部参加すること

（ロ）　いわしは別表の漁村より漁況日報又は月報を求むること
　　　　　但し朝鮮沿海に於ける調査地に就ては朝鮮総督府水試に一任し其の通知を受くること
　6．さば漁業
　（イ）　日本海沿岸に於てさば漁業を行ふ府県は全部参加すること
　　　　　太平洋沿岸に於けるさば漁業を行ふ府県も成る可く参加すること
　（ロ）　別表の漁村より漁況日報を求むること，但し朝鮮沿海は総督府水試に一任其通知を受くること
　7．いか漁業
　（イ）　東北海区及日本海々区の府県道は参加すること
　（ロ）　別表の漁村より漁況日報を求むること

報道の様式及内容等に関する事項

下記各項に関しては今年九月開催予定の漁撈海洋調査担当官打合会にて協議すること
一．試験船及陸上無電局放送内容の検討
二．委嘱船と陸上無電局との連絡通信上の方法制定
三．無線電信及「ラヂオ」による中央水産試験場よりの放送内容の制定
四．試験船，委嘱船，陸上無電局並に中央水産試験場相互間放送時間の制定
五．通信用略符号の制定
六．委嘱船の文書報告の様式制定
七．各地に於ける漁況日報の様式検討並びに制定
八．漁況月報様式改正に関する協議
九．漁況報告を委嘱すべき漁村，漁場並に漁船の選定
一〇．横断海洋観測実施協定
一一．漁業連絡試験の漁具に関する協議下打合

資料

資料15　わが国の漁業の発達と海洋調査関連事項について

年代		漁業関係事項	海洋調査関係事項	文献	
				中川 忿：沿岸漁業史，水産界，700号，1941年	青山憲三：近代水産業発達史と其の批判，水産界，701号，702号，1941年
明治	2	北海道開拓使布達公布		①胎動期（明治初年～40年前後）	①原始時代（明治維新～日露（39年）戦争頃まで）
	3	領海3カイリ宣言		漁具漁法の改良，新漁場の開発だけでなく，全く新しい漁業の勃興。漁船は大型化，動力化，遠洋漁業，海外漁業が興り，トロール漁業，捕鯨漁業が興る等，漁業の一大変換期。沿岸漁業も漁船の動力化，新興漁業に刺激されて，小は一本釣りから大規模な網漁業に至るまでの色々の改良が加えられ，漁場は拡大，漁獲高も25年2500万円，30年3000万円，40年6300万円と拡大。	
	5		開拓使仮学校設置		
	6	ウィーン万国博覧会	兵部省海軍部に水路部設置		
	8	千島・樺太交換条約調印 太政官，海面官有の宣言 宮崎県日高亀市ブリ廻置刺網を考案			
	9	旧慣による漁業権公認	札幌農学校設立		
	10		勧農局水産掛設置 東京大学設立		
	11	猟虎猟取締令 大阪府で綿糸網使用			
	13	ベルリン万国漁業博覧会	中外水産雑誌発刊		
	14	水族蕃殖保護布達	水産課設置		
	15	大日本水産会設立 農商務省潜水器使用に注意通達 和歌山県打瀬網制限			
	16	第一回水産博覧会 ロンドン万国漁業博覧会 東京で編網機製作			
	17	ラッコ・オットセイ猟特許制度			
	18		水産局設置		
	19	漁業組合準則公布	三崎臨海実験場設置 東京帝国大学に		
	20	スペイン博覧会 関沢明清，捕鯨に「破裂弾付銛」を使用	大日本水産学校設立 東京農業学校簡易科水産科設立		
	21	日本朝鮮通漁規則	水産予察調査実施		
	22		水産伝習所開所 北海道水産予察調査		
	23	巾着網の普及 内国勧業博覧会水産部設置 ※改良イワシあぐり網使用			
	24		水産局廃止		
	25	日高親子，鰤大敷網完成			
	26	イギリス漁業博覧会 村田保，漁業法案を帝国議会に提出	水産調査所開所 和田雄治，海流瓶による海流調査実施		
	27		水産事項特別調査刊行		
	28	猟虎膃肭獣猟法制定			
	29		米国漁業調査船「アルバトロス号」来日		
	30	遠洋漁業奨励法公布 漁業監督官官制公布 第2回漁業博覧会（神戸） ※ニシン，北海道で100万石（約75万トン）漁獲	水産講習所設置 水産局再設置		
	31	ノルウェー万国漁業博覧会			
	32	日本遠洋漁業株式会社	福井県小浜水産学校設置		
	33	朝鮮通漁組合連合会設立（注1）	水産試験場長・水産講習所長および巡回講師協議会。 岸上鎌吉，海洋調査について報告		

文　　献			
岡本信男：近代漁業発達史，水産社，1965年	山口和雄編：「水産」，交詢社出版局，1965年	農林省大臣官房総務課編，農林行政史4巻，1959年（注2）	平沢　豊：漁業生産の発展構造，未来社，1961年
①漁業低迷期（明治初年〜日露戦争） 幕末時代と同じ漁法と，地先水面に謬着する沿岸漁業は，資源の乱獲で長く不振を続ける。旧秩序破壊による混乱に，政府・漁村が苦慮。同時に鯨やラッコ，オットセイ猟業で沿岸国の日本が，英米露の海洋国に対決を迫られた時代。30年代，漁業法，遠洋漁業奨励法が確立。ラッコ，オットセイの猟船が恩恵に。漁業法も43年改正。この間，朝鮮近海への西日本漁民の大量進出。捕鯨もノルウェー式に。要するに沿岸漁業は低位停滞，漁業近代化は30年頃から始動する，総じて低迷期。	**①沿岸漁業爛熟期（明治初年〜30年）** 江戸時代を通じて盛んになった沿岸漁業が爛熟期に達す。この期末には，あるものは衰退し，これらの沿岸漁業には漁夫十数人ないし数十人を使用する比較的大規模なものも相当多数存在したが，貸金制漁業は比較的少なく，多くは歩分け制漁業であったこと，および漁業に対する商人資本の支配が相当強くかつ広範であった。	**①明治維新〜34年，第一次「漁業法」の制定まで** 行政規範の軌道にのるまでの準備時代。政府は明治元年から14年，諸般の事項を欧米の制度を摂取する時代。産業開発には理論よりも実際という立前で，博覧会開催。法制度確立のため，旧幕時代の制度を統一。14〜27年はこの機構の成立準備時代。明治維新になって鎖国の夢が破られ，海外発展の思想が国民にとりいれられ，水産にあっては，第一に，沿岸にへばりついていた狭隘な漁場から，遠洋を漁場として開拓することの急務が叫ばれ，政府は，遠洋漁業の開発を指導奨励することになった。明治27〜37年にわたる準備時代で，この間，日清戦争の勝利がこれに拍車をかける。	**第Ⅰ期（明治維新〜40年，日清戦争を境として前後期）** 前期は漁網に藁，麻を使用，後期は綿が実用化された時期。綿の本格的使用は日露戦争以後だが，日清戦争を境として，綿漁網使用の技術的，産業的基礎が確立したとみてよい。明治27〜40年の漁獲高の動きは，綿漁網への転換がかなり広汎に行われたと見られるが，漁獲高は停滞。なお，明治22年に日本遠洋漁業会社設立，洋式捕鯨法の導入。同38〜41年にかけてトロール漁業の導入が試みられ，わが国の遠洋漁業の端緒をきりひらいた。
	②沖合漁業の発展（明治30年〜大正10年） 従来の代表的な沿岸漁業にかわってイワシ揚繰網，同巾着網漁業，カツオ釣漁業，マグロ延縄漁業，流網漁業，底曳網漁業などの沖合漁業が発達し，定置漁業にあっても新式		

資料

	34	漁業法公布	第1回全国水産学校・講習所・水産補修学校長協議会開催		
	35	ロシア万国漁業博覧会 漁業法施行規則及び水産組合通則公布			
	36	ノルウェー式捕鯨漁導入 内国勧業博覧会（大阪）			
	37	日韓相互間操業水域拡大 トロール船の試運転	韓国における漁業調査		
	38	遠洋漁船検査規程公布 遠洋漁業奨励法（全面改正） 日露講和条約締結 中部幾次郎，石油発動機付鮮魚運搬船建造	英虞湾に赤潮発生		
	39	石油発動機付漁船富士丸（静岡県）			
	40	日露漁業協定調印（ポーツマス） 全国水産業大会（東京） 樺太漁業に対する諸規定公布	札幌農学校水産学科設置 東京帝大水産講座設置	②動力漁船普及時代（明治末～昭和初め） 汽船トロール漁業は，明治末130余隻に，沿岸漁業の一大脅威化。42年取締規則が制定されるが，禁止区域侵犯が多発。大正元年，支那東海黄海方面に限定。大正2年，打瀬網，手繰網操業に発動機漁船使用の機船底曳網漁業が島根県，茨城県で勃興。大正7年頃，五島方面で，二艘曳漁法の発明。大正10年に全国取締規則制定し，沿岸部に禁止区域設置。大正末漁船総数4800隻に。明治43年，漁業法，漁業組合令を改正し，組合機能の拡大。大正10年，水産業改良・発達を目的として水産会設置。生産施設や経済施設を行う。大正14年に漁業共同施設奨励規則の制定。船場，船溜施設，漁船漁具設備，漁船救難設備等の奨励金を交付。動力船の普及は遍く全沿岸に及び，揚繰網や流網等の漁船から延縄や一本釣りを行う小型船に至るまで動力化するものが増加。大正6年2900隻（全体の0.7％）が，昭和4年31000隻（9％）に。漁船の動力化の結果，出漁日数，操業時間の増加，漁場が拡大し，漁獲高も大正6年150万トン，12,000万円，昭和2年260万トン，3億円。	②揺籃期（明治42，43年～10年間） 沿岸漁業から遠洋漁業へ転換しようとする時代。和船，和洋折衷，純西洋型等，造船試験時代。西洋型帆走・補助機関（石油発動機，蒸気機関，瓦斯発動機，ガソリン，ディーゼル機関等）の試験時代。カムチャッカの鮭鱒漁業の基調，蟹工船の試験時代。冷凍工業は，経営上の試験時代。わずかに主要都市に冷蔵庫を設置する程度。氷蔵輸送並びに氷蔵運搬船の発達に刺激されて，冷蔵庫の利用者の激増。
	41	倉場富三郎，トロール漁業実施 日韓漁業協定調印 田村市郎トロール漁業着手 トロール漁業排斥期成同盟 露領沿海州水産組合創立	冷害発生，海洋調査実施		
	42	汽船トロール漁業取締規則制定 鯨取締規則制定 大日本水産会漁船船員養成開始	漁業基本調査実施 海洋調査に関する講習会・打合会開催 カムチャッカ半島産鮭鱒族魚類調査		
	43	堤商会，サケ・マス缶詰海外に試売 日本汽船トロール業水産組合 日高式ブリ大謀網創始 改正漁業法公布	東京帝大水産学科設置 水理生物学要綱発刊		
	44	オットセイ保護条約締結 朝鮮漁業令公布	日本海洋会創立		
大正	元	台湾漁業規則公布 ラッコ，オットセイ漁獲禁止の法律公布	硝酸銀による塩分検定実施		
	2	農商務省監視船速鳥丸進水 トロール漁業禁止区域拡大	大阪毎日新聞社の瓶流しによる日本近海海洋調査		
	3	日魯漁業株式会社設立 水産講習所雲鷹丸カムチャッカ沖でサケ・マス流網，カニ刺網試験。母船式サケ・マス・カニ漁業の端緒 共同漁業株式会社設立（日本水産の前身のひとつ）			
	4	農商務省，トロール漁業制限方針を府県に通達	黄海海洋観測 オコック海，日本海，金華山，カムチャッカの海洋，生物，漁場調査		
	5	海事水産博覧会	オコック海，カムチャッカ等海洋，生物，漁場調査		
	6	渋谷兼八，汽船底曳き網の動力	オコック，カムチャッカの海洋		

②萌芽発展期（明治末～大正中期） トロール漁法導入，漁船動力化，綿糸の漁網の量産化等の漁業技術面の革新と資本制漁業の萌芽発展が特色。沿岸漁業には漁業調整，海洋漁業には政府の積極的援助。トロールや捕鯨奨励が早くも矛盾化。行政は複雑な政治性を帯びる。打瀬，手繰が機船底曳に転化。カツオ，マグロ，イワシ揚繰など在来漁業の技術的発達。北洋漁業は日露戦勝による露領の条約漁業と工船カニ漁業が勃興。量的・質的にも重要な地位を占め，朝鮮，台湾支配による西日本漁業の躍進。日本漁業の一つの頂点を築く昭和前期への基礎固めとなるが，その裏には日本漁業の特色といわれる過当競争，政治的経済的策謀が早くも芽を出し，企業間の激突も随所にみえる。要するにこの期間は，漁業技術の革新と企業家のダイナミックな活動意欲が燃え上がる資本制企業生成期として，史上最も注目すべき時代。	の大敷網・大謀網・角網漁業が展開した。この期の末には漁船の動力化も開始。こうした発達にともない漁業生産形態，経営事情にもかなりの変化があらわれ，資本制漁業の展開をみるに至った。	②第一次「漁業法」～以後，第一次世界大戦の勃発した大正3年 前期から助長された，沿岸漁業から遠洋漁業への発展の必須の条件は，漁船の動力化である。漁船の構造を遠海用に適せしめることが必要なことはもちろん，従前の漁船をとりあえず遠海に使用するためには，動力の利用のほかにない。これがため官民ともに努力した基礎建設時代。 ③第一次世界大戦勃発以後（大正3年）～金融恐慌の発生（昭和2年） 官民の協力によって逐次発展した遠洋漁業を，ますます隆昌ならしめようとする政府の助長奨励の時代である。	②第Ⅱ期（明治39年，静岡水試富士丸による動力化操船の成功～大正末年頃） 生産力の上昇が最も華々しかった時代。第Ⅱ期も生産力段階からみて前・後期に分離。前期は明治39年～大正8年頃まで。ユニオン式，ミーズ・エンド・ワイズ式等機関導入の試行錯誤時代を経て，ボリンダー式で技術的に安定するが，上記の機関は発動機冷却のため清水が必要で，これが航行の制限要因に。漁船も大型化しても20トンくらい。漁船の大型化が実現し，漁場の拡大は大正12年前後から。この頃，無水式セミ・ディーゼル機関が入り，動力化の後期に入る。同じ20トン程度の漁船でも，清水式が航続距離が150浬前後だが，無水式では600浬以上に伸び，遠洋漁業の基礎が確立。第Ⅱ期の後期にはセミ・ディーゼル機関が中心であり，ディーゼル機関は昭和期から。清水式では航海距離のほか，活餌槽を広く作る余裕もなく，魚艙，居住設備，食糧庫も小さくなり，漁船の長期の海上滞在は困難。漁船の大型化が開始されるのが無水式漁船機関が導入されて長期航海が可能になった後期以後。

		揚網機考案 日本水産株式会社（第一次）設立	調査		
	7	無線電信機付漁船建造 北洋漁業株式会社設立（後年,日魯に吸収される）	海洋調査開始。水産講習所海洋調査部設置。 天鴎丸建造 水産事務協議会海洋調査事項検討 ブックレット発行 北海道帝大水産専門部設置		
	8	堀内輝重, 土佐式ブリ落網創始	水産講習所海洋図発行		③発達期大正8, 9年～10年間 小・中型船は和洋折衷型, ガソリンエンジン, 焼き玉式重油発動機, 大型船は西洋型ディーゼルに。経営が組織化し, 遠洋漁業の進歩は, 中型船を沖合に振り向け, イワシ揚繰網漁業, 機船底曳網漁業, 延縄漁業の全面的躍進。船も鉄鋼船に。無線発受信所の漁業気象傍受し, 海陸の連絡, 漁船間連絡可能に。蟹工船, 鮭鱒沖取り漁業発達期。缶詰工業や冷凍工業が発達。氷蔵船から冷凍船に。鮪, 鰹, カジキ冷凍魚輸出。鉄道省冷凍運搬車, 活魚車等配置。母船式漁業, 冷凍輸送, 漁業への物資補給が漁業を高度な経済分野に築きあげる。大正7年漁港修築奨励法で, 指定漁港増加。発動機依頼検査制度確立。水産増殖奨励, 水産製造規則実施。
	9	カツオ漁船ディーゼル使用 富山県の呉羽丸, カムチャッカ西岸沖で工船カニ漁業試験 ※二艘曳機船底曳網漁法はじまる	水産事務協議会, 海洋組織について検討 早鞆水産研究所設置 神戸海洋気象台設置 海洋調査部火災		
	10	トロール船に無線電信装置導入 水産会法公布 公有水面埋立法制定 機船底曳網漁業取締規則公布 和島貞二, 工船式カニ漁業はじまる 鋼製カツオ漁船建造（静岡県）	天鴎丸, 大和堆発見 漁業用無線通信開始 メートル法実施		
	11	※タイ類の漁獲量最高に ※コレラ流行, 水産に打撃	水路部「水路要報」創刊 漁場細密調査		
	12	工船蟹漁業取締規則公布 水産冷蔵奨励規則公布 三重県水産試験場, カツオ魚群探査に飛行機を使用 中央卸売市場法公布 築地魚河岸開場	関東大震災の震源地調査（天鴎丸）		
	13	無線電信装備のカツオ船建造 漁船機関士協会設立 林兼商店株式会社化	蒼鷹丸建造		
	14	農林省官制公布 V.D.式トロール 漁業財団抵当法公布			
	15		日本定置漁業研究会設立 水産講習所「海洋彙報」発刊		
昭和	2	ディーゼル・トロール船建造	ラジオ水産講座開始		
	3	東京湾ノリ漁場, 油汚染		③漁業自由主義全盛時代（昭和初期～12, 13年頃） 紛議頻発, 漁場入漁関係の一層複雑化。漁業経営は刹那的思惑に。漁業経営費増大, 漁村経営を等閑視し, 漁業経営本位の個人主義, 自由主義的色彩の濃厚な漁業が濫興。漁場が極度に荒廃。遠洋漁業海外漁業も同様で, 漁村疲弊の根本的要因に。漁船動力化は8年5万隻, 13年6.8万隻。内海は弊害が際だつ。機船底曳き網漁業も激増し, 沿岸漁場荒廃。11年に大幅整理。	
	4	母船式鮭鱒漁業取締規則 マグロ缶詰対米輸出開始 トロール船, ベーリング海出漁	農林省水産試験場設置 第1回水産試験連絡会開催 海洋気象放送開始 水路部「内海潮流図」刊行		
	5	トロール船に船内急速冷凍設備装備 母船式フィッシュミール漁業実施 機船底曳漁業取締規則改正 丹下福太郎, アラフラ海で真珠貝漁業を実施 鉄道省, 活魚車をつくる			④躍進時代（昭和4, 5年～10年間） 大型漁船建造が普及。鰹漁業から鮪漁業へと周年操業。資本漁業である南北洋捕鯨工船, 南支那海, インド洋, メキシコ沿岸のトロール漁業（エビ鯛類）, ミール工船の発達と冷凍運搬。発動機依頼検査認定制度, 漁船検査法, 水試設立, 漁船保険法の制定。8年,
	7	北洋合同漁業株式会社設立	日本水産学会設立 日本海一斉調査 ブリに関する海洋調査		
	8	漁業法改正	日本海一斉調査（二次）		

		③遠洋漁業の発展（大正10年～太平洋戦争）動力漁船の発展と無線電信電話・船内冷蔵設備の進展などにより，遠洋カツオマグロ漁業・以西底曳網漁業・トロール漁業・各種母船式漁業などの遠洋漁業が発達したこと，それにともない大資本漁業の確立をみるに至るとともに，一展開をみるに至る。		
③上昇繁栄期（大正末期～昭和初期）漁業の躍進，上昇繁栄期。海洋漁業の繁栄と漁村・零細漁業の沈淪による漁業の二重構造の定着。漁獲量構造もイワシ，ニシン等の低価格魚が漁獲総数の60％，大正末期からの経済恐慌を受けた漁村不況の一層深刻化。農山漁村経済更生策が出され，漁村では漁業組合の経済団体化が活発に。沿岸漁民と紛争の以東底曳は減船の対象。以西漁業は漁場拡大。北洋漁業は新たにサケマス沖取りと北千島漁業の勃興。新興漁業は勃興と同時に過当競争化。南氷洋捕鯨の展開で，操業可能の海洋漁業のほとんどを手がけ，日水，日魯，林兼の三大資本漁業が確立。漁業の総体的繁栄期となる背景は，流通機構，冷凍事業，缶詰			④世界大戦後の漁村不況の時期（～昭和12年の日華事変勃発期）遠洋漁業からさらに大規模な漁業形態に一転し，さらに，各種水産加工業が急速に発達したが，一方，不況時の漁村の経済更生と，飽和点に達した遠洋漁業と，漁場に限界のある沿岸漁業との調整の上から，拡張をつづけた遠洋漁業を整備することが必要となった時代。	③第Ⅲ期（大正末期～終戦まで）この期は第Ⅱ期の後期と重なる。漁船の動力化が無水式機関の出現により長期航海が可能になったほか，漁撈行程に導入されていった時期で，この期間に生産力は急上昇。漁獲高が大正12年頃から急上昇するがこれは第Ⅱ期後期の漁船の大型化，漁場の拡大による影響もあるが，その中心は漁撈工程の機械化にあり，以西・以東の底曳網漁業を基幹とする生産力の増強である。例えば底曳漁業は大正2年に動力化され同6年に揚網機（ドラム）が完成して揚網が機械化

		タラバガニ類採捕取締規則 サンマ漁業制限規則公布 機船底曳網漁船，沿海州出漁 船舶安全法制定	北太平洋一千浬海洋調査	沿岸漁場の漁業権，許可 漁業濫設。漁業組合，個人， 会社により，無秩序，無 統制に獲得された漁業権	漁業法の大改正。出資制 度による漁業組合の改組， 経済行為が可能に。重要 水産物の検査を施行し，
9		農林省，沿海州機船底曳漁業許 可方針提出 母船式漁業取締規則公布 日本捕鯨株式会社，南氷洋捕鯨 を実施 「水産デー」実施 母船式サケ・マス漁業の合同	ブリに関する研究会	数は，11年 5.6 万件，許 可漁業 10 万余件。個人や 営利会社経営の漁業は漁 村本位から企業本位の経 営に転換。漁村経営上極 めて憂慮する事態に。工	製造技術の指導等により 対外貿易の発展に寄与。 未だ，「わが国の食料産業 として重要部門である」 ことの国民的関心を喚起 し得なかった水産業の発
10		東京湾の海面汚濁について協議 太平洋漁業株式会社，母船式サ ケ・マス漁業独占 トロール船，メキシコ進出	函館高等水産学校設置	場，鉱山よりの汚濁水， 船舶よりの油類，埋立工 事により，さらに，船舶 の航行や各種の港湾施設， 軍需施設により沿岸漁場	展は，漁業において，造 船工業の進歩，発動機製 作業の進歩が主体。一般 工業の進歩によって，諸 器械の採用，製造業の代
11		北洋捕鯨株式会社設立 海洋漁業振興協会設立 大洋漁業株式会社設立 漁船協会設立 国産捕鯨母船日新丸進水 トロール船，アルゼンチン沖進 出 ※イワシ漁獲量，最高に	冷害調査実施 瀬戸内海水産振興協議会	はますます影響を受け， 被害も増加。	表の缶詰業の発展は製缶 業の発展にもよる。
12		漁船保険法公布 日本水産株式会社設立 機船底引網漁業整理規則公布 極洋捕鯨株式会社設立 瀬戸内海漁業取締規則公布 ※朝鮮のイワシ漁獲量最高に ※コンブ生産最高に	NHK による漁況放送開始 水路部「海象彙報」創刊		
13		日本真珠株式会社設立 揮発油，重油販売取締規則公布 漁業法改正 東京湾水質保護協会設立 千トン級トロール船駿河丸進水 日本鰹鮪漁業水産組合設立 全国漁業組合連合会発足 本土根拠地南方マグロ漁業実施 ※タラバガニ漁獲量最高	漁業無線による漁海況通報開始	④漁村調整時代 （昭和 13 年頃〜20 年） 漁村の疲弊と支那事変の 進展。欧州の動乱に高度 国防国家の建設が必要に。 沿岸漁業は総漁獲高の約 75％，海国日本の重要な 単位自治体は漁村が基礎 単位。国民保健食糧の確	
14		船員保険法公布 千葉田中徳蔵，サンマ棒受け網 使用	砕氷艦「大泊」による海氷調査	保。増大する軍需に応じ る様，漁獲高を維持増産， 更に，海国日本の基礎地	
15		真珠養殖許可規則公布 漁網配給統制規則公布 冷凍工船漁業実施 生鮮魚貝類公定価格制定 オットセイ条約破棄		盤たる銃後の漁村の平和 を保持するために，漁業 を最も合理的に利用し得 る漁村本位の漁場制度を 確立し，その生産を計画	
16		鮮魚介配給統制規則 第一回「海の記念日」実施 ※サケ・マス漁獲量最高	日本海洋学会設立 釜山高等水産学校創立	化組織化する必要。漁業 資材の規正の一段の強化。	
17		水産物配給統制規則公布 水産統制令公布 以東機船底曳網漁業の制限緩和 猟虎・膃肭獣漁獲取締法制定	第三次日本海海洋一斉調査 ※この頃水試等の漁業調査船徴 用拡大		
18		機船底曳漁業整理転換奨励規則 廃止 水産団体法公布	朝鮮で大規模なイワシ廻遊調査		

事業の発展等。缶詰輸出市場の拡大は海産物から缶詰中心への輸出貿易構造の変化が出現。生産から輸出までを含めて日本の漁業が、世界的規模に拡大したことが特色。		され、8年には2隻曳漁法が案出された。底曳以外の漁業の漁撈行程の機械化もいずれも大正末期から昭和初期にかけて。この期の後期は小型漁船の動力化時期。例えば、大正13年に5トン以下の小型船が動力漁船全体に占める割合は1.4％であるのに、昭和4年では5.3％、昭和10年13.2％と増加。小型漁船の動力化は昭和恐慌期に入ってから、その増加傾向は顕著に。
④激動期（日華事変～太平洋戦争終結） 戦争の影響を真正面に受け破局に追い込まれる。沿岸漁業は、昭和11年、海洋漁業も16年を頂点とし、操業海域の危険性、大型漁船の全面的な軍事徴用で圧縮。沿岸漁業は食糧増産第一義の政策と公価制によって保証。沿岸漁業は中央水産業会により規制、海洋漁業は水産統制令の強制による異常な形態変化。生産手段と漁場を失い、漁業近代化40年間の繁栄は、明治30年頃の状態に急旋回。	⑤日華事変勃発以後（太平洋戦争の終戦の昭和二十年まで） 準戦時体制から、戦時統制体制になった時代である。	

資料

| | 19 | 以東底引き網漁業の強化許可権，地方長官に譲渡 | | |
| | 20 | 重要水産物の生産令公布 | | |

(注1) 漁業関係事項・海洋調査関係事項の項で太い線で示したのは，山崎俊雄：技術史（日本現代技術史体系）（東洋経済新報社，1961年）による技術的視点から見たわが国の産業の発展段階区分。第一期：1868〜1885年 近代技術の移植・育成期。第二期：1886〜1900年 日本型産業革命期。第三期：1901〜1913年 重工業技術の展開期。第四期：1914〜1928年構造的矛盾の深化期。第五期：1929〜1936年 合理化の積極的推進期。第六期：1937〜1945年荒廃への軍事的動員期。第七期：1945〜1952年 復興への民主化運動期。第八期：1953〜1960年 新合理化による技術導入期，と区分されている。

(注2) 片山房吉が執筆。

資料 15

参考文献

　直接引用した文献は本文の中に記した。このほか，直接的には使わないまでも，多くのところで考え方等を参考にさせていただいた著書は以下の通りである。なお，似顔絵は，「余技漫談」（水産界，472 号，52 〜 53，大正 11 年）からの転載である。

有薗眞琴：山口県漁業の歴史，日本水産資源保護協会，2002 年
池内　了：寺田寅彦と現代 − 等身大の科学をもとめて，みすず書房，2005 年
磯野直秀：モースその日その日，有隣堂，1987 年
磯野直秀：三崎臨海実験所を去来した人たち − 日本における動物学の誕生 −，学会出版センター，
　　　　　1988 年
井本三夫：蟹工船から見た日本近代史，新日本出版社，2010 年
井田徹治：ウナギ − 地球環境を語る魚 −，岩波書店，2007 年
宇田道隆：海（旧版），岩波書店，1930 年
宇田道隆：海（新版），岩波書店，1969 年
宇田道隆：世界海洋探検史（世界探検紀行全集（別巻）），河出書房，1956 年
宇田道隆：海の探求史，河出書房，1941 年
宇田道隆：海に生きて，東海大学出版会，1971 年
宇田道隆：海洋研究発達史（海洋科学基礎講座（補巻）），東海大学出版会，1978 年
海野福寿編：技術の社会史 3 − 西洋技術の移入と明治社会 − 有斐閣，1982 年
梅渓　昇：お雇い外国人 − 明治日本の脇役達 −，講談社，2007 年
大海原　宏：カツオ・マグロ漁業の研究，成山堂書店，1996 年
大海原　宏：漁業技術論，現代水産経済論（大海原　宏，志村賢男，高山隆三，長谷川　彰，八
　　　　　木庸夫編），53 〜 80，北斗書房，1982 年
大草重康：海と日本人（東海大学海洋学部編），東海大学出版会，1977 年
大島正満：伊藤一隆と内村鑑三，北水協会，1963 年
大野　晃：山村環境社会学序説，農山漁村文化協会，2005 年
岡本信男：近代漁業発達史，水産社，1965 年
岡本信男：水産人物百年史，水産社，1969 年
小川嘉彦：水産技師のための海況学入門（第 2 版），海洋水産資源開発センター，2002 年
科学技術庁資源局：日本における海洋調査の沿革，昭和 35.2.25（謄写版）（宇田道隆執筆）
影山　昇：人物による水産教育の歩み，成山堂書店，1996 年
片山房吉：大日本水産史，農業と水産社，1937 年
河北新報社編集局：病める海 − 素顔の日本漁業 −，勁草書房，1986 年
鎌田　慧：日本列島を往く（3）− 海に生きるひとびと −，岩波書店，2001 年
川崎　健：漁業資源 − なぜ管理できないのか −（二訂版），成山堂書店，2005 年

参考文献

木原　均・篠遠喜人・磯野直秀監修：近代日本生物学者小伝，平河出版社，1988年
久留太郎：真珠の発明者は誰か？－西川藤吉と東大プロジェクト，勁草書房，1987年
黒肱善雄：農林省船舶小史（1）～（6），さかな，14号～22号，1975年～1979年
黒肱善雄：わが国調査船の系譜と現勢，水産海洋研究，54（2），147～152，1990年
小沼　勇：漁業政策百年－その経済史的考察，農山漁村文化協会，1988年
桜田勝徳：明治時代の水産関係集会（一）～（十七），水産時報，1961年6月号～1962年12月号
佐藤　栄：日本の海洋，漁業生物研究の歴史的過程とその発展に関する研究，第一報，日本の海洋・漁業生物学研究の歴史的過程とそれがおかれた社会の諸条件，東北水研報，30，1～28，1970年
佐藤　栄：日本の海洋，漁業生物研究の歴史的過程とその発展に関する研究，第二報，漁業生物の基本的諸性質および生物的生産に関する諸理論の歴史的発展，東北水研報，31，1～79，1971年
三本菅善昭：磯焼けの生態，水産庁中央水産研究所，1994年
塩野米松：にっぽんの漁師，新潮社，2001年
下　啓助：明治大正水産回顧録，東京水産新聞社，1932年
新村洋史：食と人間形成，青木書店，1983年
水産試験場：水産試験場事業報告，昭和4年～昭和21年（昭和6年度欠）
水産試験場：水産試験成績総覧，1931年
水産試験場：水産連絡試験要録，第1号（昭和4年）～10号（昭和14年）
水産試験場：水産試験場報告第1号（昭和5年）～12号（昭和17年）
水産試験場：海洋調査要報，昭和4年～24年
水産庁研究部：漁海況予測の方法と検証，1981年
スーザン・ジョージ（小南裕一郎，谷口真理子訳）：なぜ，世界の半分が飢えるのか，朝日新聞社（朝日選書257），1984年
末廣　昭：タイ－開発と民主主義，岩波書店，1993年
（社）瀬戸内海環境保全協会：生きてきた瀬戸内海－瀬戸内海法30年－，2004年
瀬戸内海汚染総合調査実行委員会：瀬戸内海汚染総合報告書Ⅰ，瀬戸内科汚染総合調査団　1972年
芹沢光治良：人間の運命（Ⅰ）～（Ⅶ），新潮社，1991年
高橋美貴：「資源繁殖の時代」と日本の漁業，山川出版，2007年
田尻宗昭：海と乱開発，岩波書店，1983年
谷川英一（監修）：日本水産文献集成（明治元年～昭和20年），第4巻（海洋学及陸水学）（坂本武雄編輯），北海道大学水産学部内日本文献集成刊行会，1952年
チャールズ・クローバー（脇山真木訳）：飽食の海，岩波書店，2006年
戸田直弘：わたしは琵琶湖の漁師です，光文社，2002年
友定　彰：戦前の海洋観測資料を求めて，さかな，38号，37～50，1987年
中岡哲郎：日本近代技術の形成，朝日新聞社，2006年
中岡哲郎・石井　正・内田星美：近代日本の技術と技術政策，国際連合大学，1986年
中野　広：智を磨き理を究め（1）～（4），海洋水産エンジニアリング，第7巻，69号～72号，2007年
中野　広：アゲマキガイ養殖業の発展と大量斃死－各県の水産試験場の農商務省水産講習所の取

り組みと有明海水産研究会の発足 -,（社）海と環境美化推進機構, 2008 年
中村静治：技術論論争（上），（下），青木書店，1975 年
中山　茂：科学技術の戦後史，岩波書店，1995 年
二野瓶徳夫：明治漁業開拓史，平凡社，1981 年
二野瓶徳夫：日本漁業近代史，平凡社，1999 年
日本海洋学会：日本海洋学会 20 年の歩み，1962 年
日本地学史編纂委員会：日本地学の展開（大正 13 年～昭和 20 年）（その 6）- 日本地学史）稿抄，地学雑誌，110 (1) 96～109，2006 年
日本地学史編纂委員会：日本地学の展開（大正 13 年～昭和 20 年）（その 3）- 日本地学史）稿抄，地学雑誌，112 (1) 131～160，2008 年
農林省大臣官房総務課編：農林行政史，4 巻，1959 年
農林省大臣官房総務課編：農林行政史，8 巻，1972 年
農林水産省統計情報部・農林統計研究会：水産業累年統計（第 2 巻）生産統計・流通統計，農林統計協会，1979 年
農林水産省統計情報部・農林統計研究会：水産業累年統計（第 4 巻）水産統計調査史，農林統計協会，1979 年
廣重　徹：科学の社会史（上）- 戦争と科学 -，岩波書店，2002 年
廣重　徹：科学の社会史（下）- 経済成長と科学 -，岩波書店，2003 年
廣重　徹：近世科学再考，筑摩書房，2008 年
平沢　豊：漁業生産の発展構造，未来社，1961 年
福岡県水産試験場：有明海干潟利用研究報告，1929 年
福沢諭吉：福翁自伝（新訂），岩波書店，1978 年
本田良一：イワシはどこへ消えたか - 魚の危機とレジームシフト，中央公論新社，2009 年
松本　厳：漁獲量変化年史（一）～（十三），水産時報，1961 年 4 月号～ 1962 年 6 月
松本　厳（編著）：日本近代漁業年表（戦前編），水産社，1977 年
丸川久俊：海洋調査二十年の歩み，水産二十年史，水産新報社，1932 年
宮城雄太郎：日本漁民伝（上），（中），（下），いさな書房，1964 年
宮本憲一：環境と開発（人間の歴史を考える 14），岩波書店，1992 年
村井吉敬：エビと日本人，岩波書店，1988 年
村井吉敬：エビと日本人（Ⅱ），岩波書店，2007 年
E. S. モース：日本その日その日 (1)（石川欣一訳），東洋文庫 171，平凡社，1970 年
E. S. モース：日本その日その日 (2)（石川欣一訳），東洋文庫 172，平凡社，1970 年
安枝俊雄：漁況海況予報の現況，日本水産資源保護協会，1966 年
谷津直秀：東京帝国大学理学部動物学教室の歴史（Ⅰ）～（Ⅲ），科学，8 (8), 8 (9), 8 (10), 1938 年
山口和雄編：現在日本産業発達史 19　水産，財団法人交詢社出版局，1965 年
山口　徹：沿岸漁業の歴史，成山堂書店，2007 年
山崎俊雄：技術史，東洋経済新報社，1961 年
湯浅光朝：科学史，東洋経済新報社，1961 年

参考文献

鷲尾圭司：日本の漁業はどうあるべきか，環，35号，134～140，2008年
渡辺信雄：北方海域海況資料（自明治18年至昭和28年），農業技術協会，1954年

【記念誌関係】
農林水産省百年史編纂委員会：農林水産省百年史（明治編），1979年
農林水産省百年史編纂委員会：農林水産省百年史（大正・昭和戦前編），1980年
水産庁研究所：水産海洋研究，水産試験研究一世紀の歩み，39～59，2000年
海上保安庁水路部：日本水路史，日本水路協会，1971年
東京水産大学百年史編集委員会：東京水産大学百年史（通史編），1988年
東京水産大学：70年史，1961年
東京大学農学部水産学科創立五十周年記念会：東京大学農学部水産学科の五十年，1960年
北大水産学部七十五年史出版専門委員会：北大水産学部七十五年史，1982年
北海道立水産試験場：北水試百周年記念誌，2001年
青森県水産試験場：百年の歩み，2000年
岩手県水産試験場：創立80年の歩み，1991年
宮城県水産試験場：宮城県水産試験場70年史，1969年
千葉県水産試験場：百年のあゆみ（資料集），1999年
東京都水産試験場：東京都水産試験場50年史，1978年
新潟県水産海洋研究所：創立百周年記念誌，1999年
石川県水産試験場，石川県増殖試験場，石川県内水面水産試験場，石川県水産業改良普及所：石川県水産研究機関のあゆみ，1994年
静岡県水産試験場・栽培漁業センター：静岡県水産試験研究百年のあゆみ，2003年
愛知県水産試験場：水産試験場百周年記念誌，1994年
三重県科学技術振興センター水産技術センター：三重県水産試験場・水産技術センターの100年，2000年
京都府：京都府立海洋センター創立88周年記念誌，1987年
兵庫県立水産試験場：兵庫県における水産試験研究75年の歩み，1999年
島根県水産試験場：島根県水産試験場八十年史，1983年
香川県水産試験場：香川県水産試験場の百年のあゆみ，2000年
愛媛県水産試験場：愛媛県水産試験場百年史，2000年
徳島県水産試験場：試験研究85年の歩み，1985年
徳島県立農林水産業総合研究センター水産研究所：水産研究百年のあゆみ，2002年
高知県水産試験場：高知県水産試験場百年のあゆみ，2002年
福岡県水産技術センター：福岡県水産試験研究機関百年史，1999年
熊本県水産研究センター：水産試験場創立百周年記念誌，2001年
大分県海洋水産研究センター：大分県水産研究百年のあゆみ，2000年
宮崎県：宮崎県水産試験場百年史，2003年
鹿児島県：鹿児島県水産技術のあゆみ，2000年
日本水産研究所50周年記念の会：日本水産の研究のあゆみ（藤田孝夫ら編），1988年

おわりに

　明治後期から昭和の戦前までの，約40年間に実施された海洋調査で何がわかったのかであろうか。例えば，わが国周辺の海流図である。大正2年に和田雄治が描いたものと，昭和10年に水産試験場報告6号に宇田道隆の描いたものと比較すると，はるかにその精度が高められ，内容も充実したことは一目瞭然である。また，観測機器等についても，その多くがわが国で開発生産されるようになり，また，それを多くの人が利用できるところまで技術水準がアップし，その分析の精度も一桁上がった。

　さらに，漁況や海況の予測が行われ，ラジオ放送や無線で多くの人が利用できるようになった。海洋に関して多くのことが科学的に明らかにされ，それにもとづきいろいろな技術が開発され，漁業の発展に寄与してきた。それらの多くは，現在も引き続き実施されている。まさに，歴史を辿ってみて，先人たちの努力の賜物として感慨深いものである。しかし，もっと重要なことは，第一には，日本周辺の海洋環境の概観的特性はもちろん，それが絶えず変動することがわかった。第二には，海洋調査を定期的に行う必要があることがわかったことである。さらに，第三には，海洋が基本的には「複雑系」であり，人間がその海洋環境に大きな影響を与えている現在，より総合的な視点からの調査が必要であり，持続的な漁業生産を営み，安定的な食料生産をするには，海洋に関する科学的な法則を明らかにすること，それらにもとづいた政策的な対応が必要であることがわかったことである。

　明治9年に来日し，東京大学お雇い教師で，日本の近代医学の発展に尽くしたエルウィン・ベルツ（Erwin Baelzu）[1]が，明治34年の大学在職25年祝賀会において，「西洋の科学の起源と本質に関して日本では，この科学を，年にこれこれだけの仕事をする機械であり，どこかほかの場所へたやすく運んで，そこで仕事をさすことのできる機械であると考えている。これは誤りで，西洋の科学の世界は決して機械ではなく，一つの有機体であり，その成長にはほかのすべての有機体と同様に一定の気候，一定の大気が必要なのである。地球の大気が無限の時間の結果であるように，西洋の精神的大気もまた，自然の探求，世界のなぞの究明を目指して幾多の傑出した人々が数千年にわたって努力した結果」とし，科学の成立に貢献した人を挙げ，さらに，「かれら（筆者注：外国人教師）の使命はしばしば誤解された。もともとかれらは科学の樹を育てる人たるべきであり，またそうなろうと思っていたのに，かれらは科学の果実を切り売りする人として取扱われた。かれらは種をまき，その種から日本で科学の樹がひとりでに生えて大きくなれるようにしようとしたのであって，その樹たるや，正しく育てられた場合，絶えず新しい，しかもますます美しい実を結ぶものであるにもかかわらず，日本では今の科学の成果のみをかれらから受取ろうとしたのである。この最新の成果をかれらから引継ぐだけで満足し，この成果をもたらした精神を学ぼうとはしない」と，わが国政府の対応を厳しく批判した。これは第10章で廣重が述べた理学部の設置目的ともつながる事項であるが，科学的なものの考え方や基礎的な研究を大切にせず，しかもモニタリング調査のような地道な積み上げが必要なことについてはあまり評価しないこと等への批判でもある。

　水産においても類した意見として，岡村金太

おわりに

郎の「囚われた水産」[2]がある。彼は，「水産の方面は，一にも実用，二にも実用で，実用が眼に見えぬものは措いて顧みぬと云ふ様な有様が，今日の状態である」とし，当時の水産業界の姿勢を批判し，基礎的研究，科学の蓄積の重要性を指摘したものである。「漁業基本調査」「海洋調査」の実施についても業界からは多くの批判があった。相川[3]は，「私が水産試験場在勤時に鰮調査のために幾度か予算を提出したが，その説明を聴取した後で水産局長はいつも『ご趣旨は誠に結構だが』と云い，実効の期待し難いとか，実利を伴わぬとかで却下されるの常であった」と書いた。第4章の注7にも記したが，昭和に入ってもほとんどその考えは変わらなかった。宇田[4]も「海に生きて」の中で，昭和38年初冬の異常冷水に関して，「漁民の要望が急に高まって，急に漁海況の予報事業が政府予算と共に開始されるようになったのもこの異常冷水騒ぎである。昭和9年に親潮寒流卓越年に凶冷で騒がれ，東北冷害対策海洋調査が始まり，それから間もなく漁海況通報（速報・予報）事業が発足した。昭和16年以来イワシ不漁が甚だしくなって昭和24年からイワシ資源調査が本格化した。何かひとさわぎないと声がかからぬは昔からである」と書いた。

農業においても同様である。農業発達史調査会編「日本農業発達史」[5]は「わが国の作物栽培における災害時の被害は著しいものであるが，生理・生態学的にみて，その研究が本格的に行われるに至ったのは近年のことといってよい。すなわちそれは，昭和9年の冷害を契機としたものである。この時の研究の成果が，冷害以外の場合についても，その研究方法に多くの示唆を与えた。さらにここで注目しておきたいことは，しばらくたつと，研究費や人件費の面において，研究が不可能になることが少なくないということである。(1935年に設けられた冷害試験地の廃止等は一例。その後，東北地方には時折冷害がおとずれている)。作物の災害は，しばしば政治的商品として，現在の政治的機構の下においては売買されがちのものであるが，研究面にもその反映が現われるということは，災害が現実の重要な問題であるだけに，反省させられることが多い」と記した。まさに，農業も水産もまさに同一の考えの上にある。

わが国の研究には，昔も今も，すぐに成果が現れるものにしか投資がされない。また，その投資も災害や被害等における「政治的商品」として成立する場合が多い。最近では「有明海のノリ問題に端を発した諫早湾の干拓問題」，「クラゲの大量発生による漁業被害」，「赤潮による養殖魚の大量斃死」である。これらの対応はあくまでも対症療法であり，根本的な治療はなし得ない。モニタリング調査をはじめ科学的な基礎研究を充実させることにより自然現象を理解し，それにもとづいての各種の技術開発，および適切なアセスメントをすることにより，発生をさせない，また，予測することにより，事前に災害を防止するとの立場が必要である。

自然相手の第一次産業に関する研究にとって，自然現象は常に変動するとの視点をもち，長年にわたるモニタリング調査をなすことにより，時系列的な流れのなかでどこがどう変わったのかが明らかとなり，はじめて成果がみられる場合がほとんどである。自然の恵みを享受する水産においては，その前提となる「海洋環境」や「生態系」は複雑系であり，当然にもモニタリング調査は必須事項である。特に，前述したように，地球温暖化や海洋汚染等，人間活動が急激な形でさまざまな生態系に影響を及ぼしている現在，このことはきわめて重要となっている。そして，すでに一連のモニタリング調査によって，海況予測，採苗予測等が効果的に行われるようになり，多くの成果が生まれてきている[6]。第10章でも触れたが，経済的な漁業生産技術，合理的な漁業生産技術を目指すなかで，海洋モニタリング調査が果たしている機能と役割を，経済的な意味をも含めて，さらに理論化

していく必要があるものと考えている。

これらのモニタリング調査における「正しい観測結果はかけがえのない宝モノ」と寺田寅彦はいった[7]。筆者は，日常的な海洋や資源に関するモニタリング調査を基礎として生態系の解明，監視・維持・修復，そして資源量や漁場収容力の算定，資源管理や漁業管理，海況や漁況の予報へと結ぶ道は，「水産業の健全な発展と水産物の安定供給（水産基本法）」に必須だと考える。このことは，水産関係業者のみならずわれわれの子孫に対する何よりのプレゼント，すなわち，「未来への架け橋」となるものである。また，地球温暖化が叫ばれ，生態系の変化が懸念されている現在，わが国は北太平洋海域の海洋関連のモニタリング調査において重要な役割を担っている。これを精度高く実施してこそ先進国として国際的な貢献を果たすものである[6]。このことを漁業者のみならず，国民の皆さん，財政当局，政治家の皆さんによく理解していただくためには，粘り強く訴えをしていく必要があるだろう。

なお，本稿においては，明治から昭和（戦前）までの海洋調査の取り組みに関する基本的な文献や資料を多く取り上げた。また，できるだけそれらの資料に忠実に書くことを前提とし，かつ，当時の考え方をよく理解していただくことを意図したために冗長になったところもあり，最終的には漁業や水産業の振興の視点を堅持していたために，一面，漁業研究史的になったところもある。また，前述したが，筆者は海洋学の専門家ではないので，理解不足や過ちがあると思う。そのことについてはお許し願いたい。できるだけ多くの資料にあたったつもりではあるが，重要なもので見落としたものもあると思う。それについてはお教えいただければ幸いである。最後に，本書が水産海洋学や漁業学等の研究者やそれらを学ぶ若人に，科学的なものの見方等を含め，何らかの役割を果たし得れば幸いであり，漁業や水産業の振興の礎になればとも思う。

謝　辞

本原稿の執筆にあたり，小達　繁（元東海区水産研究所）・和子（元東北区水産研究所）夫妻，鈴木秀彌さん（元水産工学研究所），會田勝美東大名誉教授からは情報や資料の提供についてお世話になりました。中村保昭（元中央水産研究所），小川嘉彦（元日本海区水産研究所），中田　薫（中央水産研究所），黒肱善雄（元蒼鷹丸船長）の各氏には貴重なご意見をいただきました。

また，本書の写真や図については，東海大学出版会，岩波書店，水産社，大日本水産会，北水協会，日本動物学会，日本植物学会，水産海洋学会，海の博物館，海上保安庁海洋情報部，北海道大学附属図書館，水産庁北海道立中央水産試験場，三重県水産研究所，石川県水産総合センターおよび（独）水産総合研究センターから転載の許可をいただきました。また，「東京大学所蔵肖像画・所蔵彫刻」のホームページから東京大学総合研究博物館の許可を受け掲載させていただきました。

さらに，論文や文献の多くは中央水産研究所図書資料館所蔵のもので，同館司書の鈴木信子さんと小野関宏美さんには蒐集等，いろいろお世話になりました。養殖研究所の横山博美さんと東　外喜枝さんには，文献の依頼や複写等についてお世話になりました。

本書は，売れない本の代表のようなもので，いくつかの出版社に話をもちかけても，なかなか日の目が見れませんでした。まさに本書が日の目を見たのは恒星社厚生閣の河野元春さんがいろいろ努力をしてくださり，また，内容等についても有益なアドバイスしていただいた賜であります。

関係した皆様方には深甚なるお礼を申し上げます。ありがとうございました。

追記

原稿提出後の3月11日に東日本大震災が起こった。かつて任地であり，目に浮かぶ東北の

おわりに

　街々は津波により悲惨な状況となった。心が痛む。青森から福島・茨城にかけてはわが国の水産物の供給基地であり，風光明媚で屈指のやすらぎの地でもある。地元住民の意思を尊重しつつ，早急な地域と水産業の復興を期待したい。

　復興には，長期に亘る沿岸漁場を含む広範囲な海域における大規模で定期的，かつ総合的なモニタリング調査を実施し，地震や津波による沿岸環境の影響の現状把握，その回復過程を明らかにすることが肝要であり，これにもとづく復興計画の立案が必要である。その基礎となるのは，「海洋・資源のモニタリング調査は未来への架け橋」（東北ブロック水産業関係試験研究推進会議編）にある各種資料であることはいうまでもない。また，被災した宮城県水産技術総合センター，岩手県水産技術センター等の回復には，上記冊子にある業務の実施や回復に，直接的・間接的に，また，物心ともに支援することも当然で，これらが東北における真の水産業の復興へとつながるものである。

　一方，東京電力福島原子力発電所の事故による放射能汚染については，広範囲なモニタリングの実施と情報公開が肝要である。わが国では，昭和29年ビキニ水爆実験での第五福竜丸の被爆により，当時の水産庁東海区水産研究所（現（独）水産総合研究センター中央水産研究所）が測定をはじめて以来，同所は現在までのおよそ60年にわたり日本周辺海域や魚介類についてモニタリング調査を実施し，データを蓄積してきた。今，これらのデータが貴重な資料となる。その一部は中央水産研究所のホームページで見ることができる。

　以上のように，海洋のモニタリング調査は「社会の維持可能な発展」の基礎であるばかりでなく，災害や事故等の緊急的なものに対しても有益な資料となる。また，国立の試験研究機関は，研究・開発業務のみならず，海洋調査や放射能調査のようなルーチン的で地道な業務も大きな比重を占めていることをもよく理解していただければと思う。

引用文献

1）エルウィン・ベルツ：在職二十五年祝賀会挨拶，科学と技術（日本近代思想体系14），420～424，岩波書店，平成元年
2）岡村金太郎：囚はれたる水産，水産界，449号，18～21，大正9年
3）相川廣秋：水産資源研究の性格，水産界，765号，4～7，昭和22年
4）宇田道隆：海に生きて，169～170，東海大学出版会，昭和46年
5）川田信一郎：日本農業発達史，9巻，366～369，中央公論社，昭和31年
6）東北ブロック水産業関係試験研究推進会議：海洋・資源のモニタリング調査は未来への架け橋，（独）水産総合研究センター東北水産研究所，平成18年
7）中野猿人：海洋学談話会，日本海洋学会20年の歩み，146～148，日本海洋学会，昭和36年

用語索引

<英名>

FRA-JCOPE　208
Records of Oceanographical Works in Japan　75
TAC 制度　212

<あ行>

赤潮　35
赤沼式海水比重計　5
朝潮丸　158
朝熊丸　178
味なき魚の流通　214
有明海水産研究会　206
アルバトロス　5
五十鈴丸　168, 178
磯枯れ　39
磯焼け　v, 39
　――の生態　41
岩手丸　168
ヴィチアス　5
魚付林　17
珍彦丸　191
宇田の法則　202
海と空　100
得撫丸　48
雲鷹丸　19, 47, 180, 187
衛星画像　vi, 208
エクマン流速計　19
江ノ浦水産実験場（静岡）　35
江ノ島定地海洋観測所　55
塩分検定法　19
遠洋漁業奨励法　11, 45, 177, 185, 196, 201
大阪商船　20
大阪毎日新聞社　20
忍路丸　19
尾道内海水産実験場　16
お雇い教師　297

<か行>

海軍水路部　16, 77, 97, 195
海事博覧会　47
快鳳丸　168
海洋学談話会　75
海洋観測法　100
海洋気象台　99
　――彙報　100
海洋時報　100
海洋図　49, 109, 203
海洋調査　45, 48
　――彙報　56, 70
海洋調査技術者主任官事務打合会　79
海洋調査主任打合会　45
海洋調査所　75
海洋調査部　48
海洋調査要報　41, 49, 63, 78, 166
海洋の科学　75, 166, 169
外来魚　v
海流速報　98, 166
海流瓶　54
ガソリン及び重油販売取締規則　168
加入乱獲　212
神谷式ドレッジ　58
神威丸　168, 178
簡易漁民講話会　54
環境と開発に関する国際会議（UNCED）　215
関東大震災　67, 72
関東庁水試　97
紀伊水道系水　122
機械製網　177, 195
規制物質代用品　167
汽船底曳漁業　188, 195
北太平洋距岸一千浬一斉海洋調査　85, 91, 158, 180
北日本七県海洋協議会　206
北原式定量プランクトンネット　19
北原の法則　46, 202
基本調査　4
牛海綿状脳症（BSE）　v
急潮　137, 203
共同漁業　189
漁獲努力量　vi
漁業基本調査　vii, 1, 11, 14, 48, 66, 119, 196, 208

用語索引

—準備報　4, 14
漁業基本調査部　47, 69
漁業基本調査報告　4
漁業図　81
漁業生産基盤　v, vi, 175, 211
漁業生産システム　vi
漁業法　11, 81
漁業無電局　111
漁業連絡試験　81
魚群探知機　vi, 208
漁場細密調査　56, 80
漁場選択技術　191, 207
漁船船型統一　167
漁船の動力化　195
漁船用代用燃油統制　167
漁村夜話　47, 204
魚類学　8
漁撈及海洋調査担当官打合会　81
蔵前工高　19
呉羽丸　187
下痢性貝毒　v
限界集落　v
現代水産経済論　209
広域下水道　v
高志丸　19
高知丸　168
神戸海洋気象台　32, 77, 101, 168
高鵬丸　94
国際海洋調査会議　11
国際海洋調査準備会議　11
国際常設海洋研究会議（ICES）　12
湖沼学　23
個食化・孤食化　214
駒橋　92, 187
コールドチェーン　213

＜さ行＞

砕氷船大泊　98
札幌農学校　197, 198
三官庁（海洋業務連絡）会議　203, 206
三水丸　178
三洋丸　98, 168
シクズビー採泥機　19
自動潮流模型　47
島根丸　94, 168

下関海峡系水　122
旬産旬食　214
春風丸　100
昭和九年岩手県凶作誌　157
食育　214
白鳥丸　168, 181
人口食糧問題調査会　78
新日本記　35
水産　204
水産（予察）調査　1
水産界　1, 48, 64, 158
水産海洋学　111
水産学校　204
水産基本法　v, 299
水産関係試験研究推進会議　vii
水産業累年統計　173
水産講習所　33, 47, 56, 77, 190
　—報告　31
水産公論　204
水産試験場　78, 190
　—事業報告　166
　—報告　79
水産試験成績総覧　41, 47
水産事項特別調査　173
水産事務協議会　48, 77, 103
水産調査所　4, 34
水産調査報告　4
水産調査予察報告　2
水産文庫　5
水産連絡試験打合会　58, 78, 167
水産連絡試験要録　82, 110
水政会　77
水理生物学　16
　—要稿　16
水路要報　98, 166
スローフード　214
西洋型漁船　176
セッキの透明板　19
瀬戸内海海洋調査　84, 89
瀬戸内海関係地方水産試験場長会　33
瀬戸内海水産研究会　89, 206
瀬戸内海水産振興協議会　90
造船諸規格　167
蒼鷹丸　68, 78, 86, 168, 187
測量艦「磐城」　4

<た行>

第一丁卯丸　97
大日本水産会報　1
大洋漁業　183
台湾総督府殖産局　97
高島実験場　17
探海丸　19, 28
地球温暖化　v
地産地消　214
千島横断観測　95
地方水試　vi
中央気象台　101, 168
　　—欧文彙報　100
中央放送局（NHK）　105, 109
朝鮮近海海洋図　97
朝鮮総督府水産試験場報告　97
長洋丸　191
通俗海洋研究談　204
釣鈎統制　167
帝国議会　45, 76
帝水　49, 204
定線観測　28
定地観測　28
デュボスク比色計　101
天鴎丸　48, 67
東京（帝国）大学　45, 76, 197
東京大学生物学会　198
東京内湾水産協議会　32
東北区水産研究所　vii
東北1道1府8県海洋調査協議会　85
東北冷害海洋調査　157
動力付き漁船　174
特務艦　98
東北ブロック水産業関係試験研究推進会議　vii

<な行>

内地沖合漁業　173, 175, 178
内分泌攪乱化学物質　v
那智丸　176
七号艇　47
ナンゼン防温採水器　19
南島丸　176
二艘曳　188
日鮮修好条約　184
日魯漁業　187

日本海一斉調査　84, 86
日本海海洋予測システム（JADE）　208
日本海水産連絡試験打合会　87
日本海洋会　22
日本海洋学会　75, 203
　　—誌　75
日本学術振興会　165
日本環海海流調査業績　20, 76
日本植物学会　198
日本水産　189, 190
日本水産年報　109, 180
日本水路史　97
日本動物学会　198
日本農業発達史　298
日本漂流誌　115
日本郵船　20
ネグレッチ・サンプラ転倒水温計　5
熱帯生物研究所　97
ノルウェー式捕鯨技術　196
農林畜水産業関係応用研究費　vii
農林省水産試験場　75

<は行>

白山丸　168
白鷹丸　168
函館海洋気象台　101
ハタクラゲ　167
林兼　185
早鞆水産研究会　97, 186, 190
速鳥丸　48, 191
隼丸　34, 47
バラスト水　v
萬国水産雑誌　200
万国博覧会　11, 201
坂東丸　180
東日本太平洋海洋調査協議会　85, 91
肥後丸　168
姫島丸　176
日向丸　168
標準海水　167
貧酸素水域　v
瓶流し　4
フォーレルの水色計　19
複雑系　215
府県農事講習所規程　27

用語索引

府県農事試験場国庫補助法　27
府県水産試験場長水産講習所長及水産巡回教師協議会　12
ふさ丸　168
富士丸　176
物産調　173
ぶりに関する研究会　104, 205
豊後水道系水　122
邦産浮遊性魚卵検索表　62
北洋漁業　187
母船式カニ漁業　187
北海道開拓使　198
北海道水産試験場事業旬報　54

<ま行>

マイクロビアルループ　v
捲揚機　188
麻痺性貝毒　v
丸川式ネット　100
三崎臨海実験所　199
三井海洋生物研究所　97
無線電信電話　109

綿網　177, 195

<や行>

八千矛丸　188
ヤマセ　157
大和堆　67
有毒プランクトン　v
養殖担当官打合会　103
揚網技術　195
四官庁会議　206
四県一府連絡海洋調査　205

<ら行>

ラジオ水産講座　54, 205
卵稚仔調査　61
リバースエンジニアリング　20, 201
凌風丸　101, 158
ルーカス測探機　19
レジームシフト　211
冷害　153
労働手段体系説　209

人名索引

<あ行>

相川廣秋	63, 111, 115, 119, 208, 297
青山憲三	283
赤沼德雄	5, 7
秋山博一	207
揚川 生	66
浅野彦太郎	18, 19, 20, 47, 60, 63, 66
阿部謹也	168
有薗眞琴	185
安藤広太郎	159
飯島 魁	6, 7, 197
飯塚 啓	60
石川千代松	8, 197, 200, 216
石田好数	188
居城 力	208
磯野直秀	200
伊藤一隆	197, 198, 200, 216
伊藤章治	157, 215
稲垣乙丙	159
稲葉伝三郎	201
上田英吉	1
上原 進	113
宇田道隆	viii, 78, 84, 89, 98, 109, 111, 113, 119, 202, 224, 297
内田 享	60
内村鑑三	8, 197, 200, 216
蛯名賢造	198
遠藤吉三郎	20, 39, 40, 41, 42, 158, 197
大市隠客	16
大海原 宏	207, 219
大久保利謙	196
大島 廣	60
大島正健	198, 216
大島正満	217
大濱喜一	169
大東信市	166
大森 信	22
岡田武松	66, 160, 197, 200, 215, 217
岡田弥一郎	8, 60
岡村金太郎	13, 14, 23, 36, 41, 60, 70, 197, 200

岡本信男	177, 283
奥 健蔵	3
奥 青輔	200
奥田亀造	189
小倉信吉	66
小野辰次郎	201

<か行>

笠原 昊	114
柏原忠吉	3
梶山英二	84, 206
春日信市	79, 104, 109, 112, 158, 191, 201
片山七兵衛	66, 178
片山房吉	290
勝部彦三郎	45
加藤勢三	77
門脇捨太郎	2
金田歸逸	3, 185
神谷尚志	18, 56, 61, 65, 71
河合 巌	29
川崎 健	213, 220
川島令次郎	20
川名 武	56
川端重五郎	36
岸上鎌吉	3, 4, 6, 12, 23, 27, 39, 197, 200
岸人三郎	83, 98
北原多作	4, 14, 19, 24, 35, 46, 66, 197, 200
木村喜之助	109, 113
木村金太郎	201
肝 属男	20
肝付兼行	20
熊田頭四郎	19, 25, 66, 83, 97, 205, 235
倉上正幹	62
倉場富三郎	189
グラン	14
栗田 晋	224
クリュンメル	14, 17
久留太郎	6
黒野元生	1, 2
黒肱善雄	67

人名索引

郡司大尉（郡司成忠）　4, 187
胡　錦涛　202
神門善久　214
小久保清治　65
小倉信吉　66
五島清太郎　6
小瀬次郎　201
小西　和　45, 76, 78
小林多喜二　187
駒井　卓　60

〈さ行〉

酒井　了　22
阪元　清　46, 77
酒向　昇　160
佐々木忠次郎　197, 199
佐竹五六　170
佐藤昌助　42, 198
佐藤忠勇　22
佐藤隼夫　60
澤　賢蔵　62
三本菅善昭　41
シーボルト　8
志賀重昂　13, 22, 23, 198
渋谷兼八　188
下　啓助　47, 68, 200
下田杢一　81
シュナイダー　8
シュレーゲル　8
ジョルダン　8
ジョンストン　16
末弘厳太郎　198
末廣恭雄　89, 170
鈴木大亮　2
鈴木秀彌　viii
須田暁次　160
關　豊太郎　13, 158
関口四郎　201
関沢明清　197
関根磯吉　201
妹尾秀實　13, 23, 26, 197, 201
副島大助　165

〈た行〉

田内森三郎　66

田子勝彌　20, 41
田島達之輔　201
田中阿歌麿　13, 19, 20, 23, 66
田中耕太郎　198
田中茂穂　8, 66, 197, 217
田中昌一　210
田中芳男　197, 216
谷　干城　200
田村市郎　189
築地宜雄　158
鶴見左吉雄　48
テミンク　8
寺尾　新　201
寺田寅彦　16, 19, 20, 47, 51, 66, 69, 197, 200, 215
道家　齋　14, 24, 200
德久三種　103
友定　彰　viii

〈な行〉

中岡哲郎　195, 201
長岡半太郎　69, 200
中川　恣　282
中澤毅一　18
長瀬貞一　54
中坊徹次　8
中村保昭　viii
中山　茂　19, 219
波江元吉　6
南原　繁　198
西川藤吉　35, 41, 62, 197
新渡戸稲造　198
蜷川虎三　190, 191, 192, 204, 207
二野瓶徳男　177, 196, 201
野村七録　165

〈は行〉

畑井新喜司　97, 114
花澤基賢　2
林　喬　158
原　十太　16, 51, 70, 83, 197, 204
原科幸彦　220
樋口邦彦　16, 66
日暮　忠　201
日高孝次　66, 99
平坂恭平　32

平沢　豊　　　283
平野敏行　　　224
廣重　徹　　　199
藤井　信　　　201
藤田　正　　　60
藤永元作　　　114
藤村信吉　　　198
藤原咲平　　　7, 160, 167, 200
ベルツ　　　　297
ホイットマン　197
星野三郎　　　201
本多光太郎　　47

<ま行>

マカロフ提督　5, 7
松崎壽三　　　20, 22, 76
松原喜代松　　20, 22, 76
松原新之助　　1, 6, 39, 197
丸川久俊　　　viii, 19, 22, 56, 60, 66, 70, 81, 160, 196, 201
三島康雄　　　188
三井高脩　　　97, 115
箕作佳吉　　　1, 5, 6, 197, 199
三宅麒一　　　197
三宅泰雄　　　66
宮沢俊義　　　198
宮田弥次郎　　201
宮部金吾　　　197, 217
宮嶺秀夫　　　198
モース　　　　197, 218
本山彦一　　　20

森脇幾蔵　　　28

<や行>

安井善一　　　100
安枝俊雄　　　109
矢田部良吉　　198
谷津直秀　　　97, 198
矢内原忠雄　　198
柳　直勝　　　17, 20, 47
柳　楢悦　　　97, 115, 195, 197
山縣昌夫　　　165
山口和雄　　　283
山口平右衛門　178
山崎俊雄　　　177
山田平太郎　　3
山野国松　　　19
山本由方　　　3
山脇宗次　　　185
湯浅光朝　　　197
ヨルト　　　　14
横屋　獣　　　60
横田喜三郎　　198
吉田敬市　　　185
米田一二三　　207

<わ行>

鷲尾圭司　　　213
和島貞二　　　187
和田謙三　　　198
和田雄治　　　1, 4, 6, 7, 20, 186, 197
和田義雄　　　3
渡辺信雄　　　viii

中野 広
なかの ひろし

　1949年大阪府生まれ，1971年鹿児島大学水産学部，1973年北海道大学大学院水産学研究科修士課程，1979年北海道大学大学院農学研究科博士課程，農学博士

　1980年水産庁研究部研究課，1981年北海道区水産研究所増殖部，その後，東海区水産研究所生物化学部，水産庁研究管理官等を経て，2001年（独）水産総合研究センター中央水産研究所企画連絡室長，2003年東北区水産研究所長，2006年水産工学研究所長，2007年養殖研究所長，2009年3月（独）水産総合研究センター退職。同年4月（株）シャトー海洋調査環境調査部技術顧問

専門	水産増殖学，水産食品学	
主な著書	魚類の初期発育（共著）	恒星社厚生閣
	放流種苗の健苗性と育成技術（共著）	恒星社厚生閣
	食品大百科事典（食品総合研究所編）	朝倉書店
	水産大百科事典（（独）水産総合研究センター編）	朝倉書店
	戦前までカキ養殖に関する研究史（上）（下）	（社）海と渚環境美化機構
	智を磨き理を究め－農林省水産試験場がどのような経緯で誕生したか－，海洋水産エンジニアリング，69号～72号，平成19年　ほか論文多数	

版権所有
検印省略

近代日本の海洋調査のあゆみと水産振興
正しい観測結果はかけがえのない宝物

中野 広 著
なかの ひろし

2011年8月31日　初版1刷発行

発行者　片　岡　一　成
製本・印刷　株式会社　シ　ナ　ノ

発行所／株式会社　恒星社厚生閣
〒160-0008　東京都新宿区三栄町8
TEL：03(3359)7371／FAX：03(3359)7375
http://www.kouseisha.com/

Ⓒ Hiroshi Nakano, 2011
（定価はカバーに表示）

ISBN978-4-7699-1256-9　C3040

JCOPY　<（社）出版者著作権管理機構　委託出版物>
本書の無断複写は著作権法上での例外を除き禁じられています．複写される場合は，その都度事前に，（社）出版社著作権管理機構（電話03-3513-6969，FAX03-3513-6979，e-maili:info@jcopy.or.jp）の許諾を得て下さい．

水産技術者の業務と技術者倫理

日本水産学会 水産教育推進委員会・日本技術士会 水産部会 編
A5判 / 並製 / 110頁 / 定価 2,100円

水産学を学ぶ人の目指すべき一つの進路として水産部門の技術士がある．本書は技術士として活躍する方が，豊富な実戦経験にふまえ，研究の計画立案並びに問われる倫理的な事柄について，技術士を目指す学生，社会人のためにまとめたテキスト．JABEE認定プログラムをもつ大学の学生の教科書として作成．

浅海域の生態系サービス
海の恵みと持続的利用

小路 淳・堀 正和・山下 洋 編
A5判 / 並製 / 154頁 / 定価 3,780円

水産学シリーズ169巻．水産資源生産を主題に生態系サービスとはどういうものなのかをまとめ，どう利用すべきなのかを論じた唯一の本．生態系サービスの基礎的事柄をまえがき，第一部で，さらに口絵で，ビジュアルに解説．巻末に重要語解説を付す．

東京湾
人と自然のかかわりの再生

東京湾海洋環境研究委員会 編
B5判 / 上製 / 408頁 / 定価 10,500円

東京湾の過去，現在，未来を総括し学際的な知見でまとめた決定版．流域や海域のすがたから東京湾とのかかわりの歴史，そして過去から学ぶ東京湾再生への展望を様々な視点から解説する．東京湾の環境はどう変わり，これからどう向かうべきなのか，30名以上の執筆者によって現状の東京湾生態系のデータを集めた集大成ともいうべき充実の内容．

大阪湾──環境の変遷と創造

生態系工学研究会 編
B5判 / 148頁 / 並製 / 定価 3,150円

浜辺がほとんど無い大阪湾．市民の憩いの場として，また漁業の発展のためどう再生するかが問われている．生態系工学研究会がこれまで主催してきた基礎講座を基に，大阪湾の再生を考える上で必要な物理学，化学，生物学，生態学，工学，かつ歴史的な基本的事柄を簡潔にまとめる．各章にQ＆Aを設け，核心的な事柄をわかりやすく説明．

里海創生論

柳 哲雄 著
A5判 / 164頁 / 並製 / 定価 2,520円

著者が提唱した「里海」という言葉は，内閣合議事項「環境立国戦略」の中でも取り上げられ，様々な疑問や指摘が寄せられるようになった．それに答えるべく「人手と生物多様性」，「里海の漁業経済的側面」，「法律的側面」，「景観生態学的側面」，「科学と社会の関連」等を考察し，各地で展開されている里海創生の具体例を紹介する．

「里海」としての沿岸域の新たな利用

山本民次 編
A5判 / 156頁 / 並製 / 定価 3,780円

水産学シリーズ167巻．今や世界的な概念となった里海．しかし里海創生といっても各地全て同じ内容とはならない．地域の特性にふまえた里海づくりとは？ 利用者間のルール作りなど今問題となっている点に切り込む．産官学民さまざまな視点でこれからの里海のありかたを考え，国際発信に向けての取り組みも紹介する．

市民参加による
浅場の順応的管理

瀬戸雅文 編
A5判 / 162頁 / 並製 / 定価 3,045円

水産学シリーズ162巻．漁場環境の変動性や，生態系の複雑性，さらに漁業者減少や高齢化，市民の環境保全に対する意識の高揚など，浅場の環境を取り巻く様々な変化を前提とした漁場づくりの基本手順やノウハウについて具体例をもとに概説したはじめての書．順応的管理をキーワードに資源の持続的な利用について考える．

有明海の生態系再生をめざして

日本海洋学会 編
B5判 / 224頁 / 並製 / 定価 3,990円

諫早湾締め切り・埋立は有明海の生態系にいかなる影響を及ぼしたか．干拓事業と環境悪化との因果関係，漁業生産との関係を長年の調査データを基礎に明らかにし，再生案を纏める．本書に収められたデータならびに調査方法等は今後の干拓事業を考える際の参考になる．各章に要旨を設け，関心のある章から読んで頂けるようにした．

明日の沿岸環境を築く
環境アセスメントへの新提言

日本海洋学会 編
B5判 / 220頁 / 並製 / 定価 3,990円

埋立て，干拓など開発事業による海洋生態破壊をいかに防ぐか．1973年発足以来環境問題に取り組んできた日本海洋学会環境問題委員会が総力を挙げて作成．第Ⅰ章過去の環境アセスメントの実例と新たな問題の整理．第Ⅱ章長良川河口堰，三番瀬埋立てなどの問題点．第Ⅲ章生態系維持のためのアセスメントの在り方．第Ⅳ章社会システムの在り方．

環境配慮・地域特性を生かした 干潟造成法

中村 充・石川公敏 編
B5判 / 146頁 / 並製 / 定価 3,150円

消滅しつつある生物の宝庫干潟をいかに創り出すか．本書は，人工干潟の造成の企画立案・目標の設定・環境への配慮・住民との関係，具体的な造成の手順など分かり易く解説．既に造成されている干潟造成の事例（東京湾・三河湾・英虞湾など）を挙げ教訓など貴重な意見を紹介．また重要な点をポイント欄で平易に解説する．

価格表示は税込み